"十三五"职业教育国家规划教材

2020年湖南省职业教育优秀教材

U0747870

建筑施工技术（第4版）

JIANZHU
SHIGONG JISHU

主 编 郑 伟

配套精品在线开放课程

中南大学出版社
www.csupress.com.cn
·长沙·

内容提要

本书为"十三五"职业教育国家规划教材。本书根据国家高职高专土建类专业教学指导委员会颁布的该课程教学基本要求，结合国家职(执)业资格考试和"八大员"岗位资格认证要求编写，主要内容包括：土方工程、地基处理与基础工程、砌筑工程、混凝土结构工程、预应力混凝土工程、结构安装工程、屋面及防水工程、装饰工程、墙体保温工程、冬期与雨期施工、绿色施工等。本书以"互联网+"的形式出版，读者通过扫描书中的二维码，即可阅读丰富的工程图片、演示动画、操作视频、工程案例、拓展知识；全书采用最新国家及行业建设工程标准及规范；教材内容与真实的工程实际零距离无缝对接。

本书具有较强的针对性、实用性和通用性，可作为高职高专建筑工程技术、工程监理、工程造价、建筑工程管理等专业的教材，也可作为土建类专业成人教育及行业培训教材，还可供相关工程技术人员参考。

本书配有电子课件。

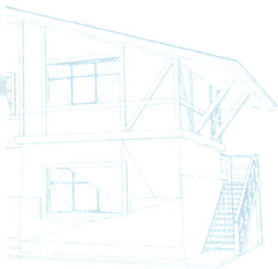

出版说明
Introduction

    为了深入贯彻全国教育大会精神，落实《国家职业教育改革实施方案》（国发〔2019〕4号）和《职业院校教材管理办法》（教材〔2019〕3号）有关要求，深化职业教育"三教"改革，全面推进高等职业院校土建类专业教育教学改革，促进高端技术技能型人才的培养，依据教育部高职高专教育土建类专业教学指导委员会《高职高专土建类专业教学基本要求》和国家教学标准及职业标准要求，通过充分的调研，在总结吸收国内优秀高职高专教材建设经验的基础上，我们组织编写和出版了这套高职高专土建类专业规划教材。

    高职高专教学改革不断深入，土建行业工程技术日新月异，相应国家标准、规范，行业、企业标准、规范不断更新，作为课程内容载体的教材也必然要顺应教学改革和新形势，适应行业的发展变化。教材建设应该按照最新的职业教育教学改革理念构建教材体系，探索新的编写思路，编写出版一套全新的、高等职业院校普遍认同的、能引导土建专业教学改革的系列教材。为此，我们成立了规划教材编审委员会。规划教材编审委员会由全国30多所高职院校的权威教授、专家、院长、教学负责人、专业带头人及企业专家组成。编审委员会通过推荐、遴选，聘请了一批学术水平高、教学经验丰富、工程实践能力强的骨干教师及企业专家组成编写队伍。

本套教材具有以下特色：

1. 教材符合《职业院校教材管理办法》(教材〔2019〕3 号)的要求，以习近平新时代中国特色社会主义思想为指导，注重立德树人，在教材中有机融入中国优秀传统文化、"四个自信"、爱国主义、法治意识、工匠精神、职业素养等思政元素。

2. 教材依据教育部高职高专教育土建类专业教学指导委员会《高职高专土建类专业教学基本要求》及国家教学标准和职业标准(规范)编写，体现科学性、综合性、实践性、时效性等特点。

3. 体现"三教"改革精神，适应高职高专教学改革的要求，以职业能力为主线，采用行动导向、任务驱动、项目载体，教、学、做一体化模式编写，按实际岗位所需的知识能力来选取教材内容，实现教材与工程实际的零距离"无缝对接"。

4. 体现先进性特点，将土建学科发展的新成果、新技术、新工艺、新材料、新知识纳入教材，结合最新国家标准、行业标准、规范编写。

5. 产教融合，校企双元开发，教材内容与工程实际紧密联系。教材案例选择符合或接近真实工程实际，有利于培养学生的工程实践能力。

6. 以社会需求为基本依据，以就业为导向，有机融入"1+X"证书内容，融入建筑企业岗位(八大员)职业资格考试、国家职业技能鉴定标准的相关内容，实现学历教育与职业资格认证的衔接。

7. 教材体系立体化。为了方便教师教学和学生学习，本套教材建立了多媒体教学电子课件、电子图集、教学指导、教学大纲、案例素材等教学资源支持服务平台；部分教材采用了"互联网+"的形式出版，读者扫描书中的二维码，即可阅读丰富的工程图片、演示动画、操作视频、工程案例、拓展知识等。

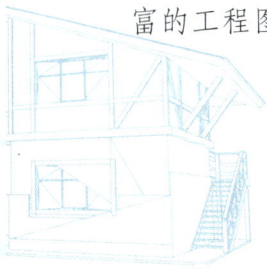

高职高专土建类专业规划教材

编 审 委 员 会

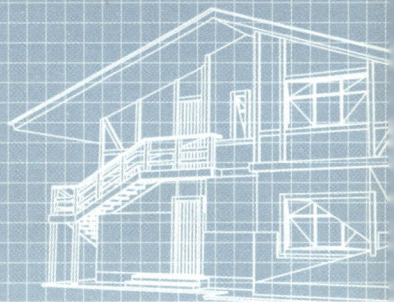

高职高专土建类"十三五"规划"互联网+"创新系列教材编审委员会

主　任

（按姓氏笔画为序）

王运政	玉小冰	刘　霁	刘孟良	宋国芳	郑　伟
赵　慧	赵顺林	胡六星	彭　浪	谢建波	颜　昕

副主任

（按姓氏笔画为序）

向　曙	庄　运	刘文利	刘可定	刘锡军	孙发礼
李玲萍	李　娟	胡云珍	徐运明	黄桂芳	黄　涛

委　员

（按姓氏笔画为序）

万小华	王四清	卢　滔	叶　姝	吕东风	伍扬波
刘　靖	刘小聪	刘可定	刘汉章	刘旭灵	刘剑勇
许　博	阮晓玲	阳小群	孙湘晖	杨　平	李　龙
李　奇	李　侃	李　鲤	李亚贵	李延超	李进军
李丽君	李海霞	李清奇	李鸿雁	肖飞剑	肖恒升
何　珊	何立志	何奎元	宋士法	张小军	张丽姝
陈　晖	陈　翔	陈贤清	陈淳慧	陈婷梅	林孟洁
欧长贵	易红霞	罗少卿	周　伟	周　晖	周良德
项　林	赵亚敏	胡蓉蓉	徐龙辉	徐运明	徐猛勇
高建平	黄光明	黄郎宁	曹世晖	常爱萍	彭　飞
彭子茂	彭仁娥	彭东黎	蒋　荣	蒋建清	喻艳梅
曾维湘	曾福林	熊宇璟	魏丽梅	魏秀瑛	

第4版前言

Introduction

　　本教材自 2016 年出版以来，累计销量近 60000 册，受到了广大读者的好评，读者一致认为本教材紧贴建筑工程施工现场的实际，特别是书中有大量的资源库，通过扫二维码的方式，真实的施工现场、施工设备机具、施工案例立即呈现在读者眼前，非常适合培养土建类高素质技术技能型紧缺人才。

　　通过教学反馈，我们发现本教材第 3 版中存在一些不足，中南大学出版社委托我们对本教材进行了修订工作。

　　主要修订内容包括：

　　1. 对应"1+X"证书内容，增加了新技术、新工艺、新材料等内容。

　　2. 对教材中个别错误及表述不规范之处进行了修改。

　　3. 根据使用学校的反馈意见，调整了部分内容，使之能够更好地满足教学的需求。

　　4. 对教材中的安全事故案例和质量事故案例进行了修改，引入了课程思政元素，从思想道德方面进行了透彻的分析。把思想政治教育元素融入课程中，潜移默化地对学生的思想意识、行为举止产生影响，实现立德树人的育人目标。

　　5. 更新了过时的标准及规范。

　　本教材具有以下特色：

　　1. 落实《国家职业教育改革实施方案》(国发〔2019〕4 号)精神，突出职业教育特色，体现新技术、新工艺、新规范。

　　2. 依据国家教学标准和职业标准(规范)编写，体现科学性、先进性、综合性、实践性。

　　3. 体现"三教"改革精神，产教融合，校企双元开发。

　　4. 项目化、案例化、模块化，注重以真实生产项目、典型工作任务与案例等为载体组织教学单元。

5.融入"1+X"证书内容,书证融通。

本教材由郑伟教授主编,其中:模块一由侯荣伟修改;模块二由尹建国修改;模块三由王兴培修改;模块四由欧亚修改;模块五由谢湘赞修改;模块六由周军修改;模块七由侯荣伟修改;模块八由胡云珍修改;模块九由欧亚修改;模块十由侯荣伟修改;模块十一由郑伟修改。全书由郑伟教授负责统稿。

在本教材的编写过程中我们参考了部分国内外教材、著作、论文资料及网络资源,在此谨向有关作者及单位表示衷心的感谢。

由于编者水平有限,书中难免有疏漏之处,恳请读者批评指正。

编　者

2022 年 6 月

第3版前言
Introduction

本教材自 2016 年出版以来，累计销量近 30000 册，受到了广大读者的好评，读者一致认为本教材紧贴建筑工程施工现场的实际，特别是书中有大量的资源库，通过扫二维码的方式，真实的施工现场、施工设备机具、施工案例立即呈现在读者眼前，非常适合培养土建类高素质技术技能型紧缺人才。

通过教学反馈，我们发现本教材第 2 版中存在一些不足，中南大学出版社委托我们对本教材进行了修订工作。

主要修订内容包括：

1. 对教材中个别错误之处进行了修改。

2. 根据使用学校的反馈意见，调整了部分内容，使之能够更好地满足教学的需求；增加了新技术、新工艺、新材料等内容。

本教材由郑伟教授主编，其中：模块一由侯荣伟修改；模块二由尹建国修改；模块三由王兴培修改；模块四由欧亚修改；模块五由谢湘赞修改；模块六由周军修改；模块七由侯荣伟修改；模块八由胡云珍修改；模块九由欧亚修改；模块十由侯荣伟修改；模块十一由郑伟修改。全书由郑伟教授负责统稿。

在本教材的编写过程中我们参考了部分国内外教材、著作、论文资料及网络资源，在此谨向有关作者及单位表示衷心的感谢。

由于编者水平有限，书中难免有疏漏之处，恳请读者批评指正。

编　者

2018 年 7 月

第2版前言

Introduction

　　本教材自 2016 年出版以来，受到了广大读者的好评，读者一致认为本教材紧贴建筑工程施工现场的实际，特别是书中有大量的资源库，通过扫描二维码的方式，真实的施工现场、施工设备机具、施工案例立即呈现在读者眼前，非常适合培养土建类高素质技术技能型紧缺人才。

　　通过教学反馈，我们发现本教材第 1 版中存在一些不足，出版社委托我们对本教材进行了修订工作。

　　主要修订内容包括：

　　1. 对书中个别错误之处进行了修改。

　　2. 对模块八装饰工程的内容进行了简化。

　　3. 增加了模块十一绿色施工，同时增加了视频和实际案例。

　　本教材由郑伟教授主编，尹检务主审，其中：模块一由侯荣伟修改；模块二由尹建国修改；模块三由王兴培修改；模块四由欧亚修改；模块五由谢湘赟修改；模块六由周军修改；模块七由侯荣伟修改；模块八由胡云珍修改；模块九由欧亚修改；模块十由侯荣伟修改；模块十一由郑伟编写。郑伟负责统稿。

　　由于编者水平有限，书中难免有疏漏之处，恳请读者批评指正。

编　者

2017 年 1 月

前言
Introduction

按照"对接产业(行业)、工学结合、提升质量,促进职业教育链深度融入产业链,有效服务经济社会发展"的职业教育发展思路,为全面推进高等职业院校教育教学改革,促进人才培养质量的不断提升,我们在总结已有的优秀高职教材的基础上,根据最新颁布的国家、行业规范及标准,编写了《建筑施工技术》教材。本教材的突出特点为:

1. 以"互联网+"形式增加了拓展阅读。书中配有大量的工程实践图片、演示动画、操作视频,理论联系实际,不仅可以拓宽学生的知识面,而且便于学生掌握和理解专业知识和技能要点。读者可通过手机的"扫一扫"功能,扫描书中的二维码,阅读丰富、直观的拓展知识内容,使学习变成一种乐趣。

2. 突出技能培养,融入技能抽查标准。教材把提高学生能力放在突出的位置,注重创新能力和综合素质培养。尽量做到理论与实践的零距离,教材的编写注重技能性、实用性,加强实训环节,力争将高职院校"技能抽查标准"的相关内容有机地融入教材中,便于师生掌握专业技能抽查的要点。

3. 体现"双证融通",融入行业、企业相关技术标准。以社会需求为基本依据,以就业为导向,对接行业、企业相关技术标准,融入职业资格认证的相关内容,重点培养学生的技术运用能力和岗位工作能力,实现学历教育与职业资格认证相衔接,有效实现了"双证融通"。

参加本教材编写的人员有:湖南城建职业技术学院郑伟、尹检务、周军、谢湘赞、王兴培、侯荣伟、尹建国、欧亚;郴州职业技术学院胡云珍。

本教材编写具体分工如下:郑伟教授任主编并负责统稿,尹检务任主审。共分10个模块,其中:模块一由侯荣伟编写;模块二由尹建国编写;模块三由王兴培编写;模块四由欧亚编写;模块五由谢湘赞编写;模块六由周军编写;模块七由侯荣伟编写;模块八由胡云珍编写;模块九由欧亚编写;模块十由侯荣伟编写。以上作者均参与了教材的资源库建设。

　　本教材在编写过程中得到了湖南建工集团、湘潭市创新建设项目管理有限责任公司的大力支持和关心，在此表示感谢。本教材在编写过程中参阅了大量文献资料，吸收了许多同行专家的最新研究成果，谨向这些文献的原作者深表谢意。由于编者水平有限，书中疏漏之处在所难免，恳请读者不吝指正。

编　者

2016 年 8 月

目 录

Contents

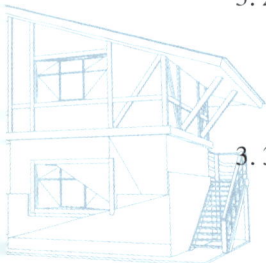

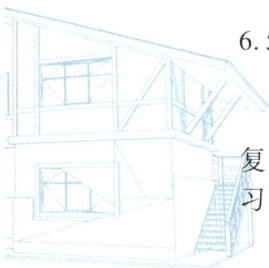

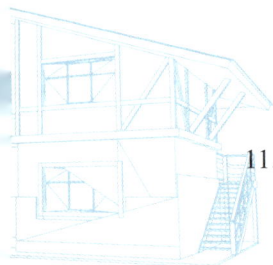

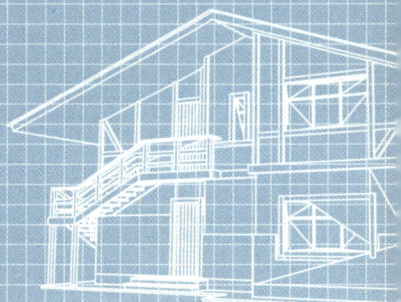

模块一

土方工程

教学目标　　掌握土方工程施工的特点；能计算土方工程量；能正确选用基坑支护形式；能正确选用降、排水的方法；能正确选用土方施工机械；能正确选择回填土的填土料及压实方法；能合理编制土方工程施工方案。

技能抽查要求　　能进行土方施工方案的编制。

企业八大员岗位资格考试要求　　能进行土方工程量的计算；能合理选择降排水方法、支护方法及开挖机械；能进行土方施工方案的编制；掌握土方工程施工质量及安全要求。

1.1　概　述

1.1.1　土方工程的施工特点

土方工程是建筑工程施工过程中的第一道工序，具有工程量大，施工周期长，劳动强度大，施工条件复杂，易受水文、地质和气候影响等特点。

土方开挖

1.1.2　土的工程分类

在建筑施工中，根据土的开挖难易程度可以将土分为松软土、普通土、坚土、砂砾坚土、软石、次坚石、坚石、特坚石等八类（表1-1）。前四类为一般土，后四类为岩石。只有正确区分和鉴别土的种类，才能合理地选择施工方法及计算土方工程费用。

表1-1　土的工程分类及现场鉴别方法

土的分类	土的名称	可松性系数		开挖方法
		K_s	K'_s	
一类土（松软土）	砂；粉土；冲积砂土层；疏松的种植土；淤泥	1.08~1.17	1.01~1.03	用锹、锄头挖掘
二类土（普通土）	粉质黏土；潮湿的黄土；夹有碎石、卵石的砂；填筑土及粉土混卵（碎）石；种植土	1.14~1.28	1.02~1.05	用锹、锄头挖掘，少许用镐翻松

续表 1-1

土的分类	土的名称	可松性系数		开挖方法
		K_s	K'_s	
三类土 （坚土）	中等密实黏土；重粉质黏土；砾石土；干黄土；含碎(卵)石的黄土；粉质黏土；压实的填筑土	1.24~1.30	1.04~1.07	主要用镐，少许用锹、锄头，部分用撬棍
四类土 （砂砾坚土）	坚硬密实的黏性土或黄土；中等密实的含碎(卵)石黏性土；粗卵石；天然级配砂石；软泥灰岩	1.26~1.32	1.06~1.09	用镐或撬棍，部分用锲子及大锤
五类土 （软石）	硬质黏土；中密的页岩、泥灰岩、白垩土；胶结不紧的砾岩；软石灰岩	1.30~1.45	1.10~1.20	用镐或撬棍、大锤，部分用爆破
六类土 （次坚石）	泥岩；砂岩；砾岩；坚实的页岩、泥灰岩；密实的石灰岩；风化花岗岩、片麻岩	1.30~1.45	1.10~1.20	用爆破方法，部分用风镐
七类土 （坚石）	大理岩；辉绿岩；玢岩；粗、中粒花岗岩；坚实的白云岩、砂岩、砾岩、片麻岩、石灰岩	1.30~1.45	1.10~1.20	用爆破方法
八类土 （特坚石）	安山岩；玄武岩；花岗片麻岩；坚实的细粒花岗岩、闪长岩、石英岩、辉长岩、辉绿岩	1.45~1.50	1.20~1.30	用爆破方法

注：K_s—最初可松性系数；K'_s—最终可松性系数。

1.1.3　土的基本性质

1. 土的组成

土一般由土颗粒(固相)、水(液相)和空气(气相)三部分组成，如图 1-1 所示，这三部分之间的比例关系随着周围条件的变化而变化，三者相互比例不同，反映出土的物理状态不同，如：干燥、稍湿或很湿，密实、稍密或松散。这些指标是基本的物理性质指标，对评价土的工程性质、进行土的工程分类具有重要意义。

2. 土的物理性质

（1）土的天然密度和干密度

土的天然密度是指土在天然状态下单位体积的质量，可按下式计算：

$$\rho = \frac{m}{V} \qquad (1-1)$$

土的干密度，指单位体积土中固体颗粒的质量，是填土压实质量的控制指标。土的干密度可以用下式表示：

$$\rho_d = \frac{m_s}{V} \qquad (1-2)$$

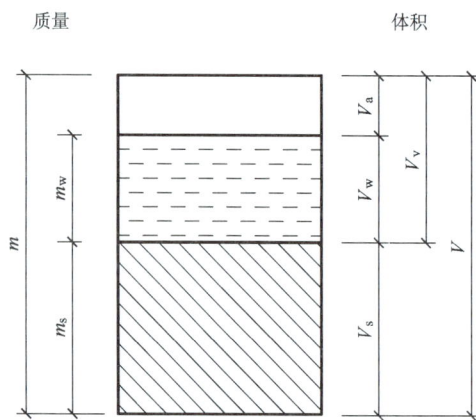

m—土的总质量（$m = m_s + m_w$）（kg）；m_s—土中固体颗粒的质量（kg）；m_w—土中水的质量（kg）；V—土的总体积（$V = V_a + V_w + V_s$）（m³）；V_a—土中空气体积（m³）；V_s—土中固体颗粒体积（m³）；V_w—土中水所占的体积（m³）；V_v—土中孔隙体积（$V_v = V_a + V_w$）（m³）。

图 1-1　土的三相示意图

式中：ρ 为土的天然密度（kg/m³）；ρ_d 为土的干密度（kg/m³）；m 为土的总质量（kg）；m_s 为固体颗粒的质量（kg）；V 为土的体积（m³）。

（2）土的含水量

土的含水量 W 是指土中所含水的质量 m_w 与土的固体颗粒之间的质量 m_s 之比：

$$W = \frac{m_1 - m_2}{m_2} \times 100\% = \frac{m_w}{m_s} \times 100\% \tag{1-3}$$

式中：m_1 为含水状态时土的质量（kg）；m_2 为烘干后土的质量（kg）；m_w 为土中水的质量（kg）。

（3）土的孔隙比和孔隙率

孔隙比和孔隙率反映了土的密实程度。孔隙比和孔隙率越小土越密实。

孔隙比 e 是土的孔隙体积 V_v 与固体体积 V_s 的比值，用下式表示：

$$e = \frac{V_v}{V_s} \tag{1-4}$$

孔隙率 n 是土的孔隙体积 V_v 与总体积 V 的比值，用百分率表示：

$$n = \frac{V_v}{V} \times 100\% \tag{1-5}$$

（4）土的可松性

天然状态下的土（原状土）经开挖后，其体积因松散而增加，即使经振动夯实，仍不能恢复到原来的体积，这种性质称为土的可松性。土的可松性程度用可松性系数表示：

$$K_s = \frac{V_2}{V_1} \tag{1-6}$$

$$K'_s = \frac{V_3}{V_1} \tag{1-7}$$

式中：K_s 为土的最初可松性系数；K'_s 为土的最终可松性系数；V_1 为天然状态下土的体积（m³）；V_2 为土经开挖后的松散体积（m³）；V_3 为土经回填压实后的体积（m³）。

可松性系数对土方的调配，计算土方运输量、填方量及运输工具都有影响，尤其是大型挖方工程，必须考虑土的可松性系数。

【例1-1】 某工业厂房为钢筋混凝土条形基础，条形基础横截面面积为 3.0 m²，地基土为干黄土，基坑深 2.0 m，底宽 2.5 m。若需开挖 100 延米长基槽，请计算基槽挖土量、填土量和弃土量。（不考虑放坡，$K_s = 1.3$，$K'_s = 1.05$。）

解：挖土量：$V_1 = 2 \times 2.5 \times 100 = 500(\text{m}^3)$

条形基础体积：$V_2 = 3.0 \times 100 = 300(\text{m}^3)$

填土量：$V_3 = (500 - 300)/1.05 \times 1.3 = 247.6(\text{m}^3)$

弃土量：$V_4 = 500 \times 1.3 - 247.6 = 402.4(\text{m}^3)$

（5）土的渗透性

土的渗透性是指水在土体中渗流的性能，一般以渗透系数 k 表示。地下水在土中渗流速度可按达西定律计算：

$$v = ki \tag{1-8}$$

式中：v 为水在土中渗流速度（m/d）；k 为土的渗透系数（m/d）；i 为水力坡度。

渗透系数 k 值反映出土透水性强弱，它直接影响降水方案的选择和涌水量计算的准确性，可通过室内渗透试验或现场抽水试验确定，一般土的渗透系数见表 1-2。

表 1-2 土的渗透系数参考表

土的名称	渗透系数 $k/(\text{m}\cdot\text{d}^{-1})$	土的名称	渗透系数 $k/(\text{m}\cdot\text{d}^{-1})$
黏土	<0.005	中砂	5~20
粉质黏土	0.005~0.1	均质中砂	35~50
粉土	0.1~0.5	粗砂	20~50
黄土	0.25~0.5	圆砾砂	50~100
粉砂	0.5~1	卵石	100~500
细砂	1~5		

1.2 土方工程量计算及土方调配

1.2.1 基坑、基槽

1) 基坑土方量的计算可近似按拟柱体(由两个平行的平面做上下底的多面体)体积公式来计算(图 1-2)：

$$V=\frac{H}{6}(A_1+4A_0+A_2) \tag{1-9}$$

式中：H 为基坑深度(m)；A_1 为基坑上底面积(m^2)；A_2 为基坑下底面积(m^2)；A_0 为基坑中截面面积(m^2)。

2) 基槽土方量可沿其长度方向分段后，按照上述同样方法计算(图 1-3)：

$$V_1=\frac{L_1}{6}(A_1+4A_0+A_2) \tag{1-10}$$

式中：V_1 为第一段的土方量(m^3)；L_1 为第一段的长度(m)。

然后将各段的土方量相加，即得总土方量：

$$V=V_1+V_2+\cdots+V_n \tag{1-11}$$

式中：V_1，V_2，$\cdots$，V_n 为各段的土方量(m^3)。

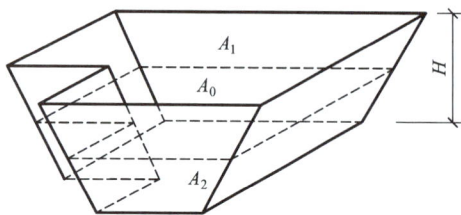

图 1-2 基坑土方量计算　　　　　图 1-3 基槽土方量计算

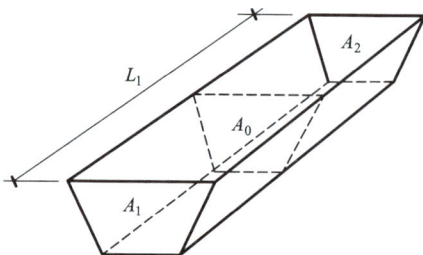

1.2.2　场地平整土方量计算

将天然地面平整为施工所要求的设计平面，称为场地平整。场地平整，通常是挖高填低。在场地平整前，首先要确定场地设计标高，计算挖、填土方工程量，确定土方平衡调配方案。根据工程规模、施工期限、土的性质及现有设备条件，选择合理的土方机械，拟订施工方案。

1. 场地设计标高的确定

场地设计标高是进行场地平整和土方量计算的依据，也是总图规划和竖向设计的依据。合理确定场地的设计标高，对减少土方量、节约土方运输费用、加快施工进度等都具有重要的经济意义。确定场地设计标高时应考虑以下因素：

1）满足建筑规划、生产工艺和运输的要求；

2）尽量利用地形，减少挖填方数量；

3）使场地内土方挖填平衡，以减少土方运输费用；

4）有一定泄水坡度，满足排水要求；

5）考虑洪水位的影响。

如果设计文件对场地设计标高无明确规定和特殊要求，就可参照下述步骤和方法确定。

（1）初步计算场地设计标高

场地设计标高是进行场地平整和土方量计算的依据，当场地设计标高无设计文件明确规定时，可按场地内挖方总量等于填方总量的原则，初步计算场地设计标高。见图1-4，当场地设计标高为 H_1，挖方土体不足以满足填方要求，需从场外取土；当场地设计标高为 H_2，挖方土体大大超过填方土体，则要向场外弃土；当场地设计标高为 H_0，恰好可以将土石方移挖作填，实现挖填方平衡。

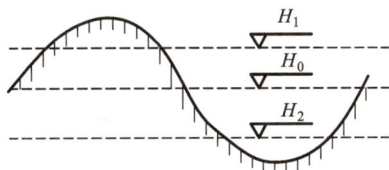

图1-4　场地不同设计标高的比较

将场地的地形图根据精度要求划分成边长为10~40 m的方格网，见图1-5（a），在各方格左上角逐一标出其角点的编号。各方格角点的地面标高，在地形平坦时，可根据地形图上相邻两等高线的标高，用插入法求得；当地形起伏较大或无地形图时，可在地面用木桩打好方格网，然后用测量的方法直接测出。

按照场地内土方在平整前及平整后相等的原则：平整前土方量＝平整后土方量，场地设计标高可按下式计算：

$$H_0 N a^2 = \sum \left(a^2 \frac{H_{11} + H_{12} + H_{21} + H_{22}}{4} \right) \qquad (1-12)$$

由图1-5（a）可知，H_{11} 是一个方格的角点标高；H_{12} 和 H_{21} 是相邻两个方格公共角点标高；H_{22} 是相邻四个方格的公共角点标高。式（1-12）实际上是将类似 H_{11} 这样的角点标高加一次，而类似 H_{12} 和 H_{21} 的角点标高需加两次，类似 H_{22} 的角点标高则需要加四次。因此，整理式（1-12）可得：

$$H_0 = \frac{\sum H_1 + 2\sum H_2 + 3\sum H_3 + 4\sum H_4}{4N} \tag{1-13}$$

式中：H_1 为一个方格独有的角点标高（m）；H_2 为两个方格共有的角点标高（m）；H_3 为三个方格共有的角点标高（m）；H_4 为四个方格共有的角点标高（m）；N 为方格数。

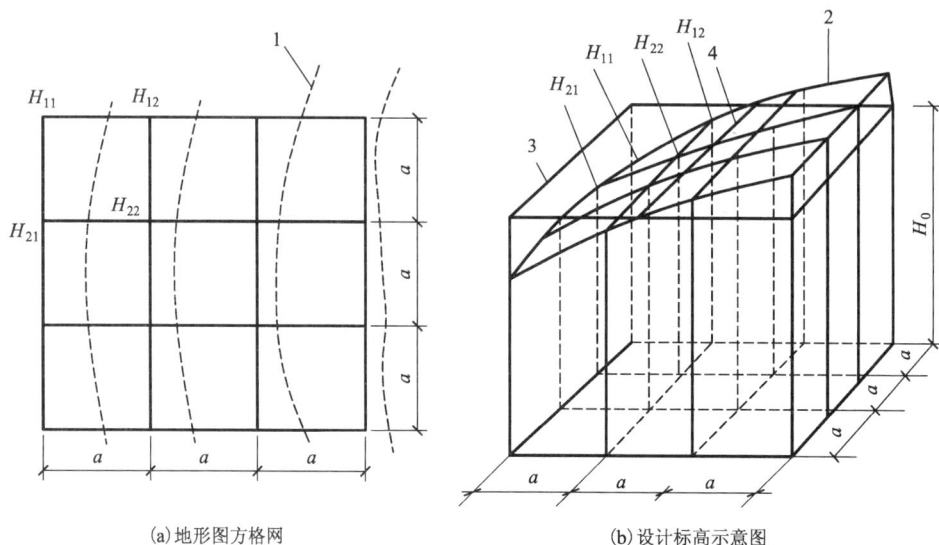

(a)地形图方格网　　　　　(b)设计标高示意图

1—等高线；2—自然地面；3—设计标高平面；4—自然地面与设计标高平面的交线(零线)。

图1-5　场地设计标高计算示意图

（2）场地设计标高的调整

按式(1-12)所计算的设计标高 H_0 为理论值，需要考虑以下因素进行调整：

1）土的可松性影响：按 H_0 进行施工，填土将有剩余，因此必要时可相应提高设计标高。

2）借土或弃土的影响：经过经济比较后将部分挖方就近弃于场外，部分填方就近从场外取土，从而引起挖填土方量的变化，需相应调整设计标高。

3）泄水坡度的影响：按上述计算及调整后的场地设计标高进行施工时，整个场地将处于同一水平面，无法满足排水的要求，场地表面均应有一定的泄水坡度。因此，应根据场地排水坡度的要求，计算出场地内各个方格角点实际施工时所采用的设计标高。

①单向泄水时(图1-6)：

$$H_n = H_0 \pm li \tag{1-14}$$

式中：H_n 为场地内任一点的设计标高（m）；l 为该点至场地中心线的距离（m）；i 为场地泄水坡度（不小于2‰）。

②双向泄水时(图1-7)，以 H_0 作为场地中心点的标高：

$$H_n = H_0 \pm l_x i_x \pm l_y i_y \tag{1-15}$$

式中：l_x 和 l_y 分别为该点沿 x-x 和 y-y 方向到场地中心线的距离（m）；i_x 和 i_y 分别为该点沿 x-x 和 y-y 方向的泄水坡度。

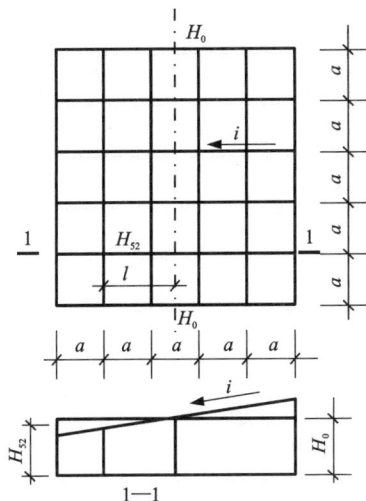

图 1-6 单向泄水坡度的场地

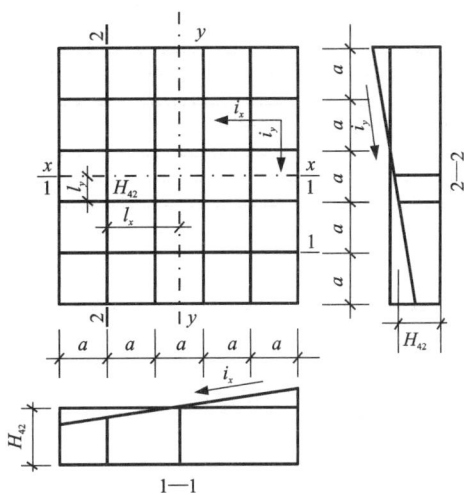

图 1-7 双向泄水坡度的场地

2. 场地土方量计算

大面积场地平整的土方量，通常采用方格网法计算。方格边长一般取 10 m、20 m、30 m 和 40 m 等。根据每个方格角点的自然地面标高和设计标高，算出相应的角点挖填高度，然后计算出每一个方格的土方量，并算出场地边坡的土方量，这样即可求得整个场地的填、挖土方量。具体步骤如下。

（1）计算场地各方格角点的施工高度

各方格角点的施工高度（挖或填的高度），可按下式计算：

$$h_n = H_n - H \qquad (1-16)$$

式中：h_n 为角点的施工高度（m），"+"为填，"-"为挖；H_n 为角点的设计标高（m）；H 为角点的自然地面标高（m）。

（2）确定零线

在一个方格中角点的施工高度既有"+"又有"-"，说明此方格中的土方一部分为填方，而另一部分为挖方，那么在方格中一定存在不挖不填的点，这些点称为零点，连接零点得到零线。零线是填方区与挖方区的分界线（图 1-8）。

零点的位置可根据方格角点的施工高度用几何方法求出，按下式计算：

$$x_1 = \frac{h_1}{h_1 + h_2}a ; \qquad x_2 = \frac{h_2}{h_1 + h_2}a \qquad (1-17)$$

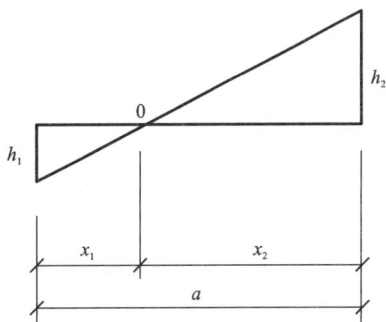

图 1-8 零点位置计算示意图

式中：x_1 和 x_2 为角点至零点的距离（m）；h_1 和 h_2 为相邻两个角点的施工高度绝对值（m）；a 为方格网的边长（m）。

（3）计算方格土方工程量

场地各方格土方量的计算，一般有下述四种类型，可采用四角棱柱体的体积计算方法。

1）方格的四个角点全部为挖方或填方，见图1-9，其挖（填）方的土方量为：

$$V = \frac{a^2}{4}(h_1 + h_2 + h_3 + h_4)$$

（1-18）

式中：h_1、h_2、h_3、h_4 为方格四角点的施工高度（m），以绝对值代入。

2）方格的一个角点为挖方或填方，见图1-10，其挖（填）方的土方量为：

$$V = \frac{1}{2}bc\frac{\sum h}{3} = \frac{bch_3}{6}$$

（1-19）

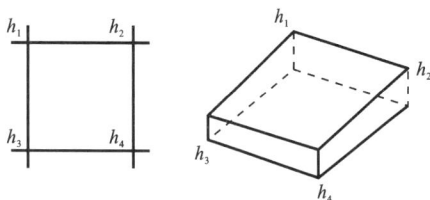

图1-9　全挖（全填）方格

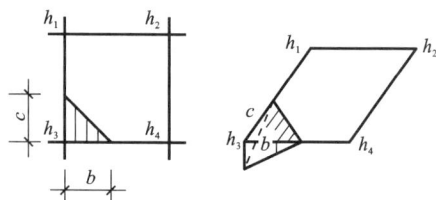

图1-10　一点填方或挖方方格

3）方格相邻的两个角点为挖方，另两个角点为填方，见图1-11，其填方部分的土方量为：

$$V_{(+)} = \frac{b+c}{2}a\frac{\sum h}{4} = \frac{a}{8}(b+c)(h_1 + h_3)$$

（1-20）

挖方部分的土方量为：

$$V_{(-)} = \frac{d+e}{2}a\frac{\sum h}{4} = \frac{a}{8}(d+e)(h_2 + h_4)$$

（1-21）

4）方格的三个角点为挖方或填方，见图1-12，其挖（填）方的土方量为：

$$V = \left(a^2 - \frac{bc}{2}\right)\frac{\sum h}{5} = \left(a^2 - \frac{bc}{2}\right)\frac{h_1 + h_2 + h_4}{5}$$

（1-22）

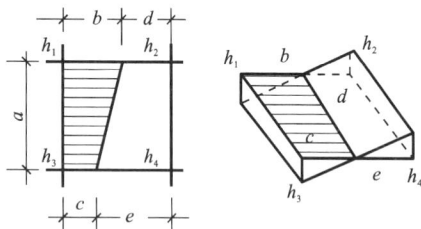

图1-11　两挖两填方格

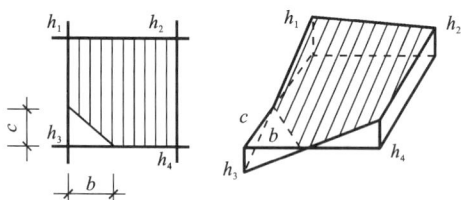

图1-12　三挖一填（或三填一挖）方格

（4）计算场地边坡土方量

在场地平整施工中，往往场地四周需要做成边坡，以保持土体稳定，保证施工和使用的安全。边坡土方量的计算，可先把挖方区和填方区的边坡画出来，然后将边坡划分为两种近似的几何形体，即三角棱柱体或三角棱锥体，分别计算它们的体积。

三角棱锥体边坡体积(图 1-13 中的①),计算公式如下:

$$V_1 = \frac{1}{3}A_1 l_1 \qquad (1-23)$$

式中:l_1 为边坡①的长度(m);A_1 为边坡①的端面积(m^2)。

三角棱柱体边坡体积(图 1-13 中的④),计算公式如下:

$$V_4 = \frac{A_1 + A_2}{2} l_4 \qquad (1-24)$$

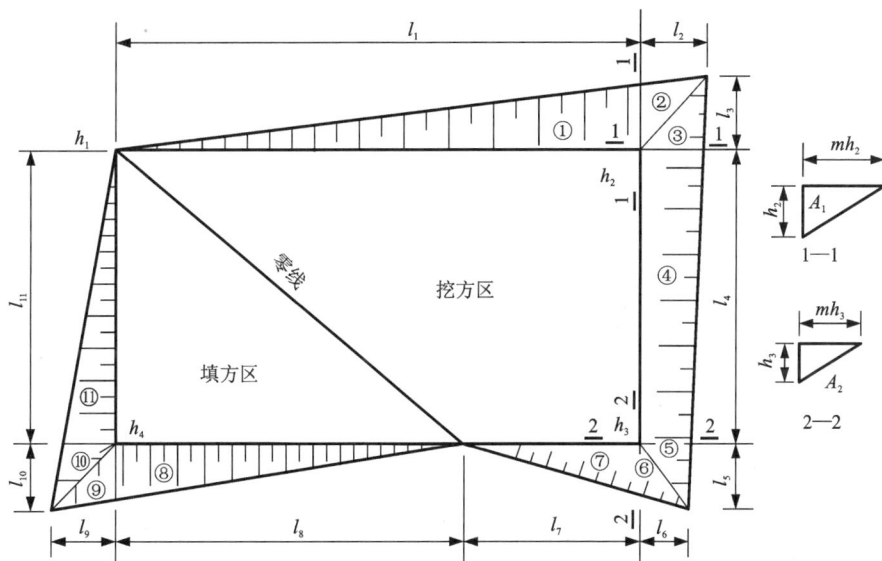

图 1-13 场地边坡平面图

在两端横断面面积相差很大的情况下,则:

$$V_4 = \frac{l_4}{6}(A_1 + 4A_0 + A_2) \qquad (1-25)$$

式中:l_4 为边坡④的长度(m);A_1,A_2 和 A_0 为边坡④的两端及中部的横断面面积(m^2)。

(5)计算土方总量

将挖方区(或填方区)的所有方格土方量和边坡土方量汇总后即得场地平整挖(填)方的工程量。

【例 1-2】 某建筑施工场地地形图和方格网布置如图 1-14 所示,方格网的边长 $a =$ 20 m,方格网各角点上的标高分别为地面的设计标高和自然标高,设计填方区边坡坡度系数为 1.0,挖方区边坡坡度系数为 0.5,计算挖、填方土量。

解:

①计算各角点的施工高度

根据方格网各角点的地面设计标高和自然标高,按照式(1-16)计算得:

$$h_1 = 251.50 - 251.40 = 0.10(m)$$
$$h_2 = 251.44 - 251.25 = 0.19(m)$$

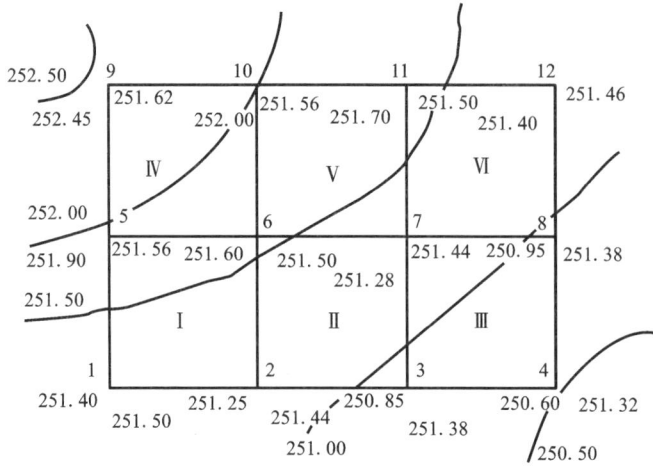

图 1-14　某建筑场地方格网布置图

$$h_3 = 251.38 - 250.85 = 0.53 (\text{m})$$

其余各角点计算可得：$h_4 = 0.72$ m；$h_5 = -0.34$ m；$h_6 = -0.10$ m；$h_7 = 0.16$ m；$h_8 = 0.43$ m；$h_9 = -0.83$ m；$h_{10} = -0.44$ m；$h_{11} = -0.20$ m；$h_{12} = 0.06$ m。

各角点施工高度计算结果标注在图 1-15 中。

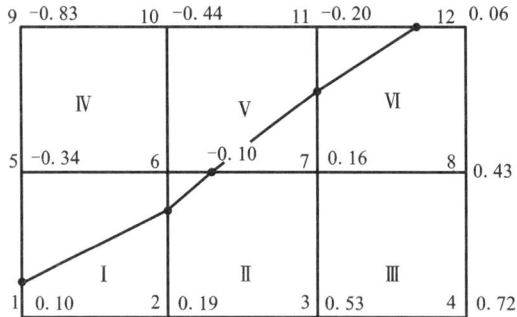

图 1-15　施工高度及零线位置

②计算零点位置

由图 1-15 可知，方格网边 1-5、2-6、6-7、7-11 和 11-12 两端的施工高度符号不同，这说明在这些方格边上有零点存在，由式(1-17)计算得：

1-5 边：$x_1 = 4.55$ m；2-6 边：$x_1 = 13.10$ m；6-7 边：$x_1 = 7.69$ m；7-11 边：$x_1 = 8.89$ m；11-12 边：$x_1 = 15.38$ m。在图 1-15 中标定各零点，并将相邻零点连接起来得到零线位置。

③计算各方格的土方量

列表分别计算各方格内的挖填方量，计算过程和结果见表 1-3。

表1-3 土方量计算过程与结果

方格编号	方格简图	计算过程	计算结果/m³
I	5 −0.34　6 −0.10 I 1 0.10　2 0.19	$V_{(+)} = (4.55+13.10) \times (0.10+0.19) \times 20/8$ $V_{(-)} = (15.45+6.90) \times (0.10+0.34) \times 20/8$	$V_{(+)} = 12.80$ $V_{(-)} = 24.59$
II	6 −0.10　7 0.16 II 2 0.19　3 0.53	$V_{(+)} = [20^2-7.69 \times (20-13.1)/2] \times (0.16+0.53+0.19)/5$ $V_{(-)} = 7.69 \times (20-13.1) \times 0.10/6$	$V_{(+)} = 65.73$ $V_{(-)} = 0.88$
III	7 0.16　8 0.43 III 3 0.53　4 0.72	$V_{(+)} = 20^2 \times (0.16+0.43+0.72+0.53)/4$	$V_{(+)} = 184.00$
IV	9 −0.83　10 −0.44 IV 5 −0.34　6 −0.10	$V_{(-)} = 20^2 \times (0.83+0.44+0.10+0.34)/4$	$V_{(-)} = 171.00$
V	10 −0.44　11 −0.20 V 6 −0.10　7 0.16	$V_{(+)} = 8.89 \times 12.31 \times 0.16/6$ $V_{(-)} = [20^2-8.89 \times (20-7.69)/2] \times (0.44+0.20+0.10)/5$	$V_{(+)} = 2.92$ $V_{(-)} = 51.10$
VI	11 −0.20　12 0.06 VI 7 0.16　8 0.43	$V_{(+)} = [20^2-15.38 \times (20-8.89)/2] \times (0.06+0.43+0.16)/5$ $V_{(-)} = 15.38 \times (20-8.89) \times 0.20/6$	$V_{(+)} = 40.89$ $V_{(-)} = 5.70$
合计		挖方总量253.27 m³；填方总量306.34 m³	

④边坡土方量计算

如图1-16所示，除第④⑦按三角棱柱体计算外，其余均按三角棱锥体计算：

$V_{①(+)} = 0.003 \text{ m}^3$；$V_{②(+)} = V_{③(+)} = 0.0001 \text{ m}^3$；$V_{④(+)} = 5.22 \text{ m}^3$；

$V_{⑤(+)} = V_{⑥(+)} = 0.06 \text{ m}^3$；$V_{⑦(+)} = 7.93 \text{ m}^3$；$V_{⑧(+)} = V_{⑨(+)} = 0.01 \text{ m}^3$；

$V_{⑩} = 0.01 \text{ m}^3$；$V_{⑪} = 2.03 \text{ m}^3$；$V_{⑫} = V_{⑬} = 0.02 \text{ m}^3$；$V_{⑭} = 3.18 \text{ m}^3$。

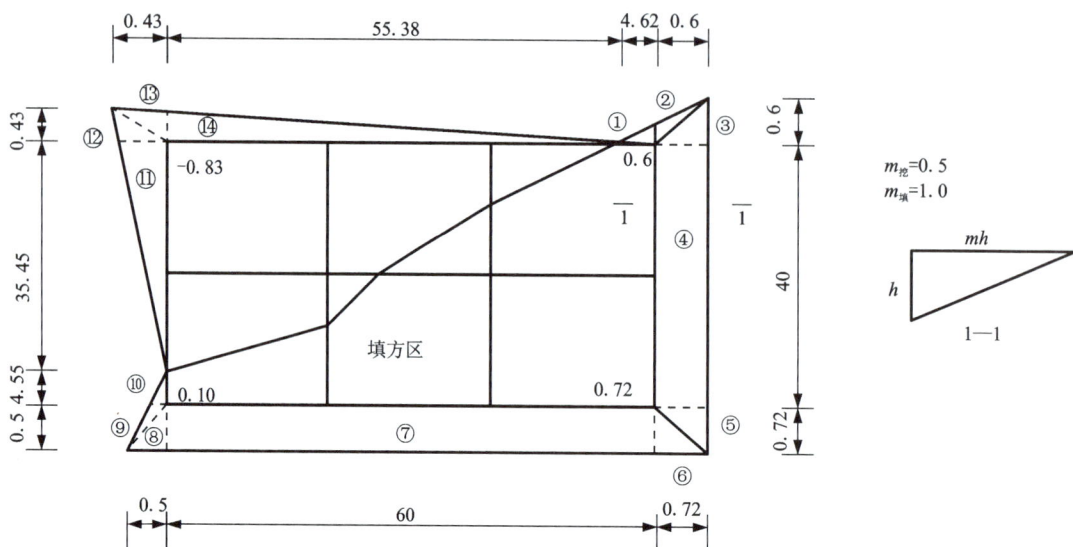

图 1-16　场地边坡平面图(单位：m)

边坡总填方量：

$$\sum V_{(+)} = 0.003 + 0.0001 + 5.22 + 2 \times 0.06 + 7.93 + 2 \times 0.01 + 0.01 = 13.30 (m^3)$$

边坡总挖方量：

$$\sum V_{(-)} = 2.03 + 2 \times 0.02 + 3.18 = 5.25 (m^3)$$

1.2.3　土方调配

土方量计算完成后，即可着手土方的调配工作。土方调配，就是对挖土的利用、堆弃以及填土的取得三者之间的关系进行综合协调的处理。好的土方调配方案，应该是使土方运输量或费用达到最小，而且又能方便施工。

土方调配的原则：①力求达到挖方与填方平衡和运距最短的原则；②近期施工和后期利用的原则。进行土方调配，必须依据现场具体情况、有关技术资料、工期要求、土方施工方法和运输方法，综合上述原则，并经计算比较，选择经济合理的调配方案。

调配方案确定后，绘制土方调配图。在土方调配图上要注明挖填调配区、调配方向、土方数量和平均运距。图 1-17 中 W 为挖方区，T 为填方区。

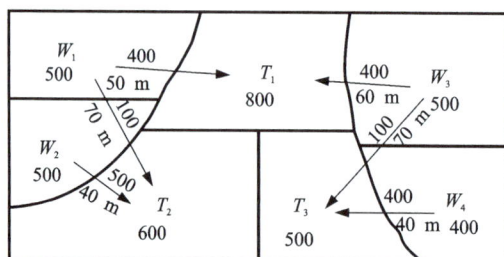

图 1-17　土方调配图

1.3　施工准备与辅助工作

在场地平整工作完成后，便可进行基坑的开挖。基坑的开挖往往涉及一系列的问题，如边坡的稳定，深基坑的支护，降低地下水位，基坑开挖方案的确定等。

1.3.1　施工准备

（1）技术准备

熟悉施工图纸，踏勘施工现场，掌握水文地质条件，从而确定合理施工方案及施工方法。

（2）现场准备

场地需进行清理、平整，设置排水设施排除地面水，修筑场内道路及搭设临时建筑物，安装供水、供电等临时设施，从而确保土方施工顺利进行。

1.3.2　土方边坡与土壁支撑

1. 土方边坡

为保证土方边坡稳定、防止土壁塌方、确保施工安全，当挖方超过一定深度或填方超过一定高度时，应做成一定形式的边坡或设置临时支撑。影响边坡稳定的因素很多，主要有土的种类、基坑开挖深度、水的作用、坡顶荷载、震动等。

土方边坡的坡度以开挖深度 H 与放坡的宽度 B 之比来表示，见图 1-18(a)，即：

$$土方边坡坡度 \frac{H}{B} = \frac{1}{B/H} = 1:m$$

式中：$m = B/H$，称为边坡系数。

边坡坡度应根据土质、开挖深度、开挖方法、施工工期、地下水位、坡顶荷载及气候条件等因素确定，可做成直线形、折线形或阶梯形（图 1-18）。

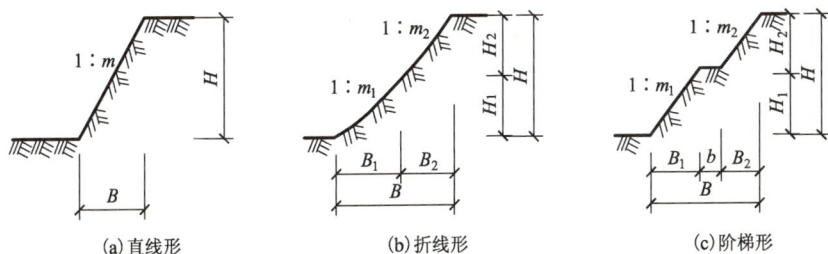

(a)直线形　　　　(b)折线形　　　　(c)阶梯形

图 1-18　基坑边坡

合适的边坡系数应满足安全与经济两方面的要求，既要保证边坡稳定，又不增多土方量。一般边坡系数 m 由设计文件规定，当设计文件未作规定时，应按照规范的有关规定来选取。

当土质均匀且地下水位低于基坑(槽)或管沟底面标高、挖方深度不超过表 1-4 规定时，挖方边坡可做成直立壁且不加支撑。

表 1-4　基坑(槽)和管沟不加支撑时的允许深度

土的类别	允许深度/m
密实、中密的砂土和碎石类土(充填物为砂土)	1.00
硬塑、可塑的粉质黏土及粉土	1.25
硬塑、可塑的黏土和碎石类土(充填物为黏性土)	1.50
坚硬的黏土	2.00

当挖方超过表 1-4 的深度时,应考虑放坡或直立壁加支撑。当地质条件良好、土质均匀且地下水位低于基坑(槽)底面标高时,挖方深度在 5 m 以内不加支撑的边坡最陡坡度应符合表 1-5 的规定。

表 1-5　深度在 5 m 内的基坑(槽)、管沟边坡的最陡坡度(不加支撑)

土的类别	边坡坡度(高:宽)		
	坡顶无荷载	坡顶有静载	坡顶有动载
中密的砂土	1:1.00	1:1.25	1:1.50
中密的碎石类土(填充物为砂土)	1:0.75	1:1.00	1:1.25
硬塑的粉土	1:0.67	1:0.75	1:1.00
中密的碎石类土(填充物为黏性土)	1:0.50	1:0.67	1:0.75
硬塑的粉质黏土、黏土	1:0.33	1:0.50	1:0.67
老黄土	1:0.10	1:0.25	1:0.33
软土(经过人工降低地下水位后)	1:1.00	—	—

注:1. 静载指坑边堆土或材料等,动载指机械挖土或汽车运输作业等,堆土或材料堆积应距挖方边缘 1.0 m 以外,高度不应超过 1.5 m。

　　2. 若有成熟的经验或科学的理论计算并经试验证明者可不受本表限制。

对临时性挖方边坡值,应符合表 1-6 的规定。

表 1-6　临时性挖方边坡值

土的类别		边坡值(高:宽)
砂土(不包括细砂、粉砂)		1:1.25~1:1.50
一般性黏土	硬	1:0.75~1:1.00
	硬塑	1:1.00~1:1.25
	软	1:1.50 或更缓
碎石类土	充填坚硬、硬塑黏性土	1:0.50~1:1.00
	充填砂土	1:1.00~1:1.50

注:1. 有成熟施工经验,可不受本表限制;设计有要求时,应符合设计标准。

　　2. 如采用降水或其他加固措施,可不受本表限制。

　　3. 开挖深度:软土不超过 4 m,硬土不超过 8 m。

2. 土壁支撑

采用放坡开挖基坑(槽)法,往往是比较经济的。但有时受场地的限制不能按要求放坡,可采用设置土壁支撑的施工方法,主要包括横撑式支撑、锚锭式支撑及板桩式支撑等。

土壁支撑

(1)横撑式支撑

开挖狭窄的基坑(槽)和管沟时,可采用横撑式支撑。贴附于土壁上的挡土板,可水平铺设或垂直铺设,也可断续铺设或连续铺设(图1-19)。断续水平挡土板支撑用于湿度小的黏性土及挖土深度小于3 m时。连续水平挡土板支撑用于挖土深度不大于5 m的较潮湿或松散的土。连续垂直挡土板支撑则常用于湿度很高和松散的土,挖土深度不限。

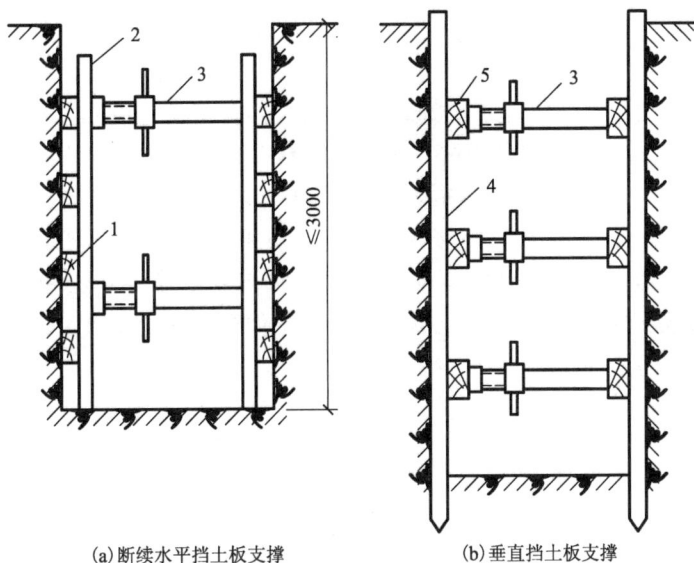

(a)断续水平挡土板支撑　　　　(b)垂直挡土板支撑

1—水平挡土板;2—竖楞木;3—工具式横撑;4—竖直挡土板;5—横楞木。

图1-19　横撑式支撑

(2)锚锭式支撑

水平挡土板支在柱桩的内侧,柱桩一端打入土中,另一端用拉杆与锚桩拉紧,在挡土板内侧回填土,适用于开挖较大型、深度不大的基坑或使用机械挖土,但不能安设横撑时使用。锚锭式支撑形式见图1-20。

(3)板桩式支撑

板桩式支撑特别适用于地下水位较高且土质为细颗粒、松散饱和土的支护,可防止流砂现象的发生。板桩种类很多,有木板桩、钢板桩及钢筋混凝土板桩等,其中钢板桩应用最广。

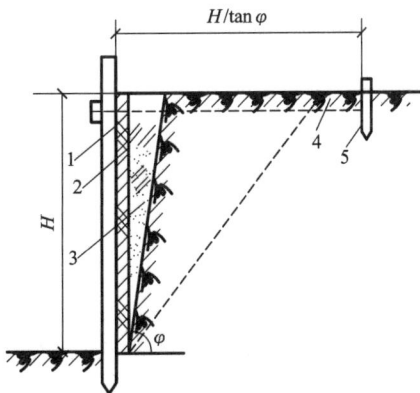

钢板桩又可分平板桩和波浪式板桩两类。平板桩防水和承受轴向压力性能良好,易打入地下,但

1—桩柱;2—挡土板;3—回填土;
4—拉杆;5—锚桩。

图1-20　锚锭式支撑

长轴方向抗弯强度较小，如图 1-21(a)所示。波浪式板桩的防水和抗弯性能都较好，施工中多采用，如图 1-21(b)所示。

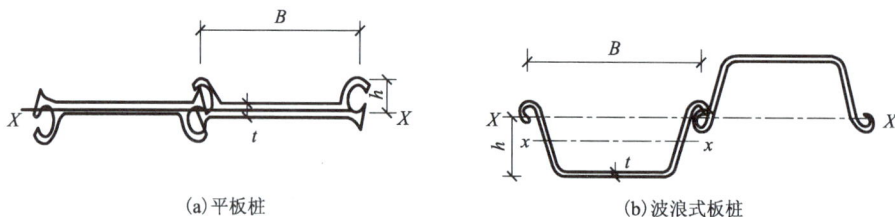

(a)平板桩　　　　　　　　　　(b)波浪式板桩

图 1-21　钢板桩示意图

1.3.3　土方工程施工排水和降低地下水位

当基坑底面低于地下水位时，开挖基坑的过程中将会切断土壤的含水层，使得地下水不断渗入基坑，导致地基承载力不断下降，同时也容易造成基坑边坡塌方的出现。因此为了保证工程质量和施工安全，在基坑开挖前或开挖过程中，必须采取措施降低地下水位，使基坑在开挖过程中坑底始终保持干燥。对于地面水，一般采取在基坑四周或流水的上游设排水沟、截水沟或挡水土堤等办法解决。对于地下水则常采用明排降水法和人工降低地下水位法，使地下水位降至所需开挖的深度以下。无论采用何种方法，降水工作都应持续到基础工程施工完毕并回填土后才可停止。

1. 明排水法

基坑在逐层开挖过程中，在坑底周围设置具有一定坡度的排水明沟，并在坑底四角或每隔 30～40 m 设置集水井，使地下水流入集水井内，然后用水泵抽出坑外(图 1-22)。明排水法是一种常用的最经济、最简单的方法，但仅适用于土质较好且地下水位不高的基坑开挖。当土为细砂或粉砂时，易发生流砂现象，此时可采用人工降低地下水位的方法。

明排水

(1)集水井与排水明沟的设置

基坑四周的排水沟及集水井应随基坑开挖逐层设置，如图 1-22 所示，并设置于基础轮廓 0.3 m 以外处、地下水流的上游；排水沟的坡度为 1‰～5‰，断面尺寸一般不小于 0.5 m×0.5 m；集水井的直径或宽度一般为 0.7～1.0 m，其深度宜比排水沟的深度低 0.5～1.0 m。

(2)水泵的选用

明排水是指用水泵从集水井中抽水。常用的水泵有潜水泵、离心水泵和泥浆泵。一般所选用水泵的抽水量为基坑涌水量的 1.5～2.0 倍。

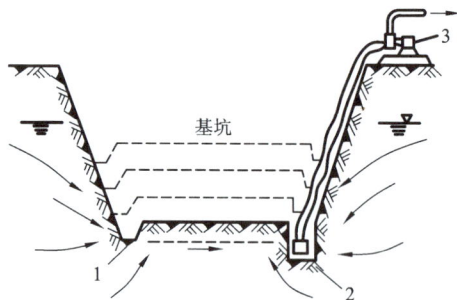

1—排水沟；2—集水井；3—水泵。

图 1-22　集水井降水

（3）流砂的发生与防治

采用明排水法开挖基坑时，如果基坑挖至地下水位以下，坑底、坑壁的土粒形成流动状态，且随地下水的渗流不断涌入基坑，即称为流砂现象。

1）发生流砂现象的原因。

如图1-23所示，由于高水位的左端（水头为h_1）与低水位的右端（水头为h_2）之间存在压力差，水经过长度为l、断面积为F的土体由左端向右端渗流，如图1-23（a）所示。

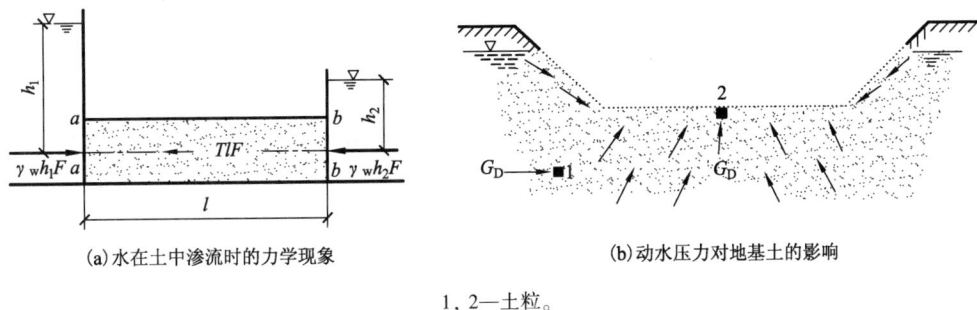

(a)水在土中渗流时的力学现象　　(b)动水压力对地基土的影响

1，2—土粒。

图1-23　动水压力原理图

$\gamma_w h_1 F$——作用在土体左侧a-a截面处的总水压力（γ_w为水的密度）。

$\gamma_w h_2 F$——作用在土体右侧b-b截面处的总水压力。

TlF——水渗流时受到土颗粒的总阻力（T—单位土体阻力）。

由静力平衡条件有：

$$T = -\frac{h_1 - h_2}{l}\gamma_w \quad （-表示方向向左） \tag{1-26}$$

式中：$\dfrac{h_1 - h_2}{l}$为水头差与渗透路程长度l之比，称为水力坡度，以i表示。

式（1-26）可写成：

$$T = -i\gamma_w \tag{1-27}$$

由于单位土体阻力与水在土中渗流时对单位土体的压力G_D大小相等，方向相反，所以：

$$G_D = -T = i\gamma_w \tag{1-28}$$

式中：G_D为动水压力（N/cm^2）。

由式（1-28）可知，动水压力G_D的大小与水力坡度成正比，即水位差$h_1 - h_2$越大，则G_D越大，而渗透路程越长，则G_D越小，动水压力的作用方向与水流的方向相同。当水流在水位差的作用下对土颗粒产生向上的压力时，土颗粒受到了向上的浮力。如果动水压力等于或大于土的饱和密度γ'时，即$G_D \geq \gamma'$，则土颗粒处于悬浮状态，土的抗剪强度等于零，土颗粒会随着渗流的水一起流动，这种现象称为流砂现象。

2）易产生流砂的土。

下列性质的土，在一定动水压力作用下，就有可能发生流砂现象。

①土的颗粒组成中，黏粒含量小于10%，粉粒（颗粒为0.005~0.05 mm）含量大于75%；

②颗粒级配中，土的不均匀系数小于5；

③土的天然孔隙比大于0.75；

④土的天然含水量大于30%。

因此，流砂现象经常发生在细砂、粉砂及粉土中。

3）流砂的防治办法。

当发生流砂现象时，土完全丧失承载力，土边挖边冒，很难挖到设计深度，给施工带来极大困难，严重时还会引起边坡塌方。如果附近有建筑物，则会引起地基被掏空而使建筑物下沉、倾斜，甚至倒塌。发生流砂现象的关键是动水压力的大小与方向。所以，在基坑开挖中，防治流砂的原则是"治流砂必治水"，主要途径是消除、减小或平衡动水压力或者改变动水压力的方向。其具体措施有：

①抢挖法：组织分段开挖，使挖土速度超过冒砂速度，挖到标高后立即铺竹筏或芦席，并抛大石块以平衡动水压力，压住流砂，此法可解决轻微流砂现象。

②打板桩法：将板桩打入坑底下面一定深度，增加地下水从坑外流入坑内的渗流长度，减小水力坡度，从而减小动水压力，防止流砂产生。

③水下挖土法：不排水施工，使坑内水压力与地下水压力平衡，消除动水压力，从而防止流砂产生。

④人工降低地下水位：采用轻型井点等降水，使地下水降到坑底以下，水不致流入坑内，从而防止流砂产生。

⑤地下连续墙法：在基坑周围浇筑一道混凝土连续墙，以支承土壁、截水并防止流砂产生。此外，还可以选择在枯水期施工等方法。

2. 人工降低地下水位

当土层是软土层或者含有淤泥层、细砂时，不宜采用明排水法，因为在基坑中直接排水，地下水将产生自下而上或从边坡向基坑方向流动的动水压力，容易导致边坡塌方和产生流砂现象，并使基底土结构遭受破坏，这种情况应考虑采用人工降低地下水位方法。

人工降低地下水位就是在基坑开挖前，预先在基坑周围埋设一定数量的滤水管（井），利用抽水设备不断抽出地下水，使地下水位降低到坑底以下，直至基础工程施工完毕。人工降低地下水位法改善了工作条件，防止了流砂现象的发生。同时，由于地下水位在降落过程中动水压力向下作用与土体自重作用，使基底土层压密，提高了地基土的承载能力。

人工降低地下水位法按其系统的设置、吸水原理和方法的不同，可分为轻型井点、喷射井点、电渗井点、管井井点和深井井点，其中轻型井点应用最广泛。对不同类型的人工降低地下水位方法的选用可参考表1-7。

表1-7　降水类型及适用条件

项次	井点类型	土层渗透系数/$(cm \cdot s^{-1})$	降低水位深度/m
1	单级轻型井点	$10^{-5} \sim 10^{-2}$	$3 \sim 6$
2	多级轻型井点	$10^{-5} \sim 10^{-2}$	$6 \sim 12$（由井点层数而定）
3	喷射井点	$10^{-6} \sim 10^{-3}$	$8 \sim 20$
4	电渗井点	$<10^{-6}$	宜配合其他形式降水使用
5	深井井点	$\geqslant 10^{-5}$	>10

（1）轻型井点降低地下水位

轻型井点降低地下水位是沿基坑四周每隔一定距离将若干直径较小的井点管埋入蓄水层内，井点管上端伸出地面，通过弯联管与总管相连并引向水泵房，利用抽水设备将地下水从井点管内不断抽出，使地下水位降至坑底以下，如图1-24所示。

轻型井点由管路系统和抽水设备两部分组成。

管路系统包括滤管、井点管、弯联管及总管。滤管是轻型井点的进水装置（图1-25），一般采用长0.9~1.7 m、直径38~55 mm的无缝钢管。管壁上钻有直径为12~18 mm的滤水孔，呈梅花形排列，滤孔面积为滤管表面积的20%~25%，外包两层滤网。井点管采用长为5~7 m、直径为38 mm或55 mm的钢管，可用整根或分节组成，上端用弯联管与总管相连。弯联管一般用塑料透明管或橡胶管制成，其上装有阀门，以便调节或检修井点。

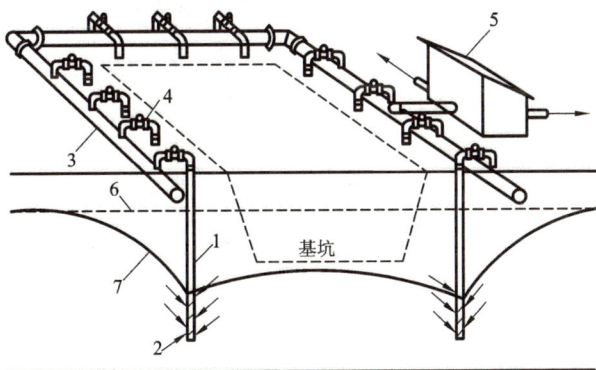

1—井点管；2—滤管；3—总管；4—弯联管；5—水泵房；
6—原地下水位线；7—降低后的地下水位线。

图1-24　轻型井点降低地下水位

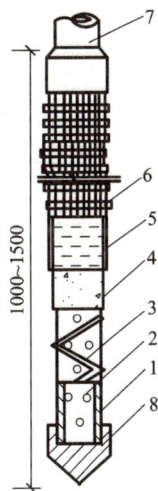

1—钢管；2—管壁上小孔；3—缠绕的铁丝；
4—细滤网；5—粗滤网；6—粗铁丝保护网；
7—井点管；8—铸铁头。

图1-25　滤管构造

总管一般用直径为100~127 mm的无缝钢管分节连接而成，每节长4 m，每隔0.8~1.6 m设一个与井点管连接的短接头。按2.5‰~5‰坡度坡向泵房。

抽水设备：由真空泵、离心泵和集水箱等组成。

（2）轻型井点的布置

轻型井点的布置，应根据基坑的大小和深度、土质、地下水位的高低与流向、降水深度要求等因素确定。设计时主要考虑平面和高程两个方面。

1）平面布置。

单排线状井点布置（图1-26）：基坑或沟槽宽度小于6 m，且降水深度不超过5 m。布置在地下水流的上游一侧，两端延伸长度一般不小于沟底宽度。

双排线状井点布置（图1-27）：基坑或沟槽宽度大于6 m或土质不良。

环形井点布置（图1-28）：基坑开挖面积较大。

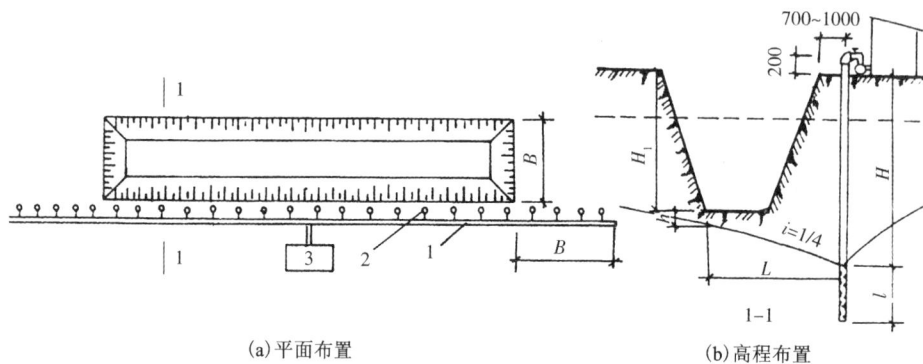

(a)平面布置　　　　　　　　　　(b)高程布置

1—总管；2—井点管；3—抽水设备。

图 1-26　单排线状井点布置图

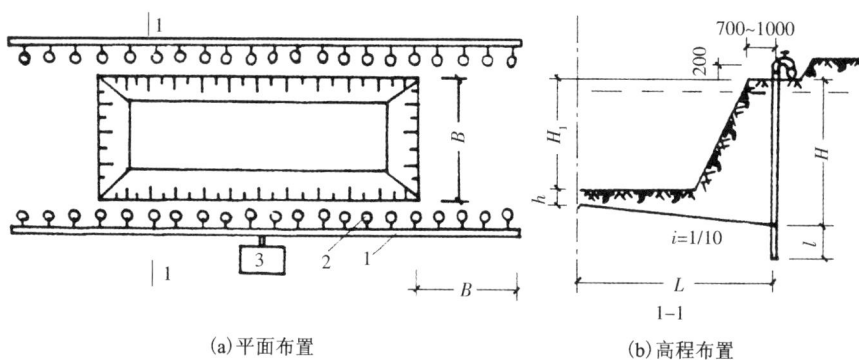

(a)平面布置　　　　　　　　　　(b)高程布置

1—总管；2—井点管；3—抽水设备。

图 1-27　双排线状井点布置图

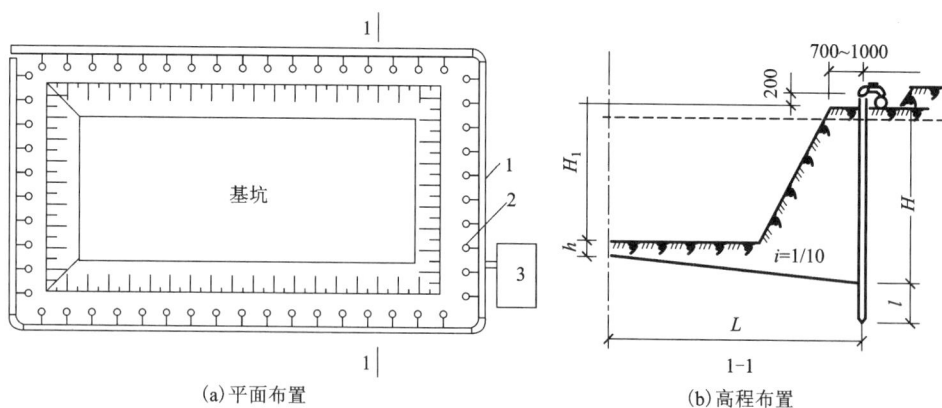

(a)平面布置　　　　　　　　　　(b)高程布置

1—总管；2—井点管；3—抽水设备。

图 1-28　环形井点布置图

2）高程布置。轻型井点的降水深度从理论上讲可达 10 m 左右，但由于抽水设备的水头损失，实际降水深度一般不大于 6 m。井点管的埋设深度 H（不包括滤管）可按下式计算：

$$H \geq H_1 + h + iL \tag{1-29}$$

式中：H_1 为井点管埋设面到基坑底面的距离（m）；h 为基坑底面至降低后的地下水位线的距离，一般取 0.5~1.0 m（人工开挖取下限，机械开挖取上限）（m）；i 为降水曲线坡度，可取实测值或按经验，单排井点取 1/4，环形井点取 1/10~1/15；L 为井点管至基坑中心的水平距离，单排井点为井点管至基坑另一边的距离（m）。

如 H 小于降水深度 6 m 时，可用一级井点；当 H 稍大于 6 m，降低井点管的埋设面后，可满足降水深度要求时，仍可采用一级井点；当一级井点达不到降水深度要求时，可采用二级井点或多级井点，即先挖去第一级井点所疏干的土，然后在其底部埋设第二级井点，见图 1-29。

（3）轻型井点的施工。

轻型井点系统的施工，主要包括施工准备、井点系统的安装、使用及拆除。

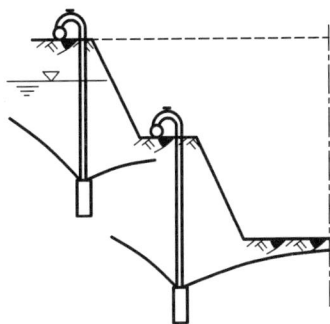

图 1-29 二级轻型井点示意图

在井点系统安装时，先根据降水方案埋设总管，再冲孔、埋设井点管，然后用弯联管将井点管与总管连接，最后安装抽水设备。

井点管的埋设一般用水冲法进行，水冲法分为冲孔与埋管两个过程。冲孔时，利用起重设备将冲管吊起，并插在井点位置上，边利用高压水泵冲松土体边下沉，冲孔应垂直，直径一般为 300 mm，以保证井管壁有一定厚度的砂滤层，冲孔深度要比滤管底深 0.5 m 左右，以防冲管拔出时部分土颗粒沉于底部而触及滤管（图 1-30）。

轻型井点系统全部安装完毕后，应进行抽水试验，以检查井点管有无淤塞或漏气、漏水现象。在井点系统的使用过程中，应连续抽水，时抽时停会抽出大量泥砂，使滤管淤塞，并可能造成附近建筑物因土粒流失而沉降开裂。

（4）降水对周围建筑的影响及防止措施

在弱透水层和压缩性大的黏土层中降水时，由于地下水流失造成地下水位下降、地基自重应力增加和土层压缩等，会产生较大的地面沉降；又由于土层的不均匀性和降水后地下水位呈漏斗形，四周土层的自重应力变化不一而产生不均匀沉降，使周围建筑基础下沉或房屋开裂。因此，在建筑物附近进行井点降水时，为防止降水影响或损害区域内的建筑物，必须阻止建筑物下的地下水流失。为达到此目的，除可在降水区域和原有建筑物之间的土层中设置一道固体抗渗屏障外，还可用回灌井点补充地下水的办法来保持地下水位，使降水井点和原有建筑物下的地下水位保持不变或降低较少，从而阻止建筑物下的地下水的流失。这样，也不会因降水而使地面沉降，或减少沉降值。

回灌井点是防止井点降水损害周围建筑物的一种经济、简便、有效的办法，它能将井点降水对周围建筑物的影响减小到最低程度。为确保基坑施工的安全和回灌的效果，回灌井点与降水井点之间应保持一定的距离，一般不宜小于 6 m。

为了观测降水及回灌后四周建筑物、管线的沉降情况及地下水位的变化情况，必须设置

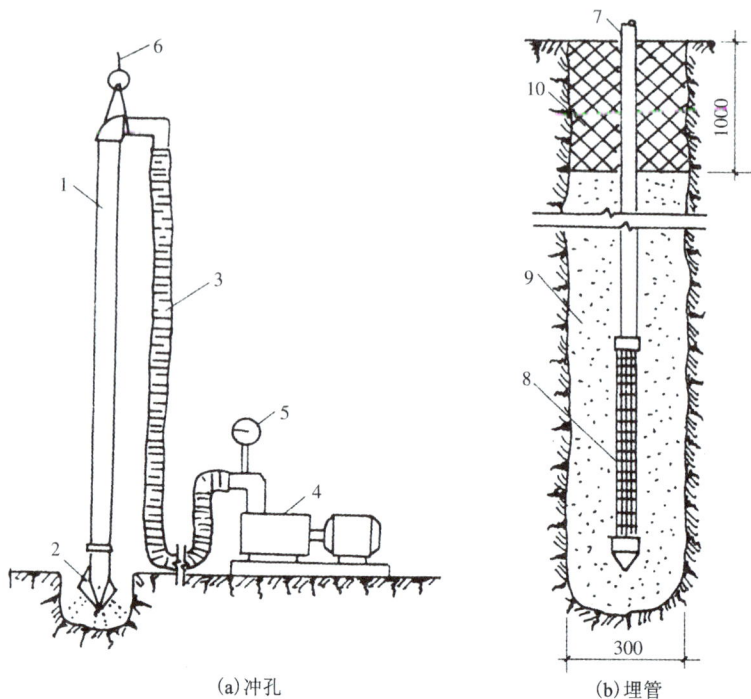

(a)冲孔　　　　　　(b)埋管

1—冲管；2—冲嘴；3—胶皮管；4—高压水泵；5—压力表；

6—起重机吊钩；7—井点管；8—滤管；9—填砂；10—黏土封口。

图 1-30　井点管的埋设

沉降观测点及水位观测井，并定时测量记录，以便及时调节灌、抽量，使灌、抽基本达到平衡，确保周围建筑物、管线等的安全。

1.4　土方机械化施工

1.4.1　常用土方施工机械的施工特点

土方工程施工包括土方开挖、运输、填筑与压实等。由于工程量大、劳动繁重，施工时应尽可能采用机械化、半机械化施工，以减轻繁重的体力劳动，加快施工进度。常用的土方施工机械有推土机、铲运机、单斗挖土机、装载机、压实机械等。

1. 推土机

推土机是一种在拖拉机上装有推土铲刀等工作装置的土方机械。按铲刀的操纵机构不同，推土机分为索式和液压式两种。索式推土机的铲刀借自身质量切入土中，在硬土中的切土深度较小。液压式推土机由于用液压操纵，能使铲刀强制切入土中，切入深度较大。同时，液压式推土机的铲刀还可以调整角度，具有更大的灵活性，是目前常用的一种推土机，见图 1-31。

推土机操作灵活、运转方便、所需工作面较小、行驶速度快、易于转移、能爬 30° 左右的缓坡，因此应用较广，多用于场地清理和平整，开挖深度为 1.5 m 以内的基坑，填平沟坑，以

推土机

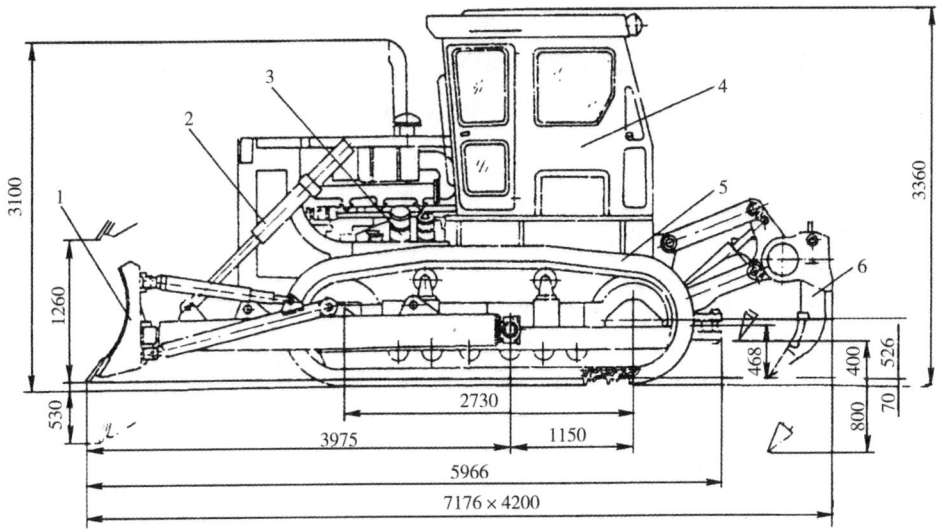

1—推土板；2—液压缸；3—动力装置；4—驾驶室；5—履带；6—松土钩。

图 1-31　T-180 型推土机外形图

及配合铲运机、挖土机工作等。此外，在推土机后面可安装松土装置，破、松硬土和冻土，也可以拖挂羊足碾进行土方压实工作。推土机可以推挖一至三类土，经济运距在 100 m 以内，效率最高为 60 m。

为了减少推土过程中土的散失，提高推土机的生产效率，常采取以下几种施工方法。

（1）下坡推土

推土机顺地面坡势沿下坡方向推土，借助机械往下的重力作用，增大推土刀的切土深度和运土数量，从而提高推土能力和缩短推土时间，见图 1-32。

（2）并列推土

一般用两三台推土机并列作业（图 1-33），铲刀相距 15～30 cm，可减少散失量，提高生产率。一般两台推土机并列推土可增加推土量 15%～30%，采用三台推土机并列推土可增大推土量 30%～40%，但平均运距不宜超过 50～75 m，也不宜小于 20 m。

图 1-32　下坡推土

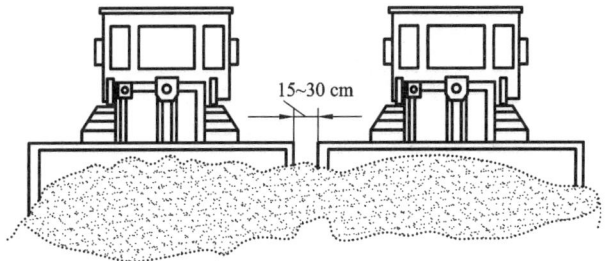

15～30 cm

图 1-33　并列推土

（3）槽形推土

推土机重复在一条作业线上切土和推土，使得地面逐渐形成一条浅槽，在槽中推土可减少散失，增加推土量 10%～30%，见图 1-34。槽的深度以 1 m 左右为宜。

（4）多刀推土

可以采用多次铲土、分批集中、一次推送的方法，以便有效地利用推土机的功率，缩短运土时间，见图 1-35。但堆积距离不宜大于 30 m，堆土高度以 2 m 内为宜。

图 1-34　槽形推土

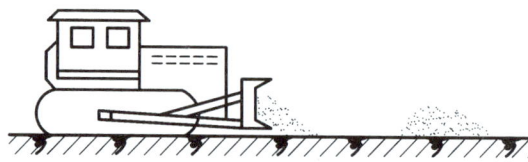

图 1-35　多刀推土

2. 铲运机

铲运机由牵引机械和土斗组成，按行走方式可分为拖式铲运机（图 1-36）和自行式铲运机（图 1-37）两种。拖式铲运机由拖拉机牵引；自行式铲运机的行驶和工作，都靠自身的动力设备，不需要其他机械的牵引和操纵。

铲运机的特点是能综合完成挖土、运土、平土或填土等全部土方施工工序，

铲运机

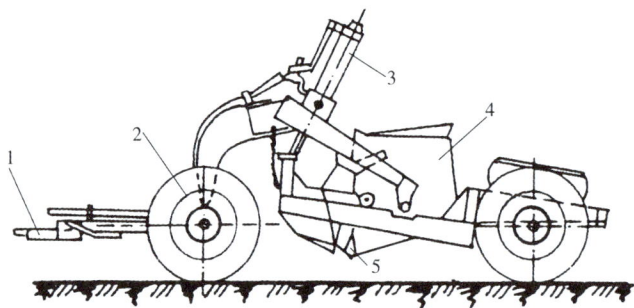

1—牵引挂钩；2—行走装置；3—铲斗操作装置；4—铲斗；5—铲（卸）土口。

图 1-36　拖式铲运机

对行驶道路要求较低；操纵灵活、运转方便、生产效率高，在土方工程中常用于大面积场地平整，开挖大基坑、沟槽、填筑路基与堤坝等工程。适宜于铲运含水量不大于 27% 的松土和普通土，不适宜于在砾石层、冻土地带及沼泽区工作。当铲运三、四类较坚硬的土时，宜用推土机助铲或用松土机配合将土翻松 0.2~0.4 m，以减少机械磨损，提高生产效率。

在工业与民用建筑施工中，常用铲运机的斗容量为 1.5~1.7 m³。自行式铲运机的经济运距以 800~1500 m 为宜，拖式铲运机的运距以 600 m 以内为宜，当运距为 200~300 m 时效率最高。在规划铲运机的开行路线时，应力求符合经济运距的要求。

（1）铲运机的开行路线

1）环形路线。

根据铲土与卸土的相对位置不同，可分为图 1-38（a）和图 1-38（b）两种情况。每一循环只完成一次铲土与卸土。当挖填交替而挖填方之间的距离较短时，可采用大环形路线时，见图 1-38（c）。其特点是一次循环可完成两次铲土与回填的作业，减少转弯次数，提高生产效

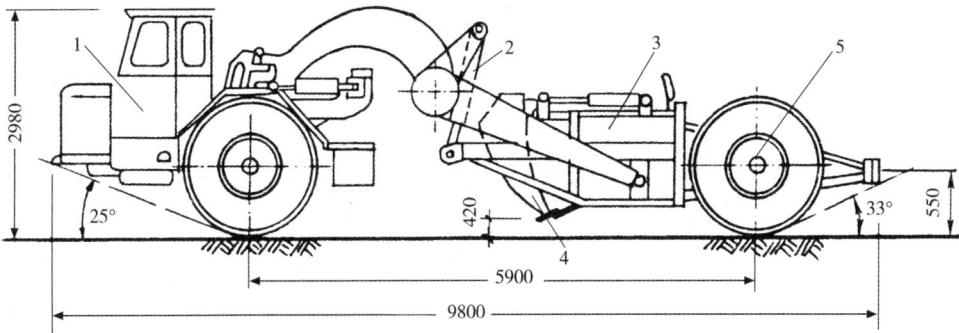

1—牵引车；2—铲斗操作装置；3—铲斗；4—铲(卸)土口；5—行走装置。

图1-37 自行式铲运机

率。采用环形路线时，为了防止机件单侧磨损，应避免机械总向一侧转弯。

2)"8"字形路线。

见图1-38(d)，"8"字形路线由两个环形连接而成，省去了两个急转弯。此运行路线中重载上坡的坡道较缓，重载与空载行驶路程较短。一次循环运行中，可完成两次铲土和卸土工作，效率高。机械左、右交替转弯，可减少机械的磨损。其缺点是要有较大的施工工作面，地形要平坦，多机同时施工时容易互相干扰。一般施工中较少采用。

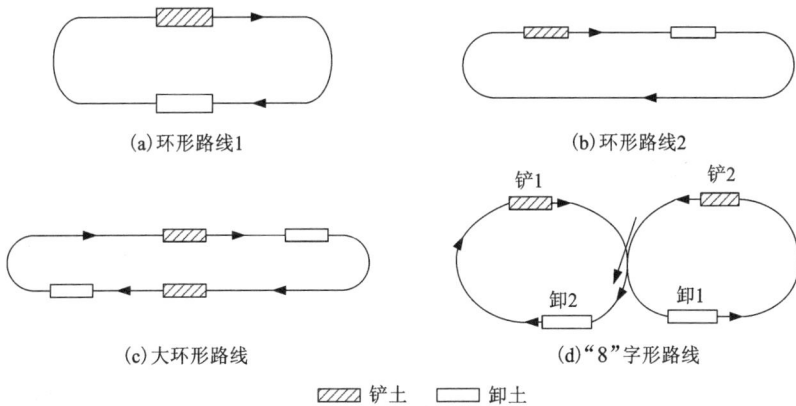

(a)环形路线1   (b)环形路线2

(c)大环形路线   (d)"8"字形路线

▨铲土 □卸土

图1-38 铲运机开行路线

(2)铲运机施工方法

1)下坡铲土法。

铲运机应尽量利用有利地形进行下坡铲土，借助自身重力来加大铲土能力，缩短装土时间，提高生产率。一般地面坡度以5°~7°为宜。

2)跨铲法。

在较坚硬的土层内挖土时，可采用预留土埂间隔铲土的方法，见图1-39。

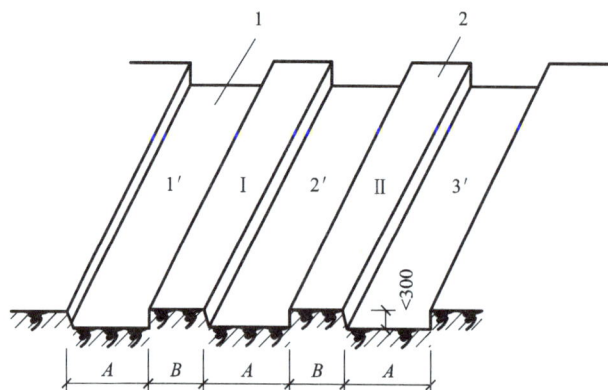

1—沟槽；2—土埂；A—铲斗宽度；B—土埂宽度。

图1-39　跨铲法

3）助铲法。

在坚硬的土层中铲土时，可另外配置一台推土机在铲运机的后拖杆上进行顶推，协助铲土，以缩短铲土的时间。

3. 单斗挖土机

单斗挖土机是基坑开挖中最常用的一种机械。按其行走装置的不同，可分为履带式和轮胎式两类。按其传动方式的不同，可分为机械传动和液压传动两类。根据工作的需要，单斗挖土机可更换其工作装置，按其工作装置的不同，又可分为正铲、反铲、拉铲和抓铲等。

正铲挖土机

（1）正铲挖土机

正铲挖土机的外形如图1-40所示，其工作特点是"向前向上，强制切土"。正铲挖土机挖掘力大，生产率高，铲斗自下向上切土，掘的进程向前开行，需有运土车辆配合工作。它适用于停机面以上的一至三类土的开挖，可用于开挖大型干燥基坑及土丘等。正铲挖土机性能见表1-8。

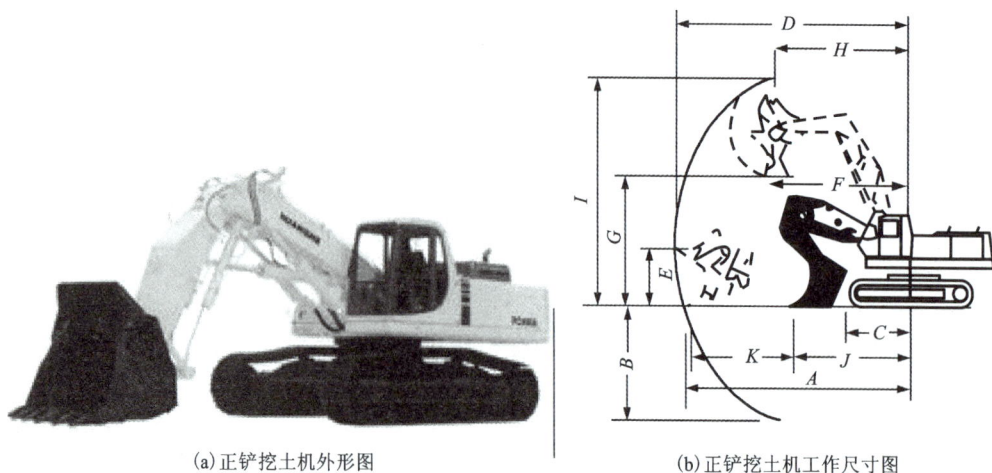

（a）正铲挖土机外形图　　　　（b）正铲挖土机工作尺寸图

图1-40　正铲挖土机

表 1-8　正铲挖土机技术性能

符号	名称	WY60	WY100	WY160
	铲斗容量/m³	0.6	1.5	1.6
	动臂长度/m		3	
	斗柄长度/m		2.7	2
A	停机面上最大挖掘半径/m	7.6	7.7	7.7
B	最大挖掘深度/m	4.36	2.9	3.2
C	停机面上最小挖掘半径/m			2.3
D	最大挖掘半径/m	7.78	7.9	8.05
E	最大挖掘半径时挖掘高度/m	1.7	1.8	2
F	最大卸载高度时卸载半径/m	4.77	4.5	4.6
G	最大卸载高度/m	4.05	2.5	5.7
H	最大挖掘高度时挖掘半径/m	6.16	5.7	5
I	最大挖掘高度/m	6.34	7.0	8.1
J	停机面上最小装载半径/m	2.2	4.7	4.2
K	停机面上最大水平装载行程/m	5.4	3.0	3.6

正铲挖土机的开挖方式有正向挖土侧向卸土和正向挖土后方卸土两种。

1)正向挖土侧向卸土[图 1-41(a)]。挖土机沿前进方向挖土,运输工具停在侧面装土。采用这种作业方式,挖土机卸土时动臂回转角小,运输工具行驶方便,生产效率高,因而使用广泛。

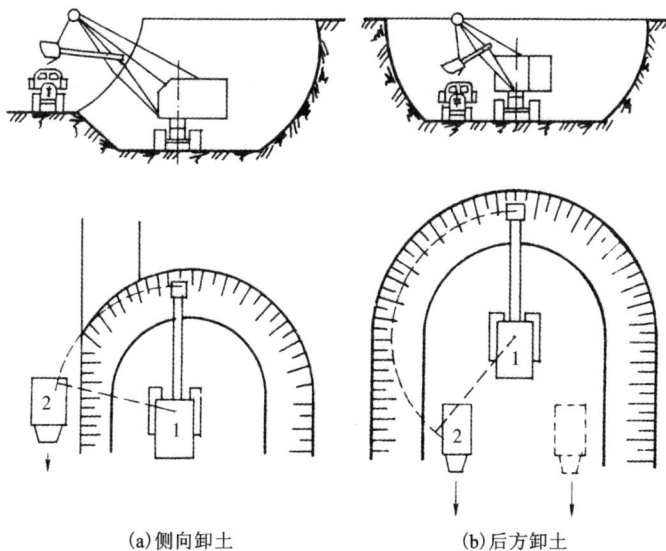

(a)侧向卸土　　　　　　　　　(b)后方卸土

1—正铲挖土机;2—自卸汽车。

图 1-41　正铲挖土机作业方式

2)正向挖土后方卸土[图1-41(b)]。挖土机沿前进方向挖土，运输工具停在挖土机后方装土。这种作业方式所开挖的工作面大，但挖土机卸土时动臂回转角大，生产率低，运输车要倒车开入，一般只宜用来开挖工作面较狭小且较深的基坑。

（2）反铲挖土机

反铲挖土机（图1-42）的挖土特点是"后退向下，强制切土"。其挖掘能力比正铲小，能开挖停机面以下的一至三类土，常用于开挖深度不大的基坑、基槽和管沟，也可用于地下水位较高的土方开挖。反铲挖土机性能见表1-9。

反铲挖土机

（a）反铲挖土机外形图　　　　　（b）反铲挖土机工作尺寸图

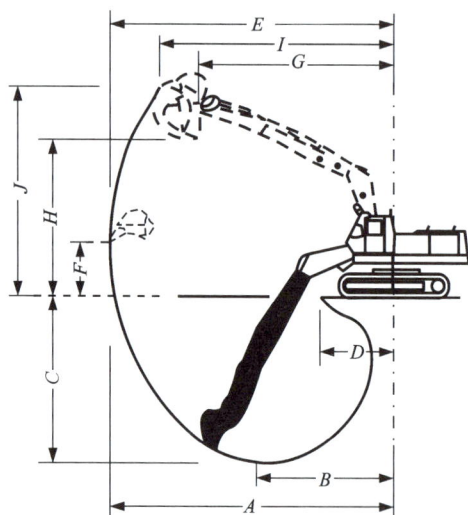

图1-42　反铲挖土机

表1-9　反铲挖土机技术性能

符号	名称	WY40	WY60	WY100	WY160
	铲斗容量/m³	0.4	0.6	1~1.2	1.6
	动臂长度/m			5.3	
	斗柄长度/m			2	2
A	停机面上最大挖掘半径/m	6.9	8.2	8.7	9.8
B	最大挖掘深度时挖掘半径/m	3.0	4.7	4.0	4.5
C	最大挖掘深度/m	4.0	5.3	5.7	6.1
D	停机面上最小挖掘半径/m		8.2		3.3
E	最大挖掘半径/m	7.18	8.63	9.0	10.6
F	最大挖掘半径时挖掘高度/m	1.97	1.3	1.8	2
G	最大卸载高度时卸载半径/m	5.267	5.1	4.7	5.4
H	最大卸载高度/m	3.8	4.48	5.4	5.83
I	最大挖掘高度时挖掘半径/m	6.367	7.35	6.7	7.8
J	最大挖掘高度/m	5.1	6.025	7.6	8.1

反铲挖土机的开挖方式有以下两种：

1)沟端开挖[图1-43(a)]。挖土机停在基槽(坑)的端部，向后侧退挖土，汽车停在基槽两侧装土。为了能很好地控制所挖边坡的坡度或直立的边坡，反铲的一侧履带应靠近边线向后移动挖土。

2)沟侧开挖[图1-43(b)]。挖土机沿基槽的一侧移动挖土。沟侧开挖能将土弃于距基槽边较远处，但开挖宽度受限制，且不能很好地控制边坡，机身停在沟边稳定性较差，因此只在无法采用沟端开挖或所挖的土不需运走时采用。

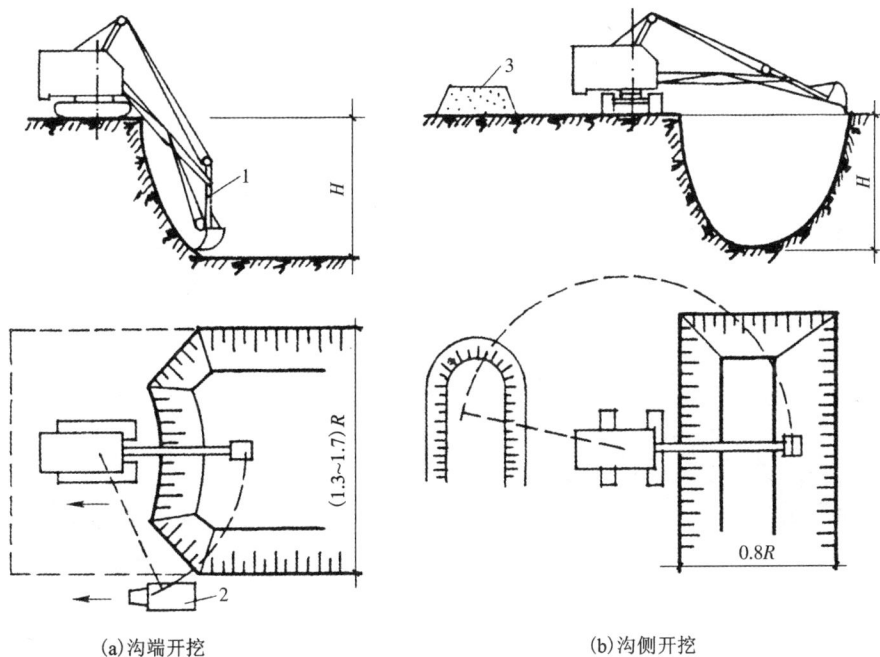

(a)沟端开挖　　　　　　　　　　(b)沟侧开挖

1—挖土机；2—自卸汽车；3—弃土堆。

图1-43　反铲挖土机作业方式

(3)拉铲挖土机

拉铲挖土机(图1-44)的挖土特点是"后退向下，自重切土"。其挖土半径和挖土深度较大，但不如反铲挖土机灵活，开挖精确性差。适用于停机面以下的一、二类土。可用于开挖大而深的基坑或水下挖土。拉铲挖土机的开挖方式与反铲挖土机的开挖方式相似，可沟侧开挖，也可沟端开挖。

拉铲挖土机

(4)抓铲挖土机

抓铲挖土机(图1-45)的挖土特点是"直上直下，自重切土"。其挖掘力较小，适用于开挖停机面以下的一、二类土，如挖窄而深的基坑、疏通旧有渠道、挖取水中淤泥等，或用于装卸碎石、矿渣等松散材料。在软土地基的地区，常用于开挖基坑等。

抓铲挖土机

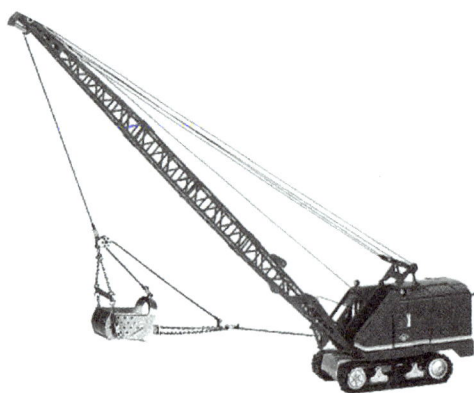

(a)拉铲挖土机外形图　　　　　　　　(b)拉铲挖土机工作尺寸图

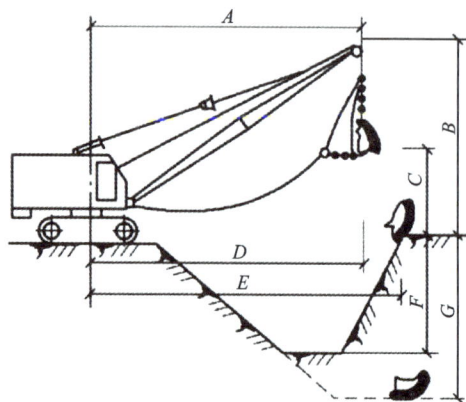

图 1-44　履带式拉铲挖土机

(a)抓铲挖土机外形图　　　　　　　　(b)抓铲挖土机工作尺寸图

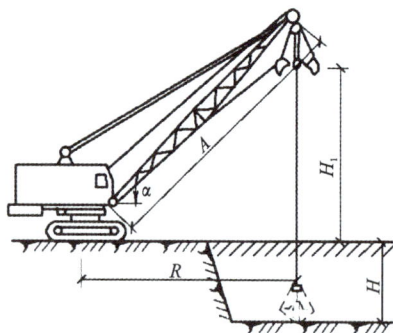

图 1-45　履带式抓铲挖土机

4. 装载机

装载机按行走方式分履带式和轮胎式(图 1-46)，按工作方式分单斗式、链式和轮斗式。土方工程主要使用单斗铰接式轮胎装载机。它具有操作轻便灵活、转运方便快速等特点。适用于装卸土方和散料，也可用于松软土的表层剥离、地面平整和场地清理等工作。

装载机

(a)履带式装载机　　　　　　　　(b)轮胎式装载机

图 1-46　装载机

常用国产铰接式轮胎式装载机主要技术性能及规格见表 1-10。

表 1-10　国产铰接式轮胎式装载机主要技术性能及规格

名称	型号				
	ZL20	ZL30	ZL40	ZL50	ZL50K
铲斗容量/m³	1.0	1.5	2.0	3.0	2.7
装载量/t	2	3	4	5	5
卸料高度/m	2.6	2.7	2.8	2.85	2.78
发动机功率/kW	60	73.5	100	162	
行走速度/(km·h⁻¹)	0~30	0~32	0~35	10~35	7.8~55
最大牵引力/t	6.4	7.5	10.5	16	
爬坡能力/(°)	30	25	28~30	30	25
回转半径/m	5.03	5.5	5.9	6.5	6.24
离地间隙/m	0.393	0.4	0.45	0.305	
转向方式	铰接液压缸	铰接液压缸	铰接液压缸	铰接液压缸	铰接液压缸
外形尺寸/(m×m×m)	5.7×2.2×2.8	6×2.4×2.8	6.4×2.5×3.2	6.7×2.8×2.7	7.61×2.94×3.22
总质量/t	7.6	9.2	11.5	16.8	17

5. 压实机械

根据压实原理的不同,压实机械分为冲击式、碾压式和振动压实机械三大类。

(1) 冲击式压实机械

冲击式压实机械主要有蛙式打夯机和内燃式打夯机两类,分别如图 1-47 和图 1-48 所示。这两种打夯机适用于狭小的场地和沟槽作业,也可用于室内地面的夯实及大型机械无法到达的边角的夯实。

压实机械

图 1-47　蛙式打夯机

图 1-48　内燃式打夯机

(2) 碾压式压实机械

按行走方式不同,碾压式压实机械可分为自行式压路机和牵引式压路机两类。自行式压路机常用的有光轮压路机(图 1-49)、轮胎压路机(图 1-50)。自行式压路机主要用于土方、碎石的回填压实及沥青混凝土路面的施工。牵引式压路机的行走动力一般采用推土机或拖拉机牵引,常用的有光面碾、羊足碾(图1-51)。光面碾用于土方的回填压实;羊足碾用于黏性土的回填压实,不能用于砂土和面层土的压实。

图1-49　光轮压路机　　　　图1-50　轮胎压路机　　　　图1-51　羊足碾

(3)振动压实机械

振动压实机械是利用机械的高频振动,把能量传给被压土,降低土颗粒间的摩擦力,在压实能量的作用下,达到较大的密度,按行走方式分为手扶平板式振动压实机和振动压路机。手扶平板式振动压实机主要用于小面积的地基夯实;振动压路机的生产效率高,压实效果好,能压实多种性质的土,主要用于大型土石方工程中。

常用压路机主要技术性能参数见表1-11。

表1-11　常用压路机主要技术性能参数

技术参数	振动式压路机				3YZ21 铰接式三轮机械驱动静碾压路机
	YZ14B	YZ16B	YZ16	YZ18	
工作质量/kg	13600	15500	15200	18000	21000
发动机功率/kW	73.5	88.2	96.0	138.0	88
静线压力/(N·m⁻¹)	320	368		557	1200
理论振幅/mm	1.7/0.82	1.8/1.0	1.8/0.9	1.8/1.0	—
振动频率/Hz	30	28	28/32	30/34	—
激振力/kN	270~135	290~170	294~192	360~210	—
压实宽度/mm	2130				2320
行驶速度/(km·h⁻¹)	0~8.9	0~9.2	0~9.8	0~12	0~19
转弯半径/mm	6000	6500	6000	5400	5800
爬坡能力/%	25	25	40	49	25

1.4.2　土方工程机械的选择

在土方工程施工中合理选择土方机械,充分发挥机械性能,并将各种机械进行配合使用,有利于加快施工进度、提高施工质量、降低工程成本。

1.施工机械选择

根据下列条件综合比较择优选择施工机械:

1)基坑情况:几何尺寸大小、深浅、土质,有无地下水及开挖方式等。

2)作业环境:占地范围,工程量大小,地上与地下障碍物等(地上有无高压线,地下有无各种管道、管线、构筑物)。

3)气候与季节:冬雨期时间长短,冬期温度与雨期降水量等情况。

4)机械配套与供应情况。

5)施工工期长短和选用适宜的土方机械,以达到较高的经济效益。

2.土方机械的适用范围

各种土方机械的适用范围见表1-12。

表1-12 基坑开挖机械的适用范围

机械名称	作业特点与条件	适用范围	辅助与配用机械
推土机	1. 推平; 2. 运距100 m内的推土; 3. 助铲; 4. 牵引	1. 找平表面,场地平整; 2. 短距离挖运; 3. 拖羊足碾	
铲运机	1. 找平; 2. 运距1500 m内的挖运土; 3. 填筑堤坝	1. 场地平整; 2. 运距100~1500 m; 3. 距离最小100 m	开挖坚硬土时需要推土机助铲
正铲挖土机	1. 开挖停机面以上的土方; 2. 在地下水位以上; 3. 填方高度1.5 m以上; 4. 装车外运	1. 大型基坑开挖; 2. 工程量大的土方作业	1. 外运应配备自卸汽车; 2. 工作面应有推土机配合
反铲挖土机	1. 开挖停机面以下的土方; 2. 挖土深度,随装置决定; 3. 可装土和甩土两用	1. 基坑、管沟; 2. 独立基坑	1. 外运应配备自卸汽车; 2. 工作面应有推土机配合
拉铲挖土机	1. 开挖停机面以下的土方; 2. 由于铲斗悬挂在钢丝绳上,开挖断面误差较大; 3. 可以装车也可以甩土	1. 大型基坑; 2. 排水不良也能开挖	1. 配备推土机创造施工条件; 2. 外运应配备自卸汽车
抓铲挖土机	1. 可直接开挖直井或在开口沉井内挖土; 2. 可以装车也可以甩土; 3. 钢丝绳牵拉,效率不高; 4. 液压式的深度有限	1. 施工面狭窄而深的基坑、基槽、深井; 2. 排水不良也能开挖	外运应配备自卸汽车

3.挖土机与运土车辆的配套计算

当挖土机挖出的土方需要运土车辆运走时,挖土机的生产率不仅取决于其自身的技术性能,还取决于所选的运输工具是否与之协调。

（1）挖土机的生产率

根据挖土机的技术性能，其生产率可按下式计算：

$$P = \frac{8 \times 3600}{t} q \frac{K_c}{K_s} K_B \qquad (1-30)$$

式中：P 为挖土机的生产率（m^3/台班）；t 为挖土机每次作业循环的延续时间（s）；q 为挖土机的斗容量（m^3）；K_s 为土的最初可松性系数；K_c 为挖土机土斗充盈系数（可取 $0.8 \sim 1.1$）；K_B 为挖土机工作时间利用系数（一般为 $0.6 \sim 0.8$）。

（2）挖土机的数量 N 计算

$$N = \frac{Q}{P} \cdot \frac{1}{T \cdot C \cdot K} \qquad (1-31)$$

式中：Q 为工程量（m^3）；T 为工期（d）；C 为每天工作班数；K 为工作时间利用系数（一般为 $0.8 \sim 0.9$）。

（3）运土车数量计算

为了使挖土机充分发挥生产能力，应使运土车辆的载重量与挖土机的每斗土重保持一定的倍数关系，并有足够数量车辆以保证挖土机连续工作。从挖土机方面考虑，汽车的载重量越大越好，可以减少等待车辆调头的时间；从车辆方面考虑，载重量小，台班费便宜，但使用数量多，载重量大，则台班费高，但数量可以减少。最适合的车辆载重量应当是使土方施工单价为最低，可以通过核算确定。一般情况下，汽车的载重量以每斗土重的 $3 \sim 5$ 倍为宜。运土车辆的数量 N' 可按式（1-32）计算：

$$N' = T'/t' \qquad (1-32)$$

式中：T' 为运输车辆每装卸一车土循环作业所需时间（s）；t' 为运输车辆装满一车土的时间（s）。

1.5　土方的填筑与压实

建筑工程的回填土主要有地基、基坑（槽）、室内地坪、室外场地、管沟、散水等，回填土是一项很重要的工作，要求回填土应有一定的密实性，使回填土土层不致产生较大的沉陷。在实际施工中，一些建筑物沉降过大，室内地坪和散水出现大面积严重开裂，主要原因之一就是回填压实的密实度没有达到设计规范的要求。

1.5.1　填筑土料的选择

填方土料应符合设计要求，以保证填方的强度与稳定性。凡含水量过大的黏土、含有 8% 以上的有机物（腐烂物）的土、含有 5% 以上的水溶性硫酸盐的土、淤泥、垃圾土、冻土、膨胀土等均不能作为回填土。

同一填方工程应尽量采用同类土填筑；如采用不同土填筑时，必须按土类不同分层夯填，并将透水性大的置于透水性小的土层之下，以防填土内形成水囊。

1.5.2　填土压实方法

填土压实的方法一般有碾压、夯实、振动压实，如图 1-52 所示。

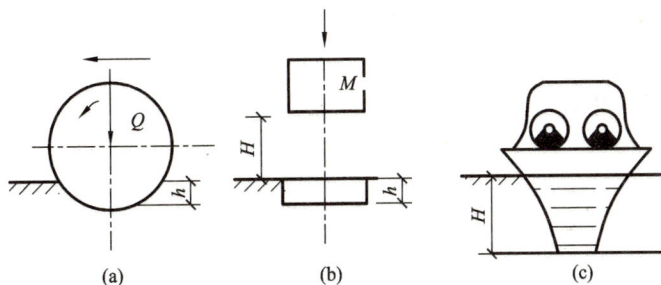

图 1-52 填土压实方法

(a)碾压法；(b)夯实法；(c)振动压实法

1. 碾压法

碾压原理是利用沉重的滚轮碾压土壤表面，使土壤在压力作用下压实，此法适用于大面积填土工程，适用于碾压黏性和非黏性土壤。

碾压机械有光面碾(压路机)、气胎碾和羊足碾。光面碾是一种以内燃机为动力的自行式压路机，重量为 80~200 kN，对砂土和黏性土均可压实，应用最普遍。气胎碾在工作时是弹性体，其压力均匀，填土质量好。羊足碾靠拖拉机牵引，由于它与土接触面小，单位面积压力大，故压实效果好，主要用于黏性土的压实。因在砂土中使用羊足碾会使土颗粒受到"羊足"较大单位压力后向四周移动，从而使土的结构遭到破坏。碾压机械压实填方时，行驶速度不宜过快，一般光面碾控制在 2 km/h，羊足碾控制在 3 km/h，否则会影响压实效果。

2. 夯实法

夯实法是利用夯锤自由下落的冲击力来夯实土壤，主要用于小面积回填。夯实法分人工夯实和机械夯实两种。

夯实机械有夯锤、内燃夯土机和蛙式打夯机，人工夯土用的工具有木夯、石夯、飞硪等。夯锤是借助起重机悬挂一重锤进行夯土的夯实机械，适用于夯实砂性土、湿陷性黄土、杂填土及含有石块的填土等。

3. 振动压实法

振动压实法是将振动压实机放在土层表面，借助振动机械使压实机械振动，土颗粒在振动力的作用下发生相对位移而达到紧密状态。这种方法用于振实非黏性土效果较好。

使用振动碾进行碾压，可使土体受振动和碾压两种作用，碾压效率高，适用于大面积填方工程。

1.5.3 影响填土压实的因素

影响填土压实的因素很多，主要有压实功、土的含水量，以及每层铺土厚度。

1. 压实功的影响

填土压实后的密度与压实机械在其上所施加的功有一定的关系。土的密度与所耗的功的关系如图 1-53 所示。当土的含水量一定，在开始压实时，土的密度急剧增加，待到接近土的最大密度时，压实功虽然增加许多，但土的密度变化甚小。在实际施工中，对于砂土只需碾压或夯击 2~3 遍，对粉土只需 3~4 遍，对粉质黏土或黏土只需 5~6 遍。此外，松土不宜用重型碾压机械直接滚压，否则土层有强烈起伏现象，效率不高。如果先用轻碾压实，再用重碾

压实就会取得较好效果。

2. 含水量的影响

在同一压实功条件下，填土的含水量对压实质量有直接影响。较为干燥的土颗粒之间的摩阻力较大，因而不易压实。当含水量超过一定限度时，土颗粒之间孔隙由水填充而呈饱和状态，也不能压实。当土的含水量适当时，水起了润滑作用，土颗粒之间的摩阻力减小，压实效果好。每种土都有其最佳含水量，土在这种含水量的条件下，使用同样的压实功进行压实，所得到的密度最大(图1-54)。各种土的最佳含水量和最大干密度可参考表1-13。工地简单检验黏性土最佳含水量的方法一般以手握成团落地开花为适宜。为了保证填土在压实过程中处于最佳含水量状态，当土过湿时，应予以翻松晾干，也可掺入同类干土或吸水性土料；当土过干时，则应预先洒水润湿。

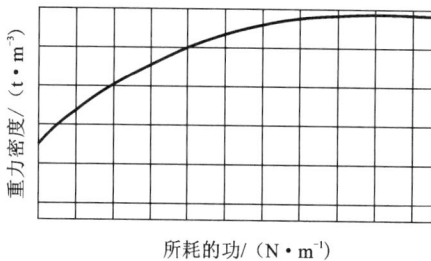

图1-53　土的密度与压实功的关系示意图

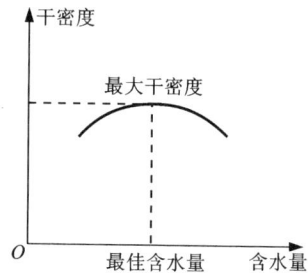

图1-54　土的干密度与含水量的关系

表1-13　土的最佳含水量和最大干密度参考表

项次	土的种类	变动范围	
		最佳含水量/%(质量分数)	最大干密度/$(g \cdot cm^{-3})$
1	砂土	8~12	1.80~1.88
2	黏土	19~23	1.58~1.70
3	粉质黏土	12~15	1.85~1.95
4	粉土	16~22	1.61~1.80

3. 铺土厚度的影响

土在压实功的作用下，其应力随深度增加而逐渐减小(图1-55)，其影响深度与压实机械、土的性质和含水量等有关。铺土厚度应小于压实机械压土时的作用深度，但其中还有最优土层厚度的问题。铺得过厚，要压很多遍才能达到规定的密实度；铺得过薄，要增加机械的总压实遍数。最优铺土厚度应能使土方压实而机械的功耗费最少，可按照表1-14选用。在表中规定的压实遍数范围内，轻型压实机械取大值，重型的取小值。

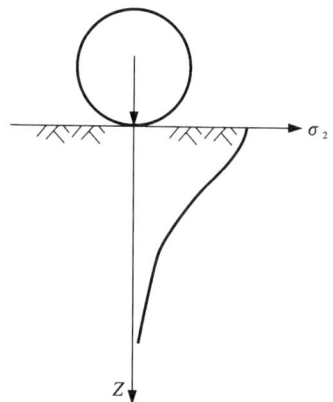

图1-55　压实作用沿深度的变化

表 1-14　填方每层的铺土厚度和压实遍数

压实机具	每层铺土厚度/mm	每层压实遍数
光面碾	250~300	6~8
振动压实机	250~350	3~4
柴油打夯机	200~250	3~4
人工打夯	<200	3~4

压实功、土的含水量以及每层铺土厚度之间是相互影响的。为了保证压实质量，提高压实机械的生产效率，重要工程应根据土质和所选用的压实机械在施工现场进行压实试验，以确定达到规定密实度所需的压实遍数、铺土厚度及最优含水量。

1.6　基坑(槽)施工

基坑(槽)的施工，首先应进行房屋定位和标高引测，然后根据基础的底面尺寸、埋置深度、土质好坏、地下水位的高低及季节性变化等不同情况，考虑施工需要，确定是否需要留工作面、边坡、增加排水设施及设置支撑，从而定出挖土边线和进行放灰线等工作。

1.6.1　放线

基槽放线：根据房屋主轴线控制点，首先将外墙轴线的交点用木桩标设在地面上，并在桩顶钉上铁钉作为标识。房屋外墙轴线测定以后，再根据建筑物平面图，将内部开间所有轴线都一一测出。最后根据边坡系数计算的开挖宽度在中心轴线两侧用石灰在地面上撒出基槽开挖边线。同时在房屋四周设置龙门板(图 1-56)，以便于基础施工时复核轴线位置。

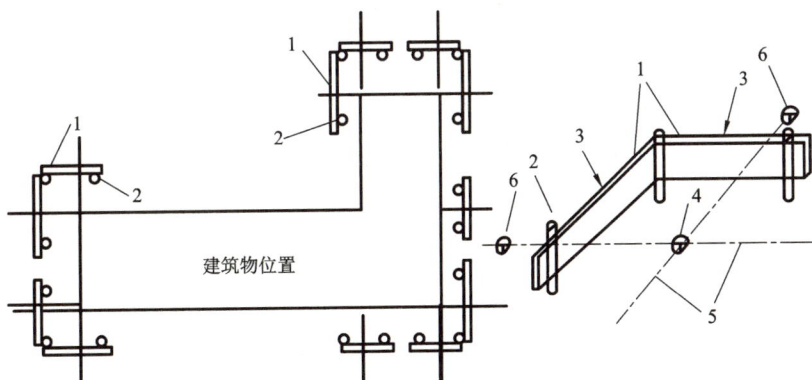

1—龙门板；2—龙门桩；3—轴线钉；4—角桩；5—轴线；6—控制桩。

图 1-56　建筑定位

柱基放线：在基坑开挖前，从设计图纸上查对基础的纵横轴线编号和基础施工详图，根据柱子的纵横轴线，用经纬仪在矩形控制网上测定基础中心线的端点，同时在每个柱基中心线上，测定基础定位桩，每个基础的中心线上设置四个定位木桩，其桩位离基础开挖线的距离为 0.5~1.0 m。若基础之间的距离不大，可每隔 1~2 个或几个基础打一个定位桩，但两个定位桩的间距以不超过 20 m 为宜，以便拉线恢复中间柱基的中线。桩顶上钉一钉子，标明中心线的位置。然后按施工图上柱基的尺寸和按边坡系数确定的挖土边线的尺寸，放出基坑上口挖土灰线，标出挖土范围。

大基坑开挖，根据房屋的控制点用经纬仪放出基坑四周的挖土边线。

1.6.2　基坑(槽)开挖

土方开挖应遵循"开槽支撑、先撑后挖、分层开挖、严禁超挖"的原则。

开挖基坑(槽)按规定的尺寸合理安排开挖顺序和分层开挖深度，连续地进行施工，尽快地完成。因土方开挖施工要求标高、断面准确，土体应有足够的强度和稳定性，所以在开挖过程中要随时注意检查。挖出的土除预留一部分用作回填外，不得在场地内任意堆放，应把多余的土运到弃土地区，以免妨碍施工。为防止坑壁滑坡，根据土质情况及坑(槽)深度，在坑顶两边一定距离(一般为 1.0 m)内不得堆放弃土，在此距离外堆土高度不得超过 1.5 m，否则，应验算边坡的稳定性。在桩基周围、墙基或围墙一侧，不得堆土过高。在坑边放置有动载的机械设备时，也应根据验算结果，离开坑边较远距离，如地质条件不好，还应采取加固措施。

为了防止基底土(特别是软土)受到浸水或其他原因的扰动，基坑(槽)挖好后，应立即做垫层或浇筑基础，否则，挖土时应在基底标高以上保留 150~300 mm 厚的土层，待基础施工时再行挖去。如用机械挖土，为防止基底土被扰动、结构被破坏，不应直接挖到坑(槽)底，应根据机械种类，在基底标高以上留出 200~400 mm，待基础施工前用人工铲平修整。挖土不得挖至基坑(槽)的设计标高以下，如有个别处超挖，应用与基土相同的土料填补，并夯实到要求的密实度。

在软土地区开挖基坑(槽)时，尚应符合下列规定：

1)施工前必须做好地面排水和降低地下水位工作，地下水位应降低至基坑底以下 0.5~1.0 m 后方可开挖。降水工作应持续到回填完毕。

2)施工机械行驶道路应填筑适当厚度的碎石或砾石，必要时应铺设工具式路基箱(板)或梢排等。

3)相邻基坑(槽)开挖时，应遵循先深后浅或同时进行的施工顺序，并应及时做好基础。

4)在密集群桩上开挖基坑时，应在打桩完成后间隔一段时间，再对称挖土。在密集群桩附近开挖基坑(槽)时，应采取措施防止桩基位移。

5)挖出的土不得堆放在坡顶或建筑物(构筑物)附近。

基坑(槽)开挖有人工开挖和机械开挖，对于大型基坑应优先考虑选用机械化施工，以加快施工进度。

深基坑开挖过程中，随着土的挖除，下层土因逐渐卸载而有可能回弹，尤其在基坑挖至设计标高后，如搁置时间过久，回弹更为显著。如弹性隆起在基坑开挖和基础工程初期发展很快，将加大建筑物后期的沉降。因此，对深基坑开挖后的土体回弹，应有适当的估计，如在勘察阶段，土样的压缩试验中应补充卸荷弹性试验等。还可以采取结构措施，在基底设置桩基等，或事先对结构下部土质进行深层地基加固。施工中减少基坑弹性隆起的一个有效方法是把土体中有效应力的改变降低到最小。具体方法有加速建造主体结构，或逐步利用基础的质量来代替被挖去土体的质量。

1.7　土方工程质量标准与安全技术

1.7.1　质量标准

1）柱基、基坑、基槽和管沟基底的土质，必须符合设计要求，并严禁扰动基底土层。

2）填方的基底处理，必须符合设计要求或施工规范规定。

3）填方柱基、基坑、基槽、管沟回填的土料必须符合设计要求和施工规范要求。

4）填方和柱基、基坑、基槽、管沟的回填，必须按规定分层夯压密实。取样测定压实后土的干密度，90%以上符合设计要求，其余10%的最低值与设计值的差不应大于0.08 g/cm³，且不应集中。

土的实际干密度可用环刀法测定。其取样组数：柱基回填取样不少于柱基总数的10%，且不少于5个；基槽、管沟回填每层按长度20~50 m取样一组；基坑和室内填土每层按100~500 m² 取样一组；场地平整填土每层按400~900 m² 取样一组，取样部位应在每层压实后的下半部。

5）土方工程的允许偏差和质量检验标准，应符合表1-15、表1-16的规定。

表1-15　土方开挖工程质量检验标准

项	序	项目	允许偏差或允许值/mm					检验方法
			柱基、基坑、基槽	挖方场地平整		管沟	地（路）面基层	
				人工	机械			
主控项目	1	标高	-50	±30	±50	-50	-50	用水准仪检查
	2	长度、宽度（由设计中心线向两边量）	+200 -50	+300 -100	+500 -150	+100	—	用经纬仪和钢尺检查
	3	边坡坡度	按设计要求					观察或用坡度尺检查
一般项目	1	表面平整度	20	20	50	20	20	用2 m靠尺和楔形塞尺检查
	2	基本土性	按设计要求					观察或土样分析

注：地（路）面基层的偏差只适用于直接开挖、填方上做地（路）面的基层。

表 1-16   填土工程质量检验标准

项	序	检查项目	允许偏差或允许值/mm					检验方法
			柱基、基坑、基槽	挖方场地平整		管沟	地（路）面基层	
				人工	机械			
主控项目	1	标高	-50	±30	±50	-50	-50	用水准仪检查
	2	分层压实系数	按要求设计					按规定方法
一般项目	1	表面平整度	20	20	30	20	20	用 2 m 靠尺和楔形塞尺检查
	2	回填土料	按 设 计 要 求					取样检查或直观鉴别
	3	分层厚度及含水量	按 设 计 要 求					用水准仪及抽样检查

1.7.2   安全技术

安全事故

1）基坑开挖时，两人操作间距应大于 2.5 m，多台挖掘机在同一作业面开挖的机间距应大于 10 m。挖土应由上而下，分层分段按顺序进行，严禁先挖坡脚或逆坡挖土，或采用底部掏空塌土法挖土。

2）基坑开挖应按要求放坡。操作时应随时注意土壁变动情况，如发现有裂纹或部分坍塌现象，应及时进行支撑或放坡，并注意支撑的稳固和土壁的变化。

3）基坑挖土使用吊装设备吊土时，起吊后，坑内操作人员应立即离开吊点的垂直下方，坑内人员应戴安全帽。起吊设备距坑边至少 1.5 m，以防止造成坑壁塌方。

4）用手推车运土，应先铺好道路。卸土回填，不得放手让车自动翻转。用翻斗汽车运土，运输道路的坡度、转弯半径应符合有关安全规定。

5）深基坑上下应先挖好阶梯或设置靠梯，或开斜坡道，采用防滑措施，禁止踩踏支撑上下。坑四周应设安全栏杆或悬挂危险标识。

6）基坑（槽）设置的支撑应经常检查是否有松动变形等不安全迹象，特别是雨后更应加强检查。

7）坑（槽）沟边 1 m 以内不得堆土、堆料和停放机具，1 m 以外堆土，其高度不宜超过 1.5 m。坑（槽）、沟边与附近建筑物的距离不得小于 1.5 m，危险时必须加固。

8）基坑（槽）和管沟回填前，应检查坑（槽）壁有无塌方迹象，填土夯实过程中，应随时注意边坡土的变化，必要时需采取适当支护措施。基坑回填应分层进行，基础或管道、地沟回填应防止造成两侧压力不平衡，使基础或墙体位移或倾倒。

复习思考题

1. 根据土的坚硬程度和开挖方法将土分为哪几类？

2. 土的工程性质有哪些？土的可松性对土方施工有何影响？

3. 试述场地平整土方量计算步骤及方法。

4. 场地平整和土方开挖施工机械有哪几类？

5. 基坑降水方法有哪些? 指出其适用范围。

6. 基坑土壁支护的方法包括哪几类? 指出其各自适用范围及特点。

7. 试述轻型井点降水的设备组成和布置。

8. 填土压实的方法和机械主要有哪些? 影响填土压实的主要因素有哪些?

9. 对填筑土料质量有何要求? 如何检查填土压实的质量?

习 题

1. 某多层建筑外墙基础断面形式如图 1-57 所示, 地基土为硬塑的亚黏土, 土方边坡坡度为 1:0.33, 已知土的可松性系数 $K_s = 1.30$; $K_s' = 1.04$。试计算 55 m 长基坑施工时的土方挖方量。若留下回填土后, 余土要求外运, 试计算预留回填土量及弃土量。

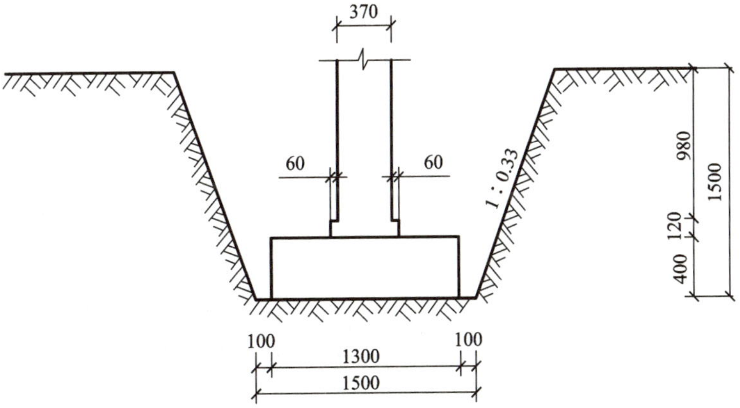

图 1-57 外墙基础断面形式

2. 某场地如图 1-58 所示(图上数字为各角点的自然地面标高), 方格边长为 30 m。

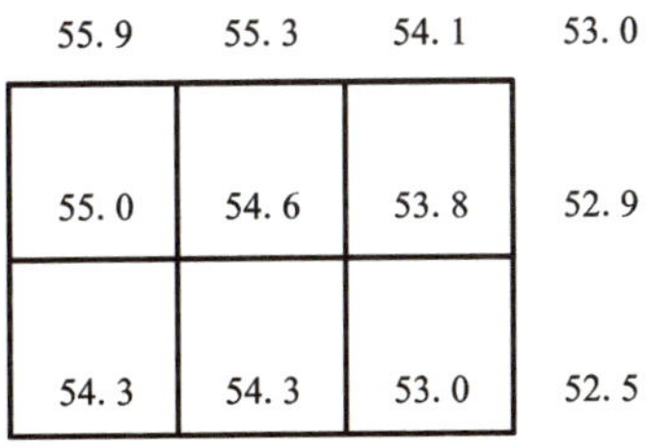

图 1-58

(1)试按挖、填平衡原则确定场地平整的计划标高 H_0, 然后算出方格角点的施工高度, 绘出零线, 计算挖方量和填方量(不考虑土的可松性影响)。

(2)当 $i_x = 2‰$, $i_y = 0$ 时, 确定方格角点的计划标高。

(3)当 $i_x = 2‰$, $i_y = 2.5‰$ 时, 确定方格角点的计划标高。

模块二

地基处理与基础工程

教学目标　掌握地基的加固处理方法、适用范围、施工工艺及质量检查要点；掌握浅埋式基础的施工要点；熟悉桩基础施工工艺、质量要求；掌握桩基础的质量验收标准及检测方法，能编制常见的基础工程施工方案。

技能抽查要求　能对常见基础的施工质量进行检测；能编制常见基础工程的施工方案。

企业八大员岗位资格考试要求　掌握砌体和钢筋混凝土基础施工工艺；掌握钢筋混凝土预制桩和灌注桩的施工工艺和施工方法；掌握基础工程施工的质量与安全要求。

2.1　地基处理及加固

任何建筑物都必须有可靠的地基和基础，建筑物的全部重量（包括各种荷载）最终将通过基础传递给地基，所以，对某些地基的处理与加固就成为基础工程施工中的一项重要内容。在施工过程中如发现地基土质过软或过硬，不符合设计要求时，应本着使建筑物各部位沉降尽量趋于一致，以减小地基不均匀沉降的原则对地基进行处理。

地基处理及加固

当建筑物直接建造在未经人工处理的天然土层上时，这种地基称为天然地基。若天然地基不能满足强度和变形要求时，则必须进行地基处理。地基处理就是按照上部结构对地基的要求，对地基进行必要的加固或改良，提高地基土的承载力，保证地基稳定，减少房屋的沉降或不均匀沉降，消除湿陷性黄土的湿陷性及提高抗液化能力等。

常见的地基处理方法主要有换土、重锤夯实、振冲、化学固结、砂桩挤密、深层搅拌、堆载预压等。

2.1.1　换土地基

当建筑物基础下的持力层比较软弱，不能满足上部荷载对地基的要求时，常采用换土垫层法来处理软弱地基。换土垫层法是先将基础底面以下一定范围内的软弱土层挖去；然后回填强度较高、压缩性较低、没有侵蚀性的材料，如中粗砂、碎石或卵石、灰土、素土、石屑、矿渣、素混凝土等，再分层夯实后作为地基的持力层。实践证明：换土垫层可以有效地处理某些荷载不大的建筑地基问题，例如：一般的三、四层房屋，路堤，油罐，以及水闸等的地基。换土地基按其回填的材料可分为砂地基、砂(碎)石地基、灰土地基等。

砂地基和砂石地基

砂地基和砂石地基是将基础下一定范围内的土层挖去，然后用强度较大的砂或碎石等回填，并经分层夯实至密实，以提高地基承载力、减少沉降、加速软弱土层的排水固结、防止冻胀和消除膨胀土的胀缩。该地基具有施工工艺简单、工期短、造价低等优点。适用于处理透水性强的软弱黏性土地基，但不宜用于湿陷性黄土地基和不透水的黏土地基，以免聚水而引起地基下沉和降低承载力(图2-1)。

(1)构造要求

砂地基和砂石地基的厚度一般根据地基底面处土的自重应力与附加应力之和不大于同一标高处软弱土层的容许承载力确定。地基厚度一般不宜大于3 m，也不宜小于0.5 m。地基的宽度除满足应力扩散的要求外，还要根据地基侧面土的容许承载力来确定，以防止地基向两边挤出。一般情况下，地基的宽度应该沿基础两边各放出200~300 mm。如果侧面地基土的土质较差时，地基宽度还要适当增加。

图2-1 砂石地基施工现场

(2)材料要求

砂地基和砂石地基所用的材料，宜采用颗粒级配良好，质地坚硬的中砂、粗砂、砾砂、碎(卵)石、石屑或其他工业废颗粒。在缺少中、粗砂的地区可采用细砂，但宜同时掺入一定数量的碎(卵)石，其掺入量应符合地基材料含石量不大于50%的标准。所用砂石料不得含有草根、垃圾等有机杂物，含泥量不应超过5%，兼做排水地基时，含泥量不应超过3%，碎石或卵石最大粒径不宜大于50 mm。

(3)施工要点

1)铺设地基前应先验槽，先将地基表面浮土、淤泥等杂物清除干净，边坡必须稳定，防止塌方。基坑(槽)两侧附近如有低于地基的孔洞、沟、井和墓穴等，应在未做换土地基前加以处理。

2)砂地基和砂石地基底面宜铺设在同一标高上，如深度不同，施工应按先深后浅的顺序进行。土面挖成踏步或斜坡搭接，搭接处应夯压密实。分层铺筑时，接头应做成斜坡或阶梯形搭接，每层错开0.5~1.0 m，并充分振捣密实。

3）人工级配的砂、石材料，应按级配拌和均匀，再进行铺填捣实。

4）地基应分层铺筑夯（压）实，每层的铺筑厚度不宜超过表 2-1 规定数值。施工时应对下层的密实度检验合格后，方可进行上层施工。

5）在地下水位高于基坑（槽）底面施工时，应采取排水或降低地下水位的措施，使基坑（槽）保持无积水状态。如采用水撼法或插入振动法施工时，应有控制地注水和排水。

6）冬期施工时，不得采用夹有冰块的砂石作地基，并应采取措施防止砂石内水分冻结。

表 2-1　砂和砂石地基每层铺筑厚度及最佳含水量

压实方法	每层铺筑厚度/mm	施工时最优含水量/%	施工说明	备注
平振法	200~250	15~20	用平板振动器往复振捣	不宜用于干细砂或含泥量较大的砂铺筑的地基
插振法	振动器插入深度	饱和	1. 用插入式振捣器 2. 插入点间距可根据机械振幅大小决定 3. 不应插至下卧黏土层 4. 插入振捣完毕后所留的孔洞，用砂填实	
水撼法	250	饱和	1. 注水高度应超过每次铺筑面层 2. 用钢叉摇撼捣实，插入点间距 100 mm 3. 钢叉分四齿，齿间距为 80 mm，长 300 mm	
夯实法	150~200	8~12	1. 用木夯或机械夯 2. 木夯重 40 kg，落距 400~500 mm 3. 一夯压半夯，全面夯实	
碾压法	150~350	8~12	6~12 t 压路机往复碾压	适用于大面积施工的砂地基和砂石地基

注：在地下水位以下的地基，其最下层的铺筑厚度可以比本表增加 50 mm。

（4）砂和砂石地基的质量验收标准及方法

1）砂和砂石地基的质量验收标准：砂和砂石地基的质量验收标准应符合表 2-2 的有关要求。

表 2-2　砂和砂石地基质量验收标准

项	序	检查项目	允许偏差或允许值	检查方法
主控项目	1	地基承载力	设计要求	按规定方法
	2	配合比	设计要求	按拌和时的体积比或质量比
	3	压实系数	设计要求	现场实测
一般项目	1	砂石料有机质含量	≤5%	焙烧法
	2	砂石料含泥量	≤5%	水洗法
	3	石料粒径	≤100 mm	筛分法
	4	含水量（与最优含水量比较）	±2%	烘干法
	5	分层厚度（与设计要求比较）	±50 mm	水准仪

2)砂和砂石地基密实度现场实测方法：常用方法有环刀取样法和贯入测定法。

①环刀取样法。在捣实后的砂地基中，用容积不小于 200 cm³ 的环刀取样，测定其干密度，以不小于通过试验所确定的该砂料在中密度状态时的干密度数值为合格。若为细砂石地基，可在地基中设置纯砂检查点，在同样施工条件下取样检查。

②贯入测定法。检查时先将表面的砂刮去 30 mm 左右，用直径为 20 mm，长为 1250 mm 的平头钢筋举离砂层面 70 cm 自由下落，或者用水撼法使用的钢叉举离砂面层 50 cm 自由下落。钢筋或者钢叉的插入深度，可根据砂的控制干密度预先进行小型试验确定。

2.1.2 重锤夯实地基

重锤夯实是利用起重机将夯锤(1.5~3 t)提升到一定高度，然后自由落下，重复夯击基土表面，使地基表面形成一层较为均匀的硬壳层，从而使地基得到加固。该法施工简单、费用较低，但布点较密，夯击遍数多，施工工期相对较长，夯击能量小，孔隙水难以消散，加固深度有限，当土的含水量稍高时，易形成橡皮土，处理较困难。适用于地下水位以上、稍湿的黏性土、砂土、饱和度 $S_r \leqslant 60\%$ 的湿陷性黄土、杂填土以及分层填土地基的加固处理。但当夯击振动对邻近的建筑物、设备及施工中的砌筑工程或混凝土浇筑等产生有害影响时，或地下水位高于有效夯实深度以及在有效深度内存在软黏土层时，不宜采用。

1. 机具设备

(1)起重设备

起重设备可选用配置有摩擦式卷扬机的履带式起重机、打桩机、龙门式起重机或悬臂式桅杆起重机等。起重机械的起重能力为：当直接用钢丝绳悬吊夯锤时，应大于夯锤质量的 3 倍；当采用自动脱钩装置时，应大于夯锤质量的 1.5 倍。

(2)夯锤

夯锤形状宜采用截头圆锥体，可用 C25 钢筋混凝土制成。夯锤底部可填充废铁并设置钢底板以使重心降低。夯锤质量宜为 1.5~3 t，锤底直径为 1.0~1.5 m，落距一般为 2.5~4.5 m，锤底单位静压力宜为 15~20 kPa。吊钩宜采用半自动脱钩器，以减小吊索的磨损和机械振动。

2. 施工要点

1)施工前应在现场进行试夯，选定夯锤重量、底面直径和落距，以便确定最后下沉量及相应的夯击遍数和总下沉量。最后下沉量系指最后两击平均每击土面的夯沉量，对黏性土和湿陷性黄土取 10~20 mm，对砂土取 5~10 mm。通过试夯可确定夯击遍数，一般试夯 6~10 遍，施工时可适当增加 1~2 遍。

2)采用重锤夯实分层填土地基时，每层的虚铺厚度以相当于锤底直径为宜，夯击遍数由试夯确定，试夯层数不宜少于两层。

3)基坑(槽)的夯实范围应大于基础底面，每边应比设计宽度加宽 0.3 m 以上，以便于底面边角夯打密实。基坑(槽)边坡应适当放缓。夯实前坑(槽)底面应高出设计标高，预留土层的厚度可为试夯时的总下沉量再加 50~100 mm。

4)夯实时地基土的含水量应控制在最优含水量范围内。如土的表层含水量过大，可采用铺撒吸水材料(如干土、碎砖、生石灰等)或换土等措施；如含水量过低，应适当洒水，加水后待全部渗入土中，一昼夜后方可夯打。

5)在大面积基坑或条形基槽内夯击时,应按一夯挨一夯顺序进行[图 2-2(a)]。在一次循环中同一夯位应连夯两遍,下一循环的夯位,应与前一循环错开 1/2 锤底直径,落锤平稳,夯位应准确。在独立柱基基坑内夯击时,可采用先周边后中间[图 2-2(b)]或先外后里的跳打法[图 2-2(c)]进行。当基坑(槽)底面的标高不同时,应按先深后浅的顺序逐层夯实。

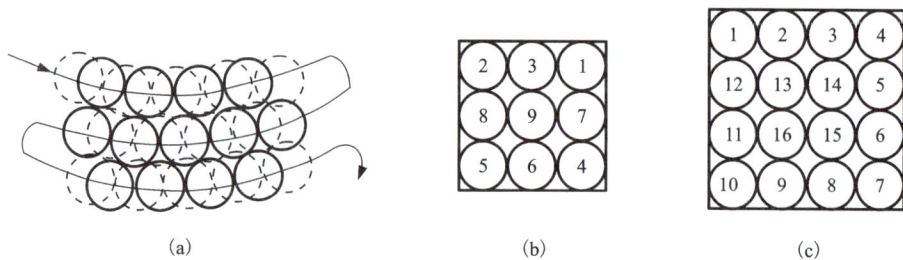

图 2-2　夯打顺序

6)夯实完后,应将基坑(槽)表面修整至设计标高。冬期施工时,必须保证地基在不冻的状态下进行夯击,否则应将冻土层挖去或将土层融化。若基坑挖好后不能立即夯实,应采取防冻措施。

3.质量检查

重锤夯实后应检查施工记录,除应符合试夯最后下沉量的规定外,还应检查基坑(槽)表面的总下沉量,以不小于试夯总下沉量的 90% 为合格。也可采用在地基上选点夯击检查最后下沉量。夯击检查点数:独立基础每个不少于 1 处,基槽每 20 m 不少于 1 处,整片地基每 50 m² 不少于 1 处。检查后如质量不合格,应进行补夯,直至合格为止。

2.1.3　强夯地基

强夯地基是用起重机械将大吨位(一般 8~30 t)夯锤起吊到 6~30 m 高度后,自由落下,给地基土以强大的冲击能量,使土中出现强大冲击波和很大的冲击应力,迫使土层孔隙压缩,土体局部液化,使土粒重新排列,经时效压密达到固结,从而提高地基承载力,降低其压缩性的一种有效的地基加固方法。该方法具有效果好、速度快、节省材料、施工简便的优点,但施工时噪声和振动较大,适用于碎石土、砂土、黏性土、湿陷性黄土及填土地基等的加固处理(图 2-3)。

图 2-3　强夯地基施工现场

1. 机具设备

（1）起重设备

起重设备宜选用起重能力为 150 kN 以上的履带式起重机，也可以采用专用的三角起重架或龙门架做起重设备。起重机械的起重能力为：当直接用钢丝绳悬吊夯锤时，应大于夯锤的 3~4 倍；当采用自动脱钩装置时，起重能力应大于 1.5 倍。

强夯地基

（2）夯锤

夯锤可用钢材制作，或用钢板为外壳，内部焊接钢筋骨架后浇筑 C30 混凝土制成。夯锤底部有圆形和方形两种，圆形不易旋转，定位方便，稳定性和重合性好，应用较广。锤底面积取决于表层土质，对砂土一般为 3~4 m²，黏性土和淤泥质土不宜小于 6 m²。夯锤中宜设置若干个上下贯通的通气孔，以减少夯击时的空气阻力（图 2-4）。

（3）脱钩装置

脱钩装置应具有足够的强度，且施工灵活。常用的工地自制自动脱钩装置由吊环、耳板、销环、吊钩等组成，系由钢板焊接制成（图 2-5）。

图 2-4　夯锤

图 2-5　脱钩装置

2. 施工要点

1）强夯施工前，应进行地基勘察和试夯。通过对试夯前后试验结果对比分析，确定正式施工时的技术参数。

2）强夯前应平整场地，周围做好排水沟，按夯点布置测量放线确定夯位。当地下水位较高时，应在表面铺 0.2~0.5 m 中（粗）砂或砂石地基，其目的是在地表形成硬层，可以支承起重设备，确保机械通行、施工，又可便于强夯产生的孔隙水压力消散。

3）强夯施工须按试验确定的技术参数进行。一般以各夯点的夯击数为施工控制值，也可采用试夯后确定的沉降量控制。夯击时，落锤应保持平稳，夯位准确，如偏位或坑底倾斜过大，宜用砂土将坑底整平，才可以进行下一次夯击。

4）每夯击完一遍后，应测量场地平均下沉量，然后用土将夯坑填平，方可进行下一遍夯击。最后一遍的场地平均下沉量必须符合要求。

5）强夯施工最好在干旱季节进行，如遇雨天施工，夯击坑内或夯击过的场地有积水时，必须及时排除。冬季施工时，应将冻土击碎。

6）强夯施工时应对每一夯实点的夯击能量、夯击次数和每次夯沉量等做好详细的现场记录。

3.强夯地基质量检验标准及方法

强夯地基质量检验标准应符合表 2-3 的规定。

表 2-3　强夯地基工程质量标准和检验方法

项	序	检查项目	允许偏差或允许值	检查方法
主控项目	1	地基强度	设计要求	按规定方法
	2	地基承载力	设计要求	按规定方法
一般项目	1	夯锤落距	±300 mm	钢索设标识
	2	锤重	±100 kg	称重
	3	夯击遍数及顺序	设计要求	计数法
	4	夯点间距	±500 mm	用钢尺量
	5	夯击范围（超出基础范围距离）	设计要求	用钢尺量
	6	前后两遍间歇时间	设计要求	

强夯地基应检查施工记录及各项技术参数，并应在夯击过的场地选点做试验。一般可采用标准贯入、静力触探或轻便触探等方法，符合试验确定的指标时即为合格。检验点数，每个建筑物的地基不少于 3 处，检测深度和位置按设计要求确定。

2.1.4　振冲地基

振冲地基，又称振冲复合地基，是以起重机吊起振动器，启动潜水电机带动偏心块，使振冲器产生高频振动，同时开动水泵，通过喷嘴喷射高压水流成孔，然后分批填以砂石骨料形成一根根桩体，桩体与原地基构成复合地基，从而提高地基的承载力，减少地基的沉降和不均匀沉降，是一种快速、经济有效的加固方法。该方法具有技术可靠、机具简单、操作技术易于掌握、施工简便、三材用料少、加固速度快、地基承载力高等特点。

振冲地基按加固机理和效果的不同，可分为振冲置换法和振冲密实法两类。前者适用于处理不排水、抗剪强度不小于 20 kPa 的黏性土、粉土、饱和黄土及人工填土等地基。后者适用于处理砂土和粉土等地基，不加填料的振冲密实法仅适用于处理黏土粒含量小于 10% 的粗砂、中砂地基。

1.机具设备

（1）振冲器

宜采用带潜水电机的振冲器，其功率、振动力、振动频率等参数，可按加固的孔径，达到土体密实度选用。

（2）起重设备

起重能力和提升高度均应符合施工和安全要求，起重能力一般为 80~150 kN。

（3）水泵及供水管道

供水压力宜大于 0.5 MPa，供水量宜大于 20 m³/h。

（4）加料设备

可采用翻斗车、手推车或皮带运输机等，须符合施工要求。

（5）控制设备

控制电流操作台，附有 150 A 以上容量的电流表、500 V 电压表等。

2. 施工要点

1）施工前应在现场进行振冲试验，以确定成孔合适的水压、水量、成孔速度、填料方法、达到土体密实时的密实电流值、填料量和留振时间。

2）振冲前，应按设计图定出冲孔中心位置并编号。

3）启动水泵和振冲器，水压可用 400~600 kPa，水量可用 200~400 L/min，使振冲器以 1~2 m/min 的速度徐徐沉入。当下沉达到设计深度时，振冲器应在孔底适当停留并减小射水压力，以便排除泥浆进行清孔。成孔也可将振冲器以 1~2 m/min 的速度连续沉至设计深度以上 0.3~0.5 m 时，将振冲器往上提到孔口，再同法沉至孔底。如此往复 1~2 次，使孔内泥浆变稀，排泥 1~2 min 后，将振冲器提出孔口。

4）填料和振密方法，一般采取成孔后，将振冲器提出孔口，从孔口往下填料，然后下降振冲器至填料中进行振密（图 2-6），待密实电流达到规定的数值，将振冲器提出孔口。如此自下而上反复进行直至孔口，成桩操作即告完成。

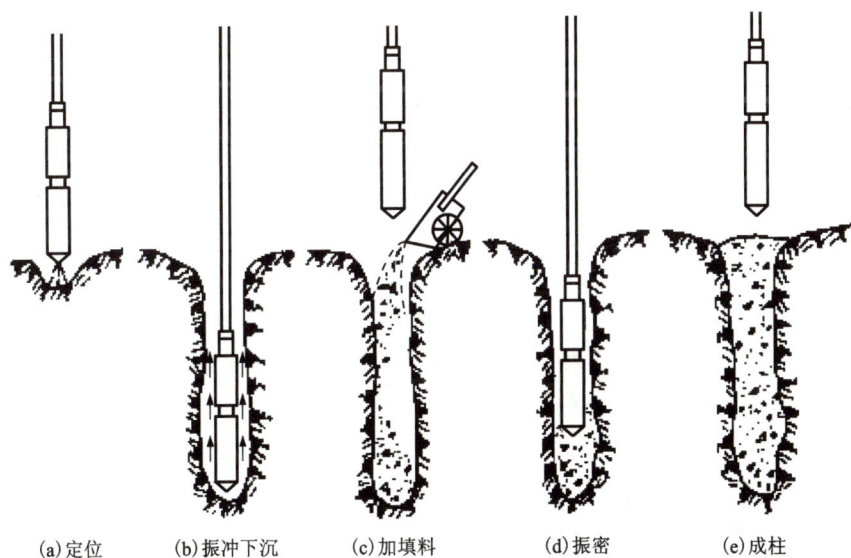

(a)定位　　(b)振冲下沉　　(c)加填料　　(d)振密　　(e)成柱

图 2-6　振冲法成桩施工工艺

振冲地基

5）振冲桩施工时桩顶部约 1 m 范围内的桩体密实度难以保证，一般应予挖除，另做地基，或用振动碾压使之压实。

6）冬季施工应将表层冻土破碎后成孔。每班施工完毕后应将供水管和振冲器水管内积水排净，以免冻结影响施工。

3. 振冲地基质量检验标准及方法

（1）振冲地基的质量检验标准

振冲地基的质量检验标准应符合表2-4的规定。

表2-4　振冲地基质量检验标准

项	序	检查项目	允许偏差或允许值	检查方法
主控项目	1	填料粒径	设计要求	抽样检查
	2	密实电流（黏性土） 密实电流（砂性土或粉土） （以上为功率30 kW振冲器） 密实电流（其他类型振冲器）	50~55 A 40~50 A （1.5~2.0）A_0	电流表读数 电流表读数，A_0为空振电流
	3	地基承载力	设计要求	按规定方法
一般项目	1	填料含泥量	<5%	抽样检查
	2	振冲器喷水中心与孔径中心偏差	≤50 mm	用钢尺量
	3	成孔中心与设计孔位中心偏差	≤100 mm	用钢尺量
	4	桩体直径	<50 mm	用钢尺量
	5	孔深	±200 mm	量钻杆或重锤测

（2）振冲地基的质量检验方法

施工前应检查振冲器的性能，电流表、电压表的准确度及填料的性能；施工中应检查密实电流、供水压力、供水量、填料量、孔底留振时间、振冲点位置、振冲器施工参数等；施工结束后，应在有代表性的地段做地基强度或地基承载力检验。

2.1.5　化学固结法

将化学浆液通过注浆管灌入或喷入土中，使土体固结以加固地基。常用的有灌浆法、高压喷射注浆法和深层搅拌法。化学浆液一般采用以普通硅酸盐水泥为主剂的水泥浆液和以硅酸钠（水玻璃）为主剂的硅化浆液。灌浆法的分类主要有以下几种。

1. 渗透灌浆

指在压力作用下，使浆液充填于土的孔隙和岩石裂隙中，将孔隙中存在的自由水和气体排挤出去，基本上不改变原状土的结构和体积，所用灌浆压力相对较小，这类灌浆一般只适用于中砂以上的砂性土和有裂隙的岩石。对砂性土的灌浆处理大都属于这种机理。

2. 充填灌浆

指用于地基土内的大孔隙、大空洞的灌浆。如卵石、碎石，卵砾层及隧道回填灌浆都属于这类灌浆。

3. 挤密灌浆

指用较高的压力灌入浓度较大的水泥浆或水泥砂浆，使黏性土体变形后在灌浆管端部附近形成"浆泡"，由浆泡挤压土体，并向上传递反压力，从而使地层上抬，硬化的浆液混合物是一个坚固的压缩性很小的球体。挤密灌浆法可用于非饱和的土体和含有孔隙的松散土。

4. 劈裂灌浆

指在压力作用下，浆液克服地层的初始应力和抗拉强度，引起岩石和土体结构的破坏和扰动，使地层中原有的裂隙和孔隙张开，形成新的裂隙和孔隙，促使浆液的可灌性和扩散距离增大，故所用灌浆压力较高。

5. 电动化学灌浆

指在施工时将带孔的注浆管作为阳极，用滤水管作为阴极，将溶液由阳极压入土中，并通以直流电（两电极间电压梯度一般采用 $0.3\sim1.0$ V/cm），在电渗作用下，孔隙水由阳极流向阴极，促使通电区域中土的含水量降低，并形成渗浆通路，化学浆液也随之流入土的孔隙中，并在土中硬结。

2.1.6　其他地基加固方法简介

1. 砂桩地基

挤密砂桩是采用沉管灌注桩的方法，通过冲击和振动，把砂挤入土中而成的。这种方法经济、简单且有效。对于砂土地基，可通过振动或冲击的挤密作用，使地基达到密实，从而增加地基承载力，降低孔隙比，减少建筑物沉降，提高砂基抵抗振动液化的能力。对于黏性土地基，可起到置换和排水砂井的作用，加速土的固结，形成置换桩与固结后软黏土的复合地基显著提高地基抗剪强度。这种桩适用于挤密松散的砂土、素填土和杂填土等地基。对于饱和软黏土地基，由于其渗透性较小，抗剪强度较低，灵敏度又较大，要使砂桩本身挤密并使地基土密实往往较困难，相反还破坏了土的天然结构，使抗剪强度降低，因此砂桩地基要慎重使用。

2. 水泥土搅拌桩地基

水泥土搅拌桩地基是采用水泥、石灰等材料作为固化剂，通过深层搅拌机械，在地基深处将软土和固化剂（浆液或粉体）强制搅拌，利用固化剂和软土之间所产生的一系列物理、化学反应，使软土硬结成具有一定强度的优质地基。具有无振动、无噪声、无污染、无侧向挤压等特点，对邻近的建筑物影响很小，适用于加固较深较厚的淤泥、淤泥质土、粉土和含水量较高且地基承载力不大于 120 kPa 的黏性土地基，对超软土效果更为显著。多用于墙下条形基础、大面积堆料厂房地基，在深基坑开挖时用于防止坑壁及边坡坍塌、坑底隆起的工程，以及做地下连续防渗墙等工程。

3. 预压地基

堆载预压法是在建筑物施工前，在地基表面分级堆土或其他荷重，使地基土压密、沉降、固结，从而提高地基强度和减少建筑物建成后的沉降量。待达到预定标准后再卸载，建造建筑物。本法材料、机具、方法简单直接，施工操作方便，但堆载时间长，堆载材料多，适用于各类软弱地基，包括天然沉积土层和人工充填土层的加固。堆载预压的施工效果取决于地基土层的固结特性、土层的厚度、预压荷载和预压时间等因素。

2.1.7 地基局部处理

1. 松土坑的处理

当坑的范围较小（在基槽范围内）时，可将坑中松软土挖除，使坑底及四壁均见天然土为止，回填与天然土压缩性相近的材料。当天然土为砂土时，用砂或级配砂石回填；当天然土为较密实的黏性土时，则用 3∶7 灰土分层夯实；如为中密可塑的黏性土或新近沉积黏性土，可用 1∶9 或 2∶8 灰土分层回填夯实，每层厚度不大于 20 cm［图 2-7（a）］。

当坑的范围较大（超过基槽边沿）或因条件限制，槽壁挖不到天然土层时，则应将该范围内的基槽适当加宽，加宽部分的宽度可按下述条件确定：当砂土或砂石回填时，基槽每边均应按 1∶1 的坡度放宽；当用 1∶9 或 2∶8 灰土回填时，按 0.5∶1 的坡度放宽；当用 3∶7 灰土回填时，如坑的长度≤2 m，基槽可不放宽；但灰土与槽壁接触处应夯实［图 2-7（b）］。

如坑在基槽内所占的范围较大（长度在 5 m 以上），且坑底土质与一般槽底天然土质相同，可将此部分基础加深，做 1∶2 踏步与两端相接，踏步级数根据坑深而定，但每步高度不大于 0.5 m，长不小于 1.0 m［图 2-7（c）］。

对于较深的松土坑（如坑的深度大于槽宽或大于 1.5 m），槽底处理后，还应适当考虑加强上部结构的强度，方法是在灰土基础上 1~2 块砖处、防潮层下 1~2 块砖处及首层顶板处，加配 4ϕ8~12 mm 钢筋跨过该松土坑两端各 1 m，以防产生过大的局部不均匀沉降（图 2-8）。

如遇到地下水位较高，坑内无法夯实时，可将坑（槽）中软弱的松土挖去后，再用砂土、碎石或混凝土代替灰土回填。如坑底在地下水位以下时，回填前先用粗砂与碎石（比例为 1∶3）分层回填夯实；地下水位以上用 3∶7 灰土回填夯实至要求高度。

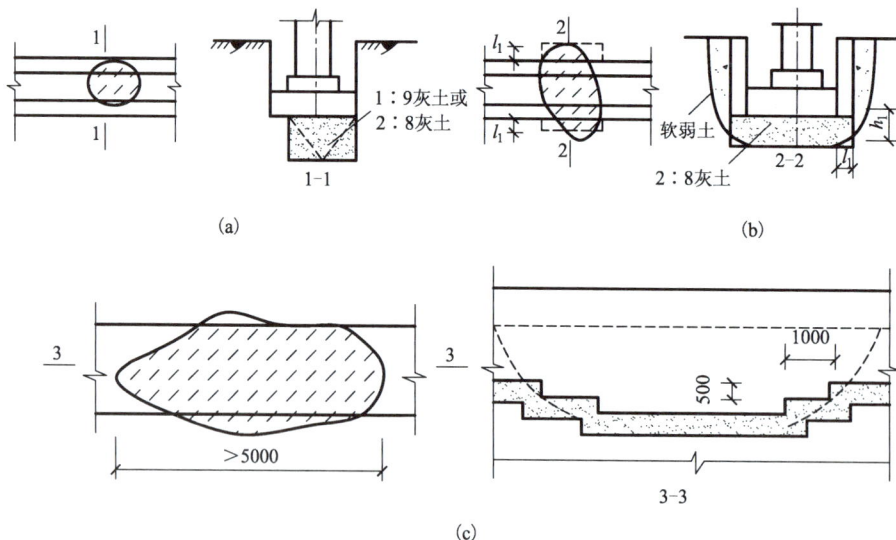

(a)

(b)

(c)

图 2-7 地基局部处理方法

2. 砖井或土井的处理

当砖井或土井在室外,距基础边缘 5 m 以内时,应先用素土分层夯实,回填到室外地坪以下 1.5 m 处,将井壁四周砖圈拆除或松软部分挖去,然后用素土分层回填夯实。

如井在室内基础附近,可将水位降到最低可能的限度,用中、粗砂以及块石、卵石或碎砖等回填到地下水位以上 0.5 m。砖井应将四周砖井圈拆至坑(槽)底以下 1 m 或更深,然后用素土分层回填夯实,如井已回填,但不密实或有软土,可用大块石将下面软土挤密,再用素土分层回填夯实。

当井在基础下时,应先用素土分层回填夯实至基础下 2 m 处,将井壁四周松软部位挖除,有砖井圈时,将井圈拆至槽底以下 1~1.5 m。当井内有水时,应用中、粗砂及块石、卵石或碎砖回填至水位以上 0.5 m,再按上述方法处理;当井内已填土,但不密实,且挖除困难时,可在部分拆除后的砖石井圈上加钢筋混凝土盖封口,上面用素土或 2∶8 灰土分层回填,夯实至槽底(图 2-9)。

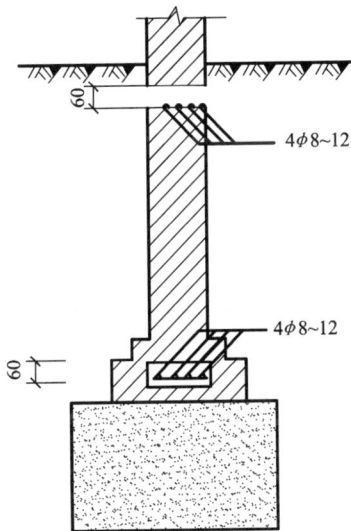

图 2-8 基础配筋构造图

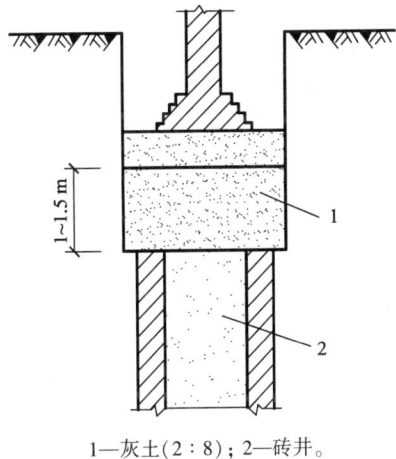

1—灰土(2∶8);2—砖井。

图 2-9 基槽下砖井处理方法

若在房屋转角处,且基础部分或全部压在井上,除用以上办法回填处理外,还应对基础加强处理。当基础压在井上部分较少,可采用从基础中挑梁的方法解决。当基础压在井上部分较多,用挑梁的方法较困难或不经济时,则可将基础沿墙长方向向外延长至井外天然土上,落在天然土上基础总面积应不小于井圈范围内原有基础的面积,并在墙内配筋或用钢筋混凝土梁进行加强(图 2-10)。

3. 局部软硬土的处理

当基础下局部遇基岩、旧墙基、大孤石、老灰土、化粪池、大树根、砖窑底等,均应尽可能挖除,以防建筑物由于局部落于较硬物上造成不均匀沉降,而使上部建筑物开裂。

若基础一部分落于基岩或硬土层上,一部分落于软弱土层上,基岩表面坡度较大,则应在软土层上采用现场钻孔灌注桩至基岩;或在软土部位做混凝土或砌块石支承墙(或支墩)至基岩;或将基础以下基岩凿去 0.3~0.5 m,填以中粗砂或土砂混合物做软性褥垫,使之能调

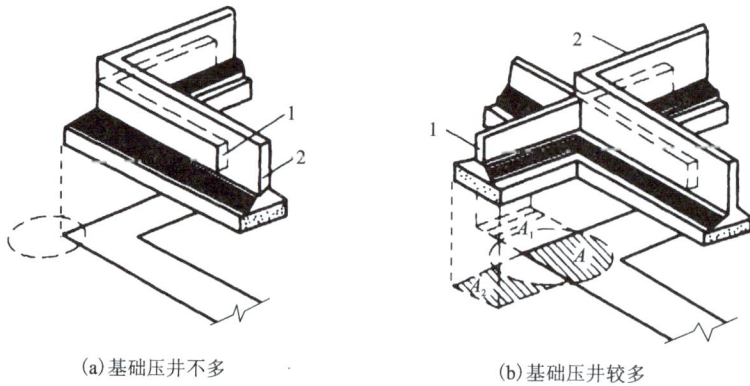

(a)基础压并不多   (b)基础压并较多

1—钢筋混凝土挑梁；2—墙基础。

图 2-10   墙角下砖井处理方法

整岩土交界部位地基的相对变形，避免应力集中出现裂缝；或采取加强基础和上部结构的刚度，来克服软硬地基的不均匀变形。

如基础一部分落于原土层上，一部分落于回填土地基上时，可在填土部位用现场灌注桩或钻孔桩至原土层，使该部位上部荷载直接传至原土层，避免地基的不均匀沉降。

2.2   浅埋式钢筋混凝土基础施工

通常把埋置深度不大(一般不超过 5.0 m)只需经过挖槽、排水等普通施工工序就可以建造起来的基础称为浅基础。它造价低、施工简便。浅基础一般有条形基础、杯形基础、筏形基础及箱形基础等。

浅基础

2.2.1   条形基础

条形基础包括柱下钢筋混凝土独立基础(图 2-11)和墙下钢筋混凝土条形基础(图 2-12)，这种基础的抗弯和抗剪性能良好，可在竖向荷载较大、地基承载力不高以及承受水平力和力矩等荷载情况下使用。因高度不受台阶宽高比的限制，故适用于"宽基浅埋"的场合。

(a)阶梯形基础1   (b)阶梯形基础2   (c)锥形基础

图 2-11   柱下钢筋混凝土独立基础

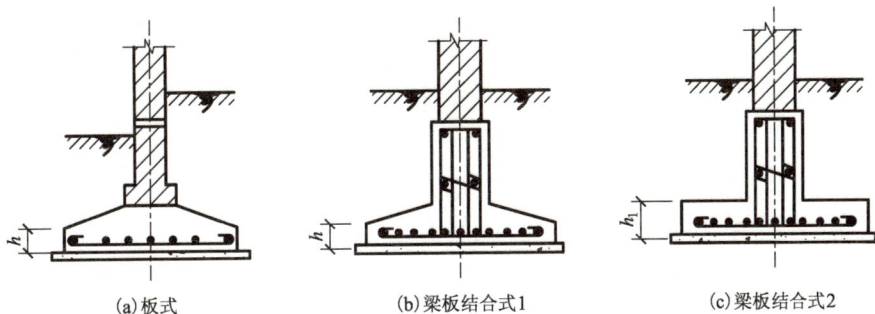

图 2-12　柱下钢筋混凝土独立基础

1. 构造要求

1)锥形基础(条形基础)边缘高度 h 不小于 200 mm；阶梯基础的每级台阶高度 h_1 宜为 300~500 mm。

2)垫层的厚度一般为 100 mm，混凝土强度等级为 C20，混凝土基础强度等级不宜低于 C25。

3)底板受力钢筋的最小直径不宜小于 10 mm，间距不宜大于 200 mm；有垫层时钢筋保护层厚度不宜小于 40 mm，无垫层时不宜小于 70 mm。

4)柱插筋的数量与直径应与柱内纵向受力钢筋相同。插筋的锚固及柱的纵向受力钢筋的搭接长度，按国家现行《混凝土结构设计规范》的规定执行。

2. 施工要点

1)基坑(槽)应进行验槽，基坑(槽)内浮土、积水、淤泥、垃圾、杂物应清除干净。验槽后地基混凝土应立即浇筑，以免地基土被扰动。

2)垫层达到一定强度后，在其上弹线、支模。铺放钢筋网片时底部用与混凝土保护层厚度相同的垫块支垫，保证钢筋位置正确。

3)在浇筑混凝土前，应清除模板上的垃圾、泥土和钢筋上的油污等杂物，模板应浇水湿润。

4)基础混凝土宜分层连续浇筑完成。阶梯形基础的每一台阶高度内应分层浇捣，每浇筑完一台阶应稍停 0.5~1 h，待其初步获得沉实后，再浇筑上层，以防止下台阶混凝土溢出，在上台阶根部出现"烂脖子"现象，台阶表面应基本抹平。

5)锥形基础的斜面部分模板应随混凝土的浇捣分段支设且顶压紧，以防止模板上浮变形，边角处的混凝土应注意捣实。严禁斜面部分不支模，用铁锹拍实。

6)基础上有插筋时，要加以固定，保证插筋位置正确，防止浇捣混凝土时发生位移。混凝土浇筑完毕后，外露表面应覆盖浇水养护。

2.2.2　杯形基础

杯形基础常用作钢筋混凝土预制柱基础，基础中预留凹槽(杯口)，然后插入预制柱，临时固定后，即在四周空隙中灌细石混凝土。其形式一般有单杯口基础、双杯口基础和高杯口基础等(图 2-13)。

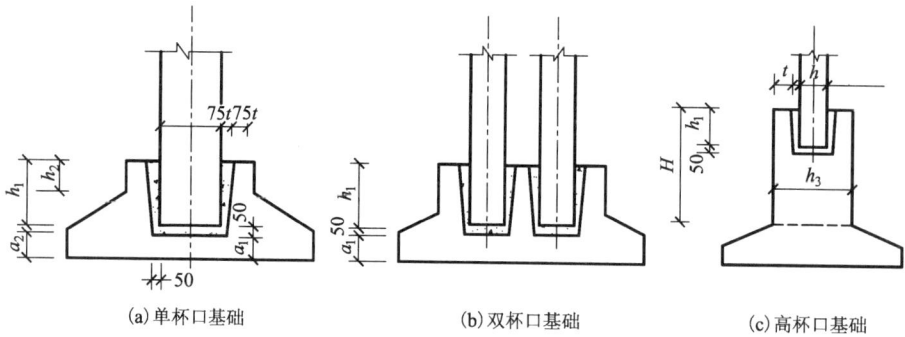

(a)单杯口基础　　　　　　　　(b)双杯口基础　　　　　　　(c)高杯口基础

图 2-13　杯形基础形式、构造示意图

1. 构造要求

1)柱的插入深度 h_1 可按表 2-5 选用,并满足锚固长度的要求(一般是 20 倍纵向受力钢筋直径)和吊装时柱的稳定性(不小于吊装时柱长的 0.05 倍)的要求。

表 2-5　柱插入深度 h_1　　　　　　　　　　　　　　　　　　　单位:mm

矩 形 或 工 字 形 柱				单肢管柱	双肢柱
$h<500$	$500 \leqslant h<800$	$800 \leqslant h<1000$	$h \geqslant 1000$		
$(1\sim1.2)h$	h	$0.9h$ $\geqslant 800$	$0.8h$ $\geqslant 1000$	$1.5d$ $\geqslant 500$	$(1/3\sim2/3)h_a$ 或 $(1.5\sim1.8)h_b$

注:1. h 为柱截面长边尺寸;d 为管柱的外直径;h_a 为双肢柱整个截面长边尺寸;h_b 为双肢柱整个截面短边尺寸。

2. 柱轴心受压或小偏心受压时,h_1 可适当减小;偏心距 $e_0>2h$(或 $e_0>2d$)时,h_1 可适当增大。

2)基础杯底厚度和杯壁厚度可按表 2-6 选用。

表 2-6　基础杯底厚度和杯壁厚度

柱截面长边尺寸 h/mm	杯底厚度 a_1/mm	杯壁厚度 t/mm
$h<500$	$\geqslant 150$	$150\sim200$
$500 \leqslant h<800$	$\geqslant 200$	$\geqslant 200$
$800 \leqslant h<1000$	$\geqslant 200$	$\geqslant 300$
$1000 \leqslant h<1500$	$\geqslant 250$	$\geqslant 350$
$1500 \leqslant h<2000$	$\geqslant 300$	$\geqslant 400$

注:1. 双肢柱的杯底厚度值,可适当加大;

2. 当有基础梁时,基础梁下的杯壁厚度,应满足其支承宽度的要求;

3. 柱子插入杯口部分的表面应凿毛,柱子与杯口之间的空隙应用比基础混凝土强度等级高一级的细石混凝土充填密实,当达到材料设计强度的 70% 以上时,方能进行上部构件吊装。

3）当柱为轴心或小偏心受压，且 $t/h_2 \geqslant 0.65$ 时，或大偏心受压且 $t/h_2 \geqslant 0.75$ 时，杯壁可不配筋；当柱为轴心受压或小偏心受压且 $0.5 \leqslant t \leqslant 0.65$ 时，杯壁可按表 2-7 和图 2-14 构造配筋；当柱为轴心或小偏心受压且 $t/h_2 < 0.5$ 时，或大偏心受压且 $t/h_2 < 0.75$ 时，按计算配筋。

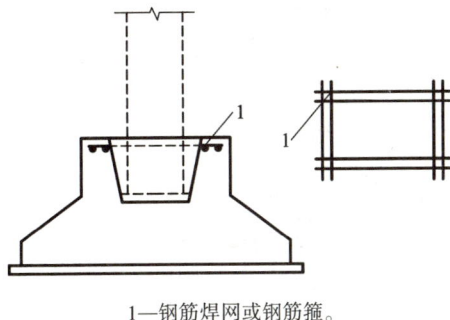

1—钢筋焊网或钢筋箍。

图 2-14 杯壁内配筋示意图

表 2-7 杯壁构造配筋

柱截面长边尺寸 /mm	$h<1000$	$1000 \leqslant h<1500$	$1500 \leqslant h \leqslant 2000$
钢筋直径 /mm	8~10	10~12	12~16

注：表中钢筋置于杯口顶部，每边两根。

4）预制钢筋混凝土柱（含双肢柱）和高杯口基础的连接与一般杯口基础构造相同。

2. 施工要点

杯形基础除参照板式基础施工要点外，还应注意以下几点：

1）混凝土应按台阶分层浇筑，对高杯口基础的高台阶部分按整段分层浇筑。

2）杯口模板可做成两半式的定型模板，中间各加一块楔形板，拆模时，先取出楔形板，然后分别将两半口模取出。为便于周转，模板宜做成工具式的，支模时杯口模板要固定牢固并压紧。

3）在浇筑混凝土时，应注意四侧要对称均匀进行，避免将杯口模板挤向一边。

4）施工时应先浇筑杯底混凝土并振实，注意在杯底一般留有 50 mm 厚的细石混凝土找平层。待杯底混凝土沉实后，再浇筑杯口四周混凝土。基础浇捣完毕，在混凝土初凝后终凝前将杯口模板取出，并将杯口内侧混凝土表面凿毛。

5）高杯口基础施工时，可采用后安装杯口模板的方法施工，即当混凝土浇捣接近杯口时，再安装固定杯口模板，继续浇筑杯口四周混凝土。

2.2.3 筏形基础

筏形基础由钢筋混凝土底板、梁等组成，适用于地基承载力较低而上部结构荷载很大的场合。其外形和构造上像倒置的钢筋混凝土楼盖，整体刚度大，能有效地将各柱子的沉降调整得较为均匀。筏形基础一般可分为梁板式和平板式两类（图 2-15）。

1. 构造要求

1）混凝土强度等级不宜低于 C25，钢筋保护层厚度不宜小于 40 mm。

2）基础平面布置应尽量对称，以减小基础荷载的偏心距。底板厚度不宜小于 200 mm，梁截面和板厚按计算确定，梁顶高出底板顶面不小于 300 mm，梁宽不小于 250 mm。

3）底板下一般宜设厚度为 100 mm 的 C30 混凝土垫层，每边伸出基础底板不小于 100 mm。

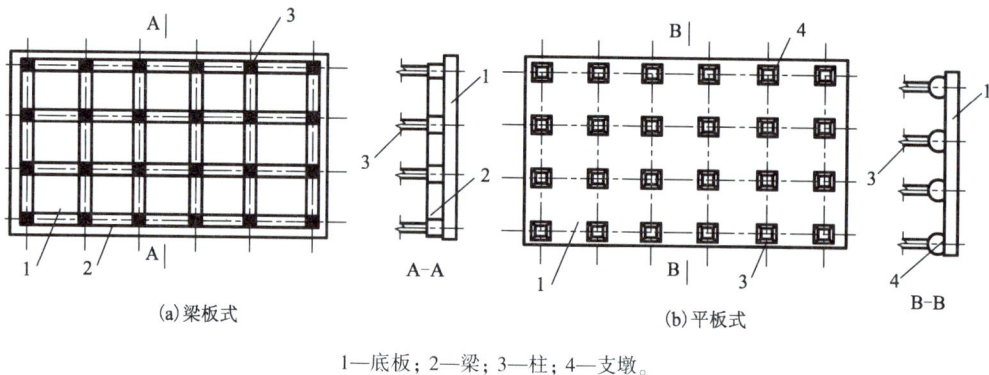

1—底板；2—梁；3—柱；4—支墩。

图 2-15 筏形基础

2. 施工要点

1）施工前，如地下水位较高，可采用人工降低地下水位至基坑底不少于 500 mm，以保证在无水的条件下进行基坑开挖和基础施工。

2）施工时，可采用先在垫层上绑扎底板、梁的钢筋和柱子的锚固插筋，浇筑底板混凝土，待达到 25%设计强度后，再在底板上支梁模，继续浇筑完梁部分混凝土；也可采用底板和梁模板一次支设，混凝土一次连续浇筑完成，梁侧模板采用支架支承并固定牢固。

3）混凝土浇筑时一般不留施工缝，必须留设时，应按施工缝要求处理，并应设置止水带。

4）基础混凝土浇筑完毕，表面应覆盖洒水养护，并防止地基被水浸泡。

2.2.4 箱形基础

箱形基础由钢筋混凝土底板、顶板、外墙以及一定数量的内隔墙构成封闭的箱体（图 2-16），基础中部可在内隔墙开门洞作地下室。该基础具有整体性好，刚度大，调整不均匀沉降能力及抗震能力强，可消除因地基变形使建筑物开裂的可能性，减小基底处原有地基自重压力、降低总沉降量等特点。适用作软弱地基上的面积较小、平面形式简单、上部结构荷载大且分布不均匀的高层建筑的基础和对沉降有严格要求的设备基础或特种构筑物基础。

1. 构造要求

1）基础平面布置应尽量对称，以减小基础荷载的偏心距，防止基础过度倾斜。

2）混凝土强度等级不应低于 C25，基础高度一般取建筑物高度的 1/8~1/12，不宜小于箱形基础长度的 1/16~1/18，且不小于 3 m。

3）底、顶板的厚度应满足柱或墙冲切验算要求，并根据实际受力情况通过计算确定。底板厚度一般取隔墙间距的 1/8~1/10，为 300~1000 mm，顶板厚度为 200~400 mm，内墙厚度不宜小于 200 mm，外墙厚度不应小于 250 mm。

4)为保证箱形基础的整体刚度,平均每平方米基础面积上墙体长度应不小于 400 mm,或墙体水平截面积不得小于基础面积的 1/10,其中纵墙配置量不得小于墙体总量的 3/5。

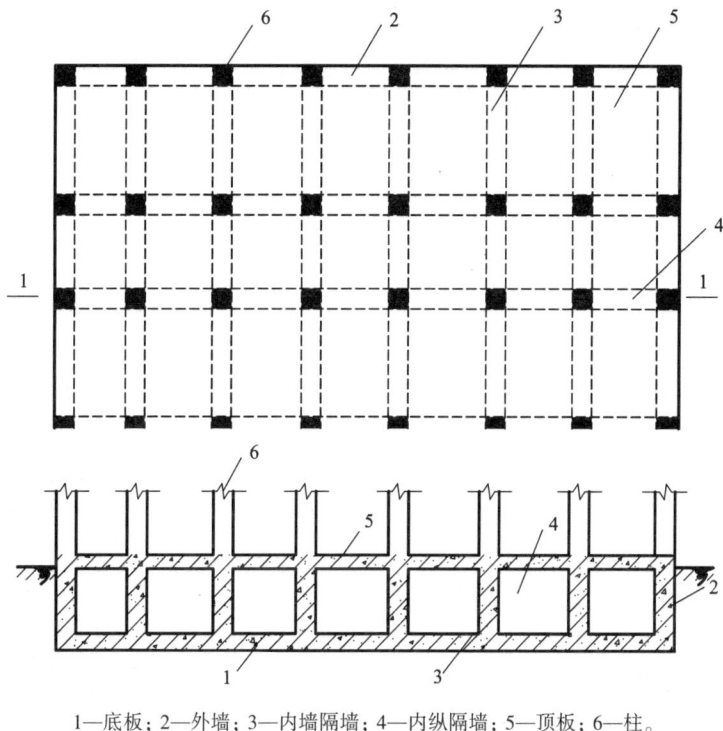

1—底板;2—外墙;3—内墙隔墙;4—内纵隔墙;5—顶板;6—柱。

图 2-16　箱形基础

2. 施工要点

1)施工前,如地下水位较高,可人工降低地下水位至基坑底不少于 500 mm,以保证在无水的条件下进行基坑开挖和基础施工。

2)施工时,基础底板、内外墙和顶板的支模、钢筋绑扎和混凝土浇筑可分块进行,其施工缝的留设位置和处理应符合钢筋混凝土工程施工及验收规范的相关要求,外墙施工缝处应设止水带。

3)基础的底板、内外墙和顶板宜连续浇筑完毕。为防止出现温度收缩裂缝,一般应设置贯通的后浇带(或加强带),后浇带宽度不小于 800 mm,后浇带处钢筋应贯通,顶板浇筑后,相隔 2~4 周,用比设计混凝土强度提高一级的细石混凝土将后浇带浇筑密实,并加强养护。

4)基础施工完毕,应立即进行基坑回填。停止降水时,应验算基础的抗浮稳定性,抗浮系数不宜小于 1.2,如不能满足时,应采取有效措施,如继续抽水至上部结构荷载加上后能满足抗浮稳定性系要求为止,或在基础内采取灌水或加重物,防止基础上浮或倾斜。

2.3 桩基础工程

一般建筑物都应充分利用地基土层的承载能力，而尽量采用浅基础。但若浅层土质不良，无法满足建筑物对地基变形和强度方面的要求时，可利用下部坚实土层或岩层作为持力层，这就要采取有效的施工方法建造深基础。深基础主要有桩基础、墩基础、沉井和地下连续墙等几种，其中以桩基础最为常用。

2.3.1 桩基础的作用和分类

1. 作用

桩基础一般由设置于土中的桩和承接上部结构的承台组成(图2-17)，也称桩基。

桩的作用是将上部建筑物的荷载传递到深处承载力较大的持力层上，或使软弱土层挤压，以提高土壤的承载力和密实度，从而保证建筑物的稳定性和减少地基沉降。

承台的作用将桩基中的各根桩连成一个整体，共同承受上部结构的荷载。根据承台与地面的相对位置不同，一般有低承台和高承台桩基之分。前者承台底面位于地面以下，后者则高出地面以上。一般来说，采用高承台主要是为了减少水下施工作业和节省基础材料，常用于桥梁和港口工程中。而低承台承受荷载的条件比高承台好，特别是在水平荷载作用下，承台周围的土体可以发挥一定的作用。一般的房屋和构筑物中，大都采用低承台桩基。

1—持力层；2—桩；3—桩基承台；
4—上部建筑；5—软弱层。

图2-17 桩基示意图

2. 分类

(1)按承载性质分

1)摩擦型桩。

摩擦型桩又可分为摩擦桩和端承摩擦桩。摩擦桩是指在极限承载力作用下，桩顶荷载由桩侧阻力承受的桩；端承摩擦桩是指在极限承载力作用下，桩顶荷载由桩侧阻力及桩端阻力共同承受的桩。

2)端承型桩。

端承型桩又可分为端承桩和摩擦端承桩。端承桩是指在极限承载力作用下，桩顶荷载由桩端阻力承受的桩；摩擦端承桩是指在极限承载力作用下，桩顶荷载主要由桩端阻力承受的桩。

(2)按桩的使用功能分

可分为竖向抗压桩、竖向抗拔桩、水平受荷桩、复合受荷桩。

(3)按桩身材料分

可分为混凝土桩、钢桩、组合材料桩。

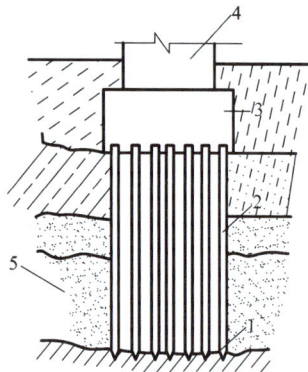

（4）按成桩方法分

可分为非挤土桩（如干作业法桩、泥浆护壁桩、套筒护壁桩）、部分挤土桩（如部分挤土灌注桩、预钻孔打入式预制桩等）、挤土桩（如挤土灌注桩、挤土预制桩等）。

（5）按桩制作工艺分

可分为预制桩和现场灌注桩。现在使用较多的是现场灌注桩。

锤击沉桩

2.3.2 钢筋混凝土预制桩施工工艺

1.锤击沉桩施工工艺

（1）特点及原理

锤击沉桩是利用桩锤下落时的瞬时冲击机械能，克服土体对桩的阻力，使其静力平衡状态遭到破坏，导致桩体下沉，达到新的静压平衡状态，如此反复地锤击桩头，桩身也就不断地下沉。锤击沉桩是预制桩最常用的沉桩方法。该法施工速度快，机械化程度高，适应范围广，现场文明程度高，但施工时有挤土、噪声和振动等公害，在城市中心和夜间施工时有所限制。

（2）沉桩机械设备

打桩所用的机具设备，主要包括桩锤、桩架及动力装置三部分。

桩锤：有落锤、单动汽锤、双动汽锤、柴油打桩锤和液压锤等。

常用的桩架形式有三种：滚筒式桩架、多功能桩架、履带式桩架（图2-18）。桩架选择时应考虑桩锤的类型、桩的长度和施工条件等因素。

（3）沉桩工艺方法

1）锤击沉桩施工工艺流程。

确定桩位和沉桩顺序→桩机就位→吊桩喂桩→校正→锤击沉桩→接桩→再锤击沉桩→送桩→收锤→切割桩头。

1—立柱；2—桩；3—桩帽；4—桩锤；
5—机体；6—支撑；7—斜撑。

图2-18 履带式桩架

2）沉桩顺序。

沉桩顺序直接影响打桩速度和打桩质量，应综合桩距、桩机性能、工程特点和工期要求综合考虑确定。常见的打桩顺序如图2-19所示。

①当桩较稀时（桩中心距大于4倍桩径或桩边长时），土壤的挤压影响可忽略不计，可采用由一侧向单一方向打（逐排打设），此法桩的就位和起吊方便，打桩效率高，但土壤向一个方向挤压[图2-19（a）]。

②当桩较密时（桩中心距小于等于4倍桩径或桩边长时），由于打桩对土体的挤密作用，使先打的桩因受水平推挤而造成偏移和变位，或被垂直挤拔造成浮桩，因此，可采用由中间

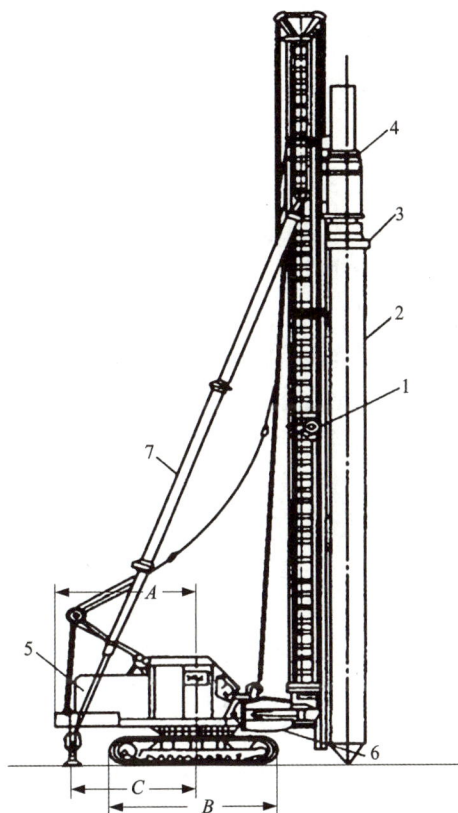

向四周打设，或由中间向两侧对称施打的方法[图2-19(b)、(c)]。

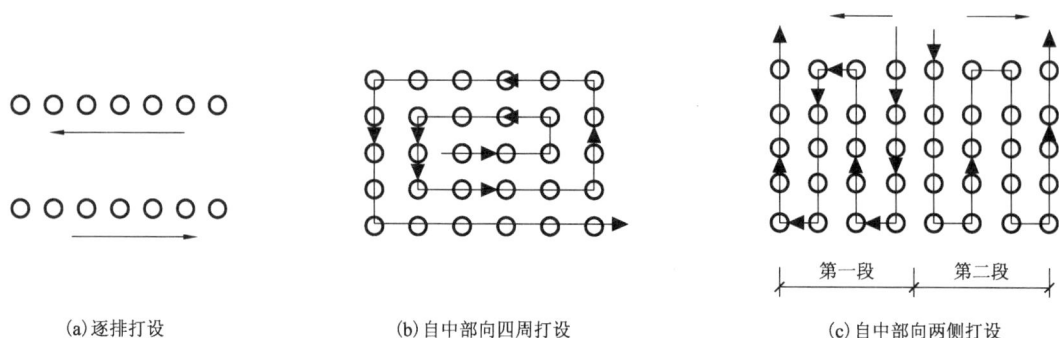

(a)逐排打设　　　　　　　(b)自中部向四周打设　　　　　　　(c)自中部向两侧打设

图2-19　打桩顺序

打设标高不一的桩，应遵循"先深后浅"的原则；对不同规格的桩，应遵循"先大后小、先长后短"的原则。

（4）打桩

在桩架就位后即可吊桩，垂直对准桩位中心，缓缓放下插入土中。桩插入时垂直度偏差不得超过0.5%，桩就位后在桩顶安上桩帽，然后放下桩锤轻轻压住桩帽。桩锤、柱帽和桩身中心线应在同一垂直线上。在桩的自重和锤重作用之下，桩沉入土中一定的深度而达到稳定的位置。这时再校正一次桩的垂直度，即可进行打桩。

打桩开始时，应先采用小的落距做轻的锤击，使桩正常沉入土中1~2m后，经检查桩尖未发生偏移，再逐渐增大落距至规定高度，继续锤击，直至把桩打到设计要求的深度。

打桩有"轻锤高击"和"重锤低击"两种方式。这两种方式，即使所做的功相同，所得到的效果却不相同。轻锤高击，所得的动量小，而桩锤对桩头的冲击力大，因而回弹也大，桩头容易损坏，大部分能量均消耗在桩锤的回弹上，故桩难以入土。相反，重锤低击，所得的动量大，而桩锤对桩头的冲击力小，因而回弹也小，桩头不易被打碎，大部分能量都可以用来克服桩身与土壤的摩阻力和桩尖的阻力，故桩很快入土。此外，又由于重锤低击的落距小，因而可提高锤击频率，打桩效率也高，所以打桩宜采用"重锤低击"方式。

打桩系隐蔽工程施工，应做好打桩记录。用落锤、单动汽锤或柴油锤打桩时，从开始即需记录桩身每沉入1m所需要的锤击数。当桩下沉接近设计标高时，应在规定落距下，测定每1阵（每10击为1阵）的贯入度，使其达到设计承载力所要求的最小贯入度。

（5）质量要求

打桩质量包括两个方面的内容：一是能否满足设计规定的贯入度或标高的设计要求；二是桩打入后的偏差是否在施工规范允许的范围内。

打桩的控制原则：

1）桩尖达到坚硬、硬塑的黏性土、碎石土、中密以上的砂土或风化岩等土层时，应以贯入度控制为主，桩尖进入持力层深度或桩尖标高可做参考；若贯入度已达到而桩尖标高未达到时，应继续锤击3阵，其每阵10击的平均贯入度不应大于规定的数值。

2）桩端位于其他软土层时，以桩端设计标高控制为主，贯入度可做参考。

3）桩打入后的垂直度偏差和平面位置偏差在国家施工规范允许的范围内。

2. 静力压桩施工工艺

(1) 特点及原理

静力压桩施工是在软土地基上，利用静力压桩机或液压压桩机用无振动的静压力 (自重和配重) 将预制桩压入土中的一种沉桩工艺，在我国沿海软土地基上较为广泛应用。与锤击沉桩相比，具有施工无噪声、无振动、节约材料、降低成本、提高施工质量、沉桩速度快等特点，特别适宜于城市内桩基工程施工。其工作原理：通过安置在压桩机上的卷扬机的牵引，由钢丝绳、滑轮及压梁，将整个桩机的自重 (800~1500 kN) 反压在桩顶上，以克服桩身下沉时与土的摩擦力，迫使预制桩下沉。

(2) 压桩机械设备

压桩机有两种类型：一种是机械静力压桩机 (图 2-20)，它由压桩架 (桩架与底盘)、传动设备 (卷扬机、滑轮组、钢丝绳)、平衡设备 (铁块)、量测装置 (测力计、油压表) 及辅助设备 (起重设备、送桩) 等组成；另一种是液压静力压桩机 (图 2-21)，它由液压吊装机构、液压夹持、压桩机构 (千斤顶)、行走及回转机构、液压及配电系统、配重铁块等部分组成。

静力压桩

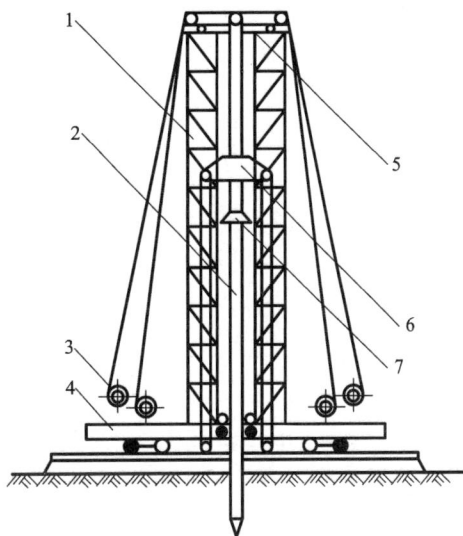

1—桩架；2—桩；3—卷扬机；
4—底盘；5—顶梁；6—压梁；7—桩帽。

图 2-20 机械静力压桩机

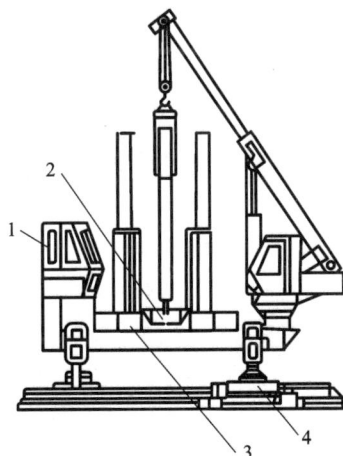

1—操作室；2—夹持与压桩机构；3—配重铁块；4—短船行走与回转机构；5—电控系统；6—液压系统；7—导向架；
8—长船行走机构；9—支腿式底盘结构；10—液压起重机。

图 2-21 液压静力压桩机

(3) 压桩工艺方法

1) 静力压桩施工工艺。

测量定位→桩机就位→吊桩插桩→桩身对中调直→静压沉桩→接桩→再静压沉桩→终止

压桩→切割桩头。

2）静力压桩施工方法。

用起重机将预制桩吊运或用汽车运至桩机附近，再利用桩机自带的起重装置将桩吊入夹持器中，夹持油缸将桩从侧面夹紧，压桩油缸做伸程动作，把桩压入土层中。伸程完毕，夹持油缸回程松夹，压桩油缸回程，重复上述动作，可实现连续压桩操作，直至将桩压入预定深度土层。

3）桩拼接方法。

钢筋混凝土预制长桩在起吊、运输时受力极为不利，因而一般先将长桩分段预制，再在沉桩施工时将桩接长。常用的接头连接方法有以下两种：

浆锚接头（图 2-22）：它是用硫黄水泥或环氧树脂配制成的黏结剂，把上段桩的预留插筋黏结于下段桩的预留孔内。

焊接接头（图 2-23）：在每段桩的端部预埋角钢或钢板，施工时将上下两段桩的桩端紧密接触，用扁钢贴焊成整体。

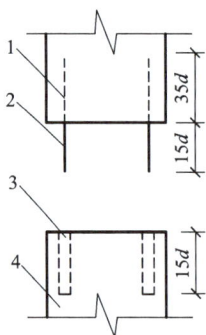

1—上节桩；2—锚筋；3—锚筋孔；4—下节桩。

图 2-22　桩拼接的浆锚接头

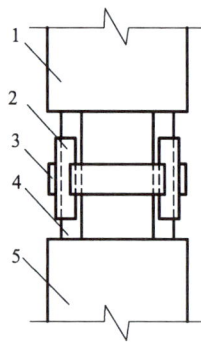

1—上节桩；2—连接角钢；3—拼接板；
4—与主筋连接的角钢；5—下节桩。

图 2-23　桩拼接的焊接接头

4）压桩施工要点。

①压桩应连续进行，因故停歇时间不宜过长，否则压桩阻力将大幅增长导致桩压不下去或桩机被抬起。

②压桩的终压控制很重要。一般对纯摩擦桩，终压时以设计桩长为控制条件；对于长度大于 21 m 的端承摩擦桩，应以设计桩长控制为主，终压力作为对照；对一些设计承载力较高的桩基，终压力值宜尽量接近压桩机的满载值；对长 14~21 m 的静压桩，应以终压力达满载值为终压控制条件；对桩周围土质较差且设计承载力较高的，宜复压 1~2 次为佳，对长度小于 14 m 的桩，宜连续多次复压，特别对长度小于 8 m 的短桩，连续复压的次数应适当增加。

③静力压桩单桩竖向承载力，可通过桩的最终压力值大致判断。如判断的终止压力值不能满足设计要求，应立即采取送桩加深处理或补桩，以保证桩基的施工质量。

2.3.3　现浇混凝土桩施工工艺

现浇混凝土桩是一种直接在现场桩位上使用机械或人工等方法就地成孔，然后在孔内浇筑混凝土或安放钢筋笼再浇筑混凝土而成的桩。按其成孔方法不同，可分为钻孔灌注桩、沉管灌注桩、人工挖孔灌注桩等。

1. 钻孔灌注桩

钻孔灌注桩是指利用钻孔机械钻出桩孔，并在孔中浇筑混凝土(或先在孔中吊放钢筋笼)而成的桩。根据钻孔机械的钻头是否在土壤的含水层中施工，又分为泥浆护壁成孔和干作业成孔两种施工方法。

(1)泥浆护壁成孔灌注桩

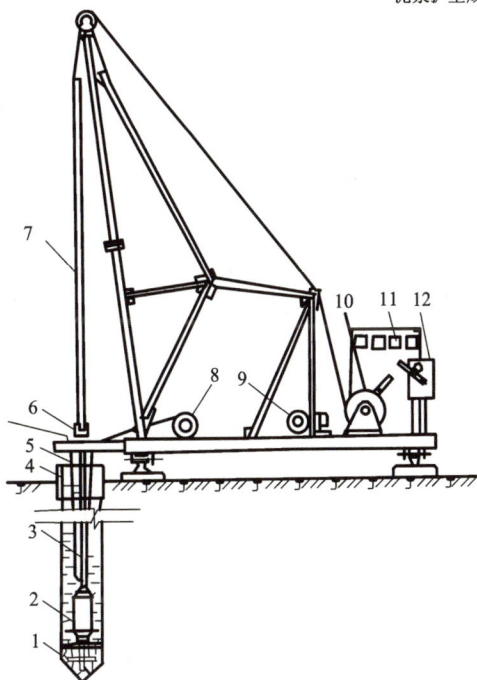

泥浆护壁成孔灌注桩适用于地下水位较高的地质条件。按钻孔设备可分为冲击钻成孔灌注桩、冲抓钻成孔灌注桩、回转钻成孔灌注桩、潜水钻成孔灌注桩。前三种适用于碎石土、砂土、黏性土及风化岩地基，后一种则适用于黏性土、淤泥、淤泥质土及砂土。

泥浆护壁成孔灌注桩

1)施工设备。

主要有冲击钻、冲抓钻、回转钻及潜水钻机。在此主要介绍潜水钻机(图2-24)。

潜水钻机由防水电机、减速机构和钻头等组成。电机和减速机构设在绝缘和密封装置的电钻外壳内，且与钻头紧密连接在一起，因而能共同潜入水下作业。目前常用的潜水钻机钻孔直径400~800 mm，最大钻孔深度50 m。既适用于水下钻孔，也可用于地下水位较低的干土层中钻孔。

2)施工工艺。

场地平整→桩位放线→开挖浆池、浆沟→护筒埋设→钻机就位→钻孔、泥浆循环、清除泥渣→清孔→下钢筋笼→浇筑水下混凝土→成桩。

①埋设护筒：护筒的作用是固定桩孔位置，防止地面水流入，保护孔口，增高桩孔内水压力，防止塌孔和成孔时引导钻头方向。

②制备泥浆：护壁泥浆的组成，是由高塑性黏土或膨润土和水拌和的混合物，也可掺入加重剂、分散剂、增黏剂及堵漏剂等掺合剂。泥浆一般在现场制备，有些黏性土在钻进过程中可形成适合护壁的浆液，则可利用其作为护壁泥浆，即"原土造浆"。

1—钻头；2—潜水钻机；3—电缆；4—护筒；5—水管；
6—滚轮；7—钻杆；8—电缆盘；9—5 kN卷扬机；
10—10 kN卷扬机；11—电流电压表；12—启动开关。

图2-24　潜水钻机钻孔示意图

泥浆具有保护孔壁、防止塌孔、排出土渣、冷却与润滑钻头、减少钻进阻力等作用。钻进中，护壁泥浆与钻孔的土屑混合，边钻边排出携带土屑的泥浆；当钻孔达到规定深度后，运用泥浆循环进行孔底清渣。

③清孔：泥浆护壁成孔清孔时，对于土质较好不易坍塌的桩孔，可用空气吸泥机清孔，气压为0.5 MPa，使管内形成强大高气压向上涌，同时不断地补足清水，被搅动的泥渣随气流上涌从喷口排出，直至喷出清水为止。对于稳定性较差的孔壁应采用泥浆循环法清孔或抽筒排渣，清孔后的泥浆相对密度应控制在1.15~1.25；原土造浆的孔，清孔后泥浆相对密度应控制在1.1左右。

孔底沉渣必须设法清除,端承桩的沉渣厚度不得大于 50 mm,摩擦桩沉渣厚度不得大于 150 mm。

④水下浇筑混凝土:泥浆护壁成孔灌注桩的水下混凝土浇筑常用导管法,混凝土强度等级不低于 C25,商品混凝土的坍落度一般为 180~220 mm。导管一般用无缝钢管制作,直径为 200~300 mm,每节长度为 2~3 m,最下一节为脚管,长度不小于 4 m,各节管用法兰盘和螺栓连接。浇筑混凝土时,导管应始终埋入混凝土中 0.8~1.3 m,但最大埋入深度也不宜超过 5 m。

(2)干作业成孔灌注桩

适用于成孔深度内无地下水的一般黏性、砂土及人工填土,无须护壁,成孔深度 8~20 m、成孔直径 300~600 mm,不宜用于地下水位以下的各类土及淤泥质土。

1)施工设备。

主要有螺旋钻机、钻孔扩机、机动或人工洛阳铲等。在此主要介绍螺旋钻机。

常用的螺旋钻机有履带式和步履式两种。前者一般由 W1001 履带车、支架、导杆、鹅头架滑轮、电动机头、螺旋钻杆及出土筒组成(图 2-25),后者的行走底盘为步履式,在施工的时候用步履进行移动。步履式钻机下装有活动轮子,施工完毕后装上轮子由机动车牵引到下一工地(图 2-26)。

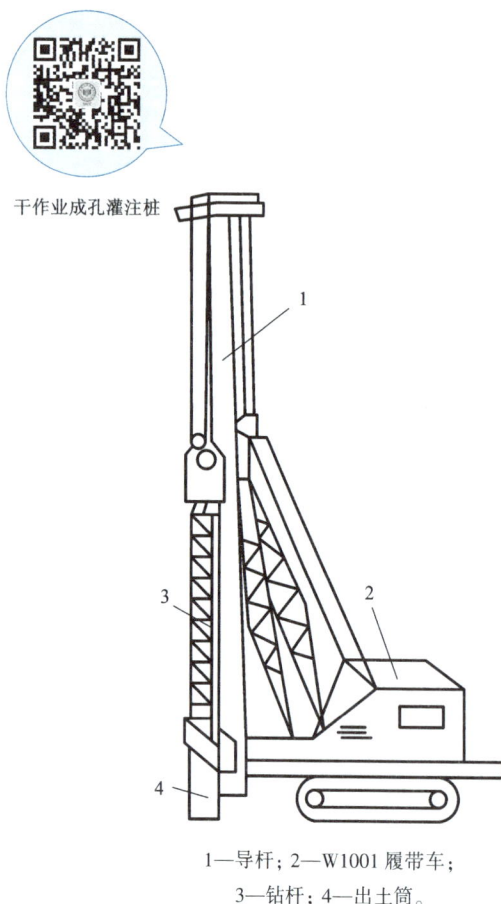

干作业成孔灌注桩

钻孔直径100~300 mm
钻深8~10 m
钻杆转速132 r/min
钻杆最大扭矩1587.6 N·m
钻头最大功率22 kW
整机回转角135°
质量9.8 t

1—导杆;2—W1001 履带车;
3—钻杆;4—出土筒。

图 2-25 履带式钻孔机示意图

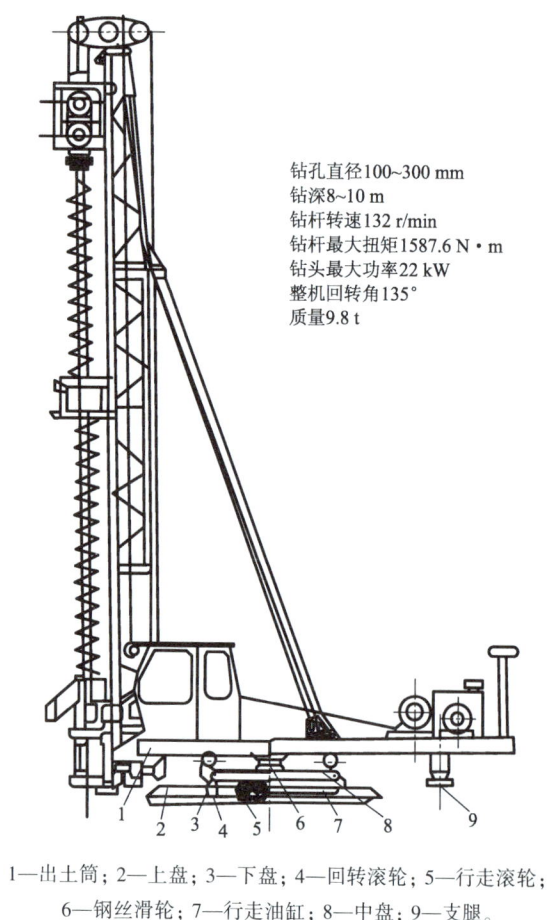

1—出土筒;2—上盘;3—下盘;4—回转滚轮;5—行走滚轮;
6—钢丝滑轮;7—行走油缸;8—中盘;9—支腿。

图 2-26 步履式钻孔机示意图

2）施工工艺。

场地平整→桩位定位放线→钻机就位→取土成孔→检查校正桩位及孔的垂直度→孔底清理→下钢筋笼→浇筑混凝土→成桩。

3）质量要求。

①桩垂直度容许偏差 1%。

②孔底虚土容许厚度不大于 100 mm。

③桩位允许偏差：单柱、条形桩基沿垂直轴线方向和群桩基础边沿的偏差是 1/6 桩径；条形桩基沿顺轴线方向和群桩基础中间桩的偏差为 1/4 桩径。

（3）施工中常见问题及处理

1）孔壁坍塌。

在钻孔过程中，如发现排出的泥浆中不断出现气泡，或泥浆突然漏失，这表示有孔壁坍塌的现象。孔壁坍塌的主要原因是土质松散，泥浆护壁不好，护筒周围未用黏土紧密填封及护筒内水位不高。钻进时如出现孔壁坍塌，首先应保持孔内水位并加大泥浆相对密度以稳定钻孔的护壁。如坍塌严重，应立即回填黏土，待孔壁稳定后再钻。

2）钻孔偏斜。

钻杆不垂直，钻头导向部分压短、导向性差，土质软硬不一，或者遇上大孤石等，都会引起钻孔偏斜。防止措施：除钻头加工精确、钻杆安装垂直外，操作时还要注意经常观察。当钻孔偏斜时，可提起钻头，上下反复扫钻几次，以便削去硬土，如纠正无效，应在孔中部回填黏土至偏孔处 0.5 m 以上再重新钻进。

3）孔底虚土。

在干作业施工中，由于钻孔机械结构所限，孔底常残存一些虚土，它来自扰动残存土、孔壁坍落土及孔口落土。施工时，孔底虚土较规范大时必须清除，防止因虚土影响桩承载力。目前常用的治理虚土的方法是用 20 kg 重铁饼人工辅助夯实，或采用孔底压力灌浆法。

4）断桩。

水下灌注混凝土桩的质量除混凝土本身质量外，是否断桩是鉴定其质量的关键。预防时应注意三方面的问题：一是力争首批混凝土浇灌一次成功；二是浇筑混凝土过程中导管要埋在混凝土中；三是严格控制现场混凝土配合比。

2. 沉管灌注桩

沉管灌注桩是指利用锤击打桩法或振动打桩法，将带有活瓣式桩尖或预制钢筋混凝土桩靴的钢套管沉入土中，然后边浇筑混凝土边锤击或振动套管将混凝土捣实而成的桩。前者称为锤击沉管灌注桩，后者称为振动沉管灌注桩。

（1）锤击沉管灌注桩

锤击沉管灌注桩是采用落锤、蒸汽锤或柴油锤将钢套管沉入土中成孔，然后灌注混凝土或钢筋混凝土，再拔出钢套管成桩。

1）施工设备。

锤击沉管机械设备如图 2-27 所示。

2）施工工艺。

场地平整→桩机就位→立管→对准桩位套入桩靴、压入土中→检查→低锤轻击→检查有无偏移→正常施打至设计标高→第一次浇灌砼→边拔管，边锤击，边继续浇灌砼→安放钢筋笼，继续浇灌砼至桩顶设计标高。如图 2-28 所示。

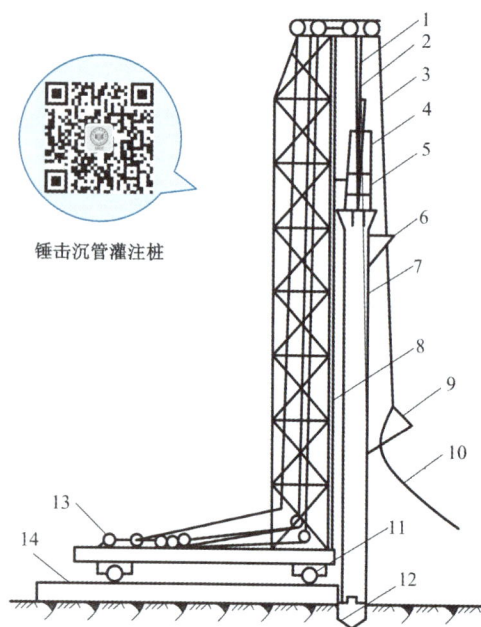

锤击沉管灌注桩

1—桩锤钢丝绳；2—桩管滑轮组；3—吊斗钢丝绳；
4—桩锤；5—桩帽；6—混凝土漏斗；7—桩管；
8—桩架；9—混凝土吊斗；10—回绳；11—钢管；
12—预制桩尖；13—卷扬机；14—枕木。

图 2-27　锤击沉管灌注桩机械设备示意图

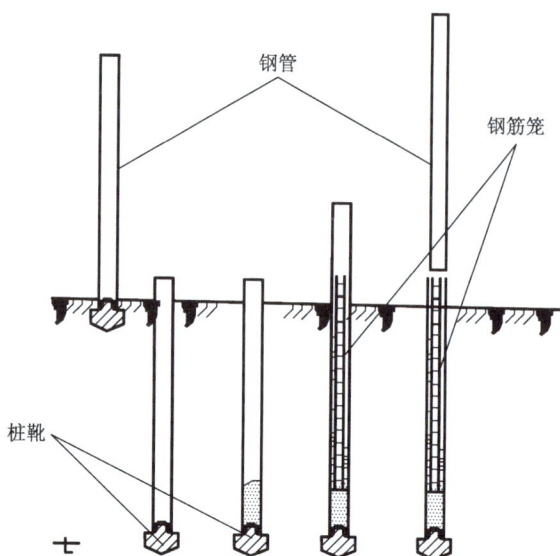

(a)就位　(b)沉钢管　(c)开始浇　(d)下钢筋　(e)拔管
　　　　　　　　　　筑混凝土　笼继续浇　成型
　　　　　　　　　　　　　　　筑混凝土

图 2-28　沉管灌注桩施工过程

①桩靴与桩管。桩靴可分为混凝土预制桩靴和活瓣式桩靴两种，如图 2-29 所示，其作用是阻止地下水及泥砂进入桩管。桩管一般采用无缝钢管，直径为 270~600 mm，其作用是形成桩孔。

(a)活瓣式桩靴

(b)预制混凝土桩靴

图 2-29　桩靴

②成孔。由于锤击沉管灌注桩成孔时不排土，而沉管时会把土挤压密实，所以群桩基础或桩中心距小于3~3.5倍的桩径，应制订合理的施工顺序，以免影响相邻桩的质量。

③混凝土浇筑与拔管。浇筑混凝土和拔起桩管是保证质量的重要环节。当桩管沉到设计标高后，应停止锤击，检查管内无泥浆或水进入后，即放入钢筋笼，边浇筑混凝土边拔管，拔管时必须边振(打)边拔，以确保混凝土振捣密实。拔管速度必须严格控制，对于一般土层，以不大于 1 m/min 为宜；在软土及软硬土交界处，应控制在 0.8 m/min 以内。

上面所述的这种施工工艺称为单打灌注桩的施工。为了提高桩的质量和承载能力，可采用复打扩大灌注桩的直径。其施工方法是在第一次单打法施工完毕并拔出桩管后，清除桩管外壁上和桩孔周围地面上的污泥，立即在原桩位上再次安放桩尖，再做第二次沉管，使未凝固的混凝土向四周挤压扩大桩径，然后灌注第二次混凝土，拔管方法与第一次相同。复打施工要注意前后两次沉管轴线应重合，复打必须在第一次灌注的混凝土初凝之前进行。

3) 质量要求。

①锤击沉管灌注桩混凝土强度等级应不低于C25；混凝土坍落度，在有筋时宜为80~100 mm，无筋时宜为60~80 mm；碎石粒径，有筋时不大于25 mm，无筋时不大于40 mm；桩尖混凝土强度等级不得低于C30。

③桩位允许偏差：群桩不大于 $0.5d$（d 为桩管外径），对于两根桩组成的桩基，在两根桩的连线方向上偏差不大于 $0.5d$，垂直此线方向上则不大于 $1/6d$；墙基由单桩支承的，平行墙的方向偏差不大于 $0.5d$，垂直墙的方向不大于 $1/6d$。

②当桩的中心距为桩管外径的 5 倍以内或小于 2 m 时，均应跳打，中间空出的桩须待邻桩混凝土达到设计强度的50%以后方可施打。

（2）振动沉管灌注桩

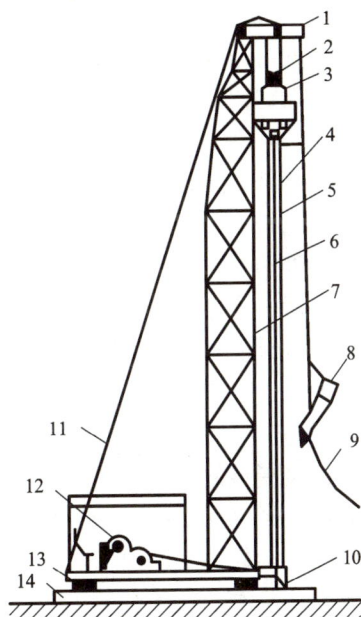

振动沉管灌注桩是采用激振器或振动冲击锤将钢套管沉入土中成孔而成的灌注桩，其沉管原理与振动沉桩完全相同。

1) 施工设备。

振动沉管机械设备如图 2-30 所示。

2) 施工工艺。

振动沉管采用振动锤或振动冲击锤沉管，利用桩机强迫振动频率与土的自振频率相同时产生的共振而沉管。沉桩前，将桩管下端活瓣合拢或套入桩靴，对准桩位，徐徐放下桩管压入土中，勿使偏斜，即可开动激振器沉管。桩管受振后与土体之间摩阻力减小，同时利用振动锤自重在桩管上加压，桩管即能沉入土中。桩管下沉到设计要求深度后，停止振动，立即用吊斗向套管内灌满混凝土，并再次开动激振器，边振动边拔管，同时在拔管过程中继续向管内灌注混凝土。如此反复，直至桩管全部拔出地面后即形成混凝

1—导向滑轮；2—滑轮组；3—激振器；
4—混凝土漏斗；5—桩管；6—加压钢丝绳；
7—桩架；8—混凝土吊斗；9—回绳；
10—桩尖；11—缆风绳；12—卷扬机；
13—钢管；14—枕木。

图 2-30 振动沉管灌注桩桩机

土桩身。

振动灌注桩可采用单振法、反插法、复振法施工。

①单振法：在沉入土中的桩管内灌满混凝土，开激振器 5~10 s，开始拔管，边振边拔。每拔 0.5~1.0 m，停拔振动 5~10 s，如此反复，直到桩管全部拔出。在一般土层内的拔管速度宜为 1.2~1.5 m/min，在软弱土层中，不得大于 1.0 m/min。单振法施工速度快，混凝土用量少，但桩的承载力低，适用于含水量较少的土层。

②反插法：在桩管内灌满混凝土后，先振动再开始拔管。每次拔管高度 0.5~1.0 m，再向下反插深度 0.3~0.5 m，如此反复进行并始终保持振动，直到桩管全部拔出地面。反插法能扩大桩的截面，从而提高桩的承载力，但混凝土耗用量较大，一般适用于饱和软土层。

③复振法：施工方法及要求与锤击沉管灌注桩的复打法相同。

3）质量要求。

①振动沉管灌注桩混凝土强度等级应不低于 C25；混凝土坍落度，在有筋时宜为 80~100 mm，无筋时宜为 60~80 mm；碎石粒径不大于 30 mm。

②桩的中心距不宜小于桩管外径的 4 倍，否则应跳打，相邻的桩施工时，其间隔时间不得超过混凝土的初凝时间。

③在拔管过程中，桩管内应随时保持有不少于 2 m 高度的混凝土，以便有足够的压力，防止混凝土在管内阻塞。

④为保证沉管灌注桩的承载力要求，必须严格控制最后的沉管贯入度，其值按设计要求或根据试桩和当地长期的施工经验确定。

⑤桩位允许偏差同锤击沉管灌注桩。

（3）施工中常见的问题及处理

1）断桩。

断桩一般都发生地面以下软硬土的交接处，并多数发生在黏土中，砂土及松土中则很少出现。产生断桩的主要原因：桩距过小，受邻桩施打时挤压的影响；桩身混凝土终凝不久就受到振动和外力；软硬土层间传递水平力大小不同，对桩产生剪应力；等等。处理方法：经检查有断桩后，应将断桩拔出，略增大桩的截面面积或加箍筋后，再浇筑混凝土。或者在施工过程中采取预防措施，如施工中控制桩中心距不小于 3.5 倍桩径，采用跳打法或者控制时间间隔的方法，使邻桩的混凝土达到设计强度等级的 50% 后，再施打中间桩等。

2）瓶颈桩。

瓶颈桩是指桩的某处直径缩小形似"瓶颈"，其截面面积不符合设计要求。多数发生在黏性土、土质软弱、含水率高，特别是饱和的淤泥或淤泥质软土层中。产生瓶颈桩的主要原因：在含水率较大的软弱土层中沉管时，土受挤压便产生很高的孔隙水压，拔管后便挤向新灌的混凝土，造成缩颈。拔管速度过快，混凝土量少、和易性差，混凝土出管扩散性差也造成缩颈现象。处理方法：施工中保持管内混凝土略高于地面，使之有足够的扩散压力，拔管时采用复打或反插法，并严格控制拔管速度。

3）吊脚桩。

吊脚桩是指桩的底部混凝土隔空或混进泥砂而形成松散层部分的桩。其产生的主要原因：预制钢筋混凝土桩尖承载力或钢活瓣桩尖刚度不够，沉管时被破坏或变形，从而导致水或泥砂进入桩管；拔管时桩靴未脱落或活瓣未张开，混凝土未及时从管内流出等。处理方法：拔出桩管，填砂后重打；或采取密振慢拔，开始沉管时先反插几次再正常拔管等预防措施。

4）桩尖进水进泥。

桩尖进水进泥常发生在地下水位高或含水量大的淤泥和粉泥土土层中。其产生的主要原因：钢筋混凝土桩尖与桩管结合处或钢活瓣桩尖闭合不紧密；钢筋混凝土桩尖被打破或钢活瓣桩尖变形所致。处理方法：将桩管拔出，清除管内泥砂，修整桩尖活瓣变形缝隙，用黄砂回填桩孔后再重打；若地下水位较高，待沉管至地下水位时，先在桩管内灌入 0.5 m 厚度的水泥砂浆做封底，再灌 1 m 高度混凝土增压，然后再继续下沉管桩。

3. 人工挖孔灌注桩

人工挖孔灌注桩是指桩孔采用人工挖掘方法进行成孔，然后安放钢筋笼，浇筑混凝土而成的桩。其施工特点是设备简单、无噪声、无振动、不污染环境、对施工现场周围的原有建筑物影响小；施工速度快，可按施工进度要求决定同时开挖桩孔的数量，必要时各桩孔可同时施工；土层情况明确，可直接观察到地质变化，桩底沉渣能清除干净，施工质量可靠。尤其当高层建筑选用大直径的灌注桩，而其施工现场又在狭窄的市区时，采用人工挖孔比机械挖孔具有更大的适应性。其缺点是人工耗用量大、开挖效率低、安全操作条件差等。

（1）施工设备

一般可根据孔径、孔深和现场具体情况加以选用，常用的有电动葫芦、提土桶、潜水泵、鼓风机和输风管、镐、锹、土筐、照明灯、对讲机及电铃等。

（2）施工工艺

施工时，为确保挖土成孔施工安全，必须考虑预防孔壁坍塌和流砂现象发生的措施。因此，施工前应根据地质报告中的水文地质资料，拟订出合理的护壁措施和降排水方案，护壁方法很多，可以采用现浇混凝土护壁、喷射混凝土护壁、混凝土沉井护壁、砖砌体护壁、钢套管护壁、型钢-木板桩工具式护壁等多种形式。下面介绍应用较广的现浇混凝土护壁人工挖孔桩的施工工艺流程（图 2-31）。

人工挖孔灌注桩

1）按设计图纸放线、定桩位。

2）开挖桩孔土方。施工时采取分段开挖，每段高度取决于土壁保持直立状态而不塌方的能力，一般取 0.5~1.0 m 为一施工段。开挖范围为设计桩径加护壁的厚度。

3）支设护壁模板。模板高度取决于开挖土方施工段的高度，一般为 1 m，由 4~8 块活动的钢模组合而成，支成有锥度的内模。

4）放置操作平台。内模支设后，吊放用角钢和钢板制成的两个半圆形合成的操作平台进入桩孔内，置于模板顶部，以放置料具和浇筑混凝土操作之用。

5）浇筑护壁混凝土。护壁混凝土起着防止土壁坍塌与防水的双重作用，因而浇筑时要注意捣实。上下段护壁要错位搭接 50~75 mm（咬口连接），以起到连接上下段的作用。

6）拆除模板继续下段施工。当护壁混凝土达到 1 MPa（常温下约经 24 h）后，方可拆除模板，开挖下段的土方，再支模浇筑下段护壁的混凝土，如此循环，直至挖到设计要求的深度。

7）排除孔底积水，浇筑桩身混凝土。当桩孔挖到设计深度，检查孔底土质是否已达到设计要求后，再在孔底挖成扩大头。待桩孔全部成型后，用潜水泵抽出孔底的积水，然后立即

浇筑混凝土。当混凝土浇筑至钢筋笼的底面设计标高时，再吊入钢筋笼就位，继续浇筑桩身混凝土而形成桩基。

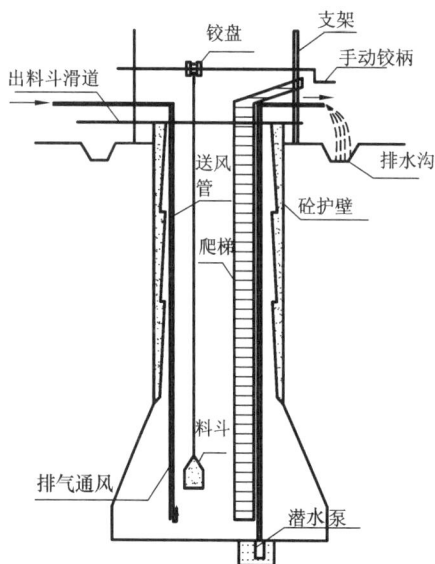

(a)人工挖孔桩　　　　　　　　(b)大直径群桩人工挖孔桩施工

图 2-31　现浇混凝土护壁人工挖孔桩施工

（3）质量要求

1）必须保证桩孔的挖掘质量。桩孔挖成后应有专人下孔检验，如土质是否符合地质勘察报告，扩孔几何尺寸是否与设计相符，孔底虚土残渣情况要作为隐蔽验收记录归档。

2）按规程规定，桩的垂直度偏差不大于1%桩长，桩径不得小于设计桩径。

3）钢筋骨架要保证不变形，箍筋要与主筋点焊，钢筋笼吊入孔内后，要保证其与孔壁间有足够的保护层。

4）混凝土坍落度宜在100 mm左右，用浇灌漏斗桶直落，避免离析，且必须振捣密实。

（4）安全措施

人工挖孔桩的施工安全措施应予以特别重视。工人在桩孔内作业，应严格按安全操作规程施工，并有切实可靠的安全措施。孔下施工人员必须戴安全帽；孔下有人时孔口必须有监护人员；护壁要高出地面150~200 mm，以防杂物滚入孔内；孔内必须设置应急软爬梯，供施工人员上下井；使用的电葫芦、吊笼等应安全可靠并配有自动卡紧保险装置；不得使用麻绳和尼龙绳吊挂或脚踏井壁凸缘上下；使用前必须检验其安全起吊能力；每日开工前必须检测井下的有毒有害气体，并有足够的安全防护措施。桩孔开挖深度超过10 m时，应有专门向井下送风的设备。

孔口四周必须设置护栏。挖除的土石方应及时运离孔口，不得堆放在孔口四周1 m范围内，机动车辆的通行不得对井壁的安全造成影响。

施工现场的一切电源、电路的安装和拆除必须由持证的电工操作；电器必须严格接地、接零和使用漏电保护器。各孔用电必须分闸，严禁一闸多用。孔上电缆必须架空2.0 m以上，严禁拖地和埋压土中，孔内电缆、电线必须有防磨损、防潮、防断等保护措施。照明应采用安全矿灯或 12 V 以下的安全灯。

2.3.4　桩基础的检测与验收

1. 桩基的检测

成桩的质量检验有两种基本方法：一种是静载试验法，又称破损试验（图 2-32）；另一种是动测法，又称无损试验（图 2-33）。

（1）静载试验法

1）试验目的。

静载试验的目的是采用接近于桩的实际工作条件，通过静载加压，确定单桩的极限承载力，作为设计依据，或对工程桩的承载力进行抽样检验和评价。

2）试验方法。

桩基静载实验

静载试验是根据模拟实际荷载情况，通过静载加压，得出一系列关系曲线，综合评定其容许承载力的一种试验方法。它能较好地反映单桩的实际承载力。荷载试验有多种，通常采用的是单桩竖向抗压静载试验、单桩竖向抗拔静载试验和单桩水平静载试验。

图 2-32　桩基静载试验

图 2-33　桩基动测试验

3）试验要求。

预制桩在桩身强度达到设计要求的前提下，对于砂类土，不应少于 10 d；对于粉土和黏性土，不应少于 15 d；对于淤泥或淤泥质土，不少于 25 d，待桩身与土体的结合基本趋于稳定，才能进行试验。现场灌注桩应在桩身混凝土强度达到设计等级的前提下，对于砂类土成桩不少于 10 d；对于一般黏性土不少于 20 d；对于淤泥或淤泥质土，不少于 30 d，才能进行试验。对于地基基础设计等级为甲级或地质条件复杂，成桩质量可靠性低的灌注桩，应采用静载试验的方法进行检验，检验桩数不应少于总数的 1% 且不应少于 3 根；当总桩数少于50 根时，不应少于 2 根，其桩身质量检验时，抽检数量不应少于总数的 30%，且不应少于20 根；其他桩基工程的抽检数量不应少于总数的 20%，且不应少于 10 根；对混凝土预制桩及地下水位以上且终孔后经过核验的灌注桩，抽检数量不应少于总数的 10%，且不应少于10 根。每根柱子的承台不得少于 1 根。

（2）动测法

1）特点。

动测法，又称动力无损检测法，是检测桩基承载力及桩身质量的一项新技术，作为静载试验的补充。

一般静载试验装置比较笨重，装、卸操作费工费时，成本高，检测数量有限，并且容易破坏桩基。而动测法的试验仪器轻便灵活，检测快速，单桩时间仅为静载试验的 1/50 左右，可大大缩短试验时间；检测不破坏桩基，试验结果也相对较准确，可进行桩基普查；费用低，单桩测试费为静载试验的 1/30 左右，可节省大量的人力、物力。

动测法

2）试验方法。

动测法是相对于静载试验法而言，它是对桩土体系进行适当的简化处理，建立起数学−力学模型，借助于现代电子技术与量测设备采集桩−土体系在给定的动荷载作用下所产生的振动参数，结合实际桩土条件进行计算，所得的结构与相应的静载试验结果进行对比，在积累一定数量的动静载试验对比结果的基础上，找出两者之间的某种关系，并以此作为标准来确定桩基承载力。单桩承载力的动测方法种类较多，国内常用的方法有动力参数法、锤击贯入法、水电效应法、共振法、机械阻抗法、波动方程法等。

3）桩身质量检验。

在桩基动态无损检测中，国内外广泛使用的方法是应力波反射法，又称低（小）应变法。其原理是根据一维杆件弹性反射理论（波动理论）采用锤击振动力法检测桩体的完整性，即波在不同抗阻和不同约束条件下的传播特性来判别桩身质量。

2. 桩基的验收

（1）桩基验收资料

1）工程地质勘查报告、桩基施工图、图纸会审纪要、设计交底记录、设计变更及材料代用通知单等。

2）经审定的施工组织设计、施工方案及执行变更情况。

3）桩位测量放线图，包括桩位复核签证单。

4）制作桩的材料试验检测记录，成桩质量检查报告。

5）单桩承载力检测报告。

6）基坑挖至设计标高的桩基竣工平面图及桩顶标高图。

（2）桩基允许偏差

1）预制桩。

打（压）入桩（预制混凝土方桩、预应力管桩、钢桩）的桩位偏差必须符合表 2-8 的规定。斜桩倾斜角度的偏差不得大于倾斜角正切值的 15%（倾斜角系桩的纵轴线与铅垂线间夹角）。

表 2-8　预制桩（钢桩）桩位允许偏差

序号	项目	规范允许偏差/mm
1	盖有基础梁的桩： ①垂直基础梁的中心线 ②沿基础梁的中心线	$100+0.01H$ $150+0.01H$

续表 2-8

序号	项目	规范允许偏差/mm
2	桩数为 1~3 根桩基中的桩	100
3	桩数为 4~16 根桩基中的桩	1/2 桩径或边长
4	桩数大于 16 根桩基中的桩： ①最外边的桩 ②中间桩	1/3 桩径或边长 1/2 桩径或边长

注：H 为施工现场地面标高与桩顶设计标高的距离。

2）灌注桩。

灌注桩的桩位偏差必须符合表 2-9 的规定，桩顶标高至少要比设计标高高出 0.5 m，桩底清孔质量按不同的成桩工艺有不同的要求，应按规范要求执行。每浇筑 50 m³ 混凝土必须有一组试件，小于 50 m³ 的桩，每根桩必须有一组试件。

表 2-9　灌注桩平面位置和垂直度允许偏差对比表

序号	成孔方法		桩径允许偏差/mm	垂直度允许偏差/%	桩位允许偏差/mm	
					1~3 根、单排桩垂直于中心线方向和群桩基础的边桩	条形桩基沿中心线方向和群桩基础的中间桩
1	泥浆护壁灌注桩	$D \leq 1000$ mm	±50	<1	$D/6$，且不大于 100	$D/4$，且不大于 150
		$D > 1000$ mm	±50	<1	$100+0.01H$	$150+0.01H$
2	套管成孔灌注桩	$D \leq 500$ mm	−20	<1	70	150
		$D > 500$ mm	−20	<1	100	150
3	干成孔灌注桩		−20	<1	70	150
4	人工挖空桩	混凝土护壁	+50	<0.5	50	150
		钢套管护壁	+50	<1	100	200

注：1. 桩径允许偏差的负值是指个别断面；
　　2. 采用复打、反插法施工的桩，其桩径允许偏差不受本表限制；
　　3. H 为施工现场地面标高与桩顶设计标高的距离，D 为设计桩径。

3. 桩基工程的安全技术措施

1）机具进场要注意危桥、陡坡、陷地和防止碰撞电杆、房屋等，以避免造成事故。

2）施工前应全面检查机械，发现问题要及时解决，严禁带病作业。

3）在打桩工程中遇到地坪隆起或下陷时，应随时对机架及路轨调整垫平。

4）机械司机应持证上岗，施工操作时要思想集中，服从指挥信号，不得随意离开岗位，并经常注意机械运转情况，发现异常情况要及时纠正。

5）悬挂振动桩锤的起重机，其吊钩上必须有防松脱的保护装置。振动桩锤悬挂钢架的耳环上应加装保险钢丝绳。

6)钻孔灌注桩在已钻成的孔尚未浇筑混凝土前，必须用临时盖板封严；钢管桩打桩后必须及时加盖临时桩帽；预制混凝土桩送桩进入土层后的桩孔必须及时用砂子或者其他材料填满，以免发生人身安全事故。

7)冲抓锥或冲孔锤操作时不准任何人进入落锤区施工范围内，以防砸伤。

8)成孔钻机操作时要注意钻机安定平稳，防止钻架突然倾倒或钻具下落发生事故。

安全事故

9)压桩时，非工作人员应离机 10 m 以外。起重机的起重臂下严禁站人。

10)夯锤下落时，在吊钩尚未降至夯锤吊环附近前，操作人员不得提前下坑挂钩。从坑中提夯锤时，严禁挂钩人员站在锤上随锤提升。

复习思考题

1. 地基处理方法一般有哪几种？各有什么特点？

2. 试述砂地基和砂石地基的适用范围、施工要点与质量检查方法。

3. 浅埋式钢筋混凝土基础主要有哪几种？

4. 试述桩基的作用和分类。

5. 如何合理地确定打桩顺序？打桩顺序有哪几种？

6. 静力压桩有何特点？适用范围如何？施工时应注意哪些问题？

7. 简述锤击沉管灌注桩的施工工艺。

8. 灌注桩常见的质量问题有哪些？如何预防处理？

9. 试述人工挖孔灌注桩的施工工艺和施工中应注意的主要问题。

10. 桩基检测的方法有哪几种？

11. 桩基验收时应准备哪些资料？

模块三
砌筑工程

教学目标 掌握砌筑工程中所用脚手架和垂直运输设施的构造及要求；明确砌体工程施工的准备工作内容和要求；掌握砖砌体、中小型砌块砌体的施工方法和施工工艺；掌握砌筑工程的质量要求及安全防护措施；能编制砌体工程施工方案。

技能抽查要求 能按规范要求并正确使用常用检测工具对扣件式钢管脚手架工程及安全网的施工质量进行检查验收；能正确填写脚手架工程及安全网施工质量检查验收记录表；掌握砖墙及砖基础的施工工艺，会使用砌筑工具，顺利完成其砌筑工作；能正确使用常用检测工具对砌体工程质量进行检查验收。

企业八大员岗位资格考试要求 掌握砖砌体、中小型砌块砌体的砌筑方法和施工工艺；掌握砌筑工程施工的质量与安全要求；掌握扣件式钢管、门式和碗扣式脚手架的构造、搭设和拆除要求；掌握物料提升机、塔吊和施工电梯的安装、使用和拆除要求。

3.1 脚手架及垂直运输设施

3.1.1 脚手架

脚手架

砌筑用脚手架是墙体砌筑过程中堆放材料和工人进行操作的临时设施。工人在地面或楼面上砌筑砖墙时，劳动生产率受砌砖的砌筑高度影响。在距地面 0.6 m 左右时生产效率最高，砌筑到一定高度时必须按要求搭设脚手架。考虑砌砖工作效率及施工组织等影响，每次搭设脚手架的每步高度一般为 1.7~2.0 m，脚手架宽度一般为 0.8~1.2 m。

脚手架的种类很多，按其搭设的位置分为外脚手架和里脚手架两大类，按其所用材料分为木、竹和金属脚手架，按其构造形式分为多立杆式、框式、吊挂式、悬挑式、升降式，以及用于楼层间操作的工具式脚手架等。

脚手架是砌体工程的辅助工具，在建筑物施工中，都需要搭设脚手架，当建筑物竣工后应全部拆除，不留任何痕迹。脚手架与施工安全有着密切的联系，必须符合如下具体要求：

1) 脚手架的各部分材料要有足够强度，应能安全地承受上部的施工荷载和自重。施工荷载包括操作人员质量、工具设备的质量和所允许堆放材料的总质量。

2）脚手架要有足够的稳定性，不发生过大的变形、倾斜或摇晃现象，以确保施工人员人身安全。

3）脚手架板道上要有足够面积，以满足工人操作、堆放材料和运输的要求。

4）脚手架必须保证安全，符合高空作业的要求。对脚手架的连接、护身栏杆、挡脚板、安全网等应按有关规定执行。

5）脚手架属于周转性重复使用的临时设施，要力求构造简单，装拆方便，损耗小。

6）要因地制宜，就地取材，尽量节约架子用料。

1. 外脚手架

扣件式脚手架

（1）扣件式钢管脚手架

1）扣件式钢管脚手架的构造。

扣件式钢管脚手架主要由钢管和扣件组成。

①钢管。一般均采用外径 48.3 mm、壁厚 3.6 mm 的钢管，立杆、纵向水平杆、斜杆的钢管长度为 4~6.5 m，横向水平杆的钢管长度为 2.1~2.3 m。

②扣件。扣件用于钢管之间的连接，基本形式有三种，如图 3-1 所示。对接扣件用于两根钢管的对接连接；旋转扣件用于两根钢管呈任意角度交叉的连接；直角扣件用于两根钢管呈垂直交叉的连接。

(a) 对接扣件　　　　　(b) 旋转扣件　　　　　(c) 直角扣件

图 3-1　扣件形式

③脚手板。脚手板可采用钢、木、竹材料制作，如图 3-2 所示。木脚手板采用杉木或松木制作，厚度不应小于 50 mm，板长度为 3~6 m，宽度为 200~250 mm。冲压钢脚手板由厚度为 2 mm 钢板压制而成，每块板宽 250 mm，板长度为 2~4 m，表面有防滑措施。竹脚手板采用毛竹或楠竹制作。

(a) 钢脚手板　　　　　(b) 木脚手板　　　　　(c) 竹脚手板

图 3-2　脚手板形式

④安全网。用来防止人、物坠落或用来避免、减轻坠落及物击伤害的网具，分为平网和立网两类，如图3-3所示。

(a)安全立网　　　　　　　　　　(b)安全平网

图3-3 安全网形式

2)构造形式。

扣件式钢管脚手架分为双排和单排两种形式，如图3-4所示。双排式沿墙外侧设两排立杆，横向水平杆两端支撑在纵向水平杆上。多高层建筑均可采用双排式，当建筑高度超过50 m时需专门设计。单排式沿墙外侧仅设一排立杆，其横向水平杆一端与纵向水平杆连接，另一端支撑在墙上，仅适应荷载较小，高度较低(<25 m)，墙体有一定强度的多层房屋。

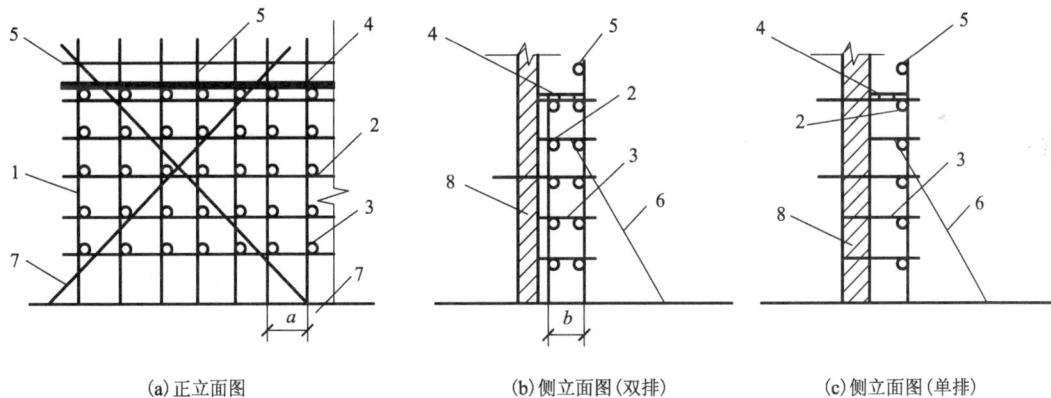

(a)正立面图　　　　　　　(b)侧立面图(双排)　　　　　(c)侧立面图(单排)

1—立杆；2—大横杆；3—小横杆；4—脚手板；5—栏杆；6—抛撑；7—斜撑；8—墙体。

图3-4 扣件式钢管脚手架

3)承力结构。

脚手架的承力结构可分为作业层、横向构架、纵向构架三部分。

作业层：直接承受施工荷载。荷载由脚手板传给小横杆，再传给大横杆和立柱。

横向构架：由立杆和横向水平杆组成，是脚手架直接承受和传递垂直荷载的部分。

纵向构架：由各榀横向构架通过纵向水平杆相互之间连成的一个整体。它一般沿房屋的四周形成一个连续封闭的结构。

脚手架传力路径：荷载→脚手板→横向水平杆→纵向水平杆→立杆→基础。

4）支撑体系。

脚手架的支撑体系包括剪刀撑、横向支撑和水平支撑。这些支撑应与脚手架这一空间构架的基本构件很好连接。设置支撑体系的目的是使脚手架成为一个几何稳定的构架，加强整体刚度，增大抵抗侧向力的能力，避免出现节点的可变状态和过大的位移。

①剪刀撑。它设置在脚手架外侧面，用旋转扣件与立杆连接，形成与墙面平行的十字交叉斜杆，如图 3-5 所示。每道剪刀撑的宽度不应小于 4 跨，且不应小于 6 m，斜杆与地面呈 45°~60°夹角。高度在 24 m 以下的单、双排脚手架，均必须在外侧立面两端、转角及中间间隔不超过 15 m 的立面上，各设置一道剪刀撑，并应由底至顶连续设置，且每片架子不少于三道。高度在 24 m 及以上的双排脚手架应在外侧立面连续设置剪刀撑。

②横向支撑。在同一节间由底至顶层呈"之"字形连续布置，如图 3-6 所示。脚手架高度 $H \geqslant 24$ m 的封闭型脚手架，拐角应设置横向支撑，中间应每隔 6 跨设置一道；双排脚手架高度 $H < 24$ m 的封闭型脚手架，可不设横向支撑。开口型双排脚手架的两端均必须设置横向支撑，并中间每隔 6 跨加设一道横向支撑。

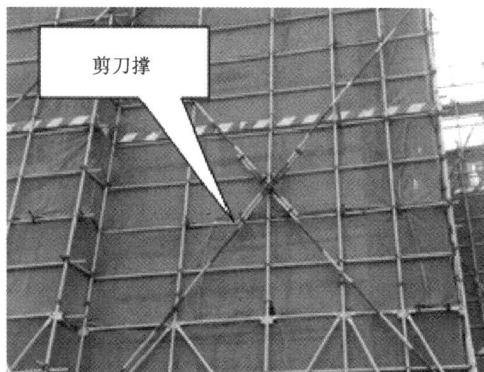

图 3-5　剪刀撑

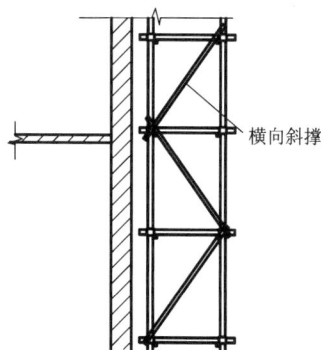

图 3-6　横向斜撑

③水平支撑。水平支撑是指在设置连墙拉结杆件的所在平面内连续设置的水平斜杆。可根据需要设置，如在承力较大的结构脚手架中或在承受偏心荷载较大的承托架、防护棚、悬挑水平安全网等部位设置，以加强其水平刚度。

5）搭设要求。

①立杆。每根立杆底部应设置底座或垫板，与基底相连。基底面层土质应夯实、整平，其上浇筑厚度≥100 mm 的 C20 素混凝土垫层，做好地面排水。脚手架立杆对接、搭接应符合下列规定：当立杆采用对接接长时，立杆的对接扣件应交错布置，两根相邻立杆的接头不应设置在同步内，同步内隔一根立杆的两个相隔接头在高度方向错开的距离不宜小于 500 mm；各接头中心至主节点的距离不宜大于步距的 1/3。

②纵向水平杆（大横杆）。纵向水平杆设置在立杆内侧，其长度不应小于 3 跨，纵向水平杆接长应采用对接扣件连接或搭接。并应符合下列规定：两根相邻纵向水平杆的接头不应设置在同步或同跨内；不同步或不同跨两个相邻接头在水平方向错开的距离不应小于 500 mm；各接头中心至最近主节点的距离不应大于纵距的 1/3。

③横向水平杆(小横杆)。外墙脚手架主节点处必须设置一根横向水平杆,用直角扣件扣接且严禁拆除;作业层上非主节点处的横向水平杆,宜根据支承脚手板的需要等间距设置,最大间距不应大于纵距的1/2。双排脚手架横向水平杆靠墙的一端应离开墙面50~150 mm。

④连墙件。设置一定数量的连墙件,主要是保证脚手架不发生倾覆,但要求与连墙件连接的墙体本身要有足够的刚度,所以连墙件在水平方向应设置在框架梁或楼板附近,竖直方向应设置在框架柱或横隔墙附近,如图3-7所示。连墙件应靠近脚手架主节点设置,偏离主节点的距离不应大于300 mm。连墙件在房屋的每层范围均需布置一排,连墙点的水平间距不得超过3跨,竖向间距不得超过3步,连墙点之上架体的悬臂高度不应超过2步。

⑤纵向扫地杆。它是连接立杆下端的纵向水平杆,作用是约束立杆底端,防止纵向发生位移。通常位于距底座下皮200 mm处,如图3-8所示。

图3-7 连墙件

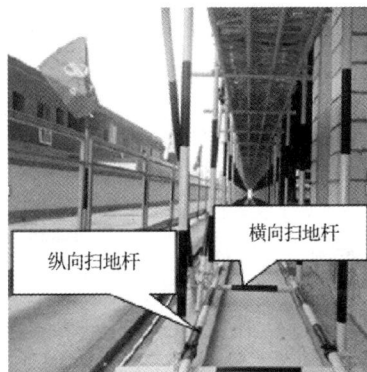

图3-8 扫地杆

⑥横向扫地杆。它是连接立杆下端的横向水平杆。作用是约束立杆底端,防止横向发生位移。通常位于纵向水平扫地杆上方,如图3-8所示。

⑦脚手板。作业层脚手板应铺满、铺稳、铺实。冲压钢脚手板、木脚手板、竹串片脚手板等,应设置在三根横向水平杆上。当脚手板长度小于2 m时,可采用两根横向水平杆支承,但应将脚手板两端与其可靠固定,严防倾翻。脚手板的铺设应采用对接平铺或搭接铺设。脚手板对接平铺时,接头处必须设置两根横向水平杆,脚手板外伸长应取130~150 mm,两块脚手板外伸长度的和不应大于300 mm,如图3-9(a)所示。脚手板搭接铺设时,接头必须支在横向水平杆上,搭接长度不应小于200 mm,其伸出横向水平杆的长度不应小于100 mm,如图3-9(b)所示。

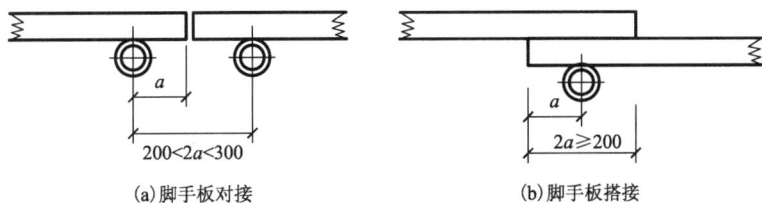

(a)脚手板对接   (b)脚手板搭接

图3-9 脚手板对接、搭接构造

6)搭设工艺流程。

扣件式钢管脚手架搭设工艺流程：夯实平整场地→材料准备→设置垫板与底座→纵向扫地杆→搭设立杆→横向扫地杆→搭设纵向水平杆→搭设横向水平杆→搭设剪刀撑→固定连墙杆→搭设防护栏杆→铺设脚手板→绑扎安全网。

（2）碗扣式钢管脚手架

碗扣式钢管脚手架立杆靠特制的碗扣接头连接，如图3-10所示。碗扣分上碗扣和下碗扣，下碗扣焊在钢管上，上碗扣对应地套在钢管上，其销槽对准焊在钢管上的限位销即能上下滑动。连接时，只需将横杆接头插入下碗扣内，将上碗扣沿限位销扣下，并顺时针旋转，靠上碗扣螺旋面使之与限位销顶紧，从而将横杆和立杆牢固地连在一起，形成框架结构。碗扣式接头可同时连接4根横杆，横杆可组成各种角度，因而可以搭设各种形式的脚手架，特别适合扇形表面及高层建筑施工和装修施工两用外脚手架，还可作为模板的支撑。支撑形式、构造要求等参照扣件式钢管脚手架。

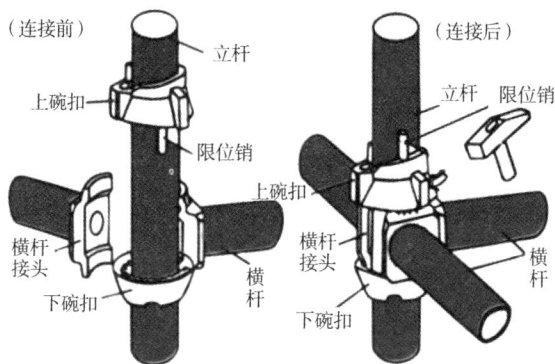

图3-10 碗扣式钢管脚手架接头构造

（3）门式（框式）钢管脚手架

1）门式钢管脚手架的基本组成。

门式钢管脚手架又称框式脚手架，是一种工厂生产、现场搭设的脚手架，是目前国际上应用最普遍的脚手架类型之一。它不仅可以作为外脚手架，而且可以作为内脚手架或满堂脚手架。门式脚手架由门式框架、剪刀撑、水平梁架、螺旋基脚组成基本单元，如图3-11(a)所示。将基本单元连接起来(增加梯子、栏杆及脚手板等部件)即构成整片脚手架，如图3-11(b)所示。

2）门式钢管脚手架的搭设。

门式脚手架一般只要按产品目录所列的使用荷载和搭设规定进行施工，不必再进行验算。如果实际使用情况与规定有出入时，应采取相应的加固措施或进行验算。通常门式脚手架搭设高度限制在45 m以内，采取一定措施后可达到80 m左右。施工荷载限定为：均布荷载1.8 kN/m²，或作用于脚手板跨中的集中荷载2 kN。

搭设门式脚手架时基座必须严格夯实抄平，并铺可调底座，以免发生塌陷和不均匀沉降。要严格控制第一步门式框架垂直度偏差不大于2 mm，门架顶部的水平偏差不大于5 mm。门架的顶部和底部用纵向水平杆和扫地杆固定。门架之间必须设置剪刀撑和水平梁

(a)基本单元 (b)门式外脚手架

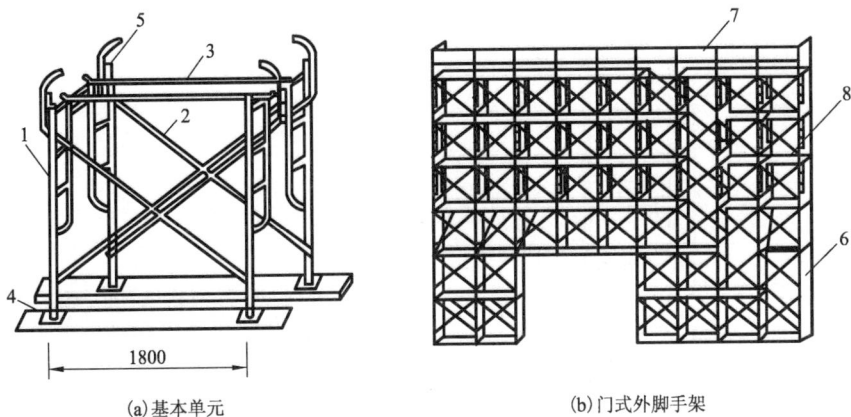

1—门式框架；2—剪刀撑；3—水平梁架；4—螺旋基脚；5—连接器；6—梯子；7—栏杆；8—脚手板。

图 3-11 门式脚手架

架(或脚手板)，其间连接应可靠，以确保脚手架的整体刚度。

(4)悬挑脚手架

1)悬挑脚手架的构造。

悬挑脚手架是指通过水平构件将架体所受竖向荷载传递到主体结构上的施工用的外脚手架，如图 3-12 所示。悬挑脚手架适用于下列三种情况：

①±0.00 以下结构工程不能及时回填土，而主体结构必须进行，否则影响工期。

②高层建筑主体结构四周有裙房，脚手架不能支承在地面上。

③超高建筑施工时，脚手架搭设高度超过了容许搭设高度，将整个脚手架按允许搭设高度分成若干段，每段脚手架支承在建筑结构向外悬挑的结构上。

悬挑脚手架主要构配件有悬挑梁、钢管、扣件、脚手板、安全网等，如图 3-13 所示。悬挑脚手架主要由悬挑梁(工字钢、槽钢)和扣件式钢管脚手架组成，一次悬挑脚手架高度不宜超过 20 m，如图 3-14 所示。

悬挑脚手架

图 3-12 钢梁悬挑脚手架

图 3-13 钢梁悬挑脚手架构件

①悬挑梁。钢悬挑梁宜优先选用工字钢，因为工字钢具有截面对称性、受力稳定性好等优点，钢梁截面高度不应小于 160 mm。锚固型钢悬挑梁的 U 形钢筋拉环或锚固螺栓直径不宜小于 20 mm。悬挑钢梁悬挑长度应按设计确定，固定端长度不应小于悬挑长度的 1.25 倍。型钢悬挑梁固定端应采用 2 个(对)及以上 U 形钢筋拉环或螺栓与建筑结构楼板固定，

如图 3-15 所示。

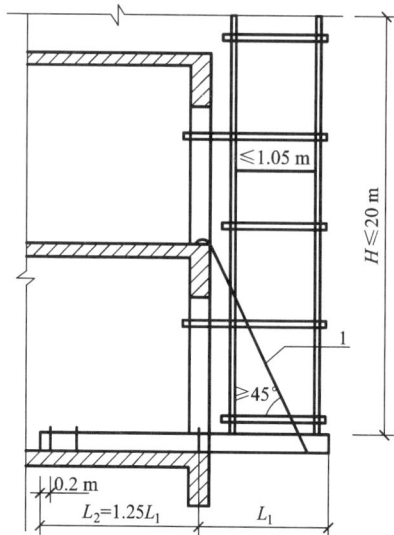

图 3-14 悬挑脚手架挑梁结构及锚固

图 3-15 U 形螺栓构造

②脚手架。一次悬挑脚手架高度不宜超过 20 m。脚手架构造措施参照扣件式钢管脚手架。

2)钢梁悬挑脚手架搭设工艺流程。

钢梁悬挑脚手架搭设工艺流程:预埋 U 形螺栓→水平悬挑梁→纵向扫地杆→立杆→横向扫地杆→纵向水平杆→横向水平杆→剪刀撑→连墙杆→防护栏杆→铺脚手板→扎安全网。

(5)其他脚手架简介

1)升降式脚手架。

升降式脚手架简称爬架,如图 3-16 所示。它是将自身分为两大部件,分别依附固定在建筑结构上。在主体结构施工阶段,升降式脚手架利用自身带有的升降机构和升降动力设备,使两个部件互为利用,交替松开、固定,交替爬升,其爬升原理同爬升模板。在装饰施工阶段,交替下降。该形式的脚手架搭设高度为 3~4 层,不占用塔吊,相对落地式立杆脚手架,省材料,省人工,适用于高层框架、剪力墙和筒体结构的施工。

2)吊挂式脚手架。

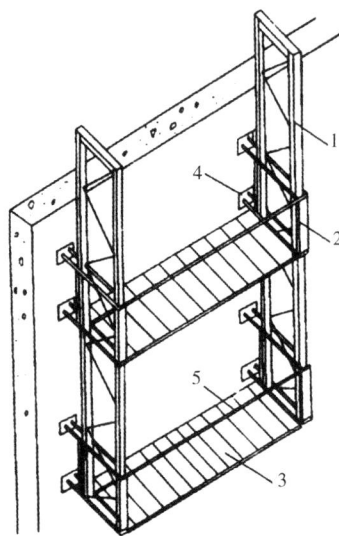

1—内套架;2—外套架;3—脚手板;
4—附墙装置;5—栏杆。

图 3-16 升降式脚手架

吊挂式脚手架如图 3-17 所示,在主体结构施工阶段为外挂脚手架,随主体结构逐层向上施工,用塔吊吊升,悬挂在结构上。在装饰阶段,该脚手架改为从屋顶吊挂,逐层下降。吊挂式脚手架的吊升单元(吊篮架子)宽度宜控制在 5~6 m,每一吊升单元的质量宜在 1 t 以内。该形式脚手架适用于高层框架和剪力墙结构施工。

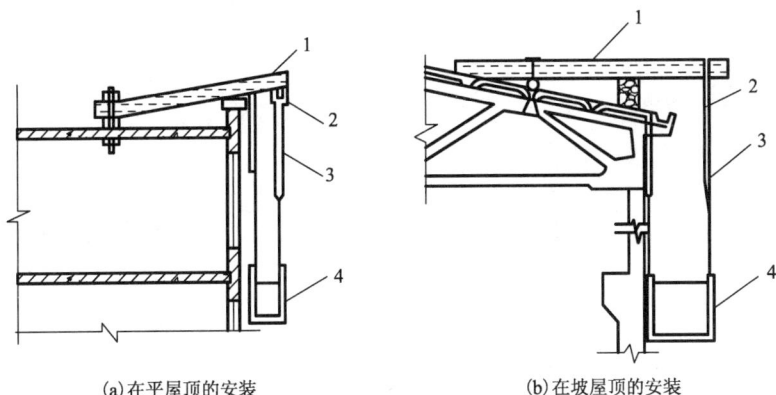

(a)在平屋顶的安装   (b)在坡屋顶的安装

1—挑梁；2—吊环；3—吊索；4—吊篮。

图 3-17 吊挂式脚手架

2. 里脚手架

里脚手架搭设于建筑物内部，每砌完一层墙后，即将其转移到上一层楼面，进行新的一层砌体砌筑，它可用于内外墙的砌筑和室内装饰施工。使用里脚手架，每层楼只需要搭设 2~3 步架，所用工料较少，比较经济，但装拆频繁。其结构形式有折叠式、支柱式和门架式等。

（1）折叠式里脚手架

适用于民用建筑的内墙砌筑和内粉刷。根据材料不同，分为角钢、钢管和钢筋折叠式里脚手架，角钢折叠式里脚手架的架设间距，砌墙时不超过 2 m，粉刷时不超过 2.5 m。可以搭设两步脚手架，第一步高约 1 m，第二步高约 1.65 m。钢管和钢筋折叠式里脚手的架设间距，砌墙时不超过 1.8 m，粉刷时不超过 2.2 m，如图 3-18 所示。

（2）支柱式里脚手架

支柱式里脚手架由若干支柱和横杆组成。适用于砌墙和内粉刷。其搭设间距，砌墙时不超过 2 m，粉刷时不超过 2.5 m。支柱式里脚手架的支柱有套管式和承插式两种形式。套管式支柱如图 3-19 所示，它是将插管插入立管中，以销孔间距调节高度，在插管顶端的凹形支托内搁置横杆，横杆上铺设脚手架。架设高度为 1.5~2.1 m。

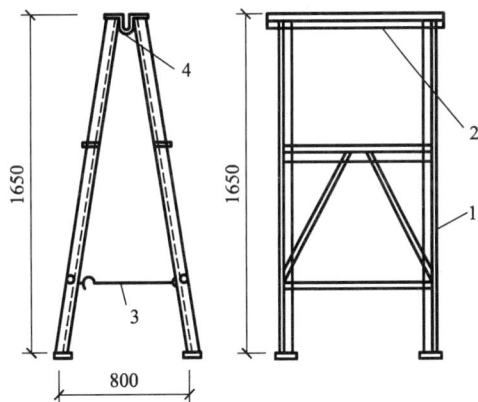

1—立柱；2—横楞；3—挂钩；4—铰链。

图 3-18 折叠式里脚手架

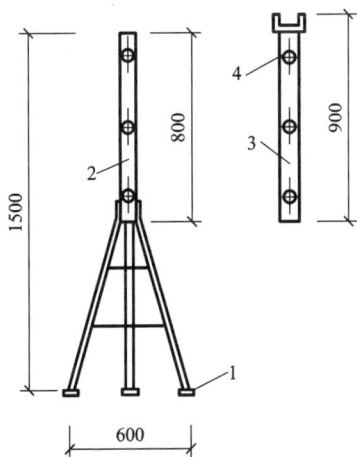

1—支脚；2—立管；3—插管；4—销孔。

图 3-19 支柱式里脚手架

（3）门架式里脚手架

门架式里脚手架是由两片 A 形支架与门架组成，如图 3-20 所示。适用于砌墙和粉刷。支架间距，砌墙时不超过 2.2 m，粉刷时不超过 2.5 m，其架设高度为 1.5~2.4 m。按照支架与门架的不同结合方式，分为套管式和承插式两种。

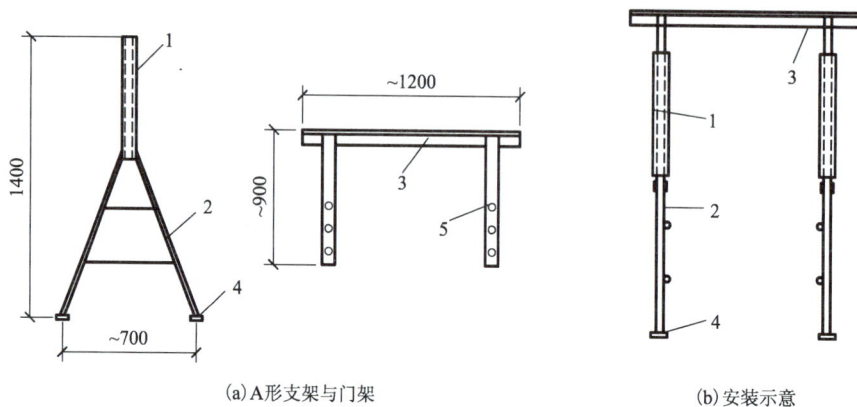

（a）A 形支架与门架　　　　　　　　（b）安装示意

1—立管；2—支脚；3—门架；4—垫板；5—销孔。

图 3-20　门架式里脚手架

3. 脚手架的拆除与安全技术

（1）脚手架的拆除

1）脚手架拆除应按专项方案施工，拆除前应做好下列准备工作：应全面检查脚手架的扣件连接、连墙件、支撑体系等是否符合构造要求；应根据检查结果补充完善施工脚手架专项方案中的拆除顺序和措施，经审批后方可实施。

2）单、双排脚手架拆除作业必须由上而下逐层进行，严禁上下同时作业。连墙件必须随脚手架逐层拆除，严禁先将连墙件整层或数层拆除后再拆脚手架。

3）当单、双排脚手架拆至下部最后一根长立杆的高度（约 6.5 m）时，应先在适当位置搭设临时抛撑加固后，再拆除连墙杆。当单、双排脚手架采取分段、分立面拆除时，对不拆除的脚手架两端，应先按相关规范规定设置连墙杆和横向支撑加固。

4）不准将拆除的构配件从高空抛至地面。

（2）脚手架的安全技术

1）扣件钢管脚手架安装与拆除人员必须是经考核合格的专业架子工。架子工应持证上岗。

2）搭拆脚手架人员必须戴安全帽、系安全带、穿防滑鞋。

3）作业层上的施工荷载应符合设计要求，不得超载。不得将模板支架、缆风绳、泵送混凝土和砂浆的输送管等固定在架体上。严禁悬挂起重设备，严禁拆除或移动架体上安全防护设施。

4）操作层脚手板应铺设牢靠、严实，并应用安全平网双层兜底，施工层以下每隔 10 m 应设安全平网封闭。

5）单、双排脚手架、悬挑式脚手架沿墙体外围应用密目式安全网全封闭，密目式安全网

宜设置在脚手架外立杆的内侧，并应与架体结扎牢固。

6）在脚手架使用期间，严禁拆除下列杆件：主节点处的纵、横向水平杆，纵、横向扫地杆、连墙杆。

7）临街搭设脚手架时，外侧应有防止坠物伤人的防护措施。

8）在脚手架上进行电、气焊作业时，应有防火措施和专人看守。

9）工地临时用电线路的架设及脚手架接地、避雷措施等，应按现行行业标准的有关规定执行。

10）脚手架与支模架要分开搭设，不能将两者混搭在一起，脚手架不能当支模架使用。

3.1.2 垂直运输设施

垂直运输设施是指在建筑施工中担负垂直输送材料和施工人员上下的机械设备和设施。在砌筑施工过程中，各种材料（砖、砂浆）、工具（脚手架、脚手板）及各层楼板安装时，垂直运输量较大，都需要用垂直运输机具来完成。目前，砌筑工程中常用的垂直运输设施有塔式起重机、井架、龙门架、施工电梯、灰浆泵等。

1. 塔式起重机

塔式起重机如图 3-21 所示，具有提升、回转、水平运输等功能，不仅是重要的吊装设备，而且也是重要的垂直运输设备，尤其在吊运长、大、重的物料时有明显的优势，故在可能条件下宜优先选用。

塔式起重机

图 3-21 塔式起重机

2. 井架、龙门架

井架是施工中最常用的也是最为简便的垂直运输设施，如图 3-22 所示。井架的特点是稳定性好，运输量大，施工现场一般使用型钢或钢管加工的定型井架。

井架多为单孔井架，但也可构成两孔或多孔井架。井架通常带一个起重臂和吊盘，起重臂起重能力为 5～10 kN，在其外伸工作范围内也可做小距离的水平运输。吊盘起重量为 10～15 kN，其中可放置运料的手推车或其他散装材料。搭设高度可达 40 m，需要设缆风绳保持井架的稳定。

龙门架是由两立柱及天轮梁（横梁）构成。立柱是由若干个格构柱用螺栓拼装而成，而格构柱是用角钢及钢管焊接而成或直接用厚壁钢管构成门架。龙门架设有滑轮、导轨、吊盘、安全装置，以及起重索、缆风绳等，其构造如图 3-23 所示。可进行材料、机具和小型预制构件的垂直运输，适用于中小型工程。

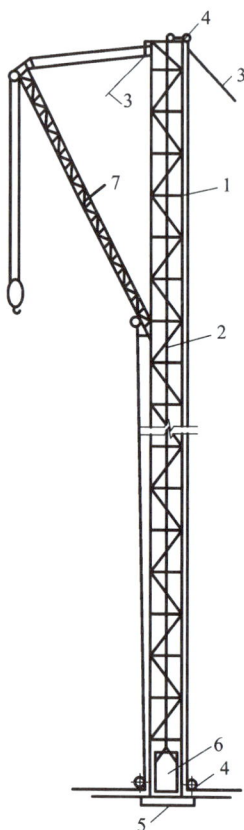

1—井架；2—钢丝绳；3—缆风绳；4—滑轮；
5—垫梁；6—吊盘；7—辅助吊臂。

图 3-22　井架

立面

平面

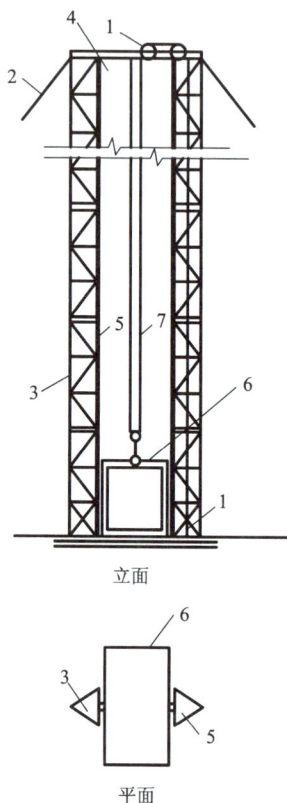

1—滑轮；2—缆风绳；3—立柱；4—横梁；
5—导轨；6—吊盘；7—钢丝绳。

图 3-23　龙门架

3. 施工电梯

施工电梯，如图 3-24 所示，多数施工电梯为人货两用，少数为供货用。电梯按其驱动方式可分为齿条驱动和绳轮驱动两种。齿条驱动电梯又有单吊箱（笼）式和双吊箱（笼）式两种，并装有可靠的限速装置，适用于 20 层以上建筑工程使用。绳轮驱动电梯为单吊箱（笼），无限速装置，轻巧便宜，适用于 20 层以下建筑工程使用。施工电梯可载重货物 1.0~1.2 t，或容纳 12~15 人。

施工电梯

4. 灰浆泵

灰浆泵是一种可以在垂直和水平两个方向连续输送灰浆的机械，目前常用的有活塞式和挤压式两种。活塞式灰浆泵按其结构又分为直接作用式和隔膜式两类。

5. 垂直运输设施的设置要求

垂直运输设施的设置一般应根据现场施工条件满足以下一些基本要求。

限准高度100 m

+100 m

±0.000

≥3000

≥4050

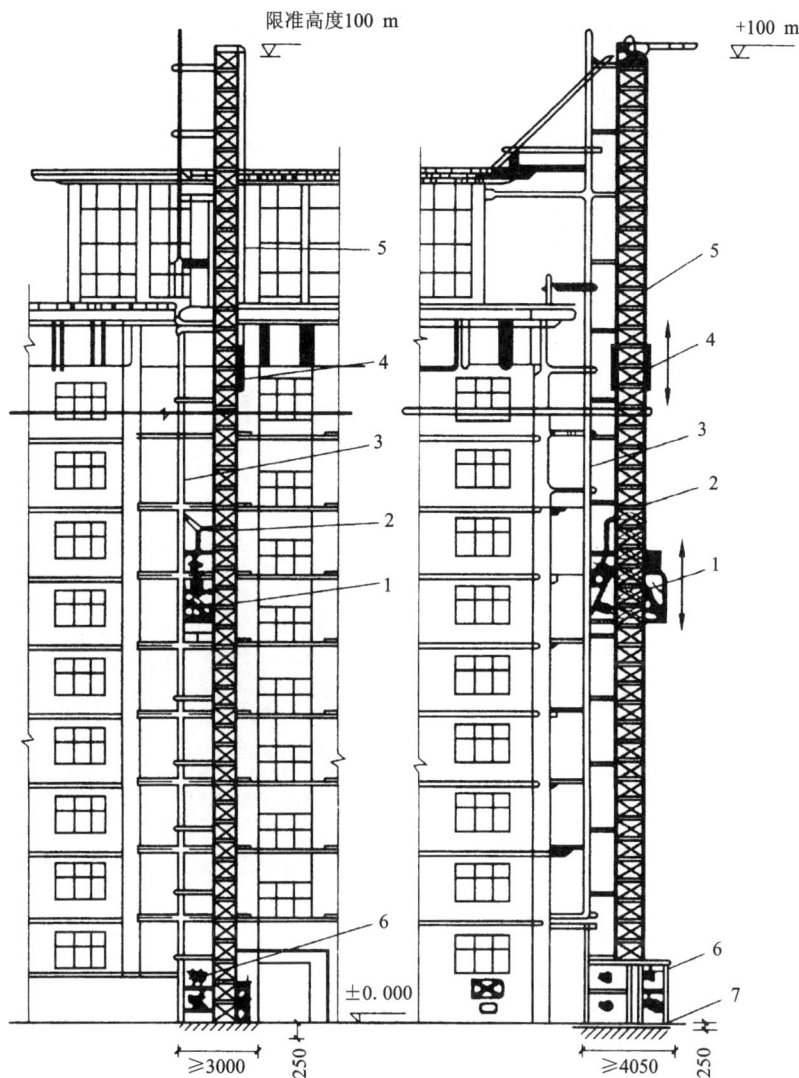

1—吊笼；2—小吊杆；3—架设安装杆；4—平衡安装杆；5—导航架；6—底笼；7—混凝土基础。

图 3-24 建筑施工电梯

（1）覆盖面和供应面

塔吊的覆盖面是指以塔吊的起重幅度为半径的圆形吊运覆盖面积。垂直运输设施的供应面是指借助于水平运输手段（手推车等）所能达到的供应范围。建筑工程的全部的作业面应处于垂直运输设施的覆盖面和供应面的范围之内。

（2）供应能力

塔吊的供应能力等于吊次乘以吊量（每次吊运材料的体积、质量或件数）。其他垂直运输设施的供应能力等于运次乘以运量，运次应取垂直运输设施与其配合的水平运输机具中的低值。另外，还需乘以 0.5~0.75 的折减系数，以考虑由于难以避免的因素对供应能力的影响（如机械设备故障等）。垂直运输设备的供应能力应能满足高峰工作量的需要。

（3）提升高度

设备的提升高度能力应比实际需要的升运高度高，其高出程度不少于 3 m，以确保安全。

（4）安全保障

安全保障是使用垂直运输设施中的首要问题，必须引起高度重视。所有垂直运输设备都要严格按有关规定操作使用。垂直运输设施安装后，必须经过有关部门严格检验合格后方可使用。

3.2 砌体施工的准备工作

3.2.1 砂浆的制备

砂浆按制作方式不同可分为现场搅拌砂浆与预拌砂浆。为保证砌筑工程质量，现大部分地方提倡使用预拌砂浆。

1. 预拌砂浆

预拌砂浆可分为湿拌砂浆和干混砂浆两类。

（1）湿拌砂浆

用水泥、细集料、外加剂和水等拌和而成，在搅拌站经计量、拌制后，采用运输车运至使用地点，放入专用容器储存，并在规定时间内用完，如图 3-25 所示。湿拌砂浆根据用途的不同，可分为湿拌砌筑砂浆、湿拌抹灰砂浆、湿拌地面砂浆与湿拌防水砂浆等，如表 3-1 所示。

预拌砂浆

图 3-25 预拌砂浆储存罐

表 3-1 湿拌砂浆分类

项目	湿拌砌筑砂浆	湿拌抹灰砂浆	湿拌地面砂浆	湿拌防水砂浆
强度等级	M5，M7.5，M10，M15，M20，M25，M30	M5，M10，M15，M20	M15，M20，M25	M10，M15，M20
抗渗等级	—	—	—	P6，P8，P10
稠度/mm	50，70，90	70，90，110	50	50，70，90

（2）干混砂浆

用经干燥筛分处理的细集料与水泥以及根据性能确定的各种组分，按一定比例在专业生产厂混合而成，在使用地点按规定比例加水或配套液体拌和使用。干混砂浆也称干拌砂浆。干混砂浆按用途分为干混砌筑砂浆、干混抹灰砂浆、干混地面砂浆、干混普通防水砂浆等，如表 3-2 所示。

表3-2　干混砂浆分类

项目	干混砌筑砂浆		干混抹灰砂浆		干混地面砂浆	干混普通防水砂浆
	普通砌筑砂浆	薄层砌筑砂浆	普通抹灰砂浆	薄层抹灰砂浆		
强度等级	M5, M7.5, M10, M15, M20, M25, M30	M5, M10	M5, M10, M15, M20	M5, M10	M15, M20, M25	M10, M15, M20
抗渗等级	—	—	—	—	—	P6, P8, P10

2. 现场搅拌砂浆

现场搅拌砂浆可分为水泥砂浆、水泥混合砂浆和非水泥砂浆三类。

（1）水泥砂浆

用水泥、细集料、外加剂和水等拌和成的水泥砂浆具有较高的强度和耐久性，但和易性差，可用于砌筑潮湿环境和强度要求较高的砌体，例如基础一般采用水泥砂浆。

（2）水泥混合砂浆

在水泥砂浆中掺入一定数量石灰膏的水泥混合砂浆具有一定的强度和耐久性，且和易性和保水性好，其多用于一般墙体砌筑中。

（3）非水泥砂浆

不含有水泥的砂浆，如白灰砂浆、黏土砂浆等，强度低且耐久性差，可用于简易或临时砌筑的砌体中。

3. 砂浆拌制和使用要求

砂浆的配合比应事先通过计算和试配确定。水泥砂浆的最小水泥用量不宜小于200 kg/m³。砂浆用砂宜用中砂，砂中的含泥量，对于水泥砂浆和强度等级不小于M5的水泥混合砂浆，不宜超过5%；对于强度等级小于M5的水泥混合砂浆，不宜超过10%。用建筑生石灰、生石灰粉熟化成石灰膏时，其熟化时间分别不得少于7 d和2 d。为了改善砂浆在砌筑时的和易性，可掺入适量的有机塑化剂，其掺量一般为水泥用量的(0.5~1)/10000。

砂浆应采用机械搅拌，自投完料算起，水泥砂浆和水泥混合砂浆的搅拌时间不得少于2 min；水泥粉煤灰砂浆和掺用外加剂的砂浆不得少于3 min；掺用有机塑化剂的砂浆为3~5 min。拌成后的砂浆，其稠度应符合表3-3规定；分层度不应大于30 mm；颜色一致。砂浆拌成后应盛入贮灰器中，如砂浆出现泌水现象，应在砌筑前再次拌和。砂浆应随拌随用。拌制的砂浆应在3 h内使用完毕；当施工期间最高气温超过30℃时，应在2 h内使用完毕。

表3-3　砌筑砂浆的稠度

砌体种类	砂浆稠度/mm
烧结普通砖砌体、蒸压粉煤灰砖砌体	70~90
混凝土实心砖、混凝土多孔砖砌体、普通混凝土小型空心砌块、蒸压灰砂砖砌体	50~70
烧结多孔砖、轻骨料小型空心砌块砌体、蒸压加气混凝土砌块砌体	60~80
石砌体	30~50

注：1. 采用薄灰砌筑法砌筑蒸压加气混凝土砌块砌体时，加气混凝土黏结砂浆的加水量按照其产品说明书控制；

2. 当砌筑其他块体时，其砌筑砂浆的稠度可根据块体吸水特性及气候条件确定。

砂浆强度等级是以边长为 7.07 cm 的立方体试块，按标准条件在 (20±2)℃温度、相对湿度为 90% 以上的条件下养护至 28 d 的抗压强度确定。砌筑砂浆按抗压强度划分为 M30，M25，M20，M15，M10，M7.5 和 M5 七个强度等级。验收时，同一验收批砂浆试块强度平均值应大于或等于设计强度等级值的 1.1 倍；最小一组平均值应大于或等于设计强度等级值的 85%。砂浆试块应在搅拌机出料口随机取样制作。每一检验批且不超过 250 m³ 砌体的各种类型及强度等级的砌筑砂浆，每台搅拌机应至少抽检一次。

3.2.2 块材的准备

砂浆与砖制备

砖的品种、强度等级必须符合设计要求，并应规格一致。用于清水墙、柱表面的砖，外观要求应尺寸准确、边角整齐、色泽均匀，无裂纹、掉角、缺棱和翘曲等现象。在砌砖前应提前 1~2 d 浇水湿润，以使砂浆和砖能很好地黏结。严禁砌筑前临时浇水，以免因砖表面存有水膜而影响砌体质量。烧结类块体的相对含水率为 60%~70%，吸水率较大的轻骨料混凝土小型空心砌块、蒸压加气混凝土砌块的相对含水率为 40%~50%。检查烧结普通砖含水率的最简易的方法是现场断砖，砖截面周围融水深度达 15~20 mm 即视为符合要求。

3.2.3 施工机具的准备

砌筑前，一般应按施工组织设计的要求组织垂直和水平运输机械、砂浆搅拌机械进场、安装、调试等工作。垂直运输可采用塔式起重机、井架、龙门架和人货两用的施工电梯，水平运输多采用手推车或机动翻斗车。对多高层建筑，还可以用灰浆泵输送砂浆。同时，还要准备脚手架、砌筑工具（如皮数杆、托线板）等。

3.3 砌筑工程

3.3.1 砌体的一般要求

砌体可分为砖砌体、砌块砌体和石材砌体。砖砌体主要形式有墙和柱；砌块砌体多用于定型设计的民用房屋及工业厂房的墙体；石材砌体多用于带形基础、挡土墙及某些墙体结构。

砌体除应采用符合质量要求的原材料外，还必须有良好的砌筑质量，以使砌体有良好的整体性、稳定性和良好的受力性能，一般要求灰缝横平竖直，砂浆饱满，厚薄均匀。砌块应上下错缝，内外搭砌，接槎牢固，墙面垂直，要预防不均匀沉降引起开裂，要注意施工中墙、柱的稳定性。

3.3.2 毛石基础与砖基础砌筑

1. 毛石基础

（1）毛石基础构造

毛石基础是用毛石与水泥砂浆或水泥混合砂浆砌成。所用毛石应质地坚硬、无裂纹、强度等级一般为 MU20 以上，砂浆宜用水泥砂浆，强度等级应不低于 M5。

毛石基础可做墙下条形基础,如图 3-26 所示,或柱下独立基础。按其断面形式分为矩形、阶梯形和梯形等。基础顶面宽度比墙基底面宽度要大于 200 mm,即每边宽出 100 mm,基础底面宽度依设计计算而定,阶梯形基础坡角应大于 60°。阶梯形基础每阶高度一般为 300～400 mm,并至少砌二皮毛石。上级阶梯的石块应至少压砌下级阶梯的 1/2,相邻阶梯的毛石应相互错缝搭砌,每阶挑出宽度不小于 200 mm,如图 3-27 所示。

图 3-26 条形毛石基础

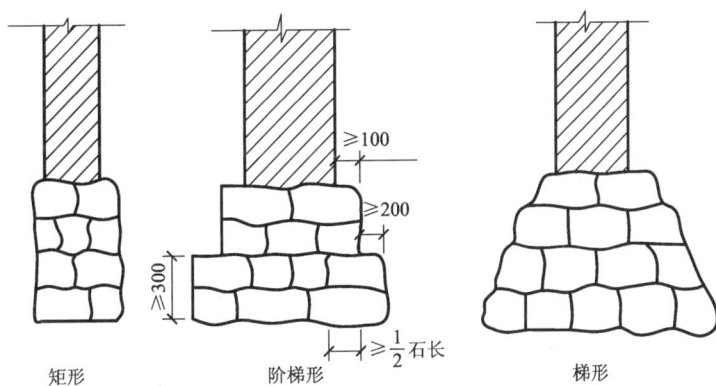

矩形　　　　　阶梯形　　　　　梯形

图 3-27 阶梯形毛石基础

(2)毛石基础施工要点

1)毛石基础砌筑时,第一皮石块应坐浆,并大面向下。料石基础的第一皮石块应丁砌并坐浆。砌体应分皮卧砌,上下错缝,内外搭砌,不得采用先砌外面石块后中间填心的砌筑方法。

2)石砌体的灰缝厚度:毛料石和粗料石砌体不宜大于 20 mm,细料石砌体不宜大于 5 mm。石块间较大的孔隙应先填塞砂浆后用碎石嵌实,不得采用先放碎石块后灌浆或干填碎石块的方法。

3)为增加整体性和稳定性,应按规定设置拉结石。

4)毛石基础的最上一皮及转角处、交接处和洞口处,应选用较大的平毛石砌筑。有高低台的毛石基础,应从低处砌起,并由高台向低台搭接,搭接长度不小于基础高度。

5)阶梯形毛石基础,上阶的石块应至少压砌下阶石块的 1/2,相邻阶梯毛石应相互错缝搭接。

6)毛石基础的转角处和交接处应同时砌筑。如不能同时砌筑又必须留槎时,应砌成斜槎。基础每天可砌筑高度应不超过 1.2 m。

2. 砖基础

（1）砖基础的构造

砖基础有带形基础和独立基础。基础下部扩大部分称为大放脚，基础上部为基础墙。大放脚有等高式和不等高式两种，如图 3-28 所示。等高式大放脚是两皮一收，即每砌两皮砖，两边各收进 1/4 砖长。不等高式大放脚是两皮一收和一皮一收相间隔，即砌两皮砖，两边各收进 1/4 砖长，再砌一皮砖，两边各收进 1/4 砖长，如此往复。在相同底宽的情况下，后者可减小基础高度，但为保证基础的强度，底层需用两皮一收砌筑。大放脚的底宽应根据计算而定，各层大放脚的宽度应为半砖长度的整倍数（包括灰缝）。

砖基础

在大放脚下面为基础垫层，一般采用 C20 素混凝土，厚 100 mm。在墙基顶面应设防潮层，防潮层宜用 1:2.5 水泥砂浆加适量的防水剂铺设，其厚度一般为 20 mm，位置在底层室内地面以下一皮砖处，即离底层室内地面以下 60 mm 处。亦可采用圈梁代替防潮层，如图 3-28(a) 所示。

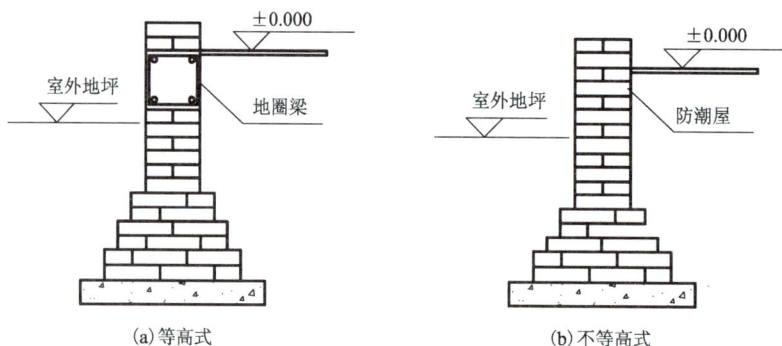

图 3-28　基础大放脚形式

（2）砖基础施工要点

1）砌筑前，应将地基表面的浮土及垃圾清除干净。

2）基础施工前，应在主要轴线部位设置引桩，以控制基础、墙身的轴线位置，并从中引出墙身轴线，而后向两边放出大放脚的底边线。在地基转角、交接及高低踏步处预先立好基础皮数杆。

3）砌筑时，可依皮数杆先在转角及交接处砌几皮砖，然后在其间拉准线砌中间部分。内外墙砖基础应同时砌起，如不能同时砌筑时应留置斜槎，斜槎长度不应小于斜槎高度。

4）基础底标高不同时，应从低处砌起，并由高处向低处搭接。如设计无要求，搭接长度不应小于基础底的高差，搭接长度范围内下层基础应扩大砌筑。

5）大放脚部分一般采用一顺一丁砌筑形式。水平灰缝及竖向灰缝的宽度应控制在 10 mm 左右，水平灰缝的砂浆饱满度不得小于 80%，竖缝要错开。大放脚的最下一皮及每层的最上一皮应以丁砌为主。

6）基础砌完验收合格后，应及时回填。回填土要在基础两侧同时进行，并分层夯实。

3.3.3 砖墙砌筑

1. 砌筑形式

普通砖墙的砌筑形式主要有五种：一顺一丁、三顺一丁、梅花丁、二平一侧和全顺式。

（1）一顺一丁

一顺一丁是一皮全部顺砖与一皮全部丁砖间隔砌成，上下皮间的竖缝相互错开 1/4 砖长，如图 3-29（a）所示。这是目前常用的一种组砌形式，适用于砌一砖、一砖半及二砖墙。

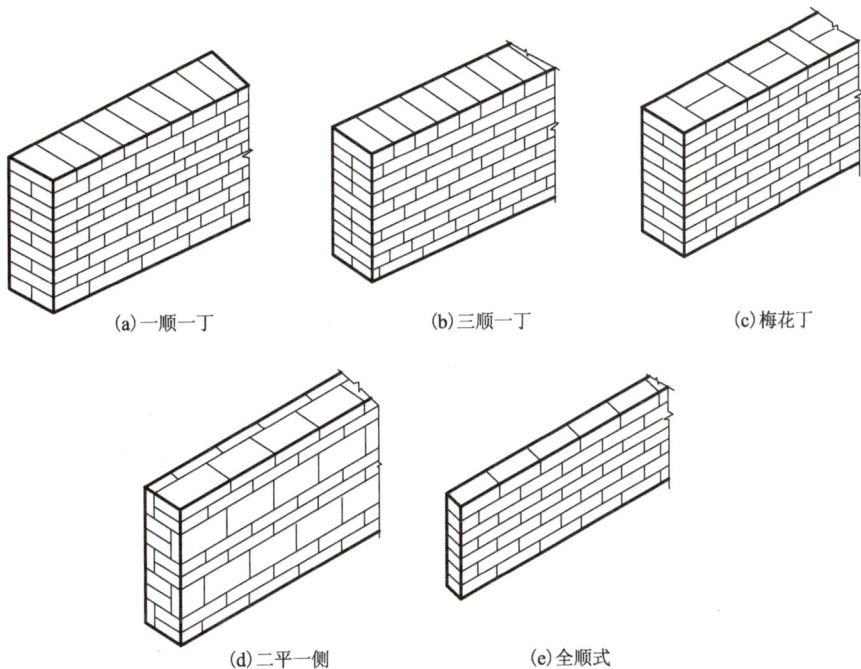

砌筑形式

(a) 一顺一丁   (b) 三顺一丁   (c) 梅花丁

(d) 二平一侧   (e) 全顺式

图 3-29 砖墙组砌方式

（2）三顺一丁

三顺一丁是三皮全部顺砖与一皮全部丁砖间隔砌成。上下皮顺砖与丁砖间竖缝错开 1/4 砖长；上下皮顺砖间竖缝错开 1/2 砖长，如图 3-29（b）所示。这种砌法因顺砖较多效率较高，适用于砌一砖、一砖半墙。

（3）梅花丁

梅花丁是每皮中丁砖与顺砖相隔，上皮丁砖坐中于下皮顺砖，上下皮间竖缝相互错开 1/4 砖长，如图 3-29（c）所示。这种砌法内外竖缝每皮都能错开，故整体性好，灰缝整齐，比较美观，但砌筑效率较低。适用于砌一砖、一砖半墙，特别适用于清水墙。

（4）二平一侧

二平一侧采用两皮平砌砖与一皮侧砌的顺砖相隔砌成。当墙厚为 3/4 砖时，平砌砖均为顺砖，上下皮平砌顺砖间竖缝相互错开 1/2 砖长。上下皮平砌顺砖与侧砌顺砖间竖缝相互错开 1/2 砖长。当墙厚为 5/4 砖长时，上下皮平砌顺砖与侧砌顺砖间竖缝相互错开 1/2 砖长。

上下皮平砌丁砖与侧砌顺砖间竖缝相互错开 1/4 砖长。这种形式适用于砌筑 3/4 砖墙及 (5/4) 砖墙，如图 3-29(d) 所示。

(5) 全顺式

全顺式是各皮砖均为顺砖，上下皮竖缝相互错开 1/2 砖长。这种形式仅适用于砌筑半砖墙。为了使砖墙的转角处各皮间竖缝相互错开，必须在外角处砌七分头砖(3/4 砖长)。当采用一顺一丁组砌时，七分头的顺面方向依次砌顺砖，丁面方向依次砌丁砖。砖墙的丁字接头处，应分皮相互砌通，内角相交处的竖缝应错开 1/4 砖长，并在横墙端头处加砌七分头砖。砖墙的十字接头处，应分皮相互砌通，交角处的竖缝相互错开 1/4 砖长，如图 3-29(e) 所示。

2. 砌筑工艺

砖墙的砌筑工艺流程：抄平放线→摆砖→立皮数杆→盘角、挂线→砌筑、勾缝→清理。

(1) 抄平放线

砌墙前应在基础防潮层或楼面上定出各层标高，并用水泥砂浆或 C15 细石混凝土找平，使各段砖墙底部标高符合设计要求。然后根据龙门板上给定的轴线及图纸上标注的墙体尺寸，在基础顶面上用墨线弹出墙的轴线和墙的宽度线，并定出门洞口位置线。二楼以上墙的轴线可以用经纬仪或垂球将轴线引测上去。

(2) 摆砖

摆砖，又称摆脚，是指在放线的基面上按选定的组砌方式用干砖试摆。摆砖的目的是核对所放的墨线在门窗洞口、附墙垛等处是否符合砖的模数，以尽可能减少砍砖，并使砌体灰缝均匀，组砌得当。摆砖由一个大角摆到另一个大角，砖与砖之间留 10 mm 的缝隙。砖墙交接处组砌方式如图 3-30 所示。

(3) 立皮数杆

皮数杆是指在其上画有每皮砖和砖缝厚度，以及门窗洞口、过梁、楼板、梁底、预埋件等标高位置的一种木制标杆。砌筑时用来控制墙体竖向尺寸及各部位构件的竖向标高，并保证灰缝厚度的均匀性。皮数杆一般设置在房屋的四大角以及纵横墙交接处，如墙面过长时，应每隔 10~15 m 立一根。

(4) 盘角、挂线

墙角是控制墙面横平竖直的主要依据，所以，一般砌筑时应先砌墙角，墙角砖层高度必须与皮数杆相符合，做到"三皮一吊，五皮一靠"，墙角必须双向垂直。

墙角砌好后，即可挂线，作为砌筑中间墙体的依据，以保证墙面平整，一般一砖墙、一砖半墙可单面挂线，一砖半以上的墙则应双面挂线。

(5) 砌筑、勾缝

砌砖的操作方法各地不一，但应保证砌筑质量要求。常用的是"铺浆法"和"三一砌砖法"砌筑。"铺浆法"即在墙顶上铺一段砂浆，然后用砖挤入砂浆中一定厚度之后把砖放平，达到下齐边、上齐线、横平竖直的要求。这种砌法可以连续挤砌几块砖，减少烦琐的动作，灰缝饱满，效率高，保证砌筑质量。采用铺浆法砌筑砌体，铺浆长度不得超过 750 mm，当施工期间气温超过 30℃时，铺浆长度不得超过 500 mm。"三一砌砖法"即一铲灰，一块砖，一挤揉，并随手将挤出的砂浆刮去的砌筑方法。这两种砌法的优点是灰缝容易饱满、黏结力好、墙面整洁。

第一皮　　　　　　第二皮

(a)一砖墙转角(一顺一丁)

第一皮　　　　　　第二皮

(b)一砖墙丁字交接处(一顺一丁)

第一皮　　　　　　第二皮

(c)一砖墙十字交接处(一顺一丁)

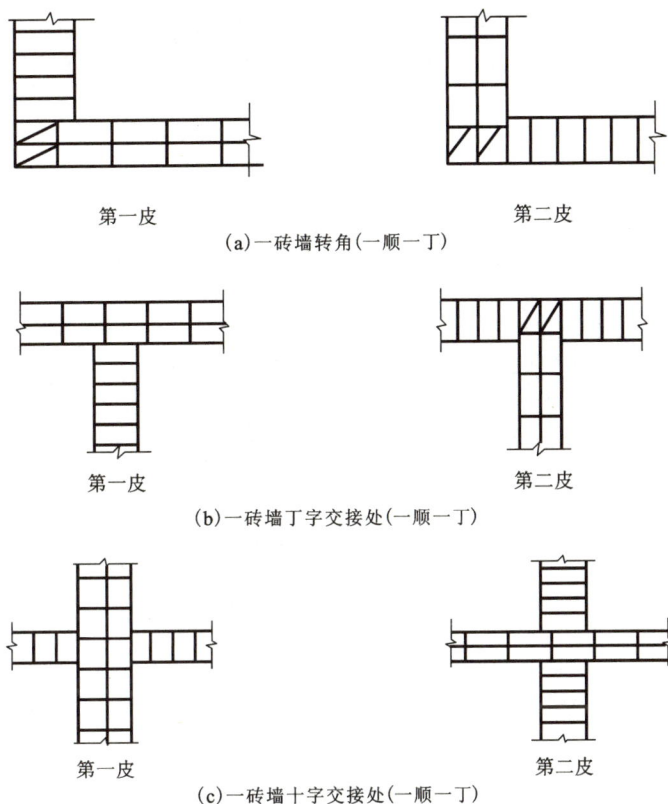

图3-30 砖墙交接处组砌

勾缝是砌清水墙的最后一道工序,可以用砂浆随砌随勾缝,叫作原浆勾缝。也可以砌完墙后再用1:1.5水泥砂浆或加色砂浆勾缝,称为加浆勾缝。勾缝具有保护墙面和增加墙面美观的作用,为了确保勾缝质量,勾缝前应清除墙面黏结的砂浆和杂物,并洒水湿润,在砌完墙以后,应画出1 cm的灰槽,灰缝可勾成凹、平、斜或凸形状。勾缝完毕后,应进行墙面、柱面和落地灰的清理。

3. 施工要点

1)全部砖墙应平行砌筑,砖层必须水平,砖层正确位置用皮数杆控制,基础和每楼层砌完后必须校对一次水平、轴线和标高,在允许偏差范围内,其偏差应在基础或楼板顶面调整。

2)砖墙的水平灰缝和竖向灰缝宽度一般为10 mm,但不小于8 mm,也不应大于12 mm。水平灰缝的砂浆饱满度不得低于80%,竖向灰缝宜采用挤浆或加浆方法,使其砂浆饱满,严禁用水冲浆灌缝。砖柱水平灰缝和竖向灰缝饱满度不得低于90%。

砖墙砌筑

3)砖墙的转角处和交接处应同时砌筑。对不能同时砌筑而又必须留槎时,应砌成斜槎,斜槎长度不应小于高度的2/3,如图3-31所示。斜槎高度不得超过一步脚手架高。非抗震设防及抗震设防烈度为6度、7度地区的临时间断处,当不能留斜槎时,除转角处外,可留直槎,但直槎必须做成凸槎,如图3-32所示。留直槎处应加设拉结钢筋,拉结钢筋的数量为每120 mm墙厚放置1φ6 mm拉结钢筋,120 mm厚墙放置2φ6 mm拉结钢筋,间距沿墙高不应超

过 500 mm。埋入长度从留槎处算起每边均不应小于 500 mm，对抗震设防烈度 6 度、7 度的地区，不应小于 1000 mm，末端应有 90° 弯钩，如图 3-32 所示。抗震设防地区不得留直槎。

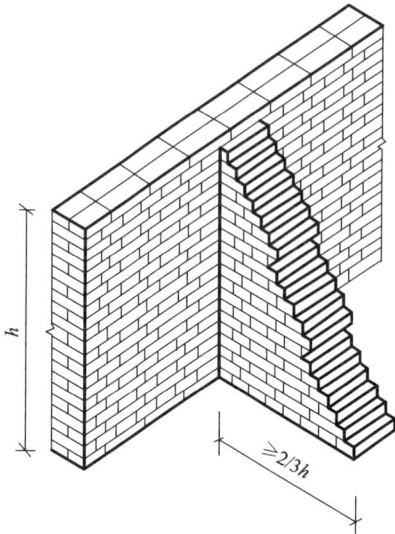

图 3-31 斜槎

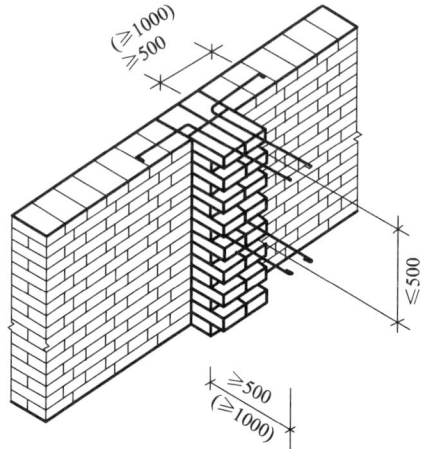

图 3-32 直槎

4）砖墙接槎时，必须将接槎处的表面清理干净，浇水润湿，并应填实砂浆，保持灰缝平直。

5）每层承重墙的最上一皮砖、梁或梁垫的下面及挑檐、腰线等处，应是整砖丁砌。

6）砖墙中留置临时施工洞口时，其侧边离交接处的墙面不应小于 500 mm，洞口净宽度不应超过 1 m。

7）砖墙相邻工作段的高度差，不得超过一个楼层的高度，也不宜大于 4 m。工作段的分段位置应设在变形缝或门窗洞口处。砖墙临时间断处的高度差，不得超过一步脚手架的高度。砖墙每天砌筑高度以不超过 1.5 m 为宜。

8）钢筋混凝土构造柱施工，构造柱需先砌筑墙后浇筑柱，尺寸不宜小于 240 mm × 240 mm，其厚度不宜小于墙厚。砖砌体与构造柱的连接处应砌成马牙槎，马牙槎凹凸尺寸不宜小于 60 mm，高度不应超过 300 mm，马牙槎先退后进，对称砌筑。墙与柱连接处应沿高度方向每隔 500 mm 设 2ϕ6 mm 水平拉结筋，伸入墙内不宜少于 1000 mm，如图 3-33 所示。柱内竖向受力钢筋一般采用 HPB300 级钢筋，对于中柱不宜小于 4ϕ12 mm，对于边柱不宜小于 4ϕ14 mm，其箍筋一般采用 ϕ6@200，楼层上下 500 mm 范围内宜采用 ϕ6@100，构造柱竖向受力钢筋应在基础梁和楼层圈梁中锚固。

9）在下列墙体或部位中不得留设脚手眼：

①120 mm 厚墙、料石清水墙和独立柱；

②过梁上与过梁成 60° 角的三角形范围及过梁净跨度 1/2 的高度范围内；

③宽度小于 1 m 的窗间墙；

④砌体门窗洞口两侧 200 mm（石砌体为 300 mm）和转角处 450 mm（石砌体为 600 mm）范围内；

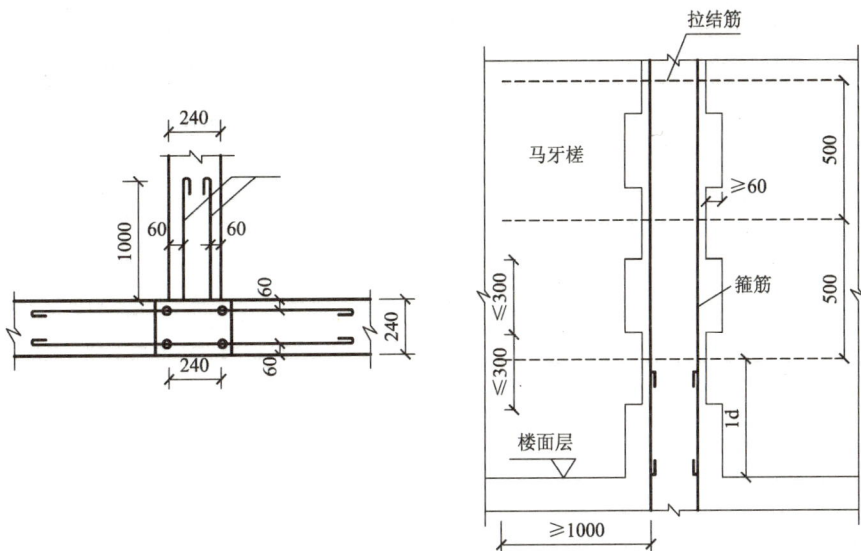

图 3-33 构造柱马牙槎及水平拉结筋设置

⑤梁或梁垫下及其左右 500 mm 范围内；

⑥设计不允许设置脚手眼的部位；

⑦轻质墙体；

⑧夹心复合墙外叶墙。

3.3.4 混凝土小砌块砌体施工

1. 普通混凝土小型空心砌块

普通混凝土小型空心砌块是以水泥、砂、碎石或卵石、水等预制成的。普通混凝土小型空心砌块按其强度分为 MU20、MU15、MU10、MU7.5、MU5 和 MU3.5 共 6 个等级。砌块主规格尺寸为 390 mm × 190 mm × 190 mm，有两个方形孔，最小外壁厚应不小于 30 mm，最小肋厚应不小于 25 mm，空心率不小于 25%，如图 3-34 所示。

2. 轻骨料混凝土小型空心砌块

轻骨料混凝土小型空心砌块是以水泥、轻骨料、砂、水等预制成的。砌块主规格尺寸为 390 mm × 190 mm × 190 mm，按其孔的排列有单排孔、双排孔、三排孔和四排孔 4 类。轻骨料混凝土小型空心砌块按其强度分为 MU10、MU7.5、MU5、MU3.5 和 MU2.5 共 5 个强度等级。

混凝土空心砌块

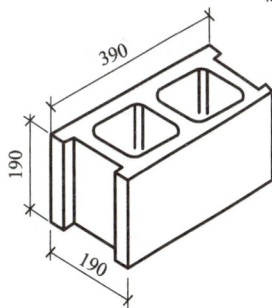

图 3-34 普通混凝土小型空心砌块

3. 构造要求

1）对室内地面以下的砌体，应采取普通混凝土小砌块和不低于 M5 的水泥砂浆。

2）五层及五层以上民用建筑的底层墙体，应采用不低于 MU5 的混凝土小砌块和 M5 的砌筑砂浆。

3）在墙体的下列部位，应用强度等级不低于 cb20 或 C20 混凝土灌实砌块的孔洞：

①底层室内地面以下或防潮层以下的砌体。

②无圈梁的楼板支承面下的一皮砌块。

③没有设置混凝土垫块的屋架、梁等构件支承面下，高度不应小于 600 mm，长度不应小于 600 mm 的砌体。

④砌块墙与后砌隔墙交接处，应沿墙高每隔 400 mm 在水平灰缝内设置不少于 2ϕ4 mm 钢筋、横向间距不大于 200 mm 的焊接钢筋网片，钢筋网片伸入后砌隔墙内不应小于 600 mm，如图 3-35 所示。

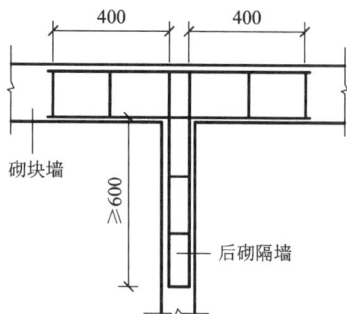

图 3-35　普通混凝土小型空心砌块

4. 小型砌块施工

普通混凝土小型砌块不宜浇水，当天气干燥炎热时，可在砌块上稍喷水湿润，轻集料混凝土小砌块施工前可洒水，但不宜过多。龄期不足 28 d 及潮湿的小砌块不得进行砌筑。应尽量采用主规格小砌块，小砌块的强度等级应符合设计要求，并应清除小砌块表面污物和芯柱用小砌块孔洞底部的毛边。

在房屋四角或楼梯转角处设立皮数杆，皮数杆间距不得超过 15 m。皮数杆上应画出各皮小型砌块的高度及灰缝厚度。在皮数杆上相对小型砌块上边线之间拉准线，小型砌块依准线砌筑。小型砌块砌筑应从转角或定位处开始，内外墙同时砌筑，纵横墙交错搭接。外墙转角处应使小型砌块隔皮露端面；T 字交接处应使横墙小砌块隔皮露端面，纵墙在交接处改砌两块辅助规格小型砌块（尺寸为 290 mm×190 mm×190 mm，一头开口）。所有露端面用水泥砂浆抹平，如图 3-36 所示。

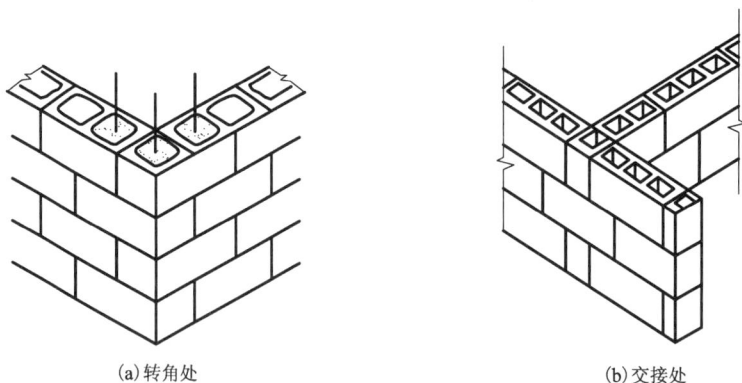

(a)转角处　　　　　　　　(b)交接处

图 3-36　普通混凝土小型空心砌块

小型砌块应对孔错缝搭砌。上下皮小型砌块竖向灰缝相互错开 190 mm。个别情况当无法对孔砌筑时，普通混凝土小型砌块错缝长度不应小于 90 mm，轻骨料混凝土小型砌块错缝长度不应小于 120 mm。当不能保证此规定时，应在水平灰缝中设置 2ϕ4 mm 钢筋网片，钢筋网片每端均应超过该垂直灰缝，其长度不得小于 300 mm，如图 3-37 所示。

小型砌块砌体的灰缝应横平竖直，全部灰缝均应铺填砂浆，水平灰缝的砂浆饱满度不得低于90%，竖向灰缝的砂浆饱满度不得低于80%，砌筑中不得出现瞎缝、透明缝。水平灰缝厚度和竖向灰缝宽度应控制在 8～12 mm。当缺少辅助规格小砌块时，砌体通缝不应超过两皮砌块。

小型砌块砌体临时间断处应砌成斜槎，斜槎长度不应小于斜槎高度的 2/3（一般按一步脚手架高度控制）。如留斜槎有困难，除外墙转角处及抗震设防地区，砌体临时间断处不应留直槎外，可从砌体面深处200 mm砌成阴阳槎，并沿砌体高每三皮小型砌块（600 mm）设拉结筋或钢筋网片，接槎部位宜延至门窗洞口，如图 3-38 所示。承重砌体严禁使用断裂小砌块或壁肋中有竖向凹形裂缝的小型砌块砌筑，也不得采用小型砌块与烧结普通砖等其他块体材料混合砌筑。

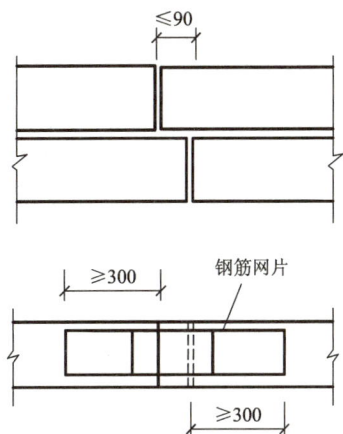

图 3-37 普通混凝土小型空心砌块

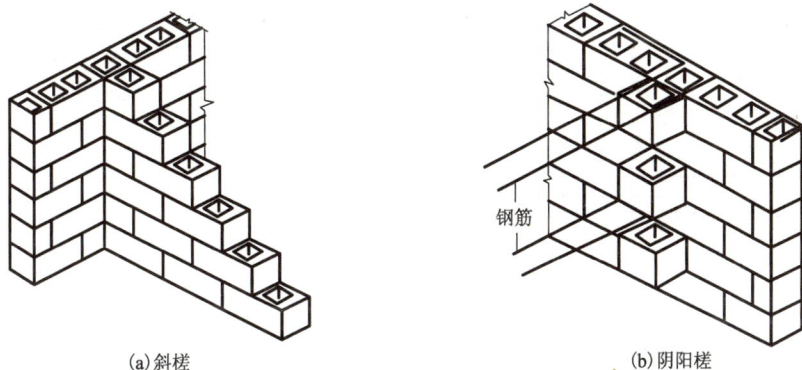

(a)斜槎 (b)阴阳槎

图 3-38 普通混凝土小型空心砌块

3.3.5 蒸压加气混凝土砌块

蒸压加气混凝土砌块是以水泥、矿渣、砂、石灰等为主要原料，加入发气剂，经搅拌成型、蒸压养护而成的实心砌块。

蒸压加气混凝土砌块按尺寸偏差分为Ⅰ型和Ⅱ型，Ⅰ型适用于薄灰缝砌筑，Ⅱ型适用于厚灰缝砌筑。按其抗压强度分为 A1.5、A2、A2.5、A3.5、A5 共 5 个强度等级，按其干密度分为 B03、B04、B05、B06、B07 共 5 个密度级别。

加气混凝土砌块

1. 加气混凝土砌块构造

加气混凝土砌块可砌成单层墙或双层墙体。单层墙是将加气混凝土砌块立砌，墙厚为砌块的宽度。双层墙是将加气混凝土砌块立砌两层中间夹以空气层，两层砌块间每隔 500 mm 墙高在水平灰缝中放置$\phi 4$～6 mm 的钢筋扒钉，扒钉间距为 600 mm，空气层厚度 70～80 mm，如图 3-39 所示。

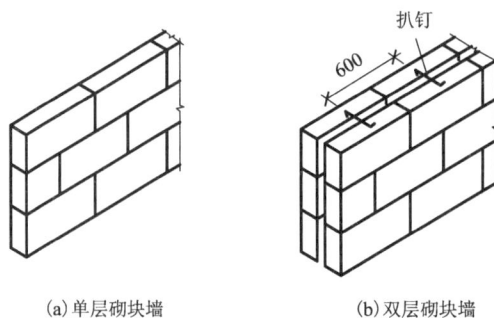

(a)单层砌块墙　　　　　(b)双层砌块墙

图 3-39　加气混凝土砌块

　　承重加气混凝土砌块墙的外墙转角处、墙体交接处均应沿墙高 1 m 左右，在水平灰缝中放置拉结钢筋，拉结钢筋为 $3\phi6$ mm，钢筋伸入墙内不少于 1000 mm，如图 3-40 所示。

　　非承重加气混凝土砌块墙的转角处、与承重墙交接处，均应沿墙高 1 m 左右，在水平灰缝中放置拉结钢筋，拉结钢筋为 $2\phi6$ mm，钢筋伸入墙内不少于 700 mm，如图 3-41 所示。

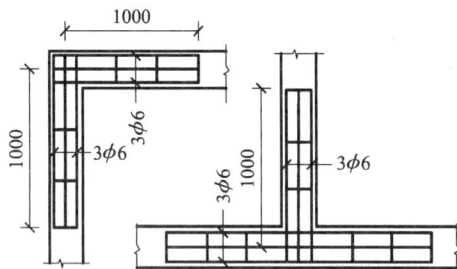

图 3-40　承重砌块墙的拉结钢筋

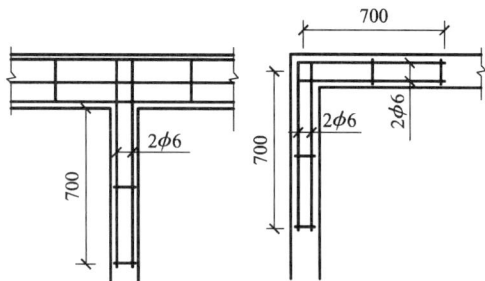

图 3-41　非承重砌块拉结钢筋

　　加气混凝土砌块外墙的窗口下一皮砌块下的水平灰缝中应设置拉结钢筋，拉结钢筋为 $3\phi6$ mm，钢筋伸过窗口侧边应不小于 500 mm，如图 3-42 所示。

2. 蒸压加气混凝土砌块砌体施工

　　承重加气混凝土砌块砌体所用砌块强度等级不应低于 A5，砂浆强度不应低于 M5。加气混凝土砌块砌筑前，应根据建筑物的平面、立面图绘制砌块排列图。在砌体转角处设置皮数杆，皮数杆上画出砌块皮数及砌块高度，并在相对砌块上边线间拉准线，依准线砌筑。加气混凝土砌块的砌筑面上应适量洒水。

　　砌筑加气混凝土砌块宜采用专用工具，如铺灰铲、锯等。加气混凝土砌块墙的上下皮砌块的竖向灰缝相互错开 300 mm，并不应小于 150 mm。如不能满足时，应在水平灰缝设置 $2\phi6$ mm 的拉结筋或 $\phi4$ mm 钢筋网片，拉结筋或钢筋网片的长度应不小于 700 mm，如图 3-43 所示。加气混凝土砌块墙的灰缝应横平竖直、砂浆饱满，水平灰缝砂浆饱满度不应小于 90%，竖向灰缝砂浆饱满度不应小于 80%。水平灰缝厚度宜为 15 mm，竖向灰缝宽度宜为 20 mm。

　　加气混凝土砌块墙的转角处，应使纵横墙的砌块相互搭砌，隔皮砌块露端面。加气混凝土砌块墙的 T 字形交接处，应使横墙砌块隔皮露端面，并坐中于纵横墙砌块，如图 3-44 所示。

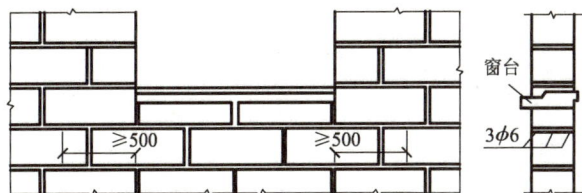

图 3-42 砌块墙窗口下配筋

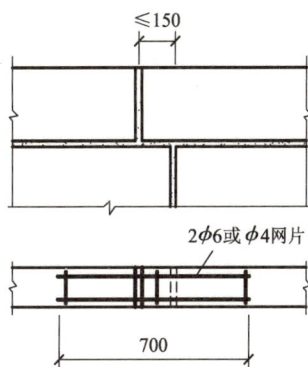

图 3-43 加气混凝土砌块墙中拉结筋

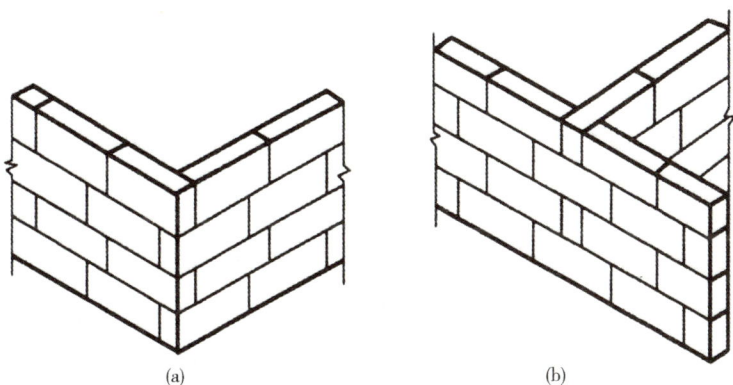

(a)   (b)

图 3-44 加气混凝土砌块墙的转角处及交接处砌法

加气混凝土砌块墙如无切实有效措施，不得使用于下列部位：

1) 建筑物室内地面标高以下部位。

2) 长期浸水或经常受干湿交替部位。

3) 受化学侵蚀(如强酸、强碱)或高浓度二氧化碳等环境。

4) 砌块表面经常处于 80℃ 以上的高温环境。

加气混凝土砌块墙上不得留设脚手眼。每一楼层内的砌块墙体应连续砌完，不留接槎。如必须留槎时应留成斜槎，或在门窗洞口侧边间断。

3.3.6 填充墙砌体工程施工

在框架结构的建筑中，墙体一般只起围护和分隔的作用，常用体轻、保温性能好的烧结空心砖或小型空心砌块砌筑，其施工方法和施工工艺与一般砌体施工有所不同，简述如下。

填充墙

砌体和块体材料的品种、规格、强度等级必须符合图纸设计要求，规格尺寸应一致，质量等级必须符合标准要求，并应有出厂合格证明、试验报告单；蒸压加气混凝土砌块和轻骨料混凝土小型砌块砌筑时的产品龄期应超过 28 d。填充墙砌体应在主体结构及相关分部已施工完毕，并经有关部门验收合格后进行。

填充墙砌体施工工艺及要求如下。

1. 基层清理

在砌筑砌体前应对基层进行清理,将楼层上的浮浆灰尘清扫干净并浇水湿润。块材的湿润程度应符合规范及施工要求。

2. 施工放线

放出每一楼层的轴线、墙身控制线和门窗洞的位置线。在框架柱上弹出标高控制线以控制门窗上的标高及窗台的高度,施工放线完成后,应经过验收合格后,方能进行墙体施工。

3. 墙体拉结钢筋

墙体拉结钢筋有多种留置方式,目前主要采用植筋方式埋设拉结筋。采用植筋方式埋设拉结筋,埋设的拉结筋的位置较为准确,操作简单不伤结构,但应通过抗拔试验。

4. 构造柱钢筋

在填充墙施工前应先将构造柱钢筋绑扎完毕,构造柱竖向钢筋与原结构上预留插孔的搭接长度应满足设计要求。

5. 立皮数杆、排砖

1)在皮数杆上标出砌块的皮数及灰缝厚度,并标出窗、洞及墙梁等构造标高。

2)根据要砌筑的墙体长度、高度试排砖,摆出门、窗及孔洞的位置。

6. 填充墙砌筑

1)砖或砌块应提前1~2 d浇水湿润;湿润程度达到水浸润砖体15 mm为宜,烧结空心砖相对含水率为60%~70%,不能在砌筑时临时浇水,严禁干砖上墙,严禁在砌筑后向墙体洒水。蒸压加气混凝土砌块相对含水率为40%~50%,应在砌筑前喷水湿润。

2)砌筑蒸压加气混凝土砌块和轻骨料混凝土小型空心砌块填充墙时,墙底部应砌200 mm高烧结普通砖、多孔砖或普通混凝土空心砌块或浇筑150 mm高C20混凝土坎台。

3)填充墙砌筑时,除构造柱的部位外,墙体的转角处和交接处应同时砌筑,严禁无可靠措施的内外墙分砌施工。

4)填充墙砌体的灰缝厚度和宽度应符合规定。空心砖、轻骨料混凝土小型空心砌块的砌体灰缝宽度应为8~12 mm,蒸压加气混凝土砌块砌体的水平灰缝厚度、竖向灰缝宽度分别为15 mm和20 mm。

5)墙体一般不留槎,如必须留置临时间断处,应砌成斜槎,斜槎长度不应小于高度的2/3;施工时不能留成斜槎时,除转角处外,可于墙中引出直凸槎(抗震设防地区不得留直槎)。直槎墙体每间隔高度≤500 mm,应在灰缝中加设拉结钢筋,拉结钢筋的数量按120 mm墙厚放一根φ6 mm的钢筋,埋入长度从墙的留槎处算起,两边均不要小于500 mm,末端要有90°弯钩。拉结筋不得穿过烟道和通气管。

6)填充墙砌至近梁、板底时,应留一定空隙,待填充墙砌筑完并至少间隔14 d后,再将其补砌挤紧,如图3-45所示。

7)木砖预埋。木砖经防腐处理,木纹应与钉子垂直,埋设数量按洞口高度确定;洞口高度≤2 m,每边放两块,洞口高度在2~3 m时,每边放3~4块。预埋木砖的部位一般在洞口上下四皮砖处开始,中间均匀分布或按设计预埋。

8)设计墙体上有预埋、预留的构造,应随砌随留、随复核确保位置正确,构造合理。不得在已砌好的墙体中打洞。

图 3-45 填充墙斜砌施工

9）凡穿过砌块的水管，应严格防止渗水、漏水。在墙体内敷设暗管时，只能垂直埋设，不得水平开槽，敷设应在墙体砂浆达到强度后进行。混凝土空心砌块预埋管应提前专门作有预埋槽的砌块，不得在墙上开槽。

10）加气混凝土砌块切锯时应用专用工具，不得用斧子或瓦刀任意砍劈，洞口两侧选用规则整齐的砌块砌筑。

3.4 砌筑工程的质量及安全技术

3.4.1 砌筑工程的质量要求

1）砌体施工质量控制等级。

砌体施工质量控制等级分为三级，其标准应符合表 3-4 的要求。

表 3-4 砌体施工质量控制等级

项目	施工质量控制等级		
	A	B	C
现场质量管理	制度健全，并严格执行；非施工方质量监督人员到现场，或现场设有常驻代表；施工方有在岗专业技术管理人员，人员齐全，并持证上岗	制度基本健全，并能执行；非施工方质量监督人员间断地到现场进行质量控制；施工方有在岗专业技术管理人员，并持证上岗	有制度；非施工方质量监督人员很少做现场质量控制；施工方有在岗专业技术管理人员
砂浆、混凝土强度	试块按规定制作，强度满足验收规定，离散性小	试块按规定制作，强度满足验收规定，离散性小	试块强度满足验收规定，离散性大
砂浆拌合方式	机械拌和；配合比计量控制严格	机械拌和；配合比计量控制一般	机械或人工拌和；配合比计量控制较差
砌筑工人	中级工以上，其中高级工不少于 30%	高、中级工不少于 70%	初级工以上

注：1. 砂浆、混凝土强度离散性大小根据强度标准差确定；

2. 配筋砌体不得为 C 级施工。

2)砌体结构工程检验批验收。

砌体结构工程检验批验收时,其主控项目应全部符合规范规定;一般项目应有80%及以上的抽检处符合规范规定;有允许偏差的项目,最大超差值为允许偏差的1.5倍。

3)砌体工程所用的材料。

砌体工程所用的材料应有产品的合格证书、产品性能检测报告。水泥进场时应对其品种、等级、包装或散装仓号、出厂日期等进行检查,并应对其强度、安定性进行复验,其质量必须符合现行国家标准的有关规定。

4)同一验收批砂浆试块强度平均值≥设计强度等级值的1.10倍;同一验收批砂浆试块抗压强度的最小一组平均值≥设计强度等级值的85%。

5)砌筑基础前,应校核放线尺寸,允许偏差应符合表3-5的规定。

表3-5 放线尺寸的允许偏差

长度 L、宽度 B/mm	允许偏差/mm	长度 L、宽度 B/mm	允许偏差/mm
L(或 B)≤30	± 5	60<L(或 B)≤90	± 15
30<L(或 B)≤60	± 10	L(或 B)>90	± 20

6)砖砌体应横平竖直,砂浆饱满,上下错缝,内外搭砌,接槎牢固。

7)砖、小型砌块砌体的允许偏差、检查方法和抽检数量应符合表3-6的规定。

表3-6 砖、小型砌块砌体的允许偏差及检验方法、抽检数量

项目			允许偏差/mm	检验方法	抽检数量
轴线位移			10	用经纬仪和尺或其他测量仪器检查	承重墙、柱全数检查
基础、墙、柱顶面标高			± 15	用水平仪和尺检查	不应少于5处
墙面垂直度	每层		5	用2 m托线板检查	不应少于5处
	全高	≤10 m	10	用经纬仪、吊线和尺或其他测量仪器检查	外墙全部阳角
		>10 m	20		
表面平整度	清水墙、柱		5	用2 m直尺和楔形塞尺检查	不应少于5处
	混水墙、柱		8		
水平灰缝平直度	清水墙		7	拉5 m线和尺检查	不应少于5处
	混水墙		10		
门窗洞口高、宽(后塞框)			± 10	用尺检查	不应少于5处
外墙上下窗口偏移			20	以底层窗口为准,用经纬仪吊线检查	不应少于5处
清水墙面游丁走缝(中型砌块)			20	以每层第一皮为准,用吊线和尺检查	不应少于5处

8)填充墙砌体一般尺寸的允许偏差、检验方法应符合表3-7的规定。

表3-7　填充墙砌体一般尺寸的允许偏差、检验方法

项目		允许偏差/mm	检验方法	抽检数量
轴线位移		10	用尺检查	每检验批抽检不应少于5处
垂直度(每层)	≤3 m	5	用2 m托线板或吊线、尺检查	
	>3 m	10		
表面平整度		8	用2 m靠尺和楔形塞尺检查	
门窗洞口高、宽(后塞口)		±10	用尺检查	
外墙上、下窗口偏移		20	用经纬仪或吊线检查	

9)填充墙砌体的砂浆饱满度、检验方法应符合表3-8的规定。

表3-8　填充墙砌体的砂浆饱满度、检验方法

砌体分类	灰缝	饱满度及要求	检验方法	抽检数量
空心砖砌体	水平	≥80%	采用百格网检查块材底面砂浆的黏结痕迹面积	每检验批抽查不应少于5处
	垂直	填满砂浆，不得有透明缝、瞎缝、假缝		
蒸压加气混凝土砌块和轻骨料混凝土小砌块砌体	水平	≥80%		
	垂直	≥80%		

3.4.2　砌筑工程的安全与防护措施

1)在砌筑操作前，必须检查施工现场各项准备工作是否符合安全要求，如道路是否畅通，机具是否完好牢固，安全设施和防护用品是否齐全，经检查符合要求后才可施工。

2)砌基础时，应检查和注意基坑土质的变化情况。堆放砖石材料应离开坑边1 m以上。

安全事故

3)当砖墙高度超过地坪1.2 m以上时，应搭设脚手架。架上堆放材料不得超过规定荷载，堆砖高度不得超过三皮侧砖，同一块脚手板上的操作人员不应超过两人。按规定搭设安全网。

4)不准站在墙顶上做画线、刮缝及清扫墙面或检查大角垂直等工作。不准用不稳固的工具或物体在脚手板上垫高操作。

5)砍砖时应面向墙面，工作完毕应将脚手板和砖墙上的碎砖、灰浆清扫干净，防止掉落伤人。正在砌筑的墙上不准走人。

6)山墙砌完后，应立即安装临时支撑，防止倒塌。

7)雨天或每日下班时，应做好防雨准备，以防雨水冲走砂浆，致使砌体倒塌。

8)砌石墙时不准在墙顶或架上修石材，以免振动墙体，影响质量或石片掉下伤人。不准徒手移动上墙的石块，以免压破或擦伤手指。不准勉强在超过胸部的墙上进行砌筑，以免将墙体碰撞倒塌或上石时失手掉下造成安全事故。石块不得往下掷。运石上下时，脚手板要钉

装牢固，并钉防滑条及扶手栏杆。

9）对有部分破裂或脱落危险的砌块，严禁起吊；起吊砌块时，严禁将砌块停留在操作人员的上空或在空中整修；砌块吊装时，不得在下一层楼面上进行其他任何工作；卸下砌块时应避免冲击，砌块堆放应尽量靠近楼板两端，不得超过楼板的承重能力；砌块吊装就位时，应待砌块放稳后，方可松开夹具。

10）凡脚手架、井架、门架搭设好后，须经专人验收合格后方准使用。

复习思考题

1. 简述扣件式钢管脚手架的组成及搭设要求。

2. 常用里脚手架有哪些类型？简述其各自特点。

3. 脚手架在搭设、施工、使用中作业危险因素多，极易发生伤亡事故。请你从人、物、制度等方面找出事故的成因并提出预防对策。

4. 普通黏土砖砌筑前为什么要浇水？浇湿到什么程度？

5. 砖墙砌体有哪几种组砌形式？

6. 简述砖墙砌筑的施工工艺流程。

7. 砖墙留槎有何要求？

8. 皮数杆有何作用？如何布置？

9. 何谓"三一砌砖"法？其优点是什么？

10. 简述毛石基础和砖基础的构造和施工要点。

11. 简述加气混凝土砌块的施工要点。

12. 砌筑工程中的安全防护措施有哪些？

模块四
混凝土结构工程

教学目标 了解模板的类型及特点；掌握模板的设计方法；掌握模板的安装与拆除的方法及要求；掌握钢筋的配料、代换的计算方法；掌握混凝土施工配合比换算；掌握混凝土施工工艺、质量控制方法及安全生产技术要求；能进行混凝土工程施工质量的检查、评定。

技能抽查要求 掌握模板工程施工工艺，能进行模板设计；能顺利完成简单构件模板支设工种技能操作；掌握钢筋工程施工工艺、正确计算钢筋下料长度，规范填写钢筋下料单，能顺利完成钢筋加工和钢筋绑扎技能操作；掌握混凝土工程施工工艺，能进行混凝土施工配合比换算，熟悉混凝土试块的留置和混凝土养护工作，能顺利完成混凝土浇筑等技能操作；熟悉《混凝土结构工程施工质量验收规范》（GB 50204—2015），能按国家规范要求列出检测项目和项目允许偏差，并正确使用常用检测工具对混凝土梁、柱的施工质量进行检查验收。

企业八大员岗位资格考试要求 掌握梁、板、柱、墙模板的构造、安装工艺与拆除要求；掌握钢筋配料、代换、加工、连接和安装要求；掌握混凝土施工配合比计算和施工工艺；掌握混凝土工程施工质量与安全要求；掌握混凝土表面缺陷的修补方法。

4.1 模板工程

模板工程是混凝土工程的一个十分重要的组成部分，占工程总价的 20%～30%、劳动量的 30%～40%、工期的 50% 左右，决定着混凝土工程的施工方法和施工机械的选择，直接影响工期和造价。

模板工程的施工包括模板的选材、选型、设计、制作、安装、拆除和周转等过程。

模板工程

4.1.1 模板的种类

按所用的材料不同，模板可分为木模板、钢模板、钢木模板、钢竹模板、胶合板模板、塑料模板和铝合金模板等。

按结构构件的类型不同，模板可分为基础模板、柱模板、梁模板、楼板模板、墙模板、壳模板和烟囱模板等。

模板种类

　　按形式不同，模板可分为整体式模板、定型模板、工具式模板、滑升模板和胎模等。

　　按施工方法不同，模板可分为现场装拆式模板、固定式模板和移动式模板。

4.1.2　模板的构造要求与安装工艺

　　现浇混凝土结构工程施工用模板系统，主要由面板、支撑结构和连接件三部分组成。

　　模板及其支架的要求：有足够的强度、刚度和稳定性；保证工程结构和构件各部位形状尺寸和相互位置的正确；构造简单，装拆方便，便于钢筋的绑扎与安装、混凝土的浇筑与养护；接缝严密，不得漏浆。

1. 木模板及胶合板模板

　　木模板及其支架系统一般在加工厂或现场木工棚加工成组件（拼板），然后在现场拼装。拼板（图4-1）由板条和拼条钉成，板条厚度一般为25～50 mm，宽度不宜超过200 mm，以保证在干缩时缝隙均匀，浇水后易于密实，受潮后不易翘曲。梁底模的拼板由于承受较大的荷载要加厚至40～50 mm。拼条的间距取决于板条面受荷大小及板条厚度，一般为400～500 mm。

　　胶合板模板是一种人造板，是涂胶后的单板按木纹方向纵横交错配成的板坯，在加热或不加热的条件下压制而成。层数一般为奇数，少数为偶数。纵横方向的物

(a)拼条平放　　(b)拼条立放

1—板条；2—拼条。

图4-1　拼板的构造

理、机械性质差异较小。胶合板能提高木材利用率，是节约木材的一个主要途径。我国于1981年在南京金陵饭店高层现浇平板结构施工中首次采用胶合板模板，胶合板模板的优越性第一次被认识。目前在全国各地大中城市的高层现浇混凝土结构施工中，已经广泛使用胶合板模板。常用的有未经表面处理的胶合板（简称素板）、经树脂饰面处理的胶合板（简称涂胶板）和经浸渍胶膜纸贴面处理的胶合板（简称覆膜板）等。胶合板规格尺寸见表4-1。

表4-1　胶合板规格尺寸

幅　面　尺　寸/mm				厚度/mm
模数制		非模数制		
宽度	长度	宽度	长度	
—	—	915	1830	12
900	1800	1220	1830	15
1000	2000	915	2135	18
1200	2400	1220	2440	18

　　注：其他规格尺寸由供需双方协议。

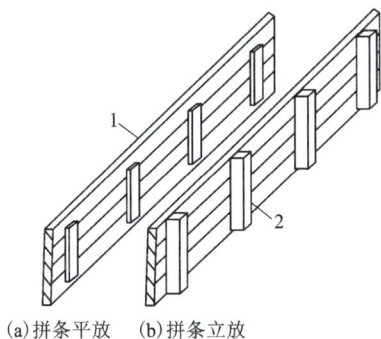

基础模板

　　（1）基础模板

　　阶梯形基础模板（图4-2）由四块侧板拼钉而成，其中两块侧板的尺寸与相应的台阶侧面尺寸相等。另两块侧板长度应比相应的台阶侧面长度大150～200 mm，高度与其相等。安装时要保证上、下模板不发生相对位移。

（2）柱模板

柱模板由两块相对的内拼板、两块相对的外拼板和柱箍组成。拼板上端应根据实际情况开有与梁模板连接的缺口，底部开有清理孔，沿高度每隔 2 m 开有浇筑孔。柱模板如图 4-3 所示。

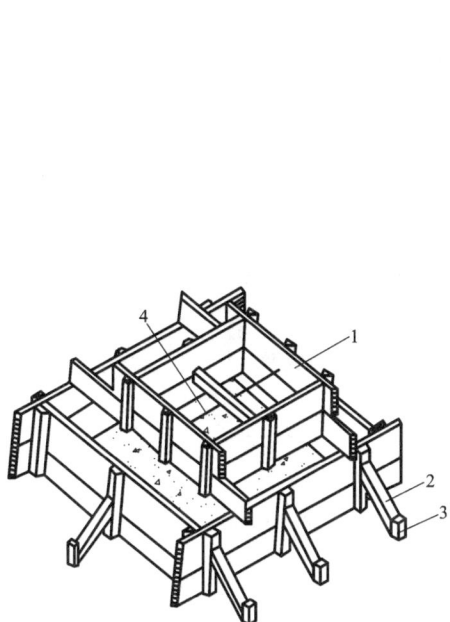

1—拼板；2—斜撑；3—木桩；4—铁丝。

图 4-2　阶梯形基础模板

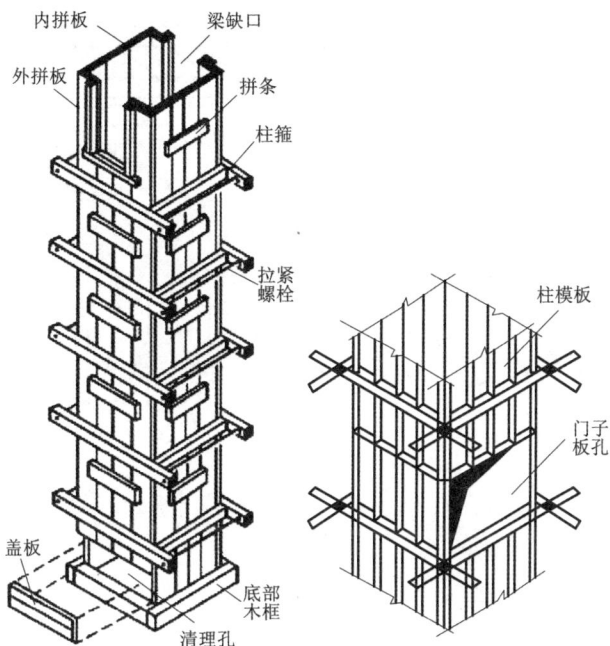

图 4-3　柱模板

安装过程及要求：

1）弹线及定位：先在基础顶面（楼面）弹出柱轴线及边线，同一柱列则先弹两端柱，再拉通线弹中间柱的轴线及边线。按照边线先把底部木框固定好，然后对准边线安装柱模板。

2）柱箍的设置：为防止混凝土浇筑时模板发生鼓胀变形，柱箍应根据柱模断面大小经计算确定，下部的间距应小些，往上可逐渐增大间距。当柱截面尺寸较大时，应考虑在柱模内设置对拉螺栓。

3）柱模板须在底部留设清理孔，沿高度每 2 m 开有混凝土浇筑孔和振捣孔。

4）对于通排柱模板，应先装两端柱模板，校正固定后，再在柱模板上口拉通线校正中间各柱模板。

（3）梁模板

梁模板（图 4-4）主要由底模、侧模、夹木及支架系统组成。底模用长条模板加拼条拼成，或用整块板条。

安装过程及要求：

1）梁模板应在复核梁底标高、校正轴线位置无误后进行。

2）梁底板下用顶撑（琵琶撑）支设，顶撑间距视梁的断面大小而定，一般为 0.8~1.2 m，顶撑之间应设水平拉杆和剪刀撑，使之互相拉撑成为一整体，水平拉杆沿竖向间距一般不大于 2 m 时，为确保顶撑支设的坚实，应在用混凝土硬化的地面上设置垫板和楔子。

3）把侧模板放上，两头钉于衬口档上。梁侧模下方应设置夹木，将梁侧模与底模板夹紧，并钉牢在顶撑上。当梁高度≥700 mm 时，应在梁中部另加斜撑或对拉螺栓固定。

4）当梁的跨度≥4 m 时，梁底模要起拱，防止由于混凝土的重力使跨中下垂。如设计无规定时，起拱高度为梁跨度的 1‰~3‰。

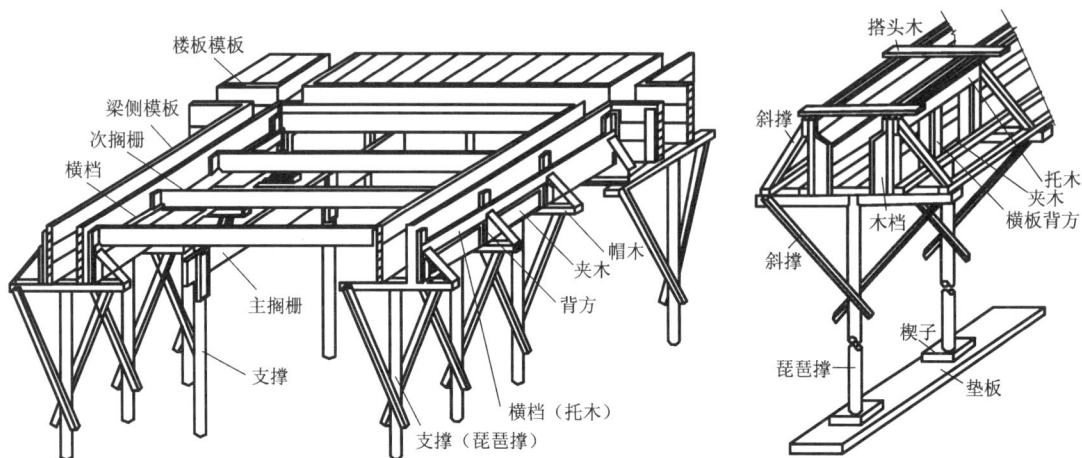

图 4-4　梁及楼板模板

（4）楼板模板

楼板的面积大而厚度比较薄，侧向压力小。楼板模板及其支架系统主要承受混凝土的自重垂直荷载和其他施工荷载，要保证模板不变形。如图 4-4 所示，楼板模板的底模用木板（胶合板或定型模板）拼成，铺设在楞木上，楞木搁置在梁模板外的托木上。当楞木的跨度较大时，中间应加设立柱。立柱上钉通长的杠木，底模板应垂直于楞木方向铺设。

2. 定型组合钢模板

定型组合钢模板是一种工具式定型模板，由钢模板和配件组成，配件包括连接件和支承件。钢模板通过各种连接件和支承件可组合成多种尺寸、结构和几何形状的模板，施工时可在现场直接组装，也可用其拼装成大模板、滑升模板、隧道模和台模等，用起重机吊运安装。

（1）钢模板

钢模板有通用模板和专用模板两类。通用模板包括平面模板、阴角模板、阳角模板和连接模板，如图 4-5 所示。专用模板包括倒棱模板、梁腋模板、柔性模板、搭接模板、可调模板及嵌补模板。平面模板用于基础、墙体、梁、板、柱等各种结构的平面部位，它由面板、边框、纵横肋组成。为了便于连接，边框上有连接孔，边框的长向及短向的孔距均一致，以便横竖都能连接。平面模板的长度有 1800 mm、1500 mm、1200 mm、900 mm、750 mm、600 mm 和 450 mm 七种规格，宽度有 100~600 mm（以 50 mm 进级）十一种规格，因而可组成不同尺寸的模板。如拼装时出现不足模板的空缺，则用镶嵌木条补缺。用钉子或螺栓将木条与模板边框上的孔洞连接。

（2）连接件

定型组合钢模板连接件包括：U 形卡、L 形插销、钩头螺栓、对拉螺栓、紧固螺栓、扣件等，如图 4-6 所示。U 形卡用于钢模板与钢模板间的拼接，其安装间距一般不大于 300 mm，即每隔一孔卡插一个，安装方向一顺一倒相互错开。L 形插销用于两个钢模板端肋与端肋连接。当需将钢模板拼接成大块模板时，除了用 U 形卡及 L 形插销外，在钢模板外侧要用钢楞

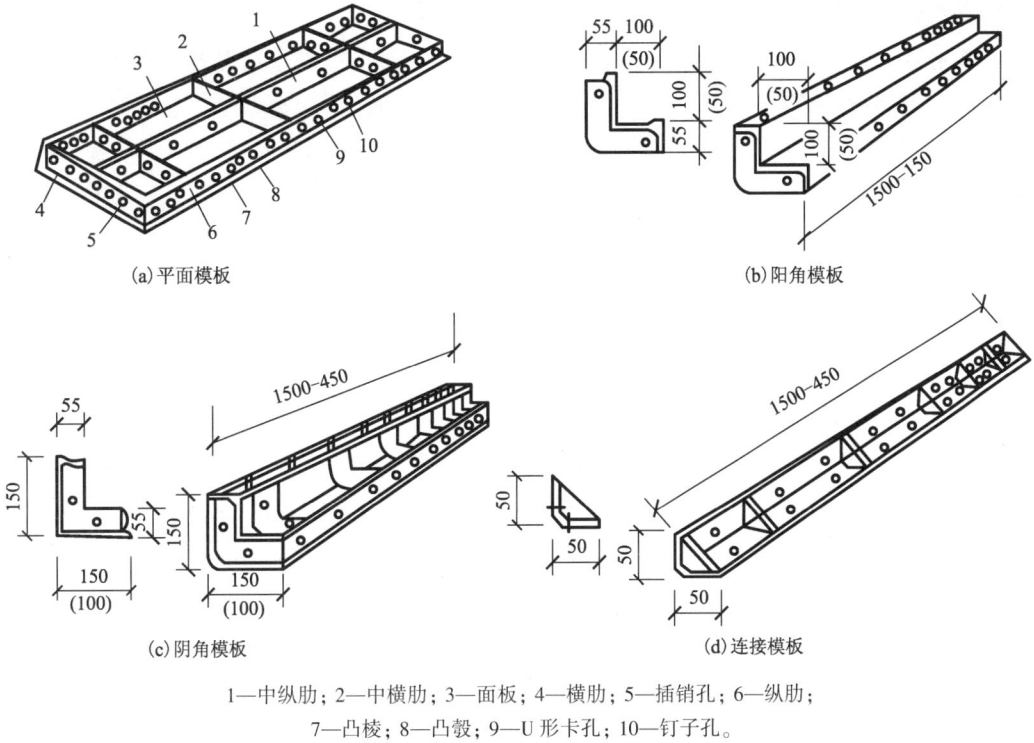

(a) 平面模板

(b) 阳角模板

(c) 阴角模板

(d) 连接模板

1—中纵肋；2—中横肋；3—面板；4—横肋；5—插销孔；6—纵肋；

7—凸棱；8—凸壳；9—U 形卡孔；10—钉子孔。

图 4-5　钢模板类型

（圆形钢管、矩形钢管、内卷边槽钢等）加固，钢楞与钢模板间用钩头螺栓及"3"形扣件、蝶形扣件连接。当浇筑钢筋混凝土墙体时，墙体两侧模板间用对拉螺栓连接，对拉螺栓截面应保证能安全承受混凝土的侧压力。

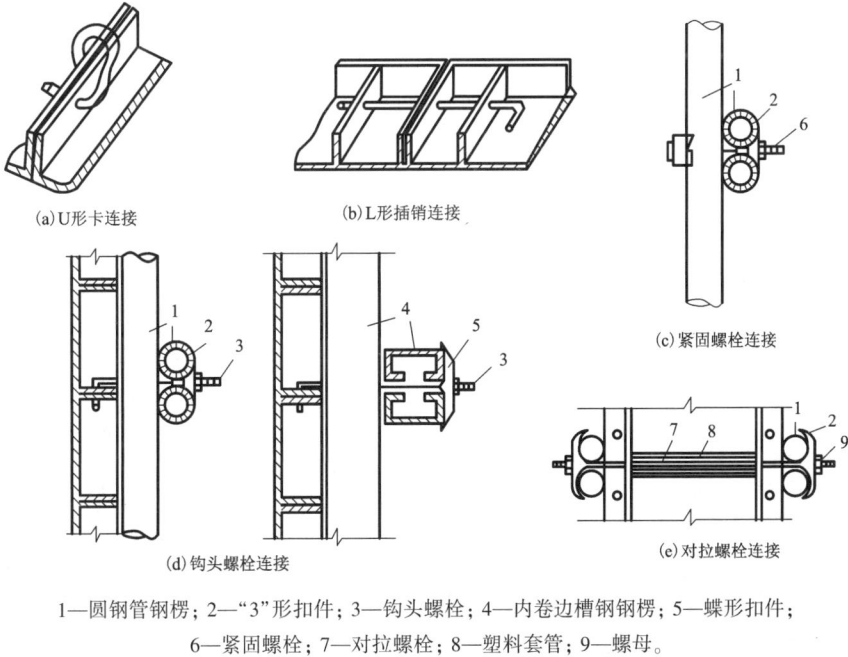

(a) U形卡连接

(b) L形插销连接

(c) 紧固螺栓连接

(d) 钩头螺栓连接

(e) 对拉螺栓连接

1—圆钢管钢楞；2—"3"形扣件；3—钩头螺栓；4—内卷边槽钢钢楞；5—蝶形扣件；

6—紧固螺栓；7—对拉螺栓；8—塑料套管；9—螺母。

图 4-6　钢模板连接件

（3）支承件

定型组合钢模板的支承件包括柱箍、梁托架、钢楞、桁架、钢管顶撑及钢管支架等。

柱箍可用角钢、槽钢制作，也可以采用钢管及扣件组成。

梁托架用来支托梁底模和夹模，如图4-7所示。梁托架可用钢管或角钢制作，其高度为500~800 mm，宽度为600 mm，可根据梁的截面尺寸进行调整，高度较大的梁，可用对拉螺栓或斜撑固定两边侧模。

如图4-8所示，支托桁架有整体式和拼接式两种，拼接式桁架可由两个半桁架拼接，以适应不同跨度的需要(可调范围为2.5~3.5 m)。

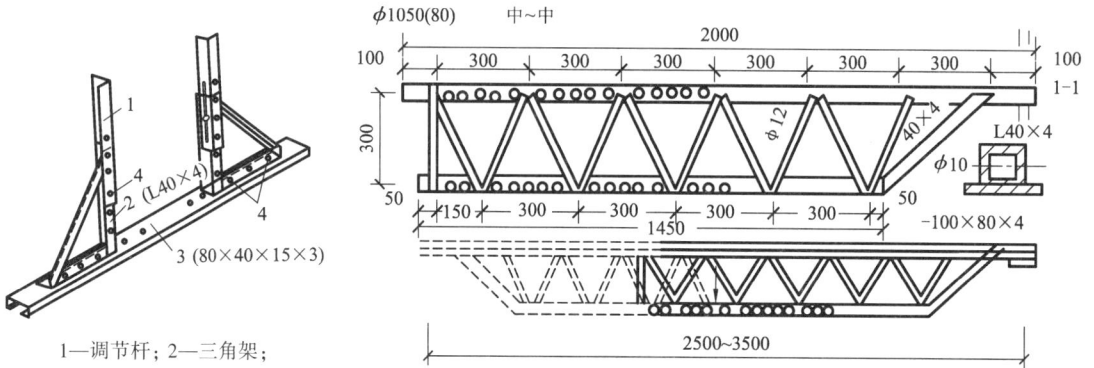

1—调节杆；2—三角架；

3—底座；4—螺栓。

图4-7 梁托架

图4-8 支托桁架

如图4-9所示，钢管顶撑由套管及插管组成，其高度可借插销粗调，借螺旋微调。钢管支架(图4-10)由钢管及扣件组成，支架横杆步距为1000~1800 mm。

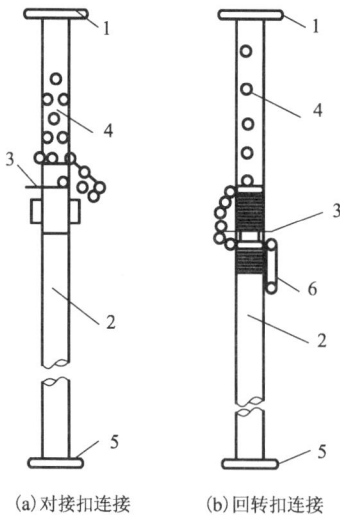

(a)对接扣连接 (b)回转扣连接

1—顶板；2—套管；3—转盘；4—插管；5—底板；6—转动手柄。

图4-9 钢管顶撑

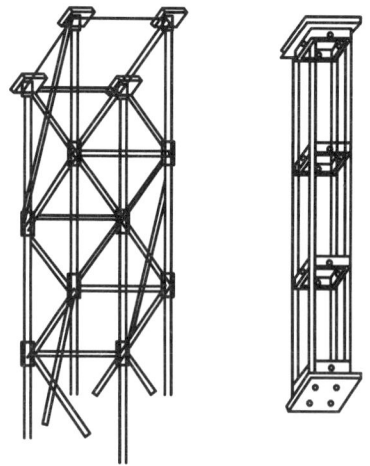

图4-10 钢管支架

3. 大模板

大模板(图 4-11)是一种现浇混凝土墙体的大型工具式模板,常用于剪力墙、筒体、桥墩的施工。一般配以相应的起重吊装机械,通过合理的施工组织安排,以机械化施工方式在现场浇筑混凝土竖向(主要是墙、壁)结构构件。大模板由面板、加劲肋、竖楞、支撑桁架、稳定机构和操作平台、穿墙螺栓等组成。

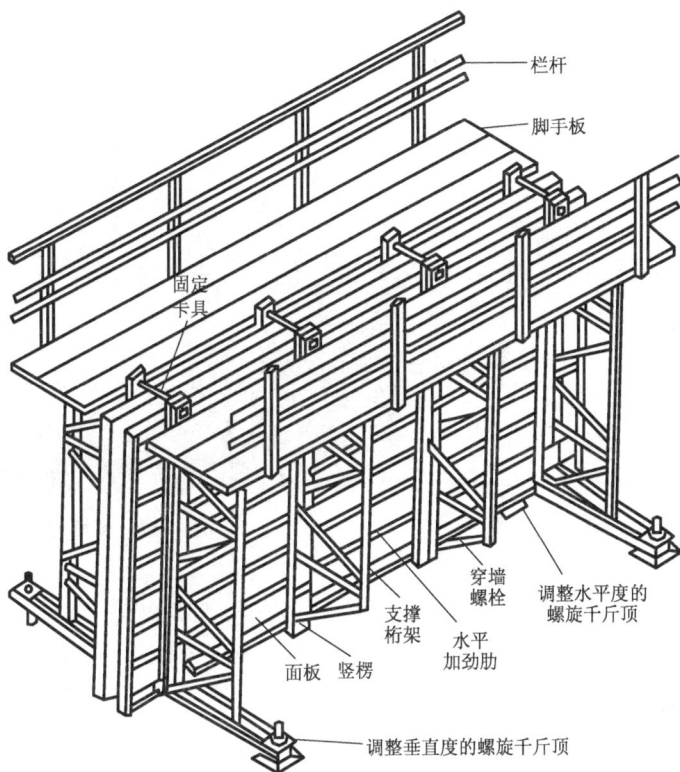

图 4-11　大模板的构造

(1)面板

面板是直接与混凝土接触的部分,要求平整、刚度好,通常采用钢面板和胶合板面板。钢面板由 4~6 mm 厚的钢板制成,胶合板面板厚 12~18 mm。

(2)加劲肋

加劲肋的作用是固定面板,阻止其变形并把混凝土传来的侧压力传递到竖楞上。加劲肋可做成水平肋或垂直肋。加劲肋一般采用 6 号或 8 号槽钢,肋的间距一般为 300~500 mm。

(3)竖楞

竖楞是与加劲肋相连接的竖直构件,其作用是加强大模板的整体刚度,承受模板传来的混凝侧压力并作为穿墙螺栓的支点。竖楞一般采用 6 号或 8 号槽钢制作,间距一般为 1.0~1.2 m。

(4)支撑桁架与稳定机构

支撑桁架用螺栓或焊接与竖楞连接在一起,其作用是承受风荷载等水平力,防止大模板倾覆。桁架上部可搭设操作平台。

稳定机构是在大模板两端桁架底部伸出的支腿上设置的可调整螺旋千斤顶。

（5）操作平台

操作平台是施工人员操作场所，有两种做法：

1）将脚手板直接铺在支撑桁架的水平弦杆上形成操作平台，外侧设栏杆。这种操作平台工作面较小，但投资少，装拆方便。

2）在两道横墙之间的大模板的边框上用角钢连成为搁栅，在其上满铺脚手板。优点是施工安全，但耗钢量大。

（6）穿墙螺栓

穿墙螺栓（图 4-12）的作用是控制模板间距，承受新浇混凝土的侧压力，并能加强模板刚度。为了避免穿墙螺栓与混凝土黏结，在穿墙螺栓外边套一根硬塑料管，其长度为墙体宽度。穿墙螺栓一般设置在大模板的上、中、下三个部位，上穿墙螺栓距模板顶部250 mm 左右，下穿墙螺栓距模板底部200 mm 左右。

4. 滑升模板

滑升模板（简称为滑模）是一种工具式模板，是在混凝土连续浇筑过程中，可使模板面紧贴混凝土面滑动的模

图 4-12　穿墙螺栓

板。采用滑模施工要比常规施工节约模板和脚手板等 70% 左右；可以节约劳动力 30% ~ 50%；采用滑模施工要比常规施工的工期短、速度快，可以缩短施工周期 30% ~ 50%；滑模施工的结构整体性好，抗震效果明显，适用于高层或超高层抗震建筑物和高耸构筑物施工。

（1）滑升模板装置的三个组成部分

1）模板系统。包括模板、围圈、提升架等。

2）操作平台系统。包括操作平台、辅助平台、内外吊脚手架。

3）提升机具系统。包括支承杆、千斤顶和提升操作装置等。

滑模构造如图 4-13 所示。

（2）滑模施工特点

在建筑物或构筑物底部，沿墙、柱、梁等构件的周边组装高 1.2 m 左右的模板，在模板内不断浇筑混凝土和不断向上绑扎钢筋的同时，利用一套提升设备，将模板装置不断向上提升，使混凝土连续成型，直到需要浇筑的高度。

滑升模板装置的全部荷载是通过提升架传递给千斤顶，再由千斤顶传递给支承杆承受。

5. 爬升模板

爬升模板是在混凝土墙体浇筑完毕后，利用提升装置将模板自行提升到上一个楼层，浇筑上一层墙体的垂直移动式模板。爬升模板采用整片式大平模，模板由面板及肋组成，而不需要支撑系统；提升设备采用电动螺杆提升机、液压千斤顶或导链。爬升模板综合了大模板与滑动模板的工艺和特点，具有大模板和滑动模板共同的优点。适用于高层建筑墙体、电梯井壁、管道间混凝土施工。

爬升模板

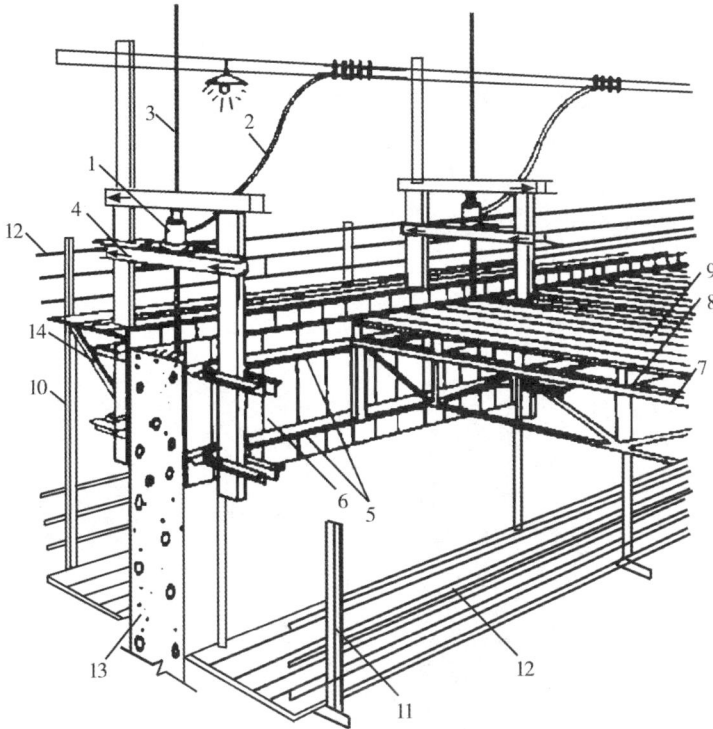

1—千斤顶；2—高压油管；3—支承杆；4—提升架；5—上下围圈；6—模板；7—桁架；8—搁栅；
9—铺板；10—外吊架；11—内吊架；12—栏杆；13—墙体；14—挑三角架。

图 4-13　滑模工作原理示意图

爬升模板由钢模板、提升架和提升装置三部分组成，如图 4-14 和图 4-15 所示。

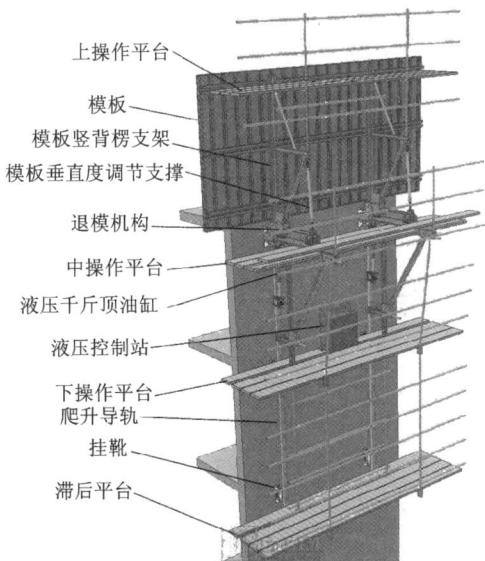

上操作平台
模板
模板竖背楞支架
模板垂直度调节支撑
退模机构
中操作平台
液压千斤顶油缸
液压控制站
下操作平台
爬升导轨
挂靴
滞后平台

图 4-14　爬升模板构造

图 4-15　爬模施工现场

6. 其他形式的模板

（1）台模

台模是浇筑混凝土楼板的一种大型工具式模板。在施工中可以整体脱模和转运，利用起重机从浇筑完的楼板下吊出，转移至上一楼层，中途不再落地，以免造成施工场地紧张，所以亦称飞模。台模由台面、支架（支柱）、支腿、调节装置、行走轮等组成，如图 4-16 和图 4-17 所示。台模尺寸应与房间单位相适应，一般是一个房间一个台模。施工时，先施工墙体，然后吊入台模，浇筑楼板混凝土。脱模时，只要将台模下降，将台模推出墙面放在临时挑架上，用起重机吊至下一个单元使用。

图 4-16　台模（飞模）转层

图 4-17　飞模在楼间整体移动

（2）隧道模

隧道模（图 4-18）是将墙面模板和楼板模板组合成可以同时浇筑墙体和楼板混凝土的大型工具式模板，能将各开间沿水平方向逐间整体浇筑，故施工的建筑物整体性好，抗震性能好，节约模板材料，施工方便。但缺点是模板用钢量大、笨重、一次性投资大。

（3）永久性模板

又称一次消耗模板，即在现浇混凝土结构浇筑后不再拆除，有的模板与现浇结构叠合成共同受力构件，如图 4-19 所示。永久性模板分为压型钢板和配筋的混凝土薄板两种，多用于现浇钢筋混凝土楼（屋）面板。永久性模板简化了现浇结构的支模工艺，改善了劳动条件，节约了拆模用工，加快了工程进度，提高了工程质量。

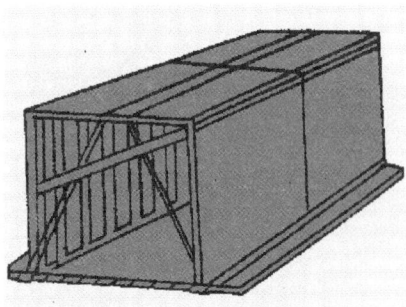

图 4-18　隧道模

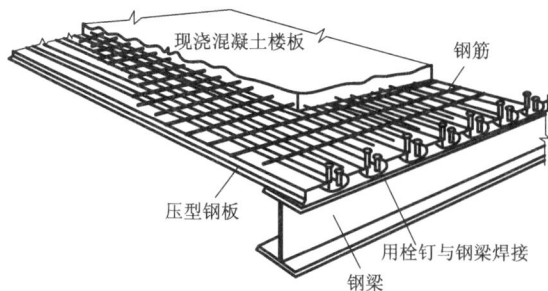

图 4-19　永久性模板（压型钢板）

4.1.3　模板设计

模板设计主要包括选型、选材、荷载计算、结构计算、绘制模板图，以及拟订制作、安装、拆除方案等。各项设计的内容的详尽程度一般可根据拟建结构的形式、复杂程度及具体的施工条件确定。

1. 荷载及荷载组合

（1）荷载

计算模板及其支架的荷载，分为荷载标准值和荷载设计值，后者以荷载标准值乘以相应的荷载分项系数确定。

1）荷载标准值。

①模板及支架自重（G_1）。应根据设计图纸或类似工程的实际支模情况予以计算荷载，肋形楼板及无梁楼板模板的自重标准值见表 4-2。

表 4-2　楼板模板自重标准值　　　　　　　单位：kN/m²

模板构件名称	木模板	定型组合钢模板	钢框胶合板模板
无梁楼板的模板及小楞的自重	0.30	0.50	0.40
有梁楼板模板的自重（包括梁模板）	0.50	0.75	0.60
楼板模板及其支架的自重（楼层高度为 4 m 以下）	0.75	1.10	0.95

②新浇混凝土自重（G_2）。对普通混凝土，可采用 24 kN/m³；对其他混凝土，根据实际重力密度确定。

③钢筋自重（G_3）。按设计图纸计算确定，一般可按每 m³ 混凝土含量计算：框架梁 1.5 kN/m³，楼板 1.1 kN/m³。

④采用插入式振动器且浇筑速度不大于 10 m/h，混凝土坍落度不大于 180 mm 时，新浇混凝土对模板侧面的压力（G_4）标准值，可按下列两式计算，并取两式中的较小值。

$$F = 0.28\gamma_c t_0 \beta V^{\frac{1}{2}} \tag{4-1}$$

$$F = \gamma_c H \tag{4-2}$$

式中：F 为新浇筑混凝土对模板的最大侧压力（kN/m²）。γ_c 为混凝土的重力密度（kN/m³）。t_0 为新浇混凝土的初凝时间[h，可按实测确定；当缺乏资料时，可采用 $t_0 = 200/(T+15)$ 计算（T 为混凝土的温度]。V 为混凝土的浇筑速度，取混凝土浇筑高度（厚度）与浇筑时间的比值（m/h）。H 为混凝土侧压力计算位置处至新浇混凝土顶面的总高度（m）。β 为混凝土坍落度影响修正系数，当坍落度大于 50 mm 且不大于 90 mm 时，取 0.85；当坍落度大于 90 mm 且不大于 130 mm 时，取 0.9；当坍落度大于 130 mm 且不大于 180 mm 时，取 1.0。

当浇筑速度大于 10 m/h，或混凝土坍落度大于 180 mm 时，侧压力（G_4）的标准值可按式（4-2）计算。

⑤施工人员及设备荷载（Q_1）的标准值。可按实际情况计算，且不应小于 2.5 kN/m²。

⑥混凝土下料产生的水平荷载（Q_2）的标准值可按表 4-3 采用。其作用范围可取为新浇混凝土侧压力的有效压头高度 h 之内。

表 4-3　混凝土下料产生的水平荷载标准值　　　　　　　　　　　单位: kN/m²

下料方式	水平荷载
溜槽、串筒、导管或泵管下料	2
吊车配备斗容器下料或小车直接倾倒	4

⑦泵送混凝土或不均匀堆载等因素产生的附加水平荷载(Q_3)的标准值,可取计算工况下竖向永久荷载标准值的 2%,并应作用在模板支架上端水平方向。

⑧风荷载(Q_4)的标准值。对风压较大地区及受风荷载作用易倾倒的模板,尚需考虑风荷载作用下的抗倾倒稳定性,其标准值按下式计算。

$$W_k = 0.8\beta_z\mu_s\mu_z\omega_0 \tag{4-3}$$

式中: β_z 为高度 z 处的风振系数; μ_s 为风荷载系数; μ_z 为风压高度变化系数; ω_0 为基本风压,可按 10 年一遇的风压取值,但基本风压不应小于 0.20 kN/m²。β_z、μ_s、μ_z 和 ω_0 的取值均按《建筑结构荷载规范》(GB 50009—2012)的规定采用。

2)荷载设计值。

计算模板及其支架的荷载设计值时,应采用上述各项荷载标准值乘以相应的分项系数求得,荷载分项系数见表 4-4。

表 4-4　荷载分项系数 γ_f

项次	荷载名称	荷载类别	γ_f
1	模板及支架自重	恒载	1.2
2	新浇混凝土自重	恒载	
3	钢筋自重	恒载	
4	施工人员及施工设备荷载	活载	1.4
5	振捣混凝土时产生的荷载	活载	
6	新浇混凝土对模板侧面的压力	恒载	1.2
7	倾倒混凝土时产生的水平荷载	活载	1.4
8	风荷载	活载	1.4

(2)荷载组合

计算模板及支架承载力时,应按表 4-5 进行荷载效应组合。

表 4-5　计算模板及支架的荷载效应组合

计算内容		参与组合的荷载项
模板	底面模板的承载力	$G_1+G_2+G_3+Q_1$
	侧面模板的承载力	G_4+Q_2
支架	支架水平杆及节点的承载力	$G_1+G_2+G_3+Q_1$
	立杆的承载力	$G_1+G_2+G_3+Q_1+Q_4$
	支架结构的整体稳定	$G_1+G_2+G_3+Q_1+Q_3$ $G_1+G_2+G_3+Q_1+Q_4$

2. 模板结构的挠度要求

模板结构除必须保证足够的承载能力外,还应保证有足够的刚度。因此,应验算模板及其支架的挠度,其最大变形值不得超过下列允许值。

1)结构表面外露(不做装修)的模板,为模板构件计算跨度的 1/400。

2)结构表面隐蔽(做装修)的模板,为模板构件计算跨度的 1/250。

3)支架的压缩变形值或侧向挠度,为相应的结构计算高度或计算跨度的 1/1000。

支架的高宽比不宜大于 3%,当高宽比大于 3%时,应加强整体稳固性措施。

当验算模板及支架的抗倾覆稳定性时应符合有关的专门规定。

4.1.4 模板的拆除

模板的拆除时间,受新浇筑混凝土达到拆模强度要求的养护时间限制。在强度满足后应尽快拆模,加速模板的周转使用,为后续工作创造条件。一般现浇混凝土结构模板的拆除日期取决于结构的性质、模板的用途和混凝土硬化速度,工程结构设计中对拆模时混凝土的强度也有具体规定。如果未做具体规定,应遵守下列规定。

1. 侧模板拆除

在混凝土强度能保证其表面及棱角不因拆模而受损坏时,方可拆除;对后张法预应力混凝土结构构件,侧模宜在预应力张拉前拆除。

2. 底模板及支架拆除

底模板及支架应在与结构同条件养护的试块强度达到设计要求时方能拆模;若设计无具体要求时,混凝土强度应符合表 4-6 的规定。

表 4-6 底模拆除时的混凝土强度要求

构件类型	构件跨度/m	达到设计的混凝土立方体抗压强度标准值的百分率/%
板	≤2	≥50
	>2,≤8	≥75
	>8	≥100
梁、拱、壳	≤8	≥75
	>8	≥100
悬臂构件	—	≥100

(1)拆模时混凝土强度的确定

1)先查混凝土强度增长曲线(图 4-20)——估计强度(根据水泥品种、强度等级,养护期平均温度、时间)。

2)再压同条件养护的试块(图 4-21)——核实强度。

(2)拆模顺序

模板及其支架拆除的顺序和安全措施应按施工技术方案执行,一般是符合构件受力特点。与安装模板顺序相反,即:先支后拆,后支先拆;先拆侧模,后拆底模;先拆非承重模板,后拆承重模板。

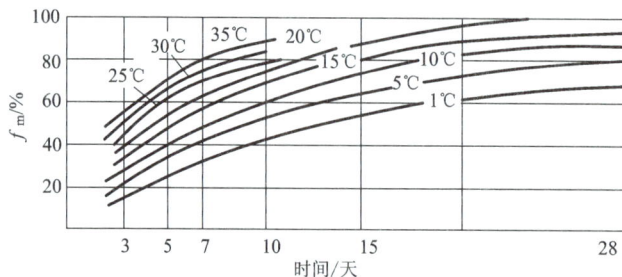

图 4-20　温度、龄期对混凝土强度影响曲线(42.5 级水泥)

图 4-21　同条件养护试块

肋形楼板的拆模顺序：首先拆除柱模板，然后拆除楼板底模板、梁侧模板，最后拆除梁底模板。拆除跨度较大的梁底模板时，应从跨中开始分别拆向两端。

(3)楼层板支柱的拆除

应按下列要求进行：上层楼板正在浇筑混凝土时，下层楼板的模板支柱不得拆除，再下一层楼板模板的支柱仅可拆除一部分；跨度大于等于 4 m 的梁下均应保留支柱，其间距不大于 3 m。

4.1.5　模板工程施工质量检查与验收

在浇筑混凝土之前，应对模板工程进行验收。模板及其支架应具有足够的承载能力、刚度和稳定性，能可靠地承受浇筑混凝土的重量、侧压力以及施工荷载。模板安装和浇筑混凝土时，应对模板及其支架进行观察和维护。发生异常情况时，应按施工技术方案及时进行处理。

模板工程的施工质量检验应分主控项目、一般项目按规定的检验方法进行检验。检验批合格质量应符合下列规定：主控项目的质量经抽样检验合格；一般项目的质量经抽样检验合格；当采用计数检验时，除有专门要求外，一般项目的合格点率应达到 80% 及以上，且不得有严重缺陷；具有完整的施工操作依据和质量验收记录。

1. 主控项目

1)安装现浇结构的上层模板及其支架时，下层楼板应具有承受上层荷载的承载能力，或加设支架；上、下层支架的立柱应对准，并铺设垫板。

检查数量：全数检查。

检验方法：对照模板设计文件和施工技术方案观察。

2)在涂刷模板隔离剂时，不得弄污钢筋和混凝土接槎处。

检查数量：全数检查。

检验方法：观察。

3)底模及其支架拆除时的混凝土强度应符合规范要求。

检查数量：全数检查。

检验方法：检查同条件养护试件强度试验报告。

4)后浇带模板的拆除和支顶应按施工技术方案执行。

检查数量：全数检查。

检验方法：观察。

2. 一般项目

1）模板安装应满足下列要求：

①模板的接缝不应漏浆；在浇筑混凝土前，木模板应浇水湿润，但模板内不应有积水。

②模板与混凝土的接触面应清理干净并涂刷隔离剂，但不得采用影响结构性能或妨碍装饰工程施工的隔离剂。

③浇筑混凝土前，模板内的杂物应清理干净。

④对清水混凝土工程及装饰混凝土工程，应使用能达到设计效果的模板。

检查数量：全数检查。

检验方法：观察。

2）用作模板的地坪、胎模等应平整光洁，不得产生影响构件质量的下沉、裂缝、起砂或起鼓。

检查数量：全数检查。

检验方法：观察。

3）对跨度大于 4 m 的现浇钢筋混凝土梁、板，其模板应按设计要求起拱；当设计无具体要求时，起拱高度宜为跨度的 1/1000~3/1000。

检查数量：在同一检验批内，梁，应抽查构件数量的 10%，且不少于 3 件；板，应按有代表性的自然间抽查 10%，且不少于 3 间；大空间结构，板可按纵、横轴线划分检查面，抽查10%，且不少于 3 面。

检验方法：水准仪或拉线、钢尺检查。

4）固定在模板上的预埋件、预留孔和预留洞均不得遗漏，且应安装牢固，其偏差应符合表 4-7 的规定。现浇结构模板安装的偏差及检查方法应符合表 4-8 的规定。

表 4-7　预埋件和预留孔洞的允许偏差

项目		允许偏差/mm
预埋钢板中心线位置		3
预埋管、预留孔中心线位置		3
插筋	中心线位置	5
	外露长度	+10, 0
预埋螺栓	中心线位置	2
	外露长度	+10, 0
预留孔	中心线位置	10
	尺寸	+10, 0

注：检查中心线位置时，应沿纵、横两个方向量测，并取其中的较大值。

检查数量：在同一检验批内，对梁、柱和独立基础，应抽查构件数量的 10%，且不少于 3件；对墙和板，应按有代表性的自然间抽查 10%，且不少于 3 间；对大空间结构，墙可按相邻轴线间高度 5 m 左右划分检查面，板可按纵横轴线划分检查面，抽查 10%，且均不少于 3 面。

检验方法：钢尺检查。

表 4-8　现浇结构模板安装的允许偏差及检验方法

项目		允许偏差/mm	检验方法
轴线位置		5	钢尺检查
底模上表面标高		±5	水准仪或拉线、钢尺检查
截面内部尺寸	基础	±10	钢尺检查
	柱、墙、梁	+4，−5	钢尺检查
层高垂直度	≤5 m	6	经纬仪或吊线、钢尺检查
	>5 m	8	
相邻两板表面高低差		2	钢尺检查
表面平整度		5	2 m 靠尺和塞尺检查

注：检查轴线位置时，应沿纵、横两个方向量测，并取其中的较大值。

5）预制构件模板安装的偏差应符合表 4-9 的规定。

检查数量：首次使用及大修后的模板应全数检查；使用中的模板应定期检查，并根据使用情况不定期抽查。

表 4-9　预制构件模板安装的允许偏差及检验方法

项目		允许偏差/mm	检验方法
长度	板、梁	±5	钢尺量两角边，取其中较大值
	薄腹梁、桁架	±10	
	柱	0，−10	
	墙板	0，−5	
宽度	板、墙板	0，−5	钢尺量一端及中部，取其中较大值
	梁、薄腹梁、桁架、柱	+2，−5	
高(厚)度	板	+2，−3	钢尺量一端及中部，取其中较大值
	墙板	0，−5	
	梁、薄腹梁、桁架、柱	+2，−5	
侧向弯曲	梁、板、柱	$l/1000$ 且 ≤15	拉线、钢尺量最大弯曲处
	墙板、薄腹梁、桁架	$l/1500$ 且 ≤15	
板的表面平整度		3	2 m 靠尺和塞尺检查
相邻两板表面高低差		1	钢尺检查
对角线差	板	7	钢尺量两个对角线
	墙板	5	
翘曲	板、墙板	$l/1500$	调平尺在两端量测
设计起拱	梁、薄腹梁、桁架、柱	±3	拉线、钢尺量跨中

注：l 为构件长度(mm)。

6)侧模拆除时的混凝土强度应能保证其表面及棱角不受损伤。模板拆除时，不应对楼层形成冲击荷载。拆除的模板和支架宜分散堆放并及时清运。

检查数量：全数检查。

检验方法：观察。

4.2　钢筋工程

4.2.1　钢筋的连接与加工

钢筋工程

1. 钢筋的分类及验收堆放

（1）钢筋的分类

钢筋混凝土结构中常用的钢材有钢筋和钢丝两类。钢筋分为热轧钢筋和余热处理钢筋，热轧钢筋分为热轧光圆钢筋和热轧带肋钢筋，热轧光圆钢筋的牌号为HPB300，热轧带肋钢筋分为HRB400和HRB500两个牌号，余热处理钢筋的牌号为RRB400。钢筋按直径大小分为钢丝（直径3~5 mm）、细钢筋（直径6~10 mm）、中粗钢筋（直径12~20 mm）和粗钢筋（直径大于20 mm）。钢丝有冷拔钢丝、碳素钢丝及刻痕钢丝。直径大于12 mm的粗钢筋一般轧成长度为6~12 m的一根，钢丝及直径为6~12 mm的细钢筋一般卷成圆盘。

（2）钢筋的进场验收

钢筋运到工地时，应有出厂质量合格证明书、试验报告单，并按品种、批号及直径分批验收，每批质量为热轧钢筋不超过60 t、钢绞线20 t。验收内容包括钢筋牌号和外观检查，并按有关规定取样进行机械性能试验，钢筋的性能包括化学成分及力学性能（屈服点、抗拉强度、伸长率及冷弯指标）。

（3）钢筋的堆放

钢筋运进施工现场后，必须严格按批分等级、牌号、直径、长度挂牌分别堆放，并注明数量，不得混淆。钢筋应尽量堆入仓库或料棚内。当条件不具备时，应选择地势较高、土质坚实、较为平坦的露天场地堆放。在仓库或场地周围挖排水沟以泄水。堆放时钢筋下面要加垫木，离地不宜少于200 mm，以防钢筋锈蚀和污染。钢筋成品要按工程名称和构件名称，按号码顺序存放。

2. 钢筋的连接

钢筋的连接方式可分为三类：绑扎连接、焊接和机械连接。纵向受力钢筋的连接应符合设计要求和国家现行标准的规定。

（1）钢筋绑扎连接

钢筋绑扎安装前，应先熟悉施工图纸，核对钢筋配料单和料牌，研究钢筋安装和与有关工种配合的顺序，准备绑扎用的铁丝、绑扎工具（图4-22）、绑扎架等。钢筋绑扎一般用18~22号铁丝，其中22号铁丝只用于绑扎直径12 mm以下的钢筋。钢筋绑扎现场如图4-23所示。

钢筋绑扎连接

钢筋的交叉点应用铁丝扎牢。柱、梁的箍筋，除设计有特殊要求外，应与受力钢筋垂直。箍筋弯钩叠合处，应沿受力钢筋方向错开设置。板、次梁与主梁交叉处，板的钢筋在上，次梁的钢筋居中，主梁的钢筋在下。当有圈梁或垫梁时，主梁的钢筋应放在圈梁上，主筋两端的搁置长度应保持均匀一致。受拉钢筋和受压钢筋的搭接长度及接头位置要符合《混凝土结构工程施工质量验收规范》(GB 50204—2015)的规定。

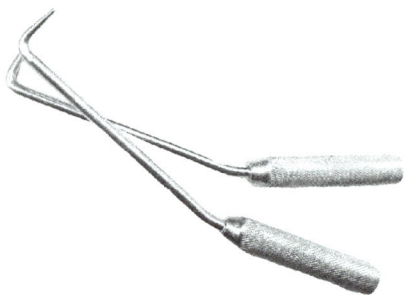

图 4-22　钢筋绑扎钩

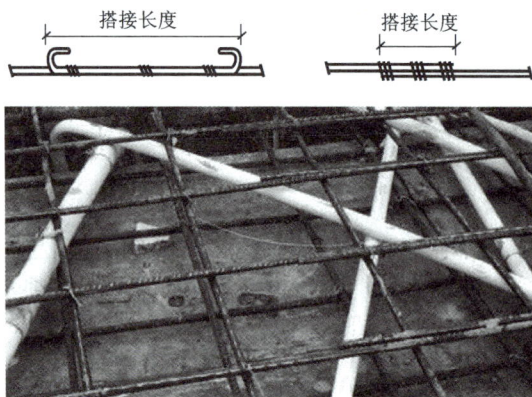

图 4-23　钢筋绑扎现场

（2）钢筋焊接

钢筋常用的焊接方法有闪光对焊、电弧焊、电渣压力焊、电阻点焊和气压焊等。

1）闪光对焊。

闪光对焊被广泛应用于钢筋纵向连接及预应力钢筋与螺丝端杆的焊接，其工作原理如图 4-24 所示，施工现场如图 4-25 所示。热轧钢筋的焊接宜优先采用闪光对焊。根据钢筋级别、直径和所用焊机的功率不同，闪光对焊工艺可分为连续闪光焊、预热闪光焊、闪光—预热—闪光焊三种。

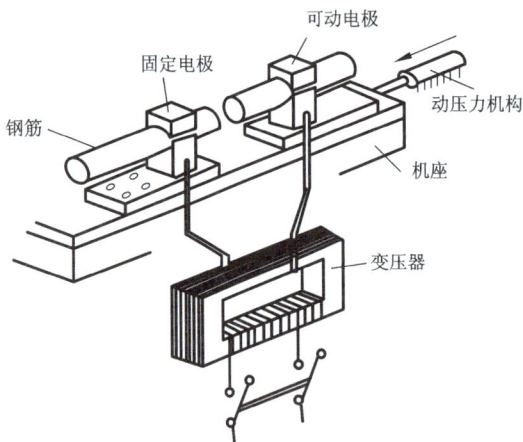

图 4-24　钢筋闪光对焊原理

图 4-25　钢筋闪光对焊现场

连续闪光焊的工艺过程包括连续闪光和顶锻过程。连续闪光焊宜用于焊接直径 25 mm 以内的 HPB300、HRB335 和 HRB400 钢筋。

预热闪光焊的工艺过程包括预热、连续闪光及顶锻过程。预热闪光焊适宜焊接直径大于

25 mm且端部较平坦的钢筋。

闪光—预热—闪光焊的焊接工艺过程包括闪光、预热、连续闪光及顶锻过程。它适宜焊接直径大于25 mm,且端部不平整的钢筋。

闪光对焊一般要求接头处不得有横向裂纹,钢筋焊接时不得有明显烧伤。RRB400钢筋焊接时不得有烧伤,接头处的弯折角不得大于4°,接头处的轴线偏移,不得大于钢筋直径的0.1倍,且不得大于2 mm。

2)电弧焊。

电弧焊是利用弧焊机使焊条与焊件之间产生高温电弧,使焊条和电弧燃烧范围内的焊件熔化,待其凝固便形成焊缝或接头。电弧焊广泛用于钢筋接头与钢筋骨架焊接、装配式结构接头焊接、钢筋与钢板焊接及各种钢结构焊接。

弧焊机有直流和交流之分,常用的是交流弧焊机。

钢筋电弧焊的接头形式有三种:搭接接头、帮条接头及坡口接头(图4-26)。搭接接头的长度、帮条的长度、焊缝的宽度和高度均应符合规范的规定。

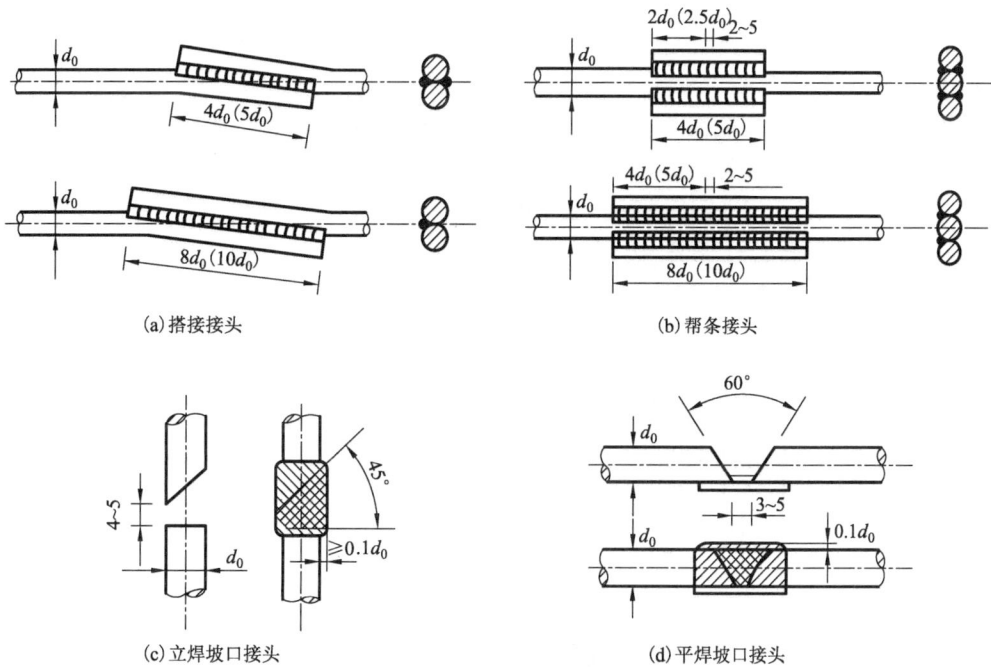

图4-26 钢筋电弧焊的接头形式

①帮条接头。

宜采用双面焊,如图4-26(b)所示。不能进行双面焊时,也可采用单面焊。帮条宜采用与主筋同级别、同直径的钢筋制作,帮条长度见表4-10。如帮条级别与主筋相同时,帮条的直径可比主筋小一个规格,如帮条直径与主筋相同时,帮条钢筋的级别可比主筋低一个级别。

表 4-10　钢筋帮条长度

项次	钢筋级别	焊缝形式	帮条长度
1	HPB300	单面焊	>8d
		双面焊	>4d
2	HRB335	单面焊	>10d
		双面焊	>5d

②搭接接头。

焊接时,宜采用双面焊,如图 4-26(a)所示。不能进行双面焊时,也可采用单面焊,搭接长度应与帮条长度相同,见表 4-10。

③坡口接头。

有平焊和立焊两种。钢筋坡口平焊时,V 形坡口角度为 60°,如图 4-26(d)所示;钢筋坡口立焊时,坡口角度为 45°,如图 4-26(c)所示。

电弧焊一般要求焊缝表面平整,不得有凹陷或焊瘤,焊接接头区域不得有裂纹,咬边深度、气孔、夹渣等缺陷允许值及接头尺寸的允许偏差应符合相关的规定。

3)电渣压力焊。

电渣压力焊是利用电流通过渣池产生的电阻热将钢筋端部熔化,然后施加压力使钢筋焊合。电渣压力焊设备包括电源、控制箱、焊接夹具、焊剂盒等,如图 4-27 所示。

电渣压力焊适用于现浇钢筋混凝土结构中竖向或斜向钢筋的连接,不适用于水平钢筋或倾斜钢筋(倾斜度大于 4∶1)的连接。

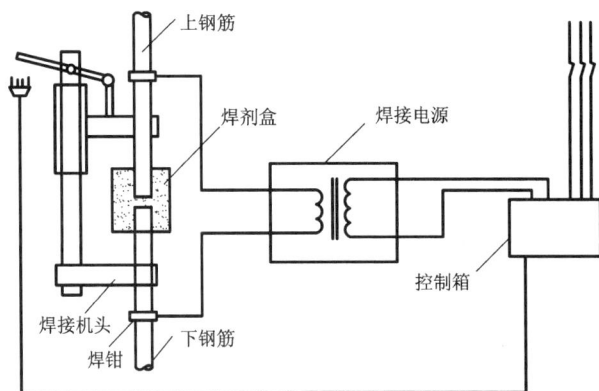

图 4-27　电渣压力焊设备构造示意图

钢筋电渣压力焊把两种要焊接的竖向粗钢筋固定在专用的机械臂上,钢筋的接头处装有一个焊剂盒,在低电压强电流和一定的压力作用下,使两根竖直的钢筋在接触面电渣包住焊接处,与外界空气隔绝的情况下,经过接触引弧、电弧、电渣和顶压 4 个过程,形成焊接口,切断电源后,接头逐渐冷却,打开焊剂盒,清除电渣,完成焊接。

电渣压力焊的接头一般要求四周焊包凸出钢筋表面的高度应大于或等于 4 mm;钢筋与

电极接触处应无烧伤缺陷；钢筋接头处的弯折角不得大于 4°；接头处的轴线偏移不得大于钢筋直径的 0.1 倍，且不得大于 2 mm。

4) 电阻点焊。

电阻点焊主要用于小直径钢筋的交叉连接，可成型为钢筋网片或骨架，以代替人工绑扎。同人工绑扎相比，电焊具有功效高、劳动力节约、成品整体性好、材料节约、成本低等特点。

点焊工作原理见图 4-28。将钢筋的交叉部分置于点焊机的两个电极间，然后通电，钢筋温度升至一定高度后熔化，再加压使交叉处钢筋焊接在一起。

5) 气压焊。

钢筋气压焊是利用乙炔、氧气混合气体燃烧的高温火焰，加热焊接钢筋的接合部，不待钢筋熔融使其高温下加压接合。钢筋气压焊属于热压焊，压接后的接头可以达到与母材相同甚至更高的强度，而且气压焊设备轻巧、使用灵活、效率高、成本低，适用于 HPB300、HRB335 和 HRB400 热轧钢筋，直径相差不大于 7 mm 的不同直径钢筋及全方位(竖向、水平、斜向)布置的钢筋焊接。

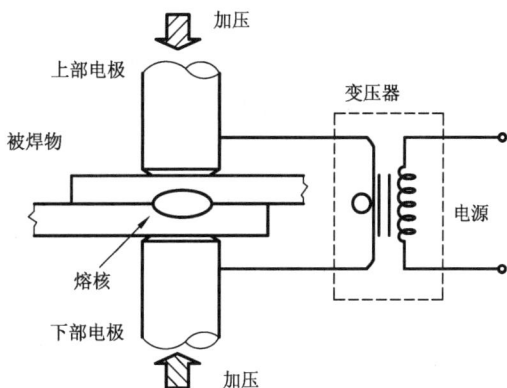

图 4-28　点焊工作原理图

气压焊的设备包括供气装置、加热器、加压器和压接器等，如图 4-29 所示。

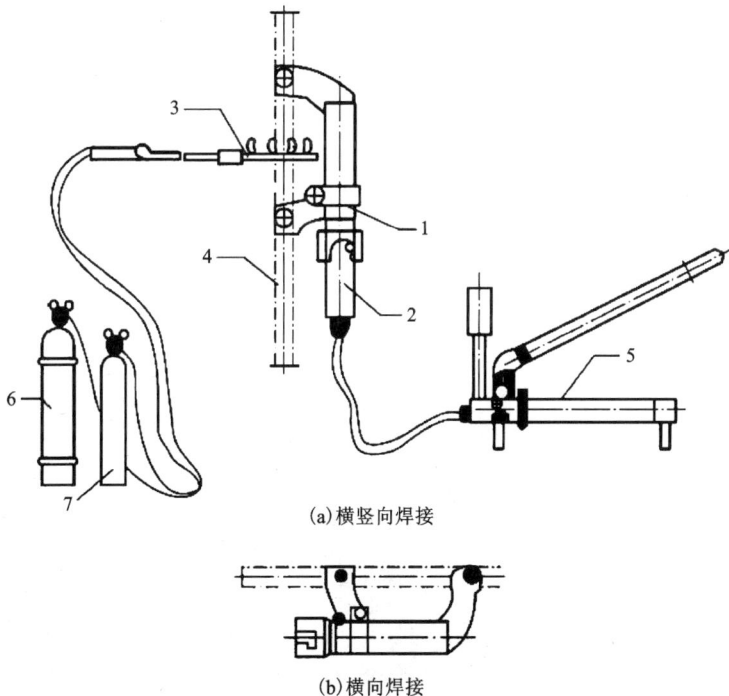

(a)横竖向焊接

(b)横向焊接

1—压接器；2—顶头油缸；3—加热器；4—钢筋；5—加压器；6—氧气；7—乙炔。

图 4-29　气压焊装置系统图

气压焊操作工艺：施焊前，钢筋端头用切割机切齐，压接面应与钢筋轴线垂直，如稍有偏斜，两钢筋间距不得大于 3 mm；钢筋切平后，端头周边用砂轮磨成小八字角，并将端头附近 50~100 mm 范围内钢筋表面的铁锈、油渍和水泥渣清除干净。施焊时，先将钢筋固定于压接器上，并加以适当的压力使钢筋接触，然后将火钳火口对准钢筋接缝处，加热钢筋端部至 1100~1300℃，表面发深红色时，当即加压油泵，对钢筋施以 40 MPa 以上的压力。压接部分的膨鼓直径为钢筋直径的 1.4 倍以上，其形状呈平滑的圆球形。待钢筋加热部分火色退消后，即可拆除压接器。

（3）钢筋机械连接

钢筋机械连接常用套筒挤压连接、锥螺纹套筒连接和直螺纹套筒连接三种形式。

钢筋机械连接

1）套筒挤压连接。

套筒挤压连接（图 4-30~图 4-33）是把两根待接钢筋的端头先插入一个优质钢套管内，然后利用液压驱动的挤压机在侧向加压数道，使钢套筒产生塑性变形，套筒塑性变形后即与带肋钢筋紧密咬合达到连接的目的。它适用于带肋钢筋的连接，可连接直径为 16~40 mm 的钢筋。

挤压连接的优点是接头强度高、质量稳定可靠、安全、无明火、不受气候影响、适应性强，可用于垂直、水平、倾斜、高空、水下等钢筋连接，还特别适用于不可焊钢筋、进口钢筋的连接，近年来推广应用迅速。挤压连接的主要缺点是设备移动不便，连接速度较慢。

钢筋挤压连接的工艺参数，主要是压接顺序、压接力和压接道数。压接顺序从中间逐道向两端压接。压接力要能保证套筒与钢筋紧密咬合，压接力和压接道数取决于钢筋直径、套筒型号和挤压机型号。

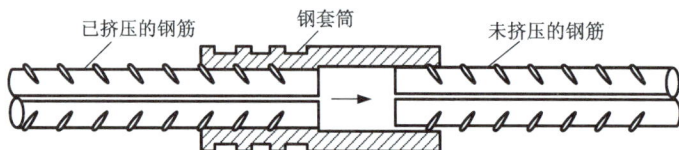

图 4-30　钢筋挤压连接原理

图 4-31　钢筋冷挤压设备　　图 4-32　挤压接头施工现场　　图 4-33　挤压连接的钢筋

2）锥螺纹套筒连接。

锥螺纹套筒连接（图4-34）是将所连接钢筋的对接端头，在钢筋套丝机（图4-35）上加工成与套筒匹配的锥螺纹，然后将带锥形内丝的套筒用扭力扳手（图4-36）按一定力矩值把两根钢筋连接起来，利用螺纹的机械咬合力传递拉力或压力。

所用的设备主要是套丝机，通常安放在现场对钢筋端头进行套丝。可连接直径为16~40 mm的同径或异径的竖向、水平或任何倾角的钢筋，不受钢筋有无花纹及含碳量的限制。当连接异径钢筋时，所连接钢筋直径之差不应超过9 mm。锥螺纹套筒连接速度快、对中性好、工艺简单、安全可靠、无明火作业、不污染环境、节约钢材和能源、可全天候施工。

图4-34 锥螺纹套筒连接

图4-35 钢筋锥螺纹套丝机

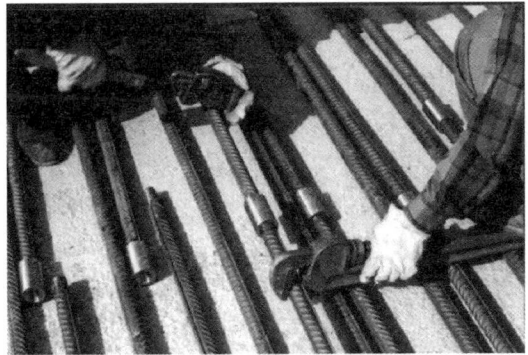

图4-36 钢筋锥螺纹连接现场

3）直螺纹套筒连接。

直螺纹套筒连接（图4-37、图4-38）是近年来开发的一种新的螺纹连接方式。它是将两根待接钢筋端头用滚轧加工工艺滚压出直螺纹，然后用带直内丝的钢套筒将钢筋两端拧紧的连接方法。这种方法适用于直径为16~40 mm的各种钢筋的连接。

图4-37 钢筋直螺纹套筒连接

图4-38 梁内钢筋直螺纹套筒连接

直螺纹接头具有质量好、强度高、接头连接操作方便、连接速度快、应用范围广、经济、便于管理等优点,可用于水平、竖向等各种不同位置钢筋的连接。

4.2.2　钢筋配料

钢筋配料是根据构件配筋图,先绘出各种形状和规格的单根钢筋简图并加以编号,然后分别计算钢筋下料长度和根数,填写配料单,申请加工。钢筋配料是确定钢筋材料计划、进行钢筋加工的依据。

1. 钢筋下料

结构施工图中所指钢筋长度是钢筋外缘之间的长度,即外包尺寸,这是施工中量度钢筋长度的基本依据。

钢筋因弯曲或弯钩会使其长度变化,在配料中不能直接根据图纸中尺寸下料。必须了解对混凝土保护层、钢筋弯曲、弯钩等规定,再根据图中尺寸计算其下料长度。

(1)混凝土保护层厚度

混凝土保护层是指钢筋外缘至混凝土构件表面的距离,其作用是保护钢筋在混凝土结构中不受锈蚀。

(2)量度差值(又称弯曲调整值)

钢筋弯曲后在弯曲处内皮缩短、外皮伸长、中心线长度不变,但钢筋长度的度量方法系指外包尺寸,因此,钢筋弯曲以后,存在一个量度差值,在计算下料长度时必须加以扣除,否则势必形成下料太长,造成浪费,或弯曲成型后钢筋尺寸大于要求,造成保护层不够,甚至钢筋尺寸大于模板尺寸而造成返工。

钢筋弯曲常见形式及调整值计算简图如图 4-39 所示。

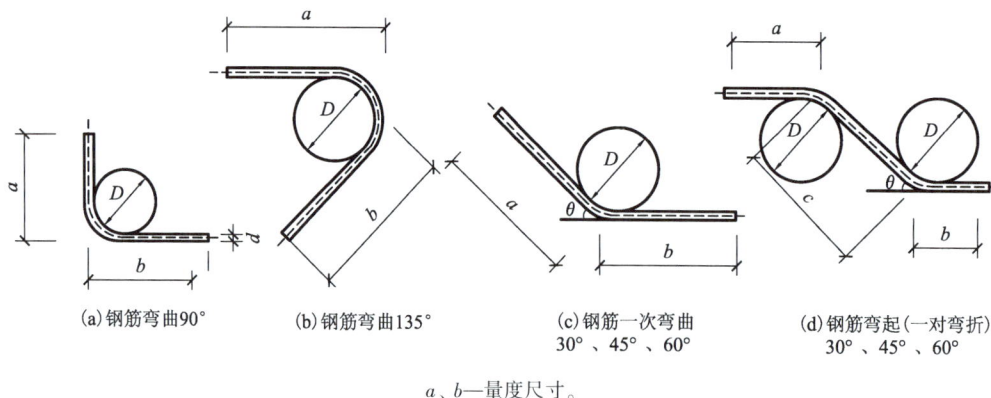

(a)钢筋弯曲90°　　(b)钢筋弯曲135°　　(c)钢筋一次弯曲　　(d)钢筋弯起(一对弯折)
　　　　　　　　　　　　　　　　　　　　30°、45°、60°　　　30°、45°、60°

a、b—量度尺寸。

图 4-39　钢筋弯曲常见形式及调整值计算简图

1)钢筋弯折各种角度时的弯曲调整值。以弯折90°为例,计算简图见图 4-40,其弯曲调整值 δ 为:

$$\delta = A'C' + C'B' - \overset{\frown}{ACB}$$

$$= 2\left(\frac{D}{2}+d\right) - \frac{1}{4}\pi(D+d)$$

$$= 0.215D + 1.215d$$

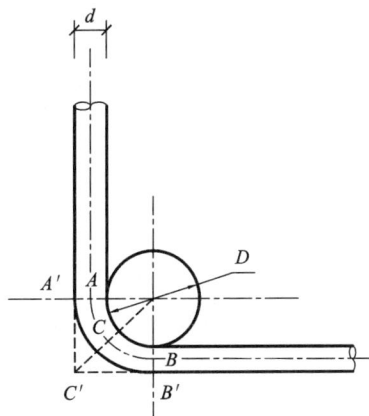

图 4-40　钢筋 90°弯折计算简图

钢筋弯折处弯曲直径不宜小于钢筋直径 d 的 5 倍。将 $D=5d$ 代入上式得 $\delta=2.29d$。钢筋弯折不同角度时弯曲调整计算式及取值见表 4-11。

表 4-11　钢筋一处弯折各种角度时的弯曲调整值

弯折角度	钢筋级别	弯曲调整值 δ		弯弧直径
		计算式	取值	
30°	HPB300 HRB335 HRB400	$\delta=0.006D+0.274d$	$0.30d$	$D=5d$
45°		$\delta=0.022D+0.436d$	$0.55d$	
60°		$\delta=0.054D+0.631d$	$0.90d$	
90°		$\delta=0.215D+1.215d$	$2.29d$	
135°	HPB300 HRB335 HRB400	$\delta=0.822d-0.178D$	$0.38d$	$D=2.5d$
			$0.11d$	$D=4d$

2）弯起钢筋弯曲 30°、45°和 60°的弯曲调整值。见表 4-12。

表 4-12　弯起钢筋一对弯折时调整值

弯折角度	钢筋级别	弯曲调整值 δ		弯弧直径
		计算式	取值	
30°	HPB300 HRB335 HRB400	$\delta=0.012D+0.280d$	$0.34d$	$D=5d$
45°		$\delta=0.043D+0.457d$	$0.67d$	
60°		$\delta=0.108D+0.685d$	$1.23d$	

注意：这里说的弯起钢筋是指一个弯曲往内而另一个弯曲往外时的情况（图 4-41），如吊筋等，因为前一个弯曲与后一个弯曲是反方向的，实践证明不能看成为两个弯曲值的总和，应合起来考虑。以 45°为例，一个弯曲扣减 $0.55d$，而一对相互反向的弯曲只应扣减 $0.67d$。

推导过程如下：

如图 4-41 所示，$\theta = 30°$、$45°$、$60°$的弯起钢筋，一对弯折时的弯曲调整值 δ：

$\delta = 2$ 倍外折线 $A_1B_1 + 2$ 倍外斜线 $B_1C_1 - 2$ 倍中弧线$-$中斜线与边斜线之差 e

$= 2(D+2d)\tan(\theta/2) - d(\csc\theta \cdot \cot\theta) - (D+d)\pi\theta/180$

将 $\theta = 30°$、$45°$、$60°$和 $D = 5d$ 代入后得到表 4-12。

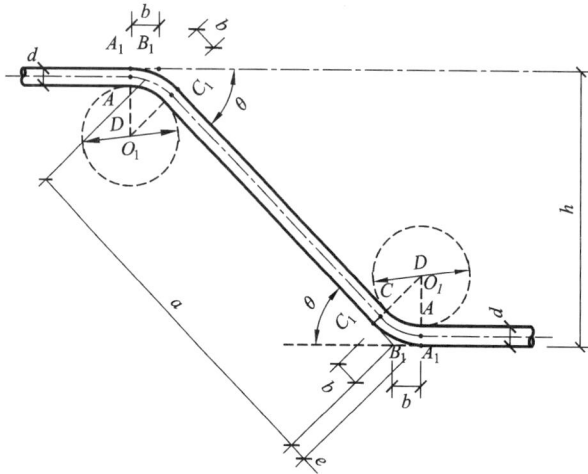

图 4-41　计算弯起钢筋一对弯折时弯曲调整值的推导图

3) 钢筋 180°弯钩长度增加值。

根据规范规定，HPB300 级钢筋两端要做 180°弯钩，其弯曲直径 $D = 2.5d$，平直部分长度为 $3d$，如图 4-42 所示。度量方法以外包尺寸度量，其每个弯钩长度增加为 $6.25d$。

箍筋做 180°弯钩时，其平直部分为 $5d$，其每个弯钩长度增加为 $8.25d$。

(3) 箍筋的下料长度(图 4-43)

按混凝土结构工程施工质量验收规范，箍筋弯曲时弯心直径按 $D = 2.5d$，箍筋加工按内皮尺寸检查和验收(设内皮尺寸分别为 a，b)。按设计规范，有抗震要求的箍筋，末端要弯 135°钩和带 $10d$ 的直段，无抗震要求的箍筋，末端要弯 90°钩和带 $5d$ 的直段。

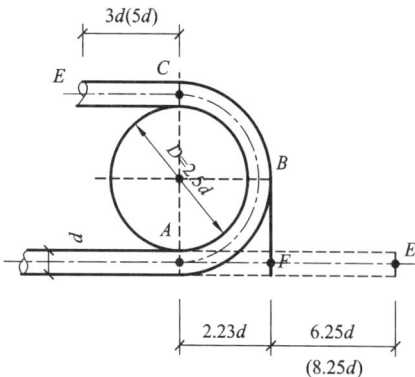

图 4-42　180°弯钩长度增加值计算简图

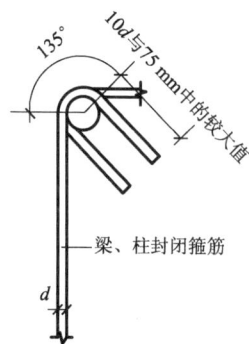

图 4-43　箍筋(拉筋)计算简图

则

抗震区箍筋下料长度计算式=箍筋的外周长 S+两末端的加长 $2L_p$（每段为 $10d$ 的直线段加上 $2d$ 的弯曲半径共 $12d$）−弯折引起的量度差值 δ

因此，有抗震要求的箍筋下料长度按下式计算：

$$L=2(a+b)+8d+2\times12d-2\times0.11d-3\times2.29d=2(a+b)+25.1d$$

无抗震要求的箍筋下料长度按下式计算：

$$L=2(a+b)+13.5d$$

（4）拉筋的下料长度

抗震区拉筋下料长度计算式=拉筋的外周长 S+两末端的加长 $2L_p$（每段为 $10d$ 的直线段加上 $2d$ 的弯曲半径共 $12d$）−末端弯钩135°引起的量度差值 δ。

$$L=a+2d+2\times12d-2\times0.11d=a+25.8d$$

（5）钢筋下料长度计算

直钢筋下料长度=构件长度−保护层厚度+弯钩增加长度

弯起钢筋下料长度=直段长度+斜段长度+弯钩增加长度−弯曲调整值

箍筋下料长度=箍筋周长+箍筋长度调整值

上述钢筋需要搭接的话，还应增加钢筋搭接长度。

（6）钢筋配料单及料牌的填写

钢筋配料单是根据施工设计图纸标定钢筋的品种、规格、外形尺寸、数量进行编号，并计算下料长度，用表格形式表达的技术文件。

钢筋配料单的作用：钢筋配料单是确定钢筋下料加工的依据，是提出材料计划、签发施工任务单和限领料单的依据。

配料单的形式：钢筋配料单一般用表格的形式反映，其内容由构件名称、钢筋编号、钢筋简图、尺寸、级别、数量、下料长度、质量等内容组成，见表4-13。

表4-13　钢筋配料单

构件名称	钢筋编号	简图	钢号	直径/mm	下料长度/mm	单根根数	合计根数	质量/kg
L1（共10根）	①	6190	HPB300	12	6340	2	20	111.86
	②	765　636　3760	HPB300	25	6841	1	10	261.93

（7）钢筋配料单的编制方法及步骤

1）熟悉图纸，弄清每根钢筋的直径、规格、种类、形状和数量，以及在构件中的位置和相互关系。

2）绘制钢筋简图，标明结构尺寸。

3）计算钢筋的下料长度。

4）填写钢筋配料单。

5)填写钢筋料牌。

(8)钢筋的标牌与标识

钢筋除填写配料单外,还需将每一编号的钢筋制作相应的标牌与标识,也即料牌,作为钢筋施工取用的依据。钢筋料牌的形式见图4-44。

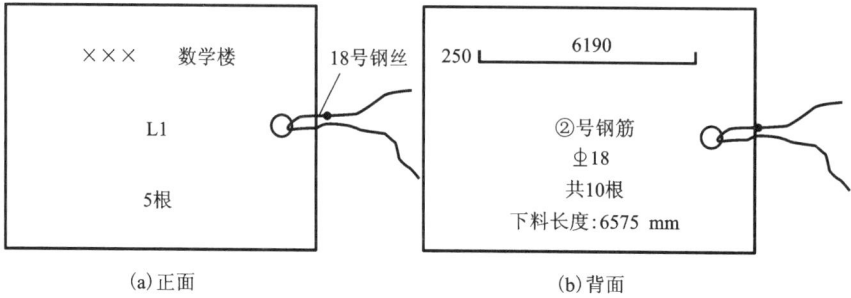

图 **4-44** 钢筋料牌

【例 **4-1**】某建筑物简支梁配筋如图 4-45 所示(非抗震地区),试计算梁中各钢筋下料长度。钢筋保护层取 25 mm。(梁编号为 L1 共 10 根)

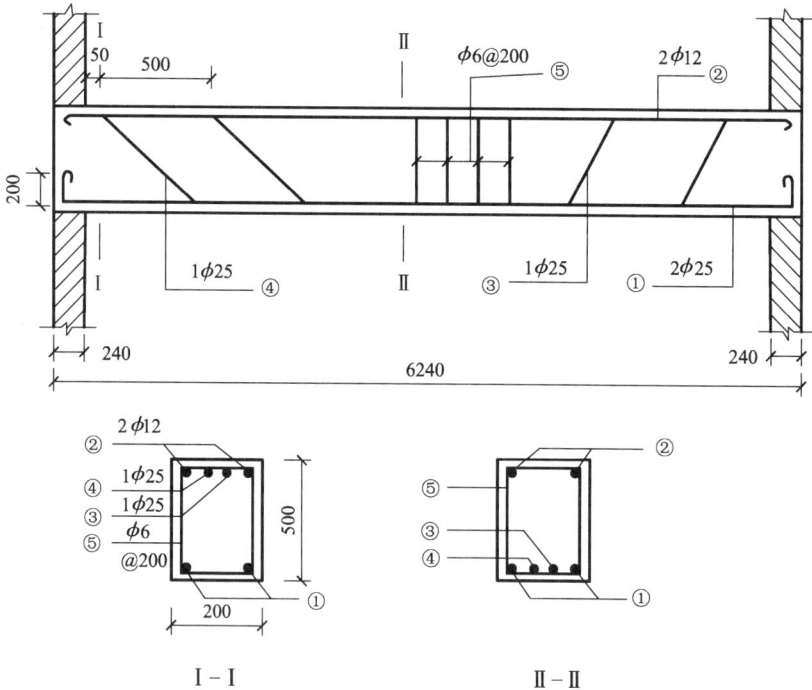

图 **4-45** 某建筑简支梁配筋图

解:

(1)绘出各种钢筋简图(表 4-14)。

(2)计算各钢筋下料长度。

①号钢筋下料长度

$(6240+2\times200-2\times25)-2\times2.29\times25+2\times6.25\times25=6788(\text{mm})$

②号钢筋下料长度

$6240-2\times25+2\times6.25\times12=6340(\text{mm})$

③钢筋下料长度

上直段钢筋长度：$240+50+500-25=765(\text{mm})$

斜段钢筋长度：$(500-2\times25-2\times6)\times1.414\approx619(\text{mm})$

中间直段长度：$6240-2\times(240+50+500+450-2\times6)=3784(\text{mm})$

下料长度：$(765+619)\times2+3784-2\times0.67\times25+2\times6.25\times25=6831(\text{mm})$

④钢筋下料长度：$6808(\text{mm})$

⑤钢筋下料长度

内包宽度：$200-2\times25-2\times6=138(\text{mm})$

内包高度：$500-2\times25-2\times6=438(\text{mm})$

下料长度：$2(a+b)+13.5d=2(138+438)+13.5\times6=1233(\text{mm})$

(3)编制钢筋配料单(见表4-14)，填写钢筋料牌，作为钢筋加工的依据。

表4-14 钢筋配料单

构件名称	钢筋编号	简图	钢号	直径/mm	下料长度/mm	单根根数	合计根数	质量/kg
L1(共10根)	①	200 6190	HPB300	25	6788	2	20	519.80
	②	6190	HPB300	12	6340	2	20	111.86
	③	765 619 3784	HPB300	25	6831	1	10	261.55
	④	265 619 4784	HPB300	25	6831	1	10	261.55
	⑤	138 438	HPB300	6	1238	32	320	83.48
	合计		ϕ6 mm：83.48 kg；ϕ12 mm：111.86 kg；ϕ25 mm：1042.90 kg					

2. 钢筋代换

当施工中遇到钢筋品种或规格与设计要求不符时，应办理设计变更文件，征得设计单位同意后，可参照以下原则进行钢筋代换。

(1)代换原则

1)等强度代换。不同种类的钢筋代换，按抗拉强度相等的原则进行代换。

2)等面积代换。相同种类和级别的钢筋代换，应按等面积原则进行代换。

（2）代换方法

1）等强度代换方法。如设计图中所用的钢筋设计强度为 f_{y1}，钢筋总面积为 A_{s1}，代换后的钢筋设计强度为 f_{y2}，钢筋总面积为 A_{s2}，则应使：

$$A_{s2} \cdot f_{y2} \geqslant A_{s1} \cdot f_{y1} \tag{4-4}$$

将圆面积公式 $A_s = \dfrac{\pi d^2}{4}$ 代入式（4-4），有：

$$n_2 \geqslant \frac{n_1 d_1^2 f_{y1}}{d_2^2 f_{y2}}$$

式中：n_2 为代换钢筋根数；n_1 为原设计钢筋根数；d_2 为代换钢筋直径；d_1 为原设计钢筋直径。

2）等面积代换方法。

$$A_{s2} \geqslant A_{s1} \tag{4-5}$$

将圆面积公式 $A_s = \dfrac{\pi d^2}{4}$ 代入式（4-5），有：

$$n_2 \geqslant \frac{n_1 d_1^2}{d_2^2}$$

式中符号同上。

（3）代换注意事项

钢筋代换时，应办理设计变更单，并符合下列规定：

1）对某些重要构件（如吊车梁、薄腹梁、桁架下弦等），不宜用 HPB300 级光圆钢筋代替 HRB400 级带肋钢筋，以免裂缝开展过大。

2）钢筋代换后，应满足混凝土结构设计规范中所规定的钢筋间距、锚固长度、最小钢筋直径、根数等配筋构造要求。

3）梁的纵向受力钢筋与弯起钢筋应分别代换，以保证正截面与斜截面强度。

4）有抗震要求的梁、柱和框架，不宜以强度等级较高的钢筋代换原设计中的钢筋；如必须代换时，其代换的钢筋检验所得的实际强度，尚应符合抗震钢筋的要求。

5）预制构件的吊环，必须采用未经冷拉的 HPB300 钢筋制作，严禁以其他钢筋代换。

6）当构件受裂缝宽度或挠度控制时，钢筋代换后应进行刚度、裂缝验算。

3. 钢筋的加工

钢筋的加工有除锈、调直、切断及弯曲成型。

（1）除锈

钢筋加工

钢筋的表面应洁净。油渍、漆污和用锤敲击时能剥落的浮皮、铁锈等应在使用前清除干净。在焊接前，焊点处的水锈应清除干净。钢筋除锈一般可以通过以下两个途径：大量钢筋除锈可通过钢筋冷拉或钢筋调直机调直过程中完成；少量的钢筋局部除锈可采用电动除锈机（图 4-46）或人工用钢丝刷（图 4-47）、砂盘以及喷砂和酸洗等方法进行。

图 4-46　钢筋除锈机除锈

图 4-47　手动除锈

（2）调直

钢筋调直宜采用机械方法，也可以采用冷拉。对局部曲折、弯曲或成盘的钢筋在使用前应加以调直。钢筋调直方法很多，常用的方法是使用卷扬机拉直和用调直机调直。

（3）切断

钢筋切断有手工剪断、机械切断、氧气切割 3 种方法。

手工剪断的工具有断线钳（用于切断 5 mm 以下的钢丝）、手动液压钢筋切断机（用于切断直径为 16 mm 以下的钢筋、直径 25 mm 以下的钢绞线）。

机械剪断一般采用钢筋切断机，它将钢筋原材料或已调直的钢筋切断。其主要类型有机械式、液压式和掌上型钢筋切断机。机械式钢筋切断机分偏心轴立式、凸轮式和曲柄连杆式等。

直径大于 40 mm 的钢筋一般用氧气切割。

切断前，应将同规格钢筋长短搭配，统筹安排，一般先断长料，后断短料，以减少短头和损耗。

（4）弯曲成型

钢筋弯曲的顺序是画线、试弯、弯曲成型；画线主要根据不同的弯曲角在钢筋上标出弯折的部位，以外包尺寸为依据，扣除弯曲量度差值。钢筋弯曲有人工弯曲和机械弯曲。

4. 钢筋的绑扎安装

（1）钢筋绑扎的一般要求

1）钢筋的交叉点应采用 20～22 号铁丝绑扎，绑扎不仅要牢固可靠，而且铁丝长度要适宜。

2）板和墙的钢筋网，除靠近外围两行钢筋的交叉点全部扎牢外，中间部分交叉点可间隔交错绑扎，但必须保证受力钢筋不产生位置偏移；对双向受力钢筋，必须全部绑扎牢固。

3）梁和柱的箍筋，除设计有特殊要求外，应与受力钢筋垂直设置；箍筋弯钩叠合处，应沿受力钢筋方向错开设置。

4）在柱中竖向钢筋搭接时，角部钢筋的弯钩应与模板成 45°角（对多边形柱应为模板内角的平分角；对圆形柱应与模板的切线垂直）；弯钩与模板的角度最小不得小于 15°。

（2）绑扎允许偏差

钢筋绑扎要求位置正确、绑扎牢固，成型的钢筋骨架和钢筋网的允许偏差，应符合规范规定。

5. 植筋施工

植筋技术是在需连接的旧混凝土构件上根据结构的受力特点,确定钢筋的数量、规格、位置,在旧构件上经过钻孔、清孔、注入植筋黏结剂,再插入所需钢筋,使钢筋与混凝土通过结构胶黏结在一起,然后浇筑新混凝土,从而完成新旧钢筋混凝土的有效连接,达到共同作用、整体受力的目的。

由于在钢筋混凝土结构上植筋锚固已不必再进行大量的开凿挖洞,而只需在植筋部位钻孔后,将化学锚固剂作为钢筋与混凝土的黏合剂就能保证钢筋与混凝土的良好黏结,从而减轻对原有结构构件的损伤,也减少加固改造工程的工程量;又因植筋胶对钢筋的锚固力使锚杆与基材有效地锚固在一起,产生的黏接强度与机械咬合力可承受受拉载荷,当植筋达到一定的锚固深度后,其就具有很强的抗拉力,从而保证了锚固强度。作为一种新型的加固技术,植筋方法具有工艺简单、工期短、造价省、操作方便、劳动强度低、质量易保证等优点,适用于竖直孔、水平孔,倒垂孔也可轻松植筋。因此被广泛应用于建筑结构加固及混凝土的补强工程中。

(1)植筋施工工艺流程

植筋施工工艺流程:弹线定位→钻孔→清孔→钢筋处理→注胶→植筋→固化养护→检验→绑钢筋浇筑混凝土。

(2)施工要点

1)弹线定位。

按设计图纸的要求,标示出植筋钻孔的位置、型号,若基体上存在受力钢筋,钻孔位置可适当调整,避免钻孔时钻到原有钢筋;植筋宜植在箍筋内侧(对梁、柱)或分布筋内侧(对板、剪力墙)。

2)钻孔。

钻孔使用配套冲击电钻。钻孔时,如遇不可切断钢筋应调整孔位避开;钻孔直径为所植钢筋直径 $d+(4\sim10)\,\text{mm}$(小直径钢筋取低值,大直径钢筋取高值);孔洞间距与孔洞深度应满足设计要求。

3)清孔。

钻孔完毕,检查孔深、孔径合格后先用吹气泵清除孔洞内粉尘等,再用清孔刷清孔。要经多次吹刷,直至孔内无灰尘,将孔口临时封闭。若有废孔,清理干净后用植筋胶填实。清孔时不能用水冲洗,以免残留在孔中的水分削弱黏合剂的作用。

4)钢筋处理。

钢筋锚固长度范围的铁锈应清除干净(新钢筋的青色外皮也应清除),并打磨出金属光泽,采用角磨机和钢丝轮片速度较快。

5)注胶。

①植筋用胶的配制。植筋用胶黏剂是两种不同化学组分按一定比例配制而成的,配制比例必须严格按产品说明书。配胶宜采用机械搅拌,搅拌器可由电锤和搅拌齿组成。搅拌齿可采用电锤钻头端部焊接十字形 $\phi14\,\text{mm}$ 钢筋制成,也可用细钢筋棍人工搅拌。

②使用植筋注射器从孔底向外均匀地把适量胶黏剂填注孔内,从里到外渐渐填孔并排出空气,注胶量为孔深的 $1/2\sim1/3$,以钢筋植入后有少许胶液溢出为宜。注意勿将空气封入

孔内。

6）植筋。

按顺时针方向把钢筋平行于孔洞走向轻轻植入孔中，直至插入孔底、胶黏剂溢出。钢筋也可用手锤击打方式入孔。手锤击打时，一人应扶住钢筋，以避免回弹。锚固胶填充量应保证插入钢筋后周边有少许胶液溢出。

7）固化养护。

将钢筋外露端固定在模架上，使其不受外力作用，直至凝结，并派专人现场保护。凝胶的化学反应时间一般为 15 min，固化时间一般为 1 h。植筋后夏季 12 h 内（冬季 24 h 内）不得扰动钢筋，若有较大扰动宜重新植筋。黏结胶的固化时间与环境温度的关系按产品说明书确定。

8）检验。

采用千斤顶、锚具、反力架系统做拉拔试验。一般加载至钢筋强度的标准值。

（3）注意事项

1）包装桶内结构胶若有沉淀，使用前应搅拌均匀。

2）锚固构造措施宜满足《混凝土结构后锚固技术规程》（JGJ 145—2013）的有关规定。

3）结构胶宜在阴凉处密闭保存，保存期应按使用说明执行。

4）若施工场所温度低于 5℃，则可在使用前采用碘钨灯、红外线灯、电炉或水浴等增温方式将胶预热至 20~40℃。若施工场所温度低于 −5℃，则建议对锚固部位也加温 5℃以上，并维持 2 h 以上。

5）结构胶对皮肤有刺激性，有的人会产生过敏反应，胶固化后也不易清除，因此人体直接接触后应用清水冲洗干净；如不慎溅到眼睛里，应用大量清水冲洗后立刻就医。施工人员注意适当的劳动保护，如配备安全帽、工作服、手套等。

6）周围环境温度越高，每次配胶量越大，可操作时间越短。应合理预估使用期内的每次配胶量，以避免浪费。

6. 钢筋工程施工质量检查验收方法

钢筋工程属于隐蔽工程，浇筑混凝土之前，应进行钢筋隐蔽工程验收。隐蔽工程验收应包括下列主要内容：

1）纵向受力钢筋的牌号、规格、数量、位置；

2）钢筋的连接方式、接头位置、接头质量、接头面积百分率、搭接长度、锚固方式及锚固长度；

3）箍筋、横向钢筋的牌号、规格、数量、间距、位置，箍筋弯钩的弯折角度及平直段长度；

4）预埋件的规格、数量和位置。

钢筋工程的施工质量检验应分主控项目、一般项目按规定的检验方法进行检验。检验批合格质量应符合下列规定：主控项目的质量经抽样检验合格；一般项目的质量经抽样检验合格；当采用计数检验时，除有专门要求外，一般项目的合格点率应达到 80%及以上，且不得有严重缺陷；具有完整的施工操作依据和质量验收记录。

（1）主控项目

1）钢筋进场时，应按国家现行标准的规定抽取试件做屈服强度、抗拉强度、伸长率、弯曲性能和重量偏差检验，检验结果应符合相应标准的规定。

检查数量：按进场批次和产品的抽样检验方案确定。

检验方法：检查出厂合格证、出厂检验报告和进场复验报告。

2）对有抗震设防要求的结构，其纵向受力钢筋的性能应满足设计要求；当设计无具体要求时，对按一、二、三级抗震等级设计的框架和斜撑构件（含梯段）中的纵向受力钢筋应采用 HRB335E、HRB400E、HRB500E、HRBF335E、HRBF400E 或 HRBF500E 钢筋，其强度和最大力下总伸长率的实测值应符合下列规定：①抗拉强度实测值与屈服强度实测值的比值不应小于 1.25；②屈服强度实测值与屈服强度标准值的比值不应大于 1.30；③最大力下总伸长率不应小于 9%。

检查数量：按进场的批次和产品的抽样检验方案确定。

检验方法：检查进场复验报告。

3）钢筋调直后应进行力学性能和重量偏差的检验，其强度应符合有关标准的规定。

盘卷钢筋和直条钢筋调直后的断后伸长率、重量偏差应符合表 4-15 的规定。

表 4-15　盘卷钢筋和直条钢筋调直后的断后伸长率、重量偏差要求

钢筋牌号	断后伸长率 $A/\%$	不同直径钢筋单位长度重量偏差/%		
		6~12 mm	14~20 mm	22~50 mm
HPB300	≥21	≤10	—	
HRB400、HRBF400	≥15	≤8	≤6	≤5
RRB400	≥13			
HRB500、HRBF500	≥14			

注：1. 断后伸长率 A 的量测标距为 5 倍钢筋直径。

　　2. 重量偏差（%）应按公式 $(W_0-W_d)/W_0×100\%$ 计算，其中 W_0 为钢筋理论重量（kg/m），W_d 为调直后钢筋的实际重量（kg/m）。

　　3. 对直径为 28~40 mm 的带肋钢筋，表中断后伸长率可降低 1%；对直径大于 40 mm 的带肋钢筋，表中断后伸长率可降低 2%。

采用无延伸功能的机械设备调直的钢筋，可不进行规定项目的检验。

检查数量：同一设备加工的同一牌号、同一规格的调直钢筋，重量不大于 30 t 为一批，每批见证抽取 3 个试件。

检验方法：3 个试件先进行重量偏差检验，再取其中两个试件经时效处理后进行力学性能检验。检验重量偏差时，试件切口应平滑并与长度方向垂直，其长度不应小于 500 mm；长度和重量的量测精度分别不应低于 1 mm 和 1 g。

4）受力钢筋的弯钩和弯折应符合下列规定：HPB300 级钢筋末端应作 180°弯钩，其弯弧内径不应小于钢筋直径的 2.5 倍；弯钩的弯后平直段部分长度不应小于钢筋直径的 3 倍；当设计要求钢筋末端需作 135°弯钩时，HRB335 级和 HRB400 级钢筋的弯弧内径不应小于钢筋直径的 4 倍；弯钩的弯后平直段部分长度应符合设计要求；钢筋作不大于 90°的弯折时，弯折处的弯弧内径不应小于钢筋直径的 5 倍。

除焊接封闭式箍筋，箍筋的末端应作弯钩，弯钩形式应符合设计要求。当设计无具体要求时，应符合下列要求：箍筋弯钩的弯弧内径除应满足前述的规定外，尚应不小于受力钢筋直径；箍筋弯钩的弯折角度：对于一般结构，不应小于90°；对有抗震设防要求的结构，应为135°；箍筋弯后平直段长度：对于一般结构，不宜小于箍筋直径的5倍；对有抗震设防要求的结构，不应小于箍筋直径的10倍。

检查数量：每工作班同一类型钢筋、同一加工设备抽查不少于3件。

检查方法：钢尺检查。

5）纵向受力钢筋的连接方式应符合设计要求。

检查数量：全数检查。

检验方法：观察。

6）钢筋采用机械连接或焊接连接时，应按国家现行标准的规定抽取试件做力学性能检验，其质量应符合有关规范规定。

检查数量：按有关规范的规定确定。

检验方法：检查产品合格证、接头力学性能试验报告。

7）钢筋安装时，受力钢筋的品种、级别、规格和数量必须符合设计要求。

检查数量：全数检查。

检验方法：观察、钢尺检查。

（2）一般项目

1）钢筋应平直、无损伤，表面不得有裂纹、油污、颗粒状或片状老锈。

检查数量：进场时和使用前全数检查。

检验方法：观察。

2）钢筋加工的形状、尺寸应符合设计要求，其偏差应符合表4-16的规定。

表4-16 钢筋加工的允许偏差

项目	允许偏差/mm
受力钢筋顺长度方向全长的净尺寸	±10
弯起钢筋的弯折位置	±20
箍筋内净尺寸	±5

检查数量：按每工作班同一类型钢筋、同一加工设备抽查不应少于3件。

检验方法：钢尺检查。

3）钢筋的接头宜设置在受力较小处。同一纵向受力钢筋不宜设置两个或两个以上接头。接头末端至钢筋弯起点的距离不应小于钢筋直径的10倍。

检查数量：全数检查。

检验方法：观察，钢尺检查。

4）施工现场应按国家现行标准《钢筋机械连接技术规程》（JGJ 107—2010）、《钢筋焊接及验收规程》(JGJ 18—2012)的规定对钢筋机械连接接头、焊接接头的外观进行检查，其质量应符合有关规范的规定。

检查数量：全数检查。

检验方法：观察。

5）当受力钢筋采用机械连接接头或焊接接头时，设置在同一构件内的接头宜相互错开。纵向受力钢筋机械连接接头及焊接接头连接区段的长度为 $35d$（d 为纵向受力钢筋的较大直径）且不小于 500 mm，凡接头中点位于该连接区段长度内的接头均属于同一连接区段。同一连接区段内纵向受力钢筋的接头面积百分率应符合设计要求；当设计无具体要求时，应符合下列规定：

①受拉区，不宜大于 50%；接头不宜设置在有抗震设防要求的框架梁端、柱端的箍筋加密区；当无法避开时，对等强度高质量机械连接接头，不应大于 50%。

②直接承受动力荷载的结构构件中，不宜采用焊接；当采用机械连接时，不应超过 50%。

③同一构件中相邻纵向受力钢筋的绑扎搭接接头宜相互错开。绑扎搭接接头中钢筋的横向净距不应小于钢筋直径，且不应小于 25 mm。钢筋绑扎搭接接头连接区段的长度为 $1.3l$（l 为搭接长度），凡搭接接头中点位于该连接区段长度内的搭接接头均属于同一连接区段。同一连接区段内，纵向钢筋搭接接头面积百分率应符合有关规定。当设计无具体要求时，对梁类、板类或墙类构件，不宜大于 25%；对柱类构件，不宜大于 50%；当工程中确有必要增大接头面积百分率时，对梁类构件，不应大于 50%；对其他构件，可根据实际情况放宽。

检查数量：在同一检验批内，对梁、柱和独立基础，应抽查构件数量的 10%，且不应少于 3 件；对墙和板，应按有代表性的自然间抽查 10%，且不应少于 3 间；对大空间结构，墙可按相邻轴线间高度 5 m 左右划分检查面，板可按纵、横轴线划分检查面，抽查 10%，且均不少于 3 面。

检验方法：观察，钢尺检查。

6）在梁、柱类构件的纵向受力钢筋搭接长度范围内，应按设计要求配置箍筋。当设计无具体要求时，应符合下列规定：

①箍筋的直径不应小于搭接钢筋较大直径的 0.25 倍；

②受拉区段的箍筋的间距不应大于搭接钢筋较小直径的 5 倍，且不应大于 100 mm；

③受压区段的箍筋的间距不应大于搭接钢筋较小直径的 10 倍，且不应大于 200 mm；

④当柱中纵向受力钢筋直径大于 25 mm 时，应在搭接接头两个端外面 100 mm 范围内各设置两个箍筋，其间距宜为 50 mm。

检查数量：在同一检验批内，对梁、柱和独立基础，应抽查构件数量的 10%，且不应少于 3 件；对墙和板，应按有代表性的自然间抽查 10%，且不应少于 3 间；对大空间结构，墙可按相邻轴线间高度 5 m 左右划分检查面，板可按纵、横轴线划分检查面，抽查 10%，且均不应少于 3 面。

检验方法：观察，钢尺检查。

7）钢筋安装位置的偏差及检验方法应符合表 4-17 的规定。

检查数量：在同一检验批内，对梁、柱和独立基础，应抽查构件数量的 10%，且不应少于 3 件；对墙和板，应按有代表性的自然间抽查 10%，且不应少于 3 间；对大空间结构，墙可按相邻轴线间高度 5 m 左右划分检查面，板可按纵、横轴线划分检查面，抽查 10%，且均不应少于 3 面。

检验方法：见表 4-17。

表 4-17 钢筋安装位置允许偏差和检验方法

项目			允许偏差/mm	检验方法
绑扎钢筋网	长、宽		±10	钢尺检查
	网眼尺寸		±20	钢尺量连续三档，取其最大值
绑扎钢筋骨架	长		±10	钢尺检查
	宽、高		±5	钢尺检查
受力钢筋	间距		±10	钢尺量两端、中间各一点，取其最大值
	排距		±5	
	保护层厚度	基础	±10	钢尺检查
		梁、柱	±5	钢尺检查
		墙、板、壳	±3	钢尺检查
绑扎箍筋、横向钢筋间距			±20	钢尺量连续三档，取其最大值
钢筋弯起点位置			20	钢尺检查
预埋件	中心线位置		5	钢尺检查
	水平高差		+3，0	钢尺和塞尺检查

注：1. 检查中心线位置时，应沿纵、横两个方向测量，并取其中的较大值；

2. 表中梁、板类构件上部纵向受力钢筋保护层厚度的合格点率应达到 90% 及以上，且不得有超过表中数值 1.5 倍的尺寸偏差。

4.3 混凝土工程

混凝土工程包括混凝土的制备、运输、浇筑、振捣和养护等施工过程，各个施工过程相互联系和影响，任一施工过程的处理不当都会影响混凝土的最终质量。因此，对施工中的各个环节必须严格按照规范要求进行施工，以确保混凝土的工程质量。

混凝土工程

4.3.1 混凝土的施工配合比计算

1. 混凝土的施工配合比

混凝土施工配合比一经确定就不能随意改变。按国家现行标准《普通混凝土配合比设计规程》（JGJ 55—2011）和《混凝土强度检验评定标准》（GB/T 50107—2010）的有关规定，混凝土施工配制强度确定后，应由有相关资质的试验室，根据原材料的性能及对混凝土的技术要求进行初步计算，得出初步配合比；再经试验室试拌调整，得出满足和易性、强度和耐久性要求的较经济合理的试验室配合比。试验室配合比是以干燥材料为基准的，而工地存放的砂、石骨料往往都含有一定的水分。所以，现场材料的实际称量应按工地砂、石的含水情况进行调整，调整后的配合比，称为施工配合比。

施工配料时影响混凝土质量的因素主要有两方面：一是称量不准；二是未按砂、石骨料实际含水率的变化进行施工配合比的换算。

2. 施工配合比换算

施工时应及时测定砂、石骨料的含水率，并将混凝土试验室配合比换算成在实际含水率情况下的施工配合比。

假设混凝土试验室配合比为水泥：砂子：石子 $= 1 : x : y$，水灰比 W/C，测得施工现场砂子的含水率为 w_x，石子的含水率为 w_y，则施工配合比应为 $1 : x(1+w_x) : y(1+\omega_y)$，水灰比 W/C 不变，但加水量应扣除砂、石中的含水量。

【例4-2】已知C20混凝土的试验室配合比为 $1 : 2.55 : 5.12$，水灰比为0.65，经测定砂的含水率为3%，石子的含水率为1%，每 $1\ m^3$ 混凝土的水泥用量310 kg，求施工配合比及每 m^3 混凝土材料用量。

解： 施工配合比为：

$1 : 2.55(1+3\%) : 5.12(1+1\%) = 1 : 2.63 : 5.17$

每 $1\ m^3$ 混凝土材料用量为：

水泥：310（kg）

砂子：$310 \times 2.63 = 815.3$（kg）

石子：$310 \times 5.17 = 1602.7$（kg）

水：$310 \times 0.65 - 310 \times 2.55 \times 3\% - 310 \times 5.12 \times 1\% = 161.9$（kg）

施工中往往以一袋或两袋水泥为下料单位，每搅拌一次叫作一盘。因此，求出每 m^3 混凝土材料用量后，还必须根据工地现有搅拌机出料容量确定每次需用几袋水泥，然后按水泥用量算出砂、石子的每盘用量。

本例中，若采用JZ250型搅拌机，出料容量为 $0.25\ m^3$，则每搅拌一次的装料数量为：

水泥：$310 \times 0.25 = 77.5$ kg（取1.5袋水泥，即75 kg）

砂子：$815.3 \times 75/310 = 197.3$（kg）

石子：$1602.7 \times 75/310 = 387.8$（kg）

水：$161.9 \times 75/310 = 39.2$（kg）

4.3.2　混凝土工程施工

1. 混凝土搅拌

混凝土搅拌，是将水、水泥和粗细骨料进行均匀拌和的过程。同时，通过搅拌还要使材料达到强化、塑化的作用。混凝土制备可分为现场搅拌混凝土和预拌混凝土两种方式。有条件的情况下，尽量采用预拌混凝土；没有条件采用预拌混凝土时，可根据施工现场条件采用搅拌机搅拌。

（1）搅拌机的选择

混凝土搅拌机按搅拌原理分为自落式（图4-48、图4-49）和强制式（图4-50）两类。

1）自落式搅拌机。

自落式搅拌机搅拌鼓筒内壁装有叶片，随着鼓筒的转动，叶片不断地将混凝土拌和料提高，然后利用物料的自重下落，达到均匀拌和的目的。自落式搅拌机筒体和叶片磨损较小，易于清理，但搅拌力量小，动力消耗大，效率低，主要用于搅拌塑性混凝土。

2）强制式搅拌机。

强制式搅拌机是利用搅拌筒内运动着的叶片强迫物料朝着各个方向运动，由于各物料颗粒的运动方向、速度各不相同，相互之间产生剪切滑移而相互穿插、扩散，从而在很短的时间内，使物料拌和均匀，其搅拌机理被称为剪切搅拌机理。

强制式搅拌机具有搅拌质量好、速度快、生产效率高、操作简便及安全等优点，但机械磨损严重，强制式搅拌机适用于搅拌干硬性或低流动性和轻骨料混凝土。

图 4-48 自落式搅拌机

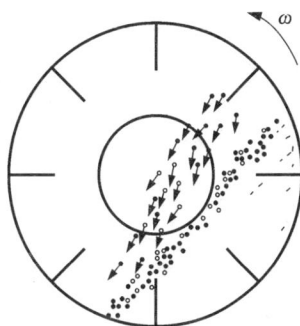

图 4-49 自落式搅拌机工作原理

图 4-50 强制式搅拌机

（2）混凝土搅拌

1）混凝土原材料的计量。

混凝土搅拌时应对原材料用量准确计量，并应符合下列规定：

计量设备的精度应符合现行国家标准的有关规定，并应定期校准，原材料的允许偏差应符合表 4-18 的规定。

表 4-18　混凝土原材料计量允许偏差　　　　　　单位：%

原材料品种	水泥	细骨料	粗骨料	水	外加剂	矿物掺和料
每盘计量允许偏差	±2	±3	±3	±1	±2	±1
累计计量允许偏差	±1	±2	±2	±1	±1	±1

注：1. 现场搅拌时原材料计量允许偏差应满足每盘计量允许偏差要求；

2. 累计计量允许偏差指每一运输车中各盘混凝土的每种材料累计称量的偏差，该项指标仅适用于采用计算机控制计量的搅拌站；

3. 骨料含水率应经常测定，雨、雪天施工应增加测定次数。

2）混凝土投料顺序。

施工中常用投料顺序有一次投料法、二次投料法和水泥裹砂石法。

①一次投料法。这种方法是在上料斗中先装石子，再加水泥，最后加砂，然后一次投入搅拌筒中进行搅拌。这种投料顺序的优点就是水泥处于砂、石之间，可以减少水泥飞扬。

②二次投料法。二次投料法又可分为预拌水泥砂浆法和预拌水泥净浆法。

预拌水泥砂浆法是指先将水泥、砂和水投入搅拌筒搅拌成均匀的水泥砂浆后，加入石子搅拌成均匀的混凝土。

预拌水泥净浆法是先将水和水泥投入搅拌筒搅拌成均匀的水泥浆后，加入砂和石子搅拌成均匀的混凝土。

二次投料法能改善混凝土性能，提高混凝土的强度。与一次投料法相比，二次投料法可使混凝土强度提高 10%~15%，或在混凝土强度相同的条件下，节约水泥 15%~20%。

③水泥裹砂石法。此法又称为 SEC 法。采用这种方法拌制的混凝土称为 SEC 混凝土，也称作造壳混凝土。其搅拌程序是先加一定量的水（15%~25%），将砂表面的含水量调节到一规定的数值后，再将石子加入并与湿砂拌匀，然后将全部水泥投入，与润湿后的砂、石拌和，使水泥在砂、石表面形成一层低水灰比的水泥浆壳（此过程称为"成壳"），最后将剩余的水和外加剂加入，搅拌成混凝土。采用 SEC 法制备的混凝土与一次投料法相比，强度可提高 20%~30%，混凝土不易产生离析现象，泌水少，工作性能好。

3）混凝土的搅拌时间。

混凝土的搅拌时间与混凝土的搅拌质量密切相关。在一定范围内，随着搅拌时间的延长，混凝土强度有所提高，但过长时间的搅拌既不经济，而且混凝土的和易性又将降低，反而影响混凝土的质量。加气混凝土还会因搅拌时间过长而使含气量下降。混凝土搅拌的最短时间可按表 4-19 采用。

表 4-19　混凝土搅拌的最短时间　　　　　　单位：s

混凝土坍落度/mm	搅拌机机型	搅拌机容量/L		
		<250	250~500	>500
≤40	强制式	60	90	120
>40，且<100	强制式	60	60	90
≥100	强制式	60		

注：1. 混凝土搅拌时间指从全部材料装入搅拌筒中起，到开始卸料止的时间段；

2. 当掺有外加剂与矿物掺和料时，搅拌时间应适当延长。

4)进料容量。

搅拌机容量有几何容量、进料容量和出料容量三种标示。几何容量指搅拌筒内的几何容积,进料容量是指搅拌前搅拌筒可容纳的各种原材料的累计体积,出料容量是每次从搅拌筒内可卸出的最大混凝土体积。为保证混凝土得到充分的拌和,进料容量通常是搅拌机几何容量的 $1/2 \sim 1/3$,出料容量为进料容量的 $0.5 \sim 0.75$(称为出料系数)。

2. 预拌混凝土

预拌混凝土指在工厂或车间集中搅拌运送到建筑工地的混凝土,多作为商品出售,故也称商品混凝土。

混凝土的现场拌制已属于限制技术,将混凝土集中在有自动计量装置的混凝土搅拌站集中拌制,用混凝土运输车向施工现场供应商品混凝土,有利于实现建筑工业化、提高混凝土质量、节约原材料和能源、减少现场和城市环境污染、提高劳动生产率。

订购商品混凝土注意事项:

1)预拌混凝土生产企业必须具备《预拌商品混凝土专业企业资质等级证书》,并按《建筑业企业资质管理规定》通过资质年检。

2)新建、改建、扩建的建设工程在规划设计方案报审、环境影响报告书报批、施工图设计、编制概算和预算、编制招标和投标文件、签订施工合同等,必须注明使用预拌混凝土,并按预拌混凝土计算工程造价,进入招投标程序。

3)建设单位在办理工程质量监督手续前,施工单位应先与具备相应资质的预拌混凝土生产企业签订《建设工程预拌商品混凝土购销合同》,并到预拌混凝土生产企业资质管理部门办理销售合同备案。建设单位持备案的销售合同或《现场搅拌核准通知书》方可向建设管理部门申请办理工程质量监督手续。

4)工程竣工后,建设单位在办理竣工验收备案时,应提供备案的《建设工程预拌混凝土供销合同》和《预拌混凝土使用汇总表》或《现场搅拌核准通知书》办理竣工验收备案。

5)须严格执行的标准规范:《混凝土质量控制标准》(GB 50164—2011)、《预拌混凝土》(GB/T 14902—2012)、《混凝土泵送施工技术规程》(JGJ/T 10—2011)、《普通混凝土配合比设计规程》(JGJ 55—2011)等。

6)供方负责向需方提供有关预拌混凝土的技术资料,包括:

①预拌混凝土出厂品质证明书;

②水泥的合格证及检测报告;

③外加剂、掺和料的合格证及检测报告;

④砂石料的检测报告;

⑤预拌混凝土配合比;

⑥按规定提供抗压、抗渗报告。

7)需方所供应原材料的技术资料由需方负责。

需方应于混凝土浇筑前向供方提出混凝土的书面技术要求。

3. 混凝土运输

(1)混凝土运输要求

混凝土搅拌完毕后应及时将混凝土运输到浇筑地点。运输中应保持匀质性,不应产生分层离析现象,不应漏浆。运至浇筑地点时混凝土应具有规定的坍落度,并保证混凝土在初凝前能有充分的时间进行浇筑。混凝土从搅拌机中卸出到浇筑完毕的延续时间见表4-20。混凝土的运输应以最少的运转次数、最短的时间从搅拌地点运至浇筑地点，并保证混凝土浇筑连续进行。

表4-20   混凝土运输、输送入模及间歇总的时间限值   单位：min

条件	气 温/℃	
	≤25	>25
不掺外加剂	180	150
掺外加剂	240	210

（2）运输工具的选择

混凝土运输分地面水平运输、垂直运输和楼面水平运输三种。地面水平运输时，短距离多用双轮手推车、机动翻斗车。长距离宜用自卸汽车、混凝土搅拌运输车（图4-51）。垂直运输可采用各种井架、龙门架和塔式起重机（图4-52）作为垂直运输工具。对于浇筑量大、浇筑速度比较稳定的大型设备基础和高层建筑，宜采用混凝土泵（图4-53、图4-54），也可采用自升式塔式起重机或爬升式塔式起重机运输。

图4-51   混凝土搅拌运输车

图4-52   塔吊运送混凝土

图4-53   混凝土输送泵

图 4-54 混凝土泵送现场

4. 混凝土浇筑

混凝土浇筑前,应对模板、钢筋、支架和预埋件进行检查并填写隐蔽工程质量验收记录。

(1)混凝土浇筑的一般规定

1)混凝土浇筑前不应发生离析或初凝现象,如已发生,须重新搅拌。混凝土运至现场后,其坍落度应满足表 4-21 的要求。

表 4-21　混凝土浇筑时的坍落度

结　构　种　类	坍落度/mm
基础或地面垫层、无配筋大体积结构(挡土墙、基础等)或配筋稀疏的结构	10~30
板、梁和大型及中型截面的柱子等	30~50
配筋密列的结构(薄壁、斗仓、筒仓、细柱等)	50~70
配筋特密的结构	70~90

注：1. 本表系指采用机械振捣的坍落度,采用人工振捣时可适当增大;

　　2. 需要配制大坍落度时,应掺外加剂;

　　3. 曲面或斜面结构的混凝土,其坍落度值应根据实际需要另行选定;

　　4. 轻骨料混凝土的坍落度宜比表中数值减少 10~20 mm;

　　5. 自密实混凝土的坍落度另行规定。

2)混凝土自高处倾落时,其自由倾落高度不宜超过 2 m(如基础混凝土浇筑),在竖向结构中浇筑混凝土的高度不得超过 3 m(如柱子混凝土浇筑),否则应设串筒、溜槽、溜管或振动溜管等,如图 4-55 所示。

3)浇筑混凝土时应经常观察模板、支架、钢筋、预埋件和预留孔洞的情况,当发现有变形、移位时,应立即停止浇筑,并应在已浇筑混凝土凝结前修整完好。

4)混凝土的浇筑应分段、分层连续进行,随浇随捣。上层混凝土应在下层混凝土初凝之前浇筑完毕,混凝土浇筑层厚度应符合表 4-22 的规定。

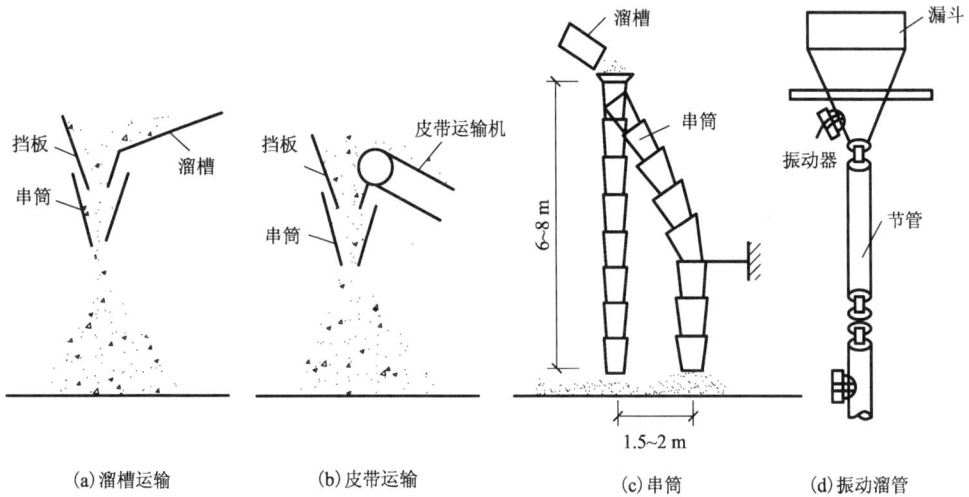

(a)溜槽运输　(b)皮带运输　(c)串筒　(d)振动溜管

图 4-55　防止混凝土离析措施

表 4-22　混凝土浇筑分层厚度

项次	捣实混凝土的方法		浇筑分层厚度/mm
1	插入式振捣		振捣器作用部分长度的 1.25 倍
2	表面振动		200
3	人工捣固	在基础、无筋混凝土或配筋稀疏的结构中	250
		在梁、墙板、柱结构中	200
		在配筋密列的结构中	150
4	轻骨料混凝土	插入式振捣器	300
		表面振动(振动时须加荷)	200

　　5)浇筑竖向结构混凝土前,底部应先填入 50～100 mm 厚的与混凝土成分相同的水泥砂浆。

　　(2)施工缝的留设与处理

　　如果由于技术或施工组织上的原因,不能对混凝土结构一次连续浇筑完毕,而必须停歇较长的时间,其停歇时间已超过混凝土的初凝时间,致使混凝土已初凝,当继续浇混凝土时,形成了接缝,即为施工缝。

　　1)施工缝的留设位置。

　　施工缝一般宜留在结构剪力较小且便于施工的部位。具体留设方法如下:

　　①柱子应留水平缝,柱子施工缝宜留在基础的顶面、梁或吊车梁牛腿的下面、吊车梁的上面、无梁楼板柱帽的下面,如图 4-56 所示。

　　②与板连成整体的大断面梁,施工缝留在板底以下 20～30 mm 处;当板下有梁托时,留在梁托下面。

　　③单向板的施工缝留在平行于板的短边的任何位置。

④有主次梁的楼板宜顺着次梁方向浇筑，施工缝应留在次梁跨度的中间 1/3 范围内，如图 4-57 所示。

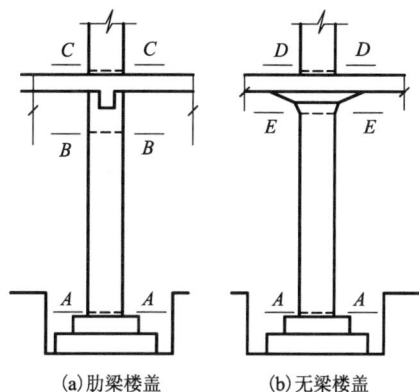

图 4-56 柱施工缝位置

(a)；(b)

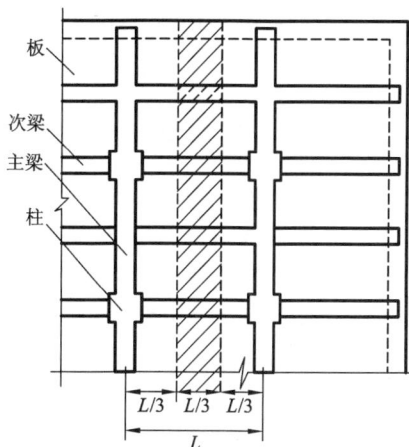

图 4-57 有主次梁楼盖的施工缝位置

⑤墙体的施工缝可留在门洞口过梁跨中 1/3 范围内，也可留在纵横墙的交接处。

⑥楼梯的施工缝留在跨中 1/3 范围内。

⑦双向受力楼板、大体积混凝土结构、拱、蓄水池、多层框架的施工缝应按设计要求留置施工缝。

⑧承受动力作用的设备基础，不应留置施工缝；当必须留置时，应征得设计单位同意。

2）施工缝的处理。

在施工缝处继续浇筑混凝土之前，须待已浇筑的混凝土抗压强度达到 1.2 N/mm² 后才能进行，而且需要对施工缝做一些处理，以增强新旧混凝土的连接，尽量降低施工缝对结构整体性带来的不利影响。处理方法：施工缝浇筑混凝土之前，应除去施工缝表面的水泥薄膜、松动石子和软弱的混凝土层，必要时混凝土表面应凿毛（图 4-58），并加以充分湿润和冲洗干净，不得有积水。浇筑时，施工缝处宜先铺与混凝土成分相同的水泥砂浆一层，厚度为 10 ~ 15 mm，以保证接缝的质量。在浇筑过程中，施工缝应细致捣实，使其紧密结合。

图 4-58 柱施工缝处理

（3）混凝土的浇筑方法

1）钢筋混凝土框架结构的浇筑。

浇筑多层框架按分层分段施工，水平方向以结构平面的伸缩缝分段，垂直方向按结构层次分层。在每层中先浇筑柱和墙，在柱子和墙体浇捣完毕后，停歇 1~1.5 h，使柱和墙混凝土初步沉实后，再浇筑梁、板。梁板混凝土应同时浇筑，只有较大尺寸的梁（梁的高度大于1 m），才可先单独浇筑梁混凝土，水平施工缝设置在板下 20~30 mm 处。

柱子浇筑宜在梁板模板安装后，钢筋未绑扎前进行，浇筑一排柱的顺序应从两端同时开始，向中间推进，以免浇筑混凝土后由于模板吸水膨胀、断面增大而产生横向推力，最后使柱发生弯曲变形。

2）基础大体积混凝土浇筑。

混凝土结构物实体最小几何尺寸不小于 1 m 的大体量混凝土，或预计会因混凝土中胶凝材料水化引起的温度变化和收缩而导致有害裂缝产生的混凝土，称为大体积混凝土。

大体积混凝土结构多为工业建筑中的设备基础及高层建筑中厚大的桩基承台或基础底板等。混凝土浇筑面和浇筑量大，整体性要求高，不能留施工缝，浇筑后水泥的水化热量大且聚集在构件内部，形成较大的内外温差，易造成混凝土表面产生收缩裂缝甚至全截面贯通性裂缝。

①基础大体积混凝土浇筑方案。

大体积混凝土结构的浇筑方案，一般分为全面分层、斜面分层、分段分层三种，如图 4-59 所示。

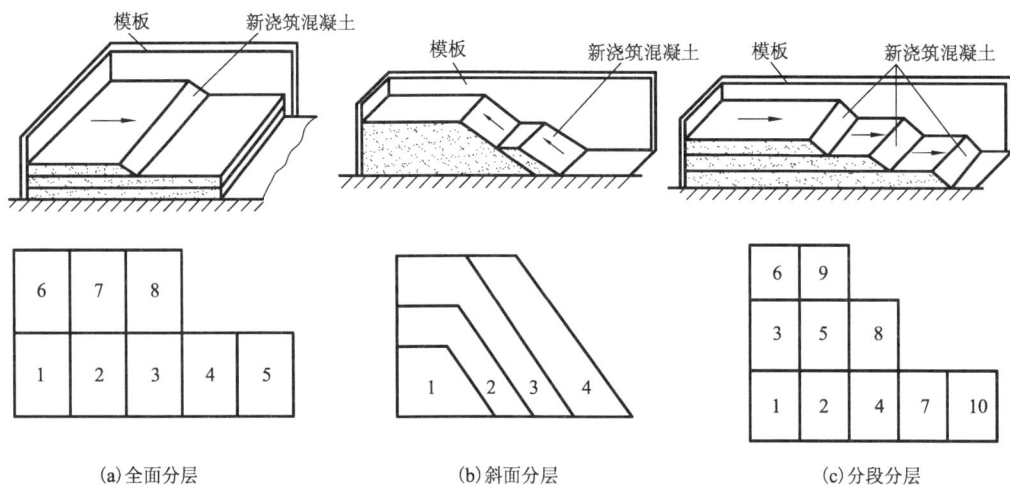

1, 2, …, 9, 10 表示混凝土浇筑顺序。

图 4-59 大体积混凝土浇筑方案

全面分层：第一层全面浇筑完毕，在初凝前回头浇筑第二层，施工时从短边开始，沿长边逐层进行。适用于平面尺寸不大的构件。

斜面分层：浇筑工作从浇筑层的下端开始，逐渐上移。要求斜坡坡度不大于 1/3。适用于结构长度超过厚度 3 倍的情况。

分段分层：混凝土从底层开始浇筑，进行 2~3 m 后再回头浇第二层，同样依次浇筑各层。适用于厚度不大而面积或长度较大的构件。

②大体积混凝土早期裂缝预防措施。

a.宜选用水化热较低的水泥，如矿渣水泥、火山灰或粉煤灰水泥；

b.掺缓凝剂或缓凝型减水剂，也可掺入适量粉煤灰等掺和料；

c.降低混凝土入模温度，可在砂、石堆场、运输设备上搭设简易遮阳装置或覆盖草包等隔热材料，采用低温水或冰水拌制混凝土；

d.扩大浇筑面和散热面，减少浇筑层厚度和浇筑速度，必要时在混凝土内部埋设冷却水管，用循环水来降低混凝土温度；

e.加强混凝土保温、保湿养护，严格控制大体积混凝土的内外温差，温差不宜超过25℃，故可采用草包、炉渣、砂、锯末、油布等不易透风的保温材料或蓄水养护，以减少混凝土表面的热扩散和延缓混凝土内部水化热的降温速率(混凝土浇筑体在入模温度基础上的温升不宜大于50℃，降温速率不宜大于2.0℃/d，混凝土表面与大气温差不宜大于20℃)。

5.混凝土密实成型

混凝土浇筑入模后，内部还存在很多空隙，为了使混凝土充满模板内的每一角落，而且具有足够的密实度，必须对混凝土在初凝前进行捣实成型，使混凝土构件外形及尺寸正确、表面平整、强度和其他性能符合设计及使用要求。

混凝土的振捣方式分为人工振捣和机械振捣两种。人工振捣是利用捣锤或插钎等工具的冲击力来使混凝土密实成型，其效率低、效果差；机械振捣是将振动器的振动力传给混凝土，使之发生强迫振动破坏水泥浆的凝胶结构，降低了水泥浆的黏度和骨料之间的摩擦力，提高了拌和物的流动性，使混凝土密实成型。其效率高、密度大、质量好。

混凝土振动机械按其工作方式分为内部振动器、表面振动器、外部振动器和振动台等，如图4-60所示。

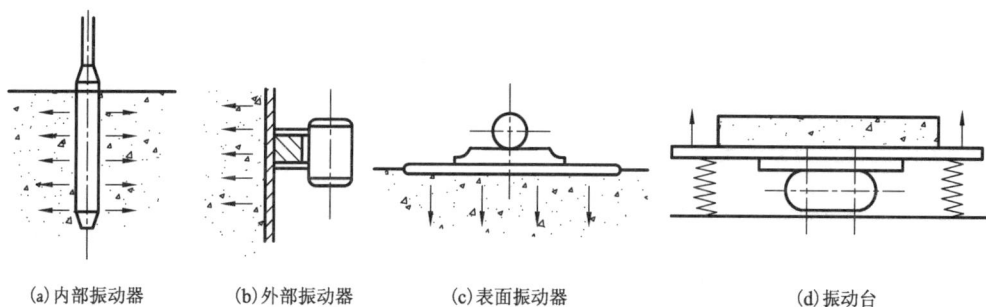

(a)内部振动器　　(b)外部振动器　　(c)表面振动器　　(d)振动台

图4-60 振动机械示意图

1)内部振动器(图4-61)又称插入式振动器。适用于振捣梁、柱、墙等构件和大体积混凝土(图4-62)。插入式振动器的操作要做到快插慢拔，插点均匀，逐点移动，顺序进行，不得遗漏，均匀振实。混凝土分层浇筑时，应将振动棒上下来回抽动50~100 mm；同时，还应将振动棒深入下层混凝土50 mm左右，以促使上下层混凝土结合成整体。每一振捣点的振捣延续时间，应使混凝土捣实(即表面呈现浮浆和不再沉落为宜)。捣实普通混凝土时插入式振动器的移动间距不宜大于作用半径的1.5倍。捣实轻骨料混凝土时的移动间距，不宜大于作用半径的1倍。振动器与模板的距离不应大于振动器作用半径的1/2，并应尽量避免碰撞钢筋、模板、预埋件等。

振动器插点的分布有行列式和交错式两种，如图4-63所示。

图 4-61　插入式振动器

图 4-62　混凝土振捣现场

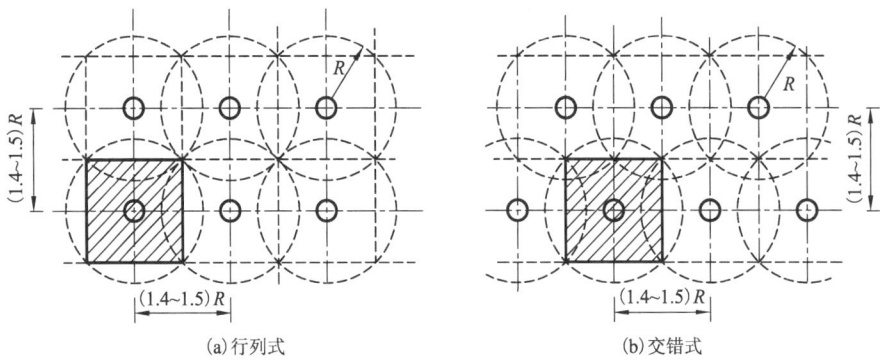

(a)行列式　　　　　　　　　　(b)交错式

图 4-63　插点的分布

2)表面振动器又称平板振动器(图 4-64),它是将电动机装上有左右两个偏心块固定在一块平板上而成的,其振动作用可直接传递到混凝土面层上。适用于振捣楼板、空心板、地面和薄壳等薄壁结构(图 4-65)。在无筋或单层钢筋结构中,每次振实的厚度不大于 250 mm;在双层钢筋的结构中,每次振实厚度不大于 120 mm。

图 4-64　平板振动器

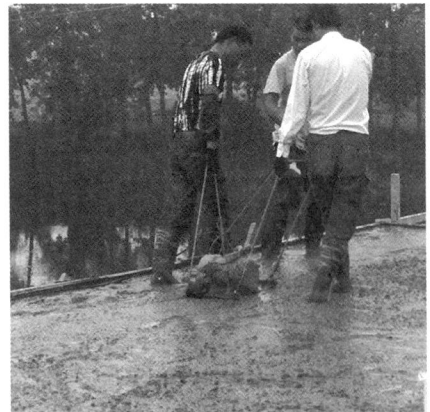

图 4-65　平板振动器应用现场

3)外部振动器又称附着式振动器(图4-66),它通过螺栓或夹钳等固定在模板外侧的横挡或竖挡上,振动力通过模板传给混凝土,使之振实。附着式振动器的设置间距应通过试验确定,在一般情况下,可每隔1~1.5 m设置一个。适用于振捣断面较小或钢筋较密的柱子、梁、板等构件(图4-67)。

图 4-66 附着式振动器

图 4-67 附着式振动器应用现场

4)振动台一般在预制厂用于振实干硬性混凝土和轻骨料混凝土。

6. 混凝土的养护

混凝土浇筑捣实后,逐渐凝固硬化,这个过程主要由水泥的水化作用来实现,而水化作用必须在适当的温度和湿度条件下才能完成。因此,为了保证混凝土有适宜的硬化条件,使其强度不断增长,必须对混凝土进行养护。混凝土养护方法分自然养护和人工养护。

(1)自然养护

自然养护是指在自然气温条件下(平均气温高于5℃),用适当的材料对混凝土表面进行覆盖、浇水、保温等养护措施,使水泥的水化作用在所需的适当温度和湿度条件下顺利进行。自然养护又可分为覆盖浇水养护和塑料薄膜养护两种。

1)覆盖浇水养护。

它是在混凝土浇筑完毕后的3~12 h内用草帘、麻袋、锯末等将混凝土覆盖,浇水保持湿润。普通水泥、硅酸盐水泥和矿渣水泥拌制的混凝土养护不少于7 d,掺用缓凝型外加剂和抗渗混凝土养护不少于14 d。每天浇水的次数以能保持混凝土具有足够的湿润状态为宜,当气温在15℃以上时,在混凝土浇筑后的最初3 d,白天至少每3 h浇水一次,夜间应浇水两次,以后每昼夜浇水三次左右。高温或干燥气候应适当增加浇水次数。

对于地坪、楼屋面板等大面积结构可采用蓄水养护方法;对于贮水池一类工程可在拆除内模后采用注水养护方法;对于地下基础工程可采取覆土养护。

2)塑料薄膜养护。

它是以塑料薄膜为覆盖物,使混凝土与空气隔绝,水分不再蒸发,水泥靠混凝土中的水分完成水化作用而凝结硬化。它改善施工条件,节省人工,节约用水,保证混凝土的养护质量。塑料薄膜养护可分为塑料布直接覆盖法和喷涂塑料薄膜养生液法。

①塑料布直接覆盖法。塑料布直接覆盖法是指用塑料薄膜布把混凝土表面敞露部分全部严密覆盖起来，保证混凝土在不失水的情况下得到充分的养护。其优点是不必浇水，操作方便，能重复使用，能提高混凝土的早期强度，加速模板的周转，见图4-68。

②喷涂塑料薄膜养生液法。喷涂塑料薄膜养生液法是指将塑料溶液喷涂在混凝土表面，溶液挥发后在混凝土表面结成一层塑料薄膜，使混凝土表面与空气隔绝，封闭混凝土内的水分不再被蒸发，从而完成水泥水化作用。这种养护方法一般适用于表面积大或浇水养护困难的情况。

图4-68　排桩塑料布直接覆盖法养护

（2）人工养护

人工养护就是用人工来控制混凝土的养护温度和湿度，使混凝土强度增长，如蒸汽养护、热水养护、太阳能养护等。主要用来养护预制构件，现浇构件大多用自然养护。

4.3.3　混凝土工程施工质量验收与评定方法

混凝土工程的施工质量检验应分主控项目、一般项目按规定的检验方法进行检验。检验批合格质量应符合下列规定：主控项目的质量经抽样检验合格；一般项目的质量经抽样检验合格；当采用计数检验时，除有专门要求外，一般项目的合格点率应达到80%及以上，且不得有严重缺陷；具有完整的施工操作依据和质量验收记录。

（1）主控项目。

1）水泥进场时应对其品种、级别、包装或散装仓号、出厂日期等进行检查，并应对其强度、安定性及其他必要的性能指标进行复验，其质量必须符合现行国家标准的要求。当在使用中对水泥质量有怀疑或水泥出厂超过三个月（快硬硅酸盐水泥超过一个月）时，应进行复验，并按复验结果使用。

钢筋混凝土结构、预应力混凝土结构中，严禁使用含氯化物的水泥。

检查数量：按同一生产厂家、同一等级、同一品种、同一批号且连续进场的水泥，袋装不超过200 t为一批，散装不超过500 t为一批，每批抽样不少于一次。

检验方法：检查产品合格证、出厂检验报告和进场复验报告。

2）混凝土中掺用外加剂的质量及应用技术应符合现行国家标准和有关环境保护的规定。预应力混凝土结构中，严禁使用含氯化物的外加剂。钢筋混凝土结构中，当使用含氯化物的外加剂时，混凝土中氯化物的总含量应符合现行国家标准的规定。

检查数量：按进场的批次和产品的抽样检验方案确定。

检验方法：检查产品合格证、出厂检验报告和进场复验报告。

3)混凝土强度等级、耐久性和工作性等应按《普通混凝土配合比设计规程》(JGJ 55—2011)的有关规定进行配合比设计。对有特殊要求的混凝土,其配合比设计尚应符合国家现行有关标准的专门规定。

检验方法:检查配合比设计数据。

4)结构混凝土的强度等级必须符合设计要求。用于检查结构构件混凝土强度的试件,应在混凝土的浇筑地点随机抽取。取样与试件留置应符合下列规定:

每拌制100盘且不超过100 m³的同配合比的混凝土,取样不得少于一次;每工作班拌制的同一配合比的混凝土不足100盘时,取样不得少于一次;当一次连续浇筑超过1000 m³时,同一配合比的混凝土每200 m³取样不得少于一次;每一楼层、同一配合比的混凝土,取样不得少于一次;每次取样应至少留置一组标准养护试件,同条件养护试件的留置组数应根据实际需要确定。

检验方法:检查施工记录及试件强度试验报告。

5)对有抗渗要求的混凝土结构,其混凝土试件应在浇筑地点随机取样。同一工程、同一配合比的混凝土,取样不应少于一次,留置组数可根据实际需要确定。

检验方法:检查试件抗渗试验报告。

6)混凝土原材料每盘称量的偏差应符合规定。水泥、掺和料为±5%;粗、细骨料为±3%;水、外加剂为±2%。

检查数量:每工作班抽查不应少于一次。当遇雨天或含水率有显著变化时,应增加含水率检测次数,并及时调整水和骨料的用量。

检验方法:复称。

7)混凝土运输、浇筑及间歇的全部时间不应超过混凝土的初凝时间。同一施工段的混凝土应连续浇筑,并应在底层混凝土初凝之前将上一层混凝土浇筑完毕。

当底层混凝土初凝后浇筑上一层混凝土时,应按施工技术方案中对施工缝的要求进行处理。

检查数量:全数检查。

检验方法:观察,检查施工记录。

8)现浇结构的外观质量不应有严重缺陷。对已经出现的严重缺陷,应由施工单位提出技术处理方案,并经监理(建设)单位认可后进行处理。对经处理的部位,应重新检查验收。

检查数量:全数检查。

检查方法:观察,检查技术处理方案。

9)现浇结构不应有影响结构性能和使用功能的尺寸偏差。对超过尺寸允许偏差且影响结构性能和安装、使用功能的部位,应由施工单位提出技术处理方案,并经监理(建设)单位认可后进行处理。对经处理的部位,应重新检查验收。

检查数量:全数检查。

检验方法:量测,检查技术处理方案。

(2)一般项目

1)混凝土中掺用矿物掺和料,粗、细骨料及拌制混凝土用水的质量应符合现行国家标准的规定。

检查数量:按进场的批次和产品的抽样检验方案确定。

检验方法：检查出厂合格证和进场复验报告，粗、细骨料检查进场复验报告，拌制混凝土用水检查水质试验报告。

2）首次使用的混凝土配合比应进行开盘鉴定，其工作性应满足设计配合比的要求。开始生产时应至少留置一组标准养护试件，作为验证配合比的依据。

检验方法：检查开盘鉴定资料和试件强度试验报告。

3）混凝土拌制前，应测定砂、石含水率并根据测试结果调整材料用量，提出施工配合比。

检查数量：每工作班检查一次。

检验方法：检查含水率测试结果和施工配合比通知单。

4）施工缝、后浇带的位置应在混凝土浇筑前按设计要求和施工技术方案确定。施工缝处理、后浇带混凝土浇筑应按施工技术方案执行。

检查数量：全数检查。

检验方法：观察，检查施工记录。

5）现浇结构和混凝土设备基础拆模后的尺寸偏差应符合表 4-23 和表 4-24 的规定。

表 4-23 现浇结构尺寸的允许偏差和检验方法

项目		允许偏差/mm	检验方法
轴线位移	基础	15	尺量检查
	独立基础	10	
	柱、墙、梁	8	
	剪力墙	5	
标高	层高	± 10	用水平仪或拉线，钢尺检查
	全高	± 30	
截面尺寸		+8，-5	钢尺检查
垂直度	层高 ≤5 m	8	用经纬仪或吊线，钢尺检查
	层高 >5 m	10	
	全高(H)	$H/1000$ 且 ≤30	用经纬仪或吊线和尺量检查
表面平整度		8	用 2 m 靠尺和塞尺检查
预埋设施中心线位置	预埋件	10	钢尺检查
	预埋螺栓	5	
	预埋管	5	
预留洞中心线位置		15	钢尺检查
电梯井	井筒长、宽对定位中心线	+25，0	钢尺检查
	井筒全高(H)垂直度	$H/1000$ 且 ≤30	经纬仪，钢尺检查

注：检查轴线、中心线位置时，应沿纵、横两个方向量测，并取其中的较大值。

检查数量：按楼层、结构缝或施工段划分检验批。在同一检验批内，对梁、柱、独立基础，应抽查构件数量的 10%，且不少于 3 件；对墙和板，应按有代表性的自然间抽查 10%，且不少于 3 间；对大空间结构，墙可按相邻轴线间高度 5 m 左右划分检查面，板可按纵、横轴线划分检查面，抽查 10%，且均不少 3 面；对电梯井，应全数检查。对设备基础，应全数检查。

表 4-24　混凝土设备基础的允许偏差和检验方法

项目		允许偏差/mm	检验方法
坐标位置		20	钢尺检查
不同平面的标高		0, -20	用水平仪或拉线, 钢尺检查
平面外形尺寸		± 20	钢尺检查
凸台上平面外形尺寸		0, -20	
凹穴尺寸		+20, 0	
平面水平度	每米	5	水平尺、塞尺检查
	全长	10	用水平仪或拉线、钢尺检查
垂直度	每米	5	用经纬仪或吊线、钢尺检查
	全高	10	
预埋地脚螺栓	标高(顶高)	+20, 0	用水平仪或拉线、钢尺检查
	中心距	± 2	钢尺检查
预埋地脚螺栓孔	中心线位置	10	钢尺检查
	深度尺寸	+20, 0	钢尺检查
	孔垂直度	10	吊线, 钢尺检查
预埋活动地脚螺栓锚板	标高	+20, 0	用水平仪或拉线、钢尺检查
	中心线位置	5	钢尺检查
	带槽锚板平整度	5	钢尺, 塞尺检查
	带螺纹孔锚板平整度	2	

注：检查坐标、中心线位置时，应沿纵、横两个方向量测，并取其中的较大值。

4.3.4　混凝土的质量缺陷与修复

1. 混凝土质量缺陷

混凝土质量缺陷主要有蜂窝、麻面、露筋、孔洞、裂缝、缺棱掉角等。

1) 蜂窝。蜂窝是结构构件中形成有蜂窝状的窟窿，骨料间有空隙存在，如图 4-69 所示。其产生的原因为混凝土配合比不准确(浆少石多)、搅拌不匀、浇筑方法不当、振捣不合理、模板严重漏浆等。

2) 麻面。麻面是结构构件表面呈现无数的小凹点，而尚无钢筋暴露的现象，如图 4-70 所示。其产生的原因为模板内表面粗糙、未清理干净、润湿不足、模板拼缝不严密而漏浆、混凝土振捣不密实、气泡未排出及养护不良等。

图 4-69　蜂窝

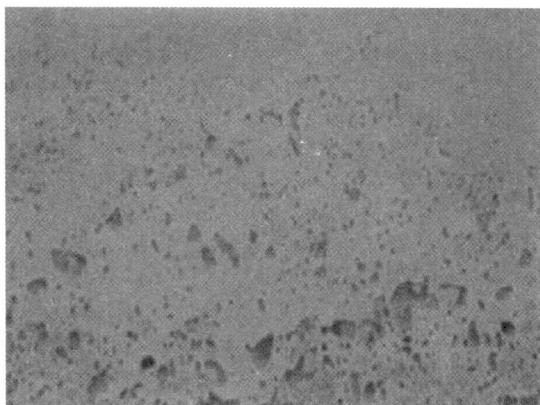

图 4-70　麻面

3）露筋。露筋（图 4-71）是浇筑混凝土时垫块移位甚至漏放，钢筋紧贴模板，或者混凝土保护层处漏振或振捣不密实而造成的。

4）孔洞。孔洞（图 4-72）是混凝土结构内存在空隙，局部地或全部地没有混凝土。其产生的原因为混凝土捣空、振捣不到位、砂浆严重分离、石子成堆、砂子和水泥分离等；另外，有泥块等杂物掺入也会形成孔洞。

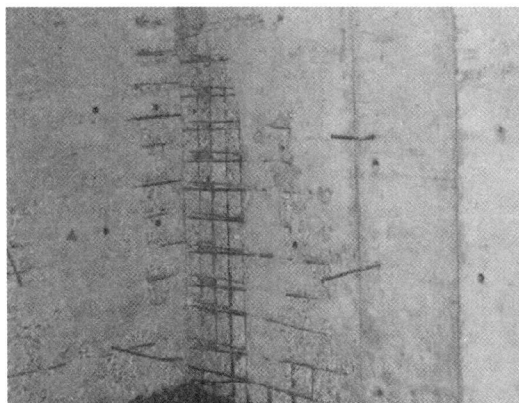

图 4-71　露筋

图 4-72　孔洞

5）裂缝。裂缝有温度裂缝、干缩裂缝和外力引起的裂缝三种。其产生的原因主要为：结构和构件下的地基产生不均匀沉降；模板、支撑没有固定牢固；拆模时混凝土受到剧烈振动；环境或混凝土表面与内部温差过大；混凝土养护不良及其中水分蒸发过快等。

6）缺棱掉角。缺棱掉角是指构件角边上的混凝土局部残损掉落。其产生的原因是混凝土浇筑前模板未充分湿润使棱角处混凝土中水分被模板吸去，水泥水化时水分不充分，强度降低，拆模时棱角损坏；另外，拆模过早或拆模后保护不好，也会造成棱角损坏。

2. 混凝土质量缺陷的修复

（1）表面抹浆修补

对数量不多的小蜂窝、麻面、露筋、露石的混凝土表面，主要是保护钢筋和混凝土不受侵蚀，可用钢丝刷或加压水洗刷基层，再用 1：2 至 1：2.5 水泥砂浆抹面修整。

（2）细石混凝土填补

1）当蜂窝比较严重或露筋较深时，应去掉不密实的混凝土和突出的骨料颗粒，用清水洗净并充分湿润后，再用比原强度等级高一级的细石混凝土填补并仔细捣实。

2）对孔洞事故的补强。可在旧混凝土表面采用处理施工缝的方法处理，将孔洞处疏松的混凝土和突出的石子剔凿掉，孔洞顶部要凿成斜面，避免形成死角，然后用水冲洗干净，保持润湿 72 h 后，用比原强度等级高一级的细石混凝土填补捣实。

（3）水泥灌浆与化学灌浆

对于影响结构承载力或者防水、防渗性能的裂缝，为恢复结构的整体性和抗渗性，应根据裂缝的宽度、性质和施工条件等，采用水泥灌浆与化学灌浆的方法予以修补。一般对宽度大于 0.5 mm 的裂缝，宜采用水泥灌浆；对宽度小于 0.5 mm 的裂缝，宜采用化学灌浆。化学灌浆所用的灌浆材料，应根据裂缝的性质、缝宽和干燥情况选用。作为补强的灌浆材料，常用的有环氧树脂浆液（能修补缝宽 0.2 mm 以上的裂缝）和甲凝（能修补缝宽 0.05 mm 以上的细微裂缝）等。作为防渗堵漏用的灌浆材料，常用的有丙凝（能修补缝宽 0.01 mm 以上的裂缝）和聚氨酯（能修补缝宽 0.015 mm 以上的裂缝）。

4.4　钢筋混凝土预制构件

对于尺寸大、重量大的预制构件，一般在现场就地制作，可避免繁重的运输，如工业厂房的柱子、屋架等。对于批量大、定型设计的中小型构件，一般在预制厂集中制作，如空心板、吊车梁、大型屋面板等。

4.4.1　预制混凝土构件制作

预制构件的制作过程包括模板的制作与安装，钢筋的制作与安装，混凝土的制备、运输，构件的浇筑振捣和养护，脱模与堆放等。

根据生产过程中组织构件成型和养护的不同特点，预制构件制作工艺可分为台座法、机组流水法和传送带法三种。

4.4.2　预制构件的成型

预制构件成型常用的振捣方法有振动法、挤压法、离心法、真空作业法等。

1. 振动法

用台座法制作构件，使用插入式振动器和表面振动器振捣。用机组流水法（图 4-73）和传送带法制作构件，则用振动台振实。振动台（图 4-74）是一个支承在弹性支座上的用型钢焊成的框架平台，平台下装设偏心块构成振动机构。振动时，须将模板牢固地固定在振动台上，否则，模板的振幅和频率将小于振动台的振幅和频率。最方便的固定方法是利用电磁块。

图 4-73 混凝土预制构件生产线

图 4-74 振动台

2. 挤压法

用螺旋挤压成型机(简称挤压机，图 4-75)生产预应力混凝土圆孔板的工艺日趋完善。挤压机工作原理是用旋转铰刀把料斗漏下的混凝土向后挤送，在挤送过程中，由于受到振动器的振动和已成型的混凝土空心板的阻力(反作用力)而被挤压密实，挤压机也在反作用力的作用下沿着与挤压方向相反的方向被推动自行前进，在挤压机后面即形成一条连续的预应力混凝土空心板带。用挤压法连续生产空心板有两种切断方法：一种是在混凝土达到可以放松预应力筋的强度时，用钢筋混凝土切割机整体切断；另一种是在混凝土初凝前用灰铲手工操作或用气割法、水冲法把混凝土切断。

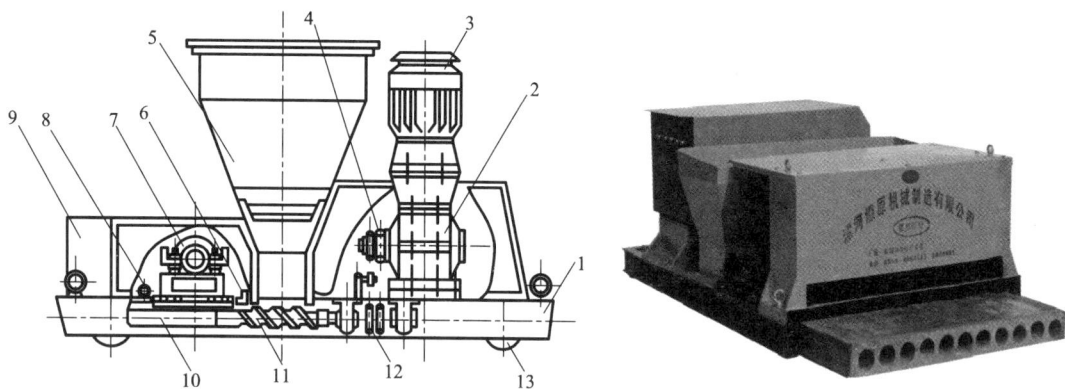

1—机架及行模；2—减速箱；3—立式主机；4—上传动链轮；5—受料斗；6—强制板；7—振动器；
8—抹光板；9—配重；10—成形管；11—螺旋铰刀；12—下传动链轮；13—导轮。

图 4-75 混凝土圆孔板挤压机构造示意图

3. 离心法

离心法是将装有混凝土的模板放在离心机(图 4-76)上，使模板以一定转速绕自身的纵轴旋转，模板内的混凝土由于离心力作用而远离纵轴，均匀分布于模板内壁，并将混凝土中的部分水分挤出，使混凝土密实。离心法一般用于管道、电杆、桩等具有圆形空腔构件的制作。

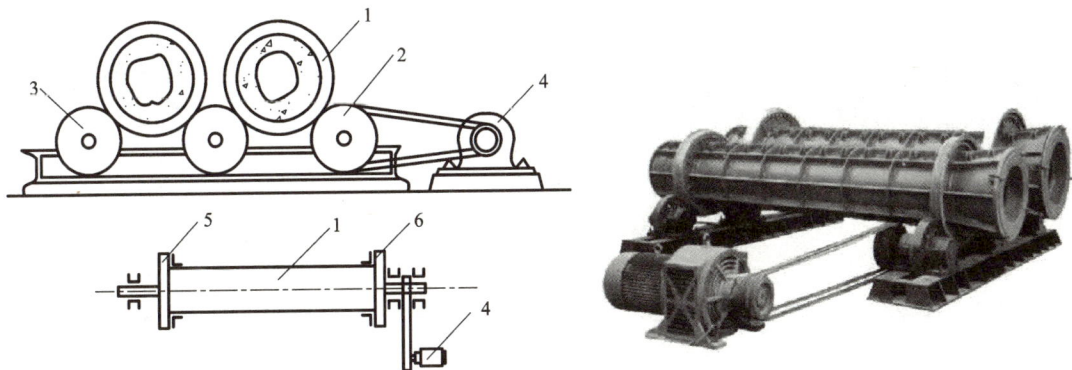

1—模板；2—主动轮；3—从动轮；4—电动机；5、6—卡盘。

图 4-76　离心机构造示意图

4.4.3　预制构件养护

目前，预制构件的养护方法有自然养护、蒸汽养护、热拌混凝土热模养护、太阳能养护、远红外线养护等。自然养护成本低，简单易行，但养护时间长，模板周转率低，占用场地大，我国南方地区的台座法生产多用自然养护。蒸汽养护可缩短养护时间，模板周转率相应提高，占用场地大大减少。

蒸汽养护(图 4-77)是将构件放置在有饱和蒸汽或蒸汽与空气混合物的养护室内，在较高温度和湿度的环境中进行养护，以加速混凝土的硬化，使之在较短的时间内达到规定的强度标准值。蒸汽养护的过程可分为静停、升温、恒温、降温等四个阶段。T 形梁蒸汽养护现场如图 4-78 所示。

图 4-77　室内蒸汽养护

图 4-78　T 形梁蒸汽养护

4.5 混凝土结构工程施工的安全技术

混凝土结构工程在建筑施工中，工程量大、工期较长，且需要的设备、工具多，施工中稍有不慎，就会造成质量安全事故。因此必须根据工程的建筑特征、场地条件、施工条件、技术要求和安全生产的需要，拟订施工安全的技术措施，明确施工的技术要求和制定安全技术措施，预防可能发生的质量安全事故。

为了科学地评价建筑施工安全生产情况，提高安全生产工作的管理水平，预防事故的发生，实现安全检查工作的标准化、规模化，原建设部制定了《建筑施工安全检查标准》（JGJ 59—2011）。该标准主要采用安全系统工程原理，结合建筑施工中伤亡事故规律，依据国家有关安全法规、条例、标准和规程而编制。详细可参考有关施工规范。混凝土结构工程施工安全，一般可从以下几方面考虑。

4.5.1 模板施工安全技术

1）单位工程负责人、项目安全员，应按施工组织设计中有关模板支撑系统的要求，向搭设和使用人员进行安全技术交底。

2）施工人员进入施工现场上岗时必须穿戴好安全帽、安全带、防滑鞋等个人防护用品。

3）工作前应先检查使用的工具是否牢固，扳手等工具必须用绳链系挂在身上，以免掉落伤人。工作时要思想集中，防止钉子扎脚和空中滑落事故。

4）高空、复杂结构模板的安装与拆除，事先应有切实可行的施工方案和可靠的安全措施。

5）遇六级以上大风时，应暂停室外的高空作业，雪、霜、雨后应先清扫施工现场，略干后不滑时再进行工作。

6）二人抬运模板时要互相配合、协同工作。传递模板、工具应用运输工具或绳子系牢后升降，不得乱扔。装拆时，上下应有人接应，钢模板及配件应随装随拆运送，严禁从高处掷下。高空拆模时，应有专人指挥，并在下面标出工作区，用绳子和红白旗加以围拦，暂停人员过往。

7）不得在脚手架上堆放大批模板等材料。

8）支撑、牵杠等不得搭在门框架和脚手架上。通路中间的斜撑、拉杠等应设在 1.8 m 高以上。

9）支模过程中，如需中途停歇，应将支撑、搭头、柱头板等钉牢。拆模间歇应将已活动的模板、牵杠等运走或妥善堆放，防止因扶空、踏空而坠落。

10）模板上有预留洞者，应在安装后将孔洞口盖好。混凝土板上的预留洞，应在模板拆除后随即将洞口盖好。

11）在浇捣混凝土时，应有专人负责对支架的不间断检查。支架检查人员对支架安全有怀疑时，有权决定继续施工或停止施工，混凝土浇捣人员必须无条件听从支架检查人员的决定。

12）现浇模板及其支架拆除时的混凝土强度应符合设计要求，必须经项目部技术负责人、监理工程师审批签字后，方可实施。单位工程负责人必须对拆除施工人员进行技术交底和班前教育。

13）拆除顺序与搭设顺序相反，应从上到下逐步拆除，严禁上下同时作业。拆模时不要用力过猛过急，拆除的模板及配件应有专人接应传递并分散堆放，不得对楼层形成冲击荷载，严禁高空抛掷。

14）拆除模板一般用长撬棍。操作人员应站在安全处，以免发生安全事故，人不许站在正在拆除的模板上。在拆除楼板模板时，要注意整块模板掉下，尤其是用定型模板做平台模板时，更要注意，拆模人员要站在门窗洞口外拉支撑，防止模板突然全部掉落伤人。

15）在组合钢模板上架设的电线和使用电动工具，应用 36 V 低压电源或采取其他有效措施。

4.5.2　钢筋加工安全技术

1. 钢筋加工使用的夹具、台座、机械要求

1）机械的安装必须坚实稳固，保持水平位置。固定式机械应有可靠的基础，移动式机械作业时应楔紧行走轮。

2）室外作业应设置机棚，机旁应有堆放原料、半成品的场地。

3）加工较长的钢筋时，应有专人帮扶，并听从操作人员指挥，不得随意推拉。

4）作业后，应堆放好成品、清理场地、切断电源、锁好电闸。

对钢筋进行冷拉、冷拔及预应力筋加工，还应严格地遵守有关规定。

2. 焊接应遵守的规定

1）焊机必须接地，以保证操作人员安全，对于焊接导线及焊钳接导处，都应可靠的绝缘。

2）大量焊接时，焊接变压器不得超负荷，变压器升温不得超过 60℃。

3）点焊、对焊时，必须开放冷却水，焊机出水温度不得超过 40℃，排水量应符合要求。天冷时应放尽焊机内存水，以免冻塞。

4）对焊机闪光区域，须设铁皮隔挡。焊接时禁止其他人员停留在闪光区范围内，以防火花烫伤。焊机工作范围内严禁堆放易燃物品，以免引起火灾。

5）室内操作电弧焊时，应有排气装置。焊工操作地点相互之间应设挡板，以防弧光刺伤眼睛。

4.5.3　混凝土施工安全技术

1. 垂直运输设备的规定

1）垂直运输设备，应有完善可靠的安全保护装置（如起重量及提升高度的限制、制动、防滑、信号等装置及紧急开关等），严禁使用安全保护装置不完善的垂直运输设备。

2）垂直运输设备安装完毕后，应按出厂说明书要求进行无负荷、静负荷、动负荷及安全保护装置的可靠性实验，并经有关部门检验合格后方可使用。

3）对垂直运输设备应建立定期检修和保养责任制。

4）操作垂直运输设备的司机，必须通过专业培训。考核合格后持证上岗，严禁无证人员操作垂直运输设备。

5）操作垂直运输设备，在有下列情况之一时，不得操作设备。

①司机与起重机之间视线不清、夜间照明不足，而又无可靠的信号和自动停车、限位等

安全装置。

②设备的传动机构、制动机构、安全保护装置有故障,问题不清,动作不灵。

③电气设备无接地或接地不良、电气线路有漏电。

④超负荷或超定员。

⑤无明确统一信号和操作规程。

2. 混凝土机械

(1)混凝土搅拌机的安全规定

1)进料时,严禁将头或手伸入料斗与机架之间察看或探摸进料情况,运转中不得用手或工具等物伸入搅拌筒内扒料出料。

2)料斗升起时,严禁在其下方工作或穿行。料坑底部要设料斗枕垫,清理料坑时将料斗用链条扣牢。

3)向搅拌筒内加料应在运转中进行;添加新料必须先将搅拌机内原有的混凝土全部卸出来才能进行。不得中途停机或在满载荷时启动搅拌机,反转出料者除外。

4)作业中,如发生故障不能继续运转时,应立即切断电源,将筒内的混凝土清除干净,然后进行检修。

(2)混凝土泵送设备作业的安全事项

1)支腿应全部伸出并支固,未支固前不得启动布料杆。布料杆升离支架后方可回转。布料杆伸出时应按顺序进行。严禁用布料杆起吊或拖拉物件。

2)当布料杆处于全伸状态时,严禁移动车身。作业中需要移动时,应将上段布料杆折叠固定,移动速度不超过 10 km/h。布料杆不得使用超过规定直径的配管,装接的软管应系防脱安全绳带。

3)应随时监视各种仪表和指示灯,发现不正常应及时调整或处理。如出现输送管道堵塞时,应进行逆向运转使混凝土返回料斗,必要时应拆管排除堵塞。

4)泵送工作应连续作业,必须暂停时应每隔 5~10 min(冬季 3~5 min)泵送一次。若停止较长时间后泵送时,应逆向运转一至两个行程,然后顺向泵送。泵送时料斗内应保持一定量的混凝土,不得吸空。

5)应保持储满清水,发现水质混浊并有较多砂粒时应及时检查处理。

6)泵送系统受压力时,不得开启任何输送管道和液压管道。液压系统的安全阀不得任意调整,蓄能器只能充入氮气。

(3)混凝土振捣器的使用规定

1)使用前应检查各部件是否连接牢固,旋转方向是否正确。

2)振捣器不得放在初凝的混凝土、地板、脚手架、道路和干硬的地面上进行试振。维修或作业间断时,应切断电源。

3)插入式振捣器软轴的弯曲半径不得小于 50 cm,并不多于两个弯,操作时振动棒应自然垂直地沉入混凝土,不得用力硬插、斜推或使钢筋夹住棒头,也不得全部插入混凝土中。

4)振捣器应保持清洁,不得有混凝土黏结在电动机外壳上妨碍散热。

5)作业转移时,电动机的导线应保持有足够的长度和松度。严禁用电源线拖拉振捣器。

6)用绳拉平板振捣器时,绳应干燥绝缘,移动或转向时不得用脚踢电动机。

7)振捣器与平板应保持紧固,电源线必须固定在平板上,电器开关应装在手把上。

8)在一个构件上同时使用几台附着式振捣器工作时,所有振捣器的频率必须相同。

9)操作人员必须穿戴绝缘手套。

10)作业后,必须做好清洗、保养工作。振捣器要放在干燥处。

质量与安全事故

复习思考题

1. 简述模板的作用。对模板用支架的基本要求有哪些?模板有哪些类型?各有何特点?适用范围怎样?

2. 试述基础、梁、柱、楼板模板的构造及安装要求。

3. 模板安装的程序是怎样的?包括哪些内容?应注意哪些事项?

4. 试述滑升模板的工作原理、适用范围及其特点。

5. 什么是大模板?大模板是怎样构成的?

6. 试述模板的拆除时间要求和拆模顺序。拆除时要注意哪些事项?

7. 钢筋闪光对焊工艺有几种?如何选用?质量检查包括哪些内容?

8. 电弧焊接头有哪几种形式?如何选用?质量检查内容有哪些?

9. 钢筋机械连接的方式有几种?与其他形式的钢筋连接相比,机械连接有何优点?

10. 钢筋配料时,钢筋的下料长度是如何计算的?什么是钢筋的外包尺寸?量度差值和弯钩增加长度是如何计算的?

11. 在现场施工中,钢筋可能出现哪几种代换的方式?它们是根据什么原则进行代换的?

12. 简述钢筋加工工序和绑扎、安装要求。绑扎接头、焊接接头、机械连接接头有何规定?

13. 钢筋工程检查验收内容包括哪些方面?应注意哪些问题?

14. 混凝土运输有哪些要求?有哪些运输工具?各适用于何种情况?

15. 混凝土浇筑前对模板、钢筋应做哪些检查?

16. 在混凝土施工中为什么要对其试验室配合比进行调整?如何调整?

17. 什么是施工缝?留设位置怎样?继续浇筑混凝土时,对施工缝有何要求?如何处理?

18. 什么是大体积混凝土?大体积混凝土浇筑方法有哪些?

19. 大体积混凝土早期裂缝预防措施有哪些?

20. 什么是混凝土的自然养护?自然养护有哪些方法?

21. 混凝土质量检查包括哪些内容?对试块制作有哪些规定?

习 题

1. 某混凝土试验室配合比为 1:2.12:4.37,水灰比为 0.60,每 m^3 混凝土水泥用量为 300 kg,实测现场砂含水率4%,石含水率2%。

试求:

①施工配合比是多少?

②当用 250 L(出料容量)搅拌机搅拌时,每拌一次投料需水泥、砂、石、水各多少?

2. 某梁设计主筋为 3 根 HRB335 级直径为 20 mm 的钢筋($f_{y1} = 310 \text{ N/mm}^2$)，今现场无该种钢筋，拟用 HPB300 级直径为 25 mm 的钢筋($f_{y2} = 270 \text{ N/mm}^2$)代换，试计算需几根钢筋？若用直径为 20 mm 钢筋代换($f_{y2} = 270 \text{ N/mm}^2$)，当梁宽为 250 mm 时，钢筋按一排布置能排下否？

3. 某框架建筑结构，抗震等级为 4 级，共有 10 根编号 KL1 的框架梁，其配筋如图 4-79 所示，混凝土强度等级为 C30，柱截面尺寸为 500 mm × 500 mm。试计算该梁钢筋下料长度并编制配料单。

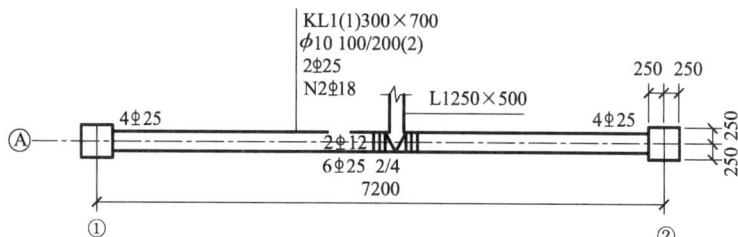

(a) 框架梁、柱局部平面图

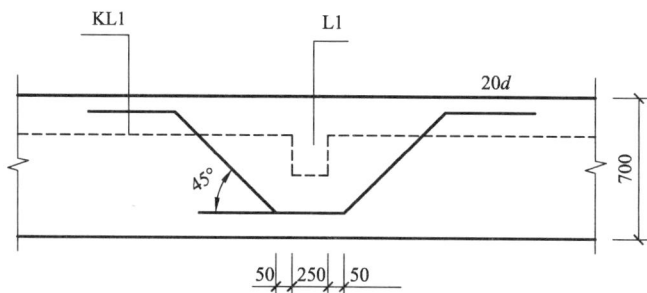

(b) 附加吊筋构造图

图 4-79　框架梁配筋图

模块五

预应力混凝土工程

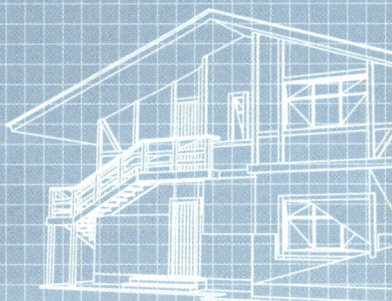

教学目标　　了解预应力混凝土的工作原理；了解先张法台座的类型、预应力值建立和传递原理；掌握张拉程序、张拉力控制和放张方法；掌握先张法、后张法的施工工艺；了解锚夹具类型及张拉设备；熟悉无黏结预应力筋的施工工艺；掌握预应力混凝土工程质量检验和质量控制的方法；掌握预应力混凝土工程施工的安全技术。

技能抽查要求　　能进行预应力混凝土工程的质量检验；能编制预应力混凝土工程的施工方案。

企业八大员岗位资格考试要求　　掌握先张法、后张法（包括有黏结与无黏结）施工工艺；掌握预应力混凝土工程施工质量与安全要求。

　　预应力混凝土的概念是在19世纪末提出的，但早期的试验并不成功，低值的预应力很快在混凝土收缩与徐变后丧失。直到1928年，法国工程师弗莱西奈（E. Freyssinet）在对混凝土和钢材性能进行大量研究和总结后，指出了预应力混凝土必须采用高强钢材和高强混凝土，从而使预应力混凝土在理论上有了关键性突破，其后这些技术在全世界范围内得到了广泛推广。

　　在荷载作用下，普通钢筋混凝土构件的抗拉极限应变只有 $0.0001 \sim 0.00015$（每米只能拉长 $0.1 \sim 0.15$ mm，超过后就会出现裂缝）。构件混凝土受拉不开裂时，构件中受拉钢筋的应力只能达到 $20 \sim 30$ MPa；即使允许出现裂缝的构件，因受裂缝宽度限制，受拉钢筋的应力也仅达到 $150 \sim 250$ MPa，钢筋的抗拉强度未能充分发挥。为了避免普通钢筋混凝土过早出现裂缝，充分利用高强度钢筋及高强度混凝土，预应力混凝土是解决这一问题的有效方法。即在构件承受外荷载前，在构件的受拉区域，通过对钢筋进行张拉后将钢筋的回弹力施加给混凝土，使混凝土受到一个预压应力，构件在使用阶段外荷载作用下产生的拉应力，首先要抵消预压应力，然后随着外力的增加，混凝土才逐渐被拉伸，这就推迟了混凝土裂缝的出现并限制了裂缝的发展，从而达到提高构件抗裂度和刚度的目的。这种利用钢筋对受拉区混凝土施加预压应力的钢筋混凝土，称为预应力混凝土。

　　与普通钢筋混凝土相比，预应力混凝土具有以下特点：

　　1）可有效地利用高强钢材，提高使用荷载下结构的抗裂性和刚度。

2)构件截面尺寸减小，能减轻自重，节约材料（可节约钢材 40% ~ 50%，混凝土 20% ~ 40%）。

3)提高构件的耐久性。

4)在大开间、大跨度与重荷载的结构中，具有良好的综合经济效益。

5)工序较多，制作工艺较复杂，且需要张拉机具和锚固装置，操作要求较高。

预应力混凝土的分类：按预应力的大小，分为全预应力混凝土和部分预应力混凝土；按预应力筋与混凝土黏结方式不同，分为有黏结预应力混凝土和无黏结预应力混凝土；按施工方式不同，分为预制预应力混凝土、现浇预应力混凝土和叠合预应力混凝土等；按钢筋的张拉方法不同，分为机械张拉（液压或电动螺杆）和电热张拉；按施加预应力的顺序不同，分为先张法和后张法。

5.1 先张法

先张法的主要施工工序为：在台座上张拉预应力筋至预定长度后，将预应力筋固定在台座的传力架上；然后在张拉好的预应力筋周围浇筑混凝土；待混凝土达到一定的强度后（约为混凝土设计强度的 75%）切断预应力筋。预应力筋的弹性回缩，使得与预应力筋黏结在一起的混凝土受到预压作用。因此，先张法是靠预应力筋与混凝土之间的黏结力来传递预应力的。先张法施工过程如图 5-1 所示。

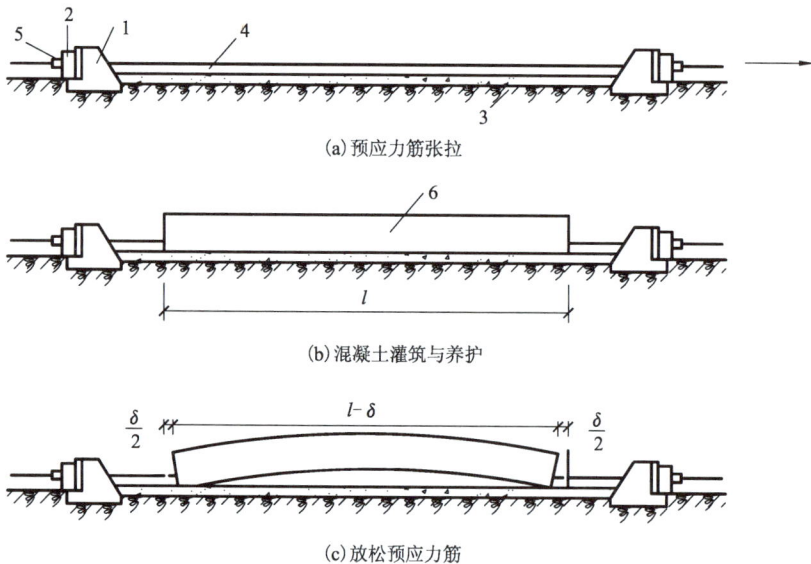

(a) 预应力筋张拉

(b) 混凝土灌筑与养护

(c) 放松预应力筋

1—台座承力结构；2—横梁；3—台面；4—预应力筋；5—锚固夹具；6—混凝土构件。

图 5-1 先张法施工过程

5.1.1 张拉设备与夹具

1. 台座

台座在先张法构件生产中是主要的承力构件，它在生产预应力混凝土构件时，预应力筋锚固在台座横梁上，台座承受全部预应力的拉力。因此，台座应有足够的承载能力、刚度和稳定性，以避免台座变形、倾覆和滑移而引起的预应力损失，从而确保先张法生产构件的质量。

　　根据构造形式的不同，台座可分为墩式台座、槽式台座等。选用时应根据构件种类、张拉力大小和施工条件确定。

（1）墩式台座

以混凝土墩做承力结构的台座称为墩式台座，一般用于生产中小型构件，如空心板和平板等。墩式台座由承力台墩、台面和横梁三部分组成，如图5-2和图5-3所示。

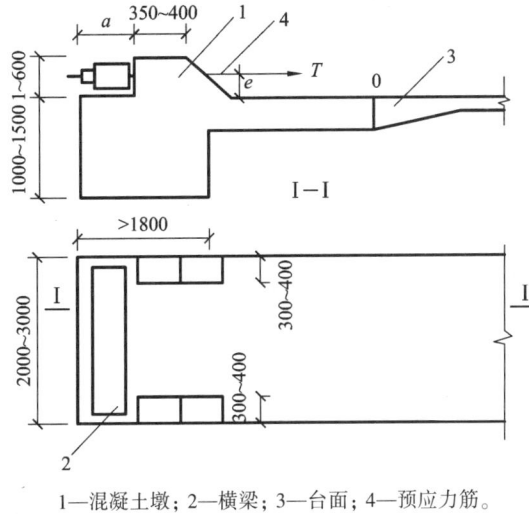

1—混凝土墩；2—横梁；3—台面；4—预应力筋。

图5-2　墩式台座结构图

图5-3　墩式台座实景图

（2）槽式台座

槽式台座是由钢筋混凝土压杆，上、下横梁及台面组成，如图5-4所示。它既可承受张拉力，又可做蒸汽养护槽，适用于生产吊车梁、屋架和箱梁等预应力混凝土构件。

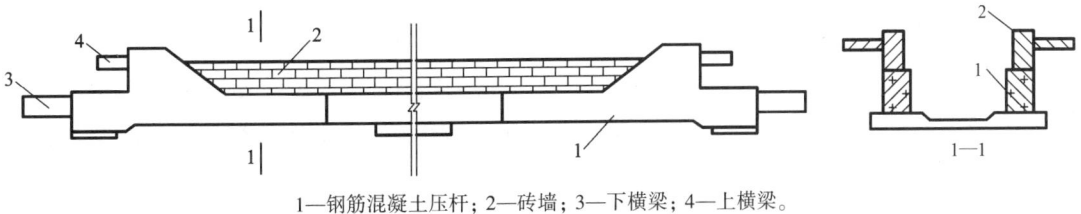

1—钢筋混凝土压杆；2—砖墙；3—下横梁；4—上横梁。

图5-4　槽式台座

2. 夹具

夹具是预应力筋张拉和临时固定的锚固装置。要求夹具工作可靠、加工方便和成本低并能多次重复使用。按其用途不同分为锚固夹具和张拉夹具。

（1）锚固夹具

1）钢质锥形夹具。

钢质锥形夹具主要用来锚固直径为 3~5 mm 的单根钢丝夹具。如图 5-5 所示。

2）镦头夹具。

镦头夹具适用于预应力钢丝固定端的锚固。如图 5-6 所示。

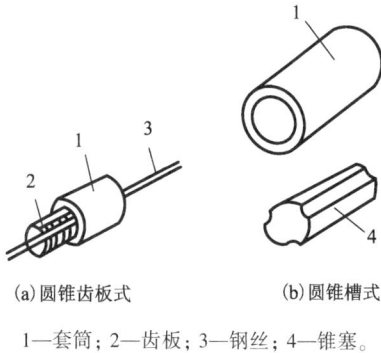

<table>
<tr><td>（a）圆锥齿板式</td><td>（b）圆锥槽式</td></tr>
</table>

1—套筒；2—齿板；3—钢丝；4—锥塞。

图 5-5　钢质锥形夹具

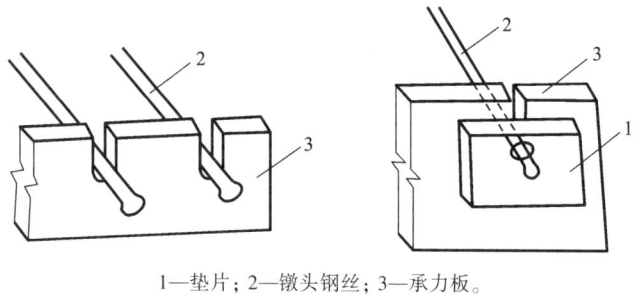

1—垫片；2—镦头钢丝；3—承力板。

图 5-6　固定端镦头夹具

（2）张拉夹具

张拉夹具是将预应力筋与张拉机械连接起来进行预应力张拉的工具。常用的张拉夹具有月牙形夹具、偏心式夹具和楔形夹具等，如图 5-7 所示。

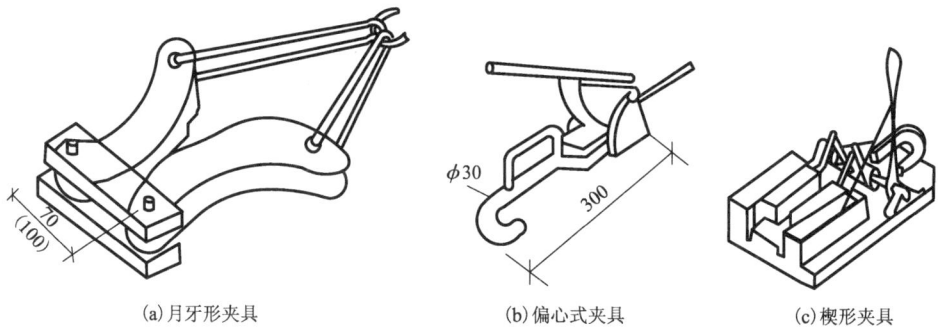

<table>
<tr><td>（a）月牙形夹具</td><td>（b）偏心式夹具</td><td>（c）楔形夹具</td></tr>
</table>

图 5-7　钢丝的张拉夹具

3. 张拉机械

张拉机械分为电动张拉和液压张拉两类。电动张拉多用于先张法。液压张拉既可用于先张法，也可用于后张法。张拉机械要求工作可靠，控制应力准确，能以稳定的速率加大拉力。

（1）穿心式千斤顶

张拉直径 12~20 mm 的单根钢筋、钢绞线或小型钢丝束，可用 YC-20 型穿心式千斤顶，如图 5-8 所示。

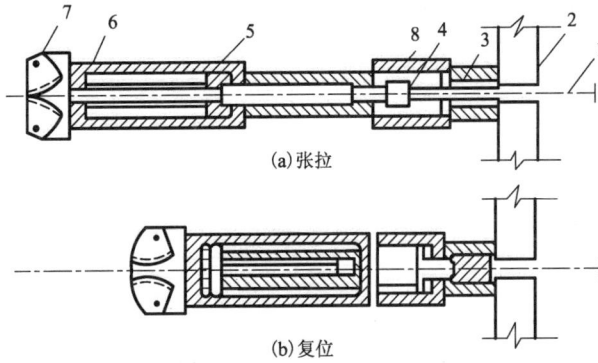

1—钢筋；2—台座；3—穿心式夹具；4—弹性顶压头；5、6—油嘴；7—偏心式夹具；8—弹簧。

图 5-8 YC-20 型穿心式千斤顶

（2）电动螺杆张拉机

电动螺杆张拉机主要用于预制厂长线台座上张拉钢丝。

DL-1 型电动螺杆张拉机的构造见图 5-9。其工作原理：电动机正向或反向转动时，通过减速箱带动螺母旋转，螺母即推动螺杆沿轴向做往复直线运动。弹簧测力计上装有计量标尺和微动开关，当张拉力达到要求数值时，电动机能够自动停止转动。

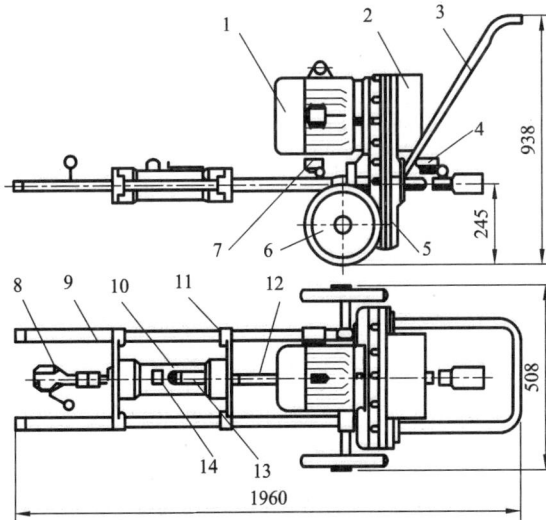

1—电动机；2—配电箱；3—手柄；4—前限位开关；5—减速箱；6—胶轮；7—后限位开关；8—钢丝钳；
9—支撑杆；10—测力计；11—滑动架；12—梯形螺杆；13—计量标尺；14—微动开关。

图 5-9 DL-1 型电动螺杆张拉机

电动螺杆张拉机操作时，按张拉力数值调整测力计标尺，将钢丝插入钢丝钳中夹住，开动电动机，螺杆向后运动，钢丝即被张拉。当达到张拉力数值时，电动机自动停止转动。锚固好钢丝后，使电动机反向旋转。此时，螺杆向前运动，放松钢丝，完成一次张拉操作。

（3）卷扬机

张拉机由电动卷扬机、杠杆测力装置及张拉夹具等组成，弹簧测力时，宜设行程开关，在张拉到规定的应力时，能自行停机，如图 5-10 所示。

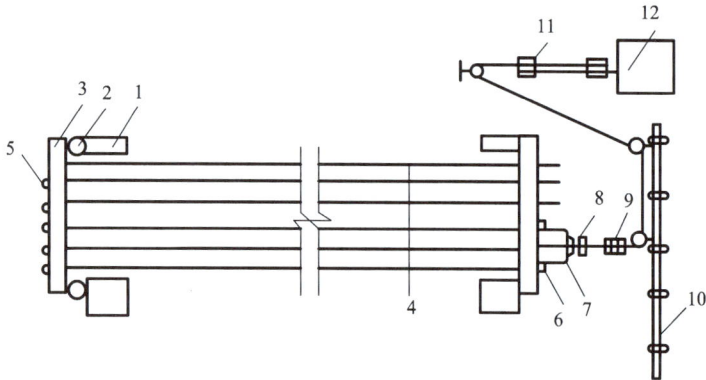

1—台座；2—放松装置；3—横梁；4—钢筋；5—镦头；6—垫块；7—销片夹具；8—张拉夹具；
9—弹簧测力计；10—固定梁；11—滑轮组；12—卷扬机。

图 5-10 用卷扬机张拉预应力筋

5.1.2 先张法施工工艺

1.先张法施工工艺流程

先张法施工工艺流程如图 5-11 所示。

先张法

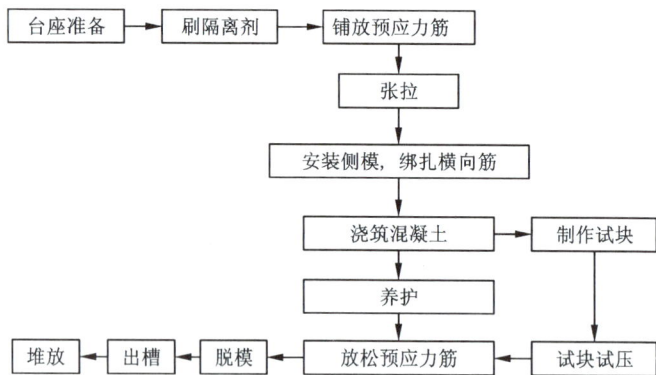

图 5-11 先张法施工工艺流程图

2.先张法施工要点

（1）预应力筋的铺设

为了便于脱模，在铺放预应力筋前，在长线台座台面（或胎模）上应先刷隔离剂。隔离剂不应污损钢丝，以免影响钢丝与混凝土的黏结。如果预应力筋遭受污染，应使用适当的溶剂清洗干净。在生产过程中,应防止雨水冲刷掉台面上的隔离剂。预应力钢丝和钢绞线下料,应采用砂轮切割机,不得采用电弧切割。

预应力钢丝宜用牵引车铺设。如遇钢丝需要接长,可借助于钢丝拼接器,用 20～22 号镀锌钢丝密排绑扎,如图 5-12 所示。

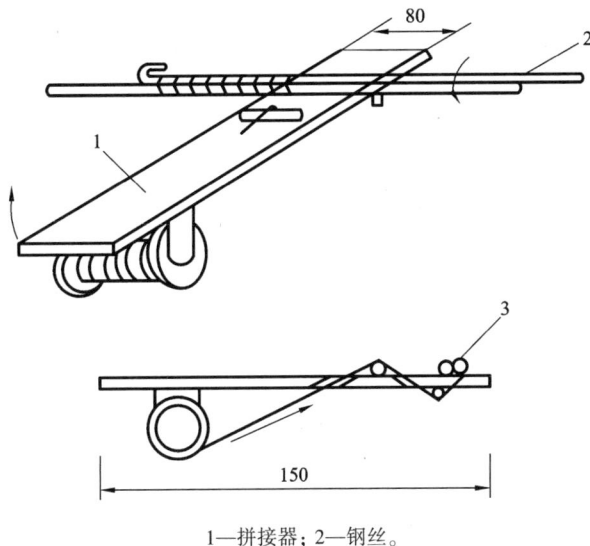

1—拼接器;2—钢丝。

图 5-12　钢丝拼接器

(2)预应力筋的张拉

预应力筋的张拉应根据设计要求,采用合适的张拉方法、张拉顺序和张拉程序进行,并应采取可靠的保证质量措施和安全技术措施。

1)张拉控制应力。

预应力筋的张拉控制应力应按照《混凝土结构设计规范》(GB 50010—2010)的规定,按表 5-1 取值,且不应小于 $0.4f_{ptk}$。预应力筋的张拉可采用单根张拉或多根同时张拉,当预应力筋数量不多、张拉设备拉力有限时常采用单根张拉。当预应力筋数量较多且密集布筋,且张拉设备拉力较大时,则可采用多根同时张拉。

表 5-1　张拉控制应力限值

钢种	张拉控制应力限值 σ_{con}
消除应力钢丝、钢绞线	$\sigma_{con} \leqslant 0.80f_{ptk}$
刻痕钢丝、中强度预应力钢丝	$\sigma_{con} \leqslant 0.75f_{ptk}$
预应力螺纹钢筋	$\sigma_{con} \leqslant 0.90f_{pyk}$

注:σ_{con} 为预应力筋张拉控制应力;f_{ptk} 为预应力筋极限强度标准值;f_{pyk} 为预应力筋屈服强度标准值。

2)预应力筋张拉力的计算。

预应力筋张拉力 P 按下式计算:

$$P = (1+m)\sigma_{con}A_P \tag{5-1}$$

式中：m 为超张拉百分率（%）；σ_{con} 为张拉控制应力；A_P 为预应力截面面积。

（3）张拉程序

预应力筋的张拉程序可按下列程序之一进行：

$$0 \rightarrow 105\%\sigma_{con} \xrightarrow{\text{持荷 2 min}} \sigma_{con}；\text{或 } 0 \rightarrow 103\%\sigma_{con}$$

预应力筋进行超张拉（$103\%\sigma_{con} \sim 105\%\sigma_{con}$）主要目的是减小预应力筋的松弛应力损失。所谓应力松弛是指钢材在常温、高应力的作用下，由于塑性变形，应力随时间的延续而降低的现象。松弛的数值与张拉控制应力和延续时间有关，控制应力越高，松弛也越大，松弛损失还随时间的延续而增加，但在第 1 min 内可完成损失总值的 50%，24 h 内则可完成 80%。所以，采用超张拉工艺，先超张拉 5% 并持荷 2 min，再回到控制应力，松弛可以完成 50% 以上。超张拉 $3\%\sigma_{con}$ 是为了弥补设计中预见不到的预应力损失。

（4）预应力筋伸长值与应力的测定

预应力筋张拉后，一般应校核预应力筋的伸长值。如实际伸长值与计算伸长值的偏差超过 ±6% 时，应暂停张拉，查明原因并采取措施予以调整后，方可继续张拉。预应力筋的伸长值 ΔL 按下式计算：

$$\Delta L = \frac{F_P L}{A_P E_S} \tag{5-2}$$

式中：F_P 为预应力筋张拉力（kN）；L 为预应力筋的长度（mm）；A_P 为预应力筋的截面面积（mm²）；E_S 为预应力筋的弹性模量（kN/mm²）。

预应力筋的实际伸长值，宜在初应力约为 $10\%\sigma_{con}$ 时开始测量，但必须加上初应力以下的推算长度。预应力筋的位置不允许有过大偏差，对设计位置的偏差不得大于 5 mm，也不得大于构件截面最短边长的 4%。

采用钢丝作为预应力筋时，不做伸长值校核，但应在钢丝锚固后，用钢丝测力计或半导体频率记数测力计测定其钢丝应力。其偏差应为按一个构件全部钢丝预应力总数的 ±5%。多根钢丝同时张拉时，必须事先调整初应力使其相互间的应力一致。断丝和滑脱钢丝的数量不得大于钢丝总数的 3%，一束钢丝中只允许断丝一根。构件在浇筑混凝土前发生断丝或滑脱的预应力钢丝必须予以更换。

3. 混凝土的浇筑与养护

（1）浇筑要求

1）同一生产线的构件应一次浇筑完毕。

2）构件应避开温度缝。

3）振捣时不应碰撞钢丝。

4）叠层生产时，下层混凝土强度达 5 MPa，方可浇筑上层构件。

5）混凝土的水灰比应严格控制，振捣应密实。

（2）养护

混凝土可采用自然养护或加热养护。进行加热养护时，由于预应力筋张拉后锚固在台座上，温度升高，预应力筋膨胀伸长，使预应力筋的应力减小。在这种情况下，混凝土逐渐硬结，而预应力筋由于预应力筋膨胀伸长引起的应力损失不能恢复。因此，应采取正确的养护制度以减少由于温差引起的预应力损失。一般可采用两次升温的措施：初次升温应在混凝土尚未结硬、未与预应力筋黏结时进行，初次升温的温差一般控制在 20℃ 以内；第二次升温在混凝土构件具备一定强度（7.5~10 MPa），即混凝土与预应力筋的黏结力足以抵抗温差变形后，再将温度升到养护温度进行养护，此时，预应力筋将和混凝土一起变形，预应力筋不再引起应力损失。

4. 预应力筋的放张

混凝土强度达到设计规定的数值（一般不小于混凝土设计强度的 75%）后，才可放松预应力筋；放松过早会由于预应力筋回缩而引起较大的预应力损失或使预应力钢丝产生滑动。预应力筋放松应根据配筋情况和数量，选用正确的方法和顺序，否则会引起构件翘曲、开裂和断筋等现象。

预应力的放张顺序应符合设计要求，当设计无具体要求时，应符合下列规定。

1）对承受轴心预压力的构件（如压杆、桩等），所有预应力筋应同时放张。

2）对承受偏心预压力的构件，应先同时放张预压力较小区域的预应力筋，再同时放张预压力较大区域的预应力筋。

3）当不能按上述规定放张时，应分阶段、对称、相互交错地放张，以防止在放张过程中产生构件弯曲、裂缝及预应力筋断裂等现象。

5.2 后张法

后张法主要用于现场预应力施工，它是在制作构件时预留孔道，待混凝土达到一定的强度后在孔道内穿入钢筋，并按照设计要求张拉钢筋，然后用锚具在构件端部将钢筋锚固，阻止钢筋回缩，从而对构件施加预应力。钢筋锚固完毕后，为了使预应力钢筋与混凝土牢固结合并共同工作，防止预应力钢筋锈蚀，应对孔道进行压力灌浆。为了保证灌浆密实，在远离灌浆孔的适当部位应预留出气孔。后张法的主要工序如图 5-13 所示。

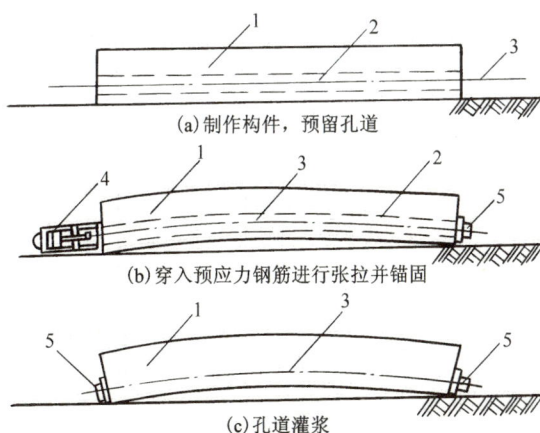

1—混凝土构件；2—预留孔道；3—预应力筋；4—千斤顶；5—锚具。

图 5-13 后张法主要工序示意图

将先张法和后张法对比可以看出，先张法的生产工序少，工艺简单，质量容易保证。同时，先张法不用工作锚具，生产成本较低，台座越长，一条长线上生产的构件数量越多，所以适合于工厂内成批生产中小型预应力构件。但是，先张法生产所用的台座及张拉设备一次性投资费用较大，而且台座一般只能固定在一处，不够灵活。后张法直接在混凝土构件或结构上进行预应力筋的张拉和锚固，故不需要固定的台座设备，不受地点限制，其又是预制构件拼装的一种手段，将构件分成几个小型块体后预制制作，运到工地后，穿入预应力筋，施加预应力拼装成整体。但是，后张法构件只能单一逐个地施加预应力，工序较多，操作也较麻烦。同时，后张法构件的锚具耗钢量大，锚具加工要求的精度较高，成本较高。因此，后张法适用于运输不便的大中型构件。

5.2.1 张拉设备与锚具

1. 锚具

在后张法构件生产中，锚具、预应力筋和张拉机具是配套使用的。目前我国在后张法构件生产中采用的预应力筋钢材主要有冷拉钢筋、热处理钢筋、精轧螺纹钢筋、碳素钢丝和钢绞线等，将其归纳成三种类型的预应力筋，即单根粗钢筋（包括精轧螺纹钢筋）、钢筋束（或钢绞线束）和钢丝束。下面分别叙述这三种类型的预应力筋的锚具及制作。

（1）单根粗钢筋锚具

单根粗钢筋的预应力筋，如果采用一端张拉，则在张拉端用螺丝端杆锚具，固定端用帮条锚具或镦头锚具；如果采用两端张拉，则两端均用螺丝端杆锚具。

1）螺丝端杆锚具。

当采用高强精轧钢筋作为预应力钢筋时，可采用螺丝端杆锚具（图 5-14）。它具有受力明确、锚固可靠、构造简单、施工方便等特点。螺丝端杆锚具长度一般为 320 mm，适用于直径不大于 36 mm 的钢筋。它由螺丝端杆、螺母和垫板组成。

2）帮条锚具。

由一块方形衬板和三根帮条焊接而成（图 5-15），是单根预应力粗钢筋非张拉端用锚具。帮条采用与预应力钢筋同级别的钢筋，衬板采用普通低碳钢板。帮条安装时，三根帮条应互成 120°角，其与衬板相接触的截面应在一个垂直平面内，以免受力时产生扭曲。

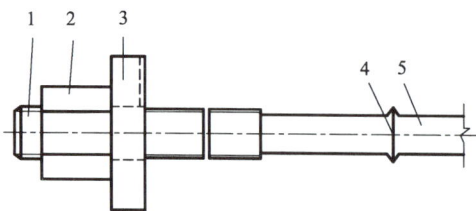

1—螺丝端杆；2—螺母；3—垫板；4—焊接接头；5—钢筋。

图 5-14 螺丝端杆锚具

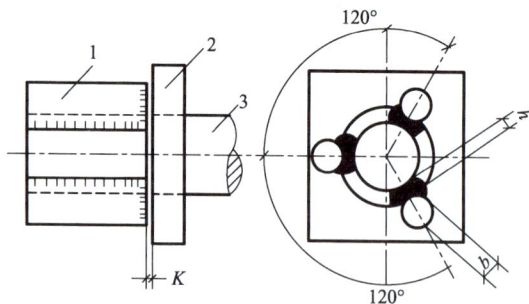

1—帮条；2—衬板；3—预应力钢筋。

图 5-15 帮条锚具

3）镦头锚具。

镦头锚具由镦头和垫板组成。用于单根粗钢筋的镦头锚具一般直接在预应力筋端部热镦、冷镦或锻打成型，如图 5-16 所示。镦头锚具操作简便迅速，施工较方便，应用灵活。但对钢筋下料长度的精度要求较高。

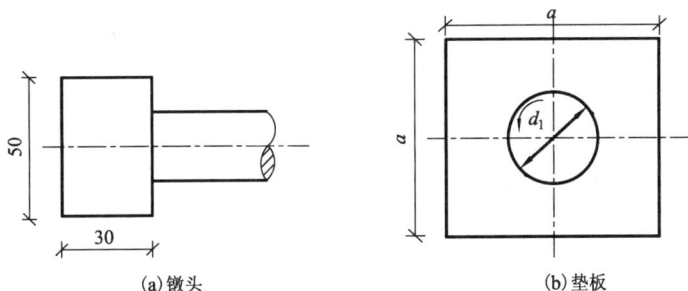

图 5-16　镦头锚具

（2）钢筋束、钢绞线束锚具

钢筋束、钢绞线束采用的锚具有 JM 型、KT-Z 型、XM 型、QM 型等。

1）JM 型锚具。

JM 型锚具（图 5-17）是由带有锥形内孔的锚环和一组合成锥形的夹片组成的，夹片的数量与被锚固的钢筋数量相等。锚环分甲型和乙型两种。

甲型锚环为一个具有锥形内孔的圆柱体，外形比较简单，使用时直接放置在构件端部的垫板上。由于其加工和使用较为方便，故多使用于施工现场。锚环和夹片均用 45 号钢制作，成本较高。

JM 型锚具与 YL60 型千斤顶配套使用，适用于锚固 3~6 根直径为 12 mm 光面或螺纹钢筋束，也可用于锚固 5~6 根直径为 12 mm 或 15 mm 的钢绞线束。JM 型锚具也可做工具锚重复使用，但如发现夹筋孔的齿纹有轻度损伤时，即应改为工作锚使用。

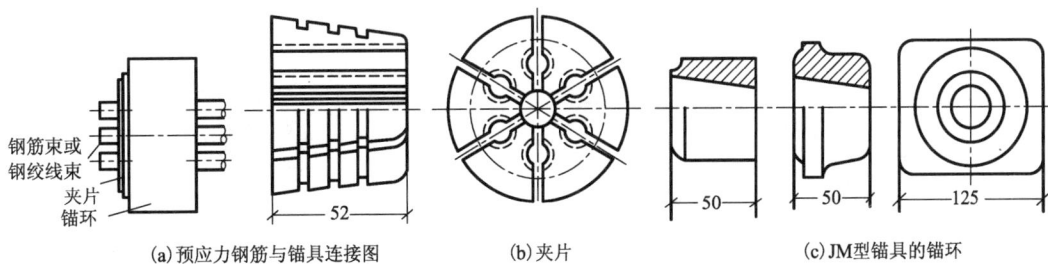

图 5-17　JM 型锚具

2）KT-Z 型锚具。

KT-Z 型锚具为可锻铸铁锥形锚具，由锚环和锚塞组成。如图 5-18 所示，KT-Z 型锚具适用于锚固 3~6 根直径为 12 mm 的钢筋束或钢绞线束。该锚具分为 A 型和 B 型，当预应力筋的最大张拉力超过 450 kN 时，采用 A 型；不超过 450 kN 时，采用 B 型。预应力筋的锚固需用千斤顶将锚塞顶入锚环。

3）XM 型锚具。

XM 型锚具是一种新型大吨位群锚体系锚具，它由锚环和夹片组成。三个夹片为一组夹持一根预应力筋形成一个锚固单元。XM 型锚具的夹片是斜开缝，以确保夹片能夹紧钢绞线或钢丝束中每一根外围钢丝，形成可靠的锚固。由一个锚固单元组成的锚具称单孔锚具，由两个或两个以上的锚固单元组成的锚具称为多孔锚具，如图 5-19 所示。

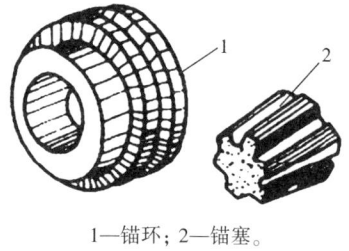

1—锚环；2—锚塞。

图 5-18　KT-Z 型锚具

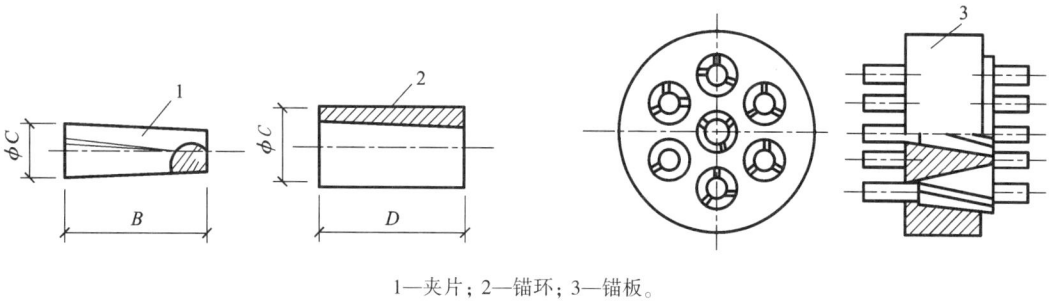

1—夹片；2—锚环；3—锚板。

图 5-19　XM 型锚具

4）QM 型锚具。

QM 型锚具与 XM 型锚具相似，也是由锚环和夹片组成，但其锚孔是直的，锚板顶面是平的，夹片垂直开缝；此外，还备有配套喇叭形铸铁垫板与弹簧圈等。适用于锚固 4~31 根 $\phi^j 12$ mm 和 3~19 根 $\phi^j 15$ mm 钢绞线束，如图 5-20 所示。

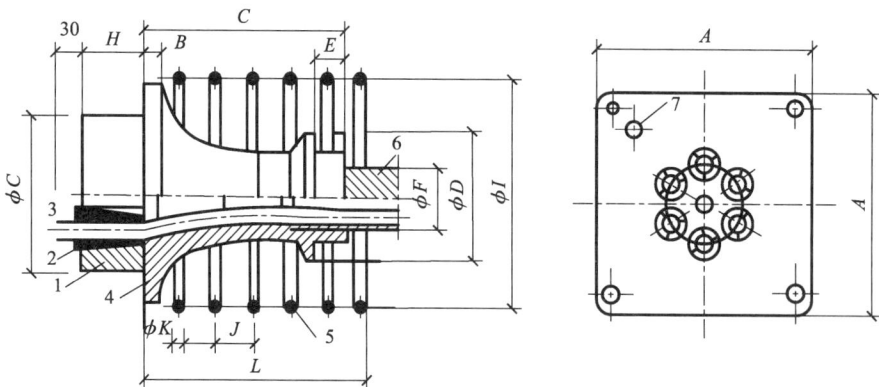

1—锚板；2—夹片；3—钢绞线；4—喇叭形铸铁垫板；
5—弹簧圈；6—预留孔道用的波纹管；7—灌浆孔。

图 5-20　QM 型锚具

（3）钢丝束锚具

常用的钢丝束锚具有钢质锥形锚具、锥形螺杆锚具、钢丝束镦头锚具、XM 型锚具和 QM 型锚具。

1）钢质锥形锚具。

钢质锥形锚具由锚环和锚塞组成，如图 5-21 所示。用于锚固以锥锚式双作用千斤顶张拉的钢丝束。钢丝分布在锚环锥孔内侧，由锚塞塞紧锚固。锚环内孔的锥度应与锚塞的锥度一致，锚塞上刻有细齿槽，以夹紧钢丝防止滑动。

钢质锥形锚具的缺点是当钢丝直径误差较大，易产生单根钢丝滑丝现象，且滑丝后很难弥补预应力损失。如用较大顶锚力的办法防止滑丝，过大的顶锚力易使钢丝咬伤。此外，钢丝锚固时呈辐射状态，弯折处受力较大，受力性能不好。

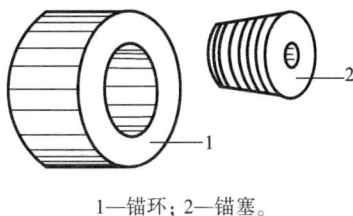

1—锚环；2—锚塞。

图 5-21　钢质锥形锚具

2）锥形螺杆锚具。

由锥形螺杆、套筒、螺母、垫板组成，如图 5-22 所示。适用于锚固 14~28 根 $\phi^s 5$ mm 组成的钢丝束。使用时，先将钢丝束均匀整齐地紧贴在螺杆锥体部分，然后套上套筒，用拉杆式千斤顶使端杆锥通过钢丝挤压套筒，从而锚紧钢丝。由于锥形螺杆锚具不能自锚，必须事先加力顶压套筒才能锚固钢丝。

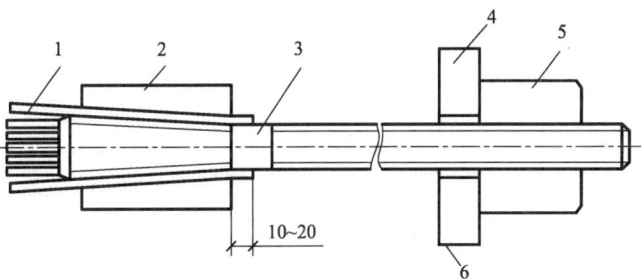

10~20

1—钢丝；2—套筒；3—锥形螺杆；4—垫板；5—螺母；6—排气槽。

图 5-22　锥形螺杆锚具

3）钢丝束镦头锚具。

适用于锚固 12~54 根 $\phi^s 5$ mm 钢丝束。分为 DM5A 型和 DM5B 型两种，如图 5-23 所示。A 型由锚环与螺母组成，用于张拉端；B 型为锚板，用于固定端，利用钢丝两端的镦头进行锚固。锚环内外壁均有丝扣（螺纹），内螺纹用于连接张拉螺杆，外螺纹用于拧紧螺母锚固钢丝束。钢丝镦头要在穿入锚环或锚板后进行，镦头采用钢丝镦头机冷镦而成。预应力钢丝束张拉时，在锚环内口拧上工具式拉杆，通过拉杆式千斤顶进行张拉，然后拧紧螺母将锚环锚固。

2. 张拉设备

锥形螺杆锚具、钢丝束镦头锚具宜采用拉杆式千斤顶或穿心式千斤顶张拉锚固。钢质锥

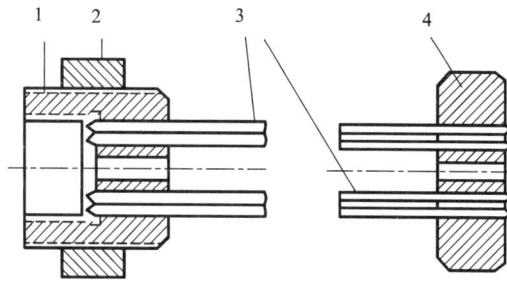

1—A 型锚环；2—螺母；3—钢丝束；4—B 型锚板。

图 5-23　钢丝束镦头锚具

形锚具应用锥锚式双作用千斤顶张拉锚固。

（1）拉杆式千斤顶（YL 型）

拉杆式千斤顶（图 5-24）适用于张拉带有螺丝端杆锚具的粗钢筋、锥形螺杆锚具钢丝束及镦头锚具钢丝束。

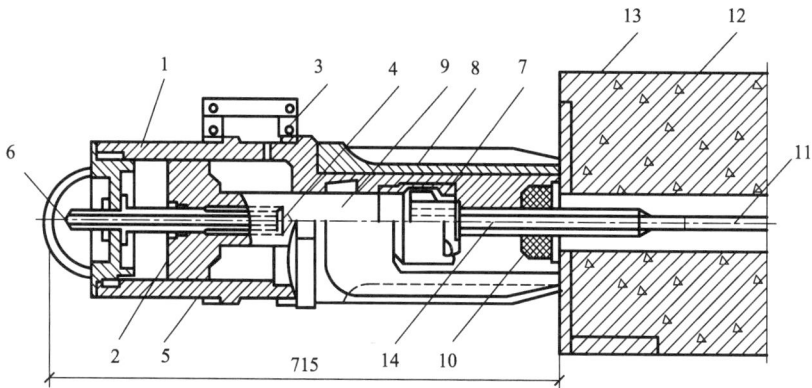

1—主缸；2—主缸活塞；3—主缸油嘴；4—副缸；5—副缸活塞；
6—副缸油嘴；7—连接器；8—顶杆；9—拉杆；10—螺母；
11—预应力筋；12—混凝土构件；13—预埋钢板；14—螺丝端杆。

图 5-24　拉杆式千斤顶构造示意图

当拉杆式千斤顶张拉预应力筋时，首先使连接器与预应力筋的螺丝端杆相连接，顶杆支撑在构件端部的预埋钢板上。当高压油进入主缸时，则推动主缸活塞向左移动，并带动拉杆和连接器以及螺丝端杆同时向左移动，对预应力筋进行张拉。当达到张拉力时，拧紧预应力筋的螺母将预应力筋锚固在构件的端部。高压油再进入副缸，推动副缸使主缸活塞和拉杆向右移动，使其恢复初始位置。此时主缸的高压油流回高压泵中去，完成一次张拉过程。

（2）锥锚式双作用千斤顶（YZ 型）

锥锚式双作用千斤顶构造如图 5-25 所示。主要用于张拉 KT-Z 型锚具锚固的钢筋束或钢绞线束和使用锥形锚的预应力钢丝束。其张拉油缸用以张拉预应力筋，顶压油缸用以顶压锥塞，因此又称双作用千斤顶。

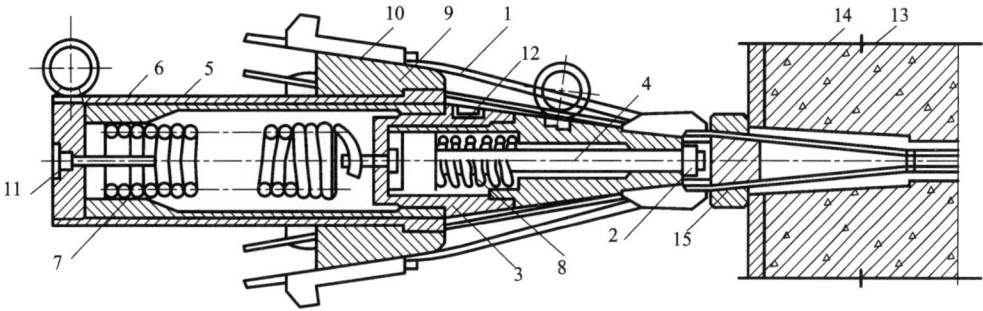

1—预应力筋；2—顶压头；3—副缸；4—副缸活塞；5—主缸；6—主缸活塞；7—主缸拉力弹簧；
8—副缸压力弹簧；9—锥形卡环；10—楔块；11—主缸油嘴；12—副缸油嘴；13—锚塞；14—构件；15—锚环。

图 5-25 锥锚式双作用千斤顶构造示意图

(3)穿心式千斤顶(YC 型)

穿心式千斤顶构造如图 5-26 所示。穿心式千斤顶适用性很强，适用于 JM 型、XM 型、QM 型的预应力钢丝束、钢筋束和钢绞线束。配上撑脚、拉杆等附件后，也可作为拉杆式千斤顶使用。在千斤顶前端装上分束顶压器，并在千斤顶与撑套之间用钢管接长后可作为 YZ 型千斤顶使用，张拉钢质锥形锚具，穿心式千斤顶的特点是千斤顶中心有穿通的孔道，以便预应力筋或拉杆穿过后用工具锚临时固定在千斤顶的顶部进行张拉。

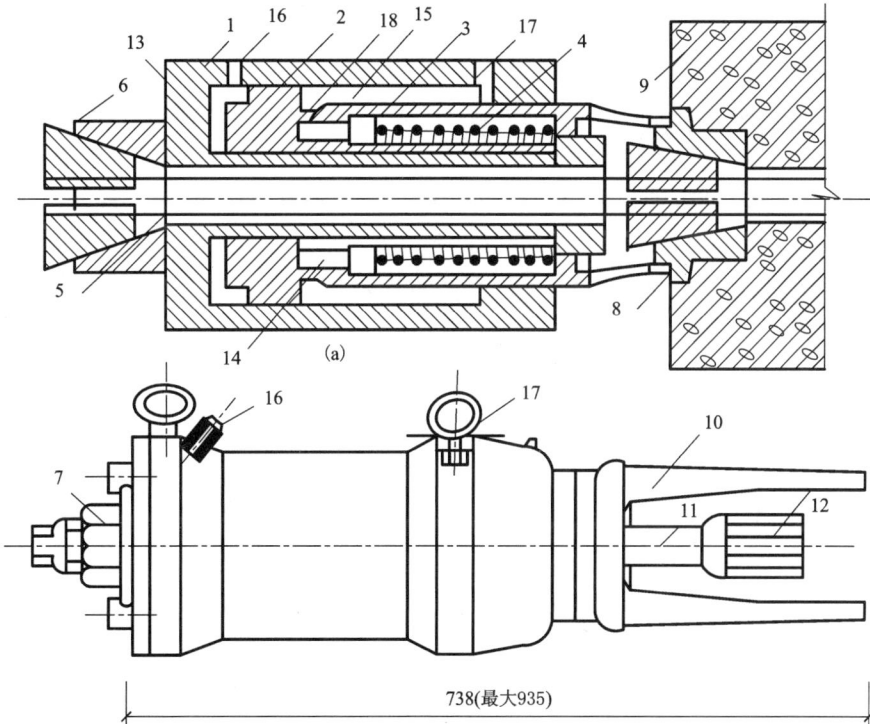

1—张拉油缸；2—顶压油缸(张拉活塞)；3—顶压活塞；4—弹簧；5—预应力筋；6—工具锚；
7—螺母；8—锚环；9—构件；10—撑脚；11—张拉杆；12—连接器；13—张拉工作油室；
14—顶压工作油室；15—张拉回程油室；16—张拉缸油嘴；17—顶压缸油嘴；18—油孔。

图 5-26 穿心式千斤顶构造示意图

（4）千斤顶的校正

用千斤顶张拉预应力筋时，张拉力主要用油泵上的压力表计数表达。压力表读数表示千斤顶主缸活塞单位面积上的压力值。若张拉力是 N，活塞面积是 F，则油压表的相应计数为 P，即

$$P = N/F \tag{5-3}$$

由于千斤顶活塞与油缸之间存在着一定的摩擦力，所以实际的张拉力往往比式（5-3）计算的小。为了保证预应力筋张拉力的准确性，应定期校验千斤顶与油压表计数的关系，制成表格或绘制成 P 与 N 的关系曲线，供施工中直接查用。千斤顶校验期不应超过半年，如在使用过程中张拉设备出现反常现象，应重新校验。

千斤顶校验的方法有标准测力计校正、压力机校正及用两台千斤顶相互校正等方法。

（5）高压油泵

高压油泵与液压千斤顶配套使用，它的作用是向液压千斤顶各个油缸供油，使其活塞按照一定的速度伸出或回缩。

高压油泵按驱动方式分为手动或电动两种。一般采用电动高压油泵。油泵型号有 $ZB_{0.8}/500$，$ZB_{0.6}/630$，$ZB_4/500$ 和 $ZB_{10}/500$［分数线上的数字表示每分钟的流量，分数线下的数字表示工作油压（kg/cm^2）］等数种。选用时，应使油泵的额定压力等于或大于千斤顶的额定压力。

5.2.2 预应力筋的制作

1. 单根预应力筋制作

预应力单根粗钢筋的制作一般包括下料、对焊、冷拉等工序。钢筋对焊接长在钢筋冷拉前进行。当预应力筋两端均采用螺丝端杆锚具时（图5-27），预应力筋下料长度为：

预应力筋的成品长度（即预应力筋和螺丝端杆对焊并经冷拉后的全长）L_1：

$$L_1 = l + 2l_2 \tag{5-4}$$

预应力筋（不包括螺丝端杆）冷拉后需达到的长度 L_0：

$$L_0 = L_1 - 2l_1 \tag{5-5}$$

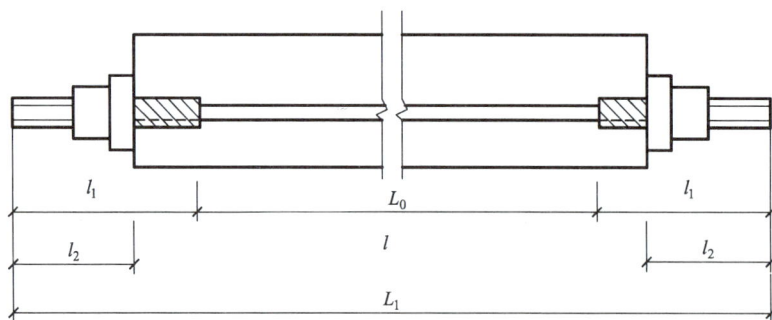

图 5-27　预应力筋下料长度计算图

预应力筋（不包括螺丝端杆）冷拉前的下料长度 L：

$$L=\frac{L_0}{1+\gamma-\delta}+n\Delta=\frac{l+2l_2-2l_1}{1+\gamma-\delta}+n\Delta \tag{5-6}$$

当一端采用螺丝端杆锚具，另一端采用帮条锚具或镦头锚具时，预应力筋下料长度为：

$$L=\frac{l+l_2+l_3-l_1}{1+\gamma-\delta}+n\Delta \tag{5-7}$$

式中：l 为构件孔道长度；l_1 为螺丝端杆长度，一般为 320 mm；l_2 为螺丝端杆伸出构件外的长度，一般为 120~150 mm 或按下式计算。

张拉端：

$$l_2=2H+h+5 （mm）$$

锚固端：

$$l_2=H+h+10 （mm）$$

式中：H 为螺母高度；h 为垫板厚度；l_3 为帮条锚具或镦头锚具所需钢筋长度；γ 为钢筋冷拉率（由试验确定）；δ 为钢筋冷拉弹性回缩率（由试验确定，一般取 0.4%~0.6%）；n 为对焊接头的数量（包括钢筋与螺丝端杆的对焊接头）；Δ 为每个对焊接头的压缩长度（取一倍钢筋直径）。

2. 钢筋束及钢绞线束制作

钢筋束由直径为 10 mm 的热处理钢筋编束而成，钢绞线束由直径为 12 mm 或 15 mm 的钢绞线束编束而成。钢绞线下料前应在切口两侧各 50 mm 处用铁丝绑扎，切割后对切口应立即焊牢，以免松散。

为了保证构件孔道穿入筋和张拉时不发生扭结，应对预应力筋进行编束。编束时一般把预应力筋理顺后，用 18~22 号铁丝，每隔 1 m 左右绑扎一道，形成束状。

预应力钢筋束或钢绞线束的下料长度 L 可按下式计算。

一端张拉时：

$$L=l+a+b \tag{5-8}$$

两端张拉时：

$$L=l+2a \tag{5-9}$$

式中：l 为构件孔道长度；a 为张拉端留量；b 为固定端留量，一般为 80 mm。

3. 钢丝束制作

钢丝束制作一般需经调直、下料、编束和安装锚具等工序。当采用 XM 型锚具、QM 型锚具、钢质锥形锚具时，预应力钢丝束的制作和下料长度计算基本与预应力钢筋束、钢绞线束相同。

当采用镦头锚具时，一端张拉，应考虑钢丝束张拉锚固后螺母位于锚环中部，钢丝下料长度 L，如图 5-28 所示，可用下式计算：

$$L=L_0+2a+2b-0.5（H-H_1）-\Delta L-C \tag{5-10}$$

式中：L_0 为孔道长度；a 为锚板厚度；b 为钢丝镦头留量，取钢丝直径 2 倍；H 为锚环高度；H_1 为螺母高度；ΔL 为张拉时钢丝伸长值；C 为混凝土弹性压缩（若很小时可忽略不计）。

用锥形螺杆锚具和镦头锚具的钢丝束，要求钢丝每根长度要相等。下料长度相对误差要控制在 $L/5000$ 以内且不大于 5 mm（L 为钢丝下料长度）。

为了保证钢丝不发生扭结，必须进行编束。当采用锥形螺杆锚具时，编束工作在平整的场地上把钢丝理顺放平，用22号铁丝将钢丝每隔1 m编成帘子状，然后每隔1 m放置一个螺旋衬圈，再将编好的钢丝帘绕衬圈围成圆束，用铁丝绑扎牢固，如图5-29所示。

当采用镦头锚具时，根据钢丝分圈布置的特点，编束时首先将内圈和外圈钢丝分别用铁丝顺序绑扎，然后将内圈钢丝放在外圈钢丝内绑扎。编束好后，先在一端安装锚杯并完成镦头工作，另一端钢丝的镦头，待钢丝束穿过孔道安装上锚板后再进行。

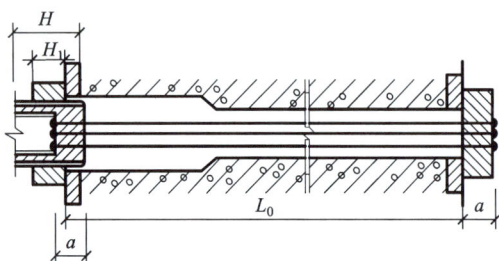

图 5-28　用镦头锚具时钢丝下料长度计算简图

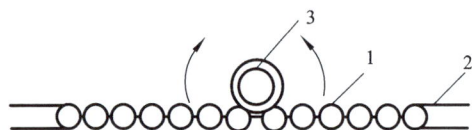

1—钢丝；2—铅丝；3—衬圈。

图 5-29　钢丝束的编束

5.2.3　后张法施工工艺

1. 施工工艺

在混凝土构件或结构制作时，在预应力筋部位预先留设孔道，然后浇筑混凝土并进行养护；制作预应力筋并将其穿入孔道；待混凝土达到设计要求的强度后，张拉预应力筋并用锚具锚固；最后进行孔道灌浆与封锚。其详细的施工工艺流程，如图5-30所示。

后张法

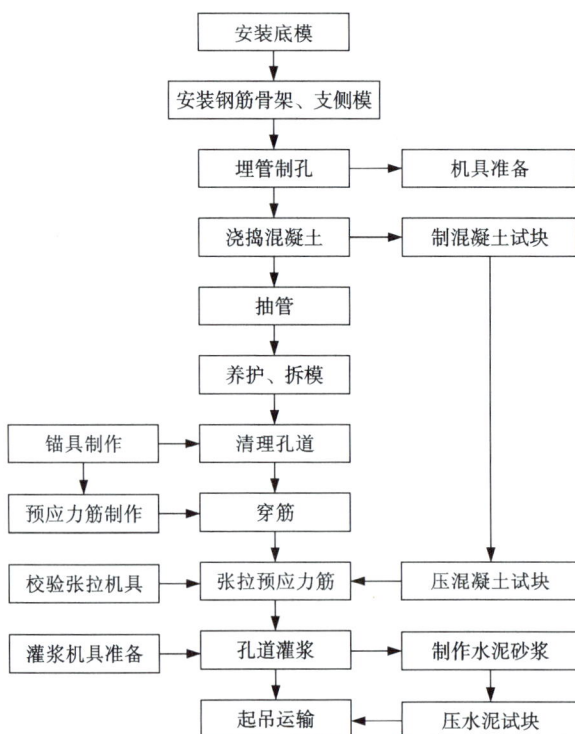

图 5-30　后张法施工工艺流程图

2. 施工要点

（1）孔道留设

构件中孔道留设主要为穿预应力筋（束）及张拉锚固后灌浆用。孔道成形的质量是后张法构件制造的关键之一。孔道留设的基本要求如下。

1）孔道直径应保证预应力筋（束）能顺利穿过。对采用螺丝端杆锚具的粗钢筋孔道的直径，应比钢筋对焊处外径大 10~15 mm；对钢丝束、钢绞线孔道直径应比预应力筋束或锚具外径大 5~10 mm。

2）孔道应按设计要求的位置、尺寸埋设准确。孔道应平顺光滑，端部预埋件垫板应垂直孔道中心线。

3）在设计规定位置上留设灌浆孔。构件两端每间隔 12 m 留设一个直径为 20 mm 的灌浆孔，并在构件两端各设一个排气孔。一般在预埋件垫板内侧面刻有凹槽作排气孔用。预留孔道形状有直线、曲线和折线形，孔道留设方法如下：

①钢管抽芯法。适用于留设直线孔道。预先将钢管埋设在模板内的孔道位置处，钢管要平直，表面要光滑，每根长度最好不超过 15 m，钢管两端应各伸出构件约 500 mm。较长的构件可采用两根钢管，中间用套管连接。钢管的位置固定一般用钢筋井字架，间距为 1~2 m。在混凝土浇筑过程中和混凝土初凝后，每间隔一定时间慢慢转动钢管，不让混凝土与钢管粘牢，等到混凝土终凝前抽出钢管。抽管过早，会造成坍孔事故；太晚，则混凝土与钢管黏结牢固，抽管困难。常温下抽管时间为混凝土浇灌后 3~6 h。抽管顺序宜先上后下，抽管可采用人工或用卷扬机，速度必须均匀，边抽边转，与孔道保持直线。抽管后应及时检查孔道情况，做好孔道清理工作。

②胶管抽芯法。此方法不仅可以留设直线孔道，亦可留设曲线孔道，胶管弹性好，便于弯曲，一般有五层或七层夹布胶管和钢丝网橡皮管两种。胶管具有一定弹性，在拉力作用下，其断面能缩小，故在混凝土初凝后即可把胶管抽拔出来。夹布胶管质软，必须在管内充气或充水。在浇筑混凝土前，胶皮管中充入压力为 0.6~0.8 MPa 的压缩空气或压力水，此时胶皮管直径可增大 3 mm 左右，胶管的位置固定一般用钢筋井字架，间距不宜大于 0.5 m。浇筑混凝土，待混凝土初凝后，放出压缩空气或压力水，胶管孔径变小，并与混凝土脱离，随即抽出胶管，形成孔道。抽管顺序一般应为先上后下，先曲后直。

③预埋管法。预埋管法是用钢筋井字架（间距不宜大于 0.8 m）将黑铁皮管、薄钢管或镀锌双波纹金属软管固定在设计位置上，在混凝土构件中埋管成型的一种施工方法。预埋管具有质量小、刚度好、弯折方便、连接简单等特点，可制成各种形状的孔道，并省去了抽管工序。适用于预应力筋密集或曲线预应力筋的孔道埋设，但在电热后张法施工中，不得采用波纹管或其他金属管埋设的管道。波纹管安装时，宜先在构件底模、侧模上弹安装线，并检查波纹管有无渗漏现象，避免漏浆堵塞管道。同时，尽量避免波纹管多次反复弯曲，并防止电火花烧伤管壁。

（2）预应力筋张拉

1）混凝土的张拉强度。

预应力筋张拉时混凝土的强度应符合设计要求，当设计无具体要求时，不应低于设计强度标准值的 75%。

2) 预应力筋张拉控制应力。

张拉控制应力越高，建立的预应力就越大，构件抗裂性越好。但是张拉控制应力过高，构件使用过程经常处于高应力状态，构件出现裂缝的荷载与破坏荷载很接近，往往构件破坏前没有明显预兆，而且当控制应力过高，构件混凝土预应力过大而导致混凝土的徐变应力损失增加。因此控制应力应符合设计规定。在施工中预应力筋需要超张拉时，可比设计要求提高 5%，但其最大张拉控制应力不得超过表 5-1 的规定。

3) 预应力筋张拉程序。

为了减少预应力筋的松弛损失，预应力筋的张拉程序可为：

$$0 \rightarrow 105\%\sigma_{con} \xrightarrow{\text{持荷 2 min}} \sigma_{con}$$

$$\text{或 } 0 \rightarrow 103\%\sigma_{con}$$

4) 预应力筋张拉顺序。

预应力筋张拉顺序应按设计规定进行，如设计无规定时，应采取分批分阶段对称地进行，以免构件受过大的偏心压力而发生扭转与侧弯。

如图 5-31(a)所示为两束预应力筋，能同时张拉，宜采用两台千斤顶分别设置在构件两端对称张拉。图 5-31(b)对称的四束预应力筋，不能同时张拉，应采取分批对称张拉，用两台千斤顶分别在两端张拉对角线上的两束，然后张拉另两束。

如图 5-32 所示的预应力混凝土吊车梁，配有多根不对称预应力筋，应采用分批分阶段对称张拉。采用两台千斤顶先张拉上部两束预应力筋，下部四束曲线预应力筋采用两端张拉方法分批进行。为使构件对称受力，每批两束先按一端张拉方法进行张拉，待两批四束均进行一端张拉后，再分批在另一端张拉，以减少先批张拉筋所受的弹性压缩损失。

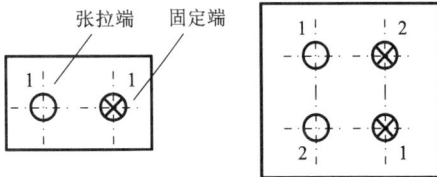

1、2—预应力筋分批张拉顺序。

图 5-31　屋架下弦杆预应力筋张拉顺序

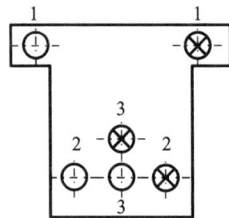

1、2、3—预应力筋的分批张拉顺序。

图 5-32　吊车梁预应力筋的张拉顺序

平卧重叠浇筑的预应力混凝土构件，张拉预应力筋的顺序是先上后下，逐层进行。为了减少上下层之间因摩阻引起的预应力损失，可逐层加大张拉力，底层张拉力不宜比顶层张拉力大 5%（钢丝、钢绞线、热处理钢筋）且不得超过表 5-1 的规定。为了减少叠层浇筑构件摩阻力的应力损失，应进一步改善隔离层的性能，限制重叠浇筑层数（一般不得超过四层）。如果隔离层效果较好，也可采用同一张拉值张拉。

5) 预应力筋张拉方法。

为了减少预应力筋与预留孔壁摩擦引起的预应力损失，预应力钢筋应根据设计和专项施工方案的要求采用一端或两端进行张拉。采用两端张拉时，宜两端同时张拉，也可一端先张拉锚固，另一端补张拉。当设计对张拉端设置无具体要求时，可按下列规定设置：

当有黏结预应力筋长度不大于20 m时,可一端张拉;当大于20 m时,宜两端张拉;当预应力筋为直线形时,一端张拉的长度可延长至35 m;当无黏结预应力筋长度不大于40 m时,可一端张拉;当大于40 m时,宜两端张拉。

(3)孔道灌浆

后张法有黏结预应力筋张拉完毕并经检查合格后,应尽早进行孔道灌浆,防止钢筋锈蚀,增加结构的整体性和耐久性,提高结构抗裂性能和承载力。通过孔道灌浆,使预应力筋与混凝土相互黏结,可减轻锚具传递预应力负担,提高了锚固的可靠性与耐久性。

灌浆前,应将后张法预应力筋锚固后的外露多余长度采用机械方法切割(或用氧—乙炔焰切割),其外露长度不宜小于预应力筋直径的1.5倍,且不应小于30 mm。

孔道灌浆前应确认孔道、排气兼泌水管及灌浆孔畅通;对预埋管成型孔道,可采用压缩空气清孔,并采用水泥浆、水泥砂浆等材料封闭端部锚具缝隙,也可采用封锚罩封闭外露锚具;采用真空灌浆工艺时,应确认孔道系统的密封性。

配制水泥浆用的水泥宜采用普通硅酸盐水泥或硅酸盐水泥;拌和水和掺加的外加剂中不应含有对预应力筋或水泥有害的成分;外加剂应与水泥做配合比试验并确定掺量。其配制材料同时应符合国家现行有关标准的规定。

采用普通灌浆工艺时,灌浆用水泥浆稠度宜控制在12~20 s,采用真空灌浆工艺时,稠度宜控制在18~25 s;水泥浆的水灰比不应大于0.45,3 h自由泌水率宜为0,且不应大于1%,泌水应在24 h全部被水泥浆吸收。

灌浆用水泥浆的24 h自由膨胀率,采用普通灌浆工艺时不应大于6%;采用真空灌浆工艺时不应大于3%;水泥浆中氯离子含量不应超过水泥质量的0.06%;28 d标准养护的边长70.7 mm的立方体水泥浆试块抗压强度不应低于30 MPa。

灌浆用水泥浆宜采用高速搅拌机进行搅拌,搅拌时间不应超过5 min;水泥浆使用前应经筛孔尺寸不大于1.2 mm×1.2 mm的筛网过滤;搅拌后不能在短时间内灌入孔道的水泥浆,应保持缓慢搅动;水泥浆应在初凝前灌入孔道,搅拌后至灌浆完毕的时间不宜超过30 min。

灌浆施工时宜先灌注下层孔道,后灌注上层孔道;灌浆应连续进行,直至排气管排出的浆体稠度与注浆孔处相同且无起泡后,再顺浆体流动方向依次封闭排气孔;全部出浆口封闭后,宜继续加压0.5~0.7 MPa,并应稳压1~2 min后封闭灌浆口;孔道内水泥浆应饱满、密实。

当泌水较大时,宜进行二次灌浆对泌水孔进行重力补浆;因故中途停止灌浆时,应用压力水将未灌注完孔道内已注入的水泥浆冲洗干净。

真空辅助灌浆时,孔道抽真空负压宜稳定保持为0.08~0.10 MPa。

孔道灌浆应填写灌浆记录。外露锚具及预应力筋应按设计要求采取可靠的保护措施。

当灰浆强度达到15 N/mm²时,方能移动构件,灰浆强度达到100%设计强度时,才允许吊装。

5.3　无黏结预应力施工

无黏结预应力技术是克服一般后张法预应力构件的施工工艺缺点的有效技术。因为后张法预应力混凝土构件需要有预留孔道、穿筋、灌浆等施工工序,而预留孔道(尤其是曲线形孔道)和灌浆都比较麻烦,灰浆漏灌还易造成事故隐患。因此,若将预应力筋外表涂以防腐油脂并用油纸包裹,外套塑料管,它就可以像普通钢筋一样直接按设计位置放入钢筋骨架内并浇灌混凝土,这种钢筋就是无黏结预应力筋。当混凝土达到规定的强度(如不低于混凝土设计强度等级的75%)后即可对无黏结预应力筋进行张拉,建立预应力。无黏结预应力混凝土施工工序减少,操作简便。无黏结预应力钢丝可以按曲线形式安装绑扎,具有结构性能好、摩擦损失小、设计自由度大等特点。由于无黏结预应力混凝土技术综合了先张法和后张法施工工艺的优点,所以该体系广泛用于大开间多层建筑、高层建筑,具有广阔的发展前景。

5.3.1　无黏结预应力筋的制作

无黏结预应力筋是指施加预应力后沿全长与周围混凝土不黏结的预应力筋。它由预应力钢材、涂料层和外包层组成,见图5-33。

无黏结预应力筋是由7或5根高强钢丝组成的钢丝束或扭结成的钢绞线,通过专门设备涂包涂料层和包裹外包层构成的。

无黏结预应力筋的涂料层应具有良好的化学稳定性,对周围材料无侵蚀作用;不透水,不吸湿,抗腐蚀性能强;润滑性能好,

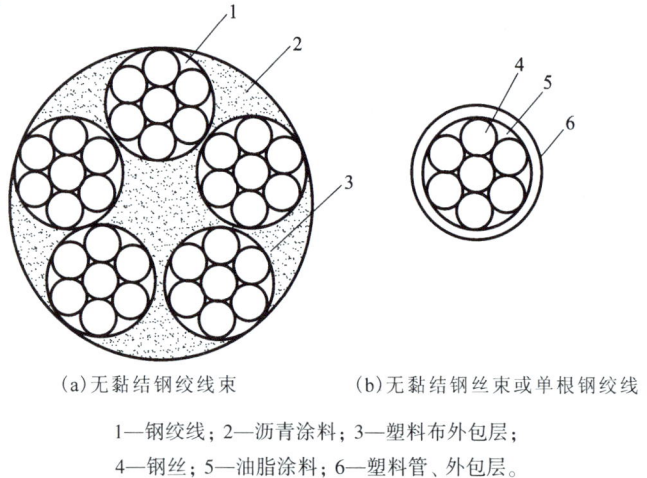

(a)无黏结钢绞线束　　　　　(b)无黏结钢丝束或单根钢绞线

1—钢绞线;2—沥青涂料;3—塑料布外包层;
4—钢丝;5—油脂涂料;6—塑料管、外包层。

图5-33　无黏结筋横截面示意图

摩擦阻力小;在规定温度范围内高温(70℃)不流淌,低温(-20℃)不变脆,并有一定韧性。外包护套材料应具有足够的韧性、抗磨及抗冲击性,对周围材料应无侵蚀作用,在规定的温度范围内,低温应不脆化,高温化学稳定性好。宜采用高密度聚乙烯。

钢丝束、钢绞线涂料层的涂敷,以及外包层的制作应一次完成,一般有缠纸工艺和挤塑涂层工艺两种制作方法。缠纸工艺是在缠纸机上连续作业完成编束、涂油、镦头、缠塑料布和切断等工艺。挤塑涂层工艺设备主要由放线盘、给油装置、塑料挤出机、水冷装置、牵引机、收线机等组成。钢丝束(或钢绞线)经给油装置涂油后,通过塑料挤出机的机头出口处,塑料熔融物被挤成管状包覆在钢绞线上,经冷却水槽塑料套管硬化,即形成无黏结预应力筋;牵引机继续将钢绞线牵引至收线装置,自动排列成盘卷,适用于专业化生产单根钢绞线或钢丝束。

无黏结预应力筋应连续生产,钢绞线或钢丝束中的每根钢丝应由整根钢丝组成,不得有接头与死弯。无黏结预应力筋应具有良好的伸直性,盘内径不宜小于2000 mm。无黏结预应力筋出厂时,每盘上都挂有标牌,并附有出厂说明书。

无黏结预应力筋进场时应每个用户每次同规格订货为一检验批(每批质量不大于30 t)逐盘检查。产品外观应油脂饱满均匀,无漏涂;外包层圆整光滑,松紧恰当。油脂与塑料护套检查,每批抽样三根。每根长1 m,称出产品质量后,用刀剖开塑料护套,分别用柴油清洗擦净,再分别用天平称出钢材与塑料护套质量,即得油脂质量;再用千分卡量取塑料每段端口

最薄和最厚处的两个厚度后取平均值。

5.3.2 无黏结预应力施工工艺

无黏结预应力筋保护层的最小厚度考虑耐火要求应符合表5-2、表5-3的规定。

表5-2 板的混凝土保护层最小厚度   单位：mm

约束条件	耐火极限/h			
	1	1.5	2	3
简支	25	30	40	55
连续	20	20	25	30

表5-3 梁的混凝土保护层最小厚度   单位：mm

约束条件	梁宽	耐火极限/h			
		1	1.5	2	3
简支	$200 \leqslant b < 300$	45	50	65	采取特殊措施
	$b \geqslant 300$	40	45	50	65
连续	$200 \leqslant b < 300$	40	40	45	50
	$b \geqslant 300$	40	40	40	45

1. 无黏结预应力筋下料与组装

无黏结预应力筋下料长度，应综合考虑其曲率、锚固端保护层厚度、张拉伸长值及混凝土压缩变形等因素，并应根据不同的张拉方法和锚固形式预留张拉长度。应逐根对无黏结筋外包层进行外观检查，对轻微破损处均需用胶带进行缠绕修补，缠绕时需搭接一半，缠绕层数不应少于2层，缠绕长度应超过破损长度30 mm。

2. 无黏结预应力筋的铺设

无黏结预应力筋的铺设，通常是在底部钢筋铺设后进行。梁和单向板中无黏结预应力筋的铺设比较简单，与非预应力筋铺设基本相同。在双向板中，双向预应力筋铺设时，应先铺下面的预应力筋，再铺设上面的预应力筋，以免预应力筋相互穿插。

无黏结预应力筋应严格按设计要求的曲线形状就位并固定：在双向连续平板中，各无黏结预应力筋曲线高度的控制点用铁马凳垫好并扎牢，马凳间距不宜大于2 m。跨中部位的无黏结预应力筋可直接绑扎在板的底部钢筋上。

3. 混凝土浇筑及养护

为确保工程质量，混凝土浇筑及养护应注意以下几点：

1)在浇筑混凝土之前，要配备专职人员负责检查无黏结筋的束形是否符合设计要求，张拉端和固定端的安装是否符合工艺要求。

2)混凝土浇筑时，严禁踏压、碰撞无黏结预应力筋、支撑钢筋及端部预埋件；应确保无黏结筋的束形和锚具的位置不发生移动。

3)混凝土应振捣密实，必须保证张拉端和固定端混凝土的浇捣质量，严格进行混凝土养护。混凝土成型后，若发现有裂缝或空鼓现象，必须在无黏结筋张拉之前进行修补。

4. 无黏结预应力筋张拉

（1）张拉伸长值的测量

无黏结预应力筋的实际伸长值，宜在初应力为张拉控制应力10%左右时开始测量，分级记录。

（2）施加预应力时的混凝土强度

施加预应力时混凝土立方体抗压强度不应低于混凝土设计强度等级的75%或按设计要求执行。

（3）张拉工艺

张拉程序一般采用 $0 \rightarrow 103\%\sigma_{con}$，以减少无黏结预应力筋的松弛损失。板中的无黏结筋一般采用前卡式千斤顶单根依次张拉，并用单孔夹片锚具锚固。梁中的无黏结筋宜对称张拉。

当预应力筋的长度小于25 m时，宜采取一端张拉；若长度大于25 m时，宜采取两端张拉；当筋长超过50 m时，宜采取分段张拉。如遇到摩擦损失较大时，则宜先松动一次再张拉。

在梁板顶面或墙壁侧面的斜槽内张拉无黏结预应力筋时，宜采用变角张拉装置。

变角张拉装置是由顶压器、变角块、千斤顶等组成，如图5-34所示。其关键部位是变角块。变角块可以是整体的也可以是分块的。前者仅为某一特定工程用，后者通用性强。分块式变角块的搭接，采用阶梯形定位方式，如图5-35所示。每一变角块的变角量为5°，通过叠加不同数量的变角块，可以满足5°~60°的变角要求。变角块与顶压器和千斤顶的连接都要一个过渡块。如顶压器重新设计，则可省去过渡块。安装变角块时要注意块与块之间的槽口搭接，一定要保证变角轴线向结构外侧弯曲。

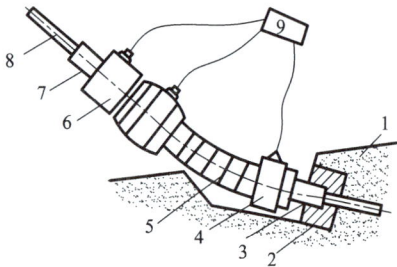

1—凹口；2—锚垫板；3—锚具；4—液压顶压器；
5—变角块；6—千斤顶；7—工具锚；8—顶应力筋；9—油泵。

图5-34 变角张拉装置

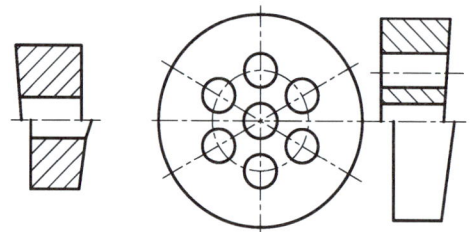

（a）单孔变角块　　（b）多孔变角块

图5-35 变角块

无黏结预应力筋张拉伸长值校核与有黏结预应力筋相同；对超长无黏结筋，由于张拉初期的阻力大，初拉力以下的伸长值比常规推算伸长值小，应通过试验修正。

5.3.3 无黏结预应力锚固系统

无黏结预应力混凝土中，由于预应力筋在混凝土内永久性处于自由状态，借助于锚具才能使预应力筋和混凝土共同工作,因此,锚具是结构质量和安全构成的主要因素。无黏结预应力筋锚具的选用应根据无黏结筋的品种、张拉吨位及工程使用情况选定。

1. 张拉端锚固系统构造

在平板中,单根无黏结预应力筋的张拉端可设在边梁或墙体外侧,有凸出式或凹入式两种做法(图 5-36、图 5-37)。前者利用外包钢筋混凝土圈梁封裹,后者利用掺膨胀剂的砂浆封口。承压钢板的参考尺寸为 80 mm×80 mm×12 mm 或 90 mm×90 mm×12 mm,根据预应力筋规格与锚固区混凝土强度确定。螺旋筋可直接点焊在承压钢板上。

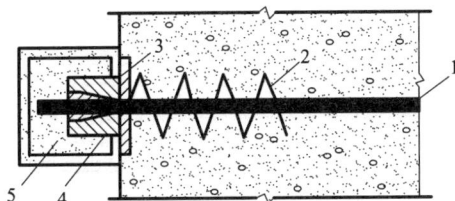

1—无黏结预应力筋;2—螺旋筋;
3—承压钢板;4—夹片锚具;5—混凝土圈梁。

图 5-36 张拉端凸出式构造图

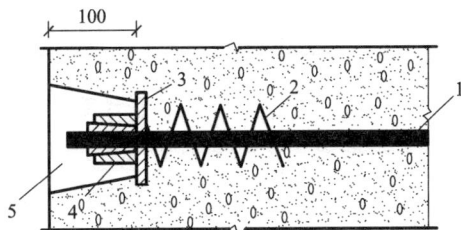

1—无黏结预应力筋;2—螺旋筋;
3—承压钢板;4—夹片锚具;5—砂浆。

图 5-37 张拉端凹入式构造图

2. 固定端锚固系统构造

固定端宜采用挤压式锚具或垫板连体式锚具,锚固端必须埋设在结构构件的混凝土中,其做法有两种。

1)挤压锚具,其构造由挤压锚具(套筒、夹片或硬钢丝螺旋圈组成)、承压板、螺旋筋组成,见图 5-38(a)。挤压锚具应用专用挤压设备将挤压锚套筒和夹片(硬钢丝螺旋圈)组装在钢绞线端部。

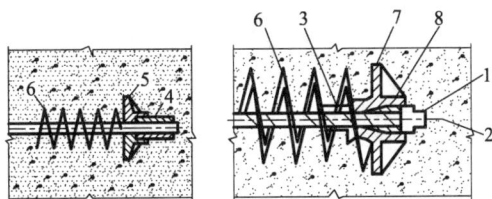

(a)挤压锚具　　　(b)垫板连体式锚具

1—涂专用防腐油脂或环氧树脂;2—密封盖;3—塑料密封套;4—挤压锚具;
5—承压板;6—螺旋筋;7—连体锚杆;8—夹片。

图 5-38 固定端锚具系统构造

2)垫板连体式夹片锚具,其构造由铸造锚具、夹片和螺旋筋、外盖组成,见图 5-38(b)。该锚具应预先用专用紧楔器以预应力筋张拉力的 0.75 倍顶紧力使夹片预紧,并安装带螺母外盖。

对多根无黏结预应力筋,为避免内埋式固定端拉力集中而使混凝土开裂,可采取错开位置锚固。

无黏结预应力筋的锚固区，必须有严格的密封防护措施，严防水汽进入锈蚀预应力筋。一般是在锚具与承压板表面涂以防水涂料。为了使无黏结筋端头全封闭，在锚具端头涂防腐润滑油脂后，罩上封端塑料盖帽，或在两端留设的孔道内注入环氧树脂水泥砂浆，其抗压强度不低于 35 MPa，灌浆时同时将锚头封闭。

5.4 预应力混凝土施工质量检查与安全措施

5.4.1 施工质量检查

预应力混凝土施工质量检验应按主控项目和一般项目进行检验。

1. 主控项目

1）预应力筋进场时，应按国家现行标准《预应力混凝土用钢绞线》（GB/T 5224—2014）、《预应力混凝土用钢丝》（GB/T 5223—2014）、《预应力混凝土用螺纹钢筋》（GB/T 20065—2016）和《无粘结预应力钢绞线》（JG/T 161—2016）抽取试件做抗拉强度、伸长率检验，其检验结果应符合相应标准的规定。

检查数量：按进场的批次和产品的抽样检验方案确定。

检验方法：检查质量证明文件和抽样检验报告。

2）无黏结预应力钢绞线进场时，应进行防腐润滑脂量和护套厚度的检验，检验结果应符合现行行业标准《无粘结预应力钢绞线》（JG/T 161—2016）的规定。

检查数量：按现行行业标准《无粘结预应力钢绞线》（JG/T 161—2016）的规定确定。

检验方法：观察，检查质量证明文件和抽样检验报告。

3）预应力筋所用锚具、夹具和连接器应符合设计要求，其性能应符合现行国家标准《预应力筋用锚具、夹具和连接器》（GB/T 14370—2015）等的规定。

检查数量：按进场的批次和产品的抽样检验方案确定。

检验方法：检查产品合格证、出厂检验报告和进场复验报告。

4）孔道灌浆用水泥应采用硅酸盐水泥或普通硅酸盐水泥。水泥、外加剂的质量应分别符合《混凝土结构工程施工质量验收规范》（GB 50204—2015）的规定；成品灌浆材料的质量应符合现行国家标准《水泥基灌浆材料应用技术规范》（GB/T 50448—2015）的规定。

检查数量：按进场批次和产品的抽样检验方案确定。

检验方法：检查质量证明文件和抽样检验报告。

5）预应力筋安装时，其品种、规格、级别和数量必须符合设计要求。

检查数量：全数检查。

检验方法：观察，尺量。

6）预应力筋的安装位置应符合设计要求。

检查数量：全数检查。

检验方法：观察，尺量。

7）预应力筋张拉或放张前，应对构件混凝土强度进行检验。同条件养护的混凝土立方体试件抗压强度应符合设计要求，当设计无要求时应符合下列规定：

①应符合配套锚固产品技术要求的混凝土最低强度且不应低于设计混凝土强度等级值的75%；

②对采用消除应力钢丝或钢绞线作为预应力筋的先张法构件，不应低于30 MPa。

检查数量：全数检查。

检验方法：检查同条件养护试件试验报告。

8）张拉过程中应避免预应力筋断裂或滑脱，当发生断裂或滑脱时，必须符合下列规定：

对后张法预应力结构构件，出现断裂或滑脱的数量不应超过同一截面预应力筋总根数的3%，且每束钢丝不得超过一根；对多跨双向连续板，其同一截面应按每跨计算。对先张法预应力构件，在浇筑混凝土前发生断裂或滑脱的预应力筋必须予以更换。

质量与安全事故

检查数量：全数检查。

检验方法：观察，检查张拉记录。

9）预应力筋张拉锚固后，实际建立的预应力值与工程设计规定检验值的相对允许偏差为±5%。

检查数量：对先张法施工，每工作班抽查预应力筋总数的1%，且不应少于3根；对后张法施工，在同一检验批内，抽查预应力筋总数的3%，且不应少于5束。

检验方法：对先张法施工，检查预应力筋应力检测记录；对后张法施工，检查见证张拉记录。

10）预留孔道灌浆后，孔道内水泥浆应饱满、密实。

检查数量：全数检查。

检验方法：观察，检查灌浆记录。

11）锚具的封闭保护措施应符合设计要求。当设计无要求时，外露锚具和预应力筋的混凝土保护层厚度不应小于：一类环境时20 mm，二a、二b类环境时50 mm，三a、三b类环境时80 mm。

检查数量：在同一检验批内，抽查预应力筋总数的5%，且不应少于5处。

检验方法：观察，尺量。

2. 一般项目

1）预应力筋进场时，应进行外观检查，其外观质量应符合下列规定：

①有黏结预应力筋的表面不应有裂纹、小刺、机械损伤、氧化铁皮和油污等，展开后应平顺、不应有弯折；

②无黏结预应力钢绞线护套应光滑、无裂缝，无明显褶皱；轻微破损处应外包防水塑料胶带修补，严重破损者不得使用。

检查数量：全数检查。

检验方法：观察。

2）预应力筋用锚具、夹具和连接器进场时，应进行外观检查，其表面应无污物、锈蚀、机械损伤和裂纹。

检查数量：全数检查。

检验方法：观察。

3）预应力成孔管道进场时，应进行管道外观质量检查、径向刚度和抗渗漏性能检验，其检验结果应符合下列规定：

①金属管道外观应清洁，内外表面应无锈蚀、油污、附着物、孔洞；波纹管不应有不规则褶皱，咬口应无开裂、脱扣；钢管焊缝应连续。

②塑料波纹管的外观应光滑、色泽均匀，内外壁不应有气泡、裂口、硬块、油污、附着物、孔洞及影响使用的划伤。

③预应力混凝土用金属螺旋管的尺寸和性能应符合国家现行标准《预应力混凝土用金属螺旋管》（JG/T 3013—1994）的规定。

检查数量：按进场的批次和产品的抽样检验方案确定。

检验方法：检查产品合格证、出厂检验报告和进场复验报告。

4）预应力筋端部锚具的制作质量应符合下列规定：

①钢绞线挤压锚具挤压完成后，预应力筋外端露出挤压套筒的长度不应小于 1 mm；

②钢绞线压花锚具的梨形头尺寸和直线锚固段长度不应小于设计值；

③钢丝镦头不应出现横向裂纹，镦头的强度不得低于钢丝强度标准值的 98%。

检查数量：对挤压锚，每工作班抽查 5%，且不应少于 5 件；对压花锚，每工作班抽查 3 件。对钢丝镦头强度，每批钢丝检查 6 个镦头试件。

检验方法：观察，尺量，检查镦头强度试验报告。

5）后张法有黏结预应力筋预留孔道的规格、数量、位置和形状应符合设计要求和规范规定。

检验数量：全数检查。

检验方法：观察、钢尺检查。

6）预应力筋束形控制点的竖向位置偏差应符合表 5-4 的规定。

表 5-4　束形控制点的竖向位置允许偏差

截面高（厚）度/mm	$h \leqslant 300$	$300 < h \leqslant 1500$	$h > 1500$
允许偏差/mm	±5	±10	±15

检查数量：在同一检验批内，抽查各类型构件中预应力筋总数的 5%，且对各类型构件均不少于 5 束，每束不应少于 5 处。

检验方法：钢尺检查。

7）先张法预应力构件，应检查预应力筋张拉后的位置偏差，张拉后预应力筋的位置与设计位置的偏差不应大于 5 mm，且不应大于构件截面短边边长的 4%。

检查数量：每工作班抽查预应力筋总数的 3%，且不应少于 3 束。

检验方法：钢尺检查。

8）后张法预应力筋锚固后的外露长度不宜小于预应力筋直径的 1.5 倍，且不应小于 30 mm。

检查数量：在同一检验批内，抽查预应力筋总数的 3%，且不应少于 5 束。

检验方法：观察，尺量。

9）灌浆用水泥浆的水灰比不应大于 0.45，搅拌后 3 h 泌水率不宜大于 2%，且不应大于 3%，泌水应在 24 h 内全部被水泥浆吸收。

检查数量：同一配合比检查一次。

检验方法：检查水泥浆性能试验报告。

10）灌浆用水泥浆的抗压强度不应低于 30 MPa。

检查数量：每工作班留置一组边长为 70.7 mm 的立方体试件。

检验方法：检查试件强度试验报告。

5.4.2 预应力混凝土施工安全措施

1）所用张拉设备仪表由专人负责使用与管理，并定期进行维护与检验，设备的测定期不超过半年，否则必须及时重新测定。施工时，根据预应力筋种类等合理选择张拉设备，预应力筋的张拉力不应大于设备额定张拉力，严禁在负荷时拆换油管或压力表。按电源时，机壳必须接地，经检查绝缘可靠后，才可试运转。

2）先张法施工中，张拉机具与预应力应在一条直线上；顶紧锚塞时，用力不要过猛，以防钢丝折断。台座法生产，其两端应设有防护设施，并在张拉预应力筋时，沿台座长度方向每隔 4~5 m 设置一个防护架，两端严禁站人，更不准进入台座。

3）后张法施工中，张拉预应力筋时，任何人不得站在预应力筋两端，同时在千斤顶后面设置防护装置。操作千斤顶的人员应严格遵守操作规程，应站在千斤顶侧面工作。在油泵开动过程中，不得擅自离开岗位，如需离开，应将油阀全部松开或切断电路。

复习思考题

1. 什么是先张法？什么是后张法？比较它们的异同点。
2. 施加预应力的方法有几种？其预应力是如何建立和传递的？
3. 简述先张法的施工工艺和预应力张拉程序。
4. 超张拉的作用是什么？有何要求？
5. 预应力筋放张的条件是什么？
6. 后张法的常用锚具有哪些？
7. 后张法孔道留设方法有哪几种？各适用于什么情况？
8. 后张法的张拉顺序是如何确定的？
9. 简述后张法的施工工艺。
10. 孔道灌浆的作用是什么？对灌浆有何要求？
11. 有黏结预应力与无黏结预应力施工工艺有何区别？
12. 如何制作无黏结预应力筋？
13. 简述无黏结预应力的施工工艺。

模块六

结构安装工程

教学目标　　掌握单层工业厂房结构吊装施工方法、工艺流程、质量检验要求和安全措施；掌握钢结构构件制作、安装施工方法、工艺流程、质量检验要求和安全措施；掌握起重机的选择、正确选择结构安装方法、拟定构件平面布置方案。

技能抽查要求　　能进行结构吊装工程施工质量检查验收；能编制结构吊装工程施工方案。

企业八大员岗位资格考试要求　　掌握单层工业厂房结构吊装工艺、施工方法、质量和安全要求；掌握钢结构连接施工方法和工艺；掌握钢结构安装和涂装施工；掌握钢结构施工的质量和安全要求。

6.1　索具设备

6.1.1　钢丝绳

钢丝绳是由高强度钢丝搓捻而成，是吊装工作中常用的绳索。它具有自重轻、强度高、耐磨损、弹性大、寿命长、在高速下运转平衡、没有噪声、安全可靠等优点。

1. 钢丝绳的构造及种类

钢丝绳由直径相同的光面钢丝捻成钢丝股，再由六股钢丝股和一股绳芯搓捻而成。

1）钢丝绳按每股钢丝根数，分为三种规格。

①6×19+1：钢丝粗、硬而耐磨，不易弯曲，一般用作缆风绳；

②6×37+1：钢丝细、较柔软，一般用于穿滑车组和用作吊索；

③6×61+1：一般用于重型起重机械。

2）钢丝绳按钢丝和钢丝股搓捻方向，分为顺捻绳和反捻绳两种。

①顺捻绳：每股钢丝的搓捻方向与钢丝股搓捻方向相同。这种钢丝绳柔性好、表面平整、不易磨损，但易松散和扭结卷曲，吊重物时，易使重物旋转，一般用于拖拉或牵引装置。

②反捻绳：每股钢丝的搓捻方向与钢丝股搓捻方向相反。这种钢丝绳较硬，不易松散，吊重物不扭结旋转，多用于吊装工作。

2. 钢丝绳的技术性能

国产钢丝绳早已标准化生产。常用钢丝绳的规格直径为 6.2~65 mm，子绳钢丝直径为 0.3~3 mm；其抗拉强度分别为 1400 N/mm²，1550 N/mm²，1700 N/mm²，1850 N/mm²，2000 N/mm² 五个等级。在实际操作过程中，钢丝绳的主要规格及技术参数如表 6-1 所示。

表 6-1　钢丝绳的主要数据

直径		钢丝总断面积	参考质量	钢丝绳公称抗拉强度/（N·mm⁻²）				
钢丝绳	钢丝			1400	1550	1700	1850	2000
				钢丝绳破断拉力总和				
/mm	/mm	/mm²	kg/100 m	/kN（不小于）				
6×19+1 钢丝绳的主要数据								
6.2	0.4	14.32	13.53	20.0	22.1	24.3	26.4	28.6
7.7	0.5	22.37	21.14	31.3	34.6	38.0	41.3	44.7
9.3	0.6	32.22	30.45	45.1	49.9	54.7	59.6	64.4
11.0	0.7	43.85	41.44	61.3	67.9	74.5	81.1	87.8
12.5	0.8	57.27	54.12	80.1	88.7	97.3	105.5	114.5
14.0	0.9	72.49	68.50	101.0	112.0	123.0	134.0	144.5
15.5	1.0	89.49	84.57	125.0	138.5	152.0	165.5	178.5
17.0	1.1	103.28	102.3	151.5	167.5	184.0	200.0	216.5
18.5	1.2	128.87	121.8	180.0	199.5	219.0	238.0	257.5
20.0	1.3	151.24	142.9	211.5	234.0	257.0	279.5	302.0
21.5	1.4	175.40	165.8	245.5	271.5	298.0	324.0	350.5
23.0	1.5	201.35	190.3	281.5	312.0	342.0	372.0	402.5
24.5	1.6	229.09	216.5	320.5	355.0	389.0	423.5	458.0
26.0	1.7	258.63	244.4	362.0	400.5	439.5	478.0	517.0
28.0	1.8	289.95	274.0	405.0	449.0	492.5	536.0	579.5
31.0	2.0	357.96	338.3	50.10	554.5	608.5	662.0	715.5
34.0	2.2	433.13	409.3	606.0	671.0	736.0	801.0	
37.0	2.4	515.46	487.1	721.5	798.5	876.0	953.5	
40.0	2.6	604.95	571.7	846.5	937.5	1025.0	1115.0	
43.0	2.8	701.60	663.0	982.0	1085.0	1190.0	1295.0	
46.0	3.0	805.41	761.1	1125.0	1245.0	1365.0	1490.0	
6×37+1 钢丝绳的主要数据								
8.7	0.4	27.88	26.21	39.0	43.2	47.3	51.5	55.7
11.0	0.5	43.57	40.96	60.9	67.5	74.0	80.6	87.1
13.0	0.6	62.74	58.98	87.8	97.2	106.5	116.0	125.0
15.0	0.7	85.39	80.57	119.5	132.0	145.0	157.5	170.5
17.5	0.8	111.53	104.8	156.0	172.5	189.5	206.0	223.0
19.5	0.9	141.16	132.7	197.5	213.5	239.5	261.0	282.0
21.5	1.0	174.27	163.3	243.5	270.0	296.0	322.0	348.5
24.0	1.1	210.87	198.2	295.0	326.5	358.0	390.0	421.5
26.0	1.2	250.95	235.9	351.0	388.5	426.5	464.0	501.5

续表 6-1

直径		钢丝总断面积	参考质量	钢丝绳公称抗拉强度/(N·mm⁻²)				
				1400	1550	1700	1850	2000
钢丝绳	钢丝			钢丝绳破断拉力总和				
/mm	/mm	/mm²	kg/100 m	/kN(不小于)				
6×61+1 钢丝绳的主要数据								
28.0	1.3	294.52	276.8	412.0	456.5	500.5	544.5	589.0
30.0	1.4	341.57	321.1	478.0	529.0	580.5	631.5	683.0
32.5	1.5	392.11	368.6	548.5	607.5	666.5	725.0	784.0
34.5	1.6	446.13	419.4	624.5	691.5	758.0	825.0	892.0
36.5	1.7	503.64	473.4	705.0	780.5	856.0	931.5	1005.0
39.0	1.8	564.63	530.8	790.0	875.0	959.5	1040.0	1125.0
43.0	2.0	697.08	655.3	975.5	1080.0	1185.0	1285.0	1390.0
47.5	2.2	843.47	792.9	1180.0	1305.0	1430.0	1560.0	
52.0	2.4	1003.90	943.6	1405.0	1555.0	1705.0	1855.0	
56.0	2.6	1178.07	1107.4	1645.0	1825.0	2000.0	2175.0	
60.5	2.8	1366.28	1234.3	1910.0	2115.0	2320.0	2525.0	
65.0	3.0	1568.43	1474.3	2195.0	2430.0	2665.0	2900.0	

注：表中粗线左侧的数据适用于光面或镀锌钢丝绳，右侧的数据只适用于光面钢丝绳。

3. 钢丝绳的最大工作拉力

钢丝绳的最大工作拉力应满足下式要求：

$$S \leqslant \frac{s_p}{n}$$

式中：S 为钢丝绳最大工作拉力(kN)；s_p 为钢丝绳的钢丝破断拉力总和(kN)，如表 6-1 所示；n 为钢丝安全系数，如表 6-2 所示。

表 6-2　钢丝绳的安全系数

用途	安全系数	用途	安全系数
缆风绳	3.5	吊索(无弯曲时)	6~7
手动起重	4.5	捆绑吊索	8~10
机械起重	5~6	载人升降机	14

6.1.2　吊具

1. 吊索

吊索也称千斤绳，根据形式不同可分为环状吊索、万能吊索和开口吊索，如图 6-1 所示。

做吊索用的钢丝绳要求质地软，易弯曲，直径大于 11 mm，一般用 $6 \times 37+1$ 和 $6 \times 61+1$ 做成。

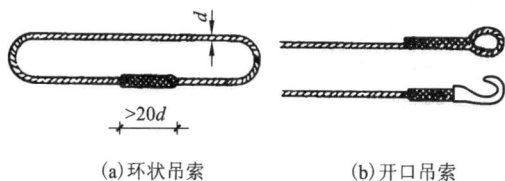

(a)环状吊索　　　　(b)开口吊索

图 6-1　吊索

2. 钢丝绳卡扣

钢丝绳卡扣又叫绳卡(绳夹)。它是用来夹紧钢丝绳末端，或将两根钢丝绳固定在一起的一种索具，如图 6-2 和图 6-3 所示。用它固定和夹紧钢丝绳不但牢固，而且装拆方便。

卡扣

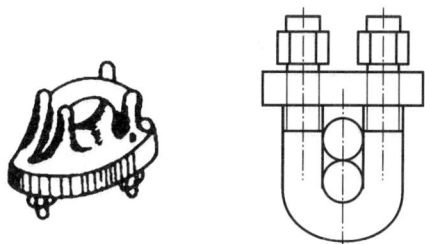

图 6-2　钢丝绳卡扣

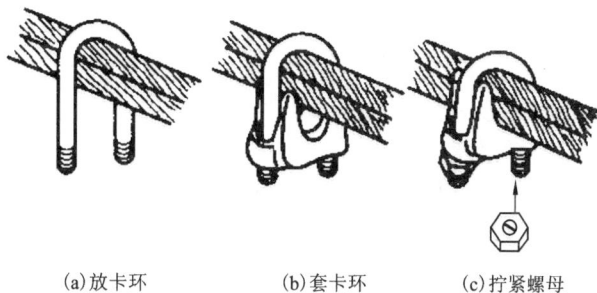

(a)放卡环　　　(b)套卡环　　　(c)拧紧螺母

图 6-3　绳卡的使用

3. 吊钩

吊钩是结构吊装作业中最常用的吊具，它取物方便，工作安全可靠。吊钩有单钩和双钩两种，如图 6-4 所示。

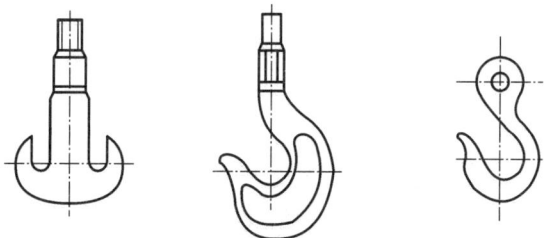

图 6-4　吊钩

单钩构造简单、使用方便，因而被广泛采用，但其受力情况不如双钩好。单钩一般由 20 号优质碳素钢或 16 号锰钢锻制而成。

双钩多用于起重量大的吊装机械。它受力均匀对称，能充分利用钩体材料，在起重量相同的情况下，一般双钩比单钩自重要轻。双钩的材料通常与单钩相同。

4. 卡环（卸甲）

卡环又称卸扣、卸甲，它是结构吊装作业中广泛使用的连接器具。卡环构造简单，由弯环和销子两部分组成。卡环种类甚多，按其弯环的形状分为直环形和马蹄形两种，销子的形式有螺栓式和活络式，如图 6-5 所示。活络式卡环的销子端头和弯环孔眼无螺纹，可以直接抽出，多用于吊装柱子，可以避免高空作业。活络式卡环吊装柱子如图 6-6 所示。

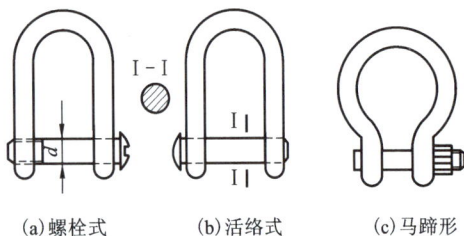

(a)螺栓式　　(b)活络式　　(c)马蹄形

图 6-5　卡环

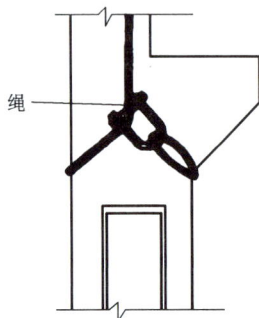

绳

图 6-6　活络式卡环绑扎柱子

5. 横吊梁

横吊梁又称铁扁担，为了承受吊索对构件的轴向压力和减少起吊高度，可采用横吊梁，如图 6-7 所示。

横吊梁

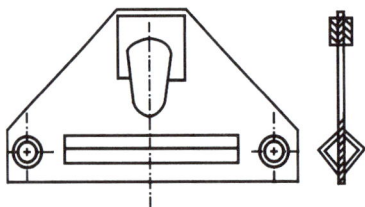

(a)钢板横吊梁

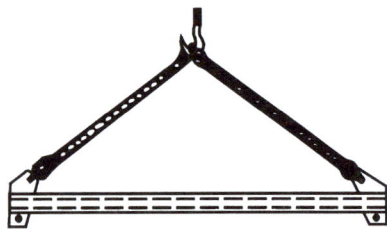

(b)钢管横吊梁

图 6-7　横吊梁

6.1.3　滑轮组

滑轮组是由一定数量的定滑轮和动滑轮及绕过它们的绳索组成。滑轮组中共同负担构件质量的绳索根数称为工作线数，也就是在动滑轮上穿绕的绳索根数。滑轮组起重省力的多少，主要取决于工作线数和滑动轴承的摩阻力大小。

在某些施工工地，由于现场物体多，场地狭窄，无法使用其他起重机械时，往往用滑轮组配合桅杆在场地狭窄的现场进行起重操作，这是滑轮组运用于施工现场最大的优点之一。

6.1.4 卷扬机

电动卷扬机是起重运输作业中经常用的牵引设备，也是很多起重机械中起升和变幅机构的主要部件，速度可快可慢，起重能力较大，操作方便，安全可靠。建筑施工中常用的电动卷扬机有快速（JJK 型）和慢速（JJM 型）两种。慢速卷扬机主要用于吊装结构，冷拉钢筋和张拉预应力筋；快速卷扬机主要用于垂直运输和水平运输，以及打桩作业。

卷扬机

6.1.5 地锚

地锚又称锚碇，是用来锚固缆风绳、卷扬机、导向滑车、溜绳、起重机或桅杆平衡绳等的固定设施，是保证拔杆、井架能够正常进行起重作业的重要设备，必须正确地埋设和使用。否则，地锚在使用中被拉出（或称地锚破坏），将会发生拔杆或井架倾倒的重大安全事故。

常用地锚有桩式地锚和水平地锚两种。

1. 桩式地锚

桩式地锚适用于固定受力不大的缆风绳。这种地锚是由一根、两根或三根木桩组成，承载力为 10~50 kN。木桩埋入土中的深度应根据作用力的大小而定，一般不小于 1.2 m。打桩时应使木桩与所拉缆风绳近似垂直。

桩式地锚的尺寸和承载力如表 6-3 所示。

表 6-3　木桩锚参考尺寸和承载力表

类型	参考尺寸	承载力/kN					
		10	15	20	30	40	50
	桩尖处施于土的压力/MPa	0.15	0.2	0.23	0.31		
	a/cm	30	30	30	30		
	b/cm	150	120	120	120		
	c/cm	40	40	40	40		
	d/cm	18	20	22	26		
	桩尖处施于土的压力/MPa				0.15	0.2	0.28
	a_1/cm				30	30	30
	b_1/cm				120	120	120
	c_1/cm				90	90	90
	d_1/cm				22	22	22
	a_2/cm				30	30	30
	b_2/cm				120	120	120
	c_2/cm				40	40	40
	d_2/cm				20	20	24

2. 水平地锚

水平地锚是用一根或几根圆木捆绑在一起,横放在挖好的坑底上,用钢丝绳系在横木的一点或两点,呈30°~45°斜度引出地面,然后用土石回填夯实。水平地锚一般埋入地下1.5~3.5 m,为防止地锚被拔出,当拉力大于75 kN时,应在地锚上加压板,拉力大于150 kN时,还要在锚碇前加立柱及垫板,以加强钢丝绳或钢筋土坑侧壁的耐压力,如图6-8所示。

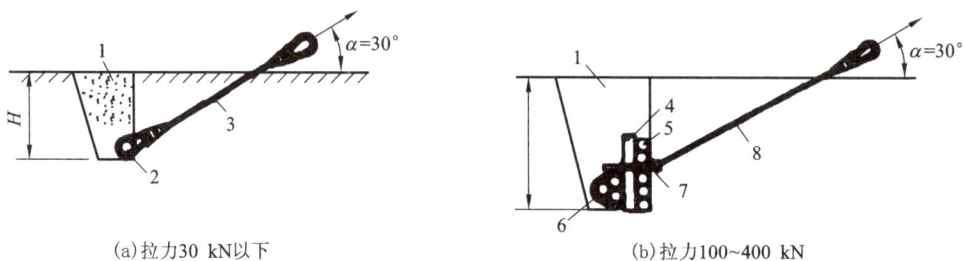

(a)拉力30 kN以下   (b)拉力100~400 kN

1—回填土逐层夯实;2—地龙木一根;3—钢丝绳或钢筋;4—柱木;
5—挡木;6—地龙木三根;7—压板;8—钢丝绳圈或钢筋环。

图6-8　水平地锚构造示意图

6.2　起重机械

结构吊装机械种类很多,常用的有桅杆式起重机、自行式起重机和塔式起重机等。

6.2.1　桅杆式起重机

桅杆式起重机按其构造不同,可分为独脚拔杆、人字拔杆、悬臂拔杆和牵缆式桅杆起重机等。一般用于港口码头,通常采用木材或钢材制作。这类起重机具有制作简单、装拆方便,起重量大(可达1000 kN以上),受施工场地限制小的特点,特别是吊装大型构件而又缺少大型起重机械时,这类起重设备更显它的优越性。但这类起重机需设较多的缆风绳,移动困难。另外,其起重半径小,灵活性差。因此,桅杆式起重机一般多用于构件较重、吊装工程比较集中、施工场地狭窄,而又缺乏其他合适的大型起重机械的情况。

独脚拔杆

1. 独脚拔杆

独脚拔杆由拔杆、起重滑轮组、卷扬机、缆风绳和地锚等组成,如图6-9(a)所示。使用时,拔杆应保持不大于10°的倾角,以便吊装构件时不致撞击拔杆。拔杆的稳定主要依靠缆风绳,绳的一端固定在桅杆顶端,另一端固定在地锚上,缆风绳一般设6~12根,但不少于4根。缆风绳与地面的夹角一般为30°~45°,角度过大则会对拔杆产生过大的压力。

根据制作材料的不同,独脚拔杆可分为木独脚拔杆、钢管独脚拔杆和金属格构式独脚拔杆等。

2. 人字拔杆

人字拔杆是由两根圆木或两根钢管以钢丝绳绑扎或铁件铰接而成,如图6-9(b)所示。两杆在顶部相交成20°~30°角,底部设有拉杆或拉绳,以平衡拔杆本身的水平推力。其中一根拔杆的底部装有一导向滑轮组，起重索通过它连到卷扬机，用另一钢丝绳连接到地锚，以保证在起重时底部稳固。人字拔杆是前倾的，但倾斜度不宜超过 1/10，并在前、后面各用两根缆风绳拉结。

人字拔杆的优点是侧向稳定性较好，缆风绳较少；缺点是起吊构件的活动范围小，故一般仅用于安装重型柱或其他重型构件。

3. 悬臂拔杆

悬臂拔杆是在独脚拔杆的中部或 2/3 高度处装一根起重臂而成。起重杆可以回转和起伏变幅，如图 6-9(c) 所示。

悬臂拔杆的特点是能有较大的起重高度和相应的起重半径，起重杆能左右摆动 120°~270°，宜于吊装高度较大而重量较轻的构件。

4. 牵缆式桅杆起重机

牵缆式桅杆起重机是在独脚拔杆的下端装上一根可以 360° 回转和起伏的起重杆而成，如图 6-9(d) 所示。它具有较大的起重半径，能把构件吊送到有效起重半径内的任何位置。格构式截面的桅杆起重机，起重量可达 600 kN，起重高度可达 80 m，其缺点是缆风绳较多，移动不便，适用于构件多且集中的工程。

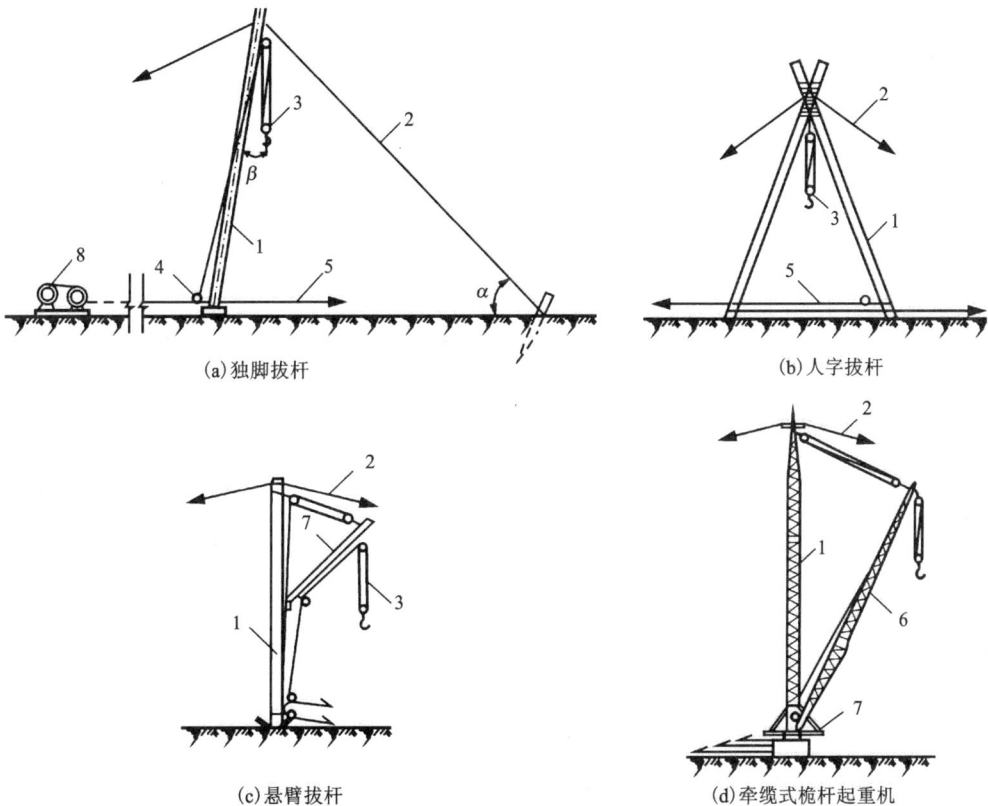

(a)独脚拔杆　　　　　　　　　　　　　　　(b)人字拔杆

(c)悬臂拔杆　　　　　　　　　　　　　　　(d)牵缆式桅杆起重机

1—拔杆；2—缆风绳；3—起重滑轮组；4—导向装置；5—拉索；6—起重臂；7—卷扬机。

图 6-9　桅杆式起重机

6.2.2　自行式起重机

自行式起重机可分为履带式起重机、汽车式起重机、轮胎式起重机。

1. 履带式起重机

履带式起重机是一种具有履带行走装置的全回转起重机,它利用两条面积较大的履带着地行走,由行走装置、回转机构、机身及起重臂四部分组成,如图6-10所示。履带式起重机操作灵活,使用方便,车身能回转360°,可以载荷行驶,在一般平整坚实的道路上即可行驶和工作,是目前建筑结构安装工程中的主要起重机械。但是这种起重机械的稳定性较差,故操作时应严格遵守安全规程,不宜超负荷吊装。此外,履带式起重机行走时,履带对路面的破坏性较大,行走速度慢,故在市区和比较长距离转移时,都需用平板拖车进行运输。

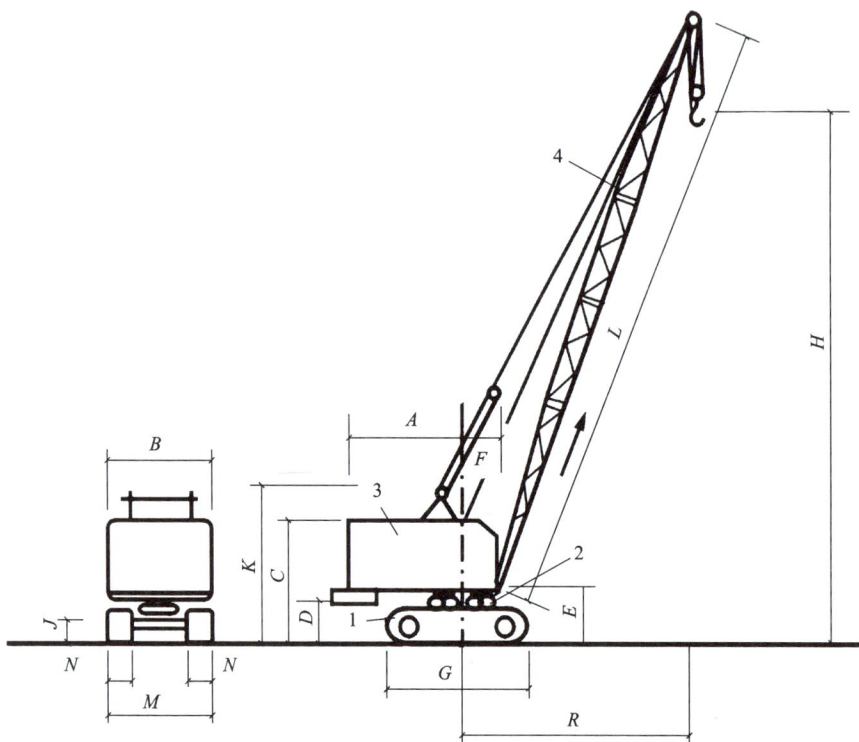

1—行走装置;2—回转机构;3—机身;4—起重臂。

图 6-10　履带式起重机

(1)常用型号及性能

在结构安装工程中,常用的履带式起重机型号有 W_1-50 型、W_1-100 型、W_1-200 型及一些进口机型。履带式起重机的主要技术性能包括三个主要参数:起重量 Q、起重半径 R、起重高度 H。常用履带式起重机的外形尺寸及技术性能如表6-4~表6-7所示。

表 6-4 履带式起重机外形尺寸

符 号		名 称	型 号		
			W₁-50	W₁-100	W₁-200
外形尺寸/mm	A	机棚尾部到回转中心距离	2900	3300	4500
	B	机棚宽度	2700	3120	3200
	C	机棚顶部距地面高度	3220	3675	4125
	D	转平台底面距地面高度	1000	1045	1190
	E	起重臂枢轴中心距地面高度	1555	1700	2100
	F	起重臂枢轴中心至回转中心的距离	1000	1300	1600
	G	履带长度	3420	4005	4950
	M	履带架宽度	2850	3200	4050
	N	履带板宽度	550	675	800
	J	行走底架距地面高度	300	275	390
	K	双足支架顶部距地面高度	3800	4170	6300
爬坡能力/%			25	20	20
行走速度/(km·h⁻¹)			1.5~3	1.5	1.43
出厂时的最长吊杆长度/m			18	23	40
最大起重量/t			10	15	50
质量/t			23.11	40.74	79.14
对地面压力/(kg·cm⁻²)			0.71	0.89	1.28

表 6-5 履带式起重机性能表

参 数		型 号						
		W₁-50			W₁-100		W₁-200	
起重臂长度/m		10	18	18(带鸟嘴)	13	23	15	30	40
起重半径/m	最大工作幅度时	10.0	17.0	10.0	12.5	17.0	15.5	22.5	30.0
	最小工作幅度时	3.7	4.5	6.0	4.23	6.5	4.5	8.0	10.0
起重量/t	最小工作幅度时	10.0	7.5	2.0	15.0	8.0	50.0	20.0	8.0
	最大工作幅度时	2.6	1.0	1.0	3.5	1.7	8.2	4.3	1.5
起升高度/m	最小工作幅度时	9.2	17.2	17.2	11.0	19.0	12.0	26.8	36.0
	最大工作幅度时	3.7	7.6	14.0	5.8	16.0	3.0	19.0	25.0

注：表中数据所对应的起重臂倾角为：$\alpha_{min}=30°$，$\alpha_{max}=77°$。

表 6-6　W_1-50 型履带式起重机起重特性

臂长 10 m			臂长 18 m			臂长 18 m(带鸟嘴)		
R/m	Q/t	H/m	R/m	Q/t	H/m	R/m	Q/t	H/m
3.7	10	9.2	4.5	7.5	17.2	6	2	17.2
4	8.7	9	5	6.2	17	8	1.5	16
5	6.2	8.6	7	4.1	16.4	10	1	14
6	5	8.1	9	3	15.5			
7	4.1	7.5	11	2.3	14.4			
8	3.5	6.5	13	1.8	12.8			
9	3	5.4	15	1.4	10.7			
10	2.6	3.7	17	1	7.6			

表 6-7　W_1-100 型履带式起重机起重特性

R/m	臂长 13 m		臂长 23 m		臂长 27 m		臂长 30 m	
	Q/t	H/m	Q/t	H/m	Q/t	H/m	Q/t	H/m
4.5	15	11						
5	13	11						
6	10	11						
6.5	9	10.9	8	19				
7	8	10.8	7.2	19				
8	6.5	10.4	6	19	5	23		
9	5.5	9.6	4.9	19	3.8	23	3.6	26
10	4.8	2.2	4.2	18.9	3.1	22.9	2.9	25.9
11	4	7.8	3.7	18.6	2.5	22.6	2.4	25.7
12	3.7	6.5	3.2	18.2	2.2	22.2	1.9	25.4
13			2.9	17.8	1.9	22	1.4	25
14			2.4	17.5	1.5	21.6	1.1	24.5
15			2.2	17	1.4	21	0.9	23.8
17			1.7	16				

(2)履带式起重机的稳定性验算

履带式起重机在进行超负荷吊装或接长起重臂时,需要进行稳定性验算,以保证起重机在吊装中不会发生倾倒事故。稳定性验算应选择起重最不利的位置,即车身与行驶方向垂直的位置进行,如图 6-11 所示。此时,以履带中心 A 点为倾覆点,分别按以下条件进行验算。

1)当考虑吊装荷载及附加荷载时,稳定安全系数为:

$$K_1 = M_稳/M_倾 \geqslant 1.15 \qquad (6-1)$$

2)当考虑吊装荷载,不考虑附加荷载时,稳定安全系数为:

$$K_2 = \frac{稳定力矩(M_稳)}{倾覆力矩(M_倾)} = \frac{G_1 L_1 + G_2 L_2 + G_0 L_0 - G_3 L_3}{Q(R - L_2)} \geqslant 1.4 \qquad (6-2)$$

式中：G_0 为原机身平衡重量(kN)；G_1 为起重机机身可转动部分的重量(kN)；G_2 为起重机机

身不可转动部分的重量(kN)；G_3 为起重臂重量(kN)；Q 为吊装荷载(包括构件重量和索具重量)(kN)；l_1 为 G_1 重心至 A 点的距离(地面倾斜影响忽略不计，下同)(m)；l_2 为 G_2 重心至 A 点的距离(m)；l_3 为 G_3 重心至 A 点的距离(m)；l_0 为 G_0 重心至 A 点的距离(m)；R 为起重半径(即工作幅度)(m)。

(3)起重臂接长计算

当起重机的起重高度或起重半径不足时，在起重臂的强度和稳定性能得到保证的前提下，可以将起重臂接长，近似地按力矩等量换算原则求出允许起重量 Q'，如图 6-12 所示，如吊装荷载不超过 Q'，起重机即可满足稳定性要求。

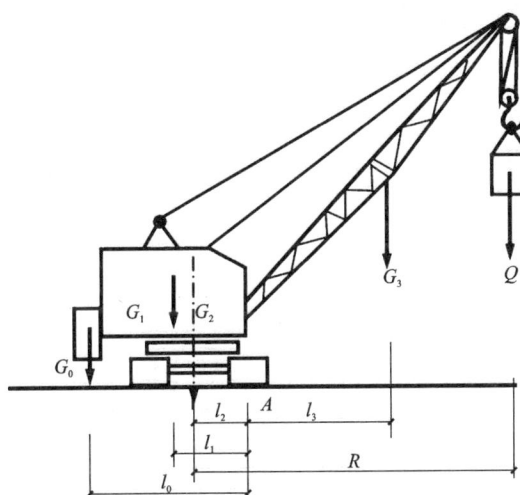

图 6-11　履带式起重机受力图

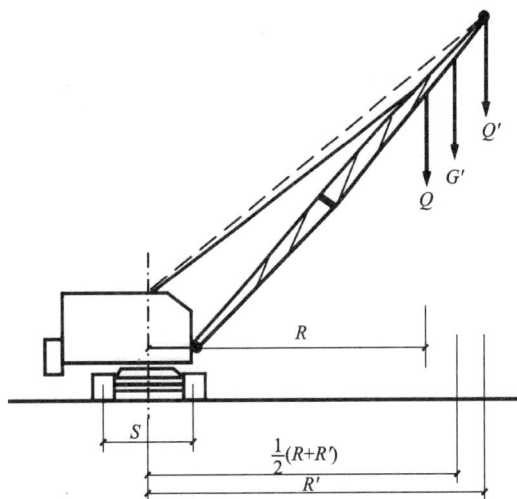

图 6-12　接长起重臂受力图

根据同一起重机起重力矩等量的原则，得

$$Q'\left(R'-\frac{S}{2}\right)+G'\left(\frac{R+R'}{2}-\frac{S}{2}\right)=Q\left(R-\frac{S}{2}\right) \tag{6-3}$$

整理后得

$$Q'=\frac{1}{2R'-S}\left[Q(2R-S)-G'(R+R'-S)\right] \tag{6-4}$$

式中：R' 为接长起重臂后的工作幅度；G' 为起重杆接长部分的重量(kN)；其他符号同前。

2. 汽车式起重机

汽车式起重机是一种将起重作业部分安装在汽车通用或专用底盘上、具有载重汽车行驶性能的一种自行式回转起重机，如图 6-13 所示。

汽车式起重机作业时，必须先打开支腿，以增大机械的支承面积，保证必要的稳定性。它具有行驶速度快，能迅速转移，对路面破坏性小。缺点是汽车式起重机不能负荷行驶。

汽车式起重机

国产的汽车式起重机型号有 Q_2-8、Q_2-12、Q_2-16、Q_2-32、QY40、QY65 和 QY100 等多种。部分汽车式起重机的性能如表 6-8 所示。

图 6-13　汽车式起重机

表 6-8　汽车式起重机的性能表

参数		型号									
		Q_2-8				Q_2-12			Q_2-16		
起重臂长度/m		6.95	8.50	10.15	11.70	8.5	10.8	13.2	8.80	14.40	20.0
起重半径/m	最大起重半径时	3.2	3.4	4.2	4.9	3.6	4.6	5.5	3.8	5.0	7.4
	最小起重半径时	5.5	7.5	9.0	10.5	6.4	7.8	10.4	7.4	12	14
起重量/t	最小起重半径时	6.7	6.7	4.2	3.2	12	7	5	16	8	4
	最大起重半径时	1.5	1.5	1.0	0.8	4	3	2	4.0	1.0	0.5
起重高度/m	最小起重半径时	9.2	9.2	10.6	12.0	8.4	10.4	12.8	8.4	14.1	19
	最大起重半径时	4.2	4.2	4.8	5.2	5.8	8	8.0	4.0	7.4	14.2

3. 轮胎式起重机

轮胎式起重机是把起重机构安装在加重轮胎和轮轴组成的特制底盘上的全回转起重机，其上部构造与履带式起重机基本相同，为了保证安装作业时机身的稳定性，起重机设有四个可伸缩的支腿，如图 6-14 所示。

国产轮胎式起重机有 QL_2-8、QL_3 -16、QL_3-25、QL_3-40 和 QL_1-16 型等。部分轮胎式起重机的性能如表 6-9 所示。

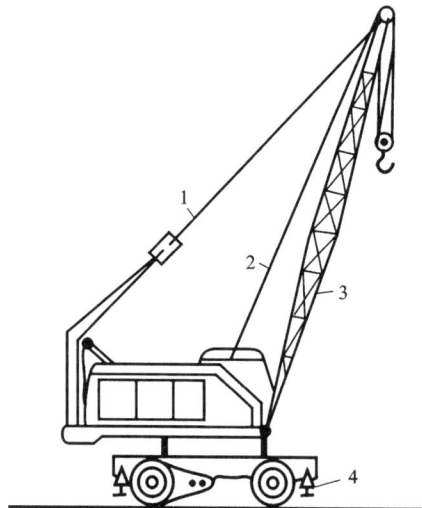

1—变幅索；2—起重索；3—起重杆；4—支腿。

图 6-14　轮胎式起重机

表 6-9 轮胎式起重机的性能表

参数		型号									
		QL_3-16			QL_3-25					QL_1-16	
起重臂长度/m		10	15	20	12	17	22	27	32	10	15
起重半径 /m	最大起重量时	4	4.7	8	4.5	6	7	8.5	10	4	4.7
	最小起重量时	11.0	15.5	20.0	11.5	14.5	19	21	21	11	15.5
起重量 /t	最小起重半径时 用支腿	16	11	8	25	14.5	10.6	7.2	5	16	11
	最小起重半径时 不用支腿	7.5	6	—	6	3.5	3.4	—	—	7.5	6
	最大起重半径时 用支腿	2.8	1.5	0.8	1.6	2.8	1.4	0.8	0.6	2.8	1.5
	最大起重半径时 不用支腿	—	—	—	—	0.5	—	—	—	—	—
起重高度 /m	最小起重半径时	8.3	13.2	17.95	—	—	—	—	8.3	8.3	13.2
	最大起重半径时	5.3	4.6	6.85	—	—	—	—		5.0	4.6

6.2.3 塔式起重机

塔式起重机具有高的塔身,起重臂安装在塔身顶部,具有较高的有效高度和较大的工作半径。起重臂可以回转 360°,如图 6-15 所示。因此,塔式起重机在多层及高层结构吊装和垂直运输中得到广泛应用。

1)塔式起重机按起重能力可分为轻型、中型和重型塔式起重机。

①轻型塔式起重机:起重量为 0.3~3 t,一般用于六层以下民用建筑施工。

②中型塔式起重机:起重量为 3~15 t,适用于一般民用建筑施工和高层民用建筑施工。

③重型塔式起重机:起重量为 20~40 t,一般用于大型工业厂房的施工和高炉等级设备的吊装。

2)塔式起重机按构造性能可分为轨道式、爬升式、附着式和固定式塔式起重机。

①轨道式塔式起重机。

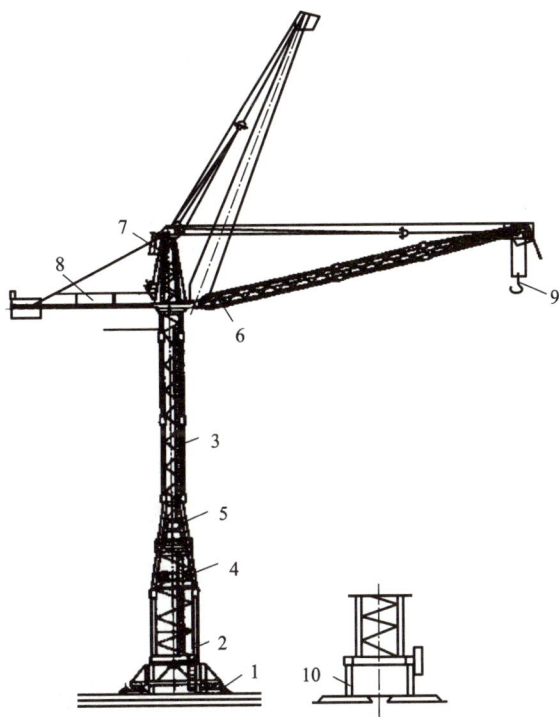

1—从动台车;2—下节塔身;3—上节塔身;4—卷扬机构;5—操纵室;
6—吊臂;7—塔顶;8—平衡臂;9—吊钩;10—驱动台车。

图 6-15 QT-60/80 型塔式起重机

轨道式塔式起重机是一种能在轨道上行驶的起重机。它可带重行走,有的只能在直线轨道上行驶,有的可沿"L"形或"U"形轨道行驶,作业范围大,生产效率高。轨道式塔式起重机按其旋转机构的位置分上旋转轨道式塔式起重机和下旋转轨道式塔式起重机两类。

常用的轨道式塔式起重机有 QT_1-2 型、QT_1-6 型、$QT-60/80$ 型、QT_1-15 型、$QT-25$ 型等多种。

如图 6-15 所示为 $QT-60/80$ 型起重机，它是一种上旋式塔式起重机，起重量 30~80 kN、幅度 7.5~20 m，是建筑工地上用得较多的一种塔式起重机。

$QT-60/80$ 型塔式起重机由塔身、底架、塔顶、塔帽、吊臂、平衡臂和起升、变幅、行走机构及电气系统等组成。其特点是塔身可以按需要增减互换节而改变长度，并且可以转弯行驶。

②爬升式塔式起重机。

爬升式塔式起重机又称内爬式塔式起重机，通常安装在建筑物的电梯井或特设的开间内，也可以安装在筒形结构内，依靠爬升机构随着结构的升高而升高，一般是每建造 3~8 m，起重机就爬升一次，塔身自身高度只有 20 mm 左右，起重高度随施工高度而定，如图 6-16 所示。

爬升机构有液压式和机械式两种，其特点是机身体积小，安装简单，适用于现场狭窄的高层建筑结构安装。

③附着式塔式起重机。

附着式塔式起重机是固定在建筑物近旁钢筋混凝土基础上的自升式塔式起重机，如图 6-17 所示。随着建筑物的升高，利用液压自升系统逐步将塔顶顶升、塔身接高。为了保证塔身的稳定，每隔 20 m 左右高度将塔身与建筑物用锚固装置水平连接起来，使起重机依附在建筑物上。常用附着式塔式起重机的主要性能如表 6-10 所示。

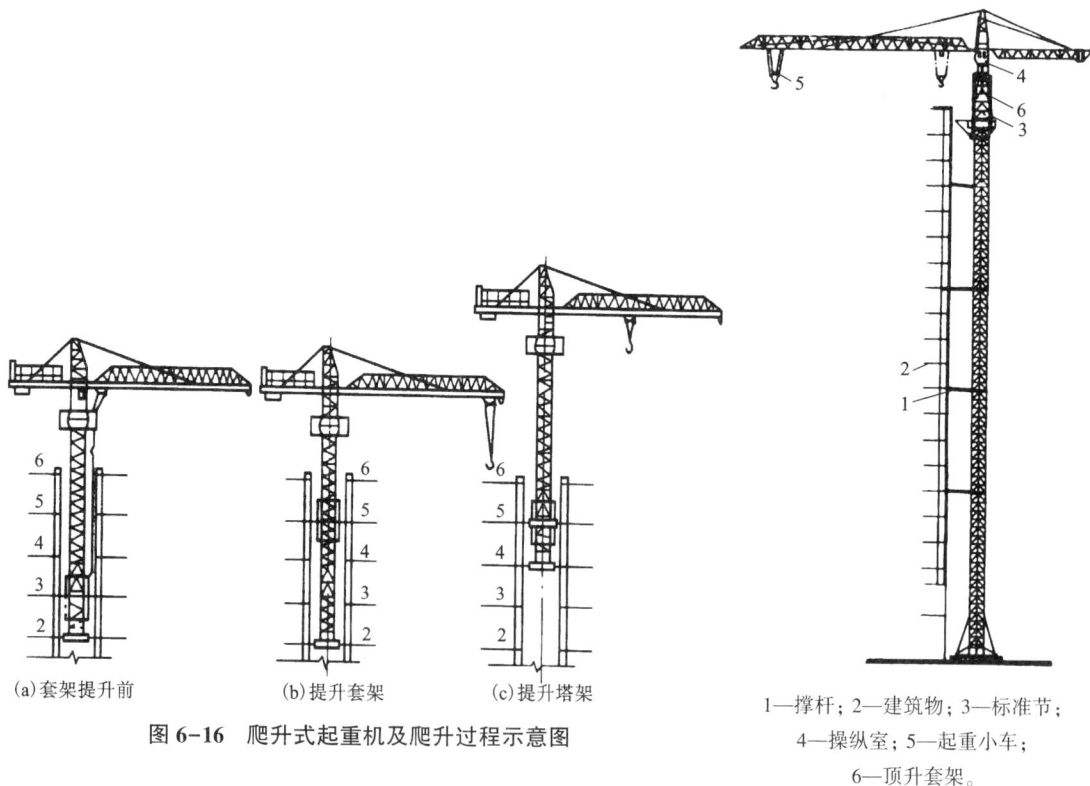

(a)套架提升前　(b)提升套架　(c)提升塔架

图 6-16　爬升式起重机及爬升过程示意图

1—撑杆；2—建筑物；3—标准节；
4—操纵室；5—起重小车；
6—顶升套架。

图 6-17　附着式塔式起重机

表 6-10 附着式塔式起重机的主要性能

型号		QTZ20	QTZ40	QTZ80	QT₄-10
起重力矩/kN·m		200	400	800	1600
工作幅度 /m	最大	30/33	48	53	35.0
	最小		2.5		3.0
起重量 /t	最大工作幅度时		0.7	1.3	3.0
	最大起重量	2.0	4.0	8.0	10.0
起升高度 /m	独立工作	26.5	27	45	
	附着式	50	120	160	160.0
起升速度/(m·min⁻¹)			70/46/7		80/160
回转速度/(r·min⁻¹)			0~0.46		0.47
变幅速度/(m·min⁻¹)			33/22		18.0

附着式塔式起重机的液压顶升系统主要包括：顶升套架、长行程液压千斤顶、支承座、顶升横梁及定位销等。液压千斤顶的缸体装在塔吊上部结构的底端支承座上，活塞杆通过顶升横梁支承在塔身顶部，其爬升过程如图6-18所示。

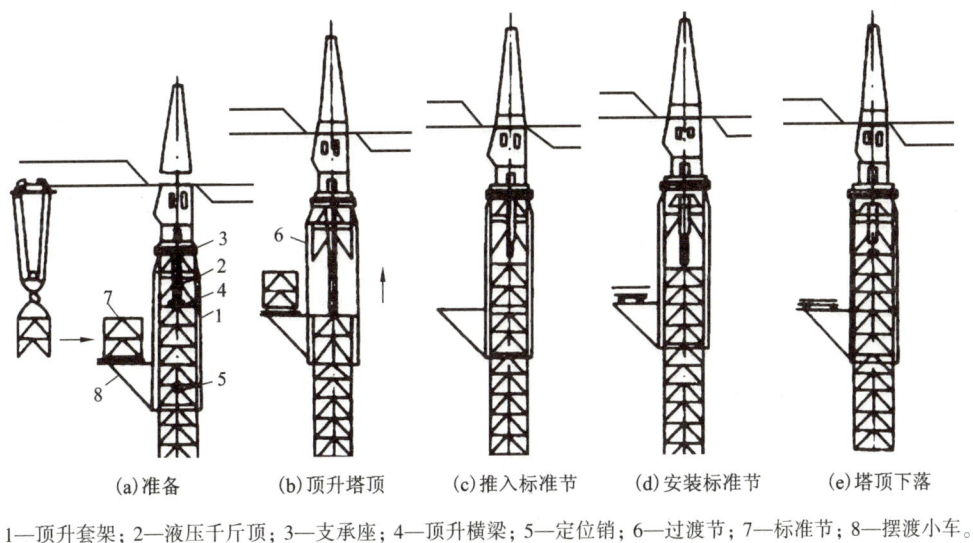

(a)准备　　(b)顶升塔顶　　(c)推入标准节　　(d)安装标准节　　(e)塔顶下落

1—顶升套架；2—液压千斤顶；3—支承座；4—顶升横梁；5—定位销；6—过渡节；7—标准节；8—摆渡小车。

图 6-18 附着式塔式起重机爬升过程

6.3 单层工业厂房结构安装

混凝土单层工业厂房除基础在施工现场就地浇筑外，其他构件均为预制构件。重量大、不便运输的构件在现场制作，而中小型构件在预制厂制作生产。

6.3.1 准备工作

准备工作主要有场地清理，道路修筑，基础准备，构件运输、堆放，构件拼装加固、检查清理、弹线编号，以及机械、机具的准备工作等。

1. 构件的检查与清理

1）检查构件的型号与数量。

2）检查构件截面尺寸。

3）检查构件外观质量（变形、缺陷、损伤等）。

4）检查构件的混凝土强度。构件吊装时混凝土强度不低于设计强度标准值的75%，对于大跨度构件，如屋架则应达到100%。

5）检查预埋件、预留孔的位置及质量等，并作相应清理工作。

2. 构件的弹线与编号

构件上弹出安装定位线，作为构件安装、对位、校正的依据。

1）柱子：在柱身三面弹出安装中心线，所弹中心线的位置与柱基杯口面上的安装中心线相吻合，此外，在柱顶与牛腿面上还要弹出安装屋架及吊车梁的定位线。

2）屋架：屋架上弦顶面上应弹出几何中心线，并将中心线延至屋架两端下部，再从跨度中央向两端分别弹出天窗架、屋面板的安装定位线。

3）吊车梁：在吊车梁的两端及顶面弹出安装中心线。

4）应按图纸对构件进行编号。

3. 混凝土杯形基础的准备工作

先检查杯口的尺寸，再在基础顶面弹出十字交叉的安装中心线，用红油漆画上三角形标识。为保证柱子安装之后牛腿面的标高符合设计要求，调整方法是先测出杯底实际标高（小柱测中间一点，大柱测四个角点）并求出牛腿面设计标高与杯底实际标高的差值 A，再量出柱子牛腿面至柱脚面的实际长度 B，两者相减便可得出杯底标高调整值 C（$C=A-B$），然后根据得出的杯底标高调整值用水泥砂浆或细石混凝土抹平至所需标高，杯底标高调整后要加以保护。例如，实测杯底标高为-1.50 m，柱牛腿面设计标高为$+6.80$ m，量得柱子牛腿面至柱脚面的实际长度为8.25 m，则杯底标高调整值（抄平厚度）为 $C=(6.80+1.50)-8.25=+0.05$ m。

4. 构件运输

一些质量不大而数量较多的定型构件，如屋面板、连系梁、轻型吊车梁等，宜在预制厂预制，用汽车将构件运至施工现场。起吊运输时，必须保证构件的强度符合要求，吊点位置符合设计规定；构件支垫的位置要正确，数量要适当，每一构件的支垫数量一般不超过2个支承处，且上下层支垫应在同一垂线上。运输过程中，要确保构件不倾倒、不损坏、不变形。构件的运输顺序、堆放位置应按施工组织设计的要求和规定进行，以免增加构件的二次搬运。

5. 构件堆放

堆放构件的地面应平整坚实，排水良好，并按设计的受力情况搁置在垫木或支架上。重叠堆放时一般梁可堆叠2~3层；大型屋面板不超过6块；空心板不宜超过8块。构件吊环要向上，标识要向外。

6.3.2 构件的吊装工艺

装配式单层工业厂房的结构安装构件有柱子、吊车梁、基础梁、连系梁、屋架、天窗架、屋面板及支撑等。构件的吊装工艺包括绑扎、吊升、对位、临时固定、校正、最后固定等工序。

1. 柱子吊装

（1）绑扎

柱身绑扎点数和绑扎位置，要保证柱在吊装过程中受力合理，不发生变形、裂缝或折断。一般中、小型柱绑扎一点；重型柱或配筋少而细长的柱常绑扎两点甚至两点以上，以减少柱的吊装弯矩。必要时，需经吊装应力和裂缝控制计算后确定。一点绑扎时，绑扎位置在牛腿下面。按柱吊起后柱身是否能保持垂直状态，分为斜吊绑扎法和直吊绑扎法。

1）一点斜吊绑扎法。如图6-19所示，它用于柱的宽面抗弯能力满足吊装要求时，此法无须将柱翻身，因起吊后柱身与杯底不垂直，对线就位较难。但因起重钩低于柱顶，起重臂可以短些。

2）一点直吊绑扎法。如图6-20所示，它适用于柱宽面抗弯能力不足，必须将柱翻身后窄面向上，刚度增大，再绑扎起吊。它需要较长的起重杆。

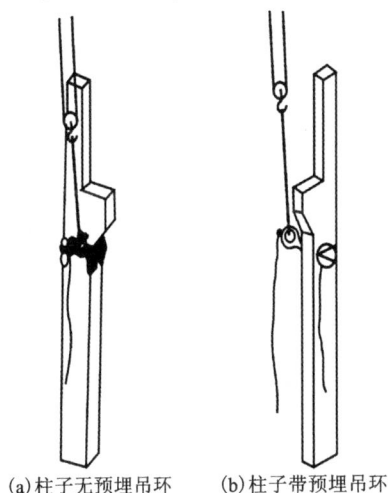

(a)柱子无预埋吊环　(b)柱子带预埋吊环

图6-19　一点斜吊绑扎法

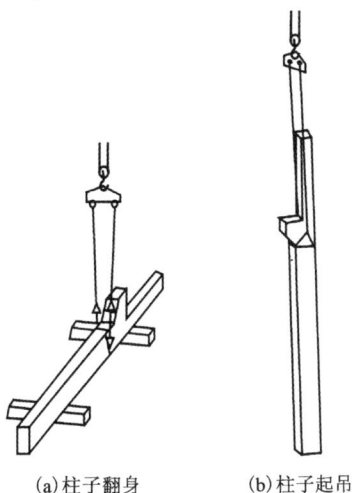

(a)柱子翻身　(b)柱子起吊

图6-20　一点直吊绑扎法

3）两点绑扎法。当柱身较长，一点绑扎时柱的抗弯能力不足，可采用两点绑扎起吊，如图6-21所示。

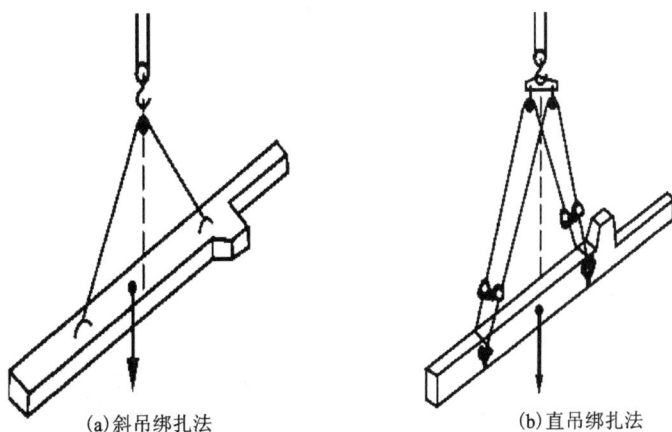

(a)斜吊绑扎法　(b)直吊绑扎法

图6-21　两点绑扎法

（2）吊升

柱的起吊方法，按柱在吊升过程中柱身运动的特点分为旋转法和滑行法；按使用起重机的数量分为单机起吊和双机抬吊。单机起吊的工艺如下。

1）旋转法。

采用旋转法吊装柱子时，柱的平面布置宜使柱脚靠近基础，柱的绑扎点、柱脚中心与基础中心三点宜位于起重机的同一起重半径的圆弧上，如图 6-22 所示。此法柱在吊装过程中所受振动较小，生产效率高，但对起重机的机动性要求高。

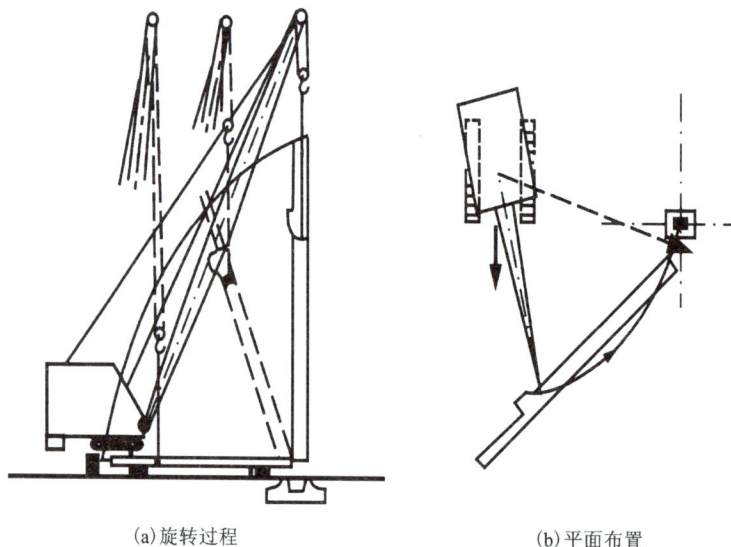

(a)旋转过程　　　　　　　　(b)平面布置

图 6-22　旋转法吊装过程

2）滑行法。

柱吊升时，起重机只升钩，起重臂不转动，使柱顶随起重钩的上升而上升，柱脚随柱顶的上升而滑行，直至柱子直立后，吊离地面，并旋转至基础杯口上方，插入杯口，如图 6-23 所示。此法柱在吊装过程中所受振动较大，对构件不利，但对起重机的机动性要求低，只需起重吊升钩一个动作。

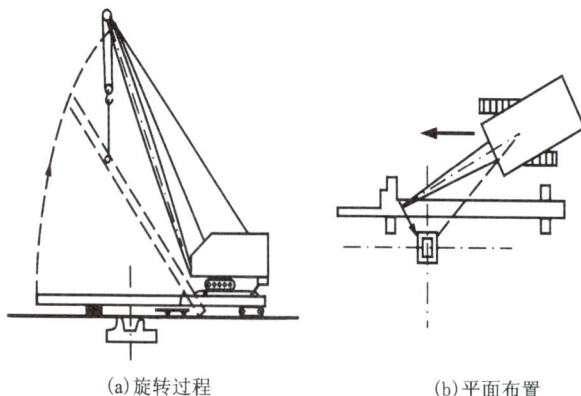

(a)旋转过程　　　　　　　　(b)平面布置

图 6-23　滑行法吊装过程

（3）就位和临时固定

柱脚插入杯口后，使柱的安装中心线对准杯口的安装中心线（吊装准线），然后将柱四周八只楔子打紧，加以临时固定。吊装重型、细长柱时，除采用以上措施进行临时固定外，必要时增设缆风绳拉锚。如图6-24所示。

（4）柱的校正

柱子校正是对已临时固定的柱子进行全面检查（平面位置、标高、垂直度等）及校正的一道工序。柱子校正包括平面位置、标高和垂直度的校正。对重型柱或偏斜值较大的柱则用千斤顶、缆风绳、钢管支撑等方法校正，如图6-25和图6-26所示。

（5）柱子的最后固定

柱子的最后固定，是在柱底部四周与基础杯口的空隙之间，浇筑细石混凝土，振捣密实，使柱的底脚完全嵌固在基础内作为最后固定。浇筑工作分两次进行，第一次先浇至楔块底面，待混凝土强度达到25%设计强度后，拔去楔块再第二次浇筑混凝土至杯口顶面，如图6-27所示。

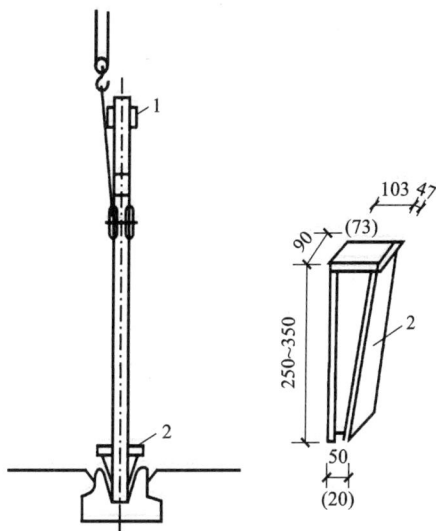

1—安装缆风绳或挂操作台的夹箍；2—钢楔。

图6-24 柱的就位与临时固定

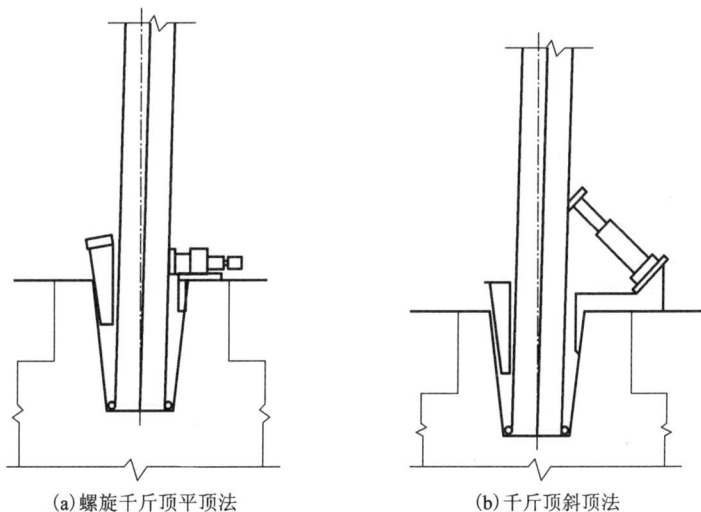

(a)螺旋千斤顶平顶法　　(b)千斤顶斜顶法

图6-25 柱垂直度校正方法

2. 吊车梁的吊装

吊车梁的吊装应在柱子基础杯口第二次浇筑的混凝土强度达到设计强度的75%以上后方可进行。

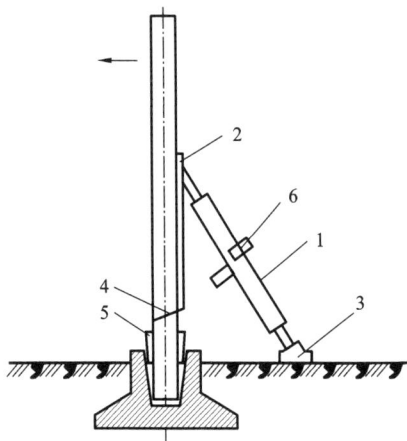

1—钢管校正器；2—头部摩擦板；3—底板；4—钢丝绳；
5—楔块；6—转动手柄。

图 6-26 钢管支撑校正法

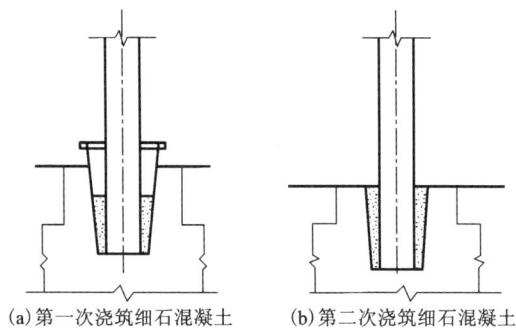

(a)第一次浇筑细石混凝土　　(b)第二次浇筑细石混凝土

图 6-27 柱子最后固定

(1)绑扎、吊升、就位与临时固定

为了便于安装，吊车梁的绑扎应采用两点绑扎，应使吊车梁在起吊后能基本保持水平(两根吊索要等长，绑扎点要对称设置)，如图 6-28 所示。吊车梁的两头须用溜绳控制，以防碰撞柱子；就位时应缓慢落钩，以便对准安装线；在纵轴方向不宜用撬棍撬动吊车梁，因为柱子在纵轴方向刚度很差，如果在此方向撬吊车梁，很容易使柱子弯曲而产生垂直偏差。

截面高度 $h \leqslant 600$ mm 的吊车梁在就位时用垫铁垫稳即可；当 $h > 800$ mm 或当梁的高宽比大于 4 时，可用铁丝将吊车梁捆于柱上做临时固定。

(2)校正及最后固定

自重 $Q \leqslant 5$ t 吊车梁的校正工作宜在屋盖吊装后进行；自重 $Q > 8$ t 的吊车梁在屋盖吊装后校正难度较大，可采取边吊边校法施工。吊车梁校正包括垂直度校正和平面位置校正，两者应同时进行。

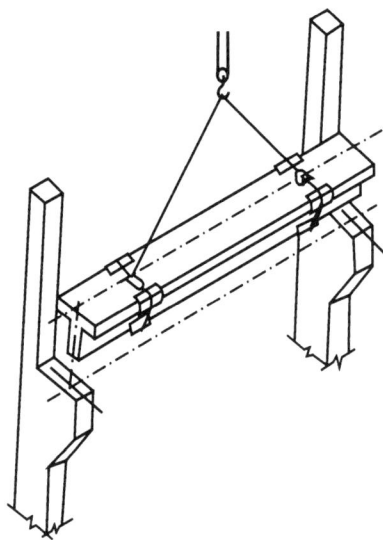

图 6-28 吊车梁的吊装

1)垂直度校正。

吊车梁垂直度用靠尺、线锤检查，允许偏差应在规范规定的 5 mm 以内。T 形吊车梁测其两端垂直度，鱼腹式吊车梁测其跨中两侧垂直度。校正吊车梁的垂直度时，需在吊车梁底端与柱牛腿面之间垫入斜垫块，为此，可根据吊车梁的轻重使用撬棍或千斤顶等工具将吊车梁抬起，也可在柱上或屋架上悬挂倒链，将吊车梁需垫斜垫块的一端吊起。

2)平面位置校正。

吊车梁的平面位置校正常用通线法和平移轴线法。

①通线法。根据柱的定位轴线，在车间两端地面用木桩定出吊车梁定位轴线位置，并设置经纬仪。先用经纬仪将车间两端吊车梁位置校正准确，用钢尺检查两列吊车梁之间的跨距并符合要求，再根据校正好的端部吊车梁沿其轴线拉上钢丝通线，逐根拨正，如图 6-29 所示。

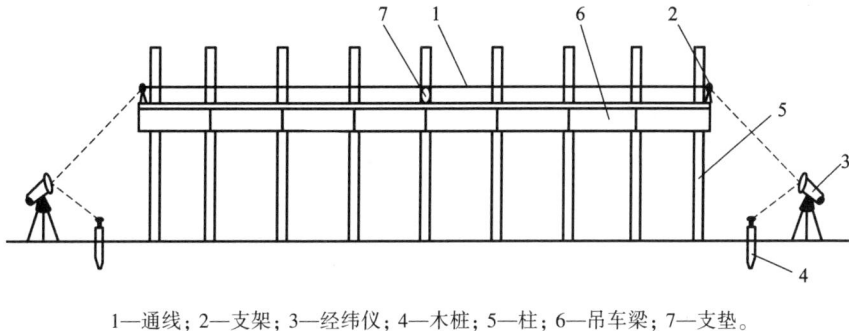

1—通线；2—支架；3—经纬仪；4—木桩；5—柱；6—吊车梁；7—支垫。

图 6-29 通线法校正吊车梁示意图

②平移轴线法。用经纬仪在各个柱侧面放一条与吊车梁中线距离相等的校正基准线。校正基准线至吊车梁中线距离的 a 值，由放线者自行决定。校正时，凡是吊车梁中线至其柱侧基准线的距离不等于 a 值者，用撬棍拨正，如图 6-30 所示。

吊车梁的最后固定，是在吊车梁校正完毕后，将梁与柱子上的预埋铁件进行焊接，并在接头处支模，浇灌细石混凝土。

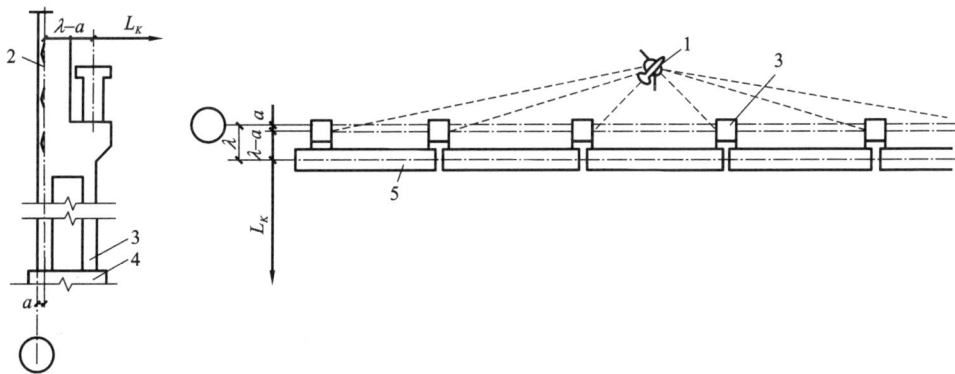

1—经纬仪；2—标识；3—柱；4—柱基础；5—吊车梁。

图 6-30 平移轴线法校正吊车梁示意图

3. 屋架的吊装

钢筋混凝土预应力屋架一般在施工现场平卧叠浇生产。屋架安装施工的主要工序有绑扎，扶直与就位，吊升、对位与临时固定，校正、最后固定等。

（1）屋架的绑扎

屋架的绑扎点与绑扎方式与屋架的形式和跨度有关，其绑扎的位置及吊点的数目一般由设计确定。如吊点与设计不符，应进行吊装验算。屋架绑扎时吊索与水平面的夹角不宜小于45°，以免屋架上弦杆承受过大的压力使构件受损，如加大夹角，则吊索过长，起重机的起重高度不够时，可采用横吊梁。屋架的绑扎如图 6-31 所示。

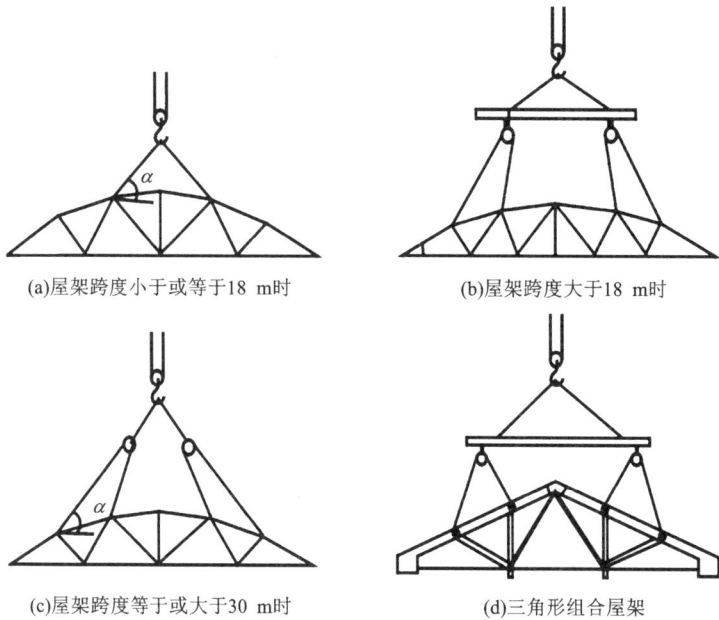

(a)屋架跨度小于或等于18 m时　　　　　(b)屋架跨度大于18 m时

(c)屋架跨度等于或大于30 m时　　　　　(d)三角形组合屋架

图 6-31　屋架的绑扎

（2）屋架的扶直与就位

按照起重机与屋架预制时相对位置不同，屋架扶直有正向扶直和反向扶直两种。

1）正向扶直。起重机位于屋架下弦杆一边，吊钩对准上弦中点，收紧吊钩后略起臂使屋架脱模，然后升钩并起臂使屋架绕下弦旋转呈直立状态，如图 6-32（a）所示。

2）反向扶直。起重机位于屋架上弦杆一边，吊钩对准上弦中点，收紧吊钩，接着升钩并降臂，使屋架绕下弦旋转呈直立状态，如图 6-32（b）所示。

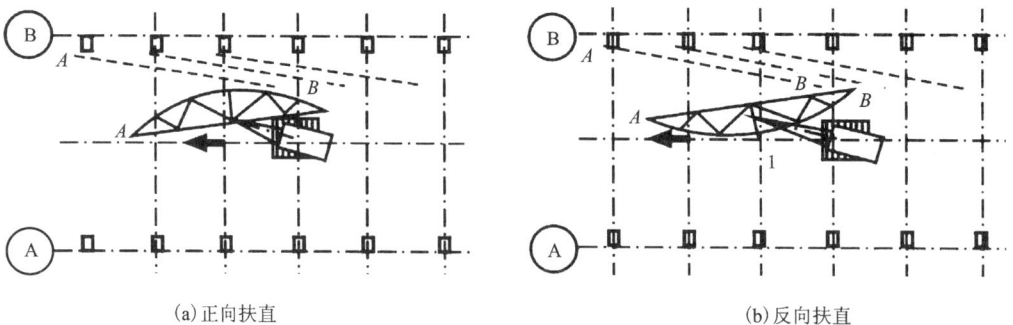

(a)正向扶直　　　　　　　　　　　(b)反向扶直

图 6-32　屋架的扶直

正向扶直与反向扶直不同之处在于前者升臂，后者降臂。升臂比降臂易于操作且比较安全,故应尽可能采用正向扶直。

屋架扶直后应按规定位置排放,排放位置与起重机的性能和吊装方法有关,应少占场地,便于吊装,并考虑屋架的吊装顺序、两端朝向等问题。当屋架排放位置与屋架的预制位置在起重机开行路线同一侧时,称同侧排放。当屋架排放位置与屋架预制位置分别在起重机开行路线不同侧时,称异侧排放。

(3)屋架的吊升、对位与临时固定

屋架的吊升是将屋架吊离地面约 300 mm,然后将屋架转至安装位置下方,再将屋架吊升至柱顶上方约 300 mm 后,缓缓放至柱顶进行对位,使屋架的端头轴线与柱顶轴线重合,然后进行临时固定,屋架固定稳妥后起重机才能脱钩。

第一榀屋架的临时固定必须可靠,因为它是单片结构,侧向稳定性差;同时,它是第二榀屋架的支撑,所以必须做好临时固定。一般采用四根缆风绳从两边把屋架拉牢,如图 6-33 所示。其他各榀屋架可用工具式支撑临时固定在前面一榀屋架上,其构造如图 6-34 所示。工具式支撑的构造如图 6-35 所示。

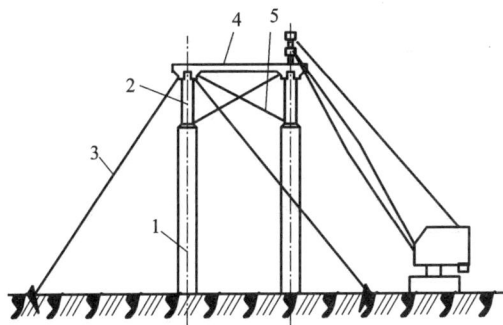

1—柱子;2—屋架;3—缆风绳;
4—工具式支撑;5—屋架垂直支撑。

图 6-33　屋架的临时固定

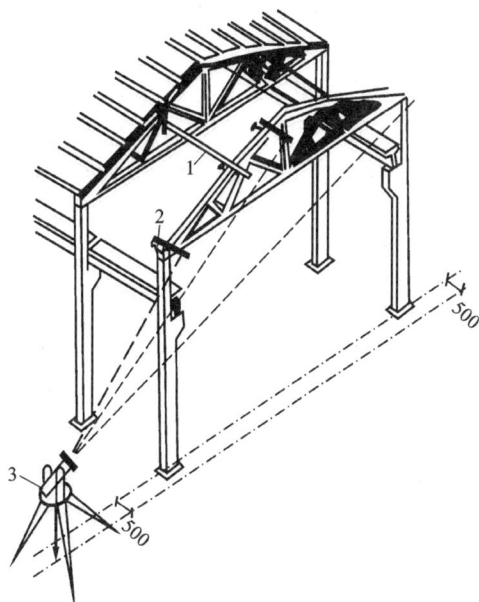

1—工具式支撑;2—卡尺;3—经纬仪。

图 6-34　屋架的临时固定与校正

(4)屋架的校正及最后固定

屋架主要校正垂直度偏差。规范规定:屋架上弦(在跨中),对通过两个支座中心的垂直面偏差不得大于 $h/250$(h 为屋架高度)。检查时可用线锤或经纬仪。用经纬仪检查,是将仪器安置在被检查屋架的跨外,距柱横轴线为 a(a 为 500 mm 左右),然后,观测屋架上弦所挑出的三个挂线木卡尺上的标识(一个安装在屋架上弦中央,两个安装在屋架上弦两端,标识距屋架上弦轴线均为 a)是否在同一垂直面上,如偏差超出规定数值,转动工具式支撑上的螺栓进行校正,并在屋架端部支承面垫入薄钢片。校正无误后,立即用电焊焊牢作为最后固

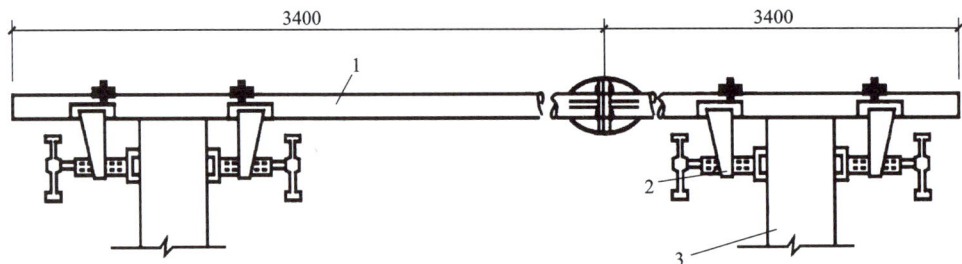

1—钢管；2—撑脚；3—屋架上弦。

图 6-35　工具式支撑的构造

定。应在屋架两端的不同侧同时施焊，以防因焊缝收缩导致屋架倾斜。

4. 天窗架及屋面板的吊装

天窗架可与屋架拼装组合成整体一起吊装，或进行单独吊装。单独吊装时，应待天窗架两侧的屋面板吊装后进行。

屋面板的吊装，如充分发挥起重机的起重能力，一般可采用叠吊的方法。屋面板的吊装，应由屋架两边檐口左右对称地逐块吊向屋脊，避免屋架承受半边荷载。屋面板就位、校正后，应立即与屋架电焊固定。每块屋面板可焊三点，最后一块只能焊两点。

6.3.3　结构安装方案

在拟定单层工业厂房结构安装方案时，应着重解决起重机的选择、结构安装方法、起重机的开行路线和构件的平面布置等。

1. 起重机的选择

起重机的选择主要包括选择起重机的类型和型号。一般中小型厂房多选择履带式等自行式起重机；当厂房的高度和跨度较大时，可选择塔式起重机吊装屋盖结构；当一台起重机无法吊装时，可采用两台起重机抬吊；在缺乏自行式起重机或受到地形的限制，自行式起重机难以到达的地方，可选择桅杆式起重机。

起重机型号及起重臂长度的选择：

(1)起重量

起重机的起重量 Q 应满足下式要求：

$$Q \geqslant Q_1 + q \tag{6-5}$$

式中：Q_1 为构件质量(t)；q 为索具质量(t)。

(2)起重高度

起重机的起重高度必须满足所吊构件的吊装高度要求，如图 6-36 所示。

$$H \geqslant h_1 + h_2 + h_3 + h_4 \tag{6-6}$$

式中：H 为起重机的起重高度(m)；h_1 为安装支座表面高度(m)，从停机面算起；h_2 为安装空隙，不小于 0.3 m；h_3 为绑扎点至构件底面的距离(m)；h_4 为索具高度，自绑扎点至吊钩中心的距离(m)。

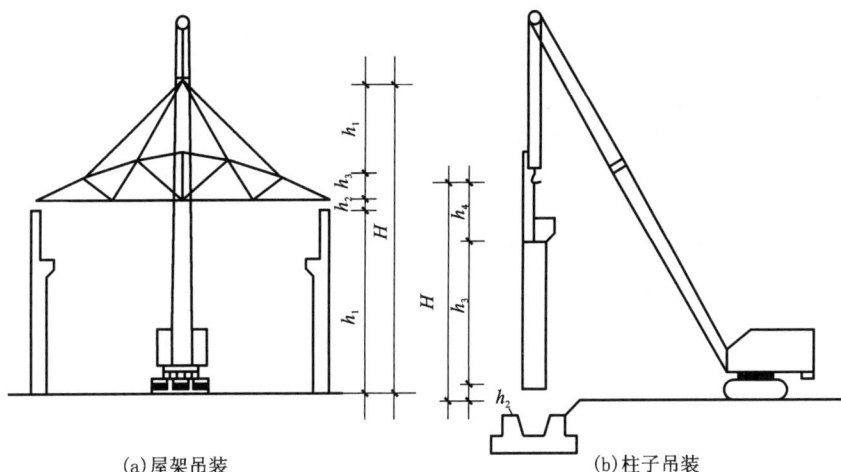

图 6-36 起吊高度的计算简图

（3）起重半径

当起重机受到场地限制不能靠近安装位置去吊装构件时，应验算起重半径。一般根据所需的起重量、起重高度，选择起重机型号，再按下式进行计算，如图 6-37 所示。

$$R_{min} = F + D + 0.5b \qquad (6-7)$$

式中：F 为起重机枢轴中心距回转中心距离（m）；b 为构件宽度（m）；D 为起重机枢轴中心距所吊构件边缘距离（m），可按下式计算：

$$D = g + (h_1 + h_2 + h_3' - E) \cot \alpha \qquad (6-8)$$

式中：g 为构件上口边缘与起重臂的水平间隙，不小于 0.5 m；E 为吊杆枢轴中心距地面的高度（m）；α 为起重臂的倾角（°）；h_1 和 h_2 含义同式(6-6)；h_3' 为所吊构件的高度（m）。

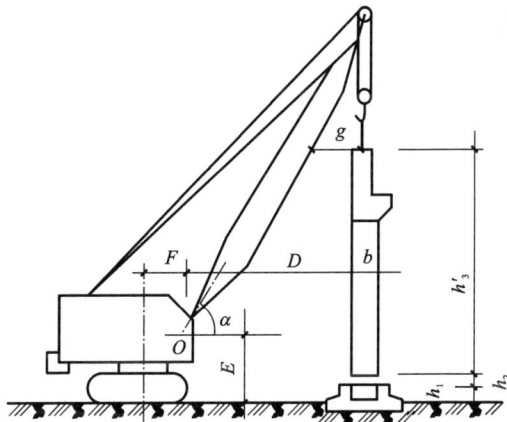

图 6-37 起重半径计算简图

同一型号的起重机有几种不同长度的起重臂，应选择能同时满足起重量、起重高度和起重半径三个吊装工作参数的起重臂。

（4）最小起重臂长

当起重机的起重臂需跨过屋架去安装屋面板时，为了不碰动屋架，需求出起重机的最小起重臂杆长度，可用数解法和图解法求得。下面详细介绍数解法。

数解法求所需最小起重臂长，如图 6-38 所示。

$$L \geqslant l_1 + l_2 = \frac{h}{\sin \alpha} + \frac{f+g}{\cos \alpha} \qquad (6-9)$$

式中：L 为起重臂的长度（m）；h 为起重臂底铰至屋面板吊装支座的高度（m），$h = h_1 - E$；h_1 为停机面至屋面板吊装支座的高度（m）；f 为起重钩需跨过已安装结构构件的距离（m）；g 为起重臂轴线与已安装构件间的水平距离；E 为起重臂底铰至停机面的距离（m），至少取 1 m；

α 为起重臂的仰角($°$)。

$$\alpha = \arctan \sqrt[3]{\frac{h}{f+g}} \qquad (6-10)$$

将得到的 α 代入式(6-9)，即可得出起重臂的最小长度。据此，可选择适当的起重臂长度，然后根据实际采用的起重臂长度 L 及仰角 α，计算出起重半径 R：

$$R = F + L\cos\alpha \qquad (6-11)$$

根据计算出的起重半径 R 及已选定的起重臂长度 L，查起重机的性能表或性能曲线，复核起重量 Q 及起重高度 H，如能满足吊装要求，即可根据 R 确定起重机吊装屋面板时的停机位置。

图 6-38　吊装屋面板时起重机起重臂最小长度计算简图

2. 结构安装方法

单层工业厂房的结构安装方法有分件安装法和综合安装法两种。

(1)分件安装法。

起重机在车间内或沿车间外每开行一次，仅吊装一种或两种构件。通常分三次开行吊装完全部构件：

第一次开行，吊装全部柱子，并加以校正及最后固定；

第二次开行，吊装全部吊车梁、连系梁及柱间支撑；

第三次开行，分节间吊装屋架、天窗架、屋面板及屋面支撑等。

吊装的顺序如图6-39所示。

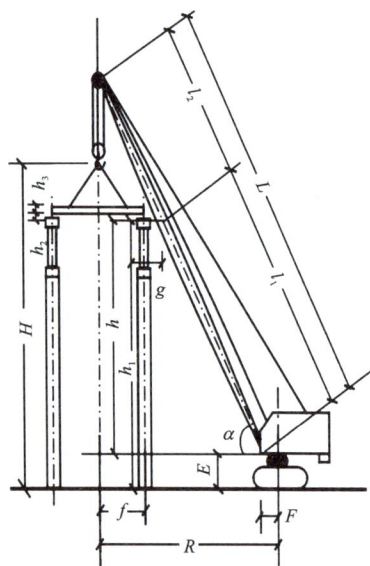

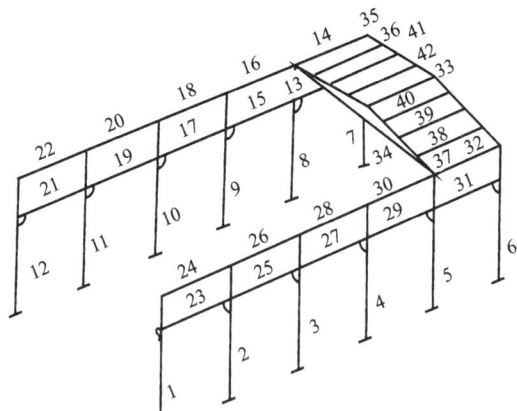

图中数值表示构件吊装顺序，其中：

1~12—柱；13~32—单数是吊车梁，双数是连系梁；33、34—屋架；35~42—屋面板。

图 6-39　分件安装时的构件吊装顺序

在第三次开行之前，即在屋盖结构吊装之前还要进行屋架的扶直排放、屋面板的运输堆放，以及起重杆接长等工作。

分件吊装法由于每次基本是吊装同类型构件，索具不需经常更换，操作方法也基本相同，所以吊装速度快，能充分发挥起重机的工作能力，构件供应与现场平面布置比较简单，也能给构件校正、接头焊接、灌筑混凝土和养护提供充分的时间。缺点是不能为后续工序及早提供工作面，起重机的开行路线较长。但该法仍为目前单层工业厂房结构吊装中采用较多的一种方法。

（2）综合安装法。

起重机在车间内的一次开行中，分节间吊装完节间内所有各种类型的构件。具体做法是先吊装4~6根柱子，并加以校正和最后固定；随后吊装这个节间内的吊车梁、连系梁、屋架和屋面板等构件。一个节间的全部构件吊装完后，起重机移至下一个节间进行吊装。直至整个厂房结构吊装完毕。

综合安装法的优点：开行路线短，停机点少；吊完一个节间，其后续工种就可以进入节间内工作，使各个工种进行交叉平行流水作业，有利于缩短工期。缺点：由于同时吊装不同类型的构件，吊装速度较慢；使构件供应紧张和平面布置复杂；构件的校正困难，最后固定时间紧迫，因此目前较少采用。由于某些结构（如门式框架结构）有特殊要求，或采用桅杆式起重机移动困难，也常采用综合吊装法。

3. 起重机的开行路线及停机位置

吊装屋架、屋面板等屋面构件时，起重机宜沿跨中开行。吊装柱子时，则视跨度大小、构件尺寸、质量及起重机性能，可沿跨中开行或跨边开行，如图6-40所示：

当 $R>L/2$ 时，起重机可沿跨中开行，每个停机位置可吊装两根柱，如图6-40(a)所示；

当 $R=\sqrt{\left(\dfrac{L}{2}\right)^2+\left(\dfrac{b}{2}\right)^2}$ 时，则可吊装四根柱，如图6-40(c)所示；

当 $R<L/2$ 时，起重机需沿跨边开行，每个停机位置吊装1~2根柱，如图6-40(b)和图6-40(d)所示。

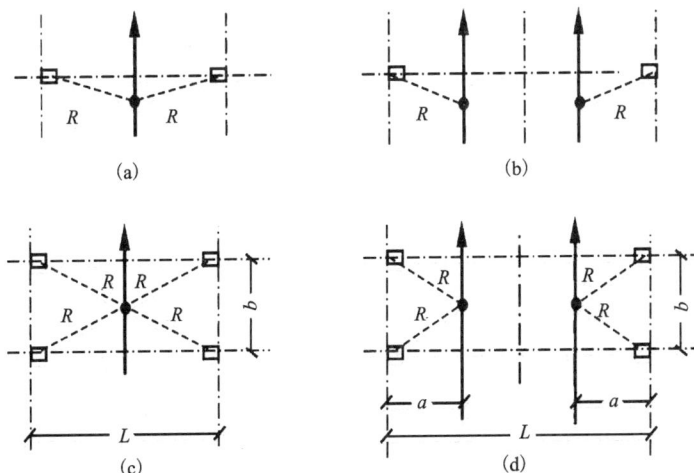

图6-40 起重机吊装柱时的开行路线及停机位置

如图6-41所示为一个单跨厂房采用分件安装法时起重机的开行路线及停机位置图。起重机从 A 轴线进场，沿跨外开行吊装 A 列柱，再沿 B 轴线跨内开行吊装 B 列柱，然后转到 A 轴扶直屋架及屋架就位，再转到 B 轴吊装 B 列吊车梁、连系梁，随后转到 A 轴吊装 A 列吊车梁、连系梁，最后转到跨中吊装屋盖系统。

4. 构件平面布置

构件平面布置得是否合理，直接影响到整个结构安装工程的顺利进行。因此，在构件平面布置时必须根据现场条件、工程特点、工期要求、作业方式等进行统筹安排。构件的平面布置可分为预制阶段和吊装阶段，两者之间紧密关联，必须同时考虑。

(1)构件平面的布置原则

1)每跨的构件布置在本跨内，也可布置在跨外便于吊装的地方。

2)构件之间应预留有一定空隙，应便于支模及混凝土浇筑，便于预应力抽管、穿筋，便于构件的编号、检查和清理。

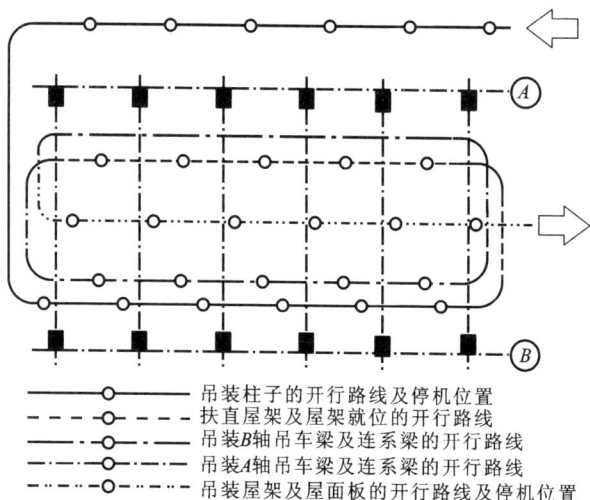

—⭕— 吊装柱子的开行路线及停机位置
----⭕---- 扶直屋架及屋架就位的开行路线
—·—⭕—·— 吊装B轴吊车梁及连系梁的开行路线
—··—⭕—··— 吊装A轴吊车梁及连系梁的开行路线
⭕ 吊装屋架及屋面板的开行路线及停机位置

图 6-41 起重机的开行路线及停机位置

3)要满足安装工艺的要求，尽量减少起重机负荷行驶的距离及起重臂起伏的次数。

4)预留起重机械、运输车辆的道路以及起重机回转工作面。

5)要注意安装时构件的朝向，特别是屋架，以免在安装时在空中调头，影响安装进度，也不安全。

6)构件要布置在坚实地基上，在新填土的地基上布置构件时，必须采取一定的措施，防止地基下沉，影响构件质量。

(2)预制阶段构件的平面布置

1)柱子的布置。

①斜向布置：预制时柱子与厂房纵轴线成一斜角。这种布置主要是为了配合旋转起吊(图6-42)，旋转法吊装柱子时柱子最好按图6-42(a)所示的三点(杯形基础中心、柱脚、绑扎点)共弧斜向布置。当场地受限制或柱子较长，柱的平面布置按三点共弧有困难时，可采用两点(柱脚、杯口中心)共弧，如图6-42(b)所示。

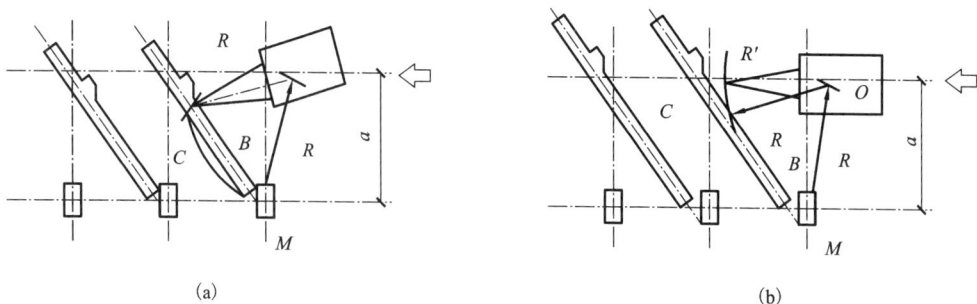

(a)

(b)

图 6-42 旋转法柱子的平面布置

②纵向布置：柱子预制与厂房轴线平行排列，主要是配合滑行法起吊柱子(图6-43)。

布置时可考虑起重机停于两柱之间,每停机一次安装两根柱子,柱子的绑扎点应布置在起重机吊装该柱时的起重半径上。

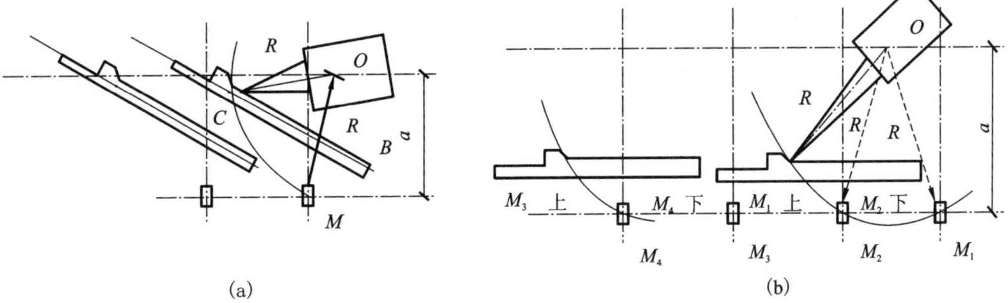

(a)

(b)

图6-43 滑行法吊装时柱的平面布置

2)屋架的布置。

钢筋混凝土或预应力混凝土屋架多采用在跨内平卧叠层预制,每叠3~4榀,布置方式有斜向布置、正反斜向布置和正反纵向布置,如图6-44所示。多采用斜向布置,因其便于扶直和排放,只有在场地受到限制时,才考虑其他两种形式。

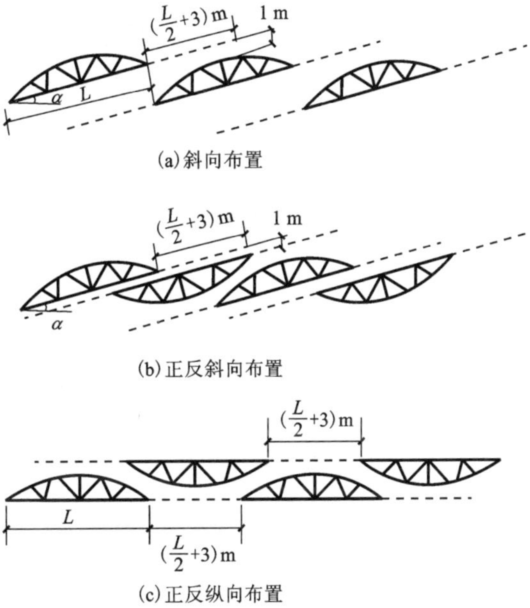

在布置屋架的预制位置时,要考虑屋架的扶直、排放要求及扶直的先后顺序,先扶直的应放在上层。因屋架较长,不易转动,因此要注意屋架的两端朝向,要符合屋架安装时朝向的要求。

(a)斜向布置

(b)正反斜向布置

(c)正反纵向布置

图6-44 屋架预制时布置方式

屋架正面斜向布置时,下弦与厂房纵轴线的夹角 α 为 $10° \sim 20°$,预应力屋架的两端应留出($L/2+3$ m)的距离(L 为屋架跨度),作为抽管和穿预应力钢筋的场地。屋架之间的间隙可取 1 m 左右,以便支模和浇混凝土。

3)吊车梁的布置。

当吊车梁在现场预制时,可靠近柱基础纵向轴线或略做倾斜布置,也可插在柱子之间预制。如具备运输条件,也可在场外集中预制。

(3)安装阶段构件的就位布置

安装阶段的就位布置,是指柱子安装完毕后,其他构件的就位布置,包括屋架的扶直就位布置,吊车梁、屋面板等构件的运输就位布置等。

1)屋架的扶直就位。

屋架一般布置在本跨内,以3~4榀为一叠,为了适应在吊装阶段吊装屋架的工艺要求,首先需要用起重机将屋架由平卧转为直立，这一工作称为屋架的扶直。屋架扶直后，随即用起重机将屋架吊起并转移到吊装前的排放位置。屋架的排放方式一般有两种，即屋架的斜向排放和纵向排放。

①屋架的斜向排放。可按下述作图法确定。

a.确定起重机安装屋架时的开行路线及停机位置。安装屋架时，起重机一般沿跨中开行，先在跨中画出平行于厂房纵轴的开行路线，再以欲安装的某轴线的屋架中心点 M_2 为圆心，以选择好的工作幅度 R 为半径画弧，交于开行路线于 O_2 点，O_2 点即为安装该轴线屋架的停机点，如图 6-45 所示。

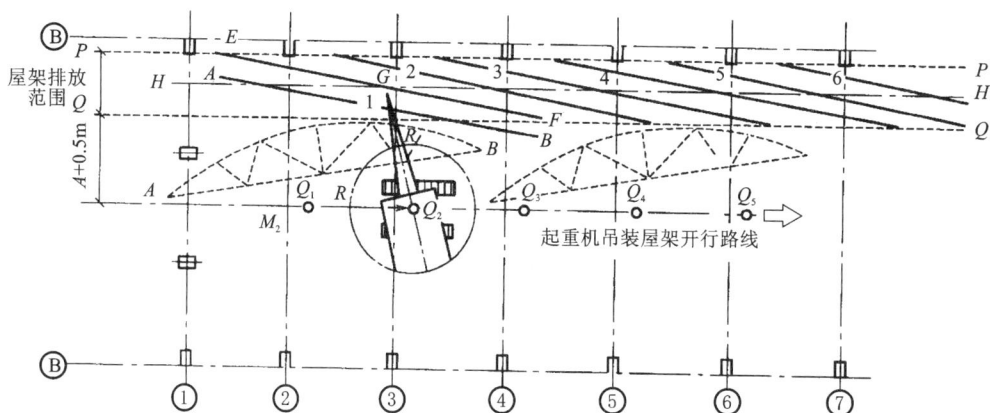

图 6-45　屋架同侧斜向排放

b.确定屋架的排放范围。屋架一般靠柱边排放，但应离开柱边不小于 0.2 m，并可利用柱子作为屋架的临时支撑。当受场地限制时，屋架的端头也可稍许伸出跨外。根据以上原则，确定排放范围的外边界线 PP。起重机安装屋架及屋面板时，机身需要回转，设起重机尾部至机身回转中心的距离为 A，则在距开行路线为 $(A+0.5)$ m 的范围内，不宜布置屋架和其他构件。据此，可定出屋架排放内边线 QQ。在两条边界线 PP 和 QQ 之间，即为屋架的排放范围。

c.确定屋架排放的位置。屋架排放范围确定后，画出 PP 和 QQ 两线的中心线 HH，屋架排放后，屋架的中心点均在 HH 线上，以图 6-44 为例，排放位置可以按下述方式确定：以停机点 O_2 为圆心，吊装屋架时起重半径 R 为半径，画弧交 HH 线于 G 点，G 点即为第二榀屋架排放后屋架的中点。再以 G 点为圆心，屋架跨度的 1/2 为半径，画弧交于 PP 和 QQ 两线于 E、F 两点，连接 EF，即为第二榀屋架排放的位置，其他屋架的排放位置均应平行此屋架，端头相距 6 m。但第一榀屋架由于抗风柱阻挡，要退到第二榀屋架的附近排放。

②屋架的纵向排放。屋架纵向排放，一般以 4~5 榀为一组靠柱边顺轴线纵向排列。屋架与屋架之间的净距均不小于 0.2 m，相互之间应用铅丝及支撑拉紧撑牢。每组屋架之间应留3 m 左右的间距作为横向通道。每组屋架排放中心线应安排在该组屋架倒数第二榀安装轴线之后 2 m 外，这样，可避免在已安装好的屋架下绑扎和起吊屋架，起吊后不与已安装好的屋架相碰，如图 6-46 所示。

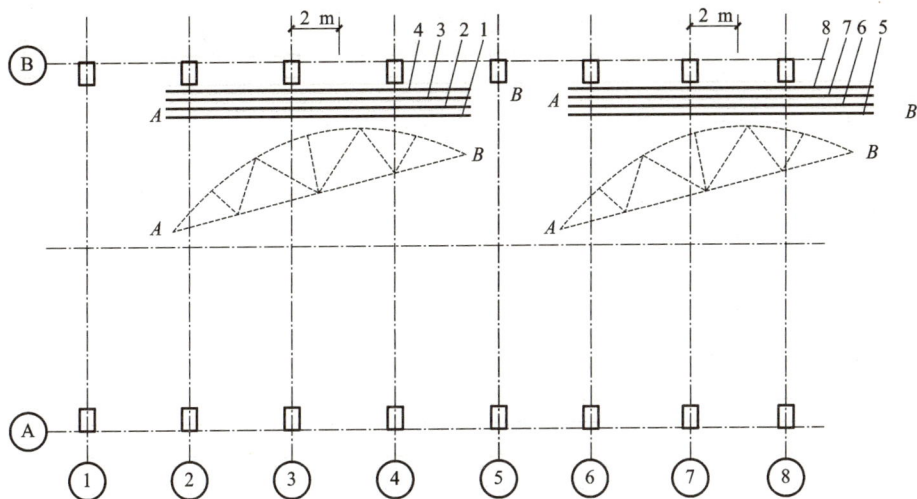

图 6-46 屋架分组纵向排放

2）吊车梁、连系梁、屋面板的运输、就位堆放。

单层厂房除柱子、屋架外，其他构件如吊车梁、连系梁、屋面板均在预制厂或附近工地的露天预制场制作，然后运至工地就位吊装。构件运至工地后，应按平面布置图安排的部位，依编号、吊装顺序进行就位和集中堆放。

吊车梁、连系梁的就位位置，一般在其吊装位置的柱列附近，跨内跨外均可，也可以从运输车上直接吊装，不需在现场排放。

屋面板的就位位置，跨内跨外均可，如图 6-47 所示。根据起重机吊屋面板时所需的起重半径，当屋面板在跨内排放时，应后退 3~4 节间再开始排放；若在跨外排放，应向后退 1~2 个节间再开始排放。

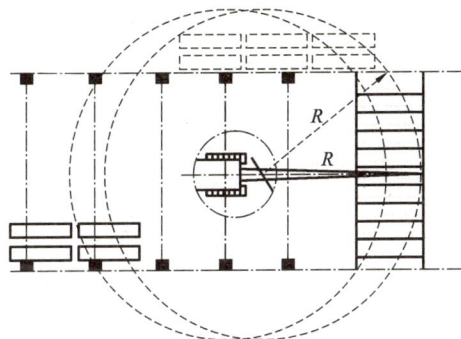

图 6-47 屋面板吊装就位布置

6.3.4 单层工业厂房吊装实例

某铆焊车间为两跨单层厂房，跨度为 18 m，厂房长 84 m，共有 14 个节间。厂房平剖面图如图 6-48 所示，北部为预留扩建场地，主要预制构件见表 6-11。

表 6-11 铆焊车间主要构件表

轴线	构件名称及编号	数量	构件重量/kN	构件长度/m	安装标高/m
(A)~(G)；(1)~(15)	基础梁 YJL	40	14	5.97	
(D)~(G)	连系梁 YLL	28	8	5.97	8.2

续表 6-11

轴线	构件名称及编号	数量	构件重量/kN	构件长度/m	安装标高/m
（A）	柱 Z_1	15	51	10.1	
（D）~（G）	柱 Z_2	30	64	13.1	
（B）~（C）	柱 Z_3	4	46	12.6	
（E）~（F）	柱 Z_4	4	58	15.6	
厂房屋架	低跨屋架 YGJ-18	15	44.6	17.7	8.7
	高跨屋架 YGJ-18	15	44.6	17.7	11.34
厂房吊车梁及屋面板	吊车梁 DCL_1	28	36	5.97	5.6
	吊车梁 DCL_2	28	50.2	5.97	7.8
	屋面板 YWB	336	13.5	5.97	14.34

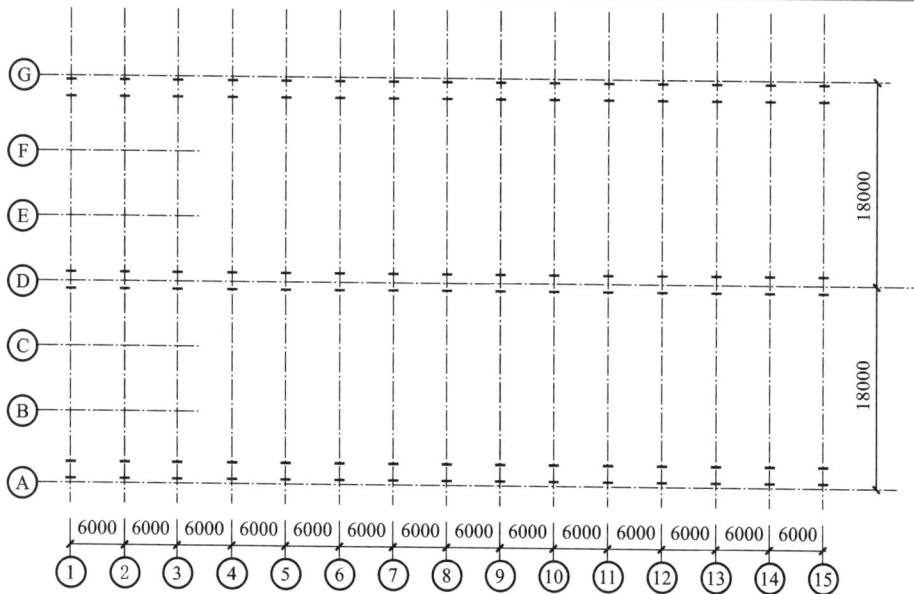

(a)平面图

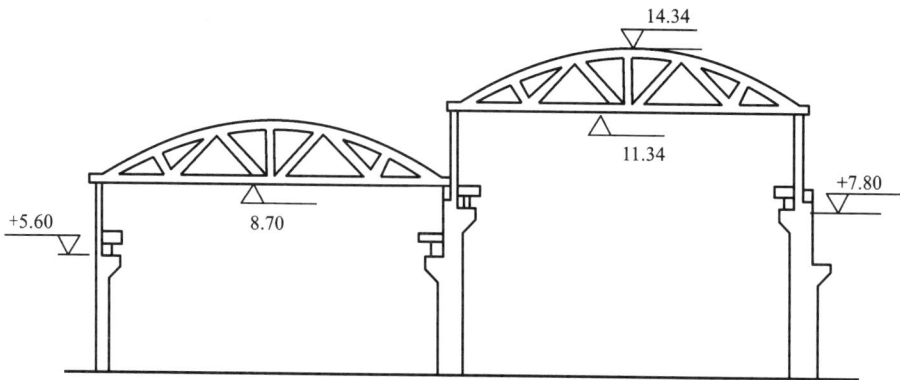

(b)剖面图

图 6-48　铆焊车间平、剖面图

1. 施工方案

采用分件安装法。柱现场预制，用履带式起重机吊装，柱吊装后，预制预应力屋架（后张法），屋架混凝土强度达到 75%设计强度标准值后，穿预应力钢筋、张拉。屋架扶直就位后，屋盖结构（屋架、连系梁、屋面板）一次吊装。吊车梁在柱吊装完毕，屋架预制前进行吊装（由构件厂供应）。

2. 起重机的选择

选用履带起重机进行结构安装。各主要构件安装时工作参数计算如下。

（1）柱（图 6-49）

①最重的柱：柱 Z_2，重 64 kN，柱长 13. 10 m

②要求起重量：$Q=Q_1+q=64+2. 0=66. 0(kN)$

③要求起重高度：$H=h_1+h_2+h_3+h_4=0+0. 30+8. 20+2. 00=10. 50(m)$

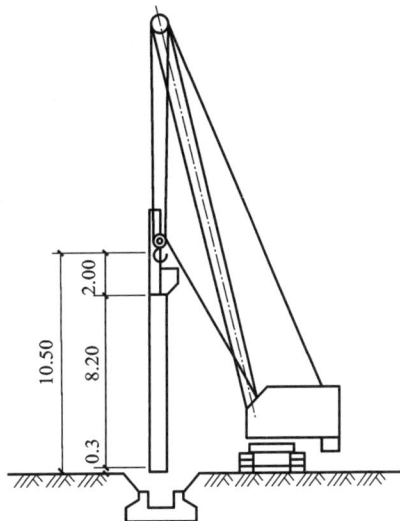

图 6-49　Z_2 柱起重高度计算简图

（2）屋架（图 6-50）

①要求起重量：$Q=Q_1+q=44. 6+3. 0=47. 6(kN)$

②要求起重高度：$H=h_1+h_2+h_3+h_4=11. 34+0. 30+2. 60+3. 00=17. 24(m)$

（3）屋面板（图 6-51）

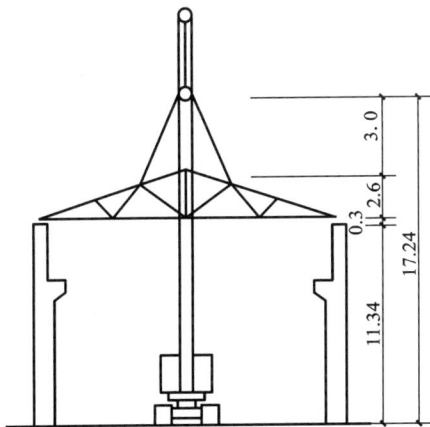

图 6-50　屋架起重高度计算简图

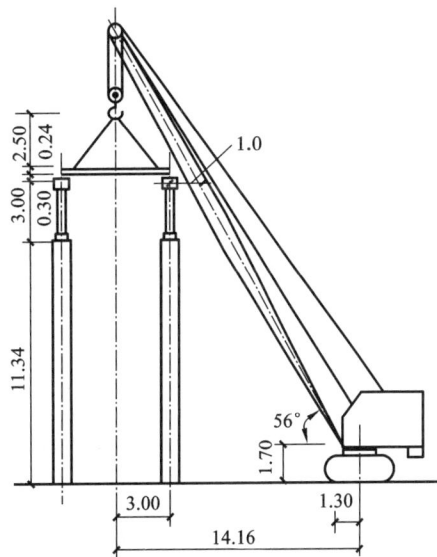

图 6-51　吊装屋面板计算简图

①要求起重量：$Q=Q_1+q=13. 5+2. 0=15. 5(kN)$

②要求起重高度：$H=h_1+h_2+h_3+h_4=14. 34+0. 30+0. 24+2. 50=17. 38(m)$

选用 W_1-100 型履带式起重机时，所需仰角 α 和起重臂最小长度 L_{min} 为：

$$\alpha = \arctan \sqrt[3]{\frac{h}{f+g}} = \arctan \sqrt[3]{\frac{14.34-1.7}{3+1}} = 55°43'$$

$$L_{\min} = \frac{h}{\sin \alpha} + \frac{f+g}{\cos \alpha} = \frac{(14.34-1.7)}{\sin 55°43'} + \frac{3+1}{\cos 55°43'} = 22.41(\text{m})$$

选用 W_1-100 型,臂长 23 m,仰角 56°,吊装屋面板时起重半径 R 为:

$$R = F + L\cos \alpha = 1.3 + 23\cos 56° = 14.16(\text{m})$$

查 W_1-100 型起重机性能曲线(图 6-52),当 $L=23$ m,$R=14$ m 时,$Q=23$ kN>15.5 kN,$H=17.5$ m>17.38 m,满足吊装跨中屋面板的要求。综合各构件吊装时起重机的工作参数(图 6-53),确定选用 W_1-100 型履带式起重机,起重臂长 23 m 吊装厂房各构件。查起重机性能曲线,确定出各构件吊装时起重机的工作参数(表 6-12)。

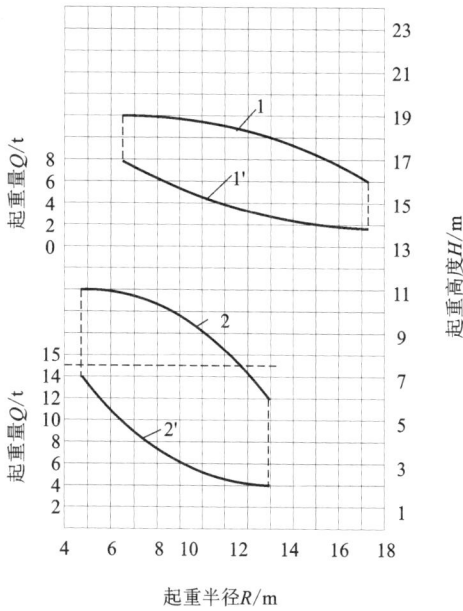

1—$L=23$ m 时 R-H 曲线;2—$L=13$ m 时 R-H 曲线;
1′—$L=23$ m 时 Q-R 曲线;2′—$L=13$ m 时 Q-R 曲线。

图 6-52　W_1-100 型履带式起重机性能曲线

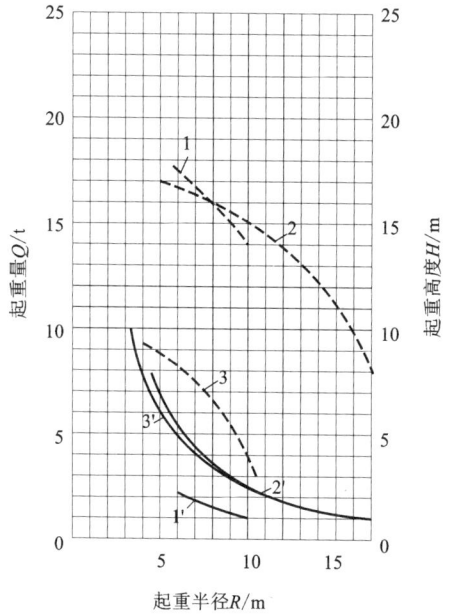

1—$L=18$ m 带鸟嘴时 R-H 曲线;2—$L=18$ m 时 R-H 曲线;
3—$L=10$ m 时 R-H 曲线;1′—$L=18$ m 带鸟嘴时 Q-R 曲线
2′—$L=18$ m 时 Q-R 曲线;3′—$L=10$ m 时 Q-R 曲线。

图 6-53　W_1-50 型履带式起重机性能曲线

表 6-12　铆焊车间主要构件吊装工作参数

构件名称	柱 Z_1			柱 Z_2			屋架 YWJ_1			屋面板		
工作参数	Q/kN	H/m	R/m	Q/kN	H/m	R/m	Q/kN	H/m	R/m	Q/kN	H/m	R/m
计算需要值	53	7.5		66	10.5		47.6	17.2		15.5	17.38	
23 m 臂工作参数	53	19	8.7	66	19	7.5	50	19	9.0	23	17.50	14.16

3. 起重机开行路线及构件平面布置

吊装(A)列柱 Z_1 时最大工作幅度 $R = 8.7$ m，吊装(D)和(G)列柱最大工作幅度 $R = 7.5$ m，起重机沿跨边开行。采用一点绑扎旋转法起吊。柱的平面布置及起重机的开行路线，如图 6-54 所示。

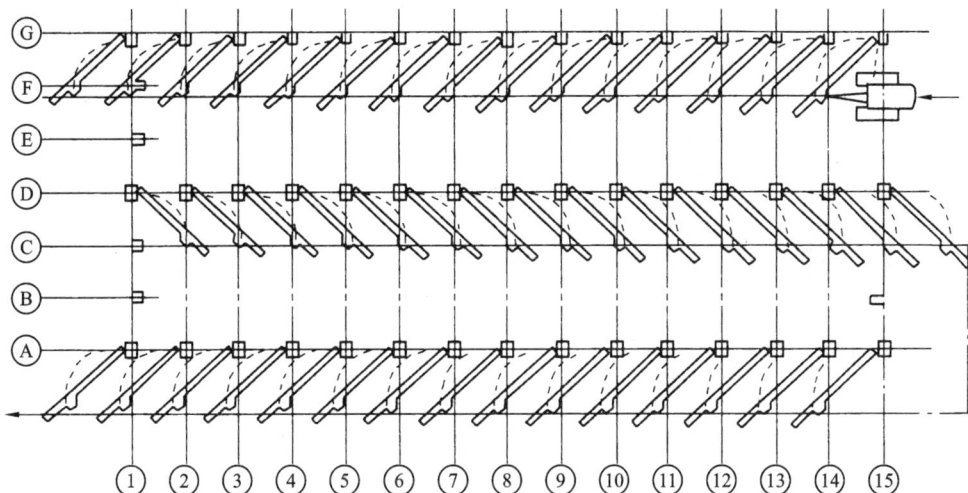

图 6-54 柱的平面布置及起重机开行路线

屋架现场叠浇预制，起吊前扶直排放，屋架排放的位置及吊装屋架时起重机开行路线，如图 6-55 所示。

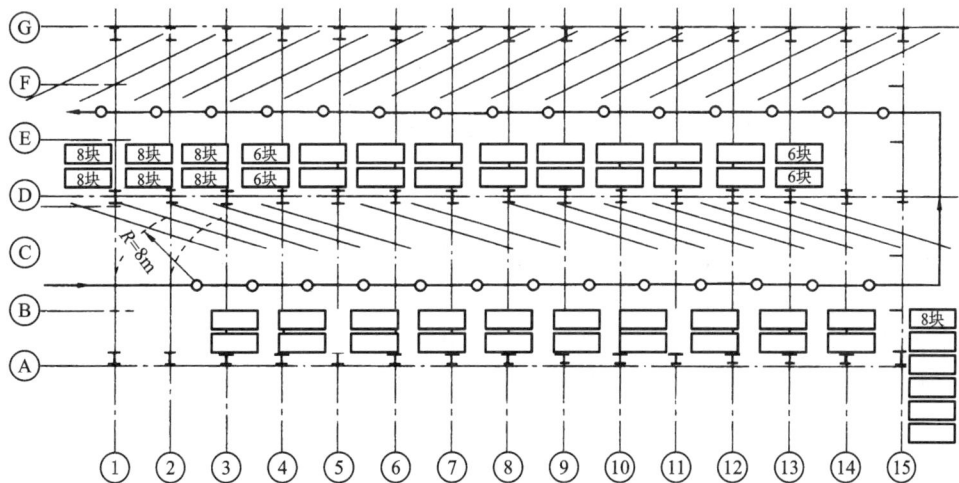

图 6-55 屋架、屋面板的布置及起重机开行路线

6.4 钢结构单层工业厂房的制作安装

6.4.1 钢结构施工概述

1. 钢结构的特点

1) 钢结构房屋是用钢板或各种型钢，通过焊接、螺栓连接组装成房屋的结构骨架。

2) 与其他结构房屋相比优点很多：钢材近似匀质，强度高、韧性好，有利于抗震，理论计算与实际最接近；用钢材轧制的各种理想断面可使构件轻巧；构件连接构造简单，可建造大跨度、大空间建筑；结构占用面积小；符合绿色、环保的理念；便于机械化工厂化制作后再现场安装，施工周期短，质量较高。

3) 但钢结构房屋的缺点也很明显：薄壁杆件多，容易发生整体或局部失稳；构件相互连接的节点多，容易产生次应力；易锈蚀，不耐火，需要定期维护；高层立柱有较大的压缩变形。

2. 钢结构的材料

1) 型材：要求强度高，有明显的屈服点，可焊，大量用 Q235 普通碳素结构钢和 Q345 普通低合金高强度结构钢，有 H 型钢、宽翼缘工字钢、角钢、槽钢和钢板等。热轧型钢和冷弯薄壁型钢的各种断面分别如图 6-56 和图 6-57 所示。

2) 附材：适用于手工焊的 E43 和 E50 焊条，适用于自动焊的焊丝和焊剂；普通螺栓、高强螺栓和锚栓等。钢构件的 3 种连接方法如图 6-58 所示。

钢结构材料

(a) H型钢　　(b) T型钢　　(c) 工字钢　　(d) 槽钢　　(e) 等边角钢　　(f) 不等边角钢　　(g) 钢管

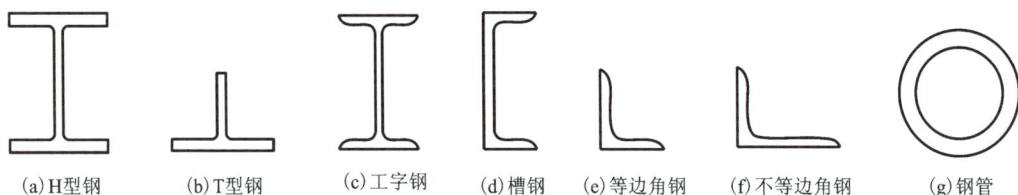

图 6-56　热轧型钢的各种断面

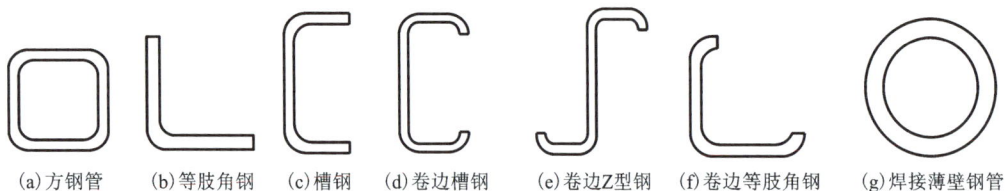

(a) 方钢管　　(b) 等肢角钢　　(c) 槽钢　　(d) 卷边槽钢　　(e) 卷边Z型钢　　(f) 卷边等肢角钢　　(g) 焊接薄壁钢管

图 6-57　冷弯薄壁型钢的各种断面

3) 其他配套材料：压型钢板(图 6-59)、轻质墙板、各种幕墙等。

3. 钢结构构件加工制作的工艺流程

钢结构加工制作的主要工艺流程：加工制作图的绘制→制作样杆、样板→号料→画线→切割→坡口加工→制孔→组装(包括矫正)→焊接→摩擦面的处理→涂装与编号。

1) 样杆、样板的制作：样杆一般用薄钢板或扁钢制作，当长度较短时可用木尺杆。样板

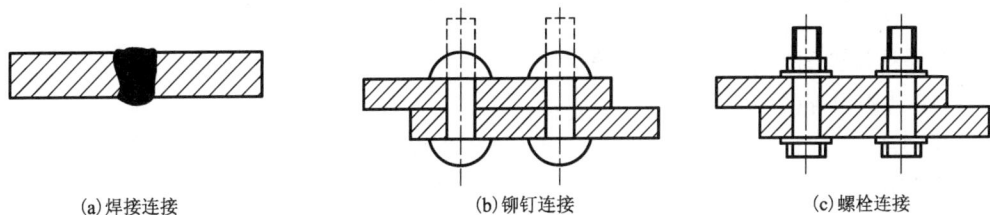

图 6-58 钢构件的 3 种连接方式

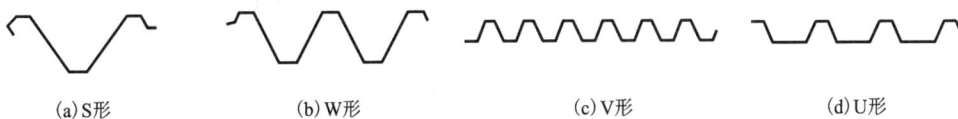

图 6-59 各种形状的压型钢板

可采用厚度 0.50~0.75 mm 的薄钢板或塑料板制作。

2)号料：号料方法有集中号料法、套料法、统计计算法和余料统一号料法四种。

3)画线：利用加工制作图、样杆、样板及钢卷尺进行画线。

4)切割：钢材的切割方法有气割、等离子切割，还可使用剪切、切削等机械力的方法。主要根据切割能力、切割精度、切剖面的质量及经济性来选择切割方法。

5)边缘加工和端部加工：加工方法主要有铲边、刨边、铣边、碳弧气刨、气割和坡口机加工等。

6)制孔：

①制孔时间：结构在焊接时，不可避免地将会产生焊接收缩和变形，因此在制作过程中，把握好制孔时间将在很大程度上影响产品精度。

②制孔方法：常用的打孔方法有机械打孔、气体开孔、钻模和板叠套钻制孔和数控钻孔四大类。

③孔超过偏差的解决办法：螺栓孔的偏差超过规定的允许值时，允许采用与母材材质相匹配的焊条补焊后重新制孔，严禁采用钢块填塞。

④制孔后应用磨光机清除孔边毛刺，并不得损伤母材。

7)组装：钢结构组装的方法包括地样法、仿形复制装配法、立装法、卧装法、胎模装配法等，钢构件组装的允许偏差应符合规范规定。

8)焊接：焊接是钢结构加工制作中的关键步骤，应按有关操作规程进行。焊接后的变形矫正：部件或构件焊接后，均因焊接而产生大弯曲、头部弯曲及局部变形等，其允许偏差应符合规范规定。

9)摩擦面的处理：摩擦面的处理可采用喷砂、喷丸、酸洗、砂轮打磨等方法，一般应按设计要求进行。高强度螺栓的摩擦连接面不得涂装，高强度螺栓安装完后，应将连接板周围封闭，再进行涂装。

10)涂装、编号：涂装前应对钢构件表面进行除锈处理，构件表面除锈方法和除锈等级应与设计采用的涂料相适应，并应符合规范的规定。涂料、涂装遍数、涂层厚度均应符合设计的要求。

4. 钢结构构件的验收、运输、堆放

（1）钢结构构件的验收

钢构件加工制作完成后，应按照施工图和验收规范进行验收，钢构件出厂时，应提供齐备的技术资料。

（2）构件的运输

1）大型或重型构件的运输应编制运输方案。

2）发运的构件质量单件超过 3 t 的，宜在易见部位用油漆标上重量及重心位置。

3）构件运输时，构件在运输车辆上的支点应符合要求；两端伸长的长度及绑扎方法均应保证构件不产生永久变形、不损伤涂层，构件起吊必须按设计吊点起吊。

（3）构件的堆放

1）构件堆放场地应平整坚实，无水坑、冰层，地面平整干燥，并应排水通畅，有较好的排水设施，同时有车辆进出的回路。

2）构件应按种类、型号、安装顺序划分区域，装上标识牌。构件底层垫块要有足够的支承面，钢结构产品不得直接置于地上，要垫高 200 mm。

3）对于已堆放好的构件，要派专人汇总资料进行管理，严禁乱翻、乱移。对已堆放好的构件进行保护，避免风吹雨打、日晒夜露。

4）不同类型的钢构件不要堆放在一起。

6.4.2　钢构件的连接

1. 焊接连接

（1）手工电弧焊

依靠电弧的热量进行焊接的方法称为电弧焊，手工电弧焊是用手工操作焊条进行焊接的电弧焊，是工地钢结构焊接中最常用的一种方法，如图 6-60 所示。

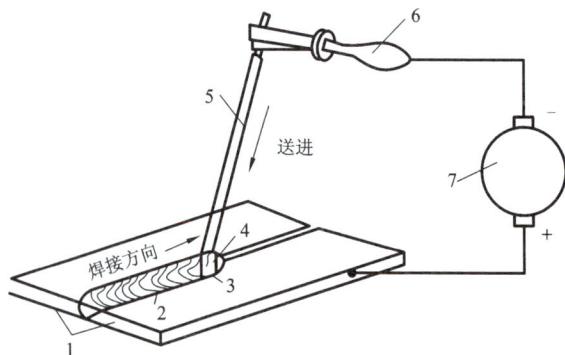

1—工件；2—焊缝；3—熔池；4—电弧；5—焊条；6—焊钳；7—电焊机。

图 6-60　手工电弧焊

（2）气体保护电弧焊

气体保护电弧焊以焊丝和焊件作为两极，两极之间产生电弧热来熔化焊丝和焊件母材，同时向焊接区送入保护气体（如 CO_2），使焊接区与周围的空气隔开，焊丝自动送进，在电弧作用下不断熔化，并与母材熔合，是目前工厂制作常用的焊接方法。

（3）焊接应力和焊接变形

焊接过程中，热源对焊件进行局部加热，产生不均匀的温度场，导致材料各部分的热胀冷缩不均匀，焊件冷却后，在焊件内留下焊接的残余应力和残余变形。这种现象是很难避免的，其分布和大小与诸多因素有关；只能采取措施减少和控制，主要措施有合理选择焊接方法和焊接参数、合理安排焊接顺序、预热法和焊接后热处理等。

（4）焊接质量检验

1）焊接前检查：焊接材料、焊接设备、焊接方法、焊接人员。

2）焊接中检查：焊接设备运行和工艺执行情况。

3）焊接后检查：焊缝清理干净后，先进行外观检验；然后进行致密性（液体、气体渗漏）检验；无损探伤检验（超声波等）；必要时进行破坏性检验。

2. 螺栓连接

（1）普通螺栓连接

这种方法对螺栓的紧固力没有明确要求，凭操作工的手感和连接的接触面能紧密贴合，无明显间隙。

（2）高强螺栓连接

高强度螺栓按外形分为大六角头高强度螺栓和扭剪型高强度螺栓两种类型。

按性能等级分为 8.8 级和 10.9 级，目前我国使用的大六角头高强度螺栓有 8.8 级和 10.9 级两种，扭剪型高强度螺栓只有 10.9 级一种。

高强螺栓连接要求严格，接触面须先经处理，扭力扳手经过检测标定，所有高强螺栓需经初拧、复拧和终拧 3 遍，如图 6-61 所示。

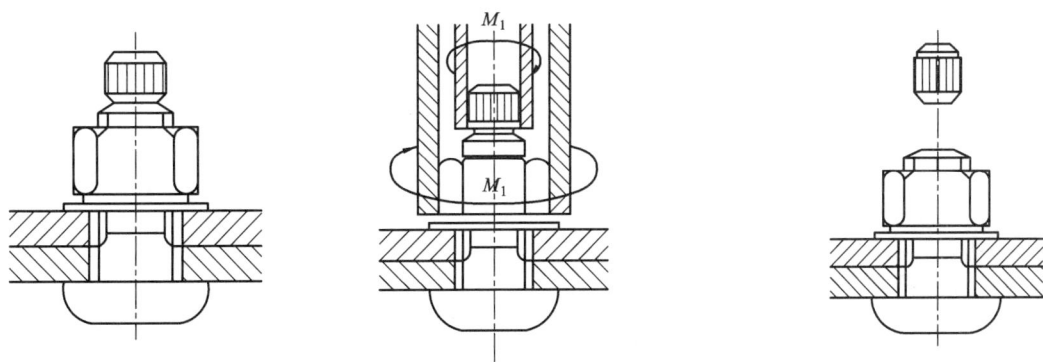

图 6-61　扭剪型高强螺栓连接的安装

3. 铆接连接

1）铆接是利用铆钉将两个以上的零构件连接为一个整体的连接方法。

2）铆接的类型分为强固铆接、密固铆接和紧固铆接三种。

3）铆接的基本形式分为搭接、对接和角接三种。

①搭接：将板件边缘对搭在一起，用铆钉加以固定连接的结构形式，如图 6-62 所示。

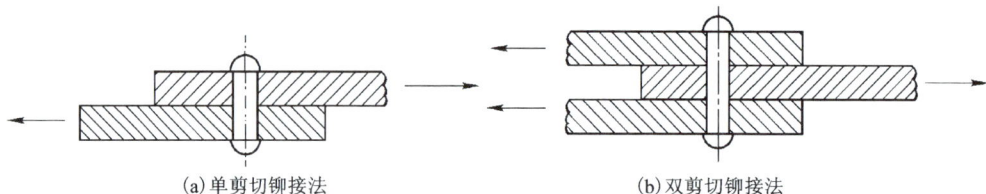

(a)单剪切铆接法　　　　　　　(b)双剪切铆接法

图 6-62　搭接形式

②对接：将两条要连接的板条置于同一平面，利用盖板把板件铆接在一起，如图 6-63 所示。

③角接：两块板件互相垂直或按一定角度用铆钉固定连接，如图 6-64 所示。

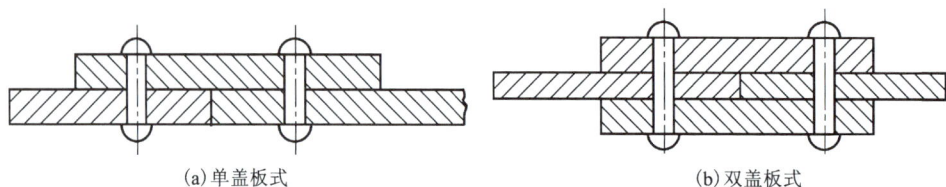

(a)单盖板式　　　　　　　(b)双盖板式

图 6-63　对接形式

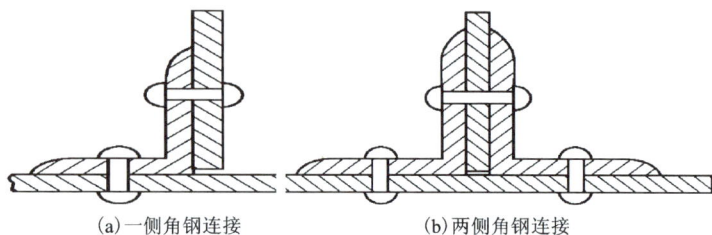

(a)一侧角钢连接　　　　　　　(b)两侧角钢连接

图 6-64　角接形式

6.4.3　钢结构构件的防腐与涂装

为了减轻并防止钢结构的腐蚀，主要采用涂装方法进行防腐。

1. 钢结构构件防腐涂料的种类

涂料按其基料中的成膜物质分为 17 类，施工中按其作用及先后顺序分为底涂料和饰面涂料两种。

1）底涂料：含粉料多，基料少，成膜粗糙，与钢材表面黏结力强，并与饰面涂料结合好。

2）饰面涂料：含粉料少，基料多，成膜后有光泽。主要功能是保护下层的防腐涂料。

2. 钢构件涂装前表面处理

涂装前钢材表面的处理是保证涂料防腐效果和钢构件使用寿命的关键。

1）钢结构的除锈是构件在施涂之前的一道关键工序，除锈干净可提高底防锈涂料的附着力，确保构件的防腐质量。

2）钢材表面除锈处理方法有手工除锈、动力工具除锈、喷射或抛射除锈、酸洗除锈等。

3）钢结构防腐的除锈等级应符合设计要求或规范规定。

3. 涂装施工

涂装施工前，钢结构制作、安装、校正已完成并验收合格。

涂装施工环境温度宜为 15~30℃，施工环境相对湿度≤85%；钢材表面的温度应高于空气露点温度 3℃以上。

（1）施涂方法及顺序

钢结构涂装工序：刷防锈漆、局部刮腻子、涂装施工、漆膜质量检查。

涂装施工方法：刷涂法、滚涂法、浸涂法、空气喷涂法、无气喷涂法、粉末涂装法。

（2）涂膜的遍数及厚度

涂装遍数、涂层厚度均应符合设计要求。涂层干漆膜总厚度一般为：室外 150 μm，室内 125 μm，其允许偏差为−25 μm。

（3）钢结构防火涂料涂装施工

1）钢结构防火涂料类型。

按所用黏结剂的不同分为有机类、无机类；

按涂层的厚度分为薄涂型（2~7 mm）、厚涂型（8~50 mm）两类；

按施工环境不同分为室内、露天两类；

按涂层受热后的状态分为膨胀型、非膨胀型两类。

2）选用原则。

室内裸露钢结构、轻型屋盖钢结构及有装饰要求的钢结构，当规定耐火极限在 1.5 h 以下时，宜选用薄涂型钢结构防火涂料；

室内隐蔽钢结构、高层全钢结构及多层厂房钢结构，当规定耐火极限在 2.0 h 以上时，应选用厚涂型钢结构防火涂料；

露天钢结构应选用室外钢结构防火涂料。

耐久性和防火性要求较高的钢结构，宜选厚涂型防火涂料。

3）施工要求。

钢结构涂装应在安装就位完毕并经验收合格后进行。钢结构防火涂料施工前应搅拌均匀，方可施工。

双组分涂料应按说明书规定的配比配制，随用随配。配制的涂料应在规定的时间内用完。

4）薄涂型钢结构防火涂料施工。

喷涂方法：底层涂料宜喷涂；面层涂料可采用刷涂、喷涂或滚涂；局部修补及小面积施工可采用抹灰刀等工具手工抹涂。

施工要点：底层涂料一般喷 2~3 遍，待前遍干燥后再喷后一遍，第 2、3 遍每遍喷涂厚度不宜超过 2.5 mm；底层涂料厚度应符合设计规定，基本干燥后施工面层，面层涂料一般涂饰 1~2 遍，第 1 遍从左至右，第 2 遍则从右至左，保证全部覆盖底涂层。喷涂时，喷枪要稳，喷嘴与构件宜垂直或呈 70°，喷口距构件宜为 400~600 mm。涂层应厚薄均匀，不漏喷、不流淌，接槎平整，颜色均匀一致。

5)厚涂型钢结构防火涂料施工。

厚涂型钢结构防火涂料一般采用喷涂施工。

喷涂应分遍完成，第一遍以基本盖住钢结构表面即可，以后每遍喷涂为 5~10 mm 厚度。必须在前遍基本干燥或固化后进行下一遍施工。喷涂保护方式、喷涂遍数与涂层厚度应按设计要求确定。

6.4.4 单层钢结构厂房安装

单层钢结构厂房安装

1)单层钢结构厂房由混凝土基础、钢柱、柱间支撑、吊车梁、屋架、上下弦支撑、檩条、屋面板和墙体骨架等组成。常用的轻型钢结构单层工业厂房构造如图 6-65 所示。

2)安装前的准备工作大体同混凝土单层厂房。由于钢构件尺寸大而长，但截面薄，为了保证在安装过程中的稳定，常需增设临时支撑；柱脚与混凝土基础大多用地脚螺栓连接，需要先对连接件和连接面进行全面检查预处理，如图 6-66 所示。

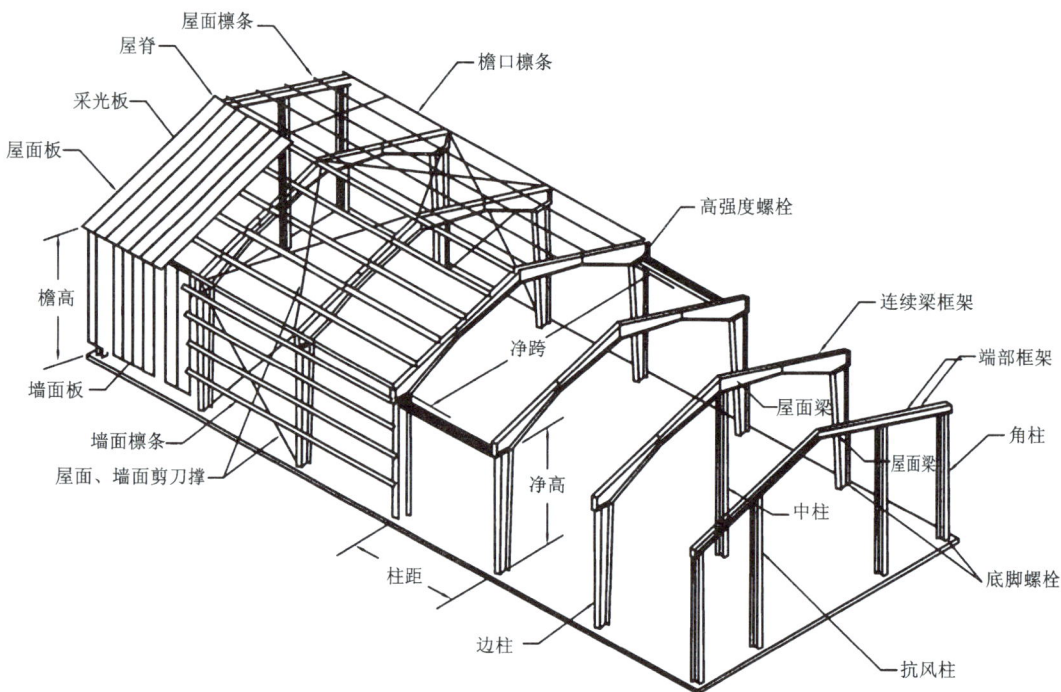

图 6-65　轻型钢结构单层工业厂房构造示意图

3)柱子安装，先吊装就位，检查调整，初步螺栓固定；待吊车梁和屋架安装后再进行总体检查调整，然后拧紧螺栓灌入无收缩细石混凝土做最后固定；柱间支撑应在柱子校正后进行。

4)吊车梁安装(图 6-67)，应在柱子校正后进行，从柱间支撑的那个跨间开始，就位后先做临时固定，待屋面系统安装完毕，再对吊车梁进行校正(图 6-68)、焊接固定。

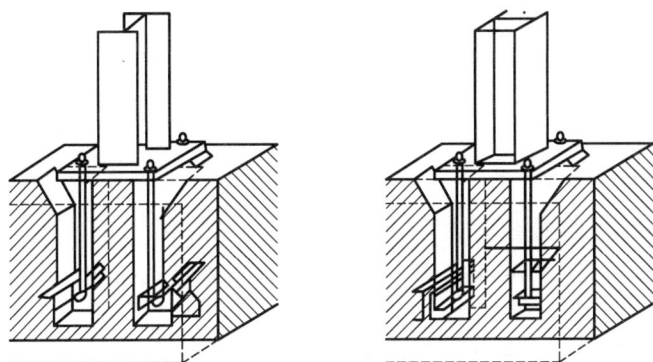

图 6-66　钢柱脚与基础的连接

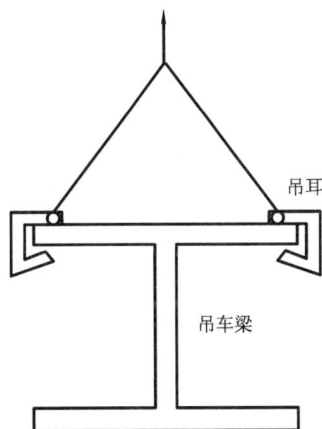

图 6-67　吊车梁的吊装

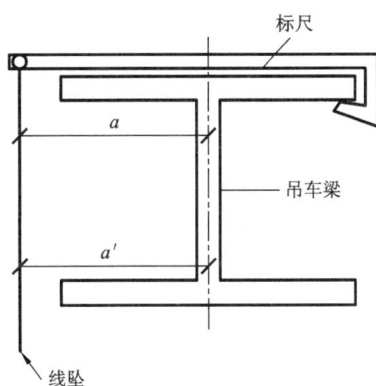

图 6-68　吊车梁的校正

5)屋面系统的安装,屋架安装应在柱子校正后进行,第一、第二榀屋架及连接件先形成结构单元,作为后续结构安装的基准;垂直、水平支撑和檩条应在屋架校正后进行。屋面板和天沟的安装,除注意连接牢固外,尤应注意保证屋面平整符合坡度要求;保证天沟纵向排水坡度,如图 6-69 所示。

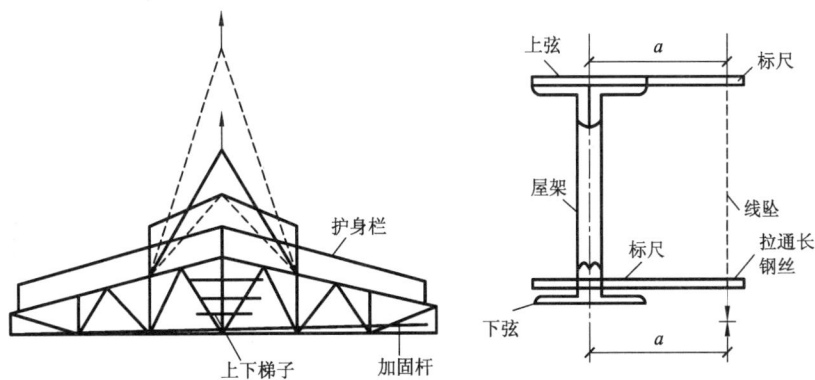

图 6-69　钢屋架的吊装和校正

6)维护结构的安装应在主体结构安装和调整完成后进行。

6.5 结构安装工程的施工质量验收与安全技术

6.5.1 结构安装工程的施工质量验收

1.钢筋混凝土结构安装质量要求

1）当混凝土强度达到设计强度的 75% 以上、预应力构件孔道灌浆的强度达到 15 MPa 以上时，方可进行构件吊装。

2）安装构件前，应对构件进行弹线和编号，并对结构及预制构件的平面位置、标高、垂直度等进行校正。

3）构件在吊装就位后，应进行临时固定，保证构件的稳定。

4）构件的安装，力求准确，保证构件的偏差在允许范围内，如表 6-13 所示。

表 6-13 构件安装时的允许偏差

项目	名称			允许偏差/mm
1	杯形基础	中心线对轴线位移		10
		杯底标高		−10
2	柱	中心线对轴线位移		5
		上下柱连接中心线位移		3
		垂直度	≤5 m	5
			>5 m	10
			≥10 m 且多节	高度的 1%
		牛腿顶面和柱顶标高	≤5 m	−5
			>5 m	−8
3	梁或吊车梁	中心线对轴线位移		5
		梁顶标高		−5
4	屋架	下弦中心线对轴线位移		5
		垂直度	桁架	屋架高的 1/250
			薄腹梁	5
5	天窗架	构件中心线对定位轴线位移		5
		垂直度（天窗架高）		1/300
6	板	相邻两板板底平整	抹灰	5
			不抹灰	3
7	墙板	中心线对轴线位移		3
		垂直度		3
		每层山墙倾斜		2
		整个高度垂直度		10

2. 单层钢结构安装质量要求

1）钢结构基础施工时，应注意保证基础顶面标高及地脚螺栓位置的准确，其偏差应在允许偏差范围内。

2）钢结构安装应按施工组织设计进行。安装程序必须保持结构的稳定性且不导致永久性变形。

3）钢结构安装前，应按构件明细表核对进场的构件，查验产品合格证和设计文件；工厂预拼装过的构件在现场拼装时，应根据预拼装记录进行。

4）钢结构安装偏差的检测，应在结构形成空间刚度单元并连接固定后进行，其偏差在允许偏差范围内。钢柱、吊车梁和轨道以及墙架、檩条安装的允许偏差分别见表6-14～表6-16。

表 6-14　单层钢结构中柱子安装的允许偏差

项目		允许偏差/mm		图例	检验方法
柱脚底座中心线对定位轴线的偏移		5.0			用吊线和钢尺检查
柱基准点标高	有吊车梁的柱	+3.0 −5.0			用水准仪检查
	无吊车梁的柱	+5.0 −8.0			
弯曲矢高		$H/1200$，且不应大于 15.0			用经纬仪或拉线和钢尺检查
柱轴线垂直度	单层柱	$H\leqslant$ 10 m	$H/1000$	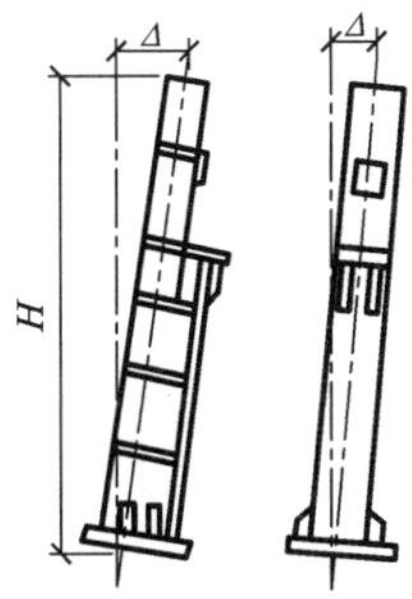	用经纬仪或吊线和钢尺检查
		$H>$ 10 m	$H/1000$，且不应大于 25.0		
	多层柱	单节柱	$H/1000$，且不应大于 10.0		
		柱全高	35.0		

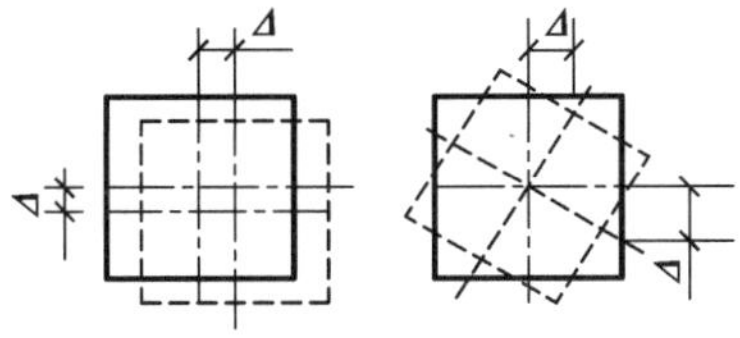

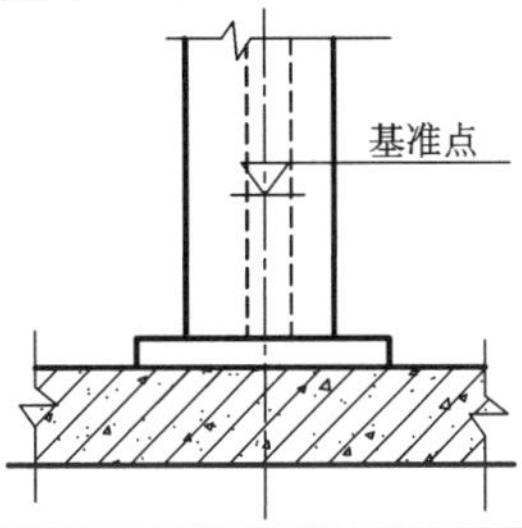

表 6-15　钢吊车梁安装的允许偏差

项目		允许偏差 /mm	图例	检验方法
梁的跨中垂直度 Δ		$H/500$		用吊线和钢尺检查
侧向弯曲矢高		$l/1500$, 且不应大于 10.0		用拉线和钢尺检查
垂直上拱矢高		10.0		
两端支座中心位移 Δ	安装在钢柱上时, 对牛腿中心的偏移	5.0		
	安装在混凝土柱上时, 对定位轴线的偏移	5.0		
吊车梁支座加劲板中心与柱子承压加劲板中心的偏差 Δ		$t/2$		用吊线和钢尺检查
同跨间内同一横截面吊车梁顶面高差 Δ	支座处	10.0		用经纬仪、水准仪和钢尺检查
	其他处	15.0		
同跨间同一横截面下挂式吊车梁底面高差 Δ		10.0		
同列相邻两柱间吊车梁顶面高差 Δ		$l/1500$, 且不应大于 10.0		用水准仪和钢尺检查
相邻两吊车梁接头部位 Δ	中心错位	3.0		用钢尺检查
	上承式顶面高差	1.0		
	下承式底面高差	1.0		

续表 6-15

项目	允许偏差/mm	图例	检验方法
同跨间任一截面的吊车梁中心跨距 Δ	± 10.0	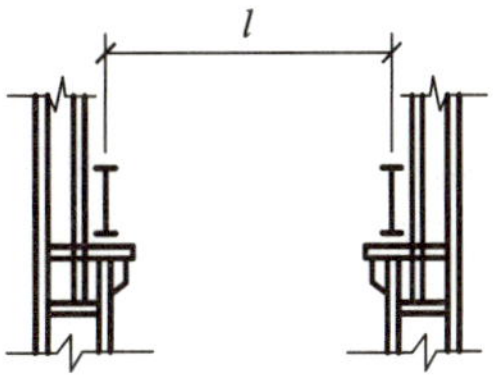	用经纬仪和光电测距仪检查，跨度小时，可用钢尺检查
轨道中心对吊车梁腹板轴线的偏移 Δ	$t/2$		用吊线和钢尺检查

表 6-16　墙架、檩条等次要构件安装的允许偏差

项目		允许偏差/mm	检验方法
墙架立柱	中心线对定位轴线的偏移	10.0	用钢尺检查
	垂直度	$H/1000$，且不应大于 10.0	用经纬仪或吊线和钢尺检查
	弯曲矢高	$H/1000$，且不应大于 15.0	用经纬仪或吊线和钢尺检查
抗风桁架的垂直度		$H/250$，且不应大于 15.0	用吊线和钢尺检查
檩条、墙梁的间距		± 5.0	用钢尺检查
檩条的弯曲矢高		$H/750$，且不应大于 12.0	用拉线和钢尺检查
墙梁的弯曲矢高		$H/750$，且不应大于 10.0	用拉线和钢尺检查

注：1. H 为墙架立柱的高度；

　　2. h 为抗风桁架的高度；

　　3. L 为檩条或墙梁的长度。

6.5.2　结构安装工程的安全技术

1. 操作人员方面

1）从事安装工作的人员要经过体检，心脏病或高血压患者，不能高空作业；不准酒后作业；新工人要经过短期培训才能上岗。

2）操作人员进入现场，必须戴安全帽、手套；高空作业时，必须系好安全带，所用的工具要用绳子扎好或放入工具包内。

3)电焊工在高空焊接时,应戴安全带、防护面罩;潮湿地点工作时穿胶靴。

4)在高空安装构件时,用撬杠校正构件位置必须防止因撬杠滑脱而引起高空坠落。撬构件时人要站稳,最好一只手扶脚手架或构件,另一只手操作,撬杠插进的深度要适宜,循序渐进。

5)在冬雨季施工,为防止构件因潮湿或有积雪等使操作人员滑倒,必须采取防滑措施。

6)登高用的梯子必须牢固,梯子与地面的夹角一般为65°~75°。

7)结构安装时,要听从统一号令,统一指挥。

2. 起重机械与索具

1)吊装所用的钢丝绳,事先必须认真检查,表面磨损、腐蚀达钢丝绳直径的10%时,不准使用。

2)吊钩和卡环如有永久变形或裂纹时,不能使用。

3)起重机的行驶道路,必须坚实可靠,如地面为松软土层要进行压实处理,必要时进行加固。

4)履带式起重机必须负荷行走时,重物应在履带的正前方,并用绳索带住构件,缓慢行驶,构件离地不得超过50 cm。起重机在接近满荷时,不得同时进行两种操作动作。

5)起重机工作时,严格注意勿碰撞高压架空电线,起重臂、钢丝绳、重物等与架空电线要保持一定的安全距离。

6)新到、修复或改装的起重机在使用前必须进行检查、试吊,并要进行静、动负荷试验。

7)起吊构件时,升降吊钩要平稳,避免紧急制动和冲击。

8)起重机停止工作时,起重装置要关闭上锁。吊钩必须升高,防止摆动伤人,并不得悬挂物件。

3. 安全设施

1)吊装现场周围应设置临时栏杆,禁止非工作人员入内。

2)工人如需要在高空作业时,应尽可能搭设临时操作平台。

3)要配备悬挂式斜靠的轻便爬梯,供人上下之用。

4)如需在悬空的屋架上弦行走时,应设置安全防护栏杆。

5)遇到六级以上大风和雷雨天气时,一般不得进行高空作业;必须进行时,要采取妥善的安全措施。雷雨季节,起重设备在15 m以上高度时,必须装置避雷设施。

安全事故

复习思考题

1.简述拔杆式起重机的分类及使用。

2.履带式起重机的技术性能怎样?什么情况下要验算履带式起重机的稳定性?

3.使用汽车式和轮胎式起重机时,各有哪些特点?如何选用?

4.在运输构件中,为保证不被损坏,应注意哪些问题?

5.柱子吊装前要做哪些准备工作?

6.吊装柱子时,旋转法和滑行法各有什么特点?

7.怎样对柱进行临时固定和最后固定?

8.安装吊车梁时,如何校正?

9. 屋架的排放有哪些方法? 要注意哪些问题?

10. 构件的平面布置要遵守哪些原则?

11. 分件吊装法和综合吊装法各有什么特点?

12. 屋架在安装阶段的扶直有几种方法? 如何确定屋架的排放范围和排放位置?

13. 在结构的安装中, 如何保证人身安全?

14. 在结构的安装中, 如何保证柱、屋架、板的质量?

15. 简述钢构件的连接方法。

16. 简述钢结构构件的防腐与涂装。

习 题

1. 有一钢丝绳为 $6 \times 19 + 1$ 规格, 其极限强度为 $1.7 \ kN/mm^2$, 直径 $D = 20 \ mm$, 用以吊装构件, 试计算其允许拉力。若重物为 50 kN, 应选用多大直径的钢丝绳?

2. 某单层工业厂房, 跨度为 24 m, 柱距 6 m, 采用 W_1-100 型履带式起重机安装柱子, 起重半径为 7.5 m, 起重机分别沿纵轴线跨内和跨外开行, 距离为 6 m, 试对柱子作三点共弧斜向布置, 并确定停机点的位置。

3. 某单层工业厂房跨度 21 m, 柱距 6 m, 10 个节间, 选用 W_1-100 型履带式起重机进行结构安装, 吊装屋架时起重半径为 8 m, 试分别绘制屋架斜向排放图和纵向排放图。

模块七

屋面及防水工程

教学目标　　熟悉屋面工程防水和地下工程防水等级标准；掌握屋面防水工程、地下防水工程、室内其他部位防水工程的施工工艺、施工质量要求及质量控制方法；掌握防水工程施工中质量通病的防治措施。

技能抽查要求　　能按国家规范要求并正确使用常用检测工具对卷材防水屋面、刚性防水屋面的施工质量进行检查验收，能正确填写工程质量验收记录表。

企业八大员岗位资格考试要求　　掌握屋面、地下室及卫生间防水施工工艺；掌握防水工程施工的质量及安全要求。

7.1　屋面防水工程

建筑防水技术在房屋建筑中发挥功能保障作用。防水工程质量的优劣，关系到建(构)筑物的使用寿命，而且直接影响到人们生产、生活环境和卫生条件。因此，建筑防水工程质量除了考虑设计的合理性、防水材料的正确选择外，更要注意其施工工艺及施工质量。

建筑工程防水按其部位可分为屋面防水、地下防水、卫生间防水等。按其构造做法又可分为结构构件的刚性自防水和用各种防水卷材、防水涂料作为防水层的柔性防水。

屋面防水工程是房屋建筑的一项重要工程。根据建筑物的类别、重要程度、使用功能要求及防水层耐用年限等，将屋面防水分为两个等级，并按不同等级进行设防，见表7-1。防水屋面的常用种类有卷材防水屋面、涂膜防水屋面和复合防水屋面等。

表 7-1　屋面防水等级和设防要求

防水等级	建筑类别	防水做法
Ⅰ级	重要的建筑和高层建筑	卷材防水层和卷材防水层，卷材防水层和涂膜防水层、复合防水层
Ⅱ级	一般的建筑	卷材防水层、涂膜防水层、复合防水层

屋面工程所采用的防水、保温隔热材料应有产品合格证书和性能检测报告，材料的品

种、规格、性能等应符合现行国家产品标准和设计要求。屋面工程施工前，要编制施工方案，应建立"三检"制度，并有完整的检查记录。伸出屋面的管道、设备或预埋件应在防水层施工前安设好。施工时每道工序完成后，要经监理单位检查验收，才可进行下道工序的施工。

屋面的保温层和防水层严禁在雨天、雪天和五级以上大风下施工，温度过低也不宜施工。屋面工程完工后，应对屋面细部构造、接缝、保护层等进行外观检验，并用淋水或蓄水进行检验。

防水层不得有渗漏或积水现象。

7.1.1　卷材防水屋面

卷材防水屋面是用胶结材料粘贴卷材进行防水的屋面。这种屋面具有质量轻、防水性能好的优点，其防水层的柔韧性好，能适应一定程度的结构振动和胀缩变形。所用卷材有传统的沥青防水卷材、高聚物改性沥青防水卷材和合成高分子防水卷材等三大系列，目前主要采用高聚物改性沥青防水卷材和合成高分子防水卷材。如图7-1所示。

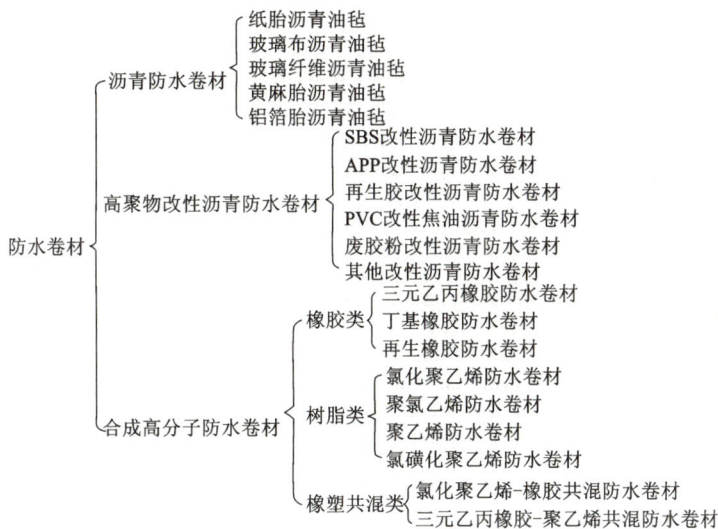

图 7-1　防水卷材分类图

1. 卷材屋面构造

卷材防水屋面的构造如图7-2所示。

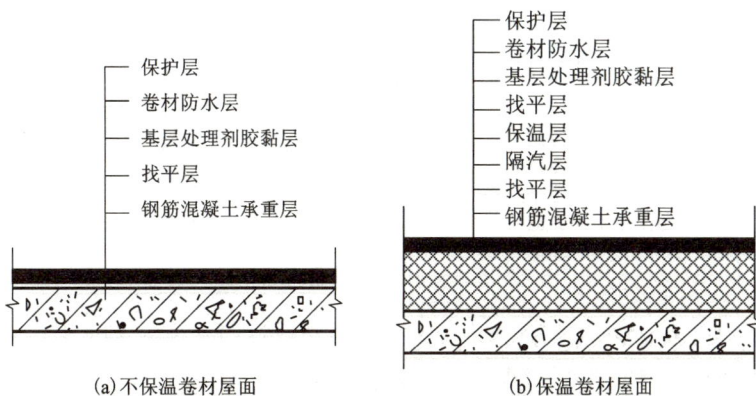

(a)不保温卷材屋面　　　(b)保温卷材屋面

图 7-2　卷材屋面构造层次示意图

2. 三大类防水卷材对比

（1）沥青防水卷材

沥青防水卷材一般为叠层铺设、热粘贴施工，其优点与适用范围见表7-2。

表7-2　沥青防水卷材

卷材名称	特点	适用范围	施工工艺
石油沥青纸胎油毡	低温柔性差，防水层耐用年限较短，但价格较低	三毡四油、二毡三油叠层铺设的屋面工程	热玛琦脂，冷玛琦脂粘贴施工
玻璃布沥青油毡	抗拉强度高，胎体不易腐烂，材料柔韧性好，耐久性比纸胎油毡提高一倍以上	多用于纸油毡的增强附加层和突出部位的防水层	热玛琦脂，冷玛琦脂粘贴施工
玻璃纤维沥青油毡	有良好的耐水性、耐腐蚀性和耐久性，柔韧性也优于纸胎沥青油毡	常用做屋面或地下防水工程	
黄麻胎沥青油毡	抗拉强度高，耐水性好，但胎体材料易腐烂	常用做屋面增强附加层	
铝箔胎沥青油毡	有很高的阻隔蒸汽的渗透能力，防水功能好，且具有一定的抗拉强度	与带孔玻璃纤维毡配合或单独使用，宜用于隔汽层	热玛琦脂粘贴施工

（2）高聚物改性沥青防水卷材

高聚物改性沥青防水卷材是以合成高分子聚合物改性沥青为涂盖层，纤维织物或纤维毡为胎体，粉状、粒状、片状或膜材料为覆盖面材料制成的可卷曲片状防水材料。它克服了传统沥青防水卷材温度稳定性差、延伸率小的不足，具有高温不流淌、低温不脆裂、拉伸强度高、延伸率较大等优异性能，且价格适中。此类防水卷材按厚度可分为2 mm、3 mm、4 mm和5 mm等规格，一般为单层铺设，也可复合使用，根据不同卷材可采用热熔法、冷粘法和自粘法施工，其优点与适用范围见表7-3。

表7-3　高聚物改性沥青防水卷材

卷材名称	特点	适用范围	施工工艺
SBS改性沥青防水卷材	耐高、低温性能有明显提高、卷材的弹性和耐疲劳性明显改善	单层铺设的屋面防水工程或复合使用，适合寒冷地区和结构变形频繁的建筑	冷施工铺贴或热熔铺贴
APP改性沥青防水卷材	具有良好的硬度、延伸性、耐热性、耐紫外线照射及耐老化性能	单层铺设，适合于紫外线辐射强烈及炎热地区屋面使用	热熔法或冷粘法铺设
PVC改性焦油防水卷材	有良好的耐热及耐低温性能，最低开卷温度为-18℃	有利于冬期施工	可热作业亦可冷施工
再生胶改性沥青防水卷材	有一定的延伸性，且低温柔性较好，有一定的防腐蚀能力，价格低廉，属低档防水卷材	变形较大或档次较低的防水工程	热沥青粘贴
废橡胶粉改性沥青防水卷材	比普通石油沥青纸胎油毡的抗拉强度、低温柔性均明显改善	叠层使用于一般屋面防水工程，宜在寒冷地区使用	热沥青粘贴

（3）合成高分子防水卷材

合成高分子防水卷材是以合成橡胶、合成树脂或它们两者的共混体为基料，加入适量的化学助剂和填充料，经混炼、压延或挤出等工序加工而成的可卷曲的片状防水材料。合成高分子防水卷材具有拉伸强度和抗撕裂强度高、断裂延伸率大、耐热性和低温柔性好、耐腐蚀、耐老化等一系列优异的性能，是新型高档防水卷材。此类卷材按厚度分为 1 mm、1.2 mm、1.5 mm 和 2.0 mm 等规格，一般为单层铺设，可采用冷粘法或自粘法施工，其优点与适用范围见表 7-4。

表 7-4　合成高分子防水卷材

卷材名称	特点	适用范围	施工工艺
三元乙丙橡胶防水卷材	防水性能优异，耐候性好，耐臭氧性、耐化学腐蚀性、弹性和抗拉强度大，对基层变形开裂的适应性强，重量轻，使用温度范围宽，寿命长，但价格高，黏结材料尚需配套完善	防水要求较高、防水层耐用年限要求长的工业与民用建筑，单层或复合使用	冷粘法和自粘法
丁基橡胶防水卷材	有较好的耐候性、耐油性、抗拉强度和延伸率，耐低温性能低于三元乙丙防水卷材	单层或复合使用要求较高的防水工程	冷粘法施工
聚氯乙烯防水卷材	具有良好的耐候、耐臭氧、耐热老化、耐油、耐化学腐蚀及抗撕裂的性能	单层或复合使用，宜用于紫外线强的炎热地区	冷粘法施工

3. 卷材防水层施工

卷材防水屋面的施工工艺流程：屋面基层处理→隔汽层施工→保温层施工→找平层施工→刷基层处理剂→铺贴卷材附加层→铺贴卷材防水层→保护层施工。

（1）基层施工

基层应有足够的强度和刚度，承受荷载时不致产生显著变形。基层一般采用水泥砂浆、细石混凝土或沥青砂浆找平，做到平整、坚实、清洁、无凹凸及尖锐颗粒。其平整度为：用 2 m 长的直尺检查，基层与直尺间的最大空隙不应超过 5 mm，空隙仅允许平缓变化，每米长度内不得多于一处。铺设屋面隔汽层和防水层之前，基层必须清扫干净。

（2）隔汽层施工

隔汽层可采用气密性好的卷材或防水涂料。一般是在结构层（或找平层）上涂刷冷底子油一道和热沥青两道，或铺设一毡两油。

隔汽层必须是整体连续的。在屋面与垂直面衔接的地方，隔汽层还应延伸到保温层顶部并高出 150 mm，以便与防水层相接。采用油毡隔汽层时，油毡的搭接宽度不得小于 70 mm。采用沥青基防水涂料时，其耐热度应比室内或室外的最高温度高出 20~25℃。

卷材防水

隔汽层一般采用卷材空铺(也就是边上用胶黏剂与结构层黏结),或用防水涂料刷一层。

（3）保温层施工

1）施工准备。

①材料准备：材料进场应有生产厂家提供的产品合格证、检测报告。材料外表或包装物有明显标识，标明材料生产厂家、材料名称、生产日期、执行标准、产品有效期等。

②主要机具：砂浆搅拌机、混凝土搅拌机、运料手推车、木抹子、水平刮杠、水平尺、计量设备。

2）工艺流程。

基层清理→管根封堵→涂刷隔汽层→标定标高、坡度→施工保温层→施工找坡层→验收。

3）施工要点。

①铺设保温材料的基层应平整、干燥和干净。

②涂刷隔汽层是为了防止结构层或室内的潮气进入保温层，可用掺 0.2%~0.3% 乳化剂的水溶液，也可用沥青溶液(冷底子油)，基层处理剂应涂刷均匀，无露底，无堆积。涂刷时，应用刷子用力涂，使处理剂尽量刷进基层表面的毛细孔中，才能起防潮作用。

③在与室内空间有关联的天沟、檐沟处，均应铺设保温层；天沟、檐沟、檐口与屋面交接处，屋面保温层的铺设应延伸到墙内，其伸入的长度不应小于墙厚的 1/2。

④保温层施工按设计坡度方案标定出标高和坡度。贴点标高、冲筋：根据坡度要求、拉线找坡，一般按 1~2 m 贴点标高(贴灰饼)，铺抹找平砂浆时，先按流水方向以间距 1~2 m 冲筋。

（4）找平层施工

1）施工准备。

①材料准备：所用材料必须进场验收，并按要求对各类材料进行复试。其质量、技术性能必须符合设计要求和施工及验收规范的规定。

②主要机具：砂浆搅拌机、混凝土搅拌机、运料手推车、铁锹、铁抹子、木抹子、水平刮杠、水平尺。

2）工艺流程。

基层清理→管根封堵→标定标高、坡度→浇水湿润或喷涂沥青稀料→施工找平层→刮平→抹平压实→养护→填缝→验收。

3）施工要点。

①基层清理：将结构层、保温层上表面的松散杂物清扫干净，将凸出基层表面的灰渣等黏结杂物铲平，不得影响找平层的有效厚度。

②穿过屋面的管道、烟囱根部封堵：大面积做找平层前，应先将伸出屋面的预埋管件、烟囱、女儿墙、檐沟、伸缩缝根部处理好。

③找平层施工：按设计坡度方案标定出标高和坡度。贴点标高、冲筋并设置分格缝，也可以在施工找平层后切割。

④浇水湿润：抹找平层前，根据找平层类型，应适当浇水湿润，但不可洒水过量，避免积水。

⑤铺浆水泥砂浆：按分格块装灰、铺平，用刮杠靠冲筋条刮平，找坡后用木抹子搓平，铁

抹子压光。待浮浆沉实后、人踏上去有脚印但不下陷时，再用铁抹子压第二遍即可。找平层水泥砂浆一般配合比为 1∶3，黏稠度控制为 7 cm。

⑥养护：找平层抹平、压实以后 24 h 可浇水、覆盖养护，一般养护期为 7 d，经干燥后铺设防水层。

⑦填缝：一般可以采用玛琋脂弹性材料嵌缝，与找平层应齐平，不得有明显的凸起和凹陷。

4）注意事项。

屋面及檐口、檐沟、天沟找平层的排水坡度，必须符合设计要求。平屋面采用结构找坡不应小于 3%，采用材料找坡宜为 2%，天沟、檐沟纵向找坡不应小于 1%，沟底落水差不得超过 200 mm。在与突出屋面结构的连接处以及在房屋的转角处，均应做成圆弧或钝角，其圆弧半径应符合要求，高聚物改性沥青防水卷材为 50 mm，合成高分子防水卷材为 20 mm。

为防止由于温差及混凝土构件收缩而使防水屋面开裂，找平层应留分格缝，缝宽宜为 5~20 mm。找平层分隔缝纵横间距不宜大于 6m。

采用水泥砂浆或细石混凝土找平层做基层时，其厚度和技术要求应符合表 7-5 的规定。

表 7-5　找平层厚度和技术要求

类别	基 层 种 类	厚度/mm	技 术 要 求
水泥砂浆找平层	整体混凝土	15~20	体积比 1∶2.5（水泥∶砂）
	整体或板状材料保温层	20~25	
	装配式混凝土板、松散材料保温层	20~30	
细石混凝土找平层	松散材料保温层	30~35	混凝土强度等级不低于 C20

（5）卷材防水层施工

1）卷材的铺贴顺序与方向。

时间：屋面上其他工作完工，待基层处理剂干燥后。

顺序：先高后低、先远后近。

方向：屋面坡度<3%，平行于屋脊方向（节省材料，便于施工）；坡度 3%~15%，可平行或垂直于屋脊方向；坡度>15%或屋面受震动，垂直于屋脊方向（防止沥青流淌）。

2）搭接要求。

定义：上下两层及相邻两卷材的搭接接缝均应错开。

卷材搭接宽度应符合表 7-6 规定，上下两层卷材长边搭接缝应错开，错开的距离不得小于幅宽的 1/3，同一层相邻两幅卷材短边搭接缝也应错开，错开的距离不得小于 500 mm。

要求：卷材平行于屋脊，搭接缝应顺水流方向；卷材垂直于屋脊，搭接缝应顺主导风向。叠层铺设的各层卷材，在天沟与屋面的连接处，应采用叉接法搭接，搭接缝应错开，接缝宜留在屋面或天沟侧面，不宜留在沟底。

表 7-6　卷材搭接宽度

卷材类别		搭接宽度/mm
合成高分子防水卷材	胶黏剂	80
	胶黏带	50
	单缝焊	60，有效焊接宽度不小于 25
	双缝焊	80，有效焊接宽度 10×2+空腔宽
高聚物改性沥青防水卷材	胶黏剂	100
	自粘	80

3）施工方法。

常用的施工方法有热熔法、热风焊接法、冷粘法、自粘法、机械钉压法、压埋法等。

①冷粘法施工。

冷粘法施工是利用毛刷将胶黏剂涂刷在基层或卷材上，然后直接铺贴卷材，使卷材与基层、卷材与卷材黏结的方法。施工时，胶黏剂涂刷应均匀、不露底、不堆积。空铺法、条粘法、点粘法应按规定的位置与面积涂刷胶黏剂。铺贴卷材时应平整顺直，搭接尺寸准确，接缝应涂胶黏剂，辊压黏结牢固，不得扭曲，溢出的胶黏剂随即刮平封口；也可采用热熔法接缝。接缝口应用密封材料封严，宽度不应小于 10 mm。

②热熔法施工。

热熔法施工是指利用火焰加热器熔化热熔型防水卷材底层的热熔胶进行粘贴的方法。施工时，在卷材表面热熔后，以卷材表面熔融至光亮黑色为度，应立即滚铺卷材，使之平展，并且黏结牢固。搭接缝必须以溢出热熔的改性沥青胶为度，并应随即刮平封口。加热卷材时应均匀，不得过分加热或烧穿卷材。对厚度小于 3 mm 的高聚物改性沥青防水卷材严禁采用热熔法施工。

③自粘法施工。

自粘法施工是指采用带有自粘胶的防水卷材，不用热施工，也不需涂胶结材料，而进行黏结的方法。铺贴前，基层表面应均匀涂刷基层处理剂，待干燥后及时铺贴卷材。铺贴时，应先将自粘胶底面隔离纸完全撕净，排除卷材下面的空气，并辊压黏结牢固，不得空鼓。接缝部位宜采用热风焊枪加热后随即粘贴牢固，溢出的自粘胶随即刮平封口。接缝口用不小于10 mm 宽的密封材料封严。

（6）保护层施工

卷材屋面应有保护层，以减少雨水冲刷、冰雹冲击或其他外力造成的卷材机械性损伤，并可折射阳光、降低温度，减缓卷材老化，从而增加防水层的寿命。

保护层施工应在防水层经过验收合格，并将其表面清扫干净后进行。

1）预制板块保护层。

采用砂或水泥砂浆作为结合层。当采用砂结合层时，铺砌块体前应将砂洒水压实刮平；块体应对接铺砌，缝隙宽度为 10 mm 左右；板缝用 1∶2 水泥砂浆勾成凹缝；为防止砂子流失，保护层四周 500 mm 范围内，应改用低强度等级水泥砂浆做结合层。

2）水泥砂浆保护层。

水泥砂浆保护层与防水层之间应设置隔离层，保护层用的水泥砂浆配合比一般为 1∶2.5

至 1∶3(体积比)。水泥砂浆保护层应设表面分格缝,分格面积宜为 1 m²,排水坡度应符合设计要求。

3)细石混凝土保护层。

细石混凝土保护层与防水层之间应设置隔离层,细石混凝土保护层应设置分格缝,分格缝纵横间距不大于 6 m,缝宽度为 10~20 mm。一个分格内的混凝土应连续浇筑,不留施工缝。振捣宜采用铁辊滚压或人工拍实,用刮尺按排水坡度刮平,初凝前用木抹子提浆抹平,初凝后及时取出分格木条,终凝前用铁抹子压光。细石混凝土保护层浇筑后应及时养护,养护时间不应少于 7 d。养护期满即将分格缝清理干净,待干燥后嵌填密封材料。

7.1.2　涂膜防水屋面

涂膜防水屋面是在屋面基层上涂刷防水涂料,经固化后形成一层有一定厚度和弹性的整体涂膜,从而达到防水目的的一种防水屋面形式,其典型的构造层次如图 7-3 所示。这种屋面具有施工操作简便、无污染、冷操作、无接缝、能适应复杂基层、防水性能好、温度适应性强、容易修补等特点。适用于防水等级为Ⅰ级、Ⅱ级的屋面防水。

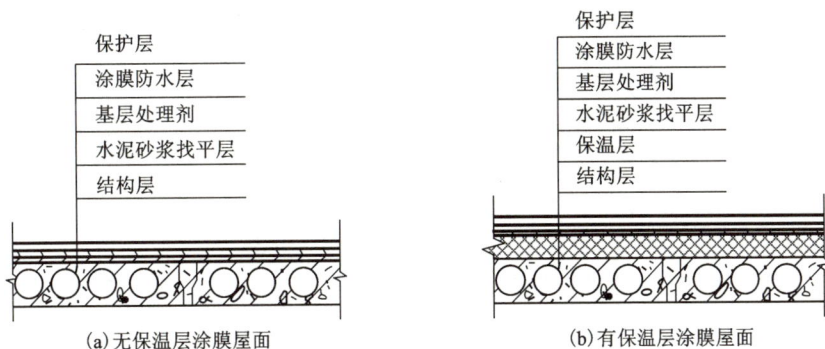

图 7-3　涂膜防水层屋面构造图

1. 材料要求

根据防水涂料成膜物质的主要成分,适用涂膜防水层的涂料可分为高聚物改性沥青防水涂料和合成高分子防水涂料两类。根据防水涂料形成液态的方式,可分为溶剂型、反应型和乳液型三类,见表 7-7。

表 7-7　主要防水涂料的分类

类别		材料名称
高聚物改性沥青防水涂料	溶剂型	再生橡胶沥青涂料、氯丁橡胶沥青涂料等
	乳液型	丁苯胶乳沥青涂料、氯丁胶乳沥青涂料、PVC 煤焦油涂料等
合成高分子防水涂料	乳液型	硅橡胶涂料、丙烯酸酯涂料、AAS 隔热涂料等
	反应型	聚氨酯防水涂料、环氧树脂防水涂料等

2. 施工工艺

（1）施工准备

主要机具设备：搅拌器、吹尘器、铺布机具、大鬃毛刷（板长 24～40 cm）、长把滚刷、油刷、大小橡皮刮板、磅秤等。

（2）工艺流程

基层表面清理、修整→喷涂基层处理剂（底涂料）→特殊部位附加增强处理→涂布防水涂料→保护层施工。

1）喷涂基层处理剂。

基层处理剂应与上部涂料的材性相容，常用防水涂料的稀释液进行刷涂或喷涂。喷涂前应充分搅拌，喷涂均匀，覆盖完全，干燥后方可进行涂膜防水层施工。

2）特殊部位附加增强处理。

在管道根部、阴阳角等部位，应做不少于一布二涂的附加层；在天沟、檐沟与屋面交接处以及找平层分格处均应空铺宽度不小于 200～300 mm 的附加层，构造做法应符合设计要求。

3）涂布防水涂料。

防水涂料可采用手工抹压、涂刷和喷涂分层施工。涂膜防水必须由两层以上涂层组成，每层应刷 2～3 遍，且应根据防水涂料的品种，分层分遍涂布，不能一次涂成，并待先涂的涂层干燥成膜后，方可涂后一遍涂料，其总厚度必须达到设计要求。涂膜厚度选用应符合表 7-8 的规定。

表 7-8 每道涂膜防水层最小厚度 单位：mm

防水等级	合成高分子防水涂膜	高聚物改性沥青防水涂膜
Ⅰ级	1.5	2.0
Ⅱ级	2.0	3.0

涂料的涂布顺序：先高跨后低跨，先远后近，先立面后平面。同一屋面上先涂布排水较集中的水落口、天沟、檐口等节点部位，再进行大面积涂布。涂层应厚薄均匀、表面平整，不得有露底、漏涂和堆积现象。两涂层施工间隔时间不宜过长，否则易形成分层现象。涂层中夹铺增强材料时，宜边涂边铺胎体。胎体增强材料长边搭接宽度不得小于 50 mm，短边搭接宽度不小于 70 mm。当屋面坡度小于 15% 时，可平行屋脊铺设；屋面坡度大于 15%，应垂直屋脊铺设，采用两层胎体增强材料时，上下层不得互相垂直铺设，搭接缝应错开，其间距不应小于幅宽的 1/3。找平层分格缝处应增设胎体增强材料的空铺附加层，其宽度以 200～300 mm 为宜。涂膜防水层收头应用防水涂料多遍涂刷或用密封材料封严。在涂膜未干前，不得在防水层上进行其他施工作业，涂膜防水屋面上不得直接堆放物品。涂膜防水屋面的隔汽层设置原则上与卷材防水屋面相同。

4）保护层施工。

为了防止涂料过快老化，涂膜防水层应设置保护层。在涂刷最后一道涂料时，如采用细石、云母作保护层，可边涂刷边均匀撒布，不得露底，待涂料干燥后，将多余的撒布材料清除。当采用浅色涂料作保护层时,应在涂膜固化后进行。

7.1.3　复合防水屋面

复合防水屋面是指用不同的防水材料,充分利用各自优势,形成屋面防水的多道防线,以提高屋面整体防水的功能为目的,即用两种以上的防水材料组合成的屋面防水层就是复合防水屋面。如防水涂料与防水卷材组成复合防水层,由于涂膜防水层具有黏结强度高、可修补防水层基层裂缝缺陷、防水层无接缝、整体性好的特点,卷材与涂料复合使用时,涂膜防水层宜设置在卷材防水层的下面。卷材防水层强度高、耐穿刺、厚薄均匀、使用寿命长,宜设置在涂膜防水层的上面。

复合防水层防水涂料与防水卷材之间应黏结牢固,尤其是天沟和立面防水部位,如果出现空鼓和分层现象,一旦卷材破损,防水层会出现窜水现象。另外空鼓和分层会加速卷材热老化和疲劳老化,降低卷材使用寿命。

复合防水的总厚度,主要包括卷材厚度、卷材胶黏剂厚度和涂膜厚度。复合防水层最小厚度应符合表7-9的要求。

表 7-9　复合防水层最小厚度　　　　　　　　　　　单位:mm

防水等级	合成高分子防水卷材+合成高分子防水涂膜	自粘聚合物改性沥青防水卷材（无胎）+合成高分子防水涂膜	高聚物改性沥青防水卷材+高聚物改性沥青防水涂膜	聚乙烯丙纶卷材+聚合物水泥防水胶结材料
Ⅰ级	1.2+1.5	1.5+1.5	3.0+2.0	(0.7+1.3)×2
Ⅱ级	1.0+1.0	1.2+1.0	3.0+1.2	0.7+1.3

7.1.4　屋面渗漏防治方法

1. 屋面渗漏的原因

(1)山墙、女儿墙和突出屋面的烟囱等墙体与防水层相交处渗漏雨水

其原因是节点做法过于简单,垂直面卷材与屋面卷材没有很好地分层搭接,或卷材收口处开裂,在冬季不断冻结,夏天炎热熔化,使开口增大,并延伸至屋面基层,造成漏水。此外,卷材转角处未做成圆弧形、钝角或角度太小,女儿墙压顶砂浆等级低,滴水线未做或没有做好等原因,也会造成渗漏。

(2)天沟漏水

其原因是天沟长度大,纵向坡度小,雨水口少,雨水斗四周卷材粘贴不严,排水不畅,造成漏水。

(3)屋面变形缝(伸缩缝、沉降缝)处漏水

其原因是处理不当,如薄钢板凸棱安反、薄钢板安装不牢、泛水坡度不当等都会造成漏水。

(4)挑檐、檐口处漏水

其原因是檐口砂浆未压住卷材,封口处卷材张口,檐口砂浆开裂,下口滴水线未做好而造成漏水。

（5）雨水口处漏水

其原因是雨水口处水斗安装过高，泛水坡度不够，使雨水沿雨水斗外侧流入室内，造成渗漏。

（6）厕所、厨房的通气管根部处漏水

其原因是防水层未盖严，或包管高度不够，在油毡上口未缠麻丝或钢丝，油毡没有做压毡保护层，使雨水沿出气管进入室内造成渗漏。

（7）大面积漏水

其原因是屋面防水层找坡不够，表面凹凸不平，造成屋面积水而渗漏。

2. 屋面渗漏的预防及治理办法

1）女儿墙压顶开裂时，可铲除开裂压顶的砂浆，重抹 1：2 至 1：2.5 水泥砂浆，并做好滴水线，有条件者可换成预制钢筋混凝土压顶板。凸出屋面的烟囱、山墙、管根等与屋面交接处、转角处做成钝角，垂直面与屋面的卷材应分层搭接，对已漏水的部位，可将转角渗漏处的卷材割开，并分层将旧卷材风干剥离，清除原有沥青胶，按图 7-4 和图 7-5 所示进行处理。

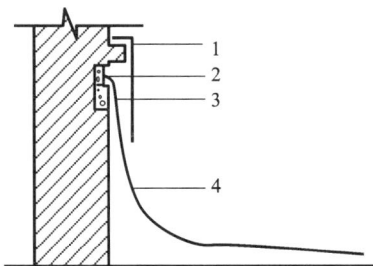

1—镀锌薄钢板泛水；2—水泥砂浆堵缝；
3—预埋木砖；4—防水卷材。

图 7-4　女儿墙镀锌薄钢板泛水

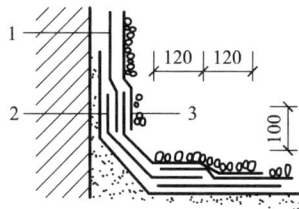

1—原有卷材；2—干铺一层新卷材；
3—新附加卷材。

图 7-5　转角渗漏处卷材处理

2）出屋面管道管根处做成钝角，并建议设计单位加做防雨罩，使卷材在防雨罩下收头，如图 7-6 所示。

3）檐口漏雨：将檐口处旧卷材掀起，用 24 号镀锌薄钢板将其钉于檐口，将新卷材贴于薄钢板上，如图 7-7 所示。

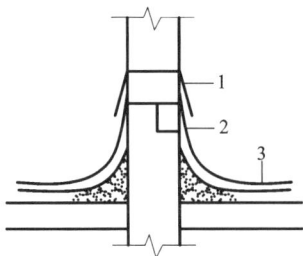

1—24 号镀锌薄钢板防水罩；
2—铅丝或麻绳；3—防水卷材。

图 7-6　出屋面管加薄钢板防雨罩

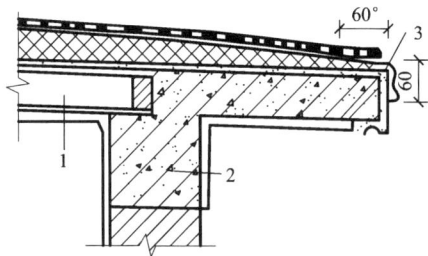

1—屋面板；2—圈梁；3—24 号镀锌薄钢板。

图 7-7　檐口漏雨处理

4）雨水口漏雨渗水：将雨水斗四周卷材铲除，检查短管是否紧贴基层板面或铁水盘。如短管浮搁在找平层上，则将找平层凿掉，清除后安装好短管，再用搭槎法重做卷材防水层，然后进行雨水斗附近卷材的收口和包贴，如图7-8所示。

如用铸铁弯头代替雨水斗时，则需将弯头凿开取出，清理干净后安装弯头，与弯头端部搭接顺畅、抹压密实。

对于大面积渗漏屋面，针对不同原因可采用不同方法治理，一般是将原豆石保护层清扫一遍，去掉松动的浮石，抹 20 mm 厚水泥砂浆找平层，然后做一布三油乳化沥青（或氯丁胶乳沥青）防水层和黄砂（或粗砂）保护层。

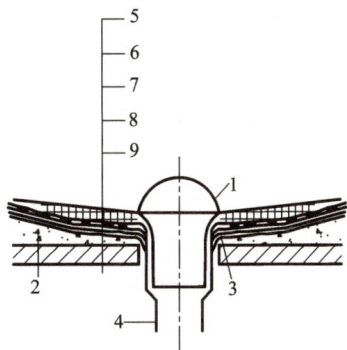

1—雨水罩；2—轻质混凝土；3—雨水斗紧贴基层；4—短管；5—油膏灌缝；6—防水层；7—附加一层卷材；8—附加一层防水层；9—水泥砂浆找平层。

图7-8 雨水口漏水处理

7.2 地下防水工程

地下防水工程是防止地下水对地下构筑物或建筑物基础的长期浸透，保证地下构筑物或地下室使用功能正常发挥的一项重要工程。由于地下工程常年受到地表水、潜水、上层滞水、毛细管水等的作用，所以，对地下工程防水的处理比屋面防水工程要求更高，防水技术难度更大。而如何正确选择合理有效的防水方案就成为地下防水工程中的首要问题。

地下室防水

地下工程的防水等级分为 4 级，各级标准应符合表 7-10 的规定。

表 7-10 地下工程防水等级标准

防水等级	标准
一级	不允许渗水，结构表面无湿渍
二级	不允许漏水，结构表面可有少量湿渍； 工业与民用建筑：湿渍总面积不大于总防水面积的 1‰，单个湿渍面积不大于 0.1 m²，任意 100 m² 防水面积不超过 2 处； 其他地下工程：湿渍总面积不大于总防水面积的 2‰，单个湿渍面积不大于 0.2 m²，任意 100 m² 防水面积不超过 3 处；其中，隧道工程还要求平均渗水量不大于 0.05 L/(m²·d)，任意 100 m² 防水面积上的渗水量不大于 0.15 L/(m²·d)
三级	有少量漏水点，不得有线流和漏泥沙； 单个湿渍面积不大于 0.3 m²，单个漏水点的漏水量不大于 2.5 L/d，任意 100 m² 防水面积不超过 7 处
四级	有漏水点，不得有线流和漏泥沙； 整个工程平均漏水量不大于 2 L/(m²·d)，任意 100 m² 防水面积的平均漏水量不大于 4 L/(m²·d)

7.2.1　防水方案及防水措施

1. 防水方案

地下工程的防水方案，应遵循"防、排、截、堵结合，刚柔相济，因地制宜，综合治理"的原则，根据使用要求、自然环境条件及结构形式等因素确定。

常用的防水方案有以下三类：

1）结构自防水。依靠防水混凝土本身的抗渗性和密实性来进行防水，结构本身既是承重围护结构，又是防水层。因此，它具有施工简便、工期较短、改善劳动条件、节省工程造价等优点，是解决地下防水的有效途径，从而被广泛采用。

2）设防水层。即在结构物的外侧增加防水层，以达到防水的目的。常用的防水层有水泥砂浆、卷材、沥青胶结料和金属防水层，可根据不同的工程对象、防水要求及施工条件选用。

3）渗排水防水。利用盲沟、渗排水层等措施来排除附近的水源以达到防水目的。适用于形状复杂、受高温影响、地下水为上层滞水且防水要求较高的地下建筑。

2. 防水措施

地下工程的钢筋混凝土结构，应采用防水混凝土，并根据防水等级的要求采用防水措施。

其防水措施选用应根据地下工程开挖方式确定，明挖法地下工程的防水设防要求参见表7-11，暗挖法地下工程的防水设防要求参见表7-12。

表 7-11　明挖法地下工程防水设防要求

工程部位	防水等级	主体			施工缝			后浇带		变形缝(诱导缝)	
防水措施		防水混凝土	防水砂浆 / 防水卷材 / 防水涂料 / 塑料防水板 / 膨润土防水材料 / 金属防水板		遇水膨胀止水条(胶) / 中埋式止水带 / 外贴式止水带 / 外抹防水砂浆 / 外涂防水涂料 / 水泥基渗透结晶型防水涂料	预埋注浆管		补偿收缩混凝土	遇水膨胀止水条(胶) / 外贴式止水带 / 预埋注浆管 / 防水密封材料	中埋式止水带	外贴式止水带 / 可卸式止水带 / 防水密封材料 / 外贴防水卷材 / 外涂防水涂料
防水等级	一级	应选	应选1~2种		应选2种			应选	应选2种	应选	应选1~2种
	二级	应选	应选1种		应选1~2种			应选	应选1~2种	应选	应选1~2种
	三级	应选	宜选1种		宜选1~2种			应选	宜选1~2种	宜选	宜选1~2种
	四级	应选			宜选1种			应选	宜选1种	应选	宜选1种

表 7-12　暗挖法地下工程防水设防要求

工程部位		衬砌结构						内衬砌施工缝						内衬砌变形缝(诱导缝)				
防水措施		防水混凝土	塑料防水板	防水砂浆	防水涂料	防水卷材	金属防水层	外贴式止水带	预埋注浆管	遇水膨胀止水条(胶)	防水密封材料	中埋式止水带	水泥基渗透结晶型防水涂料	中埋式止水带	外贴式止水带	可卸式止水带	防水嵌缝材料	遇水膨胀止水条(胶)
防水等级	一级	必选	应选 1~2 种					应选 1~2 种						应选	应选 1~2 种			
	二级	应选	应选 1 种					应选 1 种						应选	应选 1 种			
	三级	宜选	宜选 1 种					宜选 1 种						应选	宜选 1 种			
	四级	宜选	宜选 1 种					宜选 1 种						应选	宜选 1 种			

7.2.2　结构主体防水施工

1. 防水混凝土结构的施工

防水混凝土结构是指因本身的密实性而具有一定防水能力的整体式混凝土或钢筋混凝土结构。它兼有承重、围护和抗渗的功能，还可满足一定的耐冻融及耐侵蚀要求。

（1）防水混凝土的种类

防水混凝土一般分为普通防水混凝土、外加剂防水混凝土和膨胀水泥防水混凝土三种。

普通防水混凝土是以调整和控制配合比的方法，以达到提高密实度和抗渗性要求的一种混凝土。

外加剂防水混凝土是指用掺入适量外加剂的方法，改善混凝土内部组织结构，以增加密实性、提高抗渗性的混凝土。按所掺外加剂种类的不同可分为减水剂防水混凝土、加气剂防水混凝土、三乙醇胺防水混凝土、氯化铁防水混凝土等。

膨胀水泥防水混凝土是指用膨胀水泥为胶结料配制而成的防水混凝土。

不同类型的防水混凝土具有不同特点，应根据使用要求加以选择。

（2）防水混凝土施工

防水混凝土结构工程质量的优劣，除取决于合理的设计、材料的性质及配合成分以外，还取决于施工质量的好坏。因此，对施工中的各主要环节，如混凝土搅拌、运输、浇筑、振捣、养护等，均应严格遵循施工及验收规范和操作规程的各项规定进行施工。

防水混凝土所用模板，除满足一般要求外，应特别注意模板拼缝严密，支撑牢固。在浇筑防水混凝土前，应将模板内部清理干净。如两侧模板需用对拉螺栓固定时，应在螺栓或套管中间加焊止水环，螺栓加堵头，如图 7-9 所示。

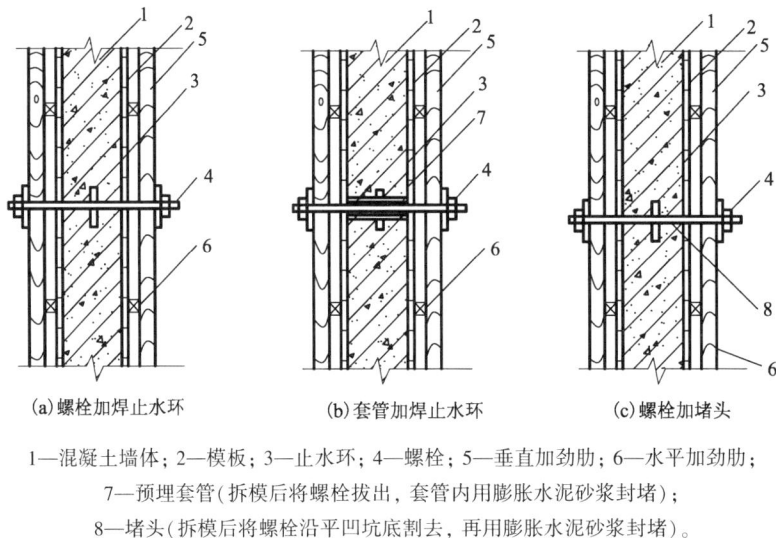

(a)螺栓加焊止水环   (b)套管加焊止水环   (c)螺栓加堵头

1—混凝土墙体;2—模板;3—止水环;4—螺栓;5—垂直加劲肋;6—水平加劲肋;

7—预埋套管(拆模后将螺栓拔出,套管内用膨胀水泥砂浆封堵);

8—堵头(拆模后将螺栓沿平凹坑底割去,再用膨胀水泥砂浆封堵)。

图7-9 螺栓穿墙止水措施

钢筋不得用钢丝或铁钉固定在模板上,必须采用相同配合比的细石混凝土或砂浆块做垫块,并确保钢筋保护层厚度符合规定,不得有负误差。如结构内设置的钢筋需用铁丝绑扎时,不得接触模板。

防水混凝土的配合比应通过试验选定。选定配合比时,应按设计要求的抗渗标号提高0.2 MPa。防水混凝土的抗渗等级不得小于P6级,所用水泥的强度等级不低于32.5级,石子的粒径宜为5~40 mm,宜采用中砂,防水混凝土可根据抗裂要求掺入钢纤维或合成纤维,其掺和料、外加剂的掺量应经试验确定,其水胶比不大于0.5。地下防水工程所使用的防水材料应有产品合格证书和性能检测报告,材料的品种、规格、性能等应符合现行国家产品标准和设计要求,不合格的材料不得在工程中使用。配制防水混凝土要用机械搅拌,先将砂、石、水泥一次倒入搅拌筒内搅拌0.5~1.0 min,再加水搅拌1.5~2.5 min。外加剂应最后加入。外加剂必须先用水稀释均匀,掺外加剂防水混凝土的搅拌时间应根据外加剂的技术要求确定。对厚度≥250 mm的结构,混凝土坍落度宜为10~30 mm,厚度<250 mm或钢筋稠密的结构,混凝土坍落度宜为30~50 mm。拌好的混凝土应在0.5 h内运至现场,于初凝前浇筑完毕,如运距较远或气温较高时,宜掺缓凝减水剂。防水混凝土拌和物在运输后,如出现离析,必须进行二次搅拌,当坍落度损失后,不能满足施工要求时,应加入原水灰比的水泥浆或二次掺减水剂进行搅拌,严禁直接加水。混凝土浇筑时应分层连续浇筑,其自由倾落高度不得大于1.5 m。混凝土应用机械振捣密实,振捣时间为10~30 s,以混凝土开始泛浆和不冒气泡为止,并避免漏振、欠振和超振。混凝土振捣后,须用铁锹拍实,等混凝土初凝后用铁抹子压光,以增加表面致密性。

防水混凝土应连续浇筑,尽量不留或少留施工缝。必须留设施工缝时,宜留在下列部位:墙体水平施工缝不应留在剪力与弯矩最大处或底板与侧墙的交接处,应留在高出底板表面不小于300 mm的墙体上;拱(板)墙结合的水平施工缝,宜留在拱(板)墙接缝线以下150~300 mm处;墙体有预留孔洞时,施工缝距孔洞边缘不应小于300 mm;垂直施工缝应避开地下水和裂隙水较多的地段,并宜与变形缝相结合。施工缝防水的构造形式见图7-10。

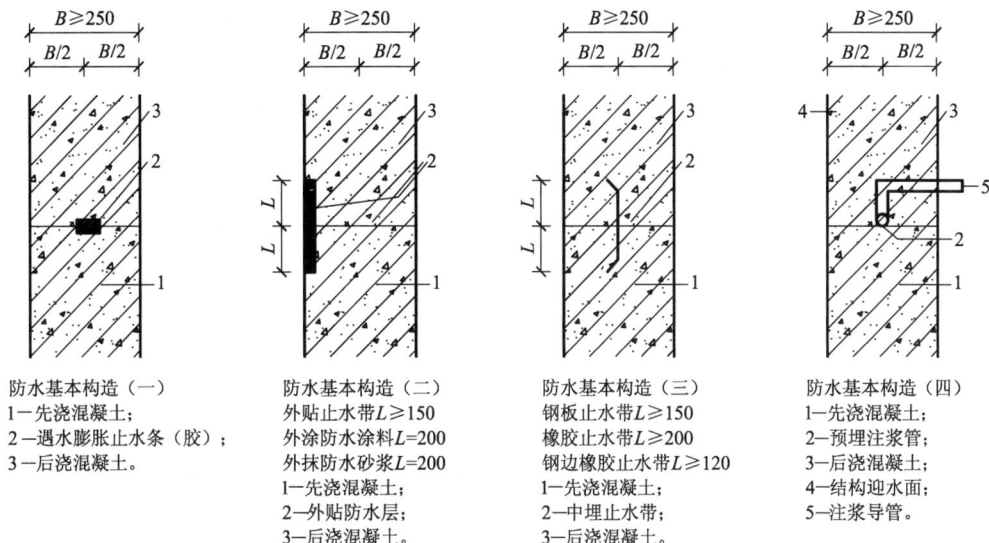

图 7-10　施工缝防水构造

施工缝浇灌混凝土前，应将其表面浮浆和杂物清除干净，先铺净浆或涂刷混凝土界面处理剂，水泥基渗透结晶型防水涂料等材料，再铺 30~50 mm 厚的 1∶1 水泥砂浆或涂刷混凝土界面处理剂，并及时浇灌混凝土，垂直施工缝可不铺水泥砂浆，选用的遇水膨胀止水条应牢固地安装在缝表面或预留槽内，且该止水条应具有缓胀性能，其 7 d 的膨胀率不应大于最终膨胀率的 60%，如采用中埋式止水带时，应位置准确，固定牢靠。

防水混凝土终凝后（一般浇筑后 4~6 h），即应开始覆盖浇水养护，养护时间应在 14 d 以上，冬季施工混凝土入模温度不应低于 5℃，宜采用综合蓄热法、蓄热法、暖棚法等养护方法，并应保持混凝土表面湿润，防止混凝土早期脱水，如采用掺化学外加剂方法施工时，能降低水溶液的冰点，使混凝土在低温下硬化，但要适当延长混凝土搅拌时间，振捣要密实，还要采取保温保湿措施。不宜采用蒸汽养护和电热养护，地下构筑物应及时回填，分层夯实，以避免由于干缩和温差产生裂缝。防水混凝土结构须在混凝土强度达到设计强度 40% 以上时方可在其上面继续施工，达到设计强度 70% 以上时方可拆模。拆模时，混凝土表面温度与环境温度之差不得超过 15℃，以防混凝土表面出现裂缝。

防水混凝土浇筑后严禁打洞，因此，所有的预留孔和预埋件在混凝土浇筑前必须埋设准确。对防水混凝土结构内的预埋铁件、穿墙管道等防水薄弱之处，应采取措施，仔细施工。

拌制防水混凝土所用材料的品种、规格和用量，每工作班检查不应少于两次。混凝土在浇筑地点的坍落度，每工作班至少检查两次，防水混凝土抗渗性能，应采用标准条件下养护混凝土抗渗试件的试验结果评定，试件应在浇筑地点制作。连续浇筑混凝土每 500 m³ 应留置一组抗渗试件，一组为 6 个试件，每项工程不得小于两组。

防水混凝土的施工质量检验，应按混凝土外露面积每 100 m² 抽查 1 处，每处 10 m²，且不得少于 3 处，细部构造应全数检查。

防水混凝土的抗压强度和抗渗压力必须符合设计要求，其变形缝、施工缝、后浇带、穿墙管道、埋设件等设置和构造均要符合设计要求，严禁有渗漏。防水混凝土结构表面的裂缝宽度不应大于 0.2 mm，并不得贯通，其结构厚度不应小于 250 mm，迎水面钢筋保护层厚度不应小于 50 mm。

2. 水泥砂浆防水层的施工

刚性抹面防水根据防水砂浆材料组成及防水层构造不同可分为两种：掺外加剂的水泥砂浆防水层与刚性多层抹面防水层。掺外加剂的水泥砂浆防水层，近年来已从掺用一般无机盐类防水剂发展至用聚合物外加剂改性水泥砂浆，从而提高水泥砂浆防水层的抗拉强度及韧性，有效地增强了防水层的抗渗性，可单独用于防水工程，获得较好的防水效果。刚性多层抹面防水层主要是依靠特定的施工工艺要求来提高水泥砂浆的密实性，从而达到防水抗渗的目的，适用于埋深不大，不会因结构沉降、温度和湿度变化及受振动等产生有害裂缝的地下防水工程。适用于结构主体的迎水面或背水面，在混凝土或砌体结构的基层上采用多层抹压施工，但不适用环境有侵蚀性，持续振动或温度高于 80℃ 的地下工程。

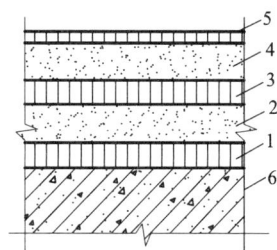

1、3—素灰层 2 mm；

2、4—砂浆层 4~5 mm；

5—水泥浆 1 mm；6—结构层。

图 7-11　五层做法构造

水泥砂浆防水层所采用的水泥强度等级不应低于 32.5 级，宜采用中砂，其粒径在 3 mm 以下，外加剂的技术性能应符合国家或行业标准一等品及以上的质量要求。

刚性多层抹面防水层通常采用四层或五层抹面做法。一般在防水工程的迎水面采用五层抹面做法（图 7-11），在背水面采用四层抹面做法（少一道水泥浆）。施工前要注意对基层的处理，使基层表面保持湿润、清洁、平整、坚实、粗糙，以保证防水层与基层表面结合牢固，不空鼓和密实不透水。施工时应注意素灰层与砂浆层应在同一天完成，施工应连续进行，尽可能不留施工缝，一般顺序为先平面后立面。分层做法如表 7-13 所示。

表 7-13　刚性多层抹面防水层施工

层次	操 作 要 求	作用
第一层 素灰层 （厚 2 mm）	1. 分两次抹压，基层浇水润湿后，先均匀刮抹 1 mm 厚素灰作为结合层，并用铁抹子往返用力刮抹 5~6 遍，使素灰填实基层孔隙，增加防水层的黏结力，随后再抹 1 mm 厚的素灰找平层； 2. 抹完后，用湿毛刷或排笔蘸水在素灰层表面依次均匀水平涂刷一遍，以堵塞和填平毛细孔道，增加不透水性	防水层的第一道防线
第二层 水泥砂浆层 （厚 4~5 mm）	1. 在素灰初凝时进行，即当素灰干燥到用手指能按入水泥浆层 1/4~1/2 时进行，抹压要轻，以免破坏素灰层，但也要使水泥砂浆层薄薄压入素灰层约 1/4，以使第一、二层结合牢固； 2. 水泥砂浆初凝前，用扫帚将表面扫成横条纹	起骨架和保护素灰作用

续表 7-13

层次	操 作 要 求	作用
第三层 素灰层 （厚 2 mm）	待第二层水泥砂浆凝固并具有一定强度后（一般隔 24 h），适当浇水润湿即可进行第三层施工，操作方法同第一层	防水作用
第四层 水泥砂浆层 （厚 4~5 mm）	配合比与操作方法同第二层水泥砂浆，但抹完后不扫条纹，而是在水泥砂浆凝固前，分次用铁抹子压 5~6 遍，以增加密实性，最后再压光。	由于水泥砂浆凝固抹压了 5~6 遍，增加了密实性，因此不仅起着保护第三层素灰和骨架作用，还有防水作用

五层抹面水泥砂浆防水层的施工与四层抹面法施工的区别在于多一道水泥浆，前四层相同，只有在第四层水泥砂浆抹压两遍后，将水泥浆均匀地涂刷在第四层表面抹压压光。

防水层的厚度应满足设计要求，一般为 18~20 mm 厚，聚合物水泥砂浆防水层厚度要视施工层数而定。施工时应注意素灰层与砂浆层应在同一天完成，防水层各层之间应结合牢固，不空鼓。每层宜连续施工尽可能不留施工缝，必须留施工缝时，应采用阶梯坡形槎，但离开阴阳角处、不小于 200 mm、防水层的阴阳角应做成圆弧形。

水泥砂浆防水层不宜在雨天及 5 级以上大风中施工，冬季施工不应低于 5℃，夏季施工不应在 35℃以上或烈日照射下施工。

如采用普通水泥砂浆做防水层，铺抹的面层终凝后应及时进行养护，且养护时间不得少于 14 d。

3. 卷材防水层施工

卷材防水层是用沥青胶结材料粘贴卷材而成的一种防水层，属于柔性防水层。其特点是具有良好的韧性和延伸性，能适应一定的结构振动和微小变形，对酸、碱、盐溶液具有良好的耐腐蚀性，采用改性沥青防水卷材和高分子防水卷材，抗拉强度高，延伸率大，耐久性好，施工方便，是地下防水工程常用的施工方法。

（1）铺贴方案

地下防水工程一般把卷材防水层设置在建筑结构的外侧迎水面上，称为外防水，这种防水层的铺贴法可以借助土压力压紧，并与结构一起抵抗有压地下水的渗透和侵蚀作用，防水效果良好，应用比较广泛。卷材防水层用于建筑物地下室，应铺设在结构主体底板垫层至墙体顶端的基面上，在外围形成封闭的防水层，卷材防水层为一至二层，防水卷材厚度应满足表 7-14 的规定。

表 7-14　防水卷材厚度

卷材品种	高聚物改性沥青防水卷材			合成高分子类防水卷材			
	弹性体改性沥青防水卷材、改性沥青聚乙烯胎防水卷材	自粘聚合物改性沥青防水卷材		三元乙丙橡胶防水卷材	聚氯乙烯防水卷材	聚乙烯丙纶复合防水卷材	高分子自粘胶膜防水卷材
		聚酯毡胎体	无胎体				
单层厚度/mm	≥4	≥3	≥1.5	≥1.5	≥1.5	卷材：≥0.9 黏结料：≥1.3 芯材厚度≥0.6	≥1.2
双层总厚度/mm	≥(4+3)	≥(3+3)	≥(1.5+1.5)	≥(1.2+1.2)	≥(1.2+1.2)	卷材：≥(0.7+0.7) 黏结料：≥(1.3+1.3) 芯材厚度≥0.5	—

注：1. 带有聚酯毡胎体的自粘聚合物改性沥青防水卷材应执行国家现行标准《自粘聚合物改性沥青聚酯胎防水卷材》（JC 898—2002）；

2. 无胎体的自粘聚合物改性沥青防水卷材应执行国家现行标准《自粘橡胶沥青防水卷材》（JC 840—1999）。

阴阳角处应做成圆弧或 135°折角，其尺寸视卷材品质而定，在转角处、阴阳角等特殊部位，应增贴 1~2 层相同的卷材，宽度不宜小于 500 mm。

外防水的卷材防水层铺贴方法，按其与地下防水结构施工的先后顺序分为外贴法和内贴法两种。

1) 外贴法。

外贴法

在地下建筑墙体做好后，直接将卷材防水层铺贴在墙上，然后砌筑保护墙（图 7-12）。其施工程序：首先浇筑需防水结构的底板混凝土垫层；并在垫层上砌筑永久性保护墙，墙下干铺油毡一层，墙高不小于结构底板厚度 B+（200~500）mm，在永久性保护墙上用石灰砂浆砌临时保护墙，墙高为 150 mm×（卷材层数+1），在永久性保护墙上和垫层上抹 1∶3 水泥砂浆找平层，临时保护墙上用石灰砂浆找平，待找平层基本干燥后，即在其上满涂冷底子油，然后分层铺贴立面和平面卷材防水层，并将顶端临时固定。在铺贴好的卷材表面做好保护层后，再进行需防水结构的底板和墙体施工。需防水结构施工完成后，将临时固定的接槎部位的各层卷材揭开并清理干净，再在此区段的外墙外表面上补抹水泥砂浆找平层，找平层上满涂冷底子油，将卷材分层错槎搭接，向上铺贴在结构墙上。卷材接槎的搭接长度，高聚物改性沥青卷材为 150 mm，合成高分子卷材为 100 mm，当使用两层卷材时，卷材应错槎接缝，上层卷材应盖过下层卷材；应及时做好防水层的保护结构。

2) 内贴法。

在地下建筑墙体施工前先砌筑保护墙，然后将卷材防水层铺贴在保护墙上，最后施工并浇筑地下建筑墙体（图 7-13）。其施工程序：先在垫层上砌筑永久保护墙，然后在垫层及保护墙上抹 1∶3 水泥砂浆找平层，待其基本干燥后满涂冷底子油，沿保护墙与垫层铺贴防水层。卷材防水层铺贴完成后，在立面防水层上涂刷最后一层沥青胶时，趁热粘上干净的热砂或散麻丝，待

冷却后，随即抹一层 10~20 mm 厚 1：3 水泥砂浆保护层。在平面上可铺设一层 30~50 mm 厚 1：3 水泥砂浆或细石混凝土保护层，最后进行需防水结构的施工。

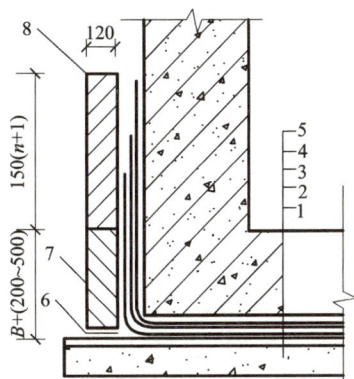

1—垫层；2—找平层；3—卷材防水层；4—保护层；
5—构筑物；6—油毡；7—永久保护墙；8—临时性保护墙。

图 7-12　外贴法

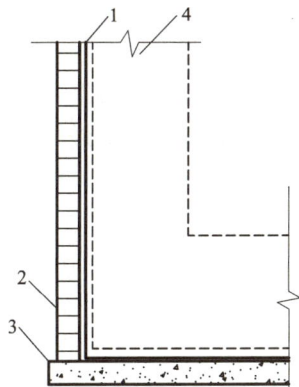

1—卷材防水层；2—永久保护墙；
3—垫层；4—尚未施工的构筑物。

图 7-13　内贴法

（2）施工要点

铺贴卷材的基层必须牢固、无松动现象；基层表面应平整干净；阴阳角处，均应做成圆弧形或钝角。铺贴卷材前，应在基面上涂刷基层处理剂，当基面较潮湿时，应涂刷湿固化型胶黏剂或潮湿界面隔离剂。基层处理剂应与卷材和胶黏剂的材性相容，基层处理剂可采用喷涂法或涂刷法施工，喷涂应均匀一致，不露底，待表面干燥后，再铺贴卷材。铺贴卷材时，每层的沥青胶要求涂布均匀，其厚度一般为 1.5~2.5 mm。外贴法铺贴卷材应先铺平面，后铺立面，平、立面交接处应交叉搭接；内贴法宜先铺垂直面，后铺水平面。铺贴垂直面时应先铺转角，后铺大面。墙面铺贴时应待冷底子油干燥后自下而上进行。卷材接槎的搭接长度，高聚物改性沥青卷材为 150 mm，合成高分子卷材为 100 mm，当使用两层卷材时，上下两层和相邻两幅卷材的接缝应错开 1/3~1/2 幅宽，并不得互相垂直铺贴。在立面与平面的转角处，卷材的接缝应留在平面距立面不小于 600 mm 处。在所有转角处均应铺贴附加层并仔细粘贴紧密。粘贴卷材时应展平压实。卷材与基层和各层卷材间必须黏结紧密，搭接缝必须用沥青胶仔细封严，最后一层卷材贴好后，应在其表面均匀涂刷一层 1~1.5 mm 的热沥青胶，以保护防水层。铺贴高聚物改性沥青卷材采用热熔法施工，在幅宽内卷材底表面均匀加热，不可过分加热或烧穿卷材，只使卷材的黏结面材料加热呈熔融状态后，立即与基层或已粘贴好的卷材黏结牢固，对厚度小于 3 mm 的高聚物改性沥青防水卷材不能采用热熔法施工。铺贴合成高分子卷材要采用冷粘法施工，所使用的胶黏剂必须与卷材材性相容。

7.2.3　结构细部构造防水施工

1. 变形缝

地下结构物的变形缝是防水工程的薄弱环节，防水处理比较复杂。如处理不当会引起渗漏现象，从而直接影响地下工程的正常使用和寿命。为此，在选用材料、做法及结构形式上，应考虑变形缝处的沉降、伸缩的可变性，并且还应保证其在形态中的密闭性，即不产生渗漏现象。用于伸缩的变形缝宜不设或少设,可根据不同的工程结构、类别及工程地质情况采用诱导缝、加强带、后浇带等替代措施。用于沉降的变形缝宽度宜为 20~30 mm,用于伸缩的变形缝宽度宜小于此值,变形缝处混凝土结构的厚度不应小于 300 mm。

对止水材料的基本要求:适应变形能力强、防水性能好、耐久性高、与混凝土黏结牢固等。防水混凝土结构的变形缝、后浇带等细部构造应采用止水带、遇水膨胀橡胶腻子止水条等高分子防水材料和接缝密封材料。

常见的变形缝止水带有橡胶止水带、塑料止水带、氯丁橡胶止水带和金属止水带(如镀锌钢板等)。其中,橡胶止水带与塑料止水带的柔性、适应变形能力与防水性能都比较好,是目前变形缝常用的止水材料;氯丁橡胶止水带是一种新型止水材料,具有施工简便、防水效果好、造价低且易修补的特点;金属止水带一般仅用于高温环境条件下无法采用橡胶止水带或塑料止水带的场合,金属止水带的适应变形能力差,制作困难。对环境温度高于 50℃ 处的变形缝,可采用 2 mm 厚的紫铜片或 3 mm 厚不锈钢金属止水带。在不受水压的地下室防水工程中,结构变形缝可采用加防腐掺和料的沥青浸过的松散纤维材料、软质板材等填塞严密,并用封缝材料严密封缝,墙的变形缝的填嵌应按施工进度逐段进行,每 300~500 mm 处填缝一次,缝宽不小于 30 mm。不受水压的卷材防水层,在变形缝处应加铺两层抗拉强度高的卷材。在受水压的地下防水工程中,温度经常 <50℃,在不受强氧化作用时,变形缝宜采用橡胶或塑料止水带,当有油类侵蚀时,应选用相应的耐油橡胶或塑料止水带。止水带应整条,如必须接长,应采用焊接或胶接,止水带的接缝宜为一处,应设在边墙较高位置上,不得设在结构转角处,止水带埋设位置应准确,其中空心圆环与变形缝的中心线应重合。止水带应妥善固定,顶、底板内止水带应呈盆状安设且宜采用专用钢筋套或扁钢固定,止水带不得穿孔或用铁钉固定,损坏处应修补,止水带应固定牢固、平直,不能有扭曲现象。

变形缝接缝处两侧应平整、清洁、无渗水,并涂刷与嵌缝材料相容的基层处理剂,嵌缝应先设置与嵌缝材料隔离的背衬材料,并嵌填密实,与两侧黏结牢固,在缝上粘贴卷材或涂刷涂料前,应在缝上设置隔离层后才能进行施工。

止水带的构造形式通常有埋入式、可卸式、粘贴式等,目前采用较多的是埋入式。根据防水设计的要求,有时在同一变形缝处,可采用数层、数种止水带的构造形式。图 7-14 所示为埋入式橡胶(或塑料)止水带的构造图,图 7-15 和图 7-16 分别为可卸式止水带和粘贴式止水带的构造图。

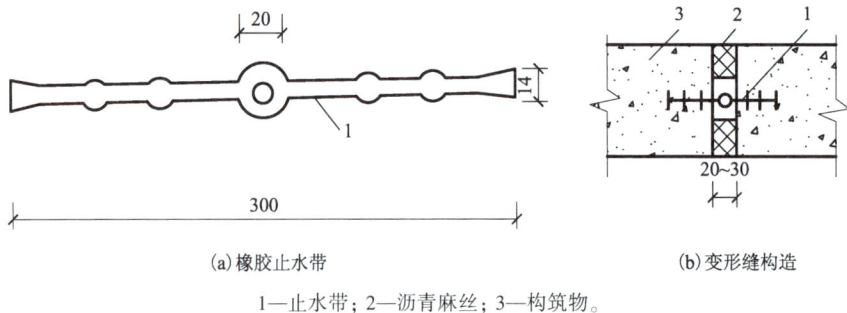

(a)橡胶止水带　　(b)变形缝构造

1—止水带;2—沥青麻丝;3—构筑物。

图 7-14　埋入式橡胶(或塑料)止水带变形缝构造

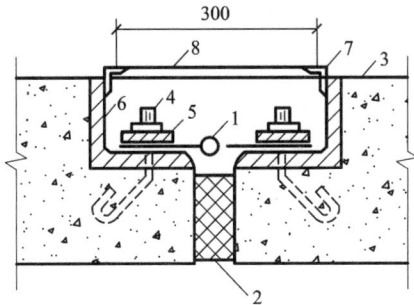

1—橡胶止水带；2—沥青麻丝；
3—构筑物；4—螺栓；5—钢压条；
6—角钢；7—支撑角钢；8—钢盖板。

图 7-15　可卸式橡胶止水带变形缝构造

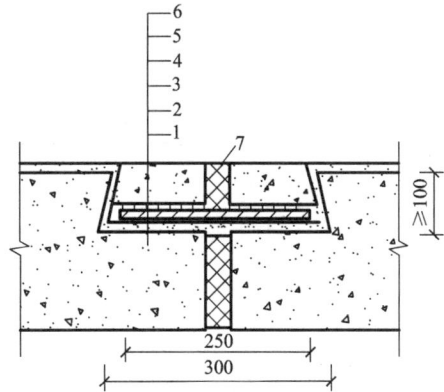

1—构筑物；2—刚性防水层；3—胶黏剂；
4—氯丁胶板；5—素灰层；
6—细石混凝土覆盖层；7—沥青麻丝。

图 7-16　粘贴式氯丁橡胶板变形缝构造

2. 后浇带的处理

后浇带是指在建筑施工中为防止现浇钢筋混凝土结构由于自身收缩不均或沉降不均可能产生的有害裂缝，按照设计或施工规范要求，在板（包括基础底板）、墙、梁相应位置留设临时施工缝，将结构暂时划分为若干部分，经过构件内部收缩，在若干时间后再浇捣该施工缝混凝土，将结构连成整体。后浇带是既可解决沉降差又可减少收缩应力的有效措施，故在工程中应用较多。设置后浇带的位置、距离通过设计计算确定，其宽度考虑施工简便、避免应力集中，常为 700~1 000 mm；在有防水要求的部位设置后浇带，应考虑止水带构造，见图 7-17。

图 7-17　后浇带

后浇带断面形式可留成平直缝或阶梯缝，但结构钢筋不能断开；如必须断开，则主筋搭接长度应大于 45 倍主筋直径，并应按设计要求加设附加钢筋。留缝时应采取支模或固定钢板网等措施，保证留缝位置准确、断口垂直、边缘混凝土密实。留缝后要注意保护，防止边缘毁坏或缝内进入垃圾杂物。

后浇带的混凝土施工，应在其两侧混凝土浇筑完毕并养护六个星期，待混凝土收缩变形基本稳定后再进行。但高层建筑的后浇带是在结构顶板浇筑混凝土 14 d 后，再施工后浇带。浇筑前应将接缝处混凝土表面凿毛并清洗干净，保持湿润，浇筑的混凝土应优先选用补偿收缩的混凝土，其强度等级应高于两侧混凝土一个等级；施工期的温度应低于两侧混凝土施工时的温度，而且宜选择在气温较低的季节施工；浇筑后的混凝土养护时间不应少于四个星期。

7.2.4 地下防水工程渗漏及防治方法

建筑地下渗漏

地下防水工程常常由于设计考虑不周、选材不当或施工质量差而造成渗漏，直接影响生产和使用。渗漏水易发生的部位主要在施工缝、蜂窝麻面、裂缝、变形缝及穿墙管道等处。渗漏水的形式主要有孔洞漏水、裂缝漏水、防水面渗水或上述几种渗漏水的综合。因此，堵漏前必须先查明其原因，确定其位置，弄清水压大小，然后根据不同情况采取不同的防治措施。

1. 渗漏部位及原因

（1）防水混凝土结构渗漏的部位及原因

1）由于模板表面粗糙或清理不干净，模板浇水湿润不够，脱模剂涂刷不均匀，接缝不严，振捣混凝土不密实等，致使混凝土出现蜂窝、孔洞、麻面而引起渗漏。

2）墙板和底板及墙板与墙板间的施工缝处理不当而造成地下水沿施工缝渗入。

3）由于混凝土中砂石含泥量大，养护不及时等，产生干缩和温度裂缝而造成渗漏。

4）混凝土内的预埋件及管道穿墙处未做认真处理而致使地下水渗入。

（2）卷材防水层渗漏部位及原因

1）由于保护墙和地下工程主体结构沉降不同，致使粘在保护墙上的防水卷材被撕裂而造成漏水。

2）卷材的压力和搭接接头宽度不够，搭接不严，结构转角处卷材铺贴不严实，后浇或后砌结构时卷材被破坏，或由于卷材韧性较差，结构不均匀沉降而造成卷材被破坏，也会产生渗漏，另外还有管道处的卷材与管道黏结不严，出现张口翘边现象而引起渗漏。

（3）变形缝处渗漏原因

1）止水带固定方法不当、埋设位置不准确或在浇筑混凝土时被挤动，止水带两翼的混凝土包裹不严，特别是底板止水带下面的混凝土振捣不实。

2）钢筋过密，浇筑混凝土时下料和振捣不当，造成止水带周围骨料集中、混凝土离析，产生蜂窝、麻面。

3）混凝土分层浇筑前，止水带周围的木屑杂物等未清理干净，混凝土中形成薄弱的夹层，均会造成渗漏。

2. 堵漏技术

堵漏技术就是根据地下防水工程特点，针对不同程度的渗漏水情况，选择相应的防水材料和堵漏方法，进行防水结构渗漏水处理。在拟订处理渗漏水措施时，应本着将大漏变小漏，片漏变孔漏，线漏变点漏，使漏水部位汇集于一点或数点，最后堵塞的原则进行。

对防水混凝土工程的修补堵漏，通常采用的方法是用促凝剂和水泥拌制而成的快凝水泥胶浆，进行快速堵漏或大面积修补。近年来，膨胀水泥（或掺膨胀剂）常被作为防水修补材料，其抗渗堵漏效果更好。对混凝土的微小裂缝，则采用化学灌浆堵漏技术。

（1）快硬性水泥胶浆堵漏法

1）堵漏材料。

①促凝剂。促凝剂是以水玻璃为主，并与硫酸铜、重铬酸钾及水配制而成。配制时按配合比先把定量的水加热至100℃，然后将硫酸铜和重铬酸钾倒入水中，继续加热并不断搅拌至完全溶解后，冷却至30~40℃，再将此溶液倒入称量好的水玻璃液体中，搅拌均匀，静置

0.5 h 后即可使用。

②快凝水泥胶浆。快凝水泥胶浆的配合比是水泥：促凝剂为1：(0.5~0.6)。由于这种胶浆凝固快(一般1 min左右就凝固)，使用时注意随拌随用。

2)堵漏方法。

地下防水工程的渗漏水情况比较复杂，堵漏的方法也较多。因此，在选用时要因地制宜。常用的堵漏方法有堵塞法和抹面法。

①堵塞法。堵塞法适用于孔洞漏水或裂缝漏水时的修补处理。孔洞漏水常用堵塞法和下管堵漏法。直接堵塞法适用于水压不大、漏水孔洞较小的情况，操作时，先将漏水孔洞处剔槽，槽壁必须与基面垂直，并用水刷洗干净，随即将配制好的快凝水泥胶浆捻成与槽尺寸相近的锥形团，在胶浆开始凝固时，迅速压入槽内，并挤压密实，保持0.5 min左右即可。当水压力较大、漏水孔洞较大时，可采用下管堵漏法(图7-18)。孔洞堵塞好后，在胶浆表面抹素灰一层，砂浆一层，以做保护。待砂浆有一定的强度后，将胶管拔出，按直接堵塞法将管孔堵塞，最后拆除挡水墙，再做防水层。裂缝漏水的处理方法有裂缝直接堵塞法和下绳堵漏法。裂缝直接堵塞法适用于水压较小的裂缝漏水，操作时，沿裂缝剔成八字形坡的沟槽，刷洗干净后，用快凝水泥胶浆直接堵塞，经检查无渗水，再做保护层和防水层。当水压力较大，裂缝较长时，可采用下绳堵漏法(图7-19)。

②抹面法。抹面法适用于较大面积的渗水面，一般先降低水压或降低地下水位，将基层处理好，然后用抹面法做刚性防水层修补处理。先在漏水严重处用凿子剔出半贯穿性孔眼，插入胶管将水导出。这样就使"片渗"变为"点漏"，在渗水面做好刚性防水层修补处理。待修补的防水层砂浆凝固后，拔出胶管，再采用孔洞直接堵塞法将管孔堵填好。

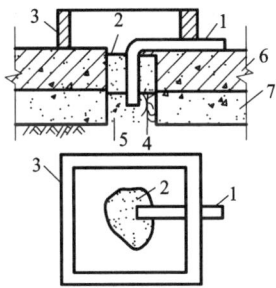

1—胶皮管；2—快凝胶浆；3—挡水墙；
4—油毡一层；5—碎石；6—构筑物；7—垫层。

图7-18 下管堵漏法

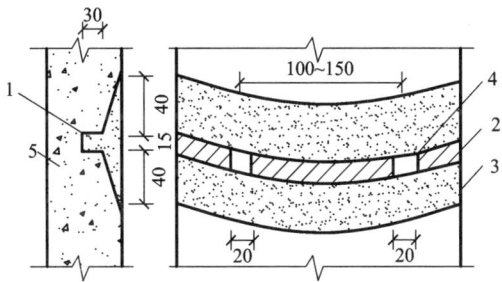

1—小绳(导水用)；2—快凝胶浆填缝；
3—砂浆层；4—暂留小孔；5—构筑物。

图7-19 下绳堵漏法

(2)化学灌浆堵漏法

1)灌浆材料。

①氰凝。氰凝的主体成分是以多异氰酸酯与含羟基的化合物(聚酯、聚醚)制成的预聚体。使用前，在预聚体内掺入一定量的副剂(表面活性剂、乳化剂、增塑剂、溶剂与催化剂等)，搅拌均匀即配制成氰凝浆液。氰凝浆液不遇水不发生化学反应，稳定性好；当浆液灌入漏水部位后，立即与水发生化学反应，生成不溶于水的凝胶体；同时释放二氧化碳气体，使浆液发泡膨胀，向四周渗透扩散直至反应结束。

②丙凝。丙凝由双组分(甲溶液和乙溶液)组成。甲溶液是丙烯酰胺和 N-N'-甲撑双丙烯酰胺及 β-二甲铵基丙腈的混合溶液。乙溶液是过硫酸铵的水溶液。两者混合后很快形成不溶于水的高分子硬性凝胶，这种凝胶可以使结构裂缝密封，从而达到堵漏的目的。

2)灌浆施工。

灌浆堵漏施工，可分为对混凝土表面处理、布置灌浆孔、埋设灌浆嘴、封闭漏水部位、压水试验、灌浆、封孔等工序。灌浆孔的间距一般为 1 m 左右，并要交错布置；灌

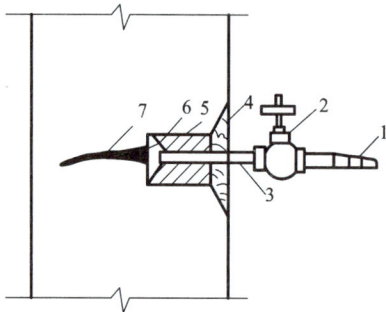

1—进浆嘴；2—阀门；3—灌浆嘴；4——层素灰一层砂浆；
5—快硬水泥浆；6—半圆铁片；7—混凝土墙裂缝。

图7-20　埋入式灌浆嘴埋设方法

浆嘴的埋设如图7-20所示，灌浆结束，待浆液固结后，拔出灌浆嘴并用水泥砂浆封固灌浆孔。

7.3　室内其他部位防水工程

卫生间、厨房是建筑物中不可忽视的防水工程部位，它施工面积小，穿墙管道多，设备多，阴阳转角复杂，房间长期处于潮湿受水的不利状态。传统的卷材防水做法已不适应卫生间、厨房防水施工的特殊性。为此，通过大量的实验和实践证明，以涂膜防水代替各种卷材防水，尤其是选用高弹性的聚氨酯涂膜防水或选用弹塑性的氯丁胶乳沥青涂料防水等新材料和新工艺，可以使卫生间、厨房的地面和墙面形成一个没有接缝封闭严密的整体防水层，从而提高其防水工程质量。下面以卫生间为例，介绍其防水做法。

7.3.1　厕浴间地面聚氨酯防水涂料施工

1. 材料准备

(1)主要材料

1)聚氨酯涂膜防水材料包括甲组分(预聚体)和乙组分。

2)其他材料。无机铝盐防水剂，是水泥砂浆找平层的添加剂，目的是使找平层降低透湿率，使基层含水率较快地达到施工要求；涤纶无纺布，由涤纶纤维加工制成，用于底板与立墙之间的阴角，是增强材料。

(2)辅助材料

主要包括二甲苯(清洗工具用)、二月桂酸二丁基锡(凝固过慢时，可做促凝剂用)、苯磺酰氯(凝固过快时，可做缓凝剂用)等。

2. 基层处理

1)厕浴间的防水基层必须用 1:3 的水泥砂浆找平，要求抹平压光无空鼓，表面要坚实，不应有起砂、掉灰现象。在抹找平层时，凡遇到管子根部周围，要使其略高于地面，在地漏的周围应做成略低于地面的洼坑。

2)厕浴间楼(地)面找平层坡度以 1%~2% 为宜，凡遇到阴、阳角处，要抹成半径不小于

10 mm 的小圆弧。

3）穿过楼地面或墙壁的管件（如套管、地漏等）以及洁具等，必须安装牢固，收头圆滑。

4）基层必须基本干燥，一般在基层表面均匀泛白无明显水印时，才能进行涂膜防水层施工。施工前要把基层表面的尘土杂物彻底清扫干净。

3. 施工工艺

（1）清理基层

施工前，先将基层表面的突出物、砂浆疙瘩等异物铲除，并进行彻底清扫。如发现有油污、铁锈等，要用钢丝刷、砂布和有机溶剂等彻底清扫干净。

聚氨酯涂膜防水

（2）涂布底胶

将聚氨酯甲、乙组分和二甲苯按 1∶1.5∶2 的比例（质量比）配合搅拌均匀，再用小滚刷均匀涂布在基层表面上。干燥固化 4 h 以上，才能进行下道工序。

（3）配制聚氨酯涂膜防水涂料

将聚氨酯甲、乙组分和二甲苯按 1∶1.5∶0.3 的比例配合，用电动搅拌机搅拌均匀备用。应随配随用，一般在 2 h 内用完。

（4）涂膜防水施工

用小滚刷或油漆刷将已配好的防水混合材料均匀涂布在底胶已干燥的基层表面上。涂布时要求厚薄均匀一致，平刷 3~4 度为宜。防水涂膜的总厚度以不小于 1.5 mm 为合格。涂完第一度涂膜后，一般需固化 5 h 以上，在基本不粘手时，再按上述方法涂布第二、三、四度涂膜，并使后一度与前一度的涂膜方向相垂直。

对管子根部和地漏周围以及下水管转角墙部位，必须认真涂刷，涂刷厚度不小于 2 mm。在涂刷最后一度涂膜固化前及时稀撒少许干净的粒径为 2~3 mm 的小豆石，使其与涂膜防水层黏结牢固，作为与水泥浆保护层黏结的过渡层。

（5）做好保护层

当聚氨酯涂膜防水层完全固化和通过蓄水试验并检验合格后，即可铺设一层厚度为 15~25 mm 的水泥砂浆保护层。然后可根据要求铺设陶瓷面砖或马赛克等饰面层。

4. 质量要求

1）聚氨酯涂膜防水材料的技术性能应符合设计要求或标准规定，并应附有质量证明文件和现场取样进行检测的试验报告以及其他有关质量的证明文件。

2）涂膜厚度应均匀一致，总厚度不应小于 1.5 mm。

3）涂膜防水层必须均匀固化，不应有明显的凹坑、气泡和渗漏水的现象。

7.3.2　厕浴间楼地面氯丁胶乳沥青防水涂料施工

1. 施工前的准备

1）材料的准备：氯丁胶乳沥青防水涂料；聚酯纤维无纺布。

2）施工工具的准备：主要有大鬃毛刷（板长 240~400 mm）、人造毛滚刷（φ60 mm × 250 mm）、小油漆刷（50~100 mm）和扫帚等。

2. 施工工艺及要点

（1）工艺流程

二布六油防水层的工艺流程：基层找平处理→满刮一遍氯丁胶沥青水泥腻子→满刮第一

遍涂料→做细部构造加强层→铺贴玻璃布,同时刷第二遍涂料→刷第三遍涂料→铺贴玻纤网格布,同时刷第四遍涂料→涂刷第五遍涂料→涂刷第六遍涂料并及时撒砂粒→蓄水试验→按设计要求做保护层和面层→防水层二次试水→验收。

（2）施工要点

1）阴角、管子根部和地漏等部位的施工。

这些部位易发生渗漏,必须先铺一布二油进行附加补强处理。即将涂料用毛刷均匀涂刷在需要进行附加补强处理的部位,按形状要求把剪好的聚酯纤维无纺布粘贴好,然后涂刷涂料。待干燥后,再按要求进行一布四油施工。

2）一布四油施工。

在洁净的基层上均匀涂刷第一遍涂料,待涂料表面干燥后（4 h以上）,即可铺贴聚酯纤维无纺布,紧接着涂刷第二遍涂料。施工时可边铺边涂刷涂料。聚酯纤维无纺布的搭接宽度不应小于70 mm。铺布的过程要用毛刷将布铺刷平整,彻底排除气泡,并使涂料浸透布纹,不得有白茬、褶皱,垂直面应贴高250 mm以上,收头处必须粘贴牢固,封闭严密。

第二遍涂料涂刷,待干燥（24 h以上）后,再均匀涂刷第三遍涂料,待表面干燥（4 h以上）后再涂刷第四遍。

3）蓄水试验。

第四遍涂料涂刷干燥（24 h以上）后,方可进行蓄水试验,蓄水高度一般为50~100 mm,蓄水时间24~48 h,当无渗漏现象时,方可进行刚性保护层施工。

3. 质量要求

1）水泥砂浆找平层做完后,应对其平整度、坡度和干燥程度进行预验收。

2）防水涂料应有产品质量证明书以及现场取样的复检报告。

3）施工完成后氯丁胶乳沥青涂膜防水层不得有起鼓、裂纹、孔洞等缺陷。末端收头部位应粘贴牢固,封闭严密,形成整体的防水层。

7.3.3　厕浴间渗漏及堵漏措施

1. 板面及墙面渗水

（1）产生原因

1）混凝土、砂浆施工的质量不良,存在微孔渗漏。

2）板面、隔墙出现轻微裂缝。

3）防水层施工质量不好或被损坏。

（2）堵漏措施

1）拆除厕浴间渗漏部位饰面材料,涂刷防水涂料。

2）如有开裂现象,则应对裂缝先进行增强防水处理,再刷防水涂料。增强处理一般采用贴缝法、填缝法和填缝加贴缝法。贴缝法主要适用于微小的裂缝,可刷防水涂料并加贴纤维材料或布条,作防水处理。填缝法主要用于较显著的裂缝,施工时要先进行扩缝处理,将缝扩展成15 mm×15 mm左右的V形槽,清理干净后刮填嵌缝材料。填缝加贴缝法除采用填缝处理外,在缝表面再涂刷防水涂料,并粘贴纤维材料处理。

3）当渗漏不严重、饰面材料拆除困难时,也可直接在其表面刮涂透明或彩色聚氨酯防水涂料。

2.洁具及穿楼板管道、排水管口等部位渗漏水

（1）产生原因

1）细部处理方法不当，洁具及管口周围填塞不严。

2）由于振动及砂浆、混凝土收缩等，出现裂缝。

质量问题

3）洁具及管口周围未用弹性材料处理，或施工时嵌缝材料及防水涂料黏结不牢。

4）嵌缝材料及防水涂层被拉裂。

（2）堵漏措施

1）将渗漏部位彻底清理，刮填弹性嵌缝材料。

2）在渗漏部位涂刷防水涂料，并粘贴纤维材料。

3）更换老化管口连接件。

复习思考题

1.常用防水卷材有哪些种类？

2.试述高聚物改性沥青卷材的冷粘法和热熔法的施工过程。

3.简述合成高分子卷材防水施工的工艺过程。

4.补偿收缩混凝土防水层怎样施工？

5.简述屋面渗漏原因及其防治方法。

6.地下防水工程有哪几种防水方案？

7.地下构筑物的变形缝有哪几种形式？各有哪些特点？

8.地下防水层的卷材铺贴方案各具什么特点？

9.防水混凝土是如何分类的？各有哪些特点？

10.在防水混凝土施工中应注意哪些问题？

11.防水混凝土有哪几种堵漏技术？如何施工？

12.卫生间防水有哪些特点？

13.聚氨酯涂膜防水有哪些优缺点？有哪些施工工序？

14.卫生间涂膜防水施工应注意哪些事项？

15.屋面防水工程中规范强制性条文有哪些？

16.地下防水工程中规范强制性条文有哪些？

模块八

装饰工程

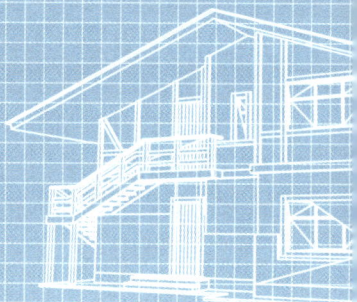

教学目标　掌握一般抹灰、装饰抹灰的施工工艺、施工要点、质量要求、质量验收标准及检测方法；掌握饰面工程、地面工程、吊顶工程、隔墙工程、涂料与刷浆工程、门窗工程的施工工艺、施工要点与施工质量验收标准及检测方法。

技能抽查要求　能进行地板砖铺贴施工、地板砖铺贴施工质量检测；能进行墙面一般抹灰施工、墙面一般抹灰施工质量检测；能进行墙面釉面砖镶贴施工、墙面釉面砖镶贴施工质量检测。

企业八大员岗位资格考试要求　掌握抹灰工程的施工工艺和质量要求；掌握木地板施工工艺和质量要求；掌握吊顶工程施工工艺和质量要求；掌握隔墙工程施工工艺和质量要求；掌握门窗工程施工工艺和质量要求；掌握饰面板(砖)的施工工艺和质量要求；掌握涂饰工程的施工工艺和质量要求；掌握装饰装修工程施工的安全要求。

　　建筑装饰工程是在土建基础上采用适当的材料和正确的构造，以科学的施工工艺方法，为保护建筑主体结构，满足人们的视觉要求和使用功能，提高建筑物档次的工程。其主要作用是保护结构主体，延长使用寿命；美化建筑，增强艺术效果；优化环境，创造使用条件。

　　建筑装饰工程是建筑施工的重要组成部分，其主要特点是项目繁多，工程量大，工期长，用工量大，造价高，装饰材料和施工技术更新快，施工管理复杂。主要包括抹灰、饰面、楼地面、吊顶、隔墙、门窗、幕墙、涂料和裱糊等工程。

　　装饰工程的施工顺序对保证施工质量起着控制作用。室外抹灰和饰面工程的施工，一般应自上而下进行；室内装饰工程可采用自上而下(如图8-1所示)、自下而上以及自中而下再自上而中三种施工顺序。

　　室内吊顶、隔墙的罩面板和花饰等工程，应待室内地(楼)面湿作业完工后施工。室内装饰工程的施工顺序，应符合下列规定：

　　1)抹灰、饰面、吊顶和隔断工程，应待隔墙、钢木门、窗框、暗装管道、电线管和电器预埋件、预制钢筋混凝土楼板灌缝完工后进行。

　　2)钢木门窗及其玻璃工程，根据地区气候条件和抹灰工程的要求，可在湿作业前进行；

(a)按楼层自上而下　　　　　　　　　　　(b)按单元自上而下

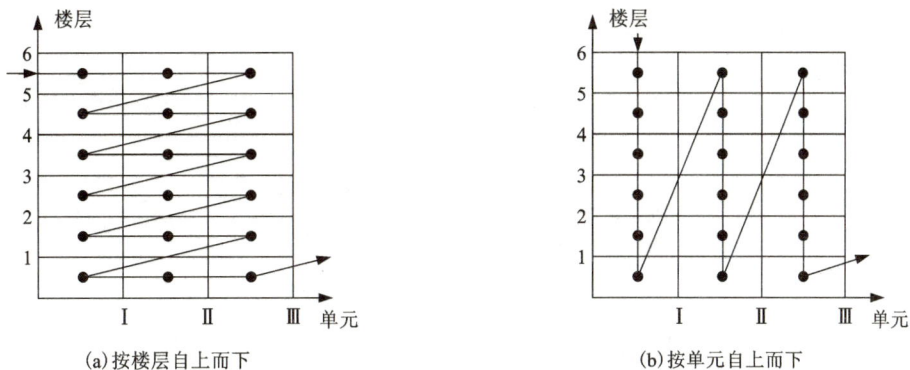

图 8-1　室内装饰自上而下施工(一般在屋面防水之后施工)

铝合金、塑料、涂色镀锌钢板门窗及其玻璃工程,宜在湿作业完工后进行,如需在湿作业前进行,必须加强保护。

3)有抹灰基层的饰面板工程、吊顶及轻型花饰安装工程,应待抹灰工程完工后进行。

4)涂料、刷浆工程以及吊顶、隔断、罩面板的安装,应在塑料地板、地毯、硬质纤维等地(楼)面的面层和明装电线施工前、管道设备试压后进行。木地(楼)板面层的最后一遍涂料,应待裱糊工程完工后进行。

5)裱糊工程,应待顶棚、墙面、门窗及建筑设备的涂料和刷浆工程完工后进行。

8.1　抹灰工程

抹灰是将各种砂浆、装饰性石屑浆、石子浆涂抹在建筑物的墙面、顶棚、地面等表面上,除了保护建筑物外,还可以作为饰面层起到装饰作用。

抹灰工程按使用材料和装饰效果分为一般抹灰和装饰抹灰。一般抹灰适用于石灰砂浆、水泥砂浆、混合砂浆、聚合物水泥砂浆、膨胀珍珠岩水泥砂浆、麻刀灰、纸筋灰、石膏灰等抹灰工程。装饰抹灰的底层和中层与一般抹灰做法基本相同,其面层主要有水刷石、水磨石、斩假石、干粘石、喷涂、滚涂、弹涂、仿石和彩色抹灰等。

8.1.1　一般抹灰施工

1.一般抹灰的构造

抹灰一般分三层,即底层、中层和面层(或罩面),如图 8-2 所示。

底层主要起与基层黏结的作用,厚度一般为 5~9 mm,要求砂浆有较好的保水性,其稠度较中层和面层大,砂浆的组成材料要根据基层的种类不同而选用相应的配合比。底层砂浆的强度不能高于基层强度,以免抹灰砂浆在凝结过程中产生较强的收缩应力,破坏强度较低的基层,从而产生空鼓、裂缝、脱落等质量问题;中层起找平的作用,砂浆的种类基本与底层相同,只是稠度稍小,中层抹灰较厚时应分层,每层厚度应控制在 5~9 mm;面层起装饰作用,要求涂抹光滑、洁净,因此要求用细砂,或用麻刀、纸筋灰浆。各层砂浆的强度要求应为底层>中层>面层,并不得将水泥砂浆抹在石灰砂浆或混合砂浆上,也不得把罩面石膏灰抹在水泥砂浆层上。

一般抹灰

抹灰层的平均总厚度，不得大于下列规定：

1）顶棚：板条、空心砖、现浇混凝土 15 mm，预制混凝土 18 mm，金属网 20 mm；

2）内墙：普通抹灰 18～20 mm，高级抹灰 25 mm；

3）外墙 20 mm，勒脚及突出墙面部分 25 mm；

4）石墙 35 mm；

5）当抹灰厚度≥35 mm 时，应采取加强措施。

涂抹水泥砂浆每遍厚度宜为 5～7 mm；涂抹石灰砂浆和水泥混合砂浆每遍厚度宜为 7～9 mm。

面层抹灰经赶平压实后的厚度，麻刀石灰不得大于 3 mm；纸筋石灰、石膏灰不得大于 2 mm。

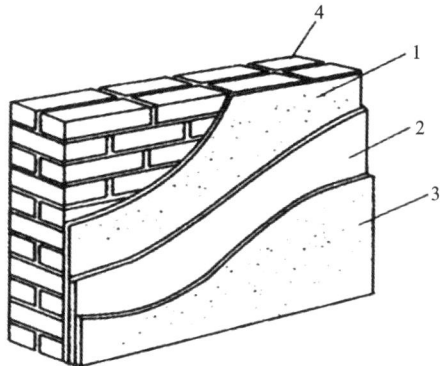

1—底层；2—中层；3—面层；4—基层。

图 8-2 一般抹灰

2. 一般抹灰的等级标准

一般抹灰按质量要求分为普通抹灰和高级抹灰两个等级。

普通抹灰为一道底层和一道面层或一道底层、一道中层和一道面层，要求表面光滑、洁净，接槎平整，分格缝清晰。

高级抹灰为一道底层、数道中层和一道面层，要求表面光滑、洁净，颜色均匀无抹纹，分格缝和灰线应清晰美观。

3. 一般抹灰的施工工艺

一般抹灰的施工工艺流程：基层处理→打灰饼、冲筋→抹底层灰→抹中层灰→抹面层灰。

（1）材料准备

抹灰前准备材料时，石灰膏应用块状生石灰淋制，使用未经熟化的生石灰或过火石灰，会发生爆灰和开裂（俗称"出天花""生石灰泡"）的质量问题。因此石灰浆应在储灰池中常温熟化不少于 15 d，罩面用的磨细石灰粉的熟化期不应少于 3 d。在熟化期间，石灰浆表面应保留一层水，以使其与空气隔开而避免炭化。同时应防止冻结和污染。生石灰不宜长期存放，保质期不宜超过一个月。

抹灰用的砂子应过筛，不得含有杂物。抹灰用砂一般用中砂，也可采用粗砂与中砂混合掺用，但对有抗渗性要求的砂浆，要求以颗粒坚硬洁净的细砂为好。

抹灰用纸筋麻刀应坚韧、干燥、不含杂质。

（2）基层处理

1）抹灰前应对砖石、混凝土及木基层表面作处理。清除灰尘、污垢、油渍和碱膜等，并洒水湿润。表面凹凸明显的部位，应事先剔平或用 1：3 水泥砂浆补平，对于平整光滑的混凝土表面拆模时随即作凿毛处理，或作拉毛处理，或用混凝土界面处理剂处理。

2）抹灰前应检查门、窗框位置是否正确，与墙连接是否牢固。连接处的缝隙应用水泥砂浆或水泥混合砂浆（加少量麻刀）分层嵌塞密实。

3）凡室内管道穿越的墙洞和楼板洞，凿剔墙后安装的管道，墙面的脚手孔洞均应用 1：3 水泥砂浆填嵌密实。

4）不同基层材料（如砖石与木，混凝土结构）相接处应铺钉金属网并绷紧牢固，金属网与各结构的搭接宽度从相接处起每边不少于 100 mm。

5)为控制抹灰层的厚度和墙面的平整度,在抹灰前应先检查基层表面的平整度,并用与抹灰层相同砂浆设置 50 mm×50 mm 的标识或宽约 100 mm 的标筋。

6)抹灰工程施工前,对室内墙面、柱面和门洞的阳角,宜用 1∶2 水泥砂浆做护角,其高度不低于 2 m,每侧宽度不少于 50 mm。对外墙窗台、窗楣、雨篷、阳台、压顶和突出腰线等,上面应做成流水坡度,下面应做滴水线或滴水槽,滴水槽的深度和宽度均不应小于 10 mm。要求整齐一致。

7)预制混凝土楼板顶棚在抹灰前应检查其板缝大小,若板缝较大,应用细石混凝土灌实;板缝较小,可用 1∶0.3∶3 的水泥石灰混合砂浆勾实,否则抹灰后将顺缝产生裂缝。预制混凝土板或钢模现浇混凝土顶棚拆模后,构件表面较为光滑、平整,并常黏附一层隔离剂。当隔离剂为滑石粉或其他粉状物时,应先用钢丝刷刷除,再用清水冲干净,当隔离剂为油脂类时,先用浓度为 10% 的大碱溶液洗刷干净,再用清水冲洗干净。板条顶棚(单层板条)抹灰前,应检查板条缝是否合适,一般要求间隙为 7~10 mm。

(3)施工方法

1)墙面抹灰。待标筋砂浆有七至八成干后,就可以进行底层砂浆抹灰。

抹底层灰可用托灰板(大板)盛砂浆,用力将砂浆推抹到墙面上,一般应从上而下进行,在两标筋之间的墙面砂浆抹满后,即用长刮尺两头靠着标筋,从下而上进行刮灰,使抹上的底层灰与标筋面相平。再用木抹来回压,去高补低,最后再用铁抹压平一遍。

中层砂浆抹灰应待水泥砂浆(或水泥混合砂浆)底层凝结后或石灰砂浆底层灰七、八成干后,方可进行。

中层砂浆抹灰时,应先在底层灰上洒水,待其收水后,即可将中层砂浆抹上去,一般应从上而下、自左向右涂抹,不用再做标识及标筋,整个墙面抹满后,用木抹来回搓抹,去高补低,再用铁抹压抹一遍,使抹灰层平整、厚度一致。

面层灰应待中层灰凝固后才能进行。先在中层灰上洒水湿润,将面层砂浆(或灰浆)均匀地抹上去,一般应从上而下、自左向右涂抹整个墙面,抹满后,即用铁抹分遍压抹,使面层灰平整、光滑、厚度一致。铁抹运行方向应注意:最后一遍抹压宜采用垂直方向,各分遍之间应互相垂直抹压。墙面上半部与墙面下半部面层灰接头处应压抹理顺,不留抹印。

2)顶棚抹灰。钢筋混凝土楼板下的顶棚抹灰,应待上层楼板地面面层完成后才能进行。板条、金属网顶棚抹灰,应待板条、金属网装钉完成,并经检查合格后,方可进行。

顶棚抹灰不用做标识、标筋,只要在顶棚周围的墙面弹出顶棚抹灰层的面层标高线,此标高线必须从地面量起,不可从顶棚底向下量。

顶棚抹灰宜从房间里面开始,向门口进行,最后从门口退出。

抹底层灰前,应扫尽钢筋混凝土楼板底的浮灰、砂浆残渣,去除油污及隔离剂剩料,并喷水湿润楼板底。

在钢筋混凝土楼板底抹底层灰,铁抹抹压方向应与模板纹路或预制板拼缝相垂直;在板条、金属网顶棚上抹底层灰,铁抹抹压方向应与板条长度方向相垂直,在板条缝处要用力压抹,使底层灰压入板条缝或网眼内形成转脚,以使结合牢固。底层灰要抹得平整。

抹中层灰时,铁抹抹压方向宜与底层灰抹压方向相垂直。顶棚高级抹灰,应加钉长 350~450 mm 的麻束,间距为 400 mm,并交错布置,分遍按放射状梳理抹进中层灰内,所以中层灰应抹得平整、光洁。

抹面层灰时，铁抹抹压方向宜平行于房间进光方向。面层灰应抹得平整、光滑，不见抹印。

顶棚抹灰应待前一层灰凝结后才能抹上后一层灰，不可紧接进行。当顶棚面积较小时，整个顶棚抹上灰后再进行压平、压光；当顶棚面积较大时，可分段分块进行抹灰、压平、压光，但接合处必须理顺，底层灰全部抹压后，才能抹中层灰，中层灰全部抹压后，才能抹面层灰。

4. 一般抹灰的质量要求

根据《建筑装饰装修工程质量验收规范》，一般抹灰工程质量验收应符合下列要求：

1）抹灰工程应分层进行。当抹灰总厚度大于或等于 35 mm 时，应采取加强措施。不同材料基体交接处表面的抹灰，应采取防止开裂的加强措施，当采用加强网时，加强网与各基体的搭接宽度不应小于 100 mm。

2）抹灰层与基层之间及各抹灰层之间必须黏结牢固，抹灰层应无脱层、空鼓，面层应无爆灰和裂缝。

3）一般抹灰工程的表面质量应符合下列规定：

①普通抹灰表面应光滑、洁净、接槎平整，分格缝应清晰。

②高级抹灰表面应光滑、洁净、颜色均匀、无抹纹，分格缝和灰线应清晰美观。

4）抹灰层的总厚度应符合设计要求；水泥砂浆不得抹在石灰砂浆层上；罩面石膏灰不得抹在水泥砂浆层上。

5）抹灰分格缝的设置应符合设计要求，宽度和深度应均匀，表面应光滑，棱角应整齐。

6）有排水要求的部位应做滴水线（槽）。滴水线（槽）应整齐顺直，滴水线应内高外低，滴水槽的宽度和深度均不应小于 10 mm。

7）一般抹灰工程质量的允许偏差和检验方法应符合表 8-1 的规定。

表 8-1　一般抹灰的允许偏差和检验方法

项次	项目	允许偏差/mm		检验方法
		普通抹灰	高级抹灰	
1	立面垂直度	4	3	用 2 m 垂直检测尺检查
2	表面平整度	4	3	用 2 m 靠尺和塞尺检查
3	阴阳角方正	4	3	用直角检测尺检查
4	分格条（缝）直线度	4	3	拉 5 m 线，不足 5 m 拉通线，用钢直尺检查
5	墙裙、勒脚上口直线度	4	3	拉 5 m 线，不足 5 m 拉通线，用钢直尺检查

注：1. 普通抹灰，本表第 3 项阴角方正可不检查；
　　2. 顶棚抹灰，本表第 2 项表面平整度可不检查，但应平顺。

8.1.2　装饰抹灰施工

装饰抹灰与一般抹灰的区别在于两者具有不同的装饰面层，其底层和中层的做法与一般抹灰基本相同，下面介绍几种主要装饰面层的施工工艺。

装饰抹灰

1. 水刷石施工

水刷石饰面，是将水泥石子浆罩面中尚未干硬的水泥用水冲刷掉，使各色石子外露，形成具有"绒面感"的表面。水刷石是石粒类材料饰面的传统做法，这种饰面耐久性强，具有良好的装饰效果，造价较低，是传统的外墙装饰做法之一。

水刷石施工工艺流程：抹灰中层验收→弹线、粘分格条→抹面层水泥石子浆→冲洗→起分格条、修整→养护。

施工要点如下：

1) 弹线、分格。水泥石子浆大面积施工前，为防止面层开裂，须在中层砂浆六七成干时，按设计要求弹线、分格，钉分格条时木分格条事先应在水中浸透。用以固定分格条的两侧八字形纯水泥浆，应抹成45°。

水刷石面层施工前，应根据中层抹灰的干燥程度浇水湿润。紧接着用铁抹子满刮水灰比为0.37~0.4的水泥浆(内掺3%~5%水重的108胶)一道，随即抹水泥石子浆面层。面层厚度视石子粒径而定，通常为石子粒径的2.5倍。水泥石子浆的稠度以5~7 cm为宜，用铁抹子一次抹平、压实。

每块分格内抹灰顺序应自下而上，同一平面的面层要求一次完成，不宜留施工缝。如必须留施工缝时，应留在分格条位置上。

2) 修整。罩面灰收水后，用铁抹子溜一遍，将遗留的孔隙抹平。然后用软毛刷蘸水刷去表面灰浆，再拍平；阳角部位要往外刷，水刷石罩面应分遍拍平压实，石子应分布均匀、紧密。

3) 喷刷、冲洗。喷刷、冲洗是水刷石施工的重要工序，喷刷、冲洗不净会使水刷石表面色泽灰暗或明暗不一致。

罩面灰浆初凝后，达到刷不掉石子的程度时，即可开始喷刷，喷刷时可以两人配合操作：一人用毛刷蘸水轻轻刷掉罩面灰浆，另一人用喷雾器，或用手压喷浆机紧跟着喷刷，先将分格四周喷湿，然后由上向下喷水，喷射要均匀，喷头至罩面距离10~20 cm。不仅要将表面的水泥浆冲掉，还要将石渣间的水泥冲出来，使得石渣露出灰浆表面1~2 mm，甚至露出粒径的1/2，使之清晰可见，均匀密布。然后用清水从上往下全部冲洗干净。

4) 起分格条。喷刷后，即可用抹子柄敲击分格条，用抹尖扎入木条上下活动，轻轻取出分格条。然后修饰分格缝并描好颜色。

水刷石是一项传统工艺，由于其操作技术要求较高，洗刷浪费水泥，墙面污染后不易清洗，故现今较少采用。

2. 干粘石施工

干粘石是将干石子直接粘在砂浆层上的一种装饰抹灰做法。装饰效果与水刷石差不多，但湿作业量小，节约原材料，又能明显提高工效。

干粘石施工工艺流程：抹灰中层验收→弹线、粘分格条→抹黏结层砂浆→撒石粒、拍平→起分格条、修整。

施工要点如下：

1) 抹黏结层。待中层水泥砂浆干至七成左右，洒水湿润后，粘分格条，待分格条粘牢后，在墙面刷水泥浆一遍，随后按格抹砂浆黏结层(1∶3 水泥砂浆，厚度4~6 mm，砂浆稠度≤8 cm)，黏结层砂浆一定要抹平，不显抹纹，按分格大小，一次抹一块或数块，应避免在块中甩槎。

2) 甩石子。干粘石所选石子的粒径比水刷石要小些, 一般为 4~6 mm。黏结砂浆抹平后, 应立即甩石子, 先甩四周易干部位, 然后甩中间, 要做到大面均匀, 边角和分格条两侧不漏粘, 由上而下快速进行。石子使用前应用水冲洗干净晾干, 甩时用托盘盛装, 托盘底部用窗纱钉成, 以便筛净石子中的残留粉末。如发现饰面上石子有不匀或过稀现象, 应用抹子或手直接补贴, 否则会使墙面出现死坑或裂缝。

3) 压石子。当黏结砂浆表面均匀地粘上一层石子后, 用抹子或辊子轻轻压一下, 使石子嵌入砂浆的深度不小于 1/2 的石子粒径。拍压后石子表面应平整坚实, 拍压时用力不宜过大, 否则容易翻糨糊面, 出现抹子或滚子轴的印迹。阳角处应在角的两侧同时操作, 否则当一侧石子粘上后再粘另一侧时不易粘上, 会出现明显的接槎黑边。

干粘石也可用机械喷石代替手工甩石, 施工时利用压缩空气和喷枪将石子均匀有力地喷射到黏结层上。喷头对准墙面距墙 300~400 mm, 气压以 0.6~0.8 MPa 为宜。在黏结层硬化期间, 应洒水养护, 保持湿润。

4) 起分格条与修整。干粘石墙面达到表面平整、石子饱满, 即可将分格条取出, 取分格条应注意不要掉石子。如局部石子不饱满, 可立即刷 108 胶水溶液, 再甩石子补齐。将分格条取出后, 随即用小溜子和素水泥浆将分格缝修补好, 达到顺直清晰。

干粘石操作简便, 但是久经风吹雨打易产生脱粒现象, 现在已不多采用。

3. 斩假石施工

斩假石又称剁斧石, 是在水泥砂浆基层上涂抹水泥石子浆, 待硬化后, 用剁斧、齿斧及各种凿子等工具剁出有规律的石纹, 使其类似天然花岗石、玄武石、青条石的表面形态, 即为斩假石。

斩假石面层施工要点如下:

1) 在凝固的底层灰上弹出分格线, 洒水湿润, 按分格线将木分格条用稠水泥浆粘贴在墙面上。

2) 待分格条粘牢后, 在各个分格区内刮一道水灰比为 0.37~0.4 的水泥浆(内掺水重 3%~5%的 108 胶), 随即抹上 1:1.25 水泥石子浆, 并压实抹平。隔 24 h 后, 洒水养护。

3) 待面层水泥石子浆养护到试剁不掉石屑时, 就可开始斩剁。斩剁采用各式剁斧, 从上而下进行。边角处应斩剁成横向纹道或留出窄条不剁。其他中间部位宜斩剁成竖向纹道。剁的方向应一致, 剁纹要均匀, 一般要斩剁两遍。已剁好的分格周围就可起出分格条。

4) 全部斩剁完后, 清扫斩假石表面。

4. 聚合物水泥砂浆的喷涂、滚涂与弹涂施工

(1) 喷涂施工

喷涂是把聚合物水泥砂浆用砂浆泵或喷斗将砂浆喷涂于外墙面形成的装饰抹灰。

材料要求: 浅色面层用白水泥, 深色面层用普通水泥; 细骨料用中砂或浅色石屑, 含泥量不大于 3%, 过 3 mm 孔筛。

聚合物砂浆应用砂浆搅拌机进行拌和。先将水泥、颜料、细骨料干拌均匀, 再边搅拌边顺序加入木质素磺酸钠(先溶于少量水中)、108 胶和水, 直至全部拌匀为止。如是水泥石灰砂浆, 应先将石灰膏用少量水调稀, 再加入水泥与细骨料的干拌料中。拌和好的聚合物砂浆, 宜在 2 h 内用完。

喷涂聚合物砂浆的主要机具设备有：空气压缩机(0.6 m³/min)、加压罐、灰浆泵、振动筛(5 mm 筛孔)、喷枪、喷斗、胶管(25 mm)、输气胶管等。

喷涂时应注意：

1)门窗和不做喷涂的部位应事先遮盖，防止污染。

2)干燥的底层灰，在喷涂前应洒水湿润。在底层灰面上刷涂层 108 胶水溶液后应随即进行喷涂。

3)喷涂时环境温度不宜低于-5℃。

4)大面积喷涂，宜在墙面上预先粘贴分格条，待喷涂层结硬后取出分格条，用水泥砂浆勾缝。

5)喷涂面层的厚度宜控制在 3~4 mm。面层干燥后应涂甲基硅醇钠憎水剂一遍。

（2）滚涂施工

滚涂是将 2~3 mm 厚带色的聚合物水泥砂浆均匀地涂抹在底层上，用平面或刻有花纹的橡胶、泡沫塑料滚子在罩面层上直上直下施滚涂拉，并一次成活滚出所需花纹。

滚涂饰面的底、中层抹灰与一般抹灰相同。中层一般用 1:3 水泥砂浆，表面搓平实。然后根据图纸要求，将尺寸分匀以确定分格条位置，弹线后贴分格条。

抹灰面干燥后，喷涂机硅溶液一遍。滚涂操作有干滚和湿滚两种。干滚法是滚子不蘸水，滚子上下来回后再向下滚一遍，达到表面均匀拉毛即可，滚出的花纹较粗，但工效高；湿滚法为滚子蘸水上墙，并保持整个表面水量一致，滚出的花纹较细，但比较费工。

（3）弹涂施工

弹涂是利用弹涂器(图 8-3)将不同色彩的聚合物水泥砂浆弹在色浆面层上，形成有类似于干粘石效果的装饰面。

弹涂基层除砖墙基体应先用 1:3 水泥砂浆抹找平层并搓平外，一般混凝土等表面较为平整的基体，可直接刷底浆后弹涂。基体应干燥、平整、棱角规矩。

弹涂时，先将基层湿润刷(喷)底色浆，然后用弹涂器将色浆弹到墙面上，形成直径为 1~3 mm 的图形花点，弹涂面层厚为 2~3 mm，一般 2~3 遍成活，每遍色浆不宜太厚，不得流坠，第一遍应覆盖 60%~80%，最后罩一遍甲基硅醇钠憎水剂。

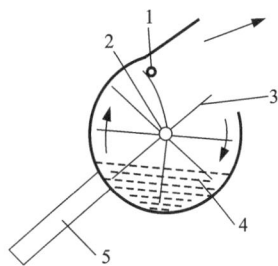

1—挡棍；2—中轴；3—弹棒；
4—色浆；5—把手。

图 8-3 弹涂器工作原理示意图

弹涂应自上而下、从左向右进行。先弹深色浆，后弹浅色浆。喷涂、滚涂、弹涂饰面层，要求颜色一致，花纹大小均匀，不显接槎。

5. 装饰抹灰的质量要求

根据《建筑装饰装修工程质量验收规范》，装饰抹灰工程质量验收应符合下列要求：

1)装饰抹灰工程的表面质量应符合下列规定：

①水刷石表面应石粒清晰、分布均匀、紧密平整、色泽一致，应无掉粒和接槎痕迹。

②斩假石表面剁纹应均匀顺直、深浅一致，应无漏剁处；阳角处应横剁并留出宽窄一致的不剁边条，棱角应无损坏。

③干粘石表面应色泽一致、不露浆、不漏粘，石粒应黏结牢固、分布均匀，阳角处应无明显黑边。

2)有排水要求的部位应做滴水线(槽)。滴水线(槽)应整齐顺直，滴水线应内高外低，滴水槽的宽度和深度均不应小于 10 mm。

3）装饰抹灰工程质量的允许偏差和检验方法应符合表 8-2 的规定。

表 8-2　装饰抹灰的允许偏差和检验方法

项次	项目	允许偏差/mm			检验方法
		水刷石	斩假石	干粘石	
1	立面垂直度	5	4	5	用 2 m 垂直检测尺检查
2	表面平整度	3	3	5	用 2 m 靠尺和塞尺检查
3	阳角方正	3	3	4	用直角检测尺检查
4	分格条(缝)直线度	3	3	3	拉 5 m 线，不足 5 m 拉通线，用钢直尺检查
5	墙裙、勒脚上口直线度	3	3	—	拉 5 m 线，不足 5 m 拉通线，用钢直尺检查

8.2　饰面工程

饰面工程

饰面工程是指将预制的块料面层镶贴(或安装)在基层上的一种装饰方法。饰面按块料面层可分为饰面砖和饰面板两大类。其中饰面砖分有釉和无釉两种，包括：釉面瓷砖、外墙面砖、陶瓷锦砖、玻璃锦砖、劈离砖及耐酸砖等。饰面板包括：天然石饰面板(如大理石、花岗石和青石板等)、人造石饰面板(如预制水磨石板，合成石饰面板等)、金属饰面板(如不锈钢板、涂层钢板、铝合金饰面板等)、玻璃饰面、木质饰面板(如胶合板、木条板)、裱糊墙纸饰面等。

8.2.1　饰面砖镶贴

1. 施工准备

饰面砖的基层处理和找平层砂浆的抹灰方法与装饰抹灰基本相同。饰面砖在镶贴前，应根据设计要求对其进行选择，要求挑选规格一致、形状平整方正、不缺棱掉角、不开裂和脱釉、无凹凸扭曲、颜色均匀的面砖及各种配件。陶瓷锦砖应根据设计要求选择好颜色和图案，统一编号，便于镶贴时依号施工。釉面砖应先在清水中浸泡 2~3 h，取出晾干(或擦干)，表面无水迹(即使其处于面干饱和状态)后，方可使用。因未浸水的釉面砖会迅速吸收砂浆中的水分，从而影响黏结质量。

饰面砖镶贴前应进行预排，预排时应注意同一墙面的横竖排列，均不得有一行以上的非整砖。非整砖应排在最不醒目的部位或阴角处。

2. 内墙釉面砖镶贴

内墙釉面砖的排列方法有对缝排列和错缝排列两种。

内墙釉面砖镶贴施工工艺流程：基层处理→抹底子灰→弹线、排砖→贴标准点→镶贴面砖→擦缝。

施工要点如下：

1）在清理干净的找平层上，依照室内标准水平线，校核地面标高和分格线。

2）以所弹地平线为依据，设置支撑釉面砖的地面木托板，加木托板的目的是为防止釉面砖因自重向下滑移，木托板表面应加工平整，其高度为非整砖的调节尺寸。整砖的镶贴，就从木托板开始自下而上进行。每行的镶贴宜以阳角开始，把非整砖留在阴角。

3）调制糊状的水泥浆，其配合比为水泥∶砂＝1∶2（体积比）另掺水泥质量3%~4%的108胶；掺时先将108胶用两倍的水稀释，然后加在搅拌均匀的水泥砂浆中，继续搅拌至混合为止。也可按水泥∶108胶水∶水＝100∶5∶26的比例配制纯水泥浆进行镶贴。镶贴时，用铲刀将水泥砂浆或水泥浆均匀涂抹在釉面砖背面（水泥砂浆厚度6~10 mm，水泥浆厚度2~3 mm为宜），四周刮成斜面，按线就位后，用手轻压，然后用橡皮锤或小铲把手轻轻敲击，使其与中层贴紧，确保釉面砖四周砂浆饱满，并用靠尺找平。镶贴釉面砖宜先沿底尺横向贴一行，再沿垂直线竖向贴几行，然后从下往上从第二横行开始，在已贴的釉面砖口间拉上准线（用细铁丝），横向各行釉面砖依准线镶贴。

釉面砖镶贴完毕后，用清水或棉纱，将釉面砖表面擦洗干净。室内接缝宜用与釉面砖相同颜色的石灰膏或白水泥色浆擦嵌密实，并将釉面砖表面擦净。全部完工后，根据污染的不同程度，用棉纱或稀盐酸刷洗并及时用清水冲净。

镶贴墙面时，应先贴大面，后贴阴阳角、凹槽等难度较大、耗工较多的部位。

3. 外墙釉面砖镶贴

外墙釉面砖镶贴由底层灰、中层灰、结合层及面层组成。矩形釉面砖宜竖向镶贴；釉面砖的接缝宜采用离缝，缝宽不大于10 mm；釉面砖一般应对缝排列，不宜采用错缝排列。

外墙釉面砖镶贴施工工艺流程：基层处理→抹底子灰→弹线、排砖→贴标准点→刷结合层→镶贴面砖→勾缝→清理表面。

施工要点如下：

1）外墙面贴釉面砖应从上而下分段，每段内应自下而上镶贴。

2）在整个墙面两头各弹一条垂直线，如墙面较长，在墙面中间部位再增弹几条垂直线，垂直线之间距离应为釉面砖宽的整倍数（包括接缝宽），墙面两头垂直线应距墙阳角（或阴角）为一块釉面砖的宽度。垂直线作为竖行标准。

3）在各分段分界处各弹一条水平线，作为贴釉面砖横行标准。各水平线的距离应为釉面砖高度（包括接缝）的整倍数。

4）清理底层灰面，并浇水湿润，刷一道素水泥浆，紧接着抹上水泥石灰砂浆，随即将釉面砖对准位置镶贴上去，用橡胶锤轻敲，使其贴实平整。

5）每个分段中宜先沿水平线贴横向一行砖，再沿垂直线贴竖向几行砖，从下往上第二横行开始，应在垂直线处已贴的釉面砖上口间拉上准线，横向各行釉面砖依准线镶贴。

6）阳角处正面的釉面砖应盖住侧面的釉面砖的端边，即将接缝留在侧面，或在阳角处留成方口，以后用水泥砂浆勾缝。阴角处应使釉面砖的接缝正对阴角线。

7）镶贴完一段后，即把釉面砖的表面擦洗干净，用水泥细砂浆勾缝，待其干硬后，再擦洗一遍釉面砖面。

8）墙面上如有突出的预埋件时，此处釉面砖的镶贴，应根据具体尺寸用整砖裁割后贴上去，不得用碎块砖拼贴。

9）同一墙面应用同一品种、同一色彩、同一批号的釉面砖，并注意花纹倒顺。

8.2.2 大理石板、花岗石板、青石板等饰面板的安装

大理石安装

1. 小规格饰面板的安装

小规格大理石板、花岗石板、青石板，板材尺寸小于 300 mm×300 mm，板厚 8~12 mm。粘贴高度低于 1 m 的踢脚线板、勒脚、窗台板等，可采用水泥砂浆粘贴的方法安装。

1）踢脚线粘贴。用 1∶3 水泥砂浆打底，找规矩，厚约 12 mm，用刮尺刮平，划毛。待底子灰凝固后，将经过湿润的饰面板背面均匀地抹上厚 2~3 mm 的素水泥浆，随即将其贴于墙面，用木槌轻敲，使其与基层黏结紧密。随之用靠尺找平，使相邻各块饰面板接缝齐平，高差不超过 0.5 mm，并将边口和挤出拼缝的水泥擦净。

2）窗台板安装。安装窗台板时，先校正窗台的水平，确定窗台的找平层厚度，在窗口两边按图纸要求的尺寸在墙上剔槽。多窗口的房屋剔槽时要拉通线，并将窗口找平。

3）碎拼大理石。大理石厂生产光面和镜面大理石时，裁割的边角废料，经过适当的分类加工，可作为墙面的饰面材料，能取得较好的装饰效果。如矩形块料、冰裂状块料、毛边碎块等各种形体的拼贴组合，都会给人以乱中有序、自然优美的感觉。

2. 传统湿作业法铺贴工艺

传统湿作业法（如图 8-4 所示）铺贴工艺流程：基层处理→弹线和绑扎钢筋网→板材钻孔→穿丝→饰面板安装→灌浆→嵌缝→清洁、打蜡。

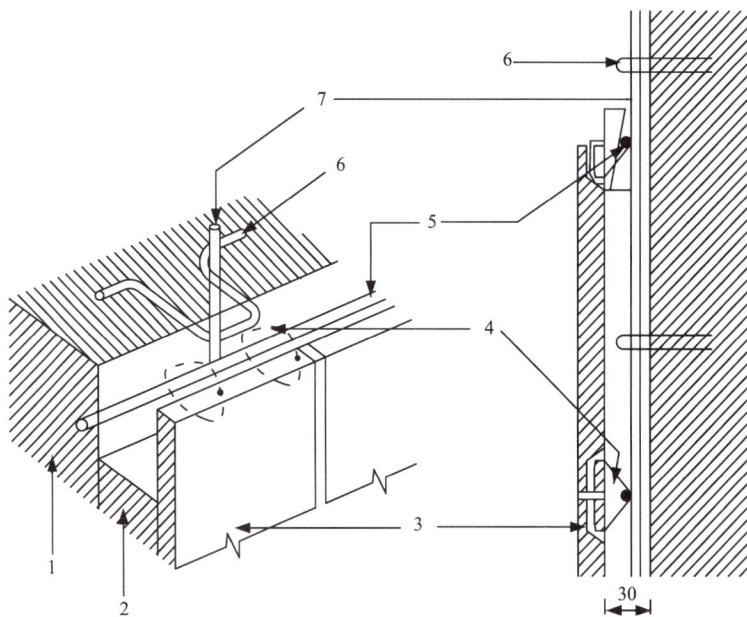

1—墙体；2—水泥砂浆；3—大理石板；4—铜丝；5—横筋；6—铁环；7—立筋。

图 8-4 饰面板钢筋网片固定及安装方法

主要适用于板材厚为 20 ~ 30 mm 的大理石、花岗石或青石板等，墙体为砖墙或混凝土墙。

这种方法的优点是牢固可靠，缺点是工序烦琐，卡箍多样，板材上钻孔易损坏，而且灌注砂浆易污染板面和使板材移位。

采用湿法铺贴工艺，墙体应设置锚固体。砖墙体应在灰缝中预埋 $\phi 6$ mm 钢筋钩，钢筋钩中距为 500 mm 或按板材尺寸，当挂贴高度大于 3 m 时，钢筋钩改用 $\phi 10$ mm 钢筋，钢筋钩埋入墙体内深度应不小于 120 mm，伸出墙面 30 mm，混凝土墙体可射入 $\phi 3.7$ mm×62 mm 的射钉，中距亦为 500 mm 或按板材尺寸，射钉打入墙体内 30 mm，伸出墙面 32 mm。

挂贴饰面板之前，将 $\phi 6$ mm 钢筋网焊接或绑扎于锚固件上。钢筋网双向中距为 500 mm 或按板材尺寸。

在饰面板上、下边各钻不少于两个 $\phi 5$ mm 的孔。孔深 15 mm，清理饰面板的背面。用双股 18 号铜丝穿过钻孔，把饰面板绑牢于钢筋网上。饰面板的背面距墙面应不小于 50 mm。

饰面板的接缝宽度可垫木楔调整，应确保饰面板外表面平整、垂直及板的上沿平顺。每安装好一行横向饰面板后，即进行灌浆。灌浆前，应浇水将饰面板背面及墙体表面湿润，在饰面板的竖向接缝内填塞 15 ~ 20 mm 深的麻丝或泡沫塑料条以防漏浆(光面、镜面和水磨石饰面板的竖缝，可用石膏灰临时封闭，并在缝内填塞泡沫塑料条)。拌和好 1∶2.5 水泥砂浆，将砂浆分层灌注到饰面板背面与墙面之间的空隙内，每层灌注高度为 150 ~ 200 mm，且不得大于板高的 1/3，并插捣密实。待砂浆初凝后，应检查板面位置，如有移动错位应拆除重新安装；若无移位，方可安装上一行板。施工缝应留在饰面板水平接缝以下 50 ~ 100 mm 处(图 8-4)。

突出墙面的勒脚饰面板安装，应待墙面饰面板安装完工后进行。待水泥砂浆硬化后，将填缝材料清除。饰面板表面清洗干净。光面和镜面的饰面经清洗晾干后，方可打蜡擦亮。

3. 干法铺贴工艺

干法铺贴工艺，通常称为干挂法施工，即在饰面板材上直接打孔或开槽，用各种形式的连接件与结构基体用膨胀螺栓或其他架设金属连接而不需要灌注砂浆或细石混凝土。饰面板与墙体之间留出 40 ~ 50 mm 的空腔。

干挂法铺贴多适用于 30 m 以下的钢筋混凝土结构基体，不适用于砖墙和加气混凝土墙。其主要优点：

1)在风力和地震作用时，允许产生适量的变位，而不致出现裂缝和脱落。

2)冬季照常施工，不受季节限制。

3)没有湿作业，既改善了施工环境，也避免了浅色板材透底污染的问题以及空鼓、脱落等问题的发生。

4)可以采用大规格的饰面石材铺贴，从而提高了施工效率。

5)可自上而下拆换、维修，无损于板材和连接件，使饰面工程拆改翻修方便。

干法铺贴工艺主要采用扣件固定法，如图 8-5 和图 8-6 所示。

扣件固定法的安装施工步骤如下：

1)板材切割。按照设计图图纸要求在施工现场进行切割，由于板块规格较大，宜采用石材切割机切割，注意保持板块边角的挺直和规矩。

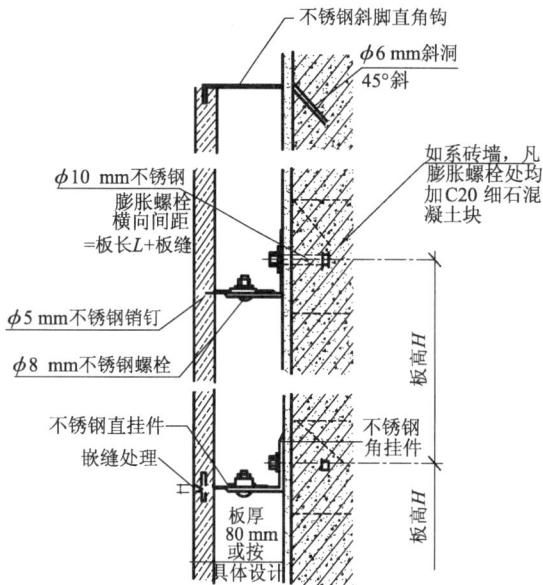

图 8-5 干挂石材施工构造

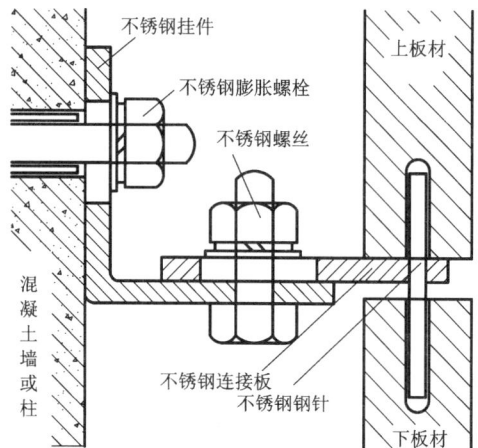

图 8-6 干挂石材节点大样

2）磨边。板材切割后，为使其边角光滑，可采用手提式磨光机进行打磨。

3）钻孔。相邻板块采用不锈钢销钉连接固定，销钉插在板材侧面孔内。孔径 $\phi5$ mm，深度 12 mm，用电钻打孔。由于它关系到板材的安装精度，因而要求钻孔位置准确。

4）开槽。由于大规格石板的自重大，除了由钢扣件将板块下口托牢以外，还需在板块中部开槽设置承托扣件以支承板材的自重。

5）涂防水剂。在板材背面涂刷一层丙烯酸防水涂料，以增强外饰面的防水性能。

6）墙面修整。如果混凝土外墙表面有局部凸出处会影响扣件安装时，须进行凿平修整。

7）弹线。从结构中引出楼面标高和轴线位置，在墙面上弹出安装板材的水平和垂直控制线，并做出灰饼以控制板材安装的平整度。

8）墙面涂刷防水剂。由于板材与混凝土墙身之间不填充砂浆，为了防止因材料性能或施工质量可能造成的渗漏，在外墙面上涂刷一层防水剂，以加强外墙的防水性能。

9）板材安装。安装板块的顺序是自下而上进行，在墙面最下一排板材安装位置的上下口拉两条水平控制线，板材从中间或墙面阳角开始就位安装。先安装好第一块作为基准，其平整度以事先设置的灰饼为依据，用线垂吊直，经校准后加以固定。一排板材安装完毕，再进行上一排扣件的固定和安装。板材安装要求四角平整，纵横对缝。

10）板材固定。钢扣件和墙身用胀铆螺栓固定，扣件为一块钻有螺栓安装孔和销钉孔的平钢板，根据墙面与板材之间的安装距离，在现场用手提式折压机将其加工成角型钢。扣件上的孔洞均呈椭圆形，以便安装时调节位置。

11）板材接缝的防水处理。石板饰面接缝处的防水处理采用密封硅胶嵌缝。嵌缝之前先在缝隙内嵌入柔性条状泡沫聚乙烯材料作为衬底，以控制接缝的密封深度和加强密封胶的黏结力。

8.2.3　金属饰面板施工

金属饰面板主要有彩色压型钢板复合墙板、铝合金板和不锈钢板等。

1. 彩色压型钢板复合墙板

彩色压型钢板复合墙板，系以波形彩色压型钢板为面板，以轻质保温材料为芯层，经复合而成的轻质保温墙板，适用于工业与民用建筑物的外墙挂板。

这种复合墙板的夹芯保温材料，可分别选用聚苯乙烯泡沫板、岩棉板、玻璃棉板、聚氨酯泡沫塑料等。其接缝构造基本上分两种：一种是在墙板的垂直方向设置企口边；另一种为不设企口边。如采用轻质保温板材作保温层，在保温层中间要放两条宽 50 mm 的带钢钢箍，在保温层的两端各放三块槽形冷弯连接件和两块冷弯角钢吊挂件，然后用自攻螺钉把压型钢板与连接件固定，钉距一般为 100~200 mm。若采用聚氨酯泡沫塑料作保温层，可以预先浇筑成型，也可在现场喷雾发泡。

彩色压型钢板复合墙板的安装，是用吊挂件把板材挂在墙身檩条上，再把吊挂件与檩条焊牢；板与板之间连接，水平缝为搭接缝，竖缝为企口缝。所有接缝处，除用超细玻璃棉塞缝外，还需用自攻螺钉钉牢，钉距为 200 mm。门窗洞口、管道穿墙及墙面端头处，墙板均为异型复合墙板，用压型钢板与保温材料按设计规定尺寸进行裁割，然后照标准板的做法进行组装。女儿墙顶部、门窗周围均设防雨泛水板，泛水板与墙板的接缝处，用防水油膏嵌缝。压型板墙转角处，用槽形转角板进行外包角和内包角，转角板用螺栓固定。

2. 铝合金板墙面施工

铝合金板墙面装饰，主要用在同玻璃幕墙或大玻璃窗配套，或商业建筑的入口处的门脸、柱面及招牌的衬底等部位，或用于内墙装饰，如大型公共建筑的墙裙等。

铝合金板有方形板和条形板，方形板有正方形板、矩形板及异形板。条形板一般是指宽度在 150 mm 以内的窄条板材，长度 6 m 左右，厚度多为 0.5~1.5 mm。根据其断面及安装形式的不同，通常又分为铝合金板或铝合金扣板。条板断面的一般形式，如图 8-7 所示。扣板断面的形式，如图 8-8 所示。铝合金蜂窝板的断面呈蜂窝腔状，如图 8-9 所示。

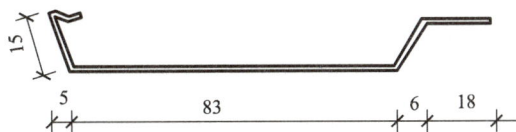

图 8-7　铝合金条板断面

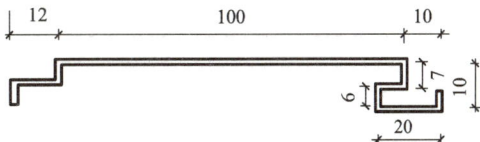

图 8-8　铝合金扣板断面

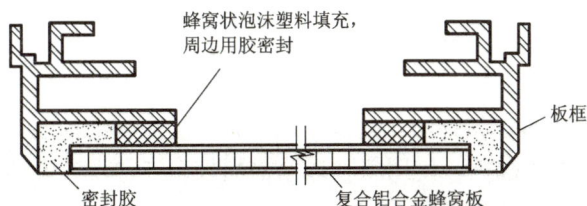

图 8-9　铝合金蜂窝板断面

（1）铝合金板的固定

铝合金板的固定方法较多，按其固定原理可分为两种：一种是配合特制的带齿形卡脚的金属龙骨，安装时将板条卡在龙骨上面，不需使用钉件；另一种是将铝合金板用螺栓或自攻螺钉固定于型钢或木骨架上。

1）铝合金扣板的固定。铝合金扣板多用于建筑首层的入口及招牌衬底等较为醒目的部位，其骨架可用角钢或槽钢焊成，也可用方木铺钉。骨架与墙面基层多用膨胀螺栓固定，扣板与骨架用自攻螺丝固定。

扣板的固定特点是螺钉头不外露，扣板的一边用螺钉固定，另一块扣板扣上后，恰好将螺钉盖住。

2）铝合金蜂窝板的固定。铝合金蜂窝板与骨架用连接板固定。

3）铝合金成型板的简易固定。在铝合金板的上下各留两个孔，然后与内架上焊牢的钢销钉相配。安装时，只需将铝合金板的孔眼穿入销钉上即可，上下板之间的缝隙内，填充聚氯乙烯泡沫，然后在其外侧注入硅酮密封胶。

4）铝合金条板与特制龙骨的卡接固定。

如图 8-10 所示，铝合金条板卡在特制的龙骨上，龙骨现墙体基层固定牢固。龙骨由镀锌钢板冲压而成，安装条板时，将条板卡在龙骨的顶面。这种方法简便可靠，拆换方便。

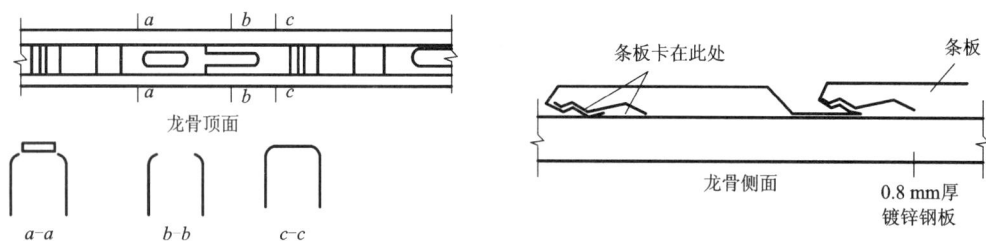

图 8-10　铝合金条板与特制龙骨的卡接固定

（2）铝合金板墙面施工

铝合金墙板安装的工程质量要求较高，其技术难度也比较大。在施工前应认真查阅图纸，领会设计意图，并需进行详细的技术交底。

1）放线。

铝合金板墙面，是由铝合金板和骨架组成。其骨架一般是由横竖杆件拼装而成，可以是铝合金型材，也可以是型钢。固定骨架时，先在墙面上弹出骨架位置线，以保证骨架施工的准确性。

放线前要检查结构的质量情况，如果发现结构的垂直度与平整度误差较大，对骨架固定质量有影响时，应及时通知设计单位。放线最好一次放完，如有出入，可进行调整。

2）固定骨架连接件。

骨架的横竖杆件是通过连接件与结构固定的，而连接件与结构之间，可以同结构的预埋件焊牢，也可在墙上打膨胀螺栓。使用膨胀螺栓锚固较多，它较为灵活简便，尺寸误差也比较小，有利于保证骨架位置的准确性。

连接件施工质量主要是要保证牢固可靠，在操作过程中要加强自检和互检，并将检查结果做好隐蔽记录。如焊缝的长度、高度，膨胀螺栓的埋入深度等最好做拉拔试验，看其是否符合设计要求。型钢一类的连接件，其表面应镀锌，焊缝处应刷防锈漆。

3）固定骨架。

所有的骨架均应经防腐处理。骨架安装要牢固，位置要准确。待安装完毕后，应对中心线、表面标高做全面检查。高层建筑的大面积外墙板，宜用经纬仪对横竖杆件进行贯通检查，以保证饰面板的安装精度，在检查无误后，即可对骨架进行固定，同时对所有的骨架进行防腐处理。

4）安装铝合金板。

铝合金板的安装固定方法较多，操作的要点也不尽相同，但无论使用何种方法，都必须做到安全、牢固。特别是高层建筑的铝合金外墙板，更不能有丝毫疏忽。

板与板之间，一般应当留出 10~20 mm 的间隙，最后用氯丁橡胶条或硅酮密封胶进行密封处理。

8.2.4 玻璃幕墙施工

玻璃幕墙是近代科学技术发展的产物，是高层建筑时代的显著特征，其主要部分由饰面玻璃和固定玻璃的骨架组成。其主要特点：建筑艺术效果好，自重轻，施工方便，工期短。但玻璃幕墙造价高，抗风、抗震性能较弱，能耗较大，对周围环境可能造成光污染。

玻璃幕墙

1. 玻璃幕墙分类

（1）明框玻璃幕墙

其玻璃板镶嵌在铝框内，成为四边有铝框的幕墙构件，幕墙构件镶嵌在横梁上，形成横梁、主框均外露且铝框分格明显的立面。

明框玻璃幕墙构件的玻璃和铝框之间必须留有空隙，以满足温度变化和主体结构位移所必需的活动空间。空隙用弹性材料（如橡胶条）充填，必要时用硅酮密封胶（耐候胶）予以密封。

（2）全隐框玻璃幕墙

隐框玻璃幕墙是将玻璃用结构胶黏结在铝框上，大多数情况下不再加金属连接件。因此，铝框全部隐蔽在玻璃后面，形成大面积全玻璃镜面。

隐框幕墙的节点大样如图 8-11 所示，玻璃与铝框之间完全靠结构胶黏结。结构胶要承受玻璃的自重及玻璃所承受的风荷载和地震作用、温度变化的影响，因此，结构胶的质量好坏是隐框幕墙安全性的关键环节。

（3）半隐框玻璃幕墙

半隐框玻璃幕墙是将玻璃两对边嵌在铝框内，另两对边用结构胶粘在铝框上，形成半隐框玻璃幕墙。横梁外露、立柱隐蔽的称为竖隐横框幕墙，如图 8-12 所示；立柱外露、横梁隐蔽的称竖框横隐幕墙，如图 8-13 所示。

（4）全玻幕墙

为游览观光需要，使用玻璃板作为建筑物底层、顶层及旋转餐厅的外墙，其支承结构采用玻璃肋，称为全玻幕墙。

高度不超过 4.5 m 的全玻幕墙，可以用下部直接支承的方式来进行安装，超过 4.5 m 的全玻幕墙，宜用上部悬挂方式安装，如图 8-14 所示。

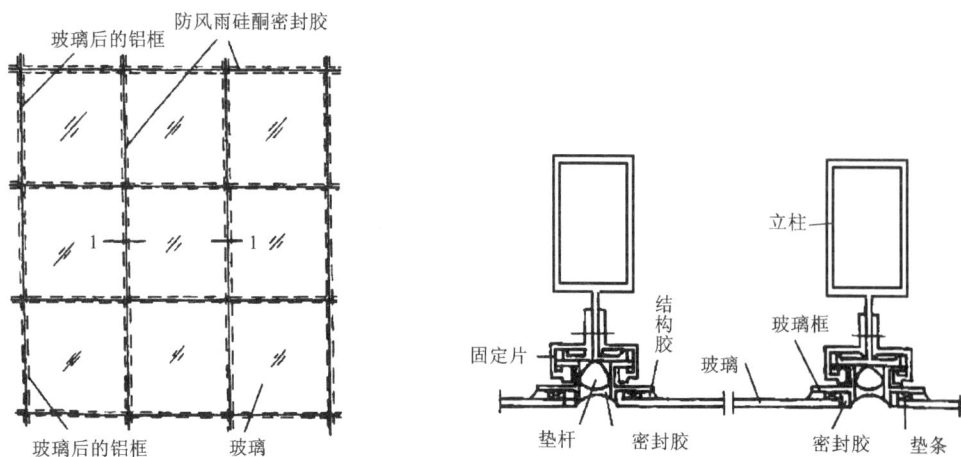

图 8-11   全隐框幕墙构造示意图

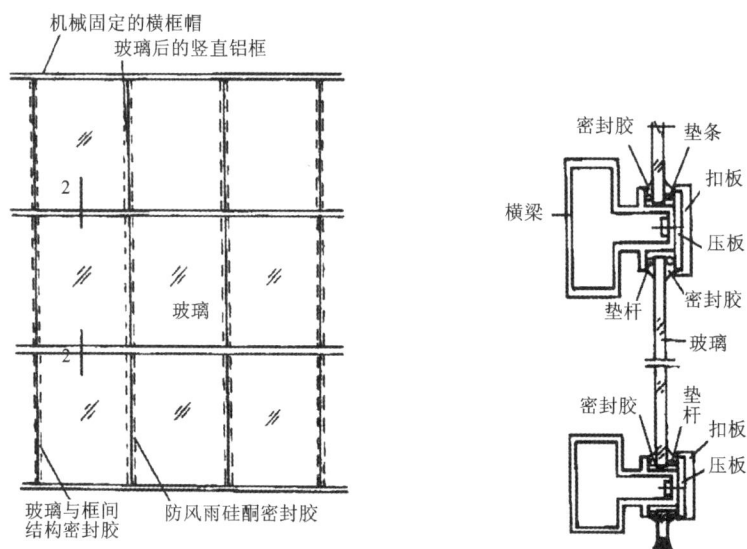

图 8-12   竖隐横框幕墙

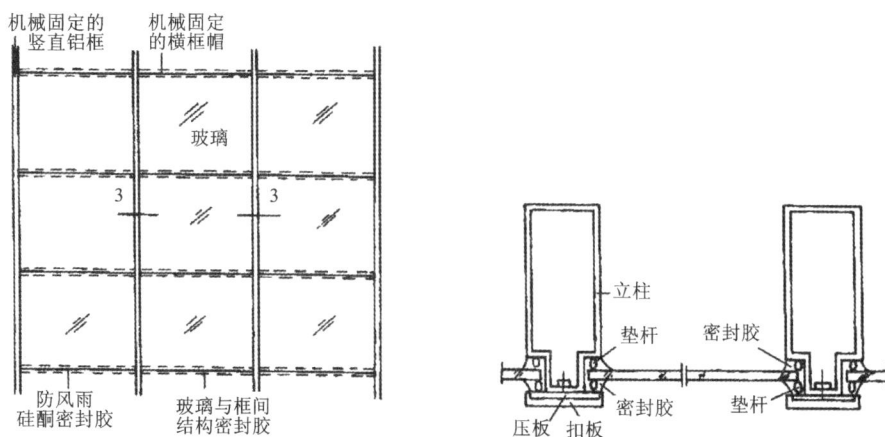

图 8-13   竖框横隐幕墙

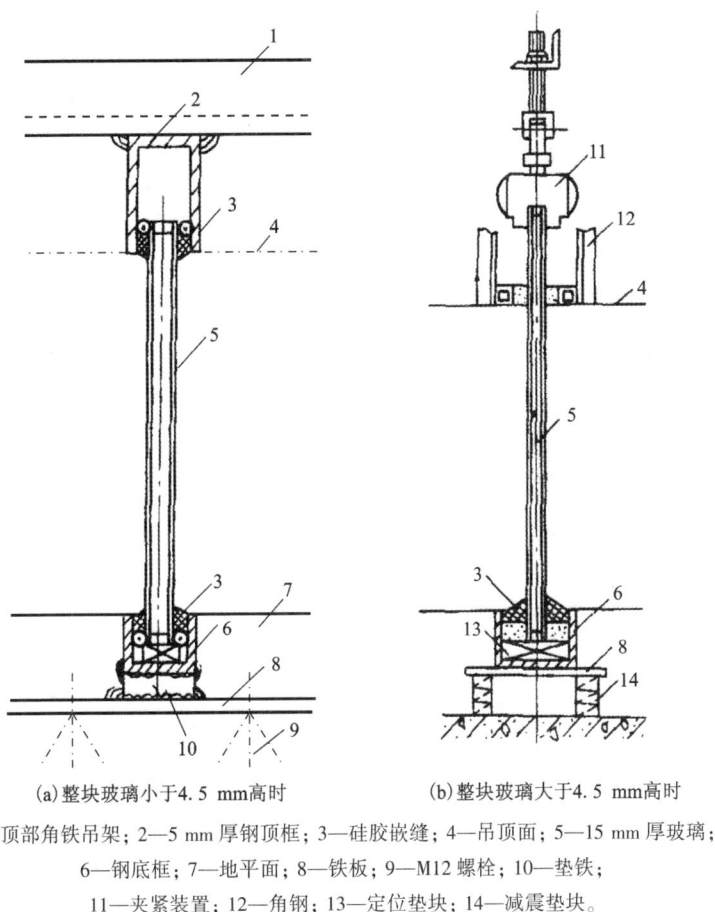

(a)整块玻璃小于4.5 mm高时　　(b)整块玻璃大于4.5 mm高时

1—顶部角铁吊架；2—5 mm 厚钢顶框；3—硅胶嵌缝；4—吊顶面；5—15 mm 厚玻璃；

6—钢底框；7—地平面；8—铁板；9—M12 螺栓；10—垫铁；

11—夹紧装置；12—角钢；13—定位垫块；14—减震垫块。

图 8-14　全玻璃幕墙构造

2. 玻璃幕墙的安装要点

(1)定位放线

玻璃幕墙的测量放线应与主体结构测量放线相配合，其中心线和标高点由主体结构单位提供并校核准确。

水平标高要逐层从地面基点引上，以免误差积累，由于建筑物随气温变化产生侧移，测量应每天定时进行。

放线应沿楼板外沿弹出墨线或用钢琴线定出幕墙平面基准线，从基准线测出一定距离为幕墙平面。以此线为基准确定立柱的前后位置，从而决定整片幕墙的位置。

(2)骨架安装

骨架安装在放线后进行。骨架的固定是用连接件将骨架与主体结构相连。固定方式一般有两种：一种是在主体结构上预埋铁件，将连接件与预埋铁件焊牢；另一种是主体结构上钻孔，然后用膨胀螺栓将连接件与主体结构相连。

连接件一般用型钢加工而成，其形状可因不同的结构类型、不同的骨架形式、不同的安装部位而有所不同，但无论何种形状的连接件，均应固定在牢固可靠的位置上，然后安装骨架。骨架一般是先安竖向杆件(立柱),待竖向杆件就位后,再安装横向杆件。

1)立柱的安装。

立柱先连接好连接件,再将连接件(铁码)点焊在主体结构的预埋钢板上,然后调整位置,立柱的垂直度可用锤球控制。位置调整准确后,将支撑立柱的钢牛腿焊牢在预埋件上。

立柱一般根据施工运输条件,可以是一层楼高或二层楼高为一整根。接头应有一定空隙,采用套筒连接法。

2)横梁的安装。

横向杆件的安装,宜在竖向杆件安装后进行。如果横竖杆件均是型钢一类的材料,可以采用焊接,也可以采用螺栓或其他办法连接。当采用焊接时,大面积骨架需焊接的部位较多,由于受热不均,容易引起骨架变形,故应注意焊接的顺序及操作。如有可能,应尽量减少现场的焊接工作量。螺栓连接是将横向杆件用螺栓固定在竖向杆件的铁码上。

铝合金型材骨架,其横梁与竖框的连接,一般是通过铝拉铆钉与连接件进行固定。连接件多为角铝或角钢,其中一条肢固定在横梁上,另一条肢固定竖框。对不露骨架的隐框玻璃幕墙,其立柱与横梁往往采用型钢,使用特制的铝合金连接板与型钢骨架用螺栓连接,型钢骨架的横竖杆件采用连接件连接隐蔽于玻璃背面。

(3)玻璃安装

在安装前,应清洁玻璃,四边的铝框也要清除污物,以保证嵌缝耐候胶可靠黏结。

玻璃的镀膜面应朝室内方向。

当玻璃在 3 m² 以内时,一般可采用人工安装。玻璃面积过大、质量很大时,应采用真空吸盘等机械安装。

玻璃不能与其他构件直接接触,四周必须留有空隙,下部应有定位垫块,垫块宽度与槽口相同,长度不小于 100 mm。

隐框幕墙构件下部应设两个金属支托,支托不应凸出玻璃外面。

(4)耐候胶嵌缝

玻璃板材或金属板材安装后,板材之间的间隙必须用耐候胶嵌缝,予以密封,防止气体渗透和雨水渗漏。

3. 玻璃幕墙安装的允许偏差和检验方法

玻璃幕墙安装的允许偏差和检验方法应符合表 8-3 和表 8-4 的规定。

表 8-3　明框玻璃幕墙安装的允许偏差和检验方法

项次	项目		允许偏差/mm	检验方法
1	幕墙垂直度	幕墙高度≤30 m	10	用经纬仪检查
		30 m<幕墙高度≤60 m	15	
		60 m<幕墙高度≤90 m	20	
		幕墙高度>90 m	25	
2	幕墙水平度	幕墙幅宽≤35 m	5	用水平尺检查
		幕墙幅宽>35 m	7	

续表 8-3

项次	项目		允许偏差/mm	检验方法
3	构件直线度		2	用 2 m 靠尺和塞尺检查
4	构件水平度	构件长度≤2 m	2	用水平仪检查
		构件长度>2 m	3	
5	相邻构件错位		1	用钢直尺检查
6	分格框对角线长度差	对角线长度≤2 m	3	用钢尺检查
		对角线长度>2 m	4	

表 8-4　隐框、半隐框玻璃幕墙安装的允许偏差和检验方法

项次	项目		允许偏差/mm	检验方法
1	幕墙垂直度	幕墙高度≤30 m	10	用经纬仪检查
		30 m<幕墙高度≤60 m	15	
		60 m<幕墙高度≤90 m	20	
		幕墙高度>90 m	25	
2	幕墙水平度	幕墙幅宽≤35 m	3	用水平尺检查
		幕墙幅宽>35 m	5	
3	幕墙表面平整度		2	用 2 m 靠尺和塞尺检查
4	板材立面垂直度		2	用垂直检测尺检查
5	板材上沿水平度		2	用 1 m 水平尺和钢直尺检查
6	相邻板材板角错位		1	用钢直尺检查
7	阳角方正		2	用直角检测尺检查
8	接缝直线度		3	拉 5 m 线,不足 5 m 拉通线,用钢直尺检查
9	接缝高低差		1	用钢直尺和塞尺检查
10	接缝宽度		1	用钢直尺检查

8.2.5　饰面工程质量要求

　　根据《建筑装饰装修工程质量验收规范》,饰面板表面应平整、洁净、色泽一致,无裂痕和缺损,石材表面应无泛碱等污染。饰面板嵌缝应密实、平直,宽度和深度应符合设计要求,嵌填材料色泽应一致。采用湿作业法施工的饰面板工程,石材应进行防碱背涂处理。饰面板与基体之间的灌注材料应饱满、密实。饰面板上的孔洞应套割吻合,边缘应整齐。

　　饰面板安装的允许偏差和检验方法应符合表 8-5 的规定。

表 8-5　饰面板安装的允许偏差

项次	项目	允许偏差/mm									检验方法
		饰面板安装							饰面砖粘贴		
		天然石			瓷板	木材	塑料	金属	外墙面砖	内墙面砖	
		光面	剁斧石	蘑菇石							
1	立面垂直度	2	3	3	2	1.5	2	2	3	2	用 2 m 垂直检测尺检查
2	表面平整度	2	3	—	1.5	1	3	3	4	3	用 2 m 靠尺和塞尺检查
3	阴阳角方正	2	4	4	2	1.5	3	3	3	3	用直角检测尺检查
4	接缝直线度	2	4	4	2	1	1	1	3	2	拉 5 m 线，不足 5 m 拉通线，用钢直尺检查
5	墙裙、勒脚上口直线度	2	3	3	2	2	2	2	—	—	拉 5 m 线，不足 5 m 拉通线，用钢直尺检查
6	接缝高低差	0.5	3	—	0.5	0.5	1	1	1	0.5	用钢直尺和塞尺检查
7	接缝宽度	1	2	2	1	1	1	1	1	1	用钢直尺检查

8.3　楼地面工程

楼地面工程是建筑工程施工中涉及最频繁的一个分部工程。目前常用的楼地面有石板材地面、陶瓷砖地面、镭射玻璃砖及钛金不锈钢覆面墙地砖地面、塑料地面、木质地板及地毯等。楼地面工程的档次和质量水平一般通过以下几个方面进行评价：地面的承载能力、耐磨性、抗渗漏能力、耐腐蚀性、弹性、光洁程度、平整度、隔声性能等指标以及图案、色泽等艺术效果。

8.3.1　楼地面的组成及分类

1. 楼地面的组成

楼地面是房屋建筑底层地坪与楼层地坪的总称，主要由基层、垫层和面层构成。

1）基层。基层是楼地面的基体，它的作用是承担其上面的全部荷载。因此，要求基层应坚固稳定。地面基层多为素土或加入石灰的夯实土，楼面的基层一般为现浇或预制楼板。

2）垫层。垫层位于基层之上，面层之下，是承受和传递面层荷载的构造层，其作用是将上部荷载均匀地传递至基层，楼面的垫层还具隔声和找坡作用。

3）面层。面层是楼地面的最上层，是供人们生产、生活或工作直接接触的结构层次，它直接承受外界荷载作用。

2. 楼地面的分类

按面层材料分为土、灰土、三合土、水泥砂浆、混凝土、水磨石、马赛克、陶瓷锦砖、木、砖和塑料地面等。

按面层结构分为整体地面(如灰土、菱苦土、三合土、水泥砂浆、混凝土、现浇水磨石、沥青砂浆和沥青混凝土等)、块料地面(如缸砖、塑料地板、拼花木地板、陶瓷锦砖、水泥花砖、马赛克、预制水磨石块、石材等)、卷材地面(如地毯、软质塑料等)和涂布地面(由合成树脂及其复合材料代替全部或部分水泥,在现场作面层涂抹施工,硬化后形成的整体无接缝地面)等。

8.3.2　基层施工

1)找平弹线,统一标高。检测各个房间的地坪标高,并将统一水平标高线弹在各房间四壁上,离地面 500 mm 处。

2)楼面的基层是楼板,应做好楼板板缝灌浆、堵塞工作和板面清理工作。

3)地面的基层多为土,施工时应将基底地坪的杂物、浮土清理干净。回填土应分层摊铺、压实。

8.3.3　垫层施工

1. 刚性垫层

刚性垫层指的是水泥混凝土、碎砖混凝土、水泥炉渣混凝土和水泥石灰炉渣混凝土等各种低强度等级混凝土做的垫层。

混凝土垫层的厚度一般为 60~100 mm。混凝土强度等级不宜低于C15,粗骨料粒径不应超过 50 mm,并不得超过垫层厚度的 2/3,混凝土配合比按普通混凝土配合比设计进行试配。其施工要点如下:

1)清理基层,检测弹线。

2)浇筑混凝土垫层前,基层应洒水湿润。

3)浇筑大面积混凝土垫层时,应纵横每 6~10 m 设中间水平桩,以控制厚度。

4)大面积浇筑宜采用分仓浇筑的方法,要根据变形缝位置、不同材料面层的连接部位或设备基础位置情况进行分仓,分仓距离一般为 3~4 m。

2. 柔性垫层

柔性垫层包括用土、砂、石、炉渣等散状材料经压实的垫层。砂垫层厚度不小于 60 mm,应适当浇水并用平板振动器振实;砂石垫层的厚度不小于 100 mm,要求粗细颗粒混合摊铺均匀,浇水使砂石表面湿润,碾压或夯实不少于三遍至不松动为止。

8.3.4　整体面层施工

1. 水泥砂浆面层

水泥砂浆面层的厚度应不小于 20 mm,一般用硅酸盐水泥、普通硅酸盐水泥,用中砂或粗砂配制,配合比为 1∶2(体积比)。砂浆应是干硬性的,以手捏成团稍出浆为准。

整体面层

操作前先按设计测定地坪面层标高,同时将垫层清扫干净洒水湿润后,刷一道含 4%~5%的 108 胶水泥浆,紧跟着铺上水泥浆,用刮尺赶平,并用木抹子压实,待砂浆初凝后终凝前用铁抹子反复压光三遍,不允许撒干灰砂收水抹压。砂浆终凝后(一般 12 h 后)铺盖草

袋、锯末等浇水养护。水泥砂浆面层除用铁抹压光以外，其养护是保证面层不起砂的关键。当施工大面积水泥砂浆面层时，应按要求留设分格缝，防止砂浆面层发生不规则裂缝。

2. 细石混凝土面层

细石混凝土面层可以克服水泥砂浆面层干缩较大的弱点。这种面层强度高，干缩值小。与水泥砂浆面层相比，它的耐久性更好，但厚度较大，一般为 30~40 mm。混凝土强度等级不低于 C20，所用粗骨料要求级配适当，粒径不大于 15 mm，且不大于面层厚度的 2/3。用中砂或粗砂配制。

铺细石混凝土时，应由里向门口方向进行铺设，按标识(标筋)厚度刮平拍实后，稍待收水，即用钢抹子预压一遍，待进一步收水，即用铁滚筒交叉滚压 3~5 遍或用表面振动器振捣密实，直到表面泛浆为止，然后进行抹平压光。细石混凝土面层与水泥砂浆面层基本相同，必须在水泥初凝前完成抹平工作，终凝前完成压光工作，要求其表面色泽一致，光滑无抹子印迹。

钢筋混凝土现浇楼板或强度等级不低于 C15 的混凝土垫层兼面层时，可用随捣随抹的方法施工，在混凝土楼地面浇捣完毕，表面略有吸水后即进行抹平压光，混凝土面层的压光和养护时间及方法与水泥砂浆面层相同。

3. 水磨石面层

水磨石地面构造层次如图 8-15 所示。水磨石楼地面的施工工艺流程：基层处理→浇水冲洗湿润→设置标筋→铺水泥砂浆找平层→养护→嵌分格条→铺水泥石子浆→养护→研磨→打蜡抛光。

水磨石面层所用的石粒，应用坚硬可靠的岩石(如白云石、大理石等)做成，石粒应洁净无杂物，其粒径除特殊作用外，一般为 4~12 mm。白色或浅色的水磨石面层，应采用白色水泥；深色的水磨石面层，宜采用硅酸盐水泥、普通硅酸盐水泥或矿渣硅酸盐水泥。水泥中掺入的颜料宜用耐光、耐碱的矿物颜料，掺量一般为水泥质量的 3%~6%，也可由试验确定。

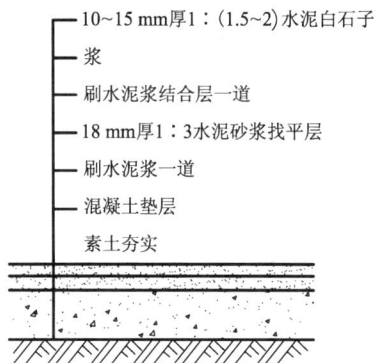

- 10~15 mm厚1∶(1.5~2)水泥白石子浆
- 刷水泥浆结合层一道
- 18 mm厚1∶3水泥砂浆找平层
- 刷水泥浆一道
- 混凝土垫层
- 素土夯实

图 8-15 水磨石地面构造层次

（1）嵌分格条

根据设计要求，先在找平层上弹出分格线。一般先从房间中部开始，然后将分格条(铜条、玻璃条等)固定在预先确定的位置。分格条的固定方法一般用素水泥浆在分格条根部的两侧抹成八字形灰埂，灰埂高度比分格条顶面低 3 mm，嵌固分格条的做法，如图 8-16 所示。

（2）铺水泥石子浆

分格条粘嵌养护 3~5 d 后，将找平层表面清理干净，刷水泥浆一道，随刷随铺面层水泥石子浆。水泥石子浆的虚铺厚度比分格条高出 3~5 mm，以防在滚压时压弯铜条或压碎玻璃条。铺设后，先用木抹子轻轻拍实拍平，然后用铁滚筒从纵横两个方向轮换进行滚压，达至表面平整密实、出浆均匀为止。在滚压过程中，如发现表面石子偏少，可补撒石子并拍平。如在同一平面上有几种颜色的水磨石，应先做深色，后做浅色；先做大面，后做镶边。待前一种色浆凝固后，再抹后一种色浆。

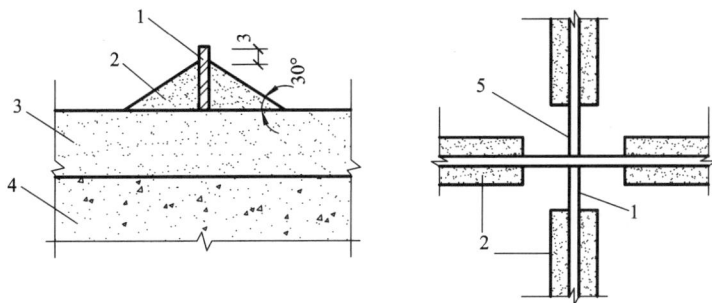

1—分格条；2—素水泥浆；3—水泥砂浆找平层；4—混凝土垫层；5—4~12 mm 内不抹水泥浆。

图 8-16　分格条设置

(3) 研磨

水磨石开磨前应进行试磨，过早开磨石粒容易松动，过迟开磨造成磨光困难。所以需进行试磨，以面层不掉石料为准。水磨石面层开磨的时间见表 8-6。大面积施工宜用磨石机研磨，小面积、边角处，可用小型湿式磨光机研磨或手工研磨，研磨时应边磨边加水，对磨下的石浆应及时清除。

表 8-6　水磨石面层开磨参考时间表

平均温度/℃	开磨时间/d	
	机磨	人工磨
20~30	2~3	1~2
10~20	3~4	1.5~2.5
5~10	5~6	2~3

水磨石面一般采用"二浆三磨"法，即整修研磨过程中磨光三遍，补浆二次。第一遍先用 60~80 号粗金刚石粗磨，磨石机走"8"字形，边磨边加水冲洗，要求磨匀磨平，随时用 2 m 靠尺板进行平整度检查。磨后把水泥浆冲洗干净，并用同色水泥浆涂抹，填补研磨过程中出现的小孔隙和凹痕，洒水养护 2~3 d。第二遍用 120~150 号金刚石再平磨，方法同第一遍，磨光后再补一次浆，第三遍用 180~240 号油石精磨，要求打磨光滑，无砂眼细孔，石子颗颗显露，高级水磨石面层应适当增加磨光遍数及提高油石的号数。

(4) 抛光

在影响水磨石面层质量的其他工序完成后，将地面冲洗干净，涂上 10% 浓度的草酸溶液，随即用 280~320 号油石进行细磨或把布卷固定在磨石机上进行研磨，直至表面光滑为止。用水冲洗、晾干后，在水磨石面层上满涂一层蜡，稍干后再用磨光机研磨，或用钉有细帆布的木块代替油石，装在磨石机上研磨出光亮后，再涂蜡研磨一遍，直到光滑洁亮为止。

4. 整体面层的允许偏差和检验方法

整体面层的允许偏差和检验方法如表 8-7 所示。

表 8-7   整体面层的允许偏差和检验方法

项次	项目	允许偏差/mm						检验方法
		混凝土面层	水泥砂浆面层	普通水磨石面层	高级水磨石面层	硬化耐磨面层	防油渗混凝土和不发火(防爆)面层	
1	表面平整度	5	4	3	2	4	5	用 2 m 靠尺和塞尺检查
2	踢脚线上口平直	4	4	3	3	4	4	拉 2 m 线和用钢尺检查
3	缝格平直	3	3	3	2	3	3	

8.3.5   板块面层施工

板块面层

板块面层是在基层上用水泥砂浆或水泥浆、胶黏剂铺设块料面层(如水泥花砖、预制水磨石板、花岗石板、大理石板、马赛克等)形成的楼面面层,如图 8-17 所示。

1. 施工准备

铺贴前,应先挂线检查地面垫层的平整度,弹出房间中心"十"字线,然后由中央向四周弹出分块线,同时在四周墙壁上弹出水平控制线。按照设计要求进行试拼试排,在块材背面编号,以便安装时对号入座,根据试

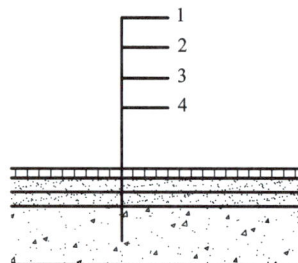

1—块材面层;2—结合层;3—找平层;
4—基层(混凝土垫层或钢筋混凝土楼板)。

图 8-17   块材地面

排结果,在房间的主要部位弹上互相垂直的控制线并引至墙上,用以检查和控制板块的位置。

2. 大理石板、花岗石板及预制水磨石板地面铺贴

1)板材浸水。施工前应将板材(特别是预制水磨石板)浸水湿润,并阴干码好备用,铺贴时,板材的底面以内潮外干为宜。

2)摊铺结合层。先在基层或找平层上刷一遍掺有 4%~5% 108 胶的水泥浆,水灰比为0.4~0.5。随刷随铺水泥砂浆接合层,厚度 10~15 mm,每次铺 2~3 块板面积为宜,并对照拉线将砂浆刮平。

3)铺贴。正式铺贴时,要将板块四角同时坐浆,四角平稳下落,对准纵横缝后,用木槌敲击巾部使其密实、平整,准确就位。

4)灌缝。要求嵌铜条的地面板材铺贴,先将相邻两块板铺贴平整,留出嵌条缝隙,然后向缝内灌水泥砂浆,将铜条敲入缝隙内,使其外露部分略高于板面即可,然后擦净挤出的砂浆。

对于不设镶条的地面,应在铺完 24 h 后洒水养护,2 d 后进行灌缝,灌缝力求达到紧密。

5)上蜡磨亮。板块铺贴完工,待接合层砂浆强度达到 60%~70% 即可打蜡抛光,3 d 内禁止上人走动。

3. 陶瓷锦砖地面施工

1）铺贴。结合层砂浆养护 2~3 d 后开始铺贴，先将接合层表面用清水湿润，刷素水泥浆一道，边刷边按控制线铺陶瓷锦砖。从房屋地面中间向两边铺贴。

2）拍实。整个房间铺完后，由一端开始用木槌或拍板依次拍实拍平所铺陶瓷锦砖，拍至水泥浆填满陶瓷锦砖缝隙为宜。

3）揭纸。面层铺贴完毕 30 min 后，用水润湿背纸，15 min 后，即可把纸揭掉并用铲刀清理干净。

4）灌缝、拨缝。揭纸后应及时灌缝拨缝，先用 1∶1 水泥细砂（砂要过窗纱筛）把缝隙灌满扫严。适当淋水后，用橡皮锤和拍板拍平。拍板要前后左右平移找平，将陶瓷锦砖拍至要求高度。然后用刀先调整竖缝后拨横缝，边拨边拍实。地漏处必须将陶瓷锦砖剔裁镶嵌顺平。最后用板拍一遍对局部调拨不均匀的缝隙，然后用棉纱轻轻擦掉余浆，如湿度太大，可用干水泥扫一遍，用锯木屑擦净。

5）养护。面层铺贴 24 h 后应铺锯木屑等养护，4~5 d 后方可上人。

4. 陶瓷地砖与墙地砖面层施工

铺贴前应先将地砖浸水湿润后阴干备用，阴干时间一般为 3~5 d。以地砖表面有潮湿感但手按无水迹为准。

1）铺结合层砂浆。提前 1 d 在楼地面基体表面浇水湿润后，铺 1∶3 水泥砂浆结合层。

2）弹线定位。根据设计要求弹出标高线和平面中线，施工时用尼龙线或棉线在墙地面拉出标高线和垂直交叉的定位线。

3）铺贴地砖。用 1∶2 水泥砂浆摊抹于地砖背面，按定位线的位置铺于地面接合层上，用木槌敲击地砖表面，使之与地面标高线吻合贴实，边贴边用水平尺检查平整度。

4）擦缝。整幅地面铺贴完成后，养护 2 d 后进行擦缝，擦缝时用水泥（或白水泥）调成干团，在缝隙上擦抹，使地砖的拼缝内填满水泥，再将砖面擦净。

8.3.6　木质地面施工

木质地面施工通常有架铺和实铺两种。架铺是在地面上先做出木搁栅，然后在木搁栅上铺贴基面板，最后在基面板上镶铺面层木地板。实铺是在建筑地面上直接拼铺木地板[图 8-18(a)]。

木地板

（a）实铺法　　　　　（b）空铺法

1—混凝土基层；2—预埋铁（铁丝或钢筋）；3—木搁栅；4—防腐剂；
5—毛地板；6—企口硬木地板；7—剪刀撑；8—垫木。

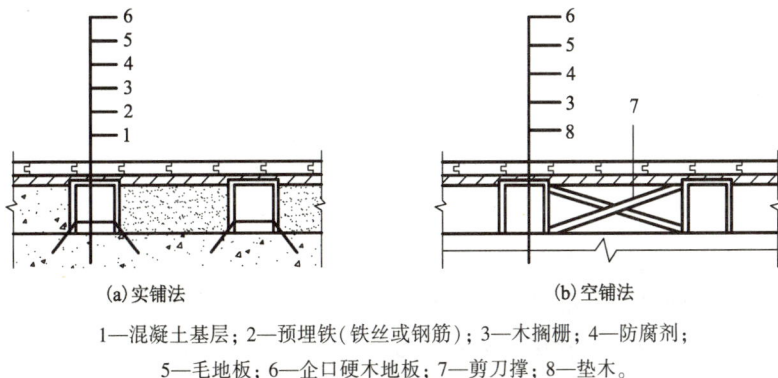

图 8-18　双层企口硬木地板构造

1. 基层施工

（1）高架木地板基层施工

1）地垄墙或砖墩。地垄墙应用水泥砂浆砌筑，砌筑时要根据地面条件设地垄墙的基础。每条地垄墙、内横墙和暖气沟墙均需预留 120 mm×120 mm 的通风洞两个，而且要在一条直线上，以利通风。暖气沟墙的通风洞口可采用缸瓦管与外界相通。外墙每隔 3~5 m 应预留不小于 180 mm×180 mm 的通风孔洞，洞口下皮距室外地坪标高不小于 200 mm，孔洞应安设箅子。如果地垄不易做通风处理，需在地垄顶部铺设防潮油毡。

2）木搁栅。木搁栅通常是方框或长方框结构，木搁栅制作时，与木地板基板接触的表面一定要刨平，主次木方的连接可用榫结构或钉、胶结合的固定方法。无主次之分的木搁栅，木方的连接可用半槽式扣接法。通常在砖墩上预留木方或铁件，然后用螺栓或骑马铁件将木搁栅连接起来。

（2）一般架铺地板基层施工

一般架铺地板是在楼面上或已有水泥地坪的地面上进行［图 8-18（b）］。

1）地面处理。检查地面的平整度，做水泥砂浆找平层，然后在找平层上刷两遍防水涂料或乳化沥青。

2）木搁栅。直接固定于地面的木搁栅所用的木方，可采用截面尺寸为 30 mm×40 mm 或 40 mm×50 mm 的木方。组成木搁栅的木方统一规格，其连接方式通常为半槽扣接，并在两木方的扣接处涂胶加钉。

3）木搁栅与地面的固定。木搁栅直接与地面的固定常用埋木楔的方法，即用 φ16 的冲击电钻在水泥地面或楼板上钻洞，孔洞深 40 mm 左右，钻孔位置应在地面弹出的木搁栅位置线上，两孔间隔 0.8 m 左右。然后向孔洞内打入木楔。固定木方时可用长钉将木搁栅固定在打入地面的木楔上。

（3）实铺木地板的基层要求

木地板直接铺贴在地面时，对地面的平整度要求较高，一般地面应采用防水水泥砂浆找平或在平整的水泥砂浆找平层上刷防潮层。

2. 面层木地板铺设

木地板铺在基面或基层板上，铺设方法有钉接式和黏结式两种。

（1）钉接式

木地板面层有单层和双层两种。单层木地板面层是在木搁栅上直接钉直条企口板；双层木地板面层是在木搁栅架上先钉一层毛地板，再钉一层企口板。

双层木地板的下层毛地板，其宽度不大于 120 mm，铺设时必须清除其下方空间内的刨花等杂物。毛地板应与木搁栅成 30°或 45°斜面钉牢，板间的缝隙不大于 3 mm，以免起鼓，毛地板与墙之间留 8~12 mm 的缝隙，每块毛地板应在其下的每根木搁栅上各用两个钉固结，钉的长度应为板厚的 2.5 倍，面板铺钉时，其顶面要刨平，侧面带企口，板宽不大于 120 mm，地板应与木搁栅或毛地板垂直铺钉，并顺进门方向。接缝均应在木搁栅中心部位，且间隔错开，木板应材心朝上铺钉。木板面层距墙 8~12 mm，以后逐块紧接铺钉，缝隙不超过 1 mm，圆钉长度为板厚的 2.5 倍，钉帽砸扁，钉从板的侧边凹角处斜向钉入（图 8-19），板与搁栅相交处至少钉一颗。

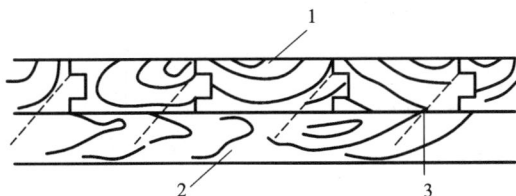

1—毛地板；2—木搁栅；3—圆钉。

图 8-19　企口板钉设

钉到最后一块，可用明铺钉牢，钉帽砸扁冲入板内 30~50 mm。硬木地板面层铺钉前应先钻圆钉直径 0.7~0.8 倍的孔，然后铺钉。双层板面层铺钉前应在毛板上先铺一层沥青油纸或油毡隔潮。木板面层铺完后，清扫干净，再进行油漆并上蜡。

（2）黏结式

黏结式木地板面层，多用实铺式，将加工好的硬木地板块材用黏结材料直接粘贴在楼地面基层上。

拼花木地板粘贴前，应根据设计图案和尺寸进行弹线。对于成块制作好的木地板块材，应按所弹施工线试铺，以检查其拼缝高低、平整度、对缝等。符合要求后进行编号，施工时按编号从房中间向四周铺贴。

1）沥青胶铺贴法。先将基层清扫干净，用大号鬃板刷在基层上涂刷一层薄而匀的冷底子油，待一昼夜后，将木地板背面涂刷一层薄而匀的热沥青，同时在已涂刷冷底子油的基层上涂刷热沥青一道，厚度一般为 2 mm，随涂随铺。木地板应水平状态就位，同时要用力，使相邻的木地板严密无缝隙，相邻两块木地板的高差不应超过-1~1.5 mm，缝隙不大于 0.3 mm，否则重铺。铺贴时要避免热沥青溢出表面，如有溢出应及时刮除并擦拭干净。

2）胶黏剂铺贴法。先将基层表面清扫干净，用鬃刷在基层上涂刷一层薄而匀的底子胶。底子胶应采用原黏剂配制。待底子胶干燥后，按施工线位置沿轴线由中央向四面铺贴。其方法是按预排编号顺序在基层上涂刷一层厚约 1 mm 的胶黏剂，再在木地板背面涂刷一层厚约 0.5 mm 的胶黏剂，待表面不粘手时，即可铺贴。铺贴时，人员随铺贴随往后退，要用力推紧、压平，并随即用砂袋等物压 6~24 h，其质量要求与前述沥青胶黏结法相同。

目前，可用于粘贴木地板的胶黏剂较多，可根据实际需要选择，如专用的木地板胶水、万能胶、白乳胶等。

地板粘贴后应自然养护，养护期内严禁上人走动。养护期满后，即可进行刮平、磨光、油漆和打蜡工作。

3. 木踢脚板的施工

木地板房间的四周墙脚处应设木踢脚板，踢脚板一般高 100~200 mm，常用 150 mm，厚 20~25 mm。所用木板一般也应与木地板面层所用的材质品种相同。踢脚板应预先刨光，上口刨成线条。为防止翘曲，在靠墙的一面应开成凹槽，当踢脚板高 100 mm 时开一条凹槽，150 mm 时开两条凹槽，超过 150 mm 时开三条凹槽，凹槽深度为 3~5 mm。为了防潮通风，木踢脚板每隔 1~1.5 m 设一组通风孔，一般采用 ϕ6 mm 孔。在墙内每隔 400 mm 砌入防腐木砖，在防腐木砖上钉防腐木垫块。一般木踢脚板与地面转角处安装木压条或安装圆角成品木条,其构造做法如图 8-20 所示。

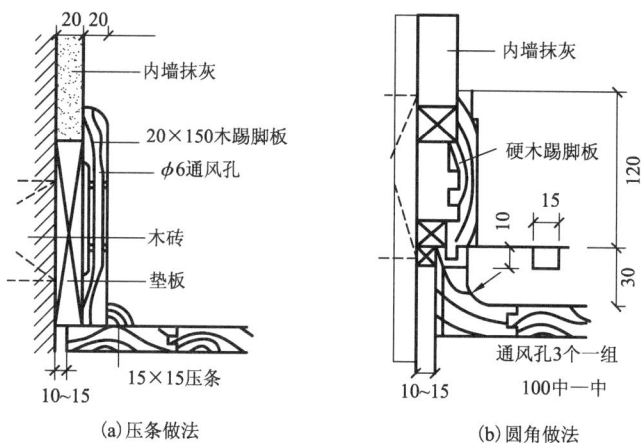

图 8-20 木踢脚板做法示意图

木踢脚板应在木地板刨光后安装。木踢脚板接缝处应做暗榫或斜坡压槎,在 90°转角处可做成 45°斜角接缝。接缝一定要在防腐木块上。安装时木踢脚板与立墙贴紧,上口要平直,用明钉钉牢在防腐木块上,钉帽要砸扁并冲入板内 2~3 mm。

4. 木质地面面层的允许偏差和检验方法

木质地面面层的允许偏差和检验方法见表 8-8。

表 8-8 竹、木质地面面层的允许偏差和检验方法

项次	项目	允许偏差/mm				检验方法
		实木地板、实木集成地板、竹地板面层			浸渍纸层压木质地板、实木复合地板、软木类地板	
		松木地板	硬木地板	拼花地板		
1	板面缝隙宽度	1.0	0.5	0.2	0.5	用钢尺检查
2	表面平整度	3.0	2.0	2.0	2.0	用 2 m 靠尺和塞尺检查
3	踢脚线上口平齐	3.0	3.0	3.0	3.0	拉 5 m 线,不足 5 m 拉通线用钢尺检查
4	板面拼缝平直	3.0	3.0	3.0	3.0	
5	相邻板材高差	0.5	0.5	0.5	0.5	用钢尺和塞尺检查
6	踢脚线与面层的接缝	1.0				用塞尺检查

8.4　吊顶和隔墙工程

8.4.1　吊顶工程

吊顶是采用悬吊方式将装饰顶棚支承于屋顶或楼板下面。在吊顶施工之前，顶棚上部的电气、报警等线路，空调、消防、供水等管道均已安装完毕。

1. 吊顶的构造组成

吊顶主要由支承、基层和面层三个部分组成。

（1）支承

吊顶支承由吊杆（吊筋）和主龙骨组成。

1）木龙骨吊顶的支承。木龙骨吊顶的主龙骨又称为大龙骨或主梁，传统木质吊顶的主龙骨，多采用 50 mm×70 mm 至 60 mm×100 mm 方木或薄壁槽钢、L60×6 mm 至 L70×7 mm 角钢制作。龙骨间距按设计，如设计无要求，一般按 1 m 设置。主龙骨一般用 $\phi8\sim10$ mm 的吊顶螺栓或 8 号镀锌钢丝与屋顶或楼板连接。木吊杆和木龙骨必须做防腐和防火处理。

2）金属龙骨吊顶的支承。轻钢龙骨与铝合金龙骨吊顶的主龙骨截面尺寸取决于荷载大小，其间距尺寸应考虑次龙骨的跨度及施工条件，一般采用 1~1.5 m。其截面形状较多，主要有 U 形、T 形、C 形、L 形等。主龙骨与屋顶结构楼板结构多通过吊杆连接，吊杆与主龙骨用特制的吊杆件或套件连接。金属吊杆和龙骨应作防锈处理。

（2）基层

基层用木材、型钢或其他轻金属材料制成的次龙骨组成。吊顶面层所用材料不同，其基层部分的布置方式和次龙骨的间距大小也不一样，但一般不应超过 600 mm。

吊顶的基层要结合灯具位置、风扇或空调透风口位置等进行布置，留好预留洞穴及吊挂设施等，同时应配合管道、线路等安装工程施工。

（3）面层

木龙骨吊顶，其面层多用人造板（如胶合板、纤维板、木丝板、刨花板）面层或板条（金属网）抹灰面层。轻钢龙骨、铝合金龙骨吊顶，其面板多用装饰吸声板（如纸面石膏板、钙塑泡沫板、纤维板、矿棉板、玻璃丝棉板等）制作。

2. 木龙骨吊顶施工

木龙骨吊顶施工工艺流程：放线→木龙骨处理→木龙骨拼装→安装吊筋→固定沿墙龙骨→龙骨吊装固定。

（1）放线

放线主要包括标高线、造型位置线、吊点布置线、大中型灯位线等。放线的作用：一方面使施工有了基准线，便于下一道工序确定施工位置；另一方面能够检查吊顶以上部位的管道对标高位置的影响。

（2）木龙骨处理

对工程中所用的木龙骨要进行筛选和防火处理，一般用防火涂料涂刷或喷于木材表面，也可把木材放在防火涂料槽内浸渍，防火涂料的规定见表 8-9。

表 8-9 对选择及使用防火涂料的规定

项次	防火涂料的种类	每平方米木材表面所用防火涂料的数量/kg	特性	基本用途	限制和禁止的范围
1	硅酸盐涂料	≥0.5	无抗水性，在二氧化碳的作用下分解	用于不直接受潮湿作用的构件上	不得用于露天构件及位于二氧化碳含量高的大气中的构件
2	可赛银（酪素）涂料	≥0.7	—	用于不直接受潮湿作用的构件上	不得用于露天构件
3	掺有防火剂的油质涂料	≥0.6	抗水	用于露天构件上	—
4	氯乙烯涂料和其他以氯化、碳化氢为主的涂料	≥0.6	抗水	用于露天构件上	—

（3）木龙骨拼装

吊顶的龙骨架在吊装前，应在楼（地）面上进行拼装，拼装的面积一般控制在 10 m² 以内，否则不便吊装。拼装时，先拼装大片的龙骨骨架，再拼装小片的局部骨架，拼装的方法常采用咬口拼装法，具体做法：在龙骨上开出凹槽，槽深、槽宽以及槽与槽之间的距离应符合有关规定。然后，将凹槽与凹槽进行咬口拼装，凹槽处用涂胶并用钉子固定。如图 8-21 所示。

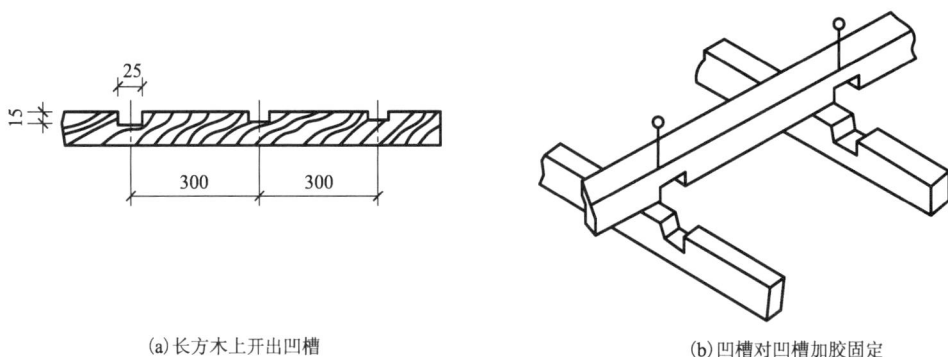

(a)长方木上开出凹槽　　　　　　(b)凹槽对凹槽加胶固定

图 8-21 木龙骨利用槽口拼接示意图

（4）安装吊筋

1）吊点。常采用膨胀螺栓、射钉、预埋铁件等方法，具体安装方式，如图 8-22 所示。

①用冲击电钻在建筑结构底面打孔，然后放入膨胀螺栓。

②用射钉将角铁等固定在建筑结构底面。

③预埋件是在结构施工时埋入，预埋件常采用钢板、铁件等。

2）吊筋。常采用钢筋、角钢或扁铁，其规格应满足承载要求，吊筋与吊点的连接可采用焊接、钩挂、螺栓连接等方法，吊筋安装时，应做防腐处理。

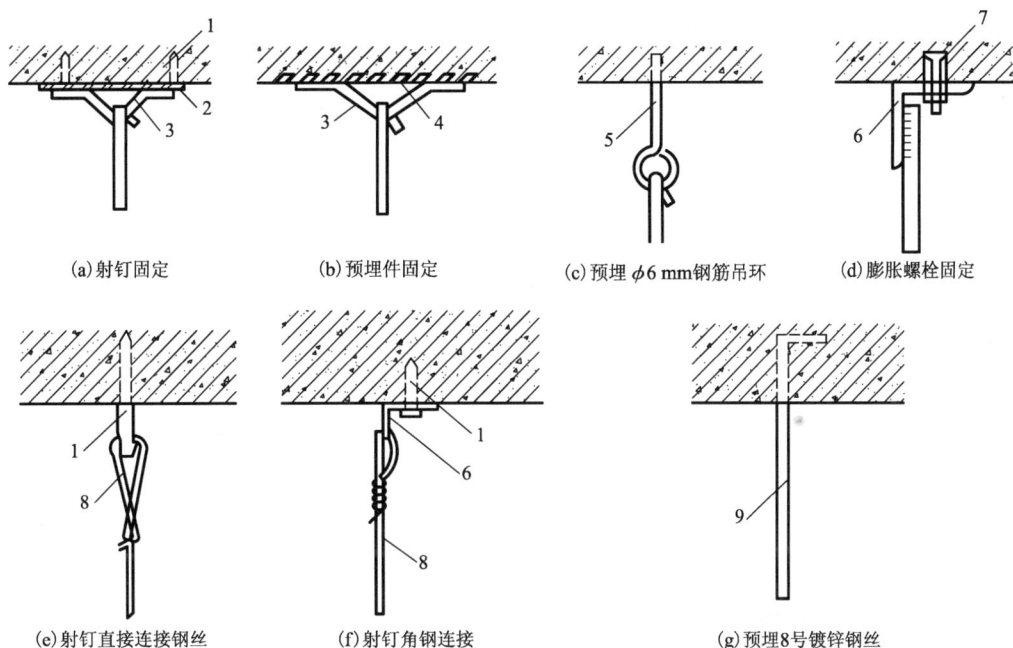

(a) 射钉固定　　(b) 预埋件固定　　(c) 预埋 $\phi6\,mm$ 钢筋吊环　　(d) 膨胀螺栓固定

(e) 射钉直接连接钢丝　　(f) 射钉角钢连接　　(g) 预埋8号镀锌钢丝

1—射钉；2—焊板；3—$\phi10\,mm$ 钢筋吊环；4—预埋钢板；5—$\phi6\,mm$ 钢筋；6—角钢；
7—膨胀螺栓；8—镀锌钢丝（8号、12号、14号）；9—8号镀锌钢丝。

图 8-22　吊杆固定

（5）固定沿墙龙骨

沿吊顶标高线固定沿墙龙骨，一般是用冲击钻在标高线以上 10 mm 处墙面打孔，孔径 12 mm，孔距 0.5~0.8 m，孔内塞入木楔，将沿墙龙骨钉固在墙内木楔上，沿墙木龙骨的截面尺寸应与吊顶木龙骨尺寸一样。沿墙木龙骨固定后，其底边与其他龙骨底边标高一致。

（6）龙骨吊装固定

1）分片吊装。木龙骨的吊装一般先从一个墙角开始，将拼装好的木龙骨架托起至标高位置，对于高度低于 3 m 的吊顶骨架，可用高度定位杆做临时支撑，如图 8-23 所示。当高度超过 3 m 时，可用铁丝在吊点作临时固定。然后，用棒线绳或尼龙线沿吊顶标高线拉出平行或交叉的几条水平基准线，作为吊顶的平面基准。最后，将龙骨架向下慢慢移动，使之与基准线平齐，待整片龙骨架调正调平后，先将其靠墙部分与沿墙龙骨钉接，再用吊筋与龙骨架固定。

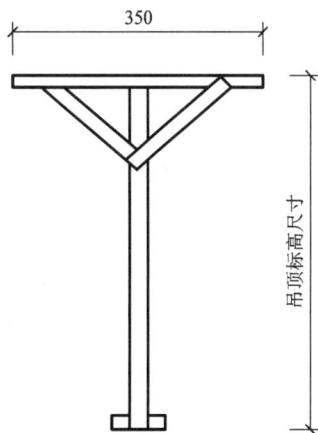

图 8-23　吊顶高度临时定位杆

2）龙骨架与吊筋固定。龙骨架与吊筋的固定方法有多种，视选用的吊杆材料和构造而

定，常采用绑扎、钩挂、木螺钉固定等。

3）龙骨架分片连接。龙骨架分片吊装在同一平面后，要进行分片连接形成整体，其方法是：将端头对正，用短方木进行连接，短方木钉于龙骨架对接处的侧面或顶面，对于一些重要部位的龙骨连接，可采用铁件进行连接加固。

4）龙骨架调平、起拱。各个分片连接加固后，在整个吊顶面下拉出十字交叉的标高线，来检查并调整吊顶平整度，使误差在规定的范围内，见表 8-10。

表 8-10　木吊顶骨架平整度要求

面积/m²	允许误差值/mm	
	上凹（起拱）	下凸
<20	2	
<50	2~5	2
<100	3~6	
>100	6~8	

对一些面积较大的木龙骨吊顶，可采用起拱的方法来平衡吊顶的下坠，一般情况下，跨度在 7 m 至 10 m 之间起拱量为 3/1000，跨度在 10 m 至 15 m 之间的起拱量为 5/1000。

3. 木龙骨吊顶饰面板安装

（1）饰面板的材料

常用饰面板的材料有以下几种：

1）木质板。主要有实木板、胶合板、纤维板等。

2）石膏板。主要有装饰石膏板、纸面石膏板、吸声石膏板等。

3）金属板。主要有金属装饰板、金属吸声板等。

4）其他板。主要有矿棉板、塑料板、复合板等。

选用饰面板时，不但要考虑装饰效果及耐久性，而且还要考虑防火、吸声、隔热、保温等要求。

（2）饰面板的接缝

1）对缝（密缝）。板与板在龙骨上对接，此时板多为粘、钉在龙骨上，缝隙处容易产生变形或裂缝，可用纱布或棉纸粘贴缝痕。

2）凹缝（离缝）。在两板接缝处做成凹槽，凹槽有 V 形和矩形两种。凹缝的宽度一般不小于 10 mm。

3）盖缝。板缝不直接暴露在外，而是用压条盖住板缝，这样可以避免缝隙宽窄不均的现象，使板面线型更加强烈。

（3）饰面板的固定

饰面板与龙骨架的固定一般有钉接和黏结两种方法。

1）钉接。用铁钉将基层板固定于木龙骨上，钉距为 80~150 mm，钉长为 25~35 mm，钉帽应砸扁并深入板面 0.5~1 mm。

2）黏结。用各种胶黏剂将基层板黏结于龙骨上，如矿棉吸声板可用 1:1 水泥石膏粉加入适量 107 胶黏结。

若采用粘、钉结合的方法,则固定更为牢固。

4. 轻钢龙骨吊顶施工

(1)施工准备

1)材料。

①轻钢龙骨。吊顶轻钢龙骨按其截面形状分为 U 形、C 形和 L 形,如图 8-24 所示,分别为主龙骨(吊顶龙骨的主要受力构件)、次龙骨(吊顶龙骨中固定饰面层的构件)和边龙骨(通常为吊顶边部固定饰面板的龙骨)。按承载龙骨的规格尺寸,分为 38 系列、45 系列、50 系列、60 系列。

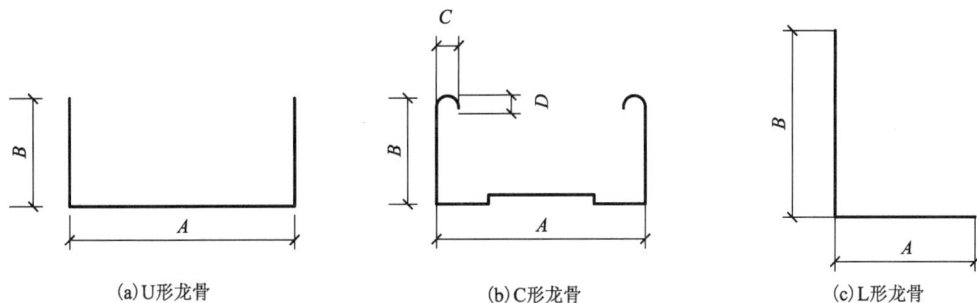

(a)U形龙骨   (b)C形龙骨   (c)L形龙骨

图 8-24 吊顶轻钢龙骨

主龙骨(大龙骨)是轻钢吊顶体系中主要受力构件。整个吊顶的荷载通过主龙骨传给吊杆,主龙骨也称承载龙骨。

次龙骨(中、小龙骨)的主要作用是与饰面板固定。大多数为构造龙骨,其间距由饰面板的规格决定,次龙骨也称覆面龙骨。

②连接件。用来连接龙骨组成一个骨架,由于各生产厂家自成体系,在连接上有不同的连接件。

③固定材料。目前较多采用的有水泥钉、射钉和金属膨胀螺栓等。

④吊筋。一般采用 $\phi6$ mm 或 $\phi8$ mm 钢筋,在一头加工出丝口。

⑤罩面材料。主要有装饰石膏板、纸面石膏板、吸声穿孔石膏板及嵌装式装饰石膏板等。

2)吊顶内的通风、水电、消防管道等均已安装就位。

3)施工机具装备齐全,主要包括冲击钻、自攻螺钉钻、电动螺丝刀、切割机、电焊机等。

4)审查图纸,制定施工方案。绘制主龙骨走向及分格图,制定空调风孔、检查孔、照明灯箱、槽安装方案等,并进行技术交底。

(2)施工工艺

放线→固定吊杆→安装主龙骨→调平主龙骨→固定次龙骨。

1)放线。

①确定标高线。采用水平仪等方法,根据吊顶设计标高在四周墙壁或柱壁上弹线,弹线应准确、清晰,其水平允许偏差为 ±5 mm。按吊顶设计标高线再分别确定并弹出次龙骨和主龙骨所在位置的平面基准线。

②按设计要求，确定吊点位置。

2）固定吊杆。

①吊点。常采用膨胀螺栓、射钉、预埋铁件等方式。

②吊杆与结构的固定。吊杆与结构的固定方法，基本上有三种。

方法一：对于板或梁上预留吊钩预埋件，将吊杆与预埋件焊接、勾挂、拧固或其他方法连接。

方法二：在吊点的位置，用冲击钻打膨胀螺栓，然后将膨胀螺栓同吊杆焊接。此种方法可省去预埋件，比较灵活。

方法三：用射钉枪固定射钉，如果选用尾部带孔的射钉，将吊杆穿过尾部的孔即可。

如果选用不带孔的射钉，宜选择一个小角钢固定在楼板上，另一条边孔钻孔，将吊杆穿过角钢的孔即可固定。

吊杆一般采用$\phi6$ mm 或$\phi8$ mm 的钢筋制作，并做防腐处理。下料时，应计算好吊杆的长度尺寸，如下端要套丝的，要注意丝扣的长度，应留有余地，以备螺母紧固和吊杆的高度方向调节。

3）安装主龙骨。

主龙骨与吊杆连接，可采用焊接，也可采用吊挂件连接。焊接虽然牢固，但维修麻烦。吊挂件一般与龙骨配套使用，安装方便。吊挂件同主龙骨相连，在主龙骨底部弹线，再用连接件将次龙骨与主龙骨固定。最后依次安装中龙骨、小龙骨。也可以主、次龙骨同时进行安装。至于采用哪些形式，应视不同部位、所吊面积大小决定。

轻钢龙骨吊顶的组合如图 8-25 所示，连接节点如图 8-26 所示。

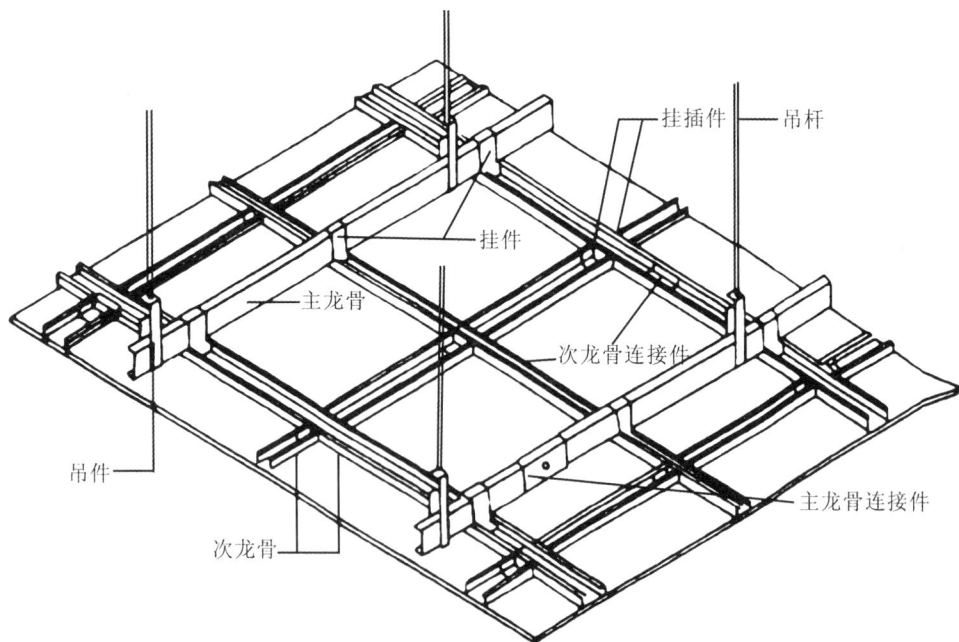

图 8-25　轻钢龙骨吊顶的组合示意图

4）调平主龙骨。

在安装龙骨前，因为已经拉好标高控制线，根据标高控制线，使龙骨就位。调平主要是调整主龙骨，只要主龙骨标高正确，中、小龙骨一般不会发生什么问题。

待主龙骨与吊件及吊杆安装就位以后，以一个房间为单位进行调整平直。调平时按房间的十字和对角拉线，以水平线调整主龙骨的平直；也可同时使用 60 mm×60 mm 的平直木方条，按主龙骨的间距钉圆钉将龙骨卡住做临时固定，木方两端顶到墙上或梁边，再依照拉线进行龙骨的升降调平。

较大面积的吊顶主龙骨调平时应注意：其中间部分应略有起拱，起拱高度一般不小于房间短向跨度的 1/200。

5）固定次龙骨。

在覆面次龙骨与承载主龙骨的交叉布置点，可使用其配套的龙骨挂件（或称吊挂件、挂搭）将二者上下连接固定，龙骨挂件的下部勾挂住覆面龙骨，上端搭在承载龙骨上，将其 U 形或 W 形腿用钳子嵌入承载龙骨内，如图 8-27 所示。

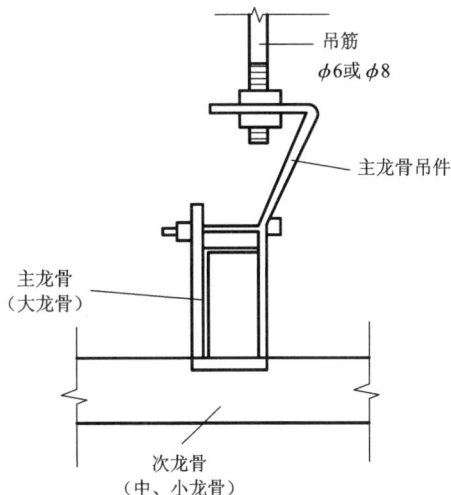

图 8-26　轻钢龙骨吊顶连接节点

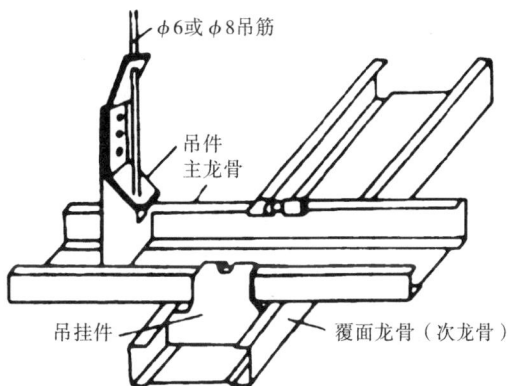

图 8-27　主、次龙骨连接

中龙骨的位置根据大样图按板材尺寸而定，如果间距较大（大于 800 mm），在中龙骨之间增加小龙骨，小龙骨与中龙骨平行，与大龙骨垂直用小吊挂件固定。

5. 轻钢龙骨吊顶饰面板安装施工

龙骨安装完毕后要进行认真检查，符合要求后才能安装饰面板。对安装完毕的轻钢龙骨架，特别要检查对接和连接处的牢固性，不得有虚接、虚焊现象。

安装饰面板同木龙骨吊顶一样可以安装各种类型饰面板，轻钢龙骨一般与纸面石膏板相配使用，下面以纸面石膏板为例介绍饰面板的施工方法。

纸面石膏板品种很多，有普通纸面石膏板、耐火纸面石膏板和纸面石膏装饰吸声板等。常用的主要是普通纸面石膏板和耐火纸面石膏板，板的长度有 1800 mm、2100 mm、2400 mm、2700 mm、3000 mm、3300 mm 和 3600 mm；宽度 900 mm、1200 mm；厚度有 9 mm、12 mm、15 mm 和 18 mm，一般多用 9 mm 和 12 mm 两种。

饰面板的安装方法有以下几种：

1）搁置法。将饰面板直接摆放在 T 形龙骨组成的格框内。

2）嵌入法。将饰面板事先加工成企口暗缝，安装时将 T 形龙骨两肢插入企口缝内固定。

3）粘贴法。将饰面板用胶黏剂直接粘贴在龙骨上。

4）钉固法。将饰面板用钉、螺丝钉、自攻螺丝等固定在龙骨上。

5）压条固定法。用木、铝、塑料等压缝条将装饰面板钉固在龙骨上。

6）塑料小花固定法。在板的四角采用塑料小花压角用螺丝固定，并在小花之间沿板边等距离加钉固定。

7）卡固法。多用于铝合金吊顶，板材与龙骨直接卡接固定。

6. 吊顶工程质量要求

吊顶工程所用的材料品种、规格、颜色，以及基层构造、固定方法等应符合设计要求。罩面板与龙骨应连接紧密，表面应平整，不得有污染、折裂、缺棱掉角、锤伤等缺陷，接缝应均匀一致，粘贴的罩面不得有脱层，胶合板不得有刨透之处，搁置的罩面板不得有漏、透、翘角现象。

吊顶工程安装的允许偏差和检验方法应符合表 8-11 的规定。

表 8-11 吊顶工程安装的允许偏差和检验方法

项次	项目	允许偏差/mm								检验方法
		暗龙骨吊顶				明龙骨吊顶				
		纸面石膏板	金属板	矿棉板	木板、塑料板、搁栅	石膏板	金属板	矿棉板	塑料板、玻璃板	
1	表面平整度	3	2	2	2	3	2	3	2	用 2 m 靠尺和塞尺检查
2	接缝直线度	3	1.5	3	3	3	2	3	3	拉 5 m 线，不足 5 m 拉通线，用钢直尺检查
3	接缝高低差	1	1	1.5	1	1	1	1.5	1	用钢直尺和塞尺检查

8.4.2 隔墙工程

1. 隔墙的构造类型

隔墙依其构造方式，可分为砌块式、骨架式和板材式。砌块式隔墙构造方式与黏土砖墙相似，装饰工程中主要为骨架式和板材式隔墙。骨架式隔墙骨架多为木材或型钢（轻钢龙骨、铝合金骨架），其饰面板多用纸面石膏板、人造板（如胶合板、纤维板、木丝板、刨花板、水泥纤维板）。板材式隔墙采用高度等于室内净高的条形板材进行拼装，常用的板材有复合轻质墙板、石膏空心条板、预制或现制钢丝网水泥板等。

2. 轻钢龙骨纸面石膏板隔墙施工

轻钢龙骨纸面石膏板墙体具有施工速度快、成本低、劳动强度小、装饰美观及防火、隔声性能好等特点，因此应用广泛，具有代表性。

用于隔墙的轻钢龙骨有 C50、C75 和 C100 三种系列，各系列轻钢龙骨由沿顶龙骨、沿地龙骨、竖向龙骨、加强龙骨、横撑龙骨以及配件组成(图 8-28)。

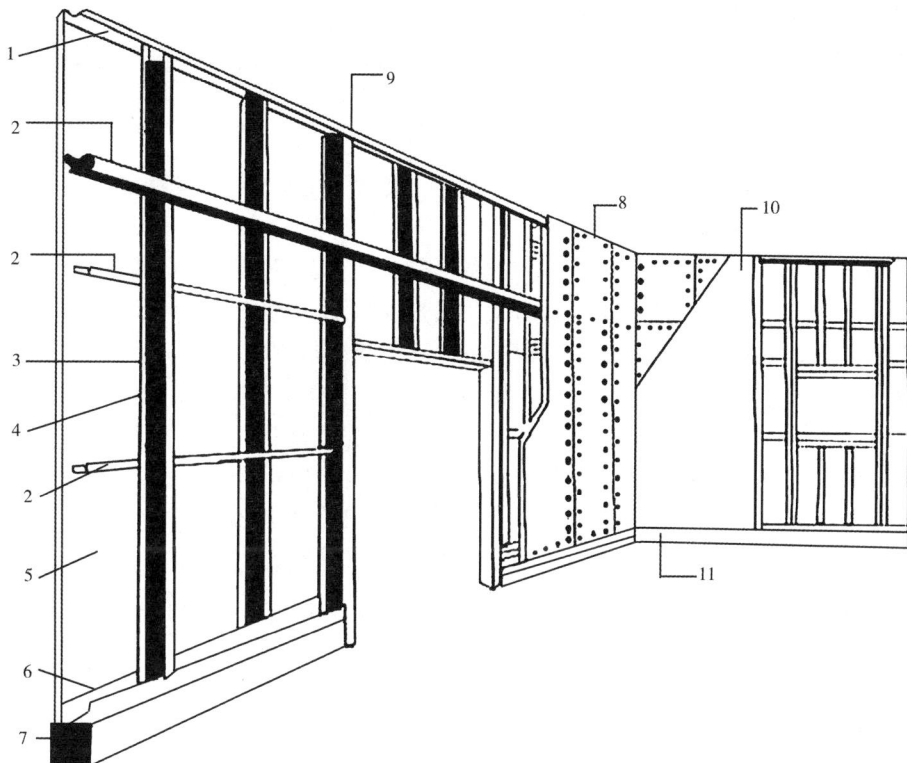

1—沿顶龙骨；2—横撑龙骨；3—支撑卡；4—贯通孔；5—石膏板；6—沿地龙骨；
7—混凝土踢脚座；8—石膏板；9—加强龙骨；10—塑料壁纸；11—踢脚板。

图 8-28　轻钢龙骨纸面石膏板隔墙

轻钢龙骨墙体的施工工艺流程：弹线→固定沿地、沿顶和沿墙龙骨→龙骨架装配及校正→石膏板固定→饰面处理。

1) 弹线。根据设计要求确定隔墙的位置、隔墙门窗的位置，包括地面位置、墙面位置、高度位置及隔墙宽度。并在地面和墙面上弹出隔墙的宽度线和中心线，按所需龙骨的长度尺寸，对龙骨进行画线配料。按先配长料、后配短料的原则进行。量好尺寸后，用粉饼或记号笔在龙骨上画出切裁位置线。

2) 固定沿地、沿顶龙骨。沿地、沿顶龙骨固定前，将固定点与竖向龙骨位置错开，用膨胀螺栓和打木楔钉、铁钉与结构固定，或直接与结构预埋件连接。

3) 骨架连接。按设计要求和石膏板尺寸，进行骨架分格设置，然后将预选切裁好的竖向龙骨装入沿地、沿顶龙骨内，校正其垂直度后，将竖向龙骨与沿地、沿顶龙骨固定起来，固定方法用点焊将两者焊牢，或者用连接件与自攻螺钉固定。

4) 石膏板固定。固定石膏板用平头自攻螺钉，其规格通常为 M4×25 或 M5×25 两种，螺钉间距 200 mm 左右。安装时，将石膏板竖向放置，贴在龙骨上用电钻同时把板材与龙骨一起打孔,再拧上自攻螺丝。螺钉要深入板材平面 2~3 mm。

石膏板之间的接缝分为明缝和暗缝两种做法。明缝是用专门工具和砂浆胶合剂勾成立缝。明缝如果加嵌压条,装饰效果较好。暗缝的做法首先要求石膏板有斜角,在两块石膏板拼缝处用嵌缝石膏腻子嵌平,然后贴上 50 mm 的穿孔纸带,再用腻子补一道,与墙面刮平。

5)饰面待嵌缝腻子完全干燥后,即可在石膏板隔墙表面裱糊墙纸、织物或进行涂料施工。

3. 铝合金隔墙施工

铝合金隔墙是用铝合金型材组成框架,再配以玻璃等其他材料装配而成。其主要施工工序:弹线→下料→组装框架→安装玻璃。

1)弹线。根据设计要求确定隔墙在室内的具体位置、墙高、竖向型材的间隔位置等。

2)画线。在平整干净的平台上,用钢尺和钢划针对型材画线,要求长度误差 ± 0.5 mm,同时不要碰伤型材表面。下料时先长后短,并将竖向型材与横向型材分开。沿顶、沿地型材要画出与竖向型材的各连接位置线。画连接位置线时,必须画出连接部位的宽度。

3)铝合金隔墙的安装固定。半高铝合金隔墙通常先在地面组装好框架后再竖立起来固定,全封铝合金隔墙通常是先固定竖向型材,再安装横挡型材来组装框架。铝合金型材之间的连接主要用铝角和自攻螺钉;其与地面、墙面的连接则主要用铁脚固定法。

4)玻璃安装。先按框洞尺寸缩小 3~5 mm 裁好玻璃,将玻璃就位后,用与型材同色的铝合金槽条,在玻璃两侧夹定,校正后将槽条用自攻螺钉与型材固定。活动窗口上的玻璃应与铝合金活动窗口同时安装。

4. 隔墙的质量要求

(1)骨架隔墙

1)骨架隔墙所用龙骨、配件、墙面板、填充材料及嵌缝材料的品种、规格、性能和木材的含水率应符合设计要求。有隔音、隔热、阻燃、防潮等特殊要求的工程,材料应有相应性能等级的检测报告。

2)骨架隔墙工程边框龙骨必须与基体结构连接牢固,并应平整、垂直、位置正确。墙面板应安装牢固,无脱层、翘曲、折裂及缺损。

3)骨架隔墙表面应平整光滑、色泽一致、洁净、无裂缝,接缝应均匀、顺直。

4)骨架隔墙安装的允许偏差和检验方法应符合表 8-12 的规定。

(2)板材隔墙

1)隔墙板材的品种、规格、性能、颜色应符合设计要求,有隔声、隔热、阻燃、防潮等特殊要求的工程,板材应有相应性能等级的检测报告。

2)安装隔墙板所需预埋件、连接件的位置、数量及连接方法应符合设计要求。板材安装必须牢固。现制钢丝网水泥隔墙与周边墙体的连接方法应符合设计要求,并应连接牢固。

3)隔墙板材安装应垂直、平整、位置正确,板材不应有裂缝或缺损。

4)板材隔墙表面应平整光滑、色泽一致、洁净,接缝应均匀、顺直。

5)板材隔墙安装的允许偏差和检验方法应符合表 8-12 的规定。

表 8-12　隔墙安装的允许偏差和检验方法

项次	项目	允许偏差/mm						检验方法
		骨架隔墙		板材隔墙				
		人造木板、水泥纤维板	纸面石膏板	金属夹芯板	其他复合板	石膏空心板	钢丝网水泥板	
1	立面垂直度	4	3	2	3	3	3	用 2 m 垂直检测尺检查
2	表面平整度	3	3	2	3	3	3	用 2 m 直尺和塞尺检查
3	阴阳角方正	3	3	3	3	3	4	用直角检测尺检查
4	接缝直线度	3	—	—	—	—	—	拉 5 m 线，不足 5 m 拉通线，用钢直尺检查
5	压条直线度	3	—	—	—	—	—	
6	接缝高低差	1	1	1	2	2	3	用钢直尺和塞尺检查

8.5　门窗工程

门窗按材料分为木门窗、钢门窗、铝合金门窗和塑料门窗四大类。木门窗应用最早且最普遍，但越来越被钢门窗、铝合金门窗和塑料门窗所代替。

门窗工程

8.5.1　木门窗

木门窗安装的施工工艺：确定安装位置→门窗框就位固定→安装门窗扇→安装五金件→安装玻璃→涂饰。

1）确定安装位置。根据图纸要求确定门窗位置，以窗中心线为准往两侧量出窗边线，以每层 ±50 cm 水平线为准，量出窗下皮标高。

2）门窗框就位固定。木门窗安装一般有立框安装和塞框安装两种方法。

立框安装：立框安装是先立好门窗框，再砌筑两边的墙体。立框时应先在地面（或墙面）画出门窗框的中线及边线，而后按线将门窗框立上，用临时支撑撑牢。在砌两边的墙体时，墙内应砌经过防腐处理的木砖，以便与门窗框连接。木砖垂直间距 0.5~0.7 m 一块，尺寸规格为 115 mm×115 mm×53 mm。

塞框安装：塞框安装是在砌墙时先留出门窗洞口，然后塞入门窗框，洞口尺寸要比门窗框尺寸每边大 20 mm。将木门窗框塞入就位后，用木楔做临时固定，校正水平度和垂直度后，用铁钉将门窗框固定在预留的木砖上。立框时要注意两点：一是门窗的开启方向；二是门窗框居墙中，还是在墙里皮。若是与里皮平，门窗框应出里皮墙面 20 mm，这样抹完灰后，门窗框正好与墙面平齐。安装时每边固定点不得少于两处，其间距不应大于 1.2 m。

3）安装门窗扇。门窗扇一般采用木螺钉，通过合页与门框固定。合页距门窗扇上下端宜取高度的 1/10，并避开上下冒头，合页槽框扇同时剔出，并要求外浅里深，木螺钉采用螺丝刀拧紧。

4）安装五金件。安装门锁不宜安装在冒头与立框的结合处，窗拉手距楼地面宜为 1.5~1.6 m，门拉手距地面宜为 0.9~1.05 m。

5）安装玻璃。玻璃安装前应检查框内尺寸，将裁口内的污垢清除干净。安装时，可用钉子固定，钉距不得大于 300 mm，且每边不少于两个，然后用油灰密封。

安装长边大于 1.5 m 或短边大于 1 m 的玻璃，应使用橡胶垫并用压条和螺钉固定。用木压条固定玻璃时，应先刷底油后安装，并不得将玻璃压得过紧。

6）涂饰。门窗涂饰按设计要求的品种和颜色进行施工。

木门窗安装的留缝限值、允许偏差和检验方法应符合表 8-13 的规定。

表 8-13 木门窗安装的留缝限值、允许偏差和检验方法

项次	项目		留缝限值/mm		允许偏差/mm		检验方法
			普通	高级	普通	高级	
1	门窗槽口对角线长度差		—		3	2	用钢尺检查
2	门窗框的正、侧面垂直度		—	—	2	1	用垂直检测尺检查
3	框与扇、扇与扇接缝高低差		—	—	2	1	用钢直尺和塞尺检查
4	门窗扇对口缝		1~2.5	1.5~2	—	—	用塞尺检查
5	工业厂房双扇大门对口缝		2~5		—	—	
6	门窗扇与上框间留缝		1~2	1~1.5	—	—	
7	门窗扇与侧框间留缝		1~2.5	1~1.5	—	—	
8	窗扇与下框间留缝		2~3	2~2.5	—	—	
9	门扇与下框间留缝		3~5	3~4	—	—	
10	双层门窗内外框间距		—	—	4	3	用钢尺检查
11	无下框时门扇与地面间留缝	外门	4~7	5~6	—	—	用塞尺检查
		内门	5~8	6~7	—	—	
		卫生间门	8~12	8~10	—	—	
		厂房大门	10~20	—	—	—	

8.5.2 钢门窗

建筑中应用较多的钢门窗有薄壁空腹钢门窗和实腹钢门窗。钢门窗在工厂加工制作后整体运到现场进行安装。

钢门窗现场安装前应按照设计要求，核对型号、规格、数量、开启方向及所带五金零件是否齐全，凡有翘曲、变形者，应调直修复后方可安装。

钢门窗采用后塞口方法安装。可在洞口四周墙体预留孔埋设铁脚连接件固定，或在结构内预埋铁件，安装时将铁脚焊在预埋件上。

钢门窗制作时将框与扇连成一体，安装时用木楔临时固定。然后用线锤和水准尺校正垂直与水平，做到横平竖直，成排门窗应上、下高低一致，进出一致。

门窗位置确定后，将铁脚与预埋件焊接或埋入预留墙洞内，用 1:2 水泥砂浆或细石混凝土将洞口缝隙填实。铁脚尺寸及间隙按设计要求留设，但每边不得少于两个，铁脚离端角距离约 180 mm。

大面组合钢窗可在地面上先拼装好，为防止吊运过程中变形，可在钢窗外侧用木方或钢管加固。

砌墙时门窗洞口应比钢门窗框每边大 15～30 mm，作为嵌填砂浆的留量。其中：清水砖墙不小于 15 mm；水泥砂浆抹面混水墙不小于 20 mm；水刷石墙不小于 25 mm；贴面砖或板材墙不小于 30 mm。

玻璃安装：清理槽口，先在槽口内涂小于 4 mm 厚的底灰，用双手将玻璃揉平放正，挤出油灰，然后将油灰与槽口、玻璃接触的边缘刮平、刮齐。安卡子间距不小于 300 mm，且每边不少于 2 个，卡脚长短适当，用油灰填实抹光，卡脚以不露出油灰表面为准。

钢门窗安装的留缝限值、允许偏差和检验方法应符合表 8-14 的规定。

表 8-14　钢门窗安装的留缝限位、允许偏差和检验方法

项次	项目		留缝限值/mm	允许偏差/mm	检验方法
1	门窗槽口宽度、高度/mm	≤500	—	2.5	用钢尺检查
		>1500	—	3.5	
2	门窗槽口对角线长度差/mm	≤2000	—	5	用钢尺检查
		>2000	—	6	
3	门窗框的正、侧面垂直度		—	3	用 1 m 垂直检测尺检查
4	门窗横框的水平度		—	3	用 1 m 水平尺和塞尺检查
5	门窗横框标高		—	5	用钢尺检查
6	门窗竖向偏离中心		—	4	用钢尺检查
7	双层门窗内外框间距		—	5	用钢尺检查
8	门窗框、扇配合间隙		≤2	—	用塞尺检查
9	无下框时门扇与地面间留缝		4～8	—	用塞尺检查

8.5.3　铝合金门窗

安装前应检查铝合金门窗成品及构配件，还要检查洞口标高线及几何形状、预埋件位置、间距，埋设是否牢固。

铝合金门窗一般是先安装门窗框，后安装门窗扇，用后塞口法。门窗框安装要求位置准确，横平、竖直，高低一致，牢固严密。安装时将门窗框安放到洞口正确位置，先用木楔临时定位后，拉通线进行调整，使上、下、左、右的门窗分别在同一竖直线、水平线上；框边四周间隙与框表面距墙体外表面尺寸一致。再仔细校正其正、侧面垂直度，水平度及位置合格后，楔紧木楔。再一次校正。然后按设计规定的门窗框与墙体或预埋件连接固定方式进行焊接固定（或用钢钉固定、膨胀螺钉固定、木螺丝固定）。常用的固定方法如图 8-29 所示。不论采用何种方法固定，紧固件至窗角的距离不应大于 180 mm，紧固件间距应小于 600 mm，如图 8-30 所示。

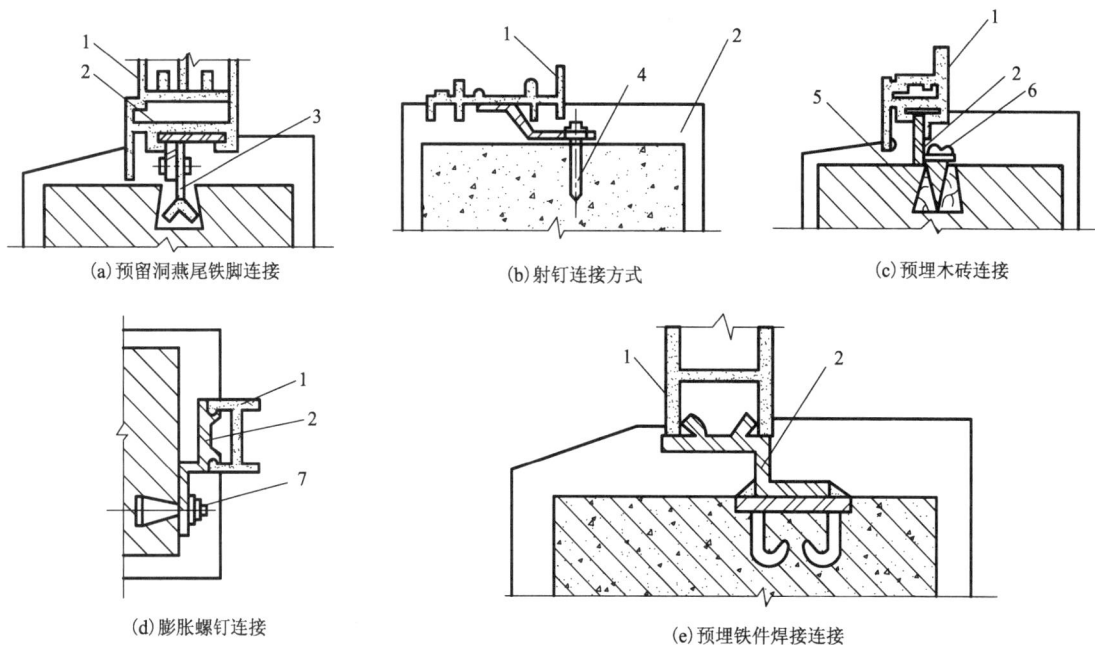

(a)预留洞燕尾铁脚连接　　　　(b)射钉连接方式　　　　(c)预埋木砖连接

(d)膨胀螺钉连接　　　　(e)预埋铁件焊接连接

1—门窗框；2—连接铁件；3—燕尾铁脚；4—射(钢)钉；
5—木砖；6—木螺钉；7—膨胀螺钉。

图 8-29　铝合金门窗与墙体连接方式

铝合金门窗与墙体连接固定时应遵守下列规定：

1)门窗装入洞口应横平竖直，外框与洞口应连接牢固，不得将门窗外框直接埋入墙体。门窗安装节点及缝隙处理如图8-31 所示。

2)连接件应对称地排列在门窗框两侧，相邻铁件宜内外错开，连接铁件不得露出装饰层。

3)焊接连接铁件时，应用橡胶或石棉板遮盖门窗框，不得烧损门窗框，焊接完毕应清除焊渣，焊接应牢固。

4)门窗框与墙体连接用的预埋连接件、紧固件规格和要求，必须符合设计图纸的规定。

5)横向及竖向组合时，应采取套插、搭接法形成曲面组合，搭接长度宜为 10 mm，并用密封膏密封。组合方法如图8-32 所示。

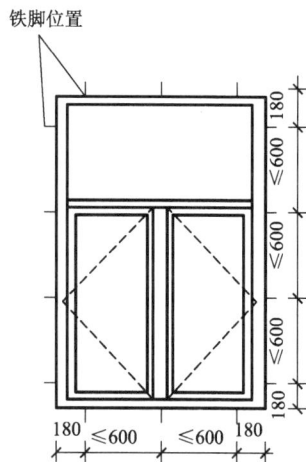

图 8-30　紧固件位置示意图

6)安装密封条时应留有伸缩余量，一般比门窗的装配边长 20～30 mm，在转角处应斜面断开，并用胶黏剂粘贴牢固，以免产生收缩缝。

7)若门窗为明螺丝连接时，应用与门窗颜色相同的密封材料将其掩埋密封。

铝合金门窗安装固定经检查合格后，取下木楔，及时按设计要求处理门窗框与四周墙体缝隙。若设计未规定填塞材料时，应用矿棉条或玻璃棉毡分层填塞缝隙，外表留 5～8 mm 深槽口填嵌密封材料。应在窗台板安装后将四周缝同时嵌填，嵌填时应防止门窗框碰撞变形。

门窗扇的安装要求位置准确、平直，缝隙均匀，严密牢固，启闭灵活，五金零配件安装位置准确，能起到各自的作用。

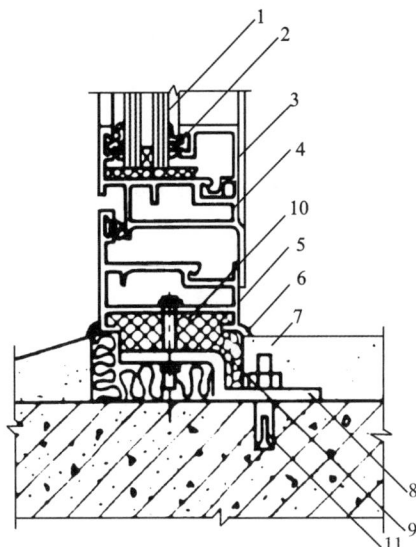

1—玻璃；2—橡胶条；3—压条；4—内扇；
5—外框；6—密封膏；7—砂浆；8—地脚；
9—软填料；10—塑料垫；11—膨胀螺栓。

图 8-31 铝合金门窗安装节点及缝隙处理示意图

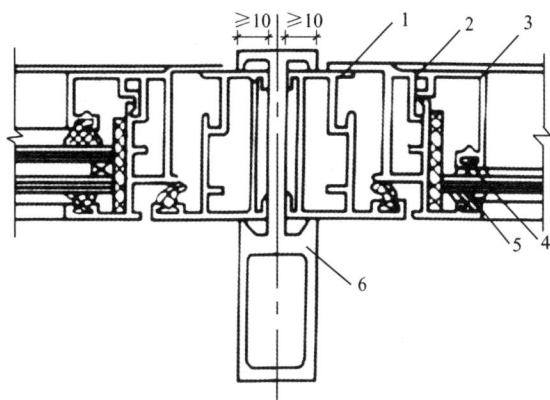

1—外框；2—内扇；3—压条；4—橡胶条；
5—玻璃；6—组合杆件。

图 8-32 铝合金门窗组合方法示意图

铝合金门窗安装的允许偏差和检验方法应符合表 8-15 的规定。

表 8-15 铝合金门窗安装的允许偏差和检验方法

项次	项目		允许偏差/mm	检验方法
1	门窗槽口宽度、高度/mm	≤500	1.5	用钢尺检查
		>1500	2	
2	门窗槽口对角线长度差/mm	≤2000	3	用钢尺检查
		>2000	4	
3	门窗框的正、侧面垂直度		2.5	用垂直检测尺检查
4	门窗横框的水平度		2	用 1 m 水平尺和塞尺检查
5	门窗横框标高		5	用钢尺检查
6	门窗竖向偏离中心		5	用钢尺检查
7	双层门窗内外框间距		4	用钢尺检查
8	推拉门窗扇与框搭接量		1.5	用直钢尺检查

8.5.4 塑料门窗

1. 现场准备

1）门窗洞口质量检查。按设计要求检查门窗洞口的尺寸。若无设计要求，一般应满下列规定：门洞口宽度为门框宽加 50 mm；门洞口高度为门框高加 20 mm；窗洞口宽度为窗框宽加 40 mm；窗洞口高度为窗框高加 40 mm。门窗洞口尺寸的允许偏差值为：洞口表面平整度允许偏差 3 mm；洞口正、侧面垂直度允许偏差 3 mm；洞口对角线长度允许偏差 3 mm。

2）检查洞口的位置、标高与设计要求是否相符。

3）检查洞口内预埋木砖的位置、数量是否准确。

4）按设计要求弹好门窗安装位置线。

5）准备好安装脚手架。

2. 塑料门窗的安装

由于塑料门窗的热膨胀较大，且弯曲弹性模量又较小，加之又是成品安装，如果稍不注意，就可能造成塑料门窗的损伤变形，影响使用功能、装饰效果和耐久性。因此，施工时应特别注意。

塑料门窗安装施工工艺流程：门窗洞口处理→找规矩→弹线→安装塑料门窗→安装五金配件→清理。

塑料门窗框与墙体的固定方法，常见的有连接件固定法、直接固定法和假框固定法三种。

1）连接件固定法。这是用一种专门制作的铁件将门窗框与墙体相连接，是我国目前运用较多的一种方法。连接件法的做法是先将塑料门窗放入门窗洞口内，找平对中后用木楔临时固定。然后，将固定在门窗框型材靠墙一面的锚固铁件用螺钉或膨胀螺钉固定在墙上，如图 8-33 所示。

2）直接固定法。在砌筑墙体时先将木砖预埋入门窗洞口内，当塑料门窗安入洞口并定位后，用木螺钉直接穿过门窗框与预埋木砖连接，从而将门窗框直接固定于墙上，如图 8-34 所示。

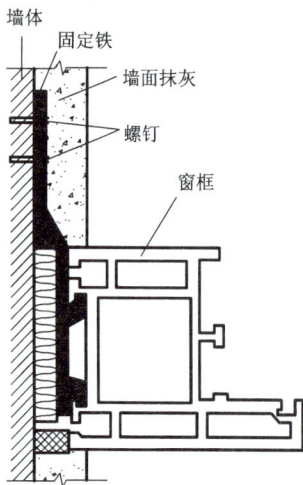

图 8-33 框墙间连接件固定法

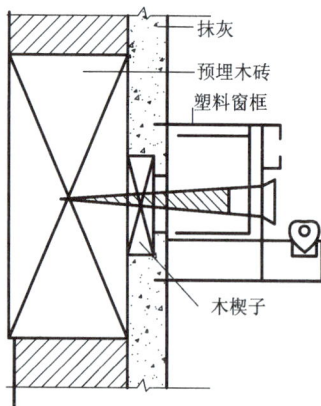

图 8-34 框墙间直接固定法

3）假框固定法。先在门窗洞口内安装一个与塑料门窗框配套的镀锌铁皮金属框，或者当木窗换成塑料门窗时，将原来的木门窗框保留，待抹灰装饰完成后，再将塑料门窗框直接固定在上述框材上，最后再用盖口条对接缝及边缘部分进行装饰，如图8-35所示。

3. 框与墙间缝隙处理

1）由于塑料的膨胀系数较大，故要求塑料门窗框与墙体间应留出一定宽度的缝隙，以适应塑料的伸缩变形。

2）框与墙间的缝隙，应用泡沫塑料条或聚苯板填塞，填塞不宜过紧，以免框架变形。门窗框四周的内外接缝应用密封材料嵌填严密，也可以采用硅橡胶嵌缝条，不宜采用嵌填水泥砂浆的做法。

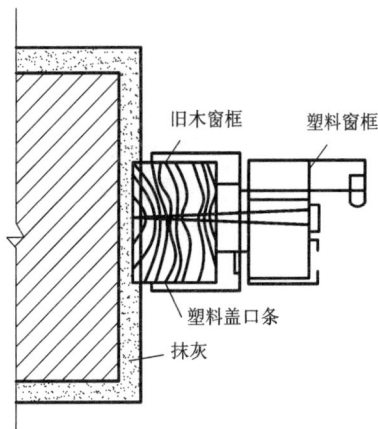

图 8-35　框墙间假框固定法

3）不论采用何种填缝方法，均要求做到：嵌填封缝材料应能承受墙体与框间的相对运动而保持密封性能；嵌填封缝材料不应对塑料门窗框有腐蚀、软化作用，沥青类材料可能使塑料软化，故不宜使用。

4. 五金配件安装

塑料门窗安装配件时，必须先在杆件上钻孔，然后用自攻螺钉拧入，严禁在杆件上直接锤击钉入。

5. 检查验收

塑料门窗安装的允许偏差和检验方法应符合表8-16的规定。

表 8-16　塑料门窗安装的允许偏差和检验方法

项次	项目		允许偏差/mm	检验方法
1	门窗槽口宽度、高度/mm	≤1500	2	用钢尺检查
		>1500	3	
2	门窗槽口对角线长度差/mm	≤2000	3	用钢尺检查
		>2000	5	
3	门窗框的正、侧面垂直度		3	用垂直检测尺检查
4	门窗横框的水平度		3	用1 m水平尺和塞尺检查
5	门窗横框标高		5	用钢尺检查
6	门窗竖向偏离中心		5	用钢直尺检查
7	双层门窗内外框间距		4	用钢尺检查
8	同樘平开窗相邻扇高度差		2	用钢直尺检查
9	平开门窗铰链部位配合间隙		+2；−1	用塞尺检查
10	推拉门窗扇与框搭接量		+1.5；−2.5	用钢直尺检查
11	推拉门窗扇与竖框平行度		2	用1 m水平尺和塞尺检查

涂料工程

8.6　涂料工程

涂料工程是将油质或水质涂料涂敷在木材、金属、抹灰层或混凝土等基层表面上黏结成完整而坚韧的保护膜，既可保护被涂物体免受外界的影响，提高耐久性，又可起到增强建筑装饰效果的作用。

涂料主要由胶黏剂、颜料、溶剂和辅助材料等组成。涂料的品种繁多，按装饰部位不同可分为内墙涂料、外墙涂料、顶棚涂料、地面涂料；按成膜物质不同可分为油性涂料(也称油漆)、有机高分子涂料、无机高分子涂料、有机无机复合涂料；按涂料分散介质不同可分为溶剂型涂料、水性涂料、乳液涂料(乳胶漆)。

涂料工程施工的基本工序：基层处理、打底子、刮腻子、磨光、涂刷涂料等项目。涂料工程一般分为普通、中级和高级三个质量等级。

涂料工程施工技术如下。

1. 基层处理

混凝土和抹灰表面：基层表面必须坚实，无酥板、脱层、起砂、粉化等现象，否则应铲除。基层表面要求平整，如有孔洞、裂缝，须用同种涂料配制的腻子批嵌，除去表面的油污、灰尘、泥土等，并清洗干净。对于施涂溶剂型涂料的基层，其含水率应控制在8%以内，对于施涂乳液型涂料的基层，其含水率应控制在10%以内。

木材基层表面：应先将木材表面上的灰尘、污垢清除干净，并把木材表面的缝隙、毛刺等用腻子填补磨光，木材基层的含水率不得大于12%。

金属基层表面：将灰尘、油渍、锈斑、焊渣、毛刺等清除干净。

2. 涂料施工

涂料施工主要操作方法：刷涂、滚涂、喷涂、刮涂、弹涂、抹涂等。

(1)刷涂

是人工用刷子蘸上涂料直接涂刷于被饰涂面。要求：不流、不挂、不皱、不漏、不露刷痕。刷涂一般不少于两道，应在前一道涂料表面干后再涂刷下一道。两道施涂间隔时间由涂料品种和涂刷厚度确定，一般为 2~4 h。

(2)滚涂

是利用涂料辊子蘸上少量涂料，在基层表面上下垂直来回滚动施涂。阴角及上下口一般需先用排笔、鬃刷刷涂。

(3)喷涂

是一种利用压缩空气将涂料制成雾状(或粒状)喷出，涂于被饰涂面的机械施工方法。其操作过程为：

1)将涂料调至施工所需黏度，将其装入贮料罐或压力供料筒中。

2)打开空压机，调节空气压力，使其达到施工压力，一般为 0.4~0.8 MPa。

3)喷涂时，手握喷枪要稳，涂料出口应与被涂面保持垂直，喷枪移动时应与喷涂面保持平行。喷距 500 mm 左右为宜，喷枪运行速度应保持一致。

4)喷枪移动的范围不宜过大，一般直接喷涂 700~800 mm 后折回，再喷涂下一行，也可选择横向或竖向往返喷涂。

5)涂层一般两遍成活，横向喷涂一遍，竖向再涂一遍。两遍之间间隔时间由涂料品种及喷涂厚度而定，要求涂膜应厚薄均匀、颜色一致、平整光滑，不出现露底、皱纹、流挂、钉孔、气泡和失光现象。

（4）刮涂

是利用刮板，将涂料厚浆均匀地批刮于涂面上，形成厚度为 1~2 mm 的厚涂层。这种施工方法多用于地面等较厚层涂料的施涂。

刮涂施工的方法为：

1）腻子一次刮涂厚度一般不应超过 0.5 mm，孔眼较大的物面应将腻子填嵌实，并高出物面，待干透后再进行打磨。待批刮腻子或者厚浆涂料全部干燥后，再涂刷面层涂料。

2）刮涂时应用力按刀，使刮刀与饰面呈 50°~60° 角刮涂。刮涂时只能来回刮 1~2 次，不能往返多次刮涂。

3）遇有圆形、有棱物面可用橡皮刮刀进行刮涂。刮涂地面施工时，为了增加涂料的装饰效果，可用划刀或记号笔刻出席纹、仿木纹等各种图案。

（5）弹涂

先在基层刷涂 1~2 道底涂层，待其干燥后通过机械的方法将色浆均匀地溅在墙面上，形成 1~3 mm 的圆状色点。弹涂时，弹涂器的喷出口应垂直正对被饰面，距离 300~500 mm，按一定速度自上而下、由左至右弹涂。选用压花型弹涂时，应适时将彩点压平。

（6）抹涂

先在基层刷涂或滚涂 1~2 道底涂料，待其干燥后，使用不锈钢抹灰工具将饰面涂料抹到底层涂料上。一般抹 1~2 遍，间隔 1 h 后再用不锈钢抹子压平。涂抹厚度内墙为 1.5~2 mm，外墙 2~3 mm。

在工厂制作组装的钢木制品和金属构件，其涂料宜在生产制作阶段施工，最后一遍安装后在现场施涂。现场制作的构件，组装前应先施涂一遍底子油（干油性且防锈的涂料），安装后再施涂。

3. 内墙涂料施工

内墙涂料施工工艺流程：基层处理→刮腻子、磨光→刷涂料→清扫。

（1）基层处理

主要保证墙面的平整、干净、干燥，若有孔洞、裂纹等缺陷需及时修补，墙面有灰尘、油污等污染，应清理干净。同时，抹灰层含水量不大于 10%。

（2）刮腻子、磨光

内墙用腻子一般是由白乳胶、滑石粉（或大白粉）和 2% 羧甲基纤维素溶液（质量配合比为 1:5:3.5）拌制而成。

刮腻子一般要求满刮两遍。第一遍用胶皮刮板横向刮抹，要求均匀、光滑、密实、不漏刮，接头不留槎，不沾污门窗框其他部位，线角及边棱整齐，待干透后用粗砂纸打磨平整；第二遍刮腻子的方向与第一遍方向垂直、方法相同，干透后用细砂纸打磨平整、光滑。

（3）刷涂料

内墙涂料为水性涂料（如聚乙烯醇水玻璃涂料即 106 涂料）可用滚涂法施工，将蘸取涂料的毛辊先按 W 形方式运动,将涂料大致涂在基层上,然后用蘸取涂料的毛辊紧贴基层上下、左右来回滚动,使涂料在基层上均匀展开,最后用蘸取涂料的毛辊按一定方向满滚一遍,阴角及上下口宜采用排笔刷涂抹齐。

内墙涂料为丙烯酸酯涂料(如乳胶漆)可采用刷涂的方法施工。用排笔、棕刷等工具蘸上涂料、均匀地刷涂在基层表面上。涂刷时,宜按先左后右、先上后下、先难后易、先边后面的顺序进行。涂刷距离长短一致,勤沾短刷,接槎应在分格缝处。

内墙涂料为聚氨酯涂料(如仿瓷涂料)可采用抹涂的方法施工。

内墙涂料为高分子涂料,可采用喷涂法施工,两行重叠宽度宜控制在喷涂宽的 1/3。

内墙涂料施工时,一般室内温度控制在 5℃至 35℃之间,施工顺序一般为先顶棚后墙面。若楼地面已施工,可进行覆盖,以保持地面清洁。

(4)清扫

涂料施工完毕,应及时修补和清扫,并清除预先盖在门窗等部位的遮挡物。

4. 外墙涂料施工

外墙涂料的种类很多,现以复合建筑涂料(合成树脂类、硅溶胶类、水泥系类等)为例介绍。

外墙涂料施工工艺流程:基层处理→分格缝→施涂封底涂料→施涂主层涂料→涂罩面涂料→修整。

1)基层处理。将基层表面上的灰尘、污垢等清除干净,将缺棱掉角处用 1:3 水泥砂浆修好,表面麻面及缝隙可用腻子局部刮平,待腻子干后,用砂纸磨平。

2)分格缝。根据设计要求设置分格缝,并保证分格缝平直、光滑、粗细一致。

3)施涂封底涂料。封底涂料采用喷涂或刷涂方法进行。

4)施涂主层涂料。喷涂施工应根据所用涂料的品种、黏度、稠度等确定喷涂机的种类、喷嘴口径、喷涂压力、与基层之间的距离等。

5)涂罩面涂料。主层涂料干后,即可涂饰面层涂料,水泥系主层涂料喷涂后应先干燥12 h,才能施涂罩面涂料。施涂罩面涂料时,采用喷涂的方法进行,不得有漏涂和流坠现象。待第一遍罩面涂料干燥后,再喷涂第二遍罩面涂料。

6)修整。修整的形式有两种:一种是随施工随修整,它贯穿于班前班后和每完成一分格块;另一种是整个分部、分项工程完成后,应组织进行全面检查,如发现有漏涂、透底、流坠等缺陷,应立即修整和处理,以保证施工质量。

5. 质量要求和检验方法

涂料工程应待涂层完全干燥后,方可进行验收。验收时,应检查所用的材料品种、型号和性能是否符合设计要求;施工后的颜色、图案应符合设计要求;涂料在基层上涂饰应均匀、黏结牢固,不得漏涂、透底、起皮和反锈。

施涂薄涂料的涂饰质量和检验方法,应符合表 8-17 的规定;施涂厚涂料、复层涂料的涂饰质量和检验方法,应符合表 8-18 的规定;施涂色漆的涂饰质量和检验方法,应符合表 8-19 的规定;清漆的涂饰质量和检验方法,应符合表 8-20 的规定。

6. 涂料工程的安全技术

1)涂料材料和所用设备,必须要有经过安全教育的专人保管,设置专用库房,各类储油原料的桶必须封盖。

表 8-17　薄涂料的涂饰质量和检验方法

项次	项目	普通涂饰	高级涂饰	检验方法
1	颜色	均匀一致	均匀一致	
2	泛碱、咬色	允许少量轻微	不允许	
3	流坠、疙瘩	允许少量轻微	不允许	观察
4	砂眼、刷纹	允许少量轻微砂眼，刷纹通顺	无砂眼、无刷纹	
5	装饰线、分色线直线度允许偏差/mm	2	1	拉 5 m 线，不足 5 m 拉通线，用钢直尺检查

表 8-18　厚涂料、复层涂料的涂饰质量和检验方法

项次	项目	普通厚涂料	厚涂料	复层涂料	检验方法
1	颜色	均匀一致	均匀一致	均匀一致	
2	泛碱、咬色	允许少量轻微	不允许	不允许	观察
3	点状分布	—	疏密均匀	—	
4	喷点疏密程度	—	—	均匀，不允许连片	

表 8-19　色漆的涂饰质量和检验方法

项次	项目	普通涂饰	高级涂饰	检验方法
1	颜色	均匀一致	均匀一致	观察
2	光泽、光滑	光泽基本均匀，光滑无挡手感	光泽均匀一致，光滑	观察，手摸检查
3	刷纹	刷纹通顺	无刷纹	观察
4	裹棱、流坠、皱皮	明显处不允许	不允许	观察
5	装饰线、分色线直线度允许偏差/mm	2	1	拉 5 m 线，不足 5 m 拉通线，用钢直尺检查

表 8-20　清漆的涂饰质量和检验方法

项次	项目	普通涂饰	高级涂饰	检验方法
1	颜色	基本一致	均匀一致	观察
2	木纹	棕眼刮平、木纹清楚	棕眼刮平、木纹清楚	观察
3	光泽、光滑	光泽基本均匀，光滑无挡手感	光泽均匀一致，光滑	观察，手摸检查
4	刷纹	无刷纹	无刷纹	观察
5	裹棱、流坠、皱皮	明显处不允许	不允许	观察

2)涂料库房与建筑物必须保持一定的安全距离,一般在 2 m 以上。库房内严禁烟火,且有足够的消防器材。

3)施工现场必须具有良好的通风条件,通风不良时须安置通风设备,喷涂现场的照明灯应加保护罩。

4)使用喷灯,加油不得过满,打气不能过足,使用时间不宜过长,点火时火嘴不准对人。

5)使用溶剂时,应做好眼睛、皮肤等的防护,并防止中毒。

复习思考题

1. 简述墙面一般抹灰的施工流程。

2. 一般抹灰分几级? 具体有哪些要求?

3. 简述水刷石的施工要点。

4. 简述水磨石的施工要点。

5. 简述釉面砖镶贴施工要点。

6. 简述大理石、花岗石饰面的施工方法和要点。

7. 简述铝合金板墙施工要点。

8. 简述玻璃幕墙施工要点。

9. 试述水泥砂浆、水磨石地面的施工方法和要点。

10. 试述木地板施工要点。

11. 试述木龙骨吊顶、轻钢龙骨吊顶的构造和施工要点。

12. 试述轻钢龙骨纸面石膏板隔墙施工要点。

13. 试述内墙涂料施工和外墙涂料施工的施工工艺。

14. 简述木门窗的安装方法和注意事项。

15. 简述钢门窗的安装方法和注意事项。

16. 简述铝合金门窗的安装方法和注意事项。

模块九

墙体保温工程

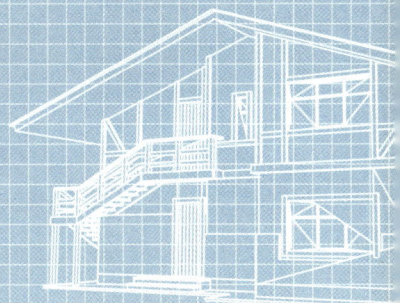

近年来，我们对居住舒适度的要求日益提高，但由于能源利用效率很低，建筑能耗迅速增长，已大大超过了能源增长的速度，能源供应紧张已严重制约了经济建设和人民生活水平的进一步提高，建筑节能成为一项长期而紧迫的战略任务。随着我国每年以 10 亿 m^2 的民用建筑投入使用，建筑能耗占总能耗的比例已从 1978 年的约 10% 上升到目前的 26.5%。在建筑中，外围护结构的热损耗较大，采暖居住建筑物的耗热量 73%～77% 均通过围护结构散失。因此，围护结构成为节能的重点部位。外围护结构中墙体又占了较大份额，所以建筑墙体改革与墙体节能技术的发展是建筑节能技术的一个最重要环节，发展外墙保温技术及节能材料是建筑节能的主要方式之一。

建筑节能

9.1 外墙保温系统的基本构造及特点

外墙保温系统按保温层的位置分为外墙内保温系统和外墙外保温系统两大类，其基本构造做法见图 9-1。

1. 外墙内保温系统的构造及特点

外墙内保温系统主要由基层、保温层和饰面层构成，其构造见图 9-1(a)。

外墙内保温施工是在外墙结构的内部加做保温层，内保温施工速度快，操作方便灵活，可以保证施工进度。内保温已有较长的使用时间，施工技术成熟，检验标准较为完善。在 2001 年前外墙保温中 90% 以上的工程应用了内保温技术。

目前，使用较多的内保温材料和技术有增强石膏复合聚苯保温板、聚合物砂浆、复合聚

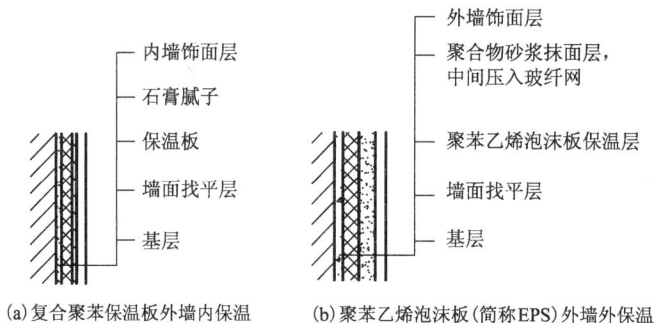

图 9-1　外墙保温系统的基本构造

苯保温板、增强水泥复合聚苯保温板、内墙贴聚苯板、粉刷石膏抹面及聚苯颗粒保温料浆加抗裂砂浆压入网格布抹面等施工方法。

但内保温要占用室内使用面积。结构冷(热)桥的存在使局部温差过大导致产生结露现象。由于建筑外墙内保温保护的位置仅仅在建筑的内墙及梁内侧,内墙及板对应的外墙部分得不到保温材料的保护,因此,在此部分形成冷(热)桥。热桥问题不解决,容易引起开裂,还会影响施工速度,影响居民的二次装修,且内墙悬挂和固定物件也容易破坏内保温结构。内保温在技术上的不合理性决定了其必然要被外保温所替代。

2. 外墙外保温系统的构造及特点

(1)外墙外保温系统的构造

外墙外保温主要由基层、保温层、抹面层、饰面层构成,其构造见图 9-1(b)。

基层:是指外保温系统所依附的外墙。

保温层:由保温材料组成,在外保温系统中起保温作用的构造层。

抹面层:抹在保温层上,中间夹有增强网,保护保温层,并起防裂、防水和抗冲击作用的构造层。抹面可分为薄抹面层和厚抹面层。用于聚苯板和胶粉 EPS 颗粒保温浆料时为薄抹面层,用于 EPS 钢丝网架板时为厚抹面层。对于具有薄抹面层的系统,保护层厚度应不小于3 mm 并且不宜大于 6 mm。对于具有厚抹面层的系统,厚抹面层厚度应为 25~30 mm。

饰面层:外保温系统的外装饰层。

抹面层和饰面层总称保护层。

(2)外墙外保温系统的特点

外保温是目前大力推广的一种建筑保温节能技术,外保温与内保温相比较,技术合理,有明显的优越性。使用同样规格、同样尺寸和性能的保温材料,外保温比内保温的保温效果好。外保温技术不仅适用于新建的结构工程,也适用于旧楼改造。外墙外保温适用范围广,技术含量较高;外墙外保温是当前大力推广的节能保温应用技术。外墙外保温有如下的特点:

1)节能。由于采用导热系数较低的聚苯板,整体将建筑物外面包起来,消除了热桥,减少了外界自然环境对建筑的冷热冲击,可达到较好的保温节能效果。

2)牢固。由于外保温材料与墙体采用了可靠的连接技术,使外保温材料与墙面具有可靠的附着效果,耐候性、耐久性更好更强。

3)防水。外保温系统具有高弹性和整体性,解决了墙面开裂、表面渗水的通病,特别对陈旧墙面局部裂纹有整体覆盖作用。

4）体轻。采用该材料可将建筑房屋外墙厚度减小，不但减小了砌筑工程量、缩短了工期，而且减轻了建筑物自重。

5）阻燃。外墙保温材料所用的聚苯板为阻燃型，具有隔热、无毒、自熄、防火功能。

6）易施工。施工简单，具有一般抹灰水平的技术工人，经短期培训，即可进行现场操作施工。对建筑物基层混凝土、红砖、砌块、石材、石膏板等有广泛的适用性。

目前比较成熟的外墙外保温技术主要有聚苯板（EPS 板）薄抹灰面外保温系统、胶粉聚苯（EPS）颗粒保温浆料外保温系统、现浇混凝土复合无网聚苯板外保温系统、现浇混凝土 EPS 钢丝网架板外保温系统、机械固定 EPS 钢丝网架板外保温系统等。

在选用外保温系统时，不得更改系统构造和组成材料，同时应做好外保温工程的密封和防水构造设计，确保水不会渗入保温层及基层，重要部位应有详图。水平或倾斜的出挑部位及延伸至地面以下的部位应做防水处理。在外墙外保温系统上安装的设备或管道应固定于基层上，并应做密封和防水设计。

9.2 外墙内保温系统工程施工

外墙内保温体系是一种传统的保温方式，目前在欧洲一些国家应用较多。它本身做法简单，造价较低，但是在热桥的处理上容易出现问题。近年来由于外保温的飞速发展和国家的政策导向，它在我国的应用有所减少，但在我国的夏热冬冷和夏热冬暖地区，还是有很大的应用空间和潜力。

9.2.1 增强石膏复合聚苯保温板外墙内保温的施工

1. 增强石膏复合聚苯保温板外墙内保温的构造

增强石膏复合聚苯保温板外墙内保温的构造见图 9-1（a）。

2. 施工准备

（1）材料的准备及要求

1）增强石膏聚苯复合板。规格尺寸：长 2400~2700 mm，宽 595 mm，厚 50 mm、60 mm、70 mm、80 mm 和 90 mm 五种。技术性能：面密度 ≤25 kg/m²，含水率 ≤5%，当量热阻 ≥0.8 m²·k/W，抗弯荷载 ≥1.8 G（G 为板材重量），抗压强度（面层）≥7.0 MPa，收缩率 ≤0.08%，软化系数 ≥0.50。

2）胶黏剂。胶黏剂可以采用 SG791 建筑胶黏液与建筑石膏粉调制成胶黏剂，配合比是建筑石膏粉：SG791 = 1 :（0.6~0.7）（质量比），适用于石膏条板之间的黏结，以及石膏条板与砖墙、混凝土墙的黏结。石膏条板黏结的压剪强度不低于 2.5 MPa。有防水要求的部位宜采用 EC-6 砂浆型胶黏剂，粘贴时用 EC-6 型胶黏剂和 32.5 水泥配制成粘贴胶浆。配制时先按 EC-6 型胶：水 = 1 : 1（质量比）混合成胶液，再按 32.5 水泥：细砂 = 1 : 2 的比例配制并拌和成干砂浆，最后加入胶液拌制成适当稠度的 EC-6 型聚合物水泥砂浆胶黏剂，其黏结强度 ≥1.1 MPa。

3）建筑石膏粉及石膏腻子。建筑石膏粉应符合三级以上标准。石膏腻子的抗压强度 >2.5 MPa，抗折强度 >1.0 MPa，黏结强度 >0.2 MPa，终凝时间不超过 4 h。

4）玻纤网布条。用于板缝处理（布宽 50 mm）和墙面转角附加层（布宽 200 mm）。要求采用中碱玻纤涂塑网格布，布的质量 ≥80 g/m²；断裂强度 25 mm × 100 mm 布条经向断裂强度 >300 N，纬向断裂强度 >150 N。

5）WKF 接缝腻子。用于板缝处理。抗压强度>3.0 MPa，抗折强度>1.5 MPa，终凝时间>0.5 h。

（2）施工主要机具

1）机具。刀锯、手刨、灰槽、托板、水桶、橡皮锤、钢丝刷、木楔、开刀、扫帚等。

2）计量检测用具。钢尺、2 m 托线板、2 m 靠尺、线坠等。

3. 作业条件

1）结构已验收合格，屋面防水层已施工完毕。

2）墙面弹出 50 mm 标高线。

3）内隔墙、外墙门窗框、窗台板安装完毕，缝隙用砂浆填塞密实。

4）水暖及装饰工程分别需用的管卡、炉钩、窗帘杆等埋件留出位置或埋设完毕；电气工程的暗管线、接线盒等必须埋设完毕，并应完成暗管线的穿带线工作。

4. 技术工作

1）编制保温板施工方案并经批准。

2）大面积施工前先做样板，并经监理、建设单位及有关质量部门检查合格后，方可大面积施工。

3）对操作人员进行安全技术交底。

5. 施工工艺

（1）施工工艺流程

基层处理→ 排板、弹线→配板→标出管卡、炉钩等埋件位置→墙面贴饼→安装接线盒，安管卡、埋件→安装防水保温踢脚板→安装保温板→板缝处理、贴玻纤网格布→刮腻子。

（2）施工要点

1）基层处理：凡凸出墙面 20 mm 的砂浆块、混凝土块必须剔除，并扫净墙面。

2）排板、弹线：以门窗洞口边为基准，向两边按板宽 600 mm 排板；按保温层的厚度在墙、顶上弹出保温墙面的边线；按防水保温踢脚层的厚度在地面上弹出防水保温踢脚面的边线，并在墙面上弹出踢脚的上口线。

3）配板：按排板进行配板。复合保温板的长度应略小于顶板到踢脚上口的净高尺寸；计算并量测门窗洞口上部及窗口下部的保温板尺寸，并按此尺寸配板；当保温板与墙的长度不相适应时，应将部分保温板预先拼接加宽（或锯窄）成合适的宽度，并放置在阴角处。

4）墙面贴饼：在墙面贴饼位置，用钢丝刷刷出直径不少于 100 mm 的洁净面并浇水润湿，刷一道 801 胶水泥素浆；检查墙面的平整、垂直，找规矩贴饼，并在需设置埋件四周做出 200 mm×200 mm 的灰饼；贴饼材料为 1∶3 水泥砂浆，灰饼大小为 φ100 mm 左右，厚度以保证空气层厚度（20 mm 左右）为准。

5）安装接线盒，安管卡、埋件：安装电气接线盒时，接线盒高出冲筋面不得大于复合板的厚度，且要稳定牢固。

6）粘贴防水保温踢脚板：在踢脚板内侧上下四处，各按 200~300 mm 间距布设 EC-6 砂浆胶黏剂黏结点，同时在踢脚板底面及相邻的已粘贴上墙的踢脚板侧面满刮胶黏剂；按线粘贴踢脚板，粘贴时用橡皮锤敲振，使踢脚板贴实，挤实拼头缝，并将挤出的胶黏剂随时清理干净；粘贴时要保证踢脚板上口平顺，板面垂直，保证踢脚板与结构墙间的空气层为 10 mm 左右。

7）安装保温板：将接线盒、管卡、埋件的位置准确地翻样到板面，并开出洞口；保温板安装顺序宜从左至右依次顺序安装；板侧面、顶面、底面清刷干净，在侧墙面、顶面、踢脚板上口、保温板顶面、底面及侧面(所有相拼合面)、灰饼面上先刷一道 SG791 胶液，再满刮 SG791 胶黏剂，按弹线位置立即安装就位。每块保温板除粘贴在灰饼上外，板中间需有>10% 板面面积的 SG791 胶黏剂呈梅花状布点直接与墙体粘牢。安装时用手推挤，并用橡皮锤敲振，使所有拼合面挤紧冒浆，并使保温板贴紧灰饼。保温板的上端，如未挤严留有缝隙时，可用木楔适当楔紧，并用 SG791 胶黏剂将上口填塞密实(胶黏剂干后撤去木楔，用 SG791 胶黏剂填塞密实)。安装过程中，随时用开刀将挤出的胶黏剂刮平。按以上操作办法依次安装复合板。安装过程中随时用 2 m 靠尺及塞尺测量墙面的平整度，用 2 m 托线板检查板的垂直度。高出的部分用橡皮锤敲平。面板安装的允许偏差及检验方法见表 9-1。

表 9-1　外墙内保温面板安装的允许偏差及检验方法

序号	项目	允许偏差/mm			检验方法
		纸面石膏板	人造模板	水泥纤维板	
1	表面平整度	3	4	4	用 2 m 靠尺和塞尺检查
2	立面垂直度	3	3	3	用 2 m 垂直检测尺检查
3	阴阳角方正	3	3	3	用直角检测尺检查
4	接线直线度	—	—	3	拉 5 m 线，不足 5 m 拉通线，用钢直尺检查
5	压条直线度	—	3	3	
6	接缝高低差	1	1	1	用钢直尺和塞尺检查

保温板在门窗洞口处的缝隙用 SG791 胶黏剂嵌填密实。最后复合板中露出的接线盒、管卡、埋件与复合板开口处的缝隙，用 SG791 胶黏剂嵌塞密实。

8)板缝处理：复合板安装 10 d 后，检查所有缝隙是否黏结良好，有无裂缝，如出现裂缝，应查明原因后进行修补。已黏结良好的所有板缝、阴角缝，先清理浮灰，刮一层接缝腻子，粘贴 50 mm 宽玻纤网格带一层，压实、粘牢，表面再用接缝腻子刮平。所有阳角粘贴 200 mm 宽(每边各 100 mm)玻纤布，其方法同板缝。

9)刮腻子：玻璃纤维布黏结层干燥后，墙面满刮 2~3 mm 石膏腻子，分 2~3 遍刮平，与玻璃纤维布一起组成保温墙的面层，验收后按设计做内饰面。

(3)应注意的质量问题

1)增强石膏聚苯复合保温板必须是烘干已基本完成收缩变形的产品。未经烘干的湿板不得使用，以防止板裂缝和变形。

2)注意增强石膏聚苯复合板的运输和保管。运输中应轻拿轻放、侧抬侧立，并互相绑牢，不得平抬平放。堆放处应平整，下垫 100 mm × 100 mm 木方，板应侧立，垫方距板端 50 cm。要防止板受潮。板如有明显变形或无法修补的过大孔洞、断裂或严重的裂缝、破损，不得使用。

3)板缝开裂是目前的质量通病。防止板缝开裂的办法，一是板缝的黏结和板缝处理要严格按操作工艺认真操作。二是使用的胶黏剂必须对路。目前使用的胶黏剂，除 SG791 胶黏剂外，还有 I 型石膏胶黏剂等。三是宜采用接缝腻子处理板缝。

6. 成品保护

1）土建、水电各专业应密切配合，合理安排工序，严禁颠倒工序作业。

2）在保温墙附近不得进行电焊、气焊操作，不得用重物碰撞、挤靠墙面。

3）施工用水和设备试水等以及雨季施工时，必须采取有效的措施，防止保温墙面受潮和污染。

9.2.2 胶粉聚苯颗粒保温浆料外墙内保温工程施工

胶粉聚苯颗粒保温材料是在参考和吸收欧美等发达国家浆体保温材料及其应用技术的基础上，在多年建筑墙体保温工程应用过程中开发研制的，能系统有效地解决保温、隔热、抗裂、耐火、憎水、耐候、透气等问题的新型墙体保温材料及技术。

1. 胶粉聚苯颗粒保温浆料外墙内保温工程构造

胶粉聚苯颗粒外墙内保温体系由界面层、保温隔热层、抗裂防护层和饰面层组成（图9-2）。

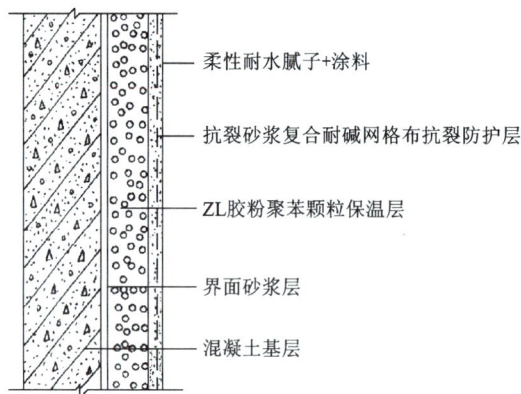

图 9-2　胶粉聚苯颗粒保温浆料外墙内保温构造

柔性耐水腻子+涂料

抗裂砂浆复合耐碱网格布抗裂防护层

ZL胶粉聚苯颗粒保温层

界面砂浆层

混凝土基层

2. 施工准备

（1）材料的准备及要求

1）水泥：硅酸盐水泥或普通硅酸盐水泥强度等级不低于32.5。

2）砂：应采用中砂，含泥量小于3%。

3）界面处理剂：宜采用水泥砂浆界面剂，应有产品合格证、性能检测报告。

4）胶粉料：其性能指标见表9-2。

表 9-2　胶粉料性能指标

项　目	指　标
初凝时间/h	≥4
终凝时间/h	≤16
安定性（蒸煮法）	合格
拉伸黏结强度（常温28 d）/MPa	≥0.6
浸水拉伸黏结强度（常温28 d，浸水7 d）/MPa	≤0.4

5）聚苯颗粒：其性能指标见表 9-3。

表 9-3 胶粉聚苯颗粒性能指标

项目	指标
堆积密度/(kg·m⁻³)	8.0~21.0
粒度(5 mm 筛孔筛余)/%	≤5

6）抗裂剂：采用专用水泥砂浆抗裂剂，抗拉黏结强度 28 d 应达到 0.8 MPa。在 5~30℃ 且防晒的条件下，保存期为 6 个月。

7）玻璃纤维网格布：采用耐碱涂塑玻璃纤维网格布（简称玻纤网格布），其性能指标见表 9-4。

表 9-4 玻璃纤维网格布性能指标要求

项目		指标
网孔中心距/(mm×mm)	普通型	4×4
	加强型	6×6
单位面积重量/(g·m⁻²)	普通型	≥180
	加强型	≥500
断裂强力 /N/50 mm	抗拉强度经向 普通型	≥1250
	抗拉强度经向 加强型	≥3000
	抗拉强度纬向 普通型	≥1250
	抗拉强度纬向 加强型	≥3000
耐碱强力保留率(28 d)/%	普通型	≥90
	加强型	
涂塑量/(g·m⁻²)	普通型	≥20
	加强型	

8）柔性耐水腻子：其性能指标见表 9-5。

表 9-5 柔性耐水腻子性能指标

项目	指标
拉伸黏结强度/MPa	≥0.6
浸水拉伸黏结强度/MPa	≥0.4
柔韧性(直径 50)/mm	卷曲无裂纹
其他性能满足	N 型耐水腻子的要求(JG/T 298—2010)

（2）机具设备的准备

1）施工机械：强制式砂浆搅拌机、手提式搅拌器。

2）工具：手推车、灰槽、灰勺、刮杠、靠尺板、铁抹子、木抹子、阴阳角抹子、水桶、壁纸刀、滚刷、铁锹、扫帚、手锤、錾子。

3）计量检测用品：磅秤、钢尺、水平尺、方尺、托线板、线垂、探针。

4）安全防护用品：口罩、手套、护目镜等。

3. 作业条件及技术准备

1）结构工程已验收合格。

2）测设标高控制线（+500 mm 线），并经预检合格。

3）门窗框已安装完毕，与墙体连接牢固，缝隙堵塞密实，有完好的保护措施。

4）墙面的预埋件留出位置或已安装完毕，水电管线和配电箱、盒安装完毕。

5）抹灰用的脚手架搭设完毕，脚手架、板铺设符合安全要求并检查合格。

6）编制分项工程施工方案并经审批，对操作人员进行安全技术交底。

7）在大面积施工前应先做样板，经监理、设计单位确认后，方可进行大面积施工。

4. 施工工艺

（1）工艺流程

配制砂浆→基层墙体处理→涂刷界面砂浆→吊垂直、套方、弹控制线、贴灰饼冲筋→抹第一遍聚苯颗粒保温浆料→（24 h 后）抹第二遍聚苯颗粒保温浆料→（晾干后）画分格线、开分格槽、粘贴分格条、滴水槽→保温层验收→抹抗裂砂浆、压入网格布→抗裂砂浆找平、压光→抗裂层验收→刮柔性抗裂腻子→验收。

（2）施工要点

1）配制砂浆。

①界面砂浆的配制：配合比为水泥∶中砂∶界面剂=1∶1∶1（质量比），准确计量，搅拌成均匀膏状。

②胶粉聚苯颗粒保温浆料的配制：胶粉聚苯颗粒保温浆料由胶粉料与聚苯颗粒（两种材料分袋包装）组成，先将 35~40 kg 水倒入砂浆搅拌机内，然后倒入 25 kg 的保温胶粉料，搅拌 3~5 min 后，再倒入 200 L 的聚苯颗粒轻骨料继续搅拌 3 min，可按施工稠度适当调整加水量。搅拌均匀后倒出，随拌随用，并在 3~4 h 内用完。配制完的胶粉聚苯颗粒保温浆料性能指标见表 9-6。

表 9-6　胶粉聚苯颗粒保温浆料性能指标

项　目	指　标
湿表观密度/（kg·m^{-3}）	≤420
干表观密度/（kg·m^{-3}）	180~250
导热系数/（W·m^{-1}·K^{-1}）	≤0.060
蓄热系数/（W·m^{-2}·K^{-1}）	≥0.95
抗压强度/kPa	≥200
压剪黏结强度要/kPa	≥50
线性收缩率/%	≤0.3
软化系数	≥0.5
难燃性	B1 级

③抗裂砂浆的配制：配合比为抗裂剂∶水泥∶中砂＝1∶1∶3(质量比)，加水用砂浆搅拌机或手提搅拌器搅拌均匀，稠度 80~130 mm，拌好的砂浆不得任意加水，并在 2 h 内用完。抗裂砂浆由聚合物乳液掺加多种外加剂制成，具有良好的拉伸黏结强度和浸水拉伸黏结强度等特点，其技术性能指标见表 9-7。墙体内保温抹灰允许偏差和检验方法见表 9-8。

表 9-7　抗裂剂及抗裂砂浆技术性能指标

项　目		指　标
抗裂剂	不挥发物含量/%	≥20
	贮存稳定性(20±5)/℃	6 个月，试样无结块凝聚及发霉现象，且拉伸黏结强度满足抗裂砂浆指标要求
抗裂砂浆	砂浆稠度/mm	80~130
	可使用时间　可操作时间/h	≥1.5
	可使用时间　在可操作时间内拉伸黏结强度/MPa	≥0.7
	拉伸黏结强度(常温 28 d)/MPa	≥0.7
	浸水拉伸黏结强度(常温 28 d，浸水 7 d)/MPa	≥0.5
	抗弯曲性	5%弯曲变形无裂缝
	压折比	≤3.0

表 9-8　墙体内保温抹灰允许偏差和检验方法

项　目	允许偏差/mm		检验方法
	保温层	抗裂层	
立面垂直	4	3	用 2 m 托线板检查
表面平整	4	3	用 2 m 靠尺及塞尺检查
阴阳角垂直	4	3	用 2 m 托线板检查
阴阳角方正	4	3	用 200 mm 方尺及塞尺检查

2)基层墙体处理。剔除混凝土墙面凸出部分及杂物，用钢丝刷满刷一遍，然后用扫帚蘸清水把表面残渣、浮尘清扫干净；表面沾有油污时，用去污剂处理，并用清水冲洗晾干。将砖墙表面的舌头灰、残余砂浆、灰尘清理干净，堵好脚手眼，浇水湿润。

3)涂刷界面砂浆。用滚刷或扫帚蘸取界面砂浆均匀涂刷(甩)在墙面上，不得漏刷(甩)，也不宜太厚。

4)吊垂直、套方、弹控制线、贴灰饼冲筋。分别在门窗口角、垛、墙面等处吊垂直，套方，并在侧墙、顶板处根据保温层厚度弹出抹灰控制线。用胶粉聚苯颗粒保温浆料做灰饼，灰饼间距 1.2~1.5 m，并用胶粉聚苯颗粒保温浆料冲筋，筋宽 50~100 mm。

5)抹胶粉聚苯颗粒保温浆料。

①抹第一遍保温浆料：第一遍抹灰厚度为总厚度的一半(最大厚度不大于 20 mm)，用刮杠垂直、水平刮找一遍，用木抹子搓毛。保温浆料抹上墙粘住后，不宜反复赶压。

②抹第二遍保温浆料：第一遍稍干后抹第二遍保温浆料。第二遍抹灰厚度要达到冲筋厚度(如超过 20 mm 则再增加一遍抹灰)，每抹完一个墙面，用刮杠刮平找直后用铁抹子压实赶平。阳角处应抹 1：2 聚合物水泥砂浆。

6)保温层验收。保温层固化干燥后(表面用手按不动为宜)，用检测工具进行检验，表面应垂直平整、阴阳角方正顺直，对不符合要求的墙面进行修补。

7)抹抗裂砂浆，压入网格布。在保温层验收合格后，用铁抹子在保温层上抹抗裂砂浆，厚度为 3~4 mm，不得漏抹。在刚抹好的砂浆上用铁抹子压入裁好的网格布，要求网格布竖向铺贴，并全部压入抗裂砂浆内。网格布不得有干贴现象，粘贴饱满度应达到 100%，不得有皱褶、空鼓、翘边现象。接槎处搭接应不小于 50 mm，先压入一侧网格布，抹一些抗裂砂浆，再压入另一侧，两层搭接网格布之间要布满抗裂砂浆，严禁干槎搭接。阳角处两侧网格布双向绕角相互搭接。在门窗口、洞口边应 45°斜向加贴一道 200 mm×400 mm 网格布。

8)抗裂层验收。抹完抗裂砂浆，检查垂直平整和阴阳角方正，对于不符合要求的墙面，进行修补。厨房、卫生间抹完抗裂砂浆后，用木抹子搓平。

9)刮柔性抗裂腻子。在抹完抗裂砂浆 24 h 后即可刮柔性抗裂腻子，分 2~3 遍刮完，要求平整光滑，满足做涂饰的要求。对有防水要求的部位应刮柔性防水腻子。

(3)季节性施工

1)雨期施工时，保温材料应入库存放，不得雨淋受潮，并经常测试砂子含水率，随时调整砂浆用水量。

2)冬期施工时，室内环境温度不低于 5℃。

3)冬期施工搅拌保温浆料、抗裂砂浆应采用热水拌和，运输时采取保温措施，涂抹时保温浆料温度不得低于 5℃。

4)冬期施工应做好门窗封闭，采取保温措施。应设专人负责进行保温、测温等工作，确保保温浆料、抗裂砂浆不受冻。

(4)应注意的质量、安全问题

1)抹保温浆料前，应做好基层处理，均匀涂刷界面砂浆；保温浆料一次不得抹得过厚，应分层抹压，掌握好抹灰间隔时间，防止抹灰层下坠，产生空鼓、开裂。

2)做好门窗洞口四角斜向网格布加强层的施工，防止在四角产生裂缝。

3)门窗洞口、阳角等部位应用聚合物水泥砂浆做护角，避免棱角损坏。

4)操作人员必须戴安全帽，高空作业必须系好安全带。

5)机械操作人员必须持证上岗，非操作人员严禁操作。

6)室内抹灰宜用工具式脚手架，宽度不得少于 500 mm 或不少于 2 块脚手板，间距不得大于 2 m，作业人员最多不得超过 2 人，移动时上面不得站人。

7)夜间或在光线不足的地方施工时，移动照明必须使用安全电压设备。

8)采用垂直运输设备上料时，严禁超载。运料小车的车把严禁伸出笼外，小车必须加车挡，各楼层防护门应随时关闭。

9.3 外墙外保温系统工程施工

外墙外保温顾名思义是一种把保温层放置在主体墙材外面的保温做法。因其可以减轻冷桥的影响，同时保护主体墙材不受大的温度变形应力，所以是目前应用最广泛的保温做法。

9.3.1 无机保温砂浆(RWJ901)外墙外保温施工

1. 无机保温砂浆(RWJ901)基本概况

玻化微珠(图 9-3)是一种无机玻璃质矿物材料，经过特殊生产工艺技术加工而成，呈不规则球状体颗粒，内部多孔空腔结构，表面玻化封闭，光泽平滑，理化性能稳定，具有质轻、绝热、防火、耐高低温、抗老化、吸水率小等优异特性，可替代粉煤灰漂珠、玻璃微珠、膨胀珍珠岩、聚苯颗粒等诸多传统轻质骨料应用于不同制品中，是一种环保型高性能新型无机轻质绝热材料。其理化性能见表 9-9~表 9-11。

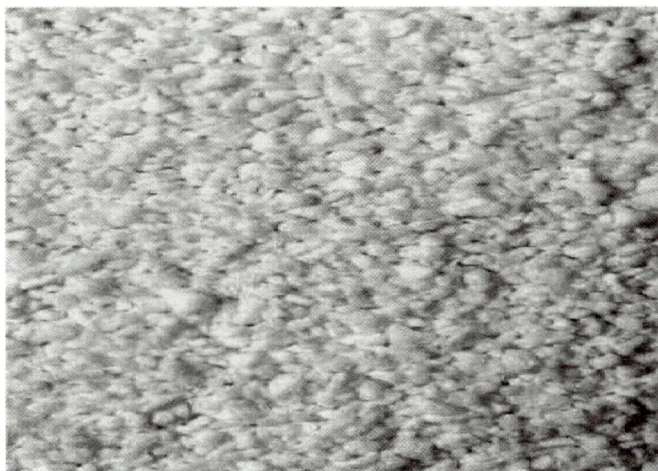

图 9-3 玻化微珠

表 9-9 无机保温砂浆干粉料的性能指标

项目	指标			
	A 型	B 型	C 型	D 型
堆积密度/(kg·m⁻³)	≤280	≤340	≤430	≤520
石棉含量	应不含石棉纤维			
外观质量	外观应为均匀、干燥无结块的颗粒状混合物			
分层度	加水后拌和物的分层度不大于 20 mm			

表 9-10　膨胀玻化微珠性能指标

项目	性能指标	
	Ⅰ类	Ⅱ类
粒径/mm	0.5~1.5	
堆积密度/(kg·m⁻³)	100~120	>120
筒压强度/kPa	≥150	≥200
导热系数(平均温度 25℃)/(W·m⁻¹·K⁻¹)	≤0.048	≤0.070
体积吸水率/%	≤45	
体积漂浮率/%	≥80	
表面玻化闭孔率/%	≥80	

表 9-11　无机保温砂浆硬化后的性能指标

项目	指标			
	A 型	B 型	C 型	D 型
干表观密度/(kg·m⁻³)	≤330	≤400	≤500	≤600
导热系数/(W·m⁻¹·K⁻¹)	≤0.070	≤0.085	≤0.10	≤0.12
抗压强度(28 d)/MPa	≥0.5	≥0.8	≥1.2	≥2.5
压剪黏结强度(28d)/kPa	≥80	≥100	≥150	≥200
线性收缩率/%	≤0.25			
软化系数(28 d)	≥0.6			
燃烧性能级别	A 级			
放射性 Ir	≤1.0			
放射性 IRa	≤1.0			
抗冻性(15 次冻融循环)	质量损失≤5%，强度损失≤20%			

2. 无机保温砂浆(RWJ901)保温系统构造

无机保温砂浆保温系统构造如图 9-4 所示。

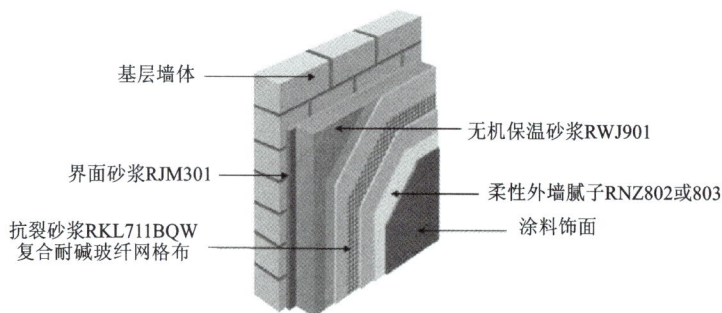

图 9-4　无机保温砂浆保温系统构造

3. 无机保温砂浆（RWJ901）保温系统施工流程（图 9-5）

墙体基层交验→材料工具准备→放控制线做灰饼→滚涂专用界面砂浆→抹第一遍保温砂浆→抹第二遍保温砂浆→抹抗裂砂浆→铺设网格布→锚栓安装（面砖墙面）→再抹抗裂砂浆→细部节点处理→保温系统验收→饰面层施工。

（1）施工工具的准备

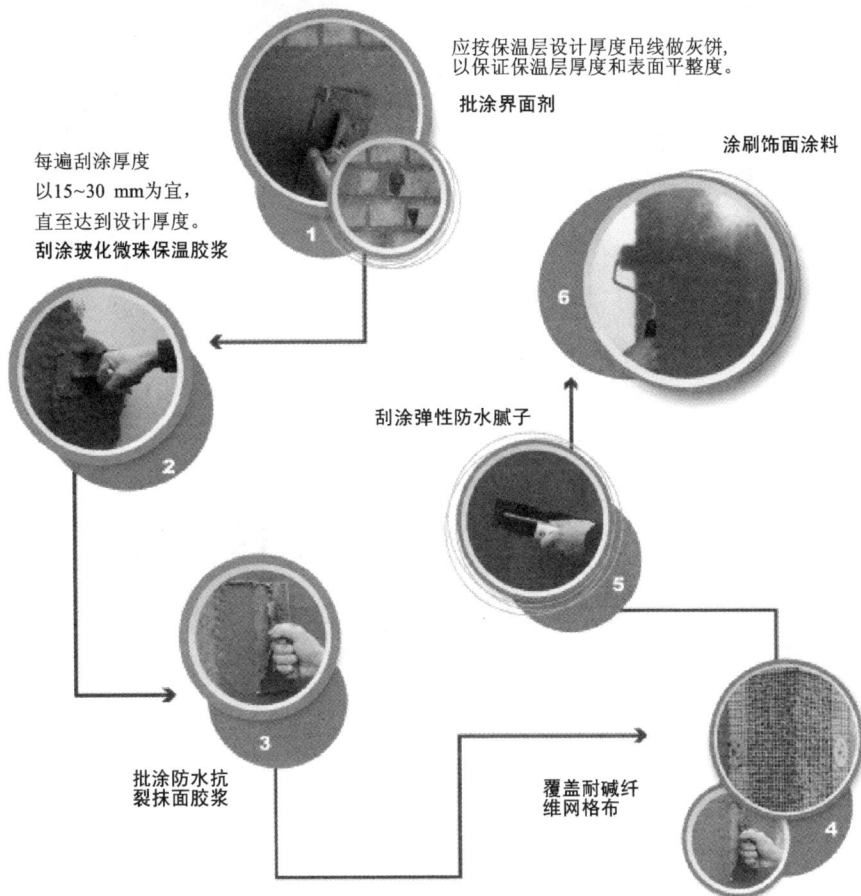

无机保温矿浆

应按保温层设计厚度吊线做灰饼，
以保证保温层厚度和表面平整度。

批涂界面剂

涂刷饰面涂料

每遍刮涂厚度
以15~30 mm为宜，
直至达到设计厚度。
刮涂玻化微珠保温胶浆

刮涂弹性防水腻子

批涂防水抗
裂抹面胶浆

覆盖耐碱纤
维网格布

图 9-5 无机保温砂浆保温系统施工流程

无机保温砂浆保温系统施工常用工具如图 9-6 所示。

图 9-6 施工工具

（2）放线、做灰饼（图9-7、图9-8）

图9-7　放线

图9-8　做灰饼

（3）施工界面砂浆（图9-9）

将保温专用界面剂按比例（水灰比约1：2）加水搅拌均匀，用滚筒滚涂于基层表面。

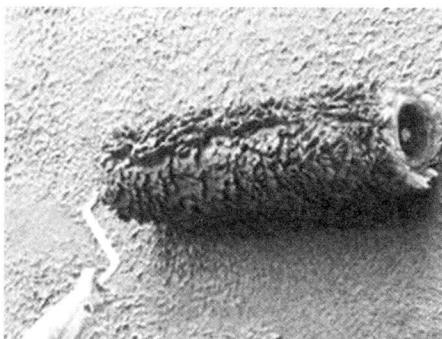

图9-9　界面砂浆施工

（4）抹无机保温砂浆 RWJ901（图9-10、图9-11）

先加水配制无机保温砂浆［无机胶粉料：水＝20：（22~23）］然后按一般抹灰施工操作规范进行保温砂浆粉刷，保温砂浆粉刷应按设计厚度分多遍施工，每遍厚度应控制在20 mm以内。一遍抹完隔48 h抹第二遍保温砂浆。

图9-10　无机保温砂浆涂抹

图9-11　无机保温砂浆

（5）抹第一遍抗裂砂浆（RKL711BQW 或 RKL712GSW）

抹第一遍抗裂砂浆，待保温砂浆养护好后，将拌匀的抗裂砂浆（水灰比约 1∶4）沿工作面均匀地批刮在表面已处理干净的保温砂浆上，抗裂砂浆厚度为 1.5~2 mm。

（6）铺设耐碱玻纤网格布（或钢丝网）

1）在批第一遍抹灰泥后，应随即将网格布压入湿的抗裂砂浆内，如图 9-12 所示，压入深度不得过深，表面网纹应显露，并压实平整，不得有皱褶、空鼓、翘边现象。

2）铺贴网格布应沿工作面外墙自上而下进行。用抹子由中间向上、下两边将其抹平，使其压紧至抗裂砂浆层上。

3）标准网格布的拼接，如图 9-13 所示，其左右水平方向和上下垂直方向搭接宽度不小于 50 mm。

图 9-12 压入网格布

图 9-13 标准网格布拼接

（7）铺设耐碱玻纤网格布（或钢丝网）

包边网格布的铺贴，主要是对阳角部位的护角加强，应先在阳角部位的保温层包边铺贴窄幅网格布，然后在包边网格布上铺贴大面网格布如图 9-14、图 9-15 所示。

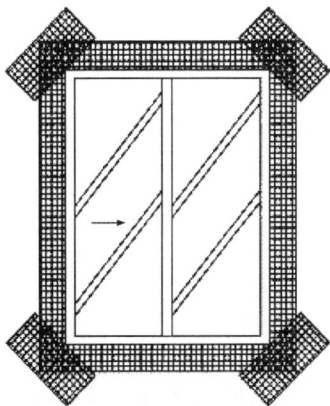

图 9-14 角部加强

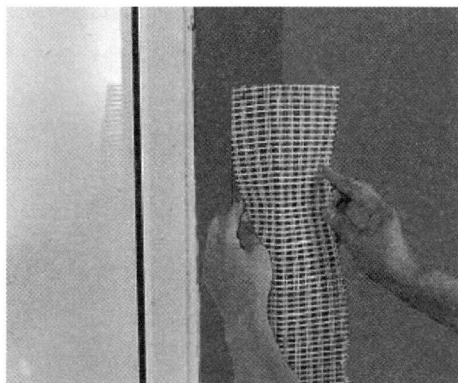

图 9-15 护角加强

（8）面砖墙面锚栓安装（图9-16、图9-17）

面砖饰面的保温系统的网格布应采用专用锚栓加强与墙体固定，锚固点按布置图要求，锚栓端面与网格布表面平齐，不得深入至保温砂浆面层内。

图9-16　打锚栓孔

图9-17　专用锚栓

（9）抹抗裂砂浆面层（RKL711BQW或RKL712GSW）

抹抗裂砂浆底层及网格布或钢丝网铺设施工完毕，即可再批刮抗裂砂浆面层，抹灰厚度为1.5~2 mm，抹面层总厚度不小于3 mm。

4. 施工注意事项

1）当窗框安装完毕后，将窗框四周分层填塞密实。

2）界面砂浆和抗裂砂浆为专业厂家严格按照专业配方配制好的袋装材料，现场施工只需按照要求加水搅拌，不需添加任何外加剂，配制好的砂浆要及时用完。保温砂浆的配制需按配比要求加入玻化微珠和水，搅拌均匀后供施工使用。

3）采用机械搅拌方式，搅拌时间以刚刚搅拌均匀为宜，不得过度搅拌，以防中空微珠破损。

4）搅拌加水应严格计量，确保水灰比正确。

5）产品运到工地注意防水、防潮、贮存期不宜超过3个月。

6）施工完毕后应注意成品保护，墙面避免磕碰及水冲浸泡，并保持室内通风干燥，冬季施工注意防冻。

7）每次施工完毕后，要及时清洗干净施工工具和搅拌器材，以免影响下次使用。

9.3.2　聚苯板薄抹灰外墙外保温系统施工

聚苯板薄抹灰外墙保温系统是采用聚苯乙烯泡沫塑料板作为建筑物的外保温材料，当建筑主体结构完成后，将聚苯板用专用黏结砂浆按要求粘贴上墙。如有特殊加固要求，可使用塑料膨胀螺钉加以锚固。然后在聚苯板表面抹聚合物水泥砂浆，其中压入耐碱涂塑玻纤网格布加强以形成抗裂砂浆保护层，最后为抹有腻子和涂料的装饰面层。

聚苯板薄抹灰外墙
（聚苯板薄抹灰外墙）

聚苯板薄抹灰外墙保温系统具有优越的保温隔热性能，良好的防水性能及抗风压、抗冲击性能，能有效解决墙体的龟裂和渗漏水问题。该系统技术成熟、施工方便，性价比高，在

欧美发达国家、我国沿海发达地区均得到了广泛的应用。

1. 聚苯板薄抹灰外墙保温系统的基本构成

聚苯板薄抹灰外墙保温系统，是置于建筑物外墙的外侧，主要由聚苯板保温层、薄抹面层和饰面层组成。聚苯板薄抹灰外墙保温标准系统的组成见图 9-18。

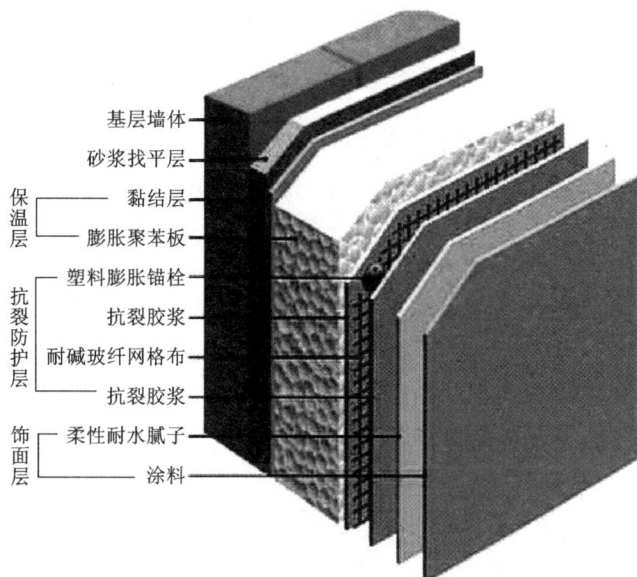

图 9-18　聚苯板薄抹灰外墙保温标准系统的组成

2. 施工准备

（1）材料的准备及要求

聚苯乙烯板采用密度为 18~25 kg/m³ 自熄型板材；储存时应摆放平整，防止雨淋及阳光暴晒。

水泥为 32.5 普通硅酸盐水泥和 32.5 铝酸盐水泥，水泥必须有出厂日期，凡有结块现象或出厂日期超过 3 个月的必须根据化验结果确定如何使用；采用细度模数 2.0~2.8 的砂，并筛除大于 2.5 mm 颗粒的砂子，其含泥量小于 1%；聚合物砂浆配合比为黏结剂∶32.5 普通硅酸盐水泥∶砂子＝1∶1.88∶4.97（质量比）；玻纤布必须放在干燥处，地面必须平整，摆放宜立放平整，避免相互交错摆放。

进入工地的原材料必须有出厂合格证或化验单。

（2）施工工具的准备

外挂式外保温聚苯乙烯泡沫板（EPS 板）施工主要机具：锯条或刀具、打磨聚苯板的粗砂纸锉子或专用工具、小压子或铁勺、铝合金靠尺、钢卷尺、线绳、线坠、墨斗、铁灰槽、小铁平锹、提漏（1 kg/个或 5 kg/个）、塑料桶（建议能装 15 kg 水泥作为量桶）、铁筛网（≤1.18 mm）。

3. 基层的要求

基层表面应光滑、坚固、干燥、无污染或其他有害的材料；墙外的消防梯、水落管、防盗窗预埋件或其他预埋件、进口管线或其他预留洞口，应按设计图纸或施工验收规范要求提前施工并验收；墙体应进行墙体抹灰找平，墙面平整度用 2 m 靠尺检测，其平整度≤3 mm，局部不平整超限度部位用 1∶2 水泥砂浆找平；阴、阳角方正；抹找平层前，抹灰部位根据情况提前半小时浇水。

4. 施工工艺

(1)聚苯板薄抹灰外墙外保温系统施工工艺流程

基层处理→工具准备→阴阳角、门窗挂线→基层墙体湿润→配制聚合物砂浆，挑选聚苯板→粘贴聚苯板→聚苯板塞缝，打磨、找平墙面→配制聚合物砂浆→聚苯板面抹聚合物砂浆，门窗洞口处理，粘贴玻纤网布，面层抹聚合物砂浆→找平修补，嵌密封膏→外饰面施工。

(2)粘贴聚苯乙烯板(EPS 板)施工要点

1)配制聚合物砂浆必须有专人负责，以确保搅拌质量；将水泥、砂子用量桶称好后倒入铁灰槽中进行混合，搅拌均匀后按配合比加入黏结液进行搅拌，搅拌必须均匀，避免出现离析。根据和易性可适当加水，加水量为黏结剂的 5%。

2)聚苯板薄抹灰系统的基层表面应清洁，无油污、脱模剂等妨碍黏结的附着物。凸起、空鼓和疏松部位应剔除并找平。找平层应与墙体黏结牢固，不得有脱层、空鼓、裂缝，面层不得有粉化、起皮、爆灰等现象。

3)粘贴聚苯板时，应将胶黏剂涂在聚苯板背面，涂胶黏剂面积不得小于聚苯板面积的 40%(粘贴法有点框法、条粘法和满粘法，通常采用点框法。用钢抹子沿 EPS 板的四周涂抹配制好的黏结剂，宽度为 50 mm，板的中间均匀设置 8 个直径 100 mm 的黏结点，厚 10 mm，黏结剂的涂抹面积不得小于 40%)，见图 9-19。聚苯板应按顺砌方式粘贴，竖缝应逐行错缝。聚苯板应粘贴牢固，不得有松动和空鼓。墙角处聚苯板应交错互锁[图 9-20(a)]。

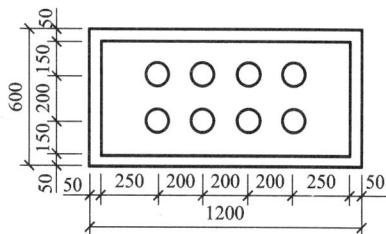

图 9-19　点框法黏结剂涂抹示意

4)门窗洞口四角处聚苯板不得拼接，应采用整块聚苯板切割成形，聚苯板接缝应离开角部至少 200 mm[图 9-20(b)]。

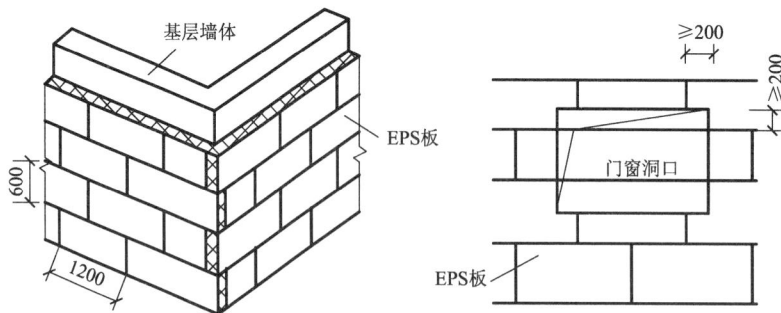

(a)墙角处聚苯板应交错互锁　　　　(b)门窗洞口聚苯板排列

图 9-20　聚苯板排板图

5)应做好系统在檐口、勒脚处的包边处理。装饰缝、门窗四角和阴阳角等处应做好局部加强网施工。变形缝处应做好防水和保温构造处理。

6)基层上粘贴的聚苯板，板与板之间缝隙不得大于2 mm，对下料尺寸偏差或切割等原因造成的板间小缝，应用聚苯板裁成合适的小片塞入缝中。聚苯板安装的允许偏差及检验方法见表9-12。

表9-12 外保温隔热板安装的允许偏差及检验方法

序号	项目	允许偏差/mm	检验方法
1	表面平整度	4	用2 m靠尺和塞尺检查
2	立面垂直度	4	用2 m垂直检测尺检查
3	阴、阳角垂直	4	用2 m托线板检查
4	阴、阳角方正	4	用直角检测尺检查
5	接槎高低差	1	用直尺和塞尺检查

7)聚苯板粘贴24 h后方可进行打磨，用粗砂纸、锉子或专用工具对整个墙面进行打磨一遍，打磨时不要沿竖缝平行方向，而是做轻柔圆周运动将不平处磨平，墙面打磨后，应将聚苯板碎屑清理干净，随磨随用2 m靠尺检查平整度。

8)网布必须在聚苯板粘贴24 h后进行施工，应先安排朝阳面贴布工序；女儿墙压顶或凸出物下部，应预留5 mm缝隙，便于网格布嵌入。

9)聚苯板板边除有翻包网格布的可以在聚苯板侧面涂抹聚合物砂浆，其他情况均不得在聚苯板侧面抹聚合物砂浆。

10)装饰分隔条须在聚苯板粘贴24 h后用分割线开槽器挖槽。

(3)粘贴玻纤网格布的施工方法和要点

1)配制聚合物砂浆必须专人负责，以确保搅拌均匀；聚合物砂浆配合比为黏结剂：32.5硫铝酸盐水泥：砂子=1：(1.8~2.0)：(3.0~3.4)。

2)聚合物砂浆应随配随用，配好的聚合物砂浆最好在1 h之内用完。聚合物砂浆应置于阴凉处放置，避免阳光暴晒。

3)在干净平整的地方按预先需要长度、宽度从整卷玻纤网布上剪下网片，留出必要的搭接长度，下料必须准确，剪好的网布必须卷起来，不允许折叠、踩踏。

4)在建筑物阳角处做加强层，加强层应贴在最内侧，每边150 mm。

5)涂抹第一遍聚合物砂浆时，应保持聚苯板面干燥，并去除板面有害物质或杂质。

6)在聚苯板表面刮上一层聚合物砂浆，所刮面积应略大于网布的长或宽，厚度应一致(约2 mm)，除有包边要求者外，聚合物砂浆不允许涂在聚苯板侧边。

7)刮完聚合物砂浆后，应将网布置于其上，网布的弯曲面朝向墙，从中央向四周抹压平整，使网布嵌入聚合物砂浆中，网布不应褶皱，不得外露，待表面干后，再在其上施抹一层聚合物砂浆。网布周边搭接长度不得小于70 mm，在被切断的部位，应采用补网搭接，搭接长度不得小于70 mm。

8)门窗周边应作加强层，加强层网格布贴在最内侧，若门窗框外皮与基层墙体表面大于50 mm，网格布与基层墙体粘贴。若小于50 mm需做翻包处理。大墙面铺设的网格布应嵌入门窗框外侧贴牢。

9）门窗口四角处，在标准网施抹完后，再在门窗口四角加盖一块 200 mm × 300 mm 标准网，与窗角平分线呈 90°角放置，贴在最外侧，用以加强；在阴角处加盖一块 200 mm 长，与窗膀同宽的标准网片，贴在最外侧。一层窗台以下，为了防止撞击带来的伤害，应先安置加强型网布，再安置标准型网布，加强网格布应对接。

10）网布自上而下施抹，同步施工先施抹加强型网布，再做标准型网布。墙面粘贴的网格布应覆盖在翻包的网格布上。

11）网布粘贴完后应防止雨水冲刷或撞击，容易碰撞的阳角，门窗应采取保护措施，上料口应采取防污染措施，发生表面损坏或污染必须立即处理。

12）施工后保护层 4 h 内不能被雨淋，保护层终凝后应及时喷水养护，养护时间昼夜平均气温高于 15℃时不得少于 48 h，低于 15℃时不得少于 72 h。

9.3.3 墙体质量验收

1. 质量验收程序

主体结构完成后进行施工的墙体节能工程，应在基层质量验收合格后施工，施工过程中应及时进行质量检查、隐蔽工程验收和检验批验收，施工完成后应进行墙体节能分项工程验收。与主体结构同时施工的墙体节能工程，应与主体结构一同验收。

2. 隐蔽工程验收

1）保温层附着的基层及其表面处理；

2）保温板黏结或固定；

3）锚固件及锚固节点做法；

4）增强网铺设；

5）墙体热桥部位处理；

6）预置保温板或预制保温墙板的位置、界面处理、锚固、板缝及构造节点；

7）现场喷涂或浇注有机类保温材料的界面；

8）被封闭的保温材料厚度；

9）保温隔热砌块填充墙；

10）各种变形缝处的节能施工做法。

3. 检验批的划分

1）采用相同材料、工艺和施工做法的墙面，每 500～1000 m² 扣除窗洞后的保温墙面面积划分为一个检验批，不足 500 m² 也为一个检验批。

2）检验批的划分也可根据与施工流程相一致且方便施工与验收的原则，由施工单位与监理（建设）单位共同商定。

4. 质量检验标准与方法

（1）主控项目

1）用于墙体节能工程的材料、构件等，其品种、规格、性能应符合设计要求和相关标准的规定。

检验方法：观察、尺量检查；核查质量证明文件。

检查数量：按进场批次，每批随机抽取 3 个试样进行检查；质量证明文件应按照其出厂检验批进行核查。

2)墙体节能工程使用的保温材料和黏结材料进场时,应对其下列性能进行复验,复验应为见证取样送检:

①保温隔热材料的导热系数或热阻、密度、压缩强度或抗压强度;

②黏结材料的黏结强度;

③增强网的力学性能、抗腐蚀性能。

检验方法:核查质量证明文件;随机抽样送检,核查复验报告。

检查数量:同一厂家、同一品种的产品,当单位工程建筑面积在 20000 m^2 以下时抽查不少于 3 次,当单位工程建筑面积在 20000 m^2 以上时抽查不少于 6 次。

3)墙体节能工程使用的保温隔热材料,其导热系数、密度、抗压强度或压缩强度、燃烧性能应符合设计要求。

检验方法:核查质量证明文件及进场复验报告。

检查数量:全数检查。

4)严寒和寒冷地区外保温使用的黏结材料,其冻融试验结果应符合该地区最低气温环境的使用要求。

检验方法:核查质量证明文件。

检查数量:全数检查。

5)墙体节能工程施工前应按照设计和施工方案的要求对基层进行处理,处理后的基层应符合保温层施工方案的要求。

检验方法:对照设计和施工方案观察检查;核查隐蔽工程验收记录。

检查数量:全数检查。

6)墙体节能工程各层构造做法应符合设计要求,并应按照经过审批的施工方案施工。

检验方法:对照设计和施工方案观察检查;核查隐蔽工程验收记录。

检查数量:全数检查。

7)墙体节能工程的施工,应符合下列规定:

①保温隔热材料的厚度必须符合设计要求。

②保温板材与基层及各构造层之间的黏结或连接必须牢固。连接方式、黏结强度应符合设计要求。保温板材与基层的黏结强度应进行现场拉拔试验。

③保温浆料应分层施工。当采用保温浆料做外保温时,保温浆料与基层之间及各层之间的黏结必须牢固,不应脱层、空鼓和开裂。

④当墙体节能工程的保温层采用预埋或后置锚固件固定时,锚固件数量、位置、锚固深度和拉拔力应符合设计要求。后置锚固件应做锚固力现场拉拔试验。

检验方法:观察;手扳检查;保温材料厚度采用现场尺量、钢针插入或剖开检查;黏结强度和锚固力核查试验报告;核查隐蔽工程验收记录。

检查数量:每个检验批抽查不少于 3 处。

8)外墙采用预置保温板现场浇筑混凝土墙体时,保温板的安装位置应正确、接缝严密;保温板应固定牢固,在浇筑混凝土过程中不得移位、变形;保温板表面应采取界面处理措施,与混凝土黏结应牢固。

检验方法:观察检查;核查隐蔽工程验收记录。

检查数量：全数检查。

9)当外墙采用保温浆料做保温层时，应在施工中制作同条件养护试件，检测其导热系数、干密度和压缩强度。保温浆料的同条件养护试件应见证取样送检。

检验方法：核查试验报告。

检查数量：每个检验批应抽样制作同条件养护试块不少于3组。

10)墙体节能工程各类饰面层的基层及面层施工，应符合设计和现行国家标准《建筑装饰装修工程质量验收规范》的要求，并应符合下列规定：

①饰面层施工前应对基层进行隐蔽工程验收。基层应无脱层、空鼓和裂缝，并应平整、洁净，含水率应符合饰面层施工的要求。

②外墙外保温工程不宜采用粘贴饰面砖做面层；当采用时，其安全性与耐久性必须符合设计要求，饰面砖应做黏结强度拉拔试验。

③外墙外保温工程的饰面层不得渗漏。当外墙外保温工程的饰面层采用饰面板开缝安装时，保温层表面应覆盖具有防水功能的抹面层或采取其他防水措施。

④外墙外保温层及饰面层与其他部位交接的收口处，应采取密封措施。

检验方法：观察检查；核查隐蔽工程验收记录和检验报告。

检查数量：全数检查。

11)保温砌块砌筑的墙体，应采用具有保温功能的砂浆砌筑。砌筑砂浆的强度等级及导热系数应符合设计要求。砌体的水平灰缝饱满度不应低于90%，竖直灰缝饱满度不应低于80%。

检验方法：对照设计检查砂浆品种，用百格网检查灰缝砂浆饱满度。核查砂浆强度试验报告。

检查数量：每楼层的每个施工段至少抽查一次，每次抽查5处，每处不少于3个砌块。

12)采用预制保温墙板现场安装的墙体，应符合下列规定：

①保温墙板的结构性能、热工性能及与主体结构的连接方法应符合设计要求，与主体结构连接必须牢固。

②保温墙板的板缝处理、构造节点及嵌缝做法应符合设计要求。

③保温墙板板缝不得渗漏。

④保温墙板应有型式检验报告，型式检验报告中应包含安装性能的检查。

检验方法：核查型式检验报告、出厂检验报告和隐蔽工程验收记录。对照设计观察和淋水试验检查。

检查数量：型式检验报告、出厂检验报告全数检查；其他项目每个检验批抽查5%，并不少于3块(处)。

13)当设计要求在墙体内设置隔汽层时，隔汽层的位置、使用的材料及构造做法应符合设计要求和相关标准的规定。隔汽层应完整、严密，穿透隔汽层处应采取密封措施。隔汽层冷凝水排水构造应符合设计要求。

检验方法：对照设计观察检查，核查质量证明文件和隐蔽工程验收记录。

检查数量：每个检验批应抽查5%，并不少于3处。

14)外墙和毗邻不供暖空间墙体上的门窗洞口四周的侧面，墙体上凸窗四周的侧面，应按设计要求采取节能保温措施。

检验方法：对照设计观察检查，必要时抽样剖开检查；核查隐蔽工程验收记录。

检查数量：每个检验批应抽查 5%，并不少于 5 个洞口。

15）严寒和寒冷地区外墙热桥部位，应按设计要求采取节能保温等隔断热桥措施。

检验方法：对照设计和施工方案观察检查。核查隐蔽工程验收记录。

检查数量：按不同热桥种类，每种抽查 20%，并不少于 5 处。

（2）一般项目

1）进场节能保温材料与构件的外观和包装应完整无破损，符合设计要求和产品标准的规定。

检验方法：观察检查。

检查数量：全数检查。

2）当采用加强网作为防止开裂的措施时，加强网的铺贴和搭接应符合设计和施工方案的要求。砂浆抹压应密实，不得空鼓，加强网应铺贴平整，不得皱褶、外露。

检验方法：观察检查；核查隐蔽工程验收记录。

检查数量：每个检验批抽查不少于 5 处，每处不少于 2 m²。

3）设置空调的房间，其外墙热桥部位应按设计要求采取隔断热桥措施。

检验方法：对照施工方案观察检查；核查隐蔽工程验收记录。

检查数量：按不同热桥种类，每种抽查 10%，并不少于 5 处。

4）施工产生的墙体缺陷，如穿墙套管、脚手眼、孔洞等，应按照施工方案采取隔断热桥措施，不得影响墙体热工性能。

检验方法：对照施工方案观察检查。

检查数量：全数检查。

5）墙体保温板材接缝方法应符合施工方案要求。保温板接缝应平整、严密。

检验方法：观察检查。

检查数量：每个检验批抽查 10%，并不少于 5 处。

6）墙体采用保温浆料时，保温浆料层宜连续施工；保温浆料厚度应均匀、一致，接槎应平顺密实。

检验方法：观察、尺量检查。

检查数量：每个检验批抽查 10%，并不少于 10 处。

7）墙体上容易碰撞的阳角、门窗及不同材料基体的交接处等特殊部位，其保温层应采取防止开裂和破损的加强措施。

检验方法：观察检查；核查隐蔽工程验收记录。

检查数量：按不同部位，每类抽查 10%，并不少于 5 处。

8）采用现场喷涂或模板浇筑的有机类保温材料做外保温时，有机类保温材料应达到陈化时间后方可进行下道工序施工。

检验方法：对照施工方案和产品说明书进行检查。

检查数量：全数检查。

质量与安全事故

复习思考题

1. 何谓外墙内保温施工？外墙内保温有什么优缺点？
2. 何谓外墙外保温施工？外墙外保温有什么优缺点？
3. 简述增强石膏复合聚苯保温板外墙内保温工程的施工工艺和施工要点。
4. 简述胶粉聚苯颗粒保温浆料外墙内保温工程的施工工艺和施工要点。
5. 简述无机保温砂浆(RWJ901)外墙外保温施工工艺和施工要点。
6. 简述聚苯板薄抹灰外墙外保温施工工艺和施工要点。

模块十

冬期与雨期施工

教学目标 熟悉冬期施工的特点和原则，掌握雨期施工的特点和要求；掌握砌筑工程和混凝土工程冬期施工的方法。

技能抽查要求 能编制冬期和雨期施工方案。

企业八大员岗位资格考试要求 掌握砌筑工程和混凝土工程冬期施工的方法和要求；掌握雨期施工的主要措施。

我国疆域辽阔，很多地区受内陆(海上)高低压及季风交替的影响，气候变化较大。在华北、东北、西北及青藏高原，每年都有较长的低温季节。沿海一带城市，受海洋暖湿气流影响，春夏之交雨水频繁，并伴有台风、暴雨和潮汛。冬期的低温和雨期的降水，给施工带来很大的困难，常规的施工方法已不能适应，必须采取冬雨期施工措施，才能确保工程质量。

10.1 冬期和雨期施工的特点、要求和施工准备

冬雨期施工

1. 冬期施工的特点、要求和施工准备

(1)冬期施工的特点

1)质量事故多发期。在冬期施工中，长时间的持续负低温、大的温差、强风、降雪和反复的冰冻，经常造成建筑工程质量事故。

2)质量事故发现滞后性。冬期施工发生质量事故不易察觉，到来年春天解冻时，质量问题才暴露出来。

3)冬期施工的计划性和准备工作时间性很强。冬期施工，常由于时间紧迫，仓促施工，故易发生质量事故。

(2)冬期施工的要求

1)确保工程质量。

2)经济合理，使增加的措施费用最少。

3)所需的热源及技术措施材料有可靠的来源，并使消耗的能源最少。

4)工期能满足规定要求。

（3）冬期施工的准备工作

1）掌握分析当地的气温情况，搜集有关气象资料作为选择冬期施工技术措施的依据。

2）抓好施工组织设计的编制工作。将不适宜冬期施工的分项工程安排在冬期前后完成，合理选择冬期施工方案。

3）凡进行冬期施工的工程项目，必须会同设计单位复核施工图纸，查对其是否能适应冬期施工要求。

4）冬期施工的设备、工具、材料及劳动防护用品均应提前准备。

5）冬期施工前对配制外掺剂的人员、测温保温人员、司炉工等应专门组织技术培训，考试合格后方准上岗。

2. 雨期施工的特点、要求和准备工作

（1）雨期施工特点

1）雨期施工的开始具有突然性。由于暴雨山洪等恶劣气象往往不期而至，故雨期施工准备工作应及早进行。

2）雨期施工带有突击性。由于雨水对建筑结构和地基基础的冲刷或浸泡具有严重的破坏性，故当天气较好时，要进行突击施工。

3）雨期施工持续性。雨期施工往往持续时间较长，施工不便，可能拖延工期，事先应充分估计。

（2）雨期施工的要求

1）编制施工组织设计时，要根据雨期施工的特点，将不适合在雨期施工的分项工程提前或拖后进行。

2）合理进行施工安排。做到晴天抓紧室外工作，雨天安排室内工作。

3）密切注意气象预报。做好抗台防汛工作，必要时及时加固在建项目。

4）做好各种器材的准备工作和建筑材料防潮工作。

（3）雨期施工的准备工作

1）现场排水。施工现场道路、设施必须做到排水畅通，防止地面水排入地下室、基础、地沟内，要做好对危石的处理，防止滑坡和塌方。

2）应做好原材料、成品、半成品的防雨工作。

3）在雨期前应做好施工现场房屋、设备的排水防雨措施。

4）备足排水需用的水泵及有关器材，准备适量的塑料布、油毡等防雨材料。

10.2 冬期施工

10.2.1 土方工程冬期施工

土方工程冬期施工时造价高、工效低，一般宜在冬季前完成。必须进行冬期施工时，应根据本地区气候、土质和冻结情况以及施工条件、技术经济效果等进行综合比较，然后选择合理的施工方法。

土方工程冬期施工

土方工程的冬期施工内容包括土壤的防冻与保温、冻土融化、冻土开挖与土方回填等。

1. 地基土的保温防冻

（1）土的冻结与防冻

1）松土防冻法。

松土防冻法是在土壤冻结之前，将预先确定的冬季土方作业地段上的表土翻松耙平，利

用松土中的许多充满空气的孔隙来降低土壤的导热性，达到防冻的目的。翻耕的深度一般在25~30 cm，一般在入冬之前的秋季进行施工。见图10-1。

图10-1 翻松耙平进行地基土的保温防冻

2）覆盖雪防冻法。

在积雪量大的地方，可以利用雪的覆盖做保温层来防止土的冻结。覆雪防冻的方法可视土方作业的特点而定。对大面积的土方工程可在地面上设篱笆或筑雪堤，高度一般为0.5~1 m，见图10-2。对面积较小的基槽（坑），可在土冻结前，初次降雪后在地面上挖积雪沟，在挖好的沟内，用雪填满，以防止未挖土层的冻结，见图10-3。

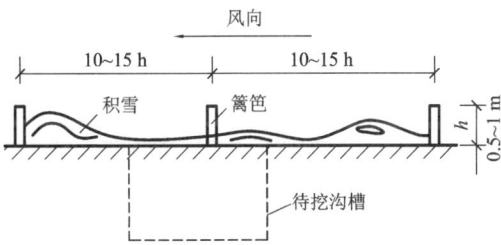

图10-2 挡雪防冻法

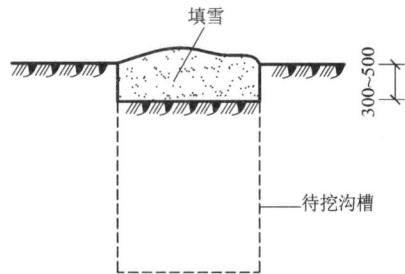

图10-3 挖沟填雪防冻法

3）保温材料覆盖法。

面积较小的基槽（坑）的防冻，可直接用保温材料覆盖。常用保温材料有炉渣、锯末、膨胀珍珠岩、草袋、树叶，上面加盖一层塑料布。在已开挖的基槽（坑）中，靠近基槽（坑）壁处覆盖的保温材料需加厚，以使土壤不致受冻。对未开挖的基坑，保温材料铺设宽度为两倍的土层冻结深度与基槽（坑）底宽度之和。

4）暖棚保温法。

面积较小的基槽（坑）的保温与防冻可采用暖棚保温法。在已挖好的基槽（坑）上，宜搭好骨架，铺上基层，覆盖保温材料，也可搭塑料大棚，在棚内采取供暖措施。

（2）冻土的融化

1）烟火烘烤法。

烟火烘烤法适用于面积较小、冻土不深，且燃料便宜的地区。常用锯末、谷壳和刨花等作燃料。在冻土上铺上杂草、木柴等引火材料，燃烧后撒上锯末，上面压数厘米的土，让它不起火苗地燃烧，这样有 250 mm 厚的锯末，其热量经一夜可融化冻土 300 mm 左右，开挖时分层分段进行。烘烤时应做到有火就有人，以防引起火灾。

2）蒸汽融化法。

当热源充足、工程量较小时，可采用蒸汽融化法（蒸汽循环针）。把带有喷气孔的钢管插入预先钻好的冻土孔中，通蒸汽融化。冻土孔径应大于喷气管直径 1 cm，其间距不宜大于 1 m，深度应超过基底 30 cm。当喷气管直径 D 为 20~25 cm 时，应在钢管上钻成梅花状喷气孔，下端封死，融化后应及时开挖并防止基底受冻。

3）电热法。

在电源比较充足的地区，工程量又不大时，可用电热法融化冻土。此法是以接通闭合电路的材料加热为基础，使冻土层受热逐渐融化。电热法耗电量大，成本较高。融化冻土时应按开挖顺序分段进行，每段大小应适应当天挖土的工程量，冻土融化后，挖土工作应昼夜连续进行，以免因间歇而使地基土重新冻结。开挖基槽（坑）或管沟时，必须防止基础下的基土遭受冻结。

2. 冻土的开挖

冻土挖掘应根据冻土层的厚度和施工条件，采用机械、人工或爆破等方法进行。

1）人工开挖。适用于面积较小的沟槽（坑）和不适宜大型机械的地方，一般是一个人用尖镐刨或 3~4 人一组用铁楔子劈冻土。

2）机械开挖。当冻土层厚度为 0.4 m 以内时，可用挖掘机、松土机等土方机械开掘冻土层；如冻土层厚度为 0.4~1.2 m 时，可用打桩机破碎或重锤击碎冻土，然后用装载机或正、反铲挖土机挖土，再装车运出。

3）爆破法开挖。适用于冻土层较厚、面积较大的土方工程，这种方法是将炸药放入直立爆破孔中或水平爆破孔中进行爆破，冻土破碎后用挖土机挖出。

3. 土方回填

1）土方回填时，每层铺土厚度应比常温施工时减少 20%~25%，预留沉陷量应比常温施工时增加。对于大面积回填土和有路面的路基及其人行道范围内的平整场地填方，可采用含有冻土块的土回填，但冻土块的粒径不得大于 150 mm，其含量不得超过 30%。铺填时冻土块应分散开，并应逐层夯实。

2）回填地下管道的沟槽时，管沟底至管顶 50 cm 厚范围内不得用冻土回填。

3）在冻胀土上的地梁、桩基的承台，其下面有可能被冻土隆起，要回填炉渣、矿渣等松散材料。

4）所有回填的地方，均须排除积水，清除冰块等杂物。

5）回填土工作应连续进行，防止基土或已填土层受冻。

6）室内地面垫层下回填的土方，填料中不得含有冻土块，并应及时夯实。填方完成后至地面施工前，应采用防冻措施。

10.2.2 砌筑工程冬期施工

当室外日平均气温连续 5 d 稳定低于 5℃时，砌体工程应采取冬期施工措施。冬期施工期限以外，当日最低气温低于 0℃时，也应按冬期施工有关规定执行。

砌筑工程冬期施工

砌体工程的冬期施工最突出的一个问题是砂浆遭受冻结。砂浆遭受冻结后,会产生如下危害:硬化暂时停止,并且不再产生强度,失去胶结作用;塑性降低,灰缝的紧密度减弱;解冻后的砂浆在上层砌体的压力下,可能引起不均匀沉降等。

因此,砌体工程的冬期施工措施就是要防止砂浆遭受冻结或者使砂浆在负温下也能增长强度。

1. 砌体工程冬期施工材料要求

1)砌体用块体不得遭水浸冻。

2)拌制砂浆用砂,不得含有冰块和直径大于 10 mm 的冻结块。

3)石灰膏、电石渣膏等应防止受冻,如遭冻结,应经融化后使用。

4)拌和砂浆时水温不得超过 80℃,砂加热温度不得超过 40℃。

2. 砌体工程冬期施工方法

砌筑工程的冬期施工方法有掺外加剂法和暖棚法等。

砌筑工程的冬期施工应以掺外加剂法为主,对保温、绝缘、装饰等方面有特殊要求的工程,可采用其他施工方法。

(1)掺外加剂法

在砌筑砂浆内掺加一定数量的抗冻化学剂,降低水溶液冰点,使砂浆在负温下不冻结,且强度能够继续增长。采用外加剂法配制砂浆时,可采用氯盐或亚硝酸盐等外加剂。氯盐应以氯化钠为主,当气温低于-15℃时,可与氯化钙配合使用。氯盐掺量可按表 10-1 选用。

表 10-1　氯盐外加剂掺量(占用水质量%)

氯盐及砌体材料种类		日最低气温/℃			
		≥-10	-15~-11	-20~-16	-25~-21
单掺氯化钠/%	砖,砌块	3	5	7	
	石材	4	7	10	
复掺/%	氯化钠	砖,砌块	—	—	5	7
	氯化钙		—	—	2	3

注:氯盐以无水盐计,掺量为占拌和水质量百分比。

砌筑施工时,砂浆温度不应低于 5℃,当设计无要求,且最低气温等于或低于-15℃时,砌体砂浆强度等级应较常温施工提高一级。氯盐砂浆中复掺引气型外加剂时,应在氯盐砂浆搅拌的后期掺入,砌体采用氯盐砂浆施工,每 d 砌筑高度不宜超过 1.2 m,墙体预留的洞口,距交接墙处不应小于 500 mm。

由于氯盐砂浆吸湿性大,使结构保温性能和绝缘性能下降,并有盐析现象等,下列情况不得采用掺氯盐的砂浆砌筑砌体:

1)对装饰工程有特殊要求的建筑物;

2)使用环境湿度大于 80%的建筑物;

3)钢埋件无可靠防腐处理措施的砌体;

4)接近高压电线的建筑物(如变电所、发电站等);

5）经常处于地下水位变化范围内，以及在地下未设防水层的结构；

6）配筋砌体。

（2）暖棚法

暖棚法是利用简易结构和廉价的保温材料，将需要砌筑的工作面临时封闭起来，使砌体在正温条件下砌筑和养护。暖棚法适用于地下工程、基础工程、局部性事故修复工程以及工程紧迫的砌体结构。

暖棚法施工时，块材在砌筑时的温度不应低于5℃，距离所砌的结构底面0.5 m处的棚内温度也不应低于5℃，气体在暖棚内的养护时间应根据暖棚内的温度确定，并应符合表10-2规定。

表 10-2　暖棚法砌体的养护时间

暖棚内温度/℃	5	10	15	20
养护时间/d	≥6	≥5	≥4	≥3

10.2.3　混凝土工程的冬期施工

根据当地多年气象资料统计，当室外日平均气温连续5 d稳定低于5℃时，应采取冬期施工措施；当室外日平均气温连续5 d稳定高于5℃时，可解除冬期施工措施。当混凝土未达到受冻临界强度而气温骤降至0℃以下时，应按冬期施工的要求采取应急防护措施。

1. 混凝土冬期施工原理

混凝土的凝结硬化并获得强度，是由于水泥水化反应的结果。水和温度是水化反应得以进行的必要条件，水是水化反应能否进行的决定性因素之一。温度则影响水化反应的速度，冬期施工气温低，水泥水化作用减弱，混凝土强度增长慢；当温度降到0℃以下时，水化反应基本停止；当温度降到-4～-2℃时，新浇混凝土内部游离水开始结冰，结冰后的水体积膨胀约9%，水化作用完全停止，混凝土强度停止增长。混凝土结冰后体积膨胀，在其内部产生冰胀应力，破坏了强度较低的水泥石结构，使混凝土内部产生微裂缝和孔隙，同时损害了混凝土与钢筋的黏结，导致结构强度的降低。受冻的混凝土解冻后，其强度虽能继续增长，但已不能达到原设计强度等级。

混凝土在浇筑后立即受冻，抗压强度约损失50%，抗拉强度约损失40%。新浇混凝土在受冻前若具备了抵抗冰胀应力的某一初期强度值，然后遭受冻结，但当恢复正温度养护后，混凝土强度还能增长，其后期强度可达到混凝土设计强度。冬期浇筑的混凝土在受冻以前必须达到的最低强度称为混凝土受冻临界强度。

混凝土受冻临界强度与水泥品种、混凝土强度等级有关。中国现行规范规定：冬期浇筑的混凝土的抗压强度，在受冻前，硅酸盐水泥和普通硅酸盐水泥配制的混凝土不得低于其设计强度标准值的30%，矿渣硅酸盐水泥配制的混凝土不得低于设计强度标准值的40%；C15及其以下的混凝土强度不得低于5 N/mm^2。混凝土冬期施工的原理是受冻前使新浇筑的混凝土强度值达到受冻临界强度。

2. 混凝土冬期施工材料要求

（1）水泥

冬期施工时，根据工程特点、混凝土工作环境及养护条件，尽量使用快硬、早期强度增长快、早期水化热较高的高强度等级水泥，使之较快地达到临界强度。应优先选用硅酸盐水泥或普通硅酸盐水泥。水泥的最少用量不宜少于 280 kg/m³。在使用其他品种的水泥时，应注意其中的掺和材料对混凝土的抗冻、抗渗等性能的影响。冬期施工的混凝土严禁使用高铝水泥，高铝水泥重结晶导致强度下降，它对钢筋的保护作用比硅酸盐水泥的作用差。

（2）骨料

冬期施工时，所用的骨料必须清洁，不得含有冰、雪等冻结物以及易冻裂的矿物质。掺有钾、钠离子防冻剂的混凝土，不应混有活性二氧化硅成分的骨料，以免发生碱骨料反应，导致混凝土的体积膨胀，破坏混凝土结构。

（3）外加剂

混凝土中掺入适量的外加剂，可以保证混凝土在低温条件下早强和负温下的硬化，防止早期受冻，提高混凝土的耐久性。多使用无氯盐的防冻剂、引气剂或引气减水剂，但不应使用对钢筋有腐蚀和降低混凝土的抗渗性的外加剂。

（4）掺和料

混凝土中掺入一定量的粉煤灰，具有改善混凝土性能、提高工程质量、节约水泥、降低成本等优点。掺入一定量的氟石粉能有效地改善混凝土的和易性，提高混凝土的抗渗性，调节水泥水化和提高混凝土初始温度的作用。氟石粉的适宜掺量一般为水泥用量的 10% ~ 15%，最好通过试验确定。

（5）保温材料

混凝土工程冬期施工使用的保温材料，应根据工程类型、结构特点、施工条件、气温情况进行选用。优先选用导热系数小、密闭性好、坚固耐用、防风防潮、价格低廉、重量轻、能多次使用的地方性的材料，如草帘、草袋、炉渣、锯末等。保温材料必须保持干燥，受潮后保温性能将大幅降低。随着工业新技术的发展，冬期施工中也越来越广泛地使用轻质高效能的保温材料，如珍珠岩、石棉以及聚氨酯泡沫塑料等。

3. 混凝土冬期施工工艺要求

冬期混凝土施工的特点，就在于采取必要的措施，以消除低温对混凝土硬化所产生的不利影响，保护混凝土在达到规定强度以前不受冻害。冬期施工工艺，应根据工程情况、施工要求以及外界气温条件，经过热工计算及经济比较确定。

1）材料加热。要使新浇筑的混凝土在一定的时间内达到所要求的强度，必须具备温度条件，而混凝土获得的热量，除了水泥的水化热以外，只能靠加热的办法取得。国内外一致的做法是，在混凝土搅拌的过程中加热组成材料。

组成材料加热的原则：根据材料比热容大小和加热方法的难易程度，应优先加热水，其次是砂石，水的比热深约为骨料的五倍；水泥不得加热但要保持正温。骨料中不得夹杂冰块及其他杂质。水、骨料加热的温度不应过高，以免导致水泥出现假凝现象，所以对材料加热的温度必须进行热工计算并加以限制。材料加热的最高允许温度见表 10-3。

表 10-3　拌和水及骨料最高加热温度/℃

项次	项目	拌和水	骨料
1	强度等级<42.5 级的普通硅酸盐水泥、矿渣硅酸盐水泥	80	60
2	强度等级≥42.5 级的普通硅酸盐水泥、硅酸盐水泥	60	40

水的加热有直接加热和间接加热两种方法。直接加热法是用铁桶、大锅或热水炉用燃料提高水的温度。此方法适用于施工场地狭窄、零星分散或没有蒸汽源的工程。间接加热是直接向贮水箱内通蒸汽提高水的温度；或在贮水箱内设置蒸汽加热器、电加热器、汽水热交换罐提高水的温度。间接加热法安全、节省人力，但需要设备较多。

砂加热有烘烤加热、直接加热和间接加热三种方法。烘烤法是用砖砌成火道，顶面覆盖钢板，在钢板上面烘炒砂子。此法设备简单、投资少，但加热不均匀、耗能量大、污染环境；对除去砂堆表面上的冻结层最有效。直接加热法又称湿热法，是在砂堆内插入蒸汽花管，直接向砂堆排放蒸汽，提高砂的温度。这种方法设备简单，加热迅速；但蒸汽使砂的含水率变化较大，必须及时注意调整混凝土的用水量。间接加热法又称干热法，是在砂堆中安放蒸汽排管，管内蒸汽间接加热砂子，提高砂的温度。间接加热法砂子的含水率变化小；但加热时间长、投资大、费用高。

石子在通常情况下尽量不加热，当气温较低时，为提高拌和物的温度，可根据情况，按砂的加热方法加热。

2）投料顺序、搅拌时间。冬期施工为了加强混凝土的搅拌效果，应选择强制式搅拌机。合理的投料顺序，可以使混凝土获得良好的和易性，拌和物的温度均匀，有利于混凝土强度的发展，又可以提高搅拌机的效率。一般是先投入骨料和加热的水，搅拌一定时间后，水温降低到40℃左右时，再投入水泥继续搅拌到规定的时间，要绝对防止水泥假凝。

搅拌时间是影响混凝土质量的重要因素之一。搅拌时间必须满足表10-4规定的最短时间。为满足各组成材料间的热平衡，可以适当延长搅拌时间。搅拌时间短，拌和不均匀，混凝土的和易性和施工性能差，强度降低；搅拌时间长，和易性也会降低，有时产生分层离析现象。

表 10-4　冬期施工混凝土搅拌的最短时间/s

混凝土坍落度/mm	搅拌机容量/L		
	小于 250	250~500	大于 500
小于等于 80	90	135	180
大于 80	90	90	135

3）混凝土的运输。混凝土拌和物经搅拌倾出后，应及时运到浇筑地点，入模成型。在运输的过程中，仍然会有热损失。运输过程中是热损失的关键，混凝土的入模温度主要取决于运输过程中的蓄热程度。因此，运输速度要快，运输距离要短，装卸和转运次数要少，保温要好。

混凝土运输过程中的温度降低，受运输工具、装卸次数、运输时间、出机温度和环境变化等因素的影响。

4）混凝土的浇筑。在混凝土浇筑前，应清除模板和钢筋上的冰雪和杂物，混凝土浇筑后开始养护的温度不得低于+2℃。冬期不得在强冻胀性地基上浇筑混凝土；在弱冻胀性地基上浇筑混凝土时，地基土应进行保温，以免遭冻。

4. 混凝土冬期施工养护方法

混凝土工程冬期施工应根据自然气温条件、结构类型、工期要求，拟订混凝土在硬化过程中防止早期受冻的各种措施，确定混凝土工程冬期施工养护方法。

混凝土冬期施工养护方法有两大类：一类是人为地创造一个正温环境，以保证新浇筑的混凝土强度能够正常地不间断地增长，甚至可以加速增长，主要方法有蓄热养护法、综合蓄热养护法、蒸汽加热养护法和电加热养护法、暖棚养护法；第二类为混凝土负温养护法，是在拌制混凝土时加入适量的外加剂，可以降低水的冰点，使混凝土中的水在负温下保持液态，能继续与水泥进行水化作用，使得混凝土强度得以在负温环境下持续地增长。这种方法一般不再对混凝土加热。

在选择混凝土冬期施工方法时，应保证混凝土尽快达到冬期施工临界强度，避免遭受冻害。下面介绍常用的混凝土工程冬期施工养护方法。

（1）蓄热养护法和综合蓄热养护法

蓄热养护法是在混凝土浇筑后，利用原材料加热及水泥水化热的热量，通过适当保温延缓混凝土冷却，使混凝土在冷却到0℃以前达到预期要求强度的施工方法。

当室外最低温度不低于-15℃时，地面以下的工程，或表面系数不大于5 m^{-1}的结构，宜采用蓄热法养护。对结构易受冻的部位，应加强保温措施。当室外最低气温不低于-15℃时，对于表面系数为5~15 m^{-1}的结构，宜采用综合蓄热养护法，围护层散热系数宜控制在50~200 kJ/（m^3·h·K）之间；综合蓄热法施工的混凝土中应掺入早强剂或早强型复合外加剂，并应具有减水、引气作用。

蓄热养护法和综合蓄热养护热法施工时，在混凝土浇筑后应采用塑料布等防水材料对裸露表面覆盖并保温，对边、棱角部位的保温层厚度应增大到面部位的2~3倍。混凝土在养护期间应防风、防失水。

为了确保原材料的加热温度，正确选择保温材料，使混凝土在冷却到0℃以下时，其强度达到或超过受冻临界强度，施工时必须进行热工计算。热工计算是按热平衡原理进行，即1 m^{3}混凝土从浇筑结束的温度降至0℃时，所放出的热量应等于混凝土拌和物所含热量及水泥的水化热之和。

1）混凝土拌和物的温度公式：

$$T_0 = 0.92(m_{ce}T_{ce} + m_s T_s + m_{sa}T_{sa} + m_g T_g) + 4.2T_w(m_w - w_{sa}m_{sa} - w_g m_g) +$$
$$c_w(w_{sa}m_{sa}T_{sa} + w_g m_g T_g) - c_i(w_{sa}m_{sa} + w_g m_g) \div [4.2m_w + 0.92(m_{ce} + m_s + m_{sa} + m_g)] \quad (10\text{-}1)$$

式中：T_0 为混凝土拌和物的温度（℃）；T_w，T_{ce}，T_{sa}，T_g，T_s 分别为水、水泥、砂、石、掺和料的温度（℃）；m_w、m_{ce}、m_{sa}、m_g、m_s 分别为水、水泥、砂、石、掺和料的用量（kg）；w_{sa}、w_g 分别为砂、石的含水率（%）；c_w、c_i 分别为水的比热容[kJ/（kg·K）]、冰的溶解热（kJ/kg），当骨料温度 >0℃ 时 $c_w = 4.2$ kJ/（kg·K）、$c_i = 0$（kJ/kg），当骨料温度 <0℃ 时 $c_w = 2.1$ kJ/（kg·K）、$c_i = 335$ kJ/kg。

2）混凝土拌和物的出机温度公式：

$$T_1 = T_0 - 0.16(T_0 - T_P) \quad (10\text{-}2)$$

式中：T_1 为混凝土拌和物出机温度（℃）；T_P 为搅拌机棚内温度（℃）。

3）混凝土拌和物运输与输送至浇筑地点时的温度可按下列公式计算：

①现场拌制混凝土采用装卸式运输工具时：

$$T_2 = T_1 - \Delta T_Y \quad (10\text{-}3)$$

②现场拌制混凝土采用泵送施工时：

$$T_2 = T_1 - \Delta T_b \tag{10-4}$$

③采用商品混凝土泵送施工时：

$$T_2 = T_1 - \Delta T_Y - \Delta T_b \tag{10-5}$$

式中：ΔT_Y、ΔT_b 分别为采用装卸式运输工具运输混凝土时的温度降低、采用泵管输送混凝土时的温度降低，可按下列公式计算：

$$\Delta T_Y = (\alpha t_1 + 0.032n)(T_1 - T_a)$$

$$\Delta T_b = 4\omega \times \frac{3.6}{0.04 + \dfrac{d_b}{\lambda_b}} \times \Delta T_1 \times t_2 \times \frac{D_w}{c_c \cdot \rho_c \cdot D_1^2}$$

式中：T_2 为混凝土拌和物运输与输送到浇筑地点时温度（℃）；ΔT_Y 为采用装卸式运输工具运输混凝土时的温度降低（℃）；ΔT_b 为采用泵管输送混凝土时的温度降低（℃）；ΔT_1 为泵管内混凝土的温度与环境气温差（℃），当现场拌制混凝土采用泵送工艺输送时 $\Delta T_1 = T_1 - T_a$，当商品混凝土采用泵送工艺输送时 $\Delta T_1 = T_1 - T_Y - T_a$；$T_a$ 为室外环境气温（℃）；t_1 为混凝土拌和物运输的时间（h）；t_2 为混凝土在泵管内输送时间（h）；n 为混凝土拌和物运转次数；c_c 为混凝土的比热容[kJ/（kg·K）]；ρ_c 为混凝土的质量密度（kg/m³）；λ_b 为泵管外保温材料导热系数[W/（m·K）]；d_b 为泵管外保温层厚度（m）；D_1 为混凝土泵管内径（m）；D_w 为混凝土泵管外围直径（包括外围保温材料）（m）；ω 为透风系数，可按表10-6取值；α 为温度损失系数（h^{-1}），采用混凝土搅拌车时 $\alpha = 0.25$，采用开敞式大型自卸汽车时 $\alpha = 0.20$，采用开敞式小型自卸汽车时 $\alpha = 0.30$，采用封闭式自卸汽车时 $\alpha = 0.10$，采用手推车或吊斗时 $\alpha = 0.50$。

④考虑模板和钢筋吸热影响，混凝土成型完成时的温度公式：

$$T_3 = \frac{c_c m_c T_2 + c_f m_f T_f + c_s m_s T_s}{c_c m_c + c_f m_f + c_s m_s} \tag{10-6}$$

式中：T_3 为考虑模板和钢筋吸热影响，混凝土成型完成时的温度（℃）；c_c、c_f、c_s 分别为混凝土、模板材料、钢筋的比热容[kJ/（kg·K）]；m_c 为每立方米混凝土的质量（kg）；m_s、m_f 为与每 m³ 混凝土相接触的模板、钢筋的质量（kg）；T_f、T_s 为模板、钢筋的温度，未预热者可采用当时环境温度（℃）。

⑤混凝土蓄热养护过程中的温度计算公式：

A. 混凝土蓄热养护开始至任一时刻 t 的温度：

$$T_4 = \eta e^{-\theta v_{ce} t_3} - \varphi e^{-v_{ce} t_3} + \frac{\eta}{\theta} - \varphi \tag{10-7}$$

B. 混凝土蓄热养护开始至任一时刻 t 的平均温度：

$$T_m = \frac{1}{v_{ce} t_3}\left(\varphi e^{-\theta v_{ce} t_3} - \frac{\eta}{\theta} e^{-v_{ce} t_3} + \frac{\eta}{\theta} - \varphi\right) + T_{m,a} \tag{10-8}$$

式中：θ、φ、η 为综合参数，按下式计算：

$$\theta = \frac{\omega K M}{V_{ce} c_c \rho_c} \tag{10-9}$$

$$\varphi = \frac{v_{ce} Q_{ce} m_{ce,1}}{V_{ce} c_c \rho_c - \omega K M_s} \tag{10-10}$$

$$\eta = T_3 - T_{m,a} + \varphi \tag{10-11}$$

式中：T_4 为混凝土蓄热养护开始至任一时刻 t 的温度（℃）；T_m 为混凝土蓄热养护开始至任一时刻 t 的平均温度（℃）；$T_{m,a}$ 为混凝土蓄热养护开始至任一时刻 t 的平均气温（℃）；ρ_c 为混凝土质量密度（kg/m³）；m_{ce} 为每 m³ 混凝土水泥用量（kg/m³）；Q_{ce} 为水泥水化累积最终放热量（kJ/kg），按表 10-5 查取；V_{ce} 为水泥水化速度系数（h⁻¹），按表 10-5 查取；ω 为透风系数；M 为结构表面系数（m⁻¹）；K 为围护层的总传热系数 [kJ/(m² · h · K)]；e 为自然对数之底，可取 e = 2.72。

结构表面系数 M 可按下式计算：

$$M = \frac{A(混凝土结构表面积)}{V(混凝土结构总体积)} \tag{10-12}$$

平均气温 $T_{m,a}$ 可取蓄热养护开始至 t 时气象预报的平均气温；若遇大风雪及寒潮降临，可按每时或每日平均气温计算。

围护层的总传热系数 K 可按下式计算：

$$K = \frac{3.6}{0.04 + \sum_{i=1}^{n} \dfrac{d_i}{\lambda_i}} \tag{10-13}$$

式中：d_i 为第 i 围护层的厚度（m）；λ_i 为第 i 围护层的导热系数 [W/(m · K)]。

水泥水化累积最终放热量 Q_{ce}、水泥水化速度系数 V_{ce} 及透风系数 ω 取值见表 10-5 和表 10-6。

表 10-5 水泥水化累积最终放热量 Q_{ce} 和水泥水化速度系数 V_{ce}

水泥品种及强度等级	$Q_{ce}/(\text{kJ} \cdot \text{kg}^{-1})$	$V_{ce}/(\text{h}^{-1})$
硅酸盐、普通硅酸盐水泥 52.5	400	
硅酸盐、普通硅酸盐水泥 42.5	360	0.013
32.5 级普通硅酸盐水泥	330	
火山灰、粉煤灰水泥、矿渣	240	

表 10-6 透风系数 ω

保温层的种类	透风系数 ω		
	$V_w < 3 \text{ m/s}$	$3 \text{ m/s} \leqslant V_w \leqslant 5 \text{ m/s}$	$V_w > 5 \text{ m/s}$
保温层由容易透风材料组成	2.0	2.5	3.0
在容易透风材料外面包以不易透风材料	1.5	1.8	2.0
保温层由不易透风材料组成	1.3	1.45	1.6

注：V_w 为风速。

C. 当施工需要计算混凝土蓄热养护冷却至 0℃ 的时间 t_0 时可根据式（10-7）采用逐次逼近的方法进行计算。当蓄热养护条件满足 $\frac{\varphi}{T_{m,a}} \geqslant 1.5$，且当 $KM \geqslant 50$ 时，也可按下式直接计算：

$$t_0 = \frac{1}{V_{ce}} \ln \frac{\varphi}{T_{m,a}} \qquad (10-14)$$

式中：t_0 为混凝土蓄热养护冷却至 0℃ 的时间（h）。

混凝土冷却至 0℃ 的时间内，其平均温度可根据式（10-8）取 $t = t_0$ 进行计算。

根据上述公式算出的混凝土蓄热养护的平均温度 T_m 和混凝土冷却至 0℃ 的时间 t_0，即可根据混凝土强度增长曲线求出在此养护过程中能达到的强度，并看其是否满足混凝土允许受冻临界强度要求。若满足要求则事先制订的施工方案是可行的，否则可采取下列措施：

a. 提高混凝土的比热容，即提高水、砂、石的加热温度，但不得超过规范规定的要求。

b. 改善蓄热法用的保温措施，更换或加厚保温材料，使混凝土热量散发较慢，以提高混凝土的平均养护温度。

c. 采用综合蓄热法。

d. 混凝土浇筑后短时加热，提高混凝土热量和延长其冷却至 0℃ 的时间。

（2）混凝土负温养护法

混凝土负温养护法是在混凝土中加入适量的抗冻剂、早强剂、减水剂及加气剂，使混凝土在负温下能继续水化，增长强度。

混凝土负温养护法适用于不易加热保温，且对强度增长要求不高的一般混凝土结构工程。负温养护法施工的混凝土，应以浇筑后 5 d 内的预计日最低气温来选用防冻剂，起始养护温度不应低于 5℃。混凝土浇筑后，裸露表面应采取保湿措施；同时，应根据需要采取必要的保温覆盖措施。混凝土负温养护法施工应加强测温，在达到受冻临界强度之前应每隔 2 h 测量一次；在混凝土达到受冻临界强度后，可停止测温。当室外最低气温不低于 -15℃ 时，采用负温养护法施工的混凝土受冻临界强度不应小于 4.0 MPa；当室外最低气温不低于 -30℃ 时，采用负温养护法施工的混凝土受冻临界强度不应小 5.0 MPa。

1）混凝土冬期施工中常用外加剂的种类。

①减水剂：能改善混凝土的和易性及拌和用水量，降低水胶比，提高混凝土的强度和耐久性。常用的减水剂有木质素系减水剂、萘磺酸盐系减水剂、水溶性树脂减水剂。

②早强剂：早强剂是加速混凝土早期强度发展的外加剂，可以在常温、低温或负温（不低于 -5℃）条件下加速混凝土硬化过程。常用的早强剂主要有氯化钠、氯化钙、硫酸钠、亚硝酸钠、三乙醇胺、碳酸钾等。

大部分早强剂同时具有降低水的冰点，使混凝土在负温情况下继续水化，增加强度，起到防冻的作用。

③引气剂：引气剂是指在混凝土搅拌过程中，引入无数微小气泡，改善混凝土拌和物和易性和减少用水量，并显著提高混凝土的抗冻性和耐久性。常用的引气剂有松香皂、烷基苯磺酸盐等。

④阻锈剂：氯盐类外加剂对混凝土中的金属预埋件有锈蚀作用。阻锈剂能在金属表面形成一层氧化膜，阻止金属的锈蚀。常用的阻锈剂有亚硝酸钠、重铬酸钾等。

2）混凝土中外加剂的应用。

混凝土冬期施工中外加剂的配用，应满足抗冻、早强的需要；对结构钢筋无锈蚀作用；对混凝土后期强度和其他物理力学性能无不良影响；同时应适应结构工作环境的需要。单一的外加剂常不能完全满足混凝土冬期施工的要求，一般宜采用复合配方。常用的复合配方有以下几种类型。

①氯盐类外加剂：主要有氯化钠、氯化钙，其价廉、易购买，但对钢筋有锈蚀作用，一般钢筋混凝土中掺量按无水状态计算不得超过水泥质量的1%；无筋混凝土中，采用热材料拌制的混凝土，氯盐掺量不得大于水泥质量的3%；采用冷材料拌制时，氯盐掺量不得大于拌和水质量的15%。掺用氯盐的混凝土必须振捣密实，且不宜采用蒸汽养护。在下列工作环境中的钢筋混凝土结构中不得掺用氯盐：

A. 在高湿度空气环境中使用的结构；

B. 处于水位升降部位的结构；

C. 露天结构或经常受水淋的结构；

D. 有镀锌钢材或与铝铁相接触部位的结构，以及有外露钢筋、预埋件而无防护措施的结构；

E. 与含有酸、碱和硫酸盐等侵蚀性介质相接触的结构；

F. 使用过程中经常处于环境温度为60℃以上的结构；

G. 使用冷拉钢筋或冷拔低碳钢丝的结构；

H. 薄壁结构、中级或重级工作制吊车梁、屋架、落锤或锻锤基础等结构；

I. 电解车间和直接靠近直流电源的结构；

J. 直接靠近高压（发电站、变电所）的结构；

K. 预应力混凝土结构。

②硫酸钠-氯化钠复合外加剂：当气温在-5~-3℃时，氯化钠和亚硝酸钠掺量分别为1%；当气温在-8~-5℃时，其掺量分别为2%。这种配方的复合外加剂不能用于高温湿热环境及预应力结构中。

③亚硝酸钠-硫酸钠复合外加剂：当气温分别为-3℃、-5℃、-8℃和-10℃时，亚酸钠的掺量分别为水泥质量的2%、4%、6%和8%。亚硝酸钠-硫酸钠复合外加剂在负温下有较好的促凝作用，能使混凝土强度较快增长，且对混凝土有塑化作用，对钢筋无锈蚀作用。

使用硫酸钠复合外加剂时，宜先将其溶解在30~50℃的温水中，配成浓度不大于20%的溶液。施工时混凝土的出机温度不宜低于10℃，浇筑成型后的温度不宜低于5℃，在有条件时，应尽量提高混凝土的温度，浇筑成型后应立即覆盖保温，尽量延长混凝土的正温养护时间。

④三乙醇胺复合外加剂：当气温低于-15℃时，还可掺入适量的氯化钙。三乙醇胺在早期正温条件下起早强作用，当混凝土内部温度下降到0℃以下时，氯盐又在其中起抗冻作用，使混凝土继续硬化。混凝土浇筑入仓温度应保持在15℃以上，浇筑成型后应马上覆盖保温，使混凝土在0℃以上温度达72 h以上。

混凝土冬期掺外加剂法施工时，混凝土的搅拌、浇筑及外加剂的配制必须设专人负责，其掺量和使用方法严格按产品说明执行。搅拌时间应于常温条件下适当延长，按外加剂的种类及要求严格控制混凝土的出机温度，混凝土的搅拌、运输、浇筑、振捣、覆盖保温应连续作业，减少施工过程中的热量损失。

（3）蒸汽养护法

蒸汽养护法是用低压饱和蒸汽养护新浇筑的混凝土，在混凝土周围造成湿热环境来加速混凝土硬化的方法。

蒸汽养护混凝土的温度：采用（P·O）水泥时最高养护温度不超过 80℃，采用（P·S）水泥时可提高到 85℃。但采用内部通汽法时，最高加热温度不应超过 60℃。蒸汽养护应包括升温—恒温—降温三个阶段，各阶段加热延续时间可根据养护终了要求的强度确定。采用蒸汽养护的混凝土，可掺入早强剂或无引气型减水剂。

蒸汽加热法除采用预制构件厂用的蒸汽养护窑之外，还有棚罩法、汽套法、热模法和构件内部通汽法。

（4）电热养护法

电热养护法施工是利用低压电流通过混凝土产生的热量，加热养护混凝土。电热养护法施工设备简单，操作方便，但耗电量较多。

电热养护法施工的分类：电热养护法分为电极法、表面电热法、电磁感应加热法等。常用的电极法按电极布置的不同以及通电方式的差异又分为表面电极法、棒形电极法和弦形电极法。

1）电极法：电极法又称电极加热法，将电极放入混凝土内，通以低压电流。由于混凝土的电阻作用，电能变为热能，产生热量对混凝土加热。电热法应采用交流电加热混凝土，不允许使用直流电，因直流电会引起电解、锈蚀。一般宜采用的工作电压为 50~110 V，在无筋结构和每 m^3 混凝土含钢量不大于 50 kg 的结构中，可采用 120~220 V 的电压。

2）表面电热法：用 $\phi 6$ mm 的钢筋或 20~40 mm 宽的白铁皮做电极，固定在模板内侧，混凝土浇筑后通电加热养护混凝土。电极的间距：钢筋电极 200~300 mm，白铁皮电极 100~150 mm。现在也有把电热毯固定在钢模板外侧作为加热元件对混凝土进行加热养护的。

表面电热法常用于墙、梁、板、基础等结构混凝土的养护。

3）电磁感应加热法：电磁感应加热法是在结构模板的表面缠上连续的感应线圈，线圈中通入交流电后，即在钢模板及钢筋中都会有涡流循环磁场。感应加热就是利用在电磁场中铁质材料发热的原理，使钢模板及混凝土中的配筋发热，并将热量传至混凝土而达到养护目的。用这种工艺加热混凝土，温度均匀，控制方便，热效率高，但需专用模板。

（5）暖棚法

暖棚法是在被养护构件或建筑的四周搭设暖棚，或在室内用草帘、草垫等将门窗堵严，采用棚（室）内生火炉；设热风机加热，安装蒸汽排管通蒸汽或热水等热源进行采暖，使混凝土在正温环境下养护至临界强度或预定设计强度。暖棚法由于需要较多的搭盖材料和保温加热设施，施工费用较高。

暖棚法适用于严寒天气施工的地下室、人防工程或建筑面积不大而混凝土工程又很集中的工程。

用暖棚法养护混凝土时，要求暖棚内的温度不得低于 5℃，并应保持混凝土表面湿润。

10.2.4　装饰工程和屋面工程的冬期施工

1. 屋面工程冬期施工

柔性卷材屋面不宜在低于 0℃ 的情况下施工。冬期施工时，可利用日照采暖使基层达到正温后进行卷材铺贴。卷材铺贴前，应先将卷材放在 15℃ 以上的室内预热 8 h，并在铺贴前将卷材表面的滑石粉清扫干净，按施工进度的要求，分批送到屋面使用。

铺设前，应检查基层的强度、含水率及平整度。基层含水率不超过 15%，防止基层含水率过大，转入常温后水分蒸发引起油毡鼓泡。

扫清基层上的霜雪、冰层、垃圾，然后涂刷冷底子油一道。铺贴卷材时，应做到随涂胶黏剂随铺贴和压实卷材，以免沥青胶冷却后黏结不好，产生孔隙气泡等。沥青胶厚度宜控制在 1~2 mm，最大不应超过 2 mm。

2. 装饰工程冬期施工

一般抹灰冬期施工常用施工方法有热作法和冷作法两种。

(1)热作法施工

热作法施工是利用房屋的永久热源或临时热源来提高和保持操作环境的温度，人为创造一个正温环境，使抹灰砂浆硬化和固结。热作法一般用于室内抹灰。常用的热源有火炉、蒸汽、远红外加热器等。

室内抹灰应在屋面已做好的情况下进行。抹灰前应将门、窗封闭，脚手眼堵好，对抹灰砌体提前进行加热，使墙面温度保持在+5℃以上，以便湿润墙面不致结冰，使砂浆与墙面黏结牢固。抹灰砂浆应在正温的室内或暖棚内制作，用热水搅拌，抹灰时砂浆的上墙温度不低于 10℃。抹灰结束后，至少 7 d 内保持+5℃的室温进行养护。在此期间，应随时检查抹灰层的湿度，当干燥过快时，应洒水湿润，以防产生裂纹，影响与基层的黏结，防止脱落。

(2)冷作法施工

冷作法施工是低温条件下在砂浆中掺入一定量的防冻剂(氯化钠、氯化钙、亚硝酸钠等)，在不采取采暖保温措施的情况下进行抹灰作业。冷作法适用于房屋装饰要求不高、小面积的外饰面工程。

冷作法抹灰前应对抹灰墙面进行清扫，墙面应保持干净，不得有浮土和冰霜，表面不洒水湿润；抗冻剂宜优先选用单掺氯化钠的方法，其次可用同时掺氯化钠和氯化钙的复盐方法或掺亚硝酸钠。

防冻剂应由专人配制和使用，配制时可先配制 20% 浓度的标准溶液，然后根据气温再配制成使用溶液。掺氯盐的抹灰严禁用于高压电源的部位，做涂料墙面的抹灰砂浆中，不得掺入氯盐防冻剂。氯盐砂浆应在正温下拌制使用。拌制时，先将水泥和砂干拌均匀，然后加入氯盐水溶液拌和，水泥可用硅酸盐水泥或矿渣硅酸盐水泥，严禁使用高铝水泥。砂浆应随拌随用，不允许停放。当气温低于-25℃时，不得用冷作法进行抹灰施工。

(3)装饰抹灰冬期施工

装饰抹灰冬期施工除按一般抹灰施工要求掺盐外，可另加水泥质量 20% 的 801 胶水。要注意搅拌砂浆应先加一种材料搅拌均匀后再加另一种材料，避免直接混搅。釉面砖及外墙面砖施工时宜在 2% 盐水中浸泡 2 h，并在晾干后方可使用。

(4)其他装饰工程的冬期施工

冬期进行油漆、刷浆、裱糊、饰面工程，应采用热作法施工。应尽量利用永久性的采暖设施。室内温度应在 5℃ 以上，并保持均衡，不得突然变化。否则不能保证工程质量。

冬期气温低，油漆会发黏，不易涂刷，涂刷后漆膜不易干燥。为了便于施工，可在油漆中加一定量的催干剂，保证在 24 h 内干燥。室外刷浆应保持施工均衡，粉浆类料宜采用热水配制，随用随配，料浆使用温度宜保持在15℃左右。裱糊工程施工时，混凝土或抹灰基层含水率不应大于8%。施工中当室内温度高于20℃且相对湿度大于80%时，应开窗换气，防止壁纸皱褶起泡。玻璃工程冬期施工时，应将玻璃、镶嵌用合成橡胶等材料运到有采暖设备的室内，操作地点环境温度不应低于5℃。外墙铝合金、塑料框、大扇玻璃不宜在冬期安装。

10.3　雨期施工

混凝土工程雨期施工

1. 雨期施工的准备工作

1）合理组织施工。编制施工组织计划时，要根据雨期施工的特点，将不宜在雨期施工的分项工程提前或延后安排，对必须在雨期施工的工程制订有效的措施，进行突击施工。晴天抓紧室外工作，雨天安排室内工作，尽量缩小雨天室外作业时间和工作面。

2）施工现场的道路、设施必须做到排水畅通、雨停水干，降水量大的地区在雨期到来之际，施工现场、道路及设施必须做好有组织的排水；临时排水设施尽量与永久性排水设施结合。

3）做好原材料、成品和半成品的防雨、防潮工作。

4）施工现场临时设施、库房要做好防雨排水的准备。

5）准备足够的防水、防汛材料（如草袋、油毡雨布等）和器材工具等，组织防雨、防汛抢险队伍，统一指挥，以防应急事件。

2. 雨期施工的主要技术工作

（1）土方和基础工程

土方工程施工应尽可能避开雨期。对于无法避开雨期的土方工程，应采取下列措施：

排水处理：大型基坑或施工周期长的地下工程，应先在基础边坡四周做好截水沟、挡水堤，防止场内地表水灌槽；同时，基坑内也应设引水沟、集水坑随时抽水。

边坡处理：边坡坡度严格根据土的种类、性质、湿度和挖土深度确定，必要时做边坡稳定性验算；挖土过程中，要加强对边坡和支撑的检查，必要时放缓边坡或加设支撑，以确保边坡的稳定，为防止边坡被雨水冲塌，可在边坡上加钉钢丝网片，并喷上50 mm的细石混凝土。

土方开挖：雨期施工，土方开挖面不宜过大，应逐段、逐片分期施工。挖出的土方应集中运至场外，以避免场内积水或造成塌方。留作回填的土应集中堆置于槽边3 m以外。机械在槽外侧行驶应距槽边5 m以外，手推车运输应距槽1 m以外。

回填与灰土施工：回填土时，应先排除槽内积水，然后方可填土夯实。

（2）砌体工程

砖在雨期必须集中堆放，不宜浇水。砌墙时要求干湿砖块合理搭配，砖湿度大时不可上墙，以免砂浆流淌和砖块滑移造成墙体倒塌，每日砌筑的高度宜控制在1.2m以内。

遇大雨必须停工。砌砖收工时应在砖墙顶盖一层干砖，避免大雨冲刷灰浆。大雨过后受雨冲刷过的新砌墙体应翻砌最上面的两层砖。稳定性较差的窗间墙、独立砖柱，应加设临时支撑或及时浇筑钢筋混凝土圈梁，以增加墙体稳定性。

砌体施工时，内外墙要尽量同时砌筑，转角及丁字墙间的连接要同时跟上。遇大风时，应在与风向相反的方向加临时支撑，以保护墙体的稳定。

雨水浸泡会引起脚手架底座下陷而倾斜，雨后施工要经常检查，发现问题及时加固处理。

雨后继续施工，要复核已完工砌体的垂直度和标高。

（3）混凝土工程

模板隔离层在涂刷前要及时掌握天气预报，避开雨天，以防隔离层被雨水冲掉。加强对模板的检查，特别是对其支撑系统的检查，如支撑的下陷及松动的检查，及时加固处理。

大面积的混凝土浇筑前，要了解 2~3 d 的天气预报，尽量避开大雨。混凝土浇筑现场要预备大量防雨材料，以备浇筑时突遇雨进行覆盖。现浇混凝土应根据结构情况和可能，多考虑几道施工缝的留设位置。

雨期施工时，应加强对混凝土粗细骨料含水量的测定，及时调整混凝土搅拌时的用水量。并在有遮蔽的情况下运输、浇筑。雨后要排除模板内的积水，并将雨水冲掉砂浆部分的松散砂、石清除掉，然后按施工缝接槎处理。

（4）屋面工程

卷材屋面应尽量在雨期前施工，并同时安装屋面的水落管。雨天严禁油毡屋面施工。油毡、保温材料不能淋雨。雨期屋面工程宜采用湿铺法施工工艺，湿铺法就是在潮湿基层上铺贴卷材，先喷刷 1~2 道冷底子油，喷刷工作宜在水泥砂浆凝结初期进行操作，以防基层浸水。如基层浸水，应在基层表面干燥后方可铺贴油毡。如基层潮湿且干燥有困难时，可采用排气屋面。

（5）抹灰工程

雨天不准进行室外抹灰，至少应预计 1~2 d 的天气变化情况。对已经施工的墙面，应注意防止雨水的污染。室内抹灰尽量在做完屋面后进行，至少做完屋面找平层，并铺一层油毡。

3. 雨期施工的安全措施

1）现场固定使用的机械设备（搅拌机、拌灰机、电焊机等）均应设置在地势较高、防潮避雨的地方，要搭设防雨棚，四周排水通畅，防止水淹设备。

2）机械设备电源线路绝缘良好，要有完善可靠的接地安全装置；可移动的电源开关、机电设备（振动器、水泵），要装设漏电保护装置。

3）高出建筑物的塔吊、施工电梯、钢管脚手架等，必须按电气专业规定要求安装临时避雷装置，以防止雷击事故。

10.4 冬期与雨期施工的安全技术

1. 冬期施工的安全技术

冬期施工主要应做好防火、防寒、防毒、防滑、防爆等工作。

1）冬期施工前各类脚手架要加固，要加设防滑设施，及时清除积雪。

2）易燃材料必须经常注意清理。

3）严寒时节，施工现场应根据实际需要和规定配设挡风设备。

4）要防止一氧化碳中毒，防止锅炉爆炸。

2. 雨期施工的安全技术

雨期施工主要应做好防雨、防风、防雷、防电、防汛等工作。

1）基础工程应开设排水沟、基槽、坑沟等。

2）一切机械设备应设置在地势较高、防潮避雨的地方，要搭设防雨棚。

3）脚手架要经常检查，发现问题要及时处理或更换加固。

4）所有机械棚要搭设牢固，防止倒塌漏雨。

5）雨期防止雷电袭击造成事故。

安全事故

复习思考题

1. 冬期施工和雨期施工应遵守哪些原则？

2. 试述地基土保温防冻的方法。

3. 试述砌体工程冬期施工的方法和施工要点。

4. 试述混凝土工程冬期施工的方法和施工要点。

5. 何谓混凝土冬期施工的临界强度？

6. 何谓蓄热法施工？

7. 雨期施工的特点是什么？

8. 冬雨期施工安全技术要注意哪些方面？

模块十一
绿色施工

> **教学目标**　　掌握绿色施工的基本要求、绿色施工整体框架、绿色施工管理、环境保护的技术要点、节材与材料资源利用的技术要点、节水与水资源利用的技术要点、节能与能源利用的技术要点、节地与施工用地保护的技术要点等，掌握建筑工程绿色施工评价标准。
>
> **技能抽查要求**　　能编制绿色施工方案。
>
> **企业八大员岗位资格考试要求**　　掌握绿色施工的基本要求、绿色施工整体框架、绿色施工管理、绿色施工评价标准。

11.1　绿色施工的概念

绿色施工

11.1.1　绿色施工的基本概念

绿色施工是指工程建设中，在保证质量、安全等基本要求的前提下，通过科学管理和技术进步，最大限度地节约资源与减少对环境负面影响的施工活动，强调的是从施工到工程竣工验收全过程的节能、节地、节水、节材和环境保护（"四节一环保"）的绿色建筑核心理念。

11.1.2　绿色施工原则

1. 以人为本的原则

人类生产活动的最终目标是创造更加美好的生存条件和发展环境。所以，人类生产活动必须以顺应自然、保护自然为目标，以物质财富的增长为动力，实现人类的可持续发展。绿色施工把关注资源节约和保护人类的生存环境作为基本要求，把人的因素摆在核心位置，关注施工活动对生产生活的负面影响（既包括对施工现场内的相关人员，也包括对周边人群和全社会的负面影响），把尊重人、保护人作为主旨，以充分体现以人为本的根本原则，实现施工活动与人和自然和谐发展。

2. 环保优先的原则

自然生态环境质量直接关乎人类的健康，影响着人类的生存与发展，保护生态环境就是保护人类的生存和发展。工程施工活动对环境有较大的负面影响，因此，绿色施工应秉承"环保优先"的原则，把施工过程产生的烟尘、粉尘、固体废弃物等污染物，振动、噪声和强光直接刺激感官的污染物控制在允许范围内。这也是绿色施工中"绿色"内涵的直接体现。

3. 资源高效利用的原则

资源的可持续性是人类发展可持续性的主要保障。建筑施工行业是典型的资源消耗型产业。我国作为一个发展中的人口大国，在未来相当长的时期内建筑业还将保持较大规模的需求，这必将消耗数量巨大的资源。绿色施工要把改变传统粗放的生产方式作为基本目标，把高效利用资源作为重点，坚持在施工活动中节约资源、高效利用资源，开发利用可再生资源推动我国工程建设水平持续提高。

4. 精细施工的原则

精细施工可以有效减少施工过程中的失误，减少返工，从而也可以减少资源浪费。因此，绿色施工还应坚持精细施工的原则。将精细化理念融入施工过程中，通过精细策划、精细管理、严格规范标准、优化施工流程、提升施工技术水平、强化施工动态监控等方式方法，促使施工方式由传统高消耗的粗放型、劳动密集型向资源集约型和智力、管理、技术密集型的方向转变，逐步践行精细施工。

11.1.3 绿色施工基本要求

1）我国尚处于经济快速发展阶段，作为大量消耗资源、影响环境的建筑业，应全面实施绿色施工，承担起可持续发展的社会责任。

2）绿色施工导则用于指导绿色施工，在建筑工程的绿色施工中应贯彻执行。

3）绿色施工是指工程建设中，在保证质量、安全等基本要求的前提下，通过科学管理和技术进步，最大限度地节约资源与减少对环境负面影响的施工活动，实现"四节一环保"（节能、节地、节水、节材和环境保护）。

4）绿色施工应符合国家的法律、法规及相关的标准规范，实现经济效益、社会效益和环境效益的统一。

5）实施绿色施工，应依据因地制宜的原则，贯彻执行国家、行业和地方相关的技术经济政策。

6）运用 ISO 14000 管理体系，将绿色施工有关内容分解到管理体系目标中去，使绿色施工规范化、标准化。

7）鼓励各地区开展绿色施工的政策与技术研究，发展绿色施工的新技术、新设备、新材料与新工艺，推行应用示范工程。

11.1.4 绿色施工总体框架

《绿色施工导则》中的"绿色施工总体框架"由施工管理、环境保护、节材与材料资源利用、节水与水资源利用、节能与能源利用、节地与施工用地保护六个方面组成，如图 11-1 所示。这六个方面涵盖了绿色施工的基本指标，同时包含了施工策划、材料采购、现场施工、工程验收等各阶段的指标的子集。

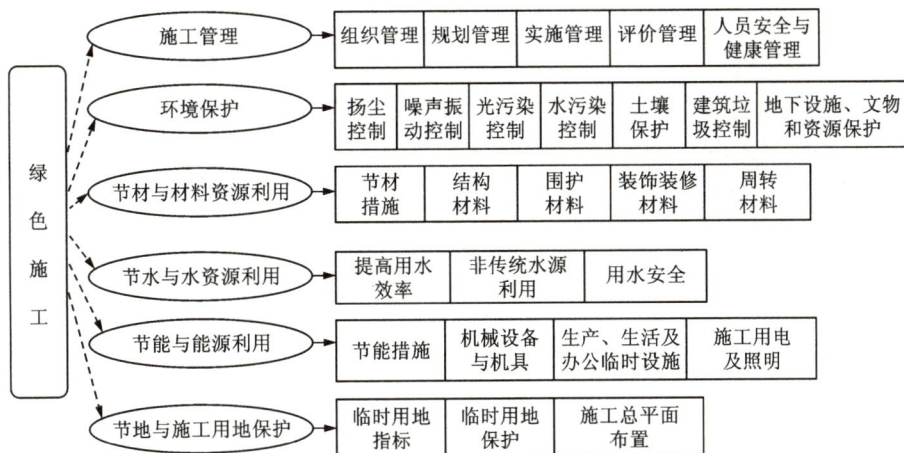

图 11-1 绿色施工总体框架

《绿色施工导则》作为绿色施工的指导性原则，共有六大块内容：①总则；②绿色施工原则；③绿色施工总体框架；④绿色施工要点；⑤发展绿色施工的新技术、新设备、新材料、新工艺；⑥绿色施工应用示范工程。

在这六大块内容中，总则主要是考虑设计、施工一体化问题。施工原则强调的是对整个施工过程的控制。

绿色施工总体框架与绿色建筑评价标准结构相同，明确这样的指标体系，是为将来制订"绿色建筑施工评价标准"打基础。

在绿色施工总体框架中，将施工管理放在第一位是有其深层次意义的。我国工程建设发展的情况是体量越做越大，基础越做越深，所以施工方案是绿色施工中的重大问题。如地下工程的施工，不管是采用明挖法、盖挖法、暗挖法、沉管法还是采用冷冻法，都会涉及工期、质量、安全、资金投入、装备配置、施工力量等一系列问题。这都是举足轻重的问题，对此，《绿色施工导则》在施工管理中，对施工方案确定均有具体规定。

11.2 绿色施工技术

绿色施工技术要点包括绿色施工管理、绿色施工环境保护技术要点、节材与材料资源利用技术要点、节水与水资源利用技术要点、节能与能源利用技术要点、节地与施工用地保护技术要点六方面内容，每项内容又有若干项要求。

绿色施工管理

11.2.1 绿色施工管理

绿色施工管理主要包括组织管理、规划管理、实施管理、评价管理、人员安全与健康管理五个方面。例如，组织管理要建立绿色施工管理体系，并制订相应的管理制度与目标；规划管理要编制绿色施工方案，该方案应在施工组织设计中独立成章，并按有关规定进行审批。

绿色施工应对整个施工过程实施动态管理，加强对施工策划、施工准备、材料采购、现

场施工、工程验收等各阶段的管理和监督。

（1）组织管理

1）建立绿色施工管理体系，并制订相应的管理制度与目标。

2）项目经理为绿色施工第一责任人，负责绿色施工的组织实施及目标实现，并指定绿色施工管理人员和监督人员。

（2）规划管理

编制绿色施工方案。该方案应在施工组织设计中独立成章，并按有关规定进行审批。绿色施工方案应包括以下内容：

1）环境保护措施。制订环境管理计划及应急救援预案，采取有效措施，降低环境负荷，保护地下设施和文物等资源。

2）节材措施。在保证工程安全与质量的前提下，制订节材措施。如进行施工方案的节材优化、建筑垃圾减量化、尽量利用可循环材料等。

3）节水措施。根据工程所在地的水资源状况，制订节水措施。

4）节能措施。进行施工节能策划，确定目标，制订节能措施。

5）节地与施工用地保护措施。制订临时用地指标、施工总平面布置规划及临时用地节地措施等。

（3）实施管理

1）绿色施工应对整个施工过程实施动态管理，加强对施工策划、施工准备、材料采购、现场施工、工程验收等各阶段的管理和监督。

2）应结合工程项目的特点，有针对性地对绿色施工做相应的宣传，通过宣传营造绿色施工的氛围。

3）定期对职工进行绿色施工知识培训，增强职工绿色施工意识。

（4）评价管理

1）对照本导则的指标体系，结合工程特点，对绿色施工的效果及采用的新技术、新设备、新材料与新工艺，进行自评估。

2）成立专家评估小组，对绿色施工方案、实施过程至项目竣工，进行综合评估。

（5）人员安全与健康管理

1）制订施工防尘、防毒、防辐射等职业危害的措施，保障施工人员的长期职业健康。

2）合理布置施工场地，保护生活及办公区不受施工活动的有害影响。在施工现场建立卫生急救、保健防疫制度，在安全事故和疾病疫情出现时提供及时救助。

3）提供卫生、健康的工作与生活环境，加强对施工人员的住宿、膳食、饮用水等生活与环境卫生的管理，改善施工人员的生活条件。

11.2.2 绿色施工环境保护技术要点

绿色施工环境保护是个很重要的问题。工程施工对环境的破坏很大，大气环境污染源之一是大气中的总悬浮颗粒，粒径小于 $10~\mu m$ 的颗粒可以被人类吸入肺部，对健康十分有害。悬浮颗粒包括道路尘、土壤尘、建筑材料尘等。《绿色施工导则》（环境保护技术要点）对土方作业阶段、结构安装装饰阶段作业区目测扬尘高度明确提出了量化指标；对噪声与振动控制，光污染控制，水污染控制，土壤保护，建筑垃圾控制，地下设施、文物和资源保护等也提出了定性或定量要求。

（1）扬尘控制

1）运送土方、垃圾、设备及建筑材料等，不污损场外道路。运输容易散落、飞扬、流漏物料的车辆，必须采取措施，严密封闭，保证车辆清洁。施工现场出口应设置洗车槽。

2）土方作业阶段，采取洒水、覆盖等措施，达到作业区目测扬尘高度小于 1.5 m，不扩散到场区外。

3）结构施工、安装装饰装修阶段，作业区目测扬尘高度小于 0.5 m。对易产生扬尘的堆放材料应采取覆盖措施；对粉末状材料应封闭存放；场区内可能引起扬尘的材料及建筑垃圾搬运应有降尘措施，如覆盖、洒水等；浇筑混凝土前清理灰尘和垃圾时尽量使用吸尘器，避免使用吹风器等易产生扬尘的设备；机械剔凿作业时可用局部遮挡、掩盖、水淋等防护措施；高层或多层建筑清理垃圾应搭设封闭性临时专用道或采用容器吊运。

4）施工现场非作业区达到目测无扬尘的要求。对现场易飞扬物质采取有效措施，如洒水、地面硬化、围挡、密网覆盖、封闭等，防止扬尘产生。

5）构筑物机械拆除前，做好扬尘控制计划。可采取清理积尘、对拆除体洒水、设置隔挡等措施。

6）构筑物爆破拆除前，应做好扬尘控制计划。可采用清理积尘、淋湿地面、预湿墙体、屋面敷水袋、楼面蓄水、建筑外设高压喷雾状水系统、搭设防尘排栅和直升机投水弹等措施综合降尘。应选择风力小的天气进行爆破作业。

7）在场界四周隔挡高度位置测得的大气总悬浮颗粒物（TSP）月平均浓度与城市背景值的差值不大于 0.011 mg/m³。

要求土方作业区目测扬尘高度小于 1.5 m；结构施工、安装装饰装修作业区目测扬尘高度小于 0.5 m。

（2）噪声与振动控制

1）现场噪声排放不得超过国家标准《建筑施工场界环境噪声排放标准》（GB 12523—2011）的规定。

2）在施工场界对噪声进行实时监测与控制。监测方法执行国家标准《建筑施工场界环境噪声排放标准》（GB 12523—2011）。

3）使用低噪声、低振动的机具，采取隔音与隔振措施，避免或减少施工噪声和振动。

（3）光污染控制

1）尽量避免或减少施工过程中的光污染。夜间室外照明灯加设灯罩，透光方向集中在施工范围。

2）电焊作业采取遮挡措施，避免电焊弧光外泄。

（4）水污染控制

1）施工现场污水排放应达到国家标准《污水综合排放标准》（GB 8978—1996）的要求。

2）在施工现场应针对不同的污水设置相应的处理设施，如沉淀池、隔油池、化粪池等。

3）污水排放应委托有资质的单位进行废水水质检测，提供相应的污水检测报告。

4）保护地下水环境。采用隔水性能好的边坡支护技术。在缺水地区或地下水位持续下降的地区，基坑降水尽可能少地抽取地下水；当基坑开挖抽水量大于 500000 m³ 时，应进行地下水回灌，并避免地下水被污染。

5)对于化学品等有毒材料、油料的储存地,应有严格的隔水层设计,做好渗漏液收集和处理工作。

(5)土壤保护

1)保护地表环境,防止土壤被侵蚀、流失。因施工造成的裸土,及时覆盖砂石或种植速生草种,以减少土壤被侵蚀;因施工造成容易发生地表土壤流失的情况,应采取设置地表排水系统、稳定斜坡、植被覆盖等措施,减少土壤流失。

2)沉淀池、隔油池、化粪池等,应无堵塞、渗漏、溢出等现象。及时清掏各类池内沉淀物,并委托有资质的单位清运。

3)对于有毒有害废弃物如电池、墨盒、油漆、涂料等应回收后交有资质的单位处理,不能作为建筑垃圾外运,避免污染土壤和地下水。

4)施工后应恢复施工活动破坏的植被(一般指临时占地内)。与当地园林、环保部门或当地植物研究机构进行合作,在先前开发地区种植当地或其他合适的植物,以恢复剩余空地地貌或科学绿化,补救施工活动中人为破坏植被和地貌造成的土壤侵蚀。

(6)建筑垃圾控制

1)制订建筑垃圾减量化计划,如住宅建筑,每万平方米的建筑垃圾不宜超过400 t。

2)加强建筑垃圾的回收再利用,力争建筑垃圾的再利用和回收率达到30%,建筑物拆除产生的废弃物的再利用和回收率大于40%。对于碎石类、土石方类建筑垃圾,可采用地基填埋、铺路等方式提高再利用率,力争再利用率大于50%。

建筑垃圾循环再利用

3)施工现场生活区设置封闭式垃圾容器,施工场地生活垃圾实行袋装化,及时清运。对建筑垃圾进行分类,并收集到现场封闭式垃圾站,集中运出。

(7)地下设施、文物和资源保护

1)施工前应调查清楚地下各种设施,做好保护计划,保证施工场地周边的各类管道、管线、建筑物、构筑物的安全运行。

2)施工过程中一旦发现文物,应立即停止施工,保护现场并通报文物部门,协助做好工作。

3)避让、保护施工场区及周边的古树名木。

4)逐步开展统计分析施工项目的二氧化碳排放量,以及各种不同植被和树种的二氧化碳固定量的工作。

11.2.3　节材与材料资源利用技术要点

绿色施工要点中关于节材与材料资源利用部分是《绿色施工导则》中的重要部分,也是《绿色施工导则》的特色之一。此部分从节材措施、结构材料、围护材料、装饰装修材料到周转材料,都提出了明确要求。例如模板与脚手架问题。我国工程建设中木模板的周转次数低得惊人,有的仅用一次,连外国专家都在抗议我国浪费木材资源的现状。绿色施工规定要优化模板及支撑体系方案。应采用工具式模板、钢制大模板和早拆支撑体系,采用定型钢模、钢框竹模、竹胶板代替木模板。

钢筋专业化加工与配送要求。钢筋加工配送可以大量消化通尺钢材(非标准长度钢筋,

价格比定尺原料钢筋低 200~300 元/t），降低原料浪费。

结构材料要求推广使用预拌混凝土和预拌砂浆。准确计算采购数量、供应频率、施工速度等，在施工过程中进行动态控制。结构工程应尽量使用散装水泥。建筑工程中水泥 30% 用于砌筑和抹灰。现场配制质量不稳定，浪费材料，破坏环境，出现开裂、渗漏、空鼓、脱落等一系列问题。若采用预拌砂浆后，使用散装水泥，会使工业废弃物的利用成为可能。

据测算，2006 年发展散装水泥，减少了包装袋 94 亿只，节省包装费用 211.5 亿元。由此节约包装纸 2112.6 万吨，折合木材 1554.5 万立方米；节约电力 33.9 亿千瓦时，节约水资源 7.1 亿吨，节约烧碱 103.6 万吨，节约燃煤 367.4 万吨，综合能耗节约达 1107.4 万吨标准煤。

如果预拌砂浆在国内工程建设中全面实施，将带动我国水泥散装率提高 10%~11%，并能有效地带动固体废物的综合利用，社会经济效益显著，是落实循环经济、建设节约型社会、促进节能减排的一项具体行动。

（1）节材措施

1）图纸会审时，应审核节材与材料资源利用的相关内容，达到材料损耗率比定额损耗率降低 30%。

2）根据施工进度、库存情况等合理安排材料的采购、进场时间和批次，减少库存。

3）现场材料堆放应有序。保证储存环境适宜，措施得当。健全保管制度，落实责任。

4）材料运输工具适宜，装卸方法得当，防止损坏和遗漏。根据现场平面布置情况就近卸载。避免和减少二次搬运。

5）采取技术和管理措施提高模板、脚手架等的周转次数。

6）优化安装工程的预留、预埋、管线路径等方案。

7）应就地取材，施工现场 500 千米以内生产的建筑材料用量占建筑材料总用量的 70% 以上。

（2）结构材料

1）推广使用预拌混凝土和商品砂浆。准确计算采购数量、供应频率、施工速度等，在施工过程中进行动态控制。结构工程使用散装水泥。

2）推广使用高强钢筋和高性能混凝土，减少资源消耗。

3）推广钢筋专业化加工和配送。

4）优化钢筋配料和钢构件下料方案。钢筋及钢结构制作前应对下料单及样品进行复核，无误后方可批量下料。

5）优化钢结构制作和安装方法。大型钢结构宜采用工厂制作，现场拼装；宜采用分段吊装、整体提升、滑移、顶升等安装方法，避免因方案不合理浪费材料。

6）采取数字化技术，对大体积混凝土、大跨度结构等专项施工方案进行优化。

（3）围护材料

1）门窗、屋面、外墙等围护结构选用耐候性及耐久性良好的材料，施工确保密封性、防水性和保温隔热性。

2）门窗采用密封性、保温隔热性、隔音性良好的材料。

3）屋面材料、外墙材料应具有良好的防水性能和保温隔热性能。

4）当屋面或墙体等部位采用基层加设保温隔热系统的方式施工时，应选择高效节能、耐久性好的保温隔热材料，以减小保温隔热层的厚度及材料用量。

5) 屋面或墙体等部位的保温隔热系统采用专用的配套材料，以加强各层次之间的黏结或连接强度，确保系统的安全性和耐久性。

6) 根据建筑物的实际特点，优选屋面或外墙的保温隔热材料系统和施工方式，例如保温板粘贴、保温板干挂、聚氨酯硬泡喷涂、保温浆料涂抹等，以保证保温隔热效果，并减少材料浪费。

7) 加强保温隔热系统与围护结构的节点处理，尽量降低热桥效应。针对建筑物的不同部位保温隔热特点，选用不同的保温隔热材料及系统，以做到经济适用。

（4）装饰装修材料

1) 贴面类材料在施工前，应进行总体排版策划，减少非整块材的数量。

2) 采用非木质的新材料或人造板材代替木质板材。

3) 防水卷材、壁纸、油漆及各类涂料基层必须符合要求，避免起皮、脱落。各类油漆及黏结剂应随用随开启，不用时及时封闭。

4) 幕墙及各类预留、预埋应与结构施工同步。

5) 木制品及木装饰用料、玻璃等各类板材等宜在工厂采购或定制。

6) 采用自粘类片材，减少现场液态黏结剂的使用量。

（5）周转材料

1) 应选用耐用、维护与拆卸方便的周转材料和机具。

2) 优先选用制作、安装、拆除一体化的专业队伍进行模板工程施工。

3) 模板应以节约自然资源为原则，推广使用定型钢模、钢框竹模、竹胶板。

4) 施工前应对模板工程的方案进行优化。多层、高层建筑使用可重复利用的模板体系，模板支撑宜采用工具式支撑。

5) 优化高层建筑的外脚手架方案，采用整体提升、分段悬挑等方案。

6) 推广采用外墙保温板替代混凝土施工模板。

7) 现场办公和生活用房采用周转式活动房。现场围挡应最大限度地利用已有围墙，或采用装配式可重复使用围挡封闭。力争工地临时用房、临时围挡材料的可重复使用率达到 70% 以上。

11.2.4 节水与水资源利用技术要点

绿色施工

（1）提高用水效率

1) 施工中采用先进的节水施工工艺。

2) 施工现场喷洒路面、绿化浇灌不宜使用市政自来水，现场搅拌用水、养护用水应采取有效的节水措施，严禁无措施浇水养护混凝土。

3) 施工现场供水管网应根据用水量设计布置，管径合理、管路简捷，采取有效措施减少管网和用水器具的漏损。

4) 现场机具、设备、车辆冲洗用水必须设立循环用水装置。施工现场办公区、生活区的生活用水采用节水系统和节水器具，提高节水器具配置比率。项目临时用水应使用节水型产品，安装计量装置，采取有针对性的节水措施。

5) 施工现场建立可再利用水的收集处理系统，使水资源得到梯级循环利用。

6) 施工现场分别对生活用水与工程用水确定用水定额指标，并分别计量管理。

7) 大型工程的不同单项工程、不同标段、不同分包生活区，凡具备条件的应分别计量用水

量。在签订不同标段分包合同或劳务合同时,将节水定额指标纳入合同条款,进行计量考核。

8)对混凝土搅拌站点等用水集中的区域和工艺点进行专项计量考核。施工现场建立雨水、中水或可再利用水的收集利用系统。

(2)非传统水源利用

1)优先采用中水搅拌、中水养护,有条件的地区和工程应收集雨水养护。

2)处于基坑降水阶段的工地,宜优先采用地下水作为混凝土搅拌用水、养护用水、冲洗用水和部分生活用水。

3)现场机具、设备、车辆冲洗,喷洒路面,绿化浇灌等用水,优先采用非传统水源,尽量不使用市政自来水。

4)大型施工现场,尤其是雨量充沛地区的大型施工现场应建立雨水收集利用系统,充分收集自然降水用于施工和生活中适宜的地方。

5)力争施工中非传统水源和循环水的再利用量大于30%。

(3)用水安全

在非传统水源和现场循环再利用水的使用过程中,应制定有效的水质检测与卫生保障措施,确保避免对人体健康、工程质量以及周围环境产生不良影响。

11.2.5 节能与能源利用技术要点

(1)节能措施

1)制订合理施工能耗指标,提高施工能源利用率。

2)优先使用国家和行业推荐的节能、高效、环保的施工设备和机具,如选用变频技术的节能施工设备等。

3)施工现场分别设定生产、生活、办公和施工设备的用电控制指标,定期进行计量、核算、对比分析,并有预防与纠正措施。

4)在施工组织设计中,合理安排施工顺序、工作面,以减少作业区域的机具数量,相邻作业区充分利用共有的机具资源。安排施工工艺时,应优先考虑耗用电能少的或其他能耗较少的施工工艺。避免设备额定功率远大于使用功率或超负荷使用设备的现象。

5)根据当地气候和自然资源条件,充分利用太阳能、地热等可再生能源。

(2)机械设备与机具

1)建立施工机械设备管理制度,开展用电、用油计量,完善设备档案,及时做好维修保养工作,使机械设备保持低耗、高效的状态。

2)选择功率与负载相匹配的施工机械设备,避免大功率施工机械设备低负载长时间运行。机电安装可采用节电型机械设备,如逆变式电焊机和能耗低、效率高的手持电动工具等,以利于节电。机械设备宜使用节能型油料添加剂,在可能的情况下,考虑回收利用,节约油量。

3)合理安排工序,提高各种机械的使用率和满载率,降低各种设备的单位耗能。

(3)生产、生活及办公临时设施

1)利用场地自然条件,合理设计生产、生活及办公临时设施的体形、朝向、间距和窗墙面积比,使其获得良好的日照、通风和采光。南方地区可根据需要在其外墙窗设遮阳设施。

2)临时设施宜采用节能材料,墙体、屋面使用隔热性能好的材料,减少夏天空调、冬天取暖设备的使用时间及耗能量。

3）合理配置采暖、空调、风扇数量，规定使用时间，实行分段分时使用，节约用电。

（4）施工用电及照明

1）临时用电优先选用节能电线和节能灯具，临电线路合理设计、布置，临电设备宜采用自动控制装置，采用声控、光控等节能照明灯具。

2）照明设计以满足最低照度为原则，照度不应超过最低照度的 20%。

11.2.6　节地与施工用地保护技术要点

（1）临时用地指标

1）根据施工规模及现场条件等因素合理确定临时设施，如临时加工厂、现场作业棚，以及材料堆场、办公生活设施等的占地指标。临时设施的占地面积应按用地指标所需的最低面积设计。

2）要求平面布置合理、紧凑，在满足环境、职业健康与安全及文明施工要求的前提下尽可能减少废弃地和死角，临时设施占地面积有效利用率大于 90%。

（2）临时用地保护

1）应对深基坑施工方案进行优化，减少土方开挖和回填量，最大限度地减少对土地的扰动，保护周边自然生态环境。

2）红线外临时占地应尽量使用荒地、废地，少占用农田和耕地。工程完工后，及时对红线外占地恢复原地形、地貌，使施工活动对周边环境的影响降至最低。

3）利用和保护施工用地范围内的原有绿色植被。对于施工周期较长的现场，可按建筑永久绿化的要求，安排场地新的绿化。

（3）施工总平面布置

1）施工总平面布置应做到科学、合理，充分利用原有建筑物、构筑物、道路、管线为施工服务。

2）施工现场搅拌站、仓库、加工厂、作业棚、材料堆场等布置应尽量靠近已有交通线路或即将修建的正式或临时交通线路，缩短运输距离。

3）临时办公和生活用房应采用经济、美观、占地面积小、对周边地貌环境影响较小且适合于施工平面布置动态调整的多层轻钢活动板房、钢骨架水泥活动板房等标准化装配式结构。生活区与生产区应分开布置，并设置标准的分隔设施。

4）施工现场围墙可采用连续封闭的轻钢结构预制装配式活动围挡，减少建筑垃圾，保护土地。

5）施工现场道路按照永久道路和临时道路相结合的原则布置。施工现场内形成环形通路，减少道路占用土地。

6）临时设施布置应注意远近结合（本期工程与下期工程），努力减少和避免大量临时建筑拆迁和场地搬迁。

11.3　《建筑工程绿色施工评价标准》（GB/T 50640—2010）

11.3.1　总则

1）为推进绿色施工，规范建筑工程绿色施工评价方法，制定本标准。

2)本标准适用于建筑工程绿色施工的评价。

3)建筑工程绿色施工的评价除应符合本标准外,尚应符合国家现行有关标准的规定。

11.3.2 术语

(1)绿色施工(green construction)

在保证质量、安全等基本要求的前提下,通过科学管理和技术进步,最大限度地节约资源,减少对环境负面影响,实现"四节一环保"(节能、节材、节水、节地和环境保护)的建筑工程施工活动。

(2)控制项(prerequisite item)

绿色施工过程中必须达到的基本要求的条款。

(3)一般项(general item)

绿色施工过程中根据实施情况进行评价,难度和要求适中的条款。

(4)优选项(extra item)

绿色施工过程中实施难度较大、要求较高的条款。

(5)建筑垃圾(construction trash)

新建、改建、扩建、拆除、加固各类建筑物、构筑物、管网等以及居民装饰装修房屋过程中产生的废物料。

(6)建筑废弃物(building waste)

建筑垃圾分类后,丧失施工现场再利用价值的部分。

(7)回收利用率(percentage of recovery and reuse)

施工现场可再利用的建筑垃圾占施工现场所有建筑垃圾的比重。

(8)施工禁令时间(prohibitive time of construction)

国家和地方政府规定的禁止施工的时间段。

(9)基坑封闭降水(obdurate ground water lowering)

在基底和基坑侧壁采取截水措施,对基坑以外地下水位不产生影响的降水方法。

11.3.3 基本规定

1)绿色施工评价应以建筑工程施工过程为对象进行评价。

2)绿色施工项目应符合以下规定:

①建立绿色施工管理体系和管理制度,实施目标管理。

②根据绿色施工要求进行图纸会审和深化设计。

③施工组织设计及施工方案应有专门的绿色施工章节,绿色施工目标明确,内容应涵盖"四节一环保"要求。

④工程技术交底应包含绿色施工内容。

⑤采用符合绿色施工要求的新材料、新技术、新工艺、新机具进行施工。

⑥建立绿色施工培训制度,并有实施记录。

⑦根据检查情况,制订持续改进措施。

⑧采集和保存过程管理资料、见证资料和自检评价记录等绿色施工资料。

⑨在评价过程中,应采集反映绿色施工水平的典型图片或影像资料。

3）发生下列事故之一，不得被评为绿色施工合格项目：

①发生安全生产死亡责任事故。

②发生重大质量事故，并造成严重影响。

③发生群体传染病、食物中毒等责任事故。

④在施工中因"四节一环保"问题被政府管理部门处罚。

⑤违反国家有关"四节一环保"的法律法规，造成严重社会影响。

⑥施工扰民造成严重社会影响。

11.3.4　评价框架体系

1）评价阶段宜按地基与基础工程、结构工程、装饰装修与机电安装工程进行。

2）建筑工程绿色施工应依据环境保护、节材与材料资源利用、节水与水资源利用、节能与能源利用和节地与土地资源保护五个要素进行评价。

3）评价要素应由控制项、一般项、优选项三类评价指标组成。

4）评价等级应分为不合格、合格和优良。

5）绿色施工评价框架体系应由评价阶段、评价要素、评价指标、评价等级构成。

11.3.5　环境保护评价指标

1. 控制项

1）现场施工标牌应包括环境保护内容。

2）施工现场应在醒目位置设环境保护标识。

3）施工现场的文物古迹和古树名木应采取有效保护措施。

4）现场食堂应有卫生许可证，炊事员应持有效健康证明。

2. 一般项

1）资源保护应符合下列规定：

①应保护场地四周原有地下水形态，减少抽取地下水。

②危险品、化学品存放处及污物排放应采取隔离措施。

2）人员健康应符合下列规定：

①施工作业区和生活办公区应分开布置，生活设施应远离有毒有害物质。

②生活区应有专人负责，应有消暑或保暖措施。

③现场工人劳动强度和工作时间应符合现行国家标准《体力劳动强度等级》（GB 3869）的有关规定。

④从事有毒、有害、有刺激性气味和强光、强噪声施工的人员应佩戴与其相应的防护器具。

⑤深井、密闭环境、防水和室内装修施工应有自然通风或临时通风设施。

⑥现场危险设备、地段、有毒物品存放地应配置醒目安全标识，施工应采取有效防毒、防污、防尘、防潮、通风等措施，应加强人员健康管理。

⑦厕所、卫生设施、排水沟及阴暗潮湿地带应定期消毒。

⑧食堂各类器具应清洁，个人卫生应达标，操作行为应规范。

3）扬尘控制应符合下列规定：

①现场应建立洒水清扫制度，配备洒水设备，并应有专人负责。

②对裸露地面、集中堆放的土方应采取抑尘措施。

③运送土方、渣土等易产生扬尘的车辆应采取封闭或遮盖措施。

④现场进出口应设冲洗池和吸湿垫，应保持进出现场车辆清洁。

⑤易飞扬和细颗粒建筑材料应封闭存放，余料应及时回收。

⑥易产生扬尘的施工作业应采取遮挡、抑尘等措施。

⑦拆除爆破作业应有降尘措施。

⑧高空垃圾清运应采用封闭式管道或垂直运输机械完成。

⑨现场使用散装水泥、预拌砂浆应有密闭防尘措施。

4)废气排放控制应符合下列规定：

①进出场车辆及机械设备废气排放应符合国家年检要求。

②不应使用煤作为现场生活的燃料。

③电焊烟气的排放应符合现行国家标准《大气污染物综合排放标准》(GB 16297)的规定。

④不应在现场燃烧废弃物。

5)建筑垃圾处置应符合下列规定：

①建筑垃圾应分类收集、集中堆放。

②废电池、废墨盒等有毒有害的废弃物应封闭回收，不应混放。

③有毒有害废物分类率应达到100%。

④垃圾桶应分为可回收与不可回收利用两类，应定期清运。

⑤建筑垃圾回收利用率应达到30%。

⑥碎石和土石方类等应用作地基和路基回填材料。

6)污水排放应符合下列规定：

①现场道路和材料堆放场地周边应设排水沟。

②工程污水和试验室养护用水应经处理达标后排入市政污水管道。

③现场厕所应设置化粪池，化粪池应定期清理。

④工地厨房应设隔油池，隔油池应定期清理。

⑤雨水、污水应分流排放。

7)光污染应符合下列规定：

①夜间焊接作业时，应采取挡光措施。

②工地设置大型照明灯具时，应有防止强光线外泄的措施。

8)噪声控制应符合下列规定：

①应采用先进机械、低噪声设备进行施工，机械、设备应定期保养维护。

②产生噪声较大的机械设备，应尽量远离施工现场办公区、生活区和周边住宅区。

③混凝土输送泵、电锯房等应设有吸声降噪屏或其他降噪措施。

④夜间施工噪声声强值应符合国家有关规定。

⑤吊装作业指挥应使用对讲机传达指令。

9)施工现场应设置连续、密闭能有效隔绝各类污染的围挡。

10)施工中，开挖土方应合理回填利用。

3. 优选项

1) 施工作业面应设置隔声设施。

2) 现场应设置可移动环保厕所, 并应定期清运、消毒。

3) 现场应设噪声监测点, 并应实施动态监测。

4) 现场应有医务室, 人员健康应急预案应完善。

5) 施工应采取基坑封闭降水措施。

6) 现场应采用喷雾设备降尘。

7) 建筑垃圾回收利用率应达到 50%。

8) 工程污水应采取去泥沙、除油污、分解有机物、沉淀过滤、酸碱中和等处理方式, 实现达标排放。

11.3.6 节材与材料资源利用评价指标

1. 控制项

1) 应根据就地取材的原则进行材料选择并有实施记录。

2) 应有健全的机械保养、限额领料、建筑垃圾再生利用等制度。

2. 一般项

1) 材料的选择应符合下列规定:

①施工应选用绿色、环保材料。

②临建设施应采用可拆迁、可回收材料。

③应利用粉煤灰、矿渣、外加剂等新材料降低混凝土和砂浆中的水泥用量; 粉煤灰、矿渣、外加剂等新材料掺量应按供货单位推荐掺量、使用要求、施工条件、原材料等因素通过试验确定。

2) 材料节约应符合下列规定

①应采用管件合一的脚手架和支撑体系。

②应采用工具式模板和新型模板材料, 如铝合金、塑料、玻璃钢和其他可再生材质的大模板和钢框镶边模板。

③材料运输方法应科学, 应降低运输损耗率。

④应优化线材下料方案。

⑤面材、块材镶贴, 应做到预先总体排版。

⑥应因地制宜, 采用新技术、新工艺、新设备、新材料。

⑦应提高模板、脚手架体系的周转率。

3) 资源再生利用应符合下列规定:

①建筑余料应合理使用。

②板材、块材等下脚料和撒落混凝土及砂浆应科学利用。

③临建设施应充分利用既有建筑物、市政设施和周边道路。

④现场办公用纸应分类摆放, 纸张应两面使用, 废纸应回收。

3. 优选项

1) 应编制材料计划, 应合理使用材料。

2) 应采用建筑配件整体化或建筑构件装配化安装的施工方法。

3) 主体结构施工应选择自动提升、顶升模架或工作平台。

4) 建筑材料包装物回收率应达到100%。

5) 现场应使用预拌砂浆。

6) 水平承重模板应采用早拆支撑体系。

7) 现场临建设施、安全防护设施应定型化、工具化、标准化。

11.3.7 节水与水资源利用评价指标

1. 控制项

1) 签订标段分包或劳务合同时，应将节水指标纳入合同条款。

2) 应有计量考核记录。

2. 一般项

1) 节约用水应符合下列规定：

①应根据工程特点，制定用水定额。

②施工现场供、排水系统应合理适用。

③施工现场办公区、生活区的生活用水应采用节水器具，节水器具配置率应达到100%。

④施工现场的生活用水与工程用水应分别计量。

⑤施工中应采用先进的节水施工工艺。

⑥混凝土养护和砂浆搅拌用水应合理，应有节水措施。

⑦管网和用水器具不应有渗漏。

2) 水资源的利用应符合下列规定：

①基坑降水应储存使用。

②冲洗现场机具、设备、车辆用水，应设立循环用水装置。

3. 优选项

1) 施工现场应建立基坑降水再利用的收集处理系统。

2) 施工现场应有雨水收集利用的设施。

3) 喷洒路面、绿化浇灌不应用自来水。

4) 生活、生产污水应处理并使用。

5) 现场应使用经检验合格的非传统水源。

11.3.8 节能与能源利用评价指标

1. 控制项

1) 对施工现场的生产、生活、办公和主要耗能施工设备应设有节能的控制措施。

2) 对主要耗能施工设备应定期进行耗能计量核算。

3) 国家、行业、地方政府明令淘汰的施工设备、机具和产品不应使用。

2. 一般项

1) 临时用电设施应符合下列规定：

①应采用节能型设施。

②临时用电应设置合理，管理制度应齐全并应落实到位。

③现场照明设计应符合现行行业标准《施工现场临时用电安全技术规范》(JGJ 46)的

规定。

2）机械设备应符合下列规定：

①应采用能源利用效率高的施工机械设备。

②施工机具资源应共享。

③应定期监控重点耗能设备的能源利用情况，并有记录。

④应建立设备技术档案，并应定期进行设备维护、保养。

3）临时设施应符合下列规定：

①临时设施应结合日照和风向等自然条件，合理采用自然采光、通风和外窗遮阳设施。

②临时施工用房应使用热工性能达标的复合墙体和屋面板，顶棚宜采用吊顶。

4）材料运输与施工应符合下列规定：

①建筑材料的选用应缩短运输距离，减少能源消耗。

②应采用能耗少的施工工艺。

③应合理安排施工工序和施工进度。

④应尽量减少夜间作业和冬期施工的时间。

3. 优选项

1）根据当地气候和自然资源条件，应合理利用太阳能或其他可再生能源。

2）临时用电设备应采用自动控制装置。

3）使用的施工设备和机具应符合国家、行业有关节能、高效、环保的规定。

4）办公、生活和施工现场，采用节能照明灯具的数量应大于80%。

5）办公、生活和施工现场用电应分别计量。

11.3.9 节地与土地资源保护评价指标

1. 控制项

1）施工场地布置应合理并应实施动态管理。

2）施工临时用地应有审批用地手续。

3）施工单位应充分了解施工现场及毗邻区域内人文景观保护要求、工程地质情况及基础设施管线分布情况，制订相应保护措施，并应报请相关方核准。

2. 一般项

1）节约用地应符合下列规定：

①施工总平面布置应紧凑，并应尽量减少占地。

②应在经批准的临时用地范围内组织施工。

③应根据现场条件，合理设计场内交通道路。

④施工现场临时道路布置应与原有及永久道路兼顾考虑，并应充分利用拟建道路为施工服务。

⑤应采用预拌混凝土。

2）保护用地应符合下列规定：

①应采取防止水土流失的措施。

②应充分利用山地、荒地作为取、弃土场的用地。

③施工后应恢复植被。

④应对深基坑施工方案进行优化，并应减少土方开挖和回填量，保护用地。

⑤在生态脆弱的地区施工完成后，应进行地貌复原。

3. 优选项

1）临时办公和生活用房应采用结构可靠的多层轻钢活动板房、钢骨架多层水泥活动板房等可重复使用的装配式结构。

2）对施工中发现的地下文物资源，应进行有效保护，处理措施恰当。

3）地下水位控制应对相邻地表和建筑物无有害影响。

4）钢筋加工应配送化，构件制作应工厂化。

5）施工总平面布置应能充分利用和保护原有建筑物、构筑物、道路和管线等，职工宿舍应满足 2 m²／人的使用面积要求。

11.3.10　评价方法

1）绿色施工项目自评价次数每月不应少于 1 次，且每阶段不应少于 1 次。

2）评价方法：

①控制项指标，必须全部满足；评价方法应符合表 11-1 的规定。

表 11-1　控制项评价方法

评分要求	结论	说明
措施到位，全部满足考评指标要求	符合要求	进入评分流程
措施不到位，不满足考评指标要求	不符合要求	一票否决，为非绿色施工项目

②一般项指标，应根据实际发生项执行的情况计分，评价方法应符合表 11-2 的规定。

表 11-2　一般项计分标准

评分要求	评分
措施到位，满足考评指标要求	2
措施基本到位，部分满足考评指标要求	1
措施不到位，不满足考评指标要求	0

③优选项指标，应根据实际发生项执行情况加分，评价方法应符合表 11-3 的规定。

表 11-3　优选项加分标准

评分要求	评分
措施到位，满足考评指标要求	1
措施基本到位，部分满足考评指标要求	0.5
措施不到位，不满足考评指标要求	0

3) 要素评价得分:

①一般项得分: 应按百分制折算, 并按下式进行计算:

$$A = B/C \times 100$$

式中: A 为折算分; B 为实际发生项条目实得分之和; C 为实际发生项条目应得分之和。

②优选项加分: 应按优选项实际发生条目加分求和(D)。

③要素评价得分: 要素评价得分(F)= 一般项折算分(A)+优选项加分(D)。

4) 批次评价得分:

①批次评价应按表 11-4 的规定进行要素权重确定。

表 11-4 批次评价要素权重系数表

评价要素	评价阶段: 地基与基础、结构工程、装饰装修与机电安装
环境保护	0.3
节材与材料资源利用	0.2
节水与水资源利用	0.2
节能与能源利用	0.2
节地与施工用地保护	0.1

②批次评价得分(E) = $\sum$ [要素评价得分(F) ×权重系数]。

5) 阶段评价得分:

$$阶段评价得分(G) = \sum 批次评价得分(E) / 评价批次数$$

6) 单位工程绿色评价得分:

①单位工程评价应按表 11-5 的规定进行要素权重确定。

表 11-5 单位工程要素权重系数表

评价阶段	权重系数
地基与基础	0.3
结构工程	0.5
装饰装修与机电安装	0.2

②单位工程评价得分(W) = $\sum$ 阶段评价得分(G) ×权重系数。

7) 单位工程绿色施工等级判定:

①有下列情况之一者为不合格:

- 控制项不满足要求;
- 单位工程总得分(W) < 60 分;
- 结构工程阶段得分 < 60 分。

②满足以下条件者为合格:

- 控制项全部满足要求；
- 单位工程总得分 60 分 ≤ W < 80 分，结构工程阶段得分 ≥ 60 分；
- 至少每个评价要素各有一项优选项得分，优选项总分 ≥ 5。

③ 满足以下条件者为优良：

- 控制项全部满足要求；
- 单位工程总得分 W ≥ 80 分，结构工程阶段得分 ≥ 80 分；
- 至少每个评价要素中有两项优选项得分，优选项总分 ≥ 10 分。

11.3.11 评价组织和程序

1. 评价组织

1) 单位工程绿色施工评价应由建设单位组织、项目施工单位和监理单位参加，评价结果应由建设、监理、施工单位三方签认。

2) 单位工程施工阶段评价应由监理单位组织、项目建设单位和施工单位参加，评价结果应由建设、监理、施工单位三方签认。

3) 单位工程施工批次评价应由施工单位组织、项目建设单位和监理单位参加，评价结果应由建设、监理、施工单位三方签认。

4) 企业应进行绿色施工的随机检查，并对绿色施工目标的完成情况进行评估。

5) 项目部会同建设和监理单位应根据绿色施工情况，制定改进措施，由项目部实施改进。

6) 项目部应接受建设单位、政府主管部门及其委托单位的绿色施工检查。

2. 评价程序

1) 单位工程绿色施工评价应在批次评价和阶段评价的基础上进行。

2) 单位工程绿色施工评价应由施工单位提出书面申请，在工程竣工验收前进行评价。

3) 单位工程绿色施工评价应检查相关技术和管理资料，并应听取施工单位《绿色施工总体情况报告》，综合确定绿色施工评价等级。

4) 单位工程绿色施工评价结果应在有关部门备案。

3. 评价资料

1) 单位工程绿色施工评价资料应包括：

绿色施工组织设计专门章节，施工方案的绿色要求、技术交底及实施记录。

绿色施工要素评价表应按表 11-6 的格式进行填写。

绿色施工批次评价汇总表应按表 11-7 的格式进行填写。

绿色施工阶段评价汇总表应按表 11-8 的格式进行填写。

反映绿色施工要求的图纸会审记录。

单位工程绿色施工评价汇总表应按表 11-9 的格式进行填写。

单位工程绿色施工总体情况总结。

单位工程绿色施工相关方验收及确认表。

反映评价要素水平的图片或影像资料。

2) 绿色施工评价资料应按规定存档。

3) 所有评价表编号均应按时间顺序的流水号排列。

表 11-6 绿色施工要素评价表

工程名称		编号	
		填表日期	
施工单位		施工阶段	
评价指标		施工部位	

控制项	标准编号及标准要求		评价结论	

	标准编号及标准要求	计分标准	应得分	实得分
一般项				
优选项				

评价结果	

签字栏	建设单位	监理单位	施工单位

表 11-7　绿色施工批次评价汇总表

工程名称		编号	
		填表日期	
评价阶段			
评价要素	评价得分	权重系数	实得分
环境保护		0.3	
节材与材料资料利用		0.2	
节水与水资源利用		0.2	
节能与能源利用		0.2	
节地与施工用地保护		0.1	
合计		1.0	
评价结论	1.控制项： 2.评价得分： 3.优选项： 结论：		
签字栏	建设单位	监理单位	施工单位

表 11-8　绿色施工阶段评价汇总表

工程名称		编号	
		填表日期	
评价阶段			
评价批次	批次得分	评价批次	批次得分
1		9	
2		10	
3		11	
4		12	
5		13	
6		14	
7		15	
8		……	
小计			
签字栏	建设单位	监理单位	施工单位

注：阶段评价得分 $(G) = \dfrac{\sum 批次评价得分(E)}{评价批次数}$。

表 11-9 单位工程绿色施工评价汇总表

工程名称		编号	
		填表日期	
评价阶段	阶段得分	权重系数	实得分
地基与基础		0.3	
结构工程		0.5	
装饰装修与机电安装		0.2	
合计		1.0	
评价结论			
	建设单位(章)	监理单位(章)	施工单位(章)
签字盖章栏			

复习思考题

1. 什么是绿色施工? 绿色施工的原则有哪些?
2. 绿色施工有哪些基本要求?
3. 绿色施工总体框架包括哪些内容?
4. 绿色施工技术要点包括哪些内容?
5. 绿色施工管理主要包括哪些内容?
6. 绿色施工环境保护有哪些要求?
7. 绿色施工节材与材料资源利用技术要点有哪些?
8. 绿色施工节水与水资源利用技术要点有哪些?
9. 绿色施工节能与能源利用技术要点有哪些?
10. 绿色施工节地与施工用地保护技术要点有哪些?
11. 绿色施工新技术有哪些?
12. 绿色施工评价标准有哪些?

参考文献

[1]全国高校建筑施工研究会.土木工程施工手册[M].北京：中国建材工业出版社，2009.

[2]混凝土结构工程施工质量验收规范(GB 50204—2015)[S].北京：中国建筑工业出版社，2015.

[3]钢框胶合板模板技术规程(JGJ 96—2011)[S].北京：中国建筑工业出版社，2011.

[4]建筑施工模板安全技术规范(JGJ 162—2008)[S].北京：中国建筑工业出版社，2008.

[5]建筑工程大模板技术标准(JGJ/T 74—2017)[S].北京：中国建筑工业出版社，2017.

[6]钢筋焊接及验收规程(JGJ 18—2012)[S].北京：中国建筑工业出版社，2012.

[7]蔡小萍，朱立军.建筑施工技术[M].天津：天津大学出版社，2011.

[8]钟汉华，雷文茂，李海涛.建筑施工技术[M].南京：南京大学出版社，2011.

[9]钟汉华，董伟.建筑施工技术[M].北京：中国水利水电出版社，2013.

[10]董伟，黄泽钧，余丹丹.建筑施工技术[M].北京：北京大学出版社，2011.

[11]吴志红.建筑施工技术[M].南京：东南大学出版社，2010.

[12]姚瑾英.建筑施工技术[M].北京：中国建筑工业出版社，2015.

[13]肖绪文，罗能镇，蒋立红，等.建筑工程绿色施工[M].北京：中国建筑工业出版社，2015.

[14]郝永池，谷志华.绿色建筑与绿色施工这[M].北京：清华大学出版社，2015.

图书在版编目(CIP)数据

建筑施工技术 / 郑伟主编. —4 版. —长沙：中南大学出版社，2022.6(2023.1 重印)

ISBN 978-7-5487-4835-9

Ⅰ. ①建… Ⅱ. ①郑… Ⅲ. ①建筑施工 Ⅳ. ①TU74

中国版本图书馆 CIP 数据核字(2022)第 027575 号

建筑施工技术
(第4版)

郑　伟　主编

□出 版 人	吴湘华	
□策划组稿	谭　平	
□责任编辑	谭　平	
□责任印制	唐　曦	
□出版发行	中南大学出版社	
	社址：长沙市麓山南路	邮编：410083
	发行科电话：0731-88876770	传真：0731-88710482
□印　　装	湖南省众鑫印务有限公司	

□开　　本	787 mm×1092 mm　1/16	□印张 26	□字数 659 千字
□版　　次	2022 年 6 月第 4 版	□印次 2023 年 1 月第 2 次印刷	
□互联网+图书	二维码内容　字数 68 千字　图片 310 张　视频 934 分钟		
□书　　号	ISBN 978-7-5487-4835-9		
□定　　价	66.00 元		

图书出现印装问题，请与经销商调换